FUNDAMENTOS DE
COMUNICAÇÃO ELETRÔNICA

```
F879f    Frenzel, Louis E.
            Fundamentos de comunicação eletrônica : modulação,
         demodulação e recepção / Louis E. Frenzel Jr. ; tradução:
         José Lucimar do Nascimento ; revisão técnica: Antonio
         Pertence Júnior. – 3. ed. – Porto Alegre : AMGH, 2013.
            xiv, 348 p. : il. color. ; 20 x 25 cm.

            ISBN 978-85-8055-137-2

            1. Engenharia de comunicação – Eletrônica. 2. Comunicação
         eletrônica. 3. Modulação. 4. Demodulação. 5. Recepção. I. Título.

                                                           CDU 621.391
```

Catalogação na publicação: Ana Paula M. Magnus – CRB10/2052

LOUIS E. FRENZEL JR.
ELECTRONIC DESIGN MAGAZINE

FUNDAMENTOS DE
COMUNICAÇÃO ELETRÔNICA
3ª EDIÇÃO

MODULAÇÃO, DEMODULAÇÃO E RECEPÇÃO

Tradução
José Lucimar do Nascimento
Engenheiro Eletrônico e de Telecomunicações pela Pontifícia Universidade Católica de Minas Gerais
Especialista em Sistemas de Controle pela Universidade Federal de Minas Gerais
Professor e Coordenador de Ensino do Centro Tecnológico de Eletroeletrônica

Revisão Técnica
Antonio Pertence Júnior MSc
Mestre em Engenharia pela Universidade Federal de Minas Gerais
Engenheiro Eletrônico e de Telecomunicações pela Pontifícia Universidade Católica de Minas Gerais
Pós-graduado em Processamento de Sinais pela Ryerson University, no Canadá
Professor da Universidade FUMEC
Membro da Sociedade Brasileira de Eletromagnetismo

AMGH Editora Ltda.
2013

Obra originalmente publicada sob o título
Principles of Electronic Communication Systems, 3rd Edition
ISBN 007322278X / 9780073333783

Original edition copyright © 2008, The McGraw-Hill Companies, Inc., New York, New York 10020.
All rights reserved.

Portuguese language translation copyright © 2013, AMGH Editora Ltda.
All rights reserved.

Editoração eletrônica: *Techbooks*

Capa: *Paola Manica*

Leitura final: *Dieniffer Silva, Cristhian Herrera e Marcos Vinícius da Silva*

Coordenadora editorial: *Sandra Chelmicki*

Editora responsável por esta obra: *Verônica de Abreu Amaral*

Reservados todos os direitos de publicação, em língua portuguesa, à
AMGH EDITORA LTDA., uma empresa do GRUPO A EDUCAÇÃO S.A.
A série TEKNE engloba publicações voltadas à educação profissional, técnica e tecnológica.

Av. Jerônimo de Ornelas, 670 – Santana
90040-340 – Porto Alegre – RS
Fone: (51) 3027-7000   Fax: (51) 3027-7070

É proibida a duplicação ou reprodução deste volume, no todo ou em parte, sob quaisquer formas ou por quaisquer meios (eletrônico, mecânico, gravação, fotocópia, distribuição na Web e outros), sem permissão expressa da Editora.

Unidade São Paulo
Av. Embaixador Macedo Soares, 10.735 – Pavilhão 5 – Cond. Espace Center
Vila Anastácio – 05095-035 – São Paulo – SP
Fone: (11) 3665-1100   Fax: (11) 3667-1333

SAC 0800 703-3444 – www.grupoa.com.br

IMPRESSO NO BRASIL
PRINTED IN BRAZIL

Agradecimentos

Apesar de a produção de uma nova edição de um livro não envolver o mesmo esforço que escrever um novo livro, esta última revisão foi um projeto importante. Meus agradecimentos especiais ao gerente de editoração Jonathan Plant e ao editor Thomas Casson pelo contínuo apoio e incentivo para tornar este trabalho uma realidade. Foi um prazer trabalhar com vocês.

Registro também o meu apreço aos professores que revisaram o livro e enviaram comentários, críticas e sugestões. Agradeço por dedicarem seu tempo na elaboração dessas valiosas informações. Implementei praticamente todas as suas recomendações. Apreciei, em particular, a extensa lista de comentários de Walt Curry, da United States Naval Academy, dos quais a maioria incluí nesta obra. Os seguintes revisores analisaram o manuscrito em várias etapas e forneceram boas sugestões para a nova edição:

Heng Chan
  Mohawk College (ON)

Capitão Walter N. Currier Jr.
  United States Naval Academy (MD)

William C. Donaldson
  Wake Technical College (NC)

Robbie Edens
  ECPI College of Technology (SC)

Terry Fleischman
  Fox Valley Technical College (WI)

Richard Fornes
  Johnson College (PA)

G. J. Gerard
  Gateway Community College (CT)

Georges C. Livanos
  Humber College (ON)

Robert J. Lovelace
  East Mississippi Junior College (MS)

Robert Most
  Ferris State University (MI)

Tom N. Neal Jr.
  Griffin Technical College (GA)

Phillip C. Purvis
  George C. Wallace Community College (AL)

Pravin M. Raghuwanshi
  DeVry University (NJ)

William Salice
  ECPI College of Technology (VA)

Randy Winzer
  Pittsburg State University (KS)

Com as informações mais recentes vindas da indústria e as sugestões daqueles que usam o livro, esta edição deve estar mais próxima do que nunca de ser um texto ideal para o ensino da comunicação eletrônica atual.

Lou Frenzel
Austin, Texas

Prefácio

Esta terceira edição de *Fundamentos de Sistemas de Comunicação Eletrônica* foi totalmente revisada, tornando o livro um dos mais atualizados na abordagem dos fundamentos da comunicação eletrônica e das tecnologias de comunicação. Devido ao fato de o campo das comunicações eletrônicas mudar tão rapidamente, é um desafio constante manter atualizado um livro sobre o assunto. Apesar de os princípios permanecerem os mesmos, sua ênfase e sua relevância mudam ao passo que a tecnologia se desenvolve. Além disso, os alunos precisam não só de consistência nos conhecimentos fundamentais, mas também de uma compreensão essencial de componentes, circuitos, equipamentos e sistemas usados atualmente. Esta última edição tenta equilibrar os princípios com uma visão geral das técnicas mais recentes.

Um dos principais objetivos desta revisão é aumentar a ênfase no *nível de compreensão dos sistemas* de comunicação e tecnologias de comunicação. Atualmente, devido ao alto nível de integração de circuitos de comunicações, o engenheiro e o técnico passam a trabalhar mais com placas de circuito impresso, módulos, cartões *plug-in* e equipamentos em vez de circuitos que criam a necessidade de lidar com componentes eletrônicos. Assim, circuitos obsoletos foram removidos deste livro, sendo substituídos por sistemas com mais circuitos integrados e a análise voltada para diagramas em bloco de sistemas. Os engenheiros e técnicos de comunicação modernos trabalham com especificações e padrões e dedicam seu tempo testando, medindo, instalando e solucionando problemas. Esta edição foi planejada considerando esse contexto atual. A análise detalhada de circuitos foi mantida em áreas selecionadas onde se mostrou útil na compreensão de conceitos e questões sobre os equipamentos atuais.

No passado, um curso de comunicação era considerado apenas uma opção em muitos currículos de eletrônica. Hoje, a comunicação é o maior setor do campo da eletrônica, compreendendo a maior parte dos seus profissionais e tendo a maior venda anual de equipamentos. Além disso, as tecnologias *wireless* e de rede, entre outras, são aplicadas a quase todos os produtos eletrônicos. Isso faz o conhecimento e a compreensão da comunicação eletrônica serem não uma opção, mas uma necessidade de cada aluno. Sem o estudo de apenas um dos conteúdos de comunicação eletrônica, o estudante pode se formar com uma visão incompleta de produtos e sistemas comuns na área atualmente. Este livro fornece os fundamentos e o contexto para atender às necessidades de um curso no campo da eletrônica.

Assim como a revista Communications and Networking Editor for Electronic Design Magazine (Penton Media) e o editor do boletim informativo *on-line* Wireless System Design Update, testemunho diariamente as contínuas mudanças nos componentes, circuitos, equipamentos, sistemas e aplicações das comunicações modernas. Como pesquiso esse campo, entrevisto engenheiros e executivos e participo de muitas conferências para artigos e colunas que escrevo, tenho visto a importância crescente das comunicações em nossas vidas. Procurei trazer essa perspectiva para o livro, no qual as técnicas e as tecnologias mais recentes são explicadas. Essa perspectiva, juntamente com o retorno e a percepção de alguns de vocês, que ensinam a matéria, resultou em um texto mais adequado aos estudantes do século XXI.

Em um livro de grande porte como este, é difícil atender às necessidades de todos os leitores quanto à abordagem dos assuntos. Alguns requerem uma abordagem de maior extensão, já outros desejam uma profundidade maior. Tentei encontrar um equilíbrio entre os dois. Como sempre, estou ansioso para ouvir vocês, que usam o livro, e receber suas sugestões para a próxima edição.

» Características de aprendizagem

Esta terceira edição de *Fundamentos de Sistemas de Comunicação Eletrônica* foi completamente redesenhada para ter um leiaute de página mais atraente e acessível. Para orientar os leitores e proporcionar uma abordagem integrada de aprendizagem, cada capítulo contém:

- Objetivos do capítulo
- Palavras-chave
- Pequenos artigos sobre os pioneiros da eletrônica
- Exemplos com soluções
- Resumo do capítulo
- Questões
- Problemas
- Pontos para racioncínio crítico

» Recursos para os professores

Conheça o material do livro disponível no *site* da editora, **www.grupoa.com.br**. Para acessar PowerPoints® com aulas estruturadas em português, bancos de testes em inglês e o *Instructor's Manual* do livro, procure o livro no nosso catálogo e acesse a exclusiva Área do Professor por meio de um cadastro.

» Recursos para os alunos

No ambiente virtual de aprendizagem estão disponíveis recursos em português para potencializar a absorção de conteúdos. Visite o *site* **www.grupoa.com.br/tekne** para ter acesso.

Sumário

capítulo 1 — INTRODUÇÃO À COMUNICAÇÃO ELETRÔNICA 1

- O significado da comunicação humana 3
- Sistemas de comunicação 3
- Tipos de comunicação eletrônica 6
- Modulação e multiplexação 8
- Espectro eletromagnético 11
- Largura de banda 18
- Um panorama de aplicações em comunicações 21
- Empregos e carreiras na indústria da comunicação 23

capítulo 2 — FUNDAMENTOS DE ELETRÔNICA 30

- Ganho, atenuação e decibéis 31
- Circuitos sintonizados 37
- Filtros 49
- Teoria de Fourier 70

capítulo 3 — FUNDAMENTOS DA MODULAÇÃO EM AMPLITUDE 85

- Conceitos de AM 86
- Índice de modulação e porcentagem de modulação 88
- As bandas laterais e o domínio da frequência 90
- Potência do sinal AM 94
- Modulação de banda lateral única 98
- Classificação das emissões de rádio 102

capítulo 4 — CIRCUITOS MODULADORES E DEMODULADORES DE AMPLITUDE 107

- Princípios básicos da modulação em amplitude 108
- Moduladores de amplitude 111
- Demoduladores de amplitude 119
- Moduladores balanceados 124
- Circuitos SSB 132

capítulo 5 — FUNDAMENTOS DA MODULAÇÃO EM FREQUÊNCIA 140

- Princípios básicos da modulação em frequência 141
- Princípios da modulação em fase 143
- Índice de modulação e bandas laterais 146
- Efeitos da supressão de ruído em FM 152
- Modulação em frequência *versus* modulação em amplitude 156

LINHAS, MICRO-ONDAS E ANTENAS

capítulo 1 *LINHAS DE TRANSMISSÃO*

capítulo 2 *ANTENAS E PROPAGAÇÃO DE ONDAS*

capítulo 3 *COMUNICAÇÃO EM MICRO-ONDAS*

capítulo 4 *COMUNICAÇÃO VIA SATÉLITE*

capítulo 5 *COMUNICAÇÃO ÓPTICA*

capítulo 6 *MULTIPLEXAÇÃO E DEMULTIPLEXAÇÃO*

capítulo 7 *TRANSMISSÃO DE DADOS BINÁRIOS EM SISTEMAS DE COMUNICAÇÃO*

Sumário

capítulo 1 — *INTRODUÇÃO À COMUNICAÇÃO ELETRÔNICA*   1

- O significado da comunicação humana   3
- Sistemas de comunicação   3
- Tipos de comunicação eletrônica   6
- Modulação e multiplexação   8
- Espectro eletromagnético   11
- Largura de banda   18
- Um panorama de aplicações em comunicações   21
- Empregos e carreiras na indústria da comunicação   23

capítulo 2 — *FUNDAMENTOS DE ELETRÔNICA*   30

- Ganho, atenuação e decibéis   31
- Circuitos sintonizados   37
- Filtros   49
- Teoria de Fourier   70

capítulo 3 — *FUNDAMENTOS DA MODULAÇÃO EM AMPLITUDE*   85

- Conceitos de AM   86
- Índice de modulação e porcentagem de modulação   88
- As bandas laterais e o domínio da frequência   90
- Potência do sinal AM   94
- Modulação de banda lateral única   98
- Classificação das emissões de rádio   102

capítulo 4 — *CIRCUITOS MODULADORES E DEMODULADORES DE AMPLITUDE*   107

- Princípios básicos da modulação em amplitude   108
- Moduladores de amplitude   111
- Demoduladores de amplitude   119
- Moduladores balanceados   124
- Circuitos SSB   132

capítulo 5 — *FUNDAMENTOS DA MODULAÇÃO EM FREQUÊNCIA*   140

- Princípios básicos da modulação em frequência   141
- Princípios da modulação em fase   143
- Índice de modulação e bandas laterais   146
- Efeitos da supressão de ruído em FM   152
- Modulação em frequência *versus* modulação em amplitude   156

capítulo 6 — CIRCUITOS FM   161

Moduladores de frequência   162
Moduladores de fase   170
Demoduladores de frequência   175

capítulo 7 — TÉCNICAS DE COMUNICAÇÃO DIGITAL   185

Transmissão digital de dados   186
Transmissão em paralelo e em série   189
Conversão de dados   192
Modulação de pulso   215
Processamento de sinais digitais   220

capítulo 8 — TRANSMISSORES DE RÁDIO   229

Fundamentos do transmissor   230
Geradores de portadora   234
Amplificadores de potência   249
Redes de casamento de impedância   266
Circuitos típicos de transmissores   276

capítulo 9 — RECEPTORES DE COMUNICAÇÃO   282

Princípios básicos da reprodução de sinais   283
Receptores super-heterodinos   287
Conversão de frequência   289
Frequências intermediárias e imagens   299
Ruído   306
Circuitos receptores típicos   314
Receptores e transceptores   327

RESPOSTAS DOS PROBLEMAS SELECIONADOS   339

CRÉDITOS   341

ÍNDICE   343

Visão geral do livro

Características de aprendizagem

Fundamentos de Comunicação Eletrônica traz muitos recursos de aprendizagem ao longo dos capítulos, entre eles:

Introdução ao capítulo

Cada capítulo começa com uma breve introdução, preparando o terreno para o que os alunos estão prestes a aprender.

Objetivos do capítulo

Este recurso fornece uma concisa descrição dos resultados de aprendizagem esperados.

Exemplos

Cada capítulo contém exemplos resolvidos que demonstram conceitos importantes ou funcionamentos de circuitos, incluindo análise de circuitos, aplicações, análise de defeito e projeto básico.

É bom saber

Este recurso destaca informações interessantes relacionadas aos tópicos apresentados.

Pioneiros da eletrônica

Este recurso destaca pesquisadores e seus respectivos trabalhos que contribuíram para o desenvolvimento da eletrônica. O atual nível da eletrônica é fruto do trabalho desses pioneiros.

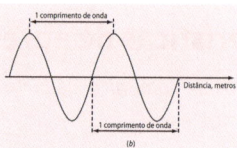

PIONEIROS DA ELETRÔNICA

Em 1887 o físico alemão Heinrich Hertz foi o primeiro a demonstrar o efeito da radiação eletromagnética no espaço. A distância de transmissão foi de apenas alguns pés, mas essa transmissão provou que as ondas de rádio podem se deslocarem de um lugar para outro sem a necessidade de qualquer conexão por fios. Hertz também provou que as ondas de rádio, embora invisíveis, se deslocam com a mesma velocidade das ondas de luz. (Grob/Schultz, Basic Electronics, 9ª edição, Glencoe/McGraw-Hill, 2003, p.4)

se o sinal for uma onda eletromagnética, um comprimento de onda é a distância que um ciclo ocupa no espaço livre. Ele é a distância entre picos ou vales adjacentes dos campos elétrico e magnético que constituem a onda.

O comprimento de onda também é a distância percorrida por uma onda eletromagnética durante o tempo de um ciclo. As ondas eletromagnéticas se deslocam na velocidade da luz, ou seja, 299.792.800 m/s. Geralmente, a velocidade da luz e das ondas de rádio no vácuo ou no ar é arredondada para 300.000.000 m/s (3×10^8 m/s), ou 186 milhas por segundo. Em média, a velocidade da transmissão em um cabo é menor.

O comprimento de onda de um sinal, que é representado pela letra grega λ (lambda), é calculado dividindo-se a velocidade da luz pela frequência f da onda em hertz: $\lambda = 300.000.000/f$. Por exemplo, o comprimento de onda de um sinal de 4.000.000 Hz é

Os prefixos que representam potências de 10 são geralmente usados para expressar frequências. Os prefixos mais usados são:

Revisão do capítulo

Os alunos podem usar os resumos quando estiverem fazendo revisão para as avaliações ou apenas para ter certeza de que não perderam quaisquer conceitos importantes.

REVISÃO DO CAPÍTULO

Resumo

Todos os sistemas de comunicação consistem em três partes básicas: transmissor, canal de comunicação (meio) e receptor. As mensagens são convertidas em sinais elétricos e enviadas por meio de fio, de fibra óptica ou do espaço livre para um receptor. A atenuação (enfraquecimento) e o ruído podem interferir na transmissão.

As transmissões em comunicação eletrônica são classificadas como (1) unidirecionais (*simplex*) ou bidirecionais (*full duplex* e *half duplex*), e os sinais são classificados como (2) analógicos ou digitais. Os sinais analógicos variam de forma suave e contínua. Os sinais digitais são códigos discretos de dois estados (*on/off*). Os sinais eletrônicos geralmente podem ser convertidos de analógico para digital e vice-versa. Antes da transmissão, os sinais eletrônicos são denominados sinais de banda base.

A modulação em amplitude e frequência torna um sinal de informação compatível com o canal pelo qual será enviado, modificando a portadora por meio de uma mudança em amplitude, frequência ou ângulo de fase, e o envio desse sinal por uma antena é um processo conhecido como comunicação de banda larga. A multiplexação por divisão de frequência e por divisão de tempo permite que mais de um sinal seja transmitido por vez pelo mesmo meio.

Todos os sinais eletrônicos que radiam no espaço são parte do espectro eletromagnético, e a localização deles no espectro é determinada pela frequência. A maior parte dos sinais de informação a serem transmitidos é de baixas frequências e modula uma onda portadora de frequência maior.

A quantidade de informação que um determinado sinal pode transportar depende, em parte, da largura de banda. O espaço disponível para transmissão de sinais é limitado, e os sinais transmitidos na mesma frequência ou com frequências sobrepostas causam interferência entre si. Atualmente, existem pesquisas direcionadas para desenvolver o uso de frequências mais altas e minimizar a largura de banda necessária.

O uso do espectro é regulado pelos governos. Nos Estados Unidos, isso é feito pela FCC e pela NTIA e, em outros países, por agências equivalentes. Os padrões para os sistemas de comunicações especificam como a informação é transmitida e recebida. Os padrões são definidos por organizações independentes, como ANSI, EIA, ETSI, IEEE, ITU, IETF e TIA.

As quatro principais especialidades da eletrônica são a informática, a comunicação, o controle industrial e a instrumentação. Existem muitas oportunidades de trabalho no campo da comunicação eletrônica.

Questões

1. Qual século marcou o início da comunicação eletrônica?
2. Cite as quatro partes principais de um sistema de comunicação e desenhe um diagrama que mostre a relação entre eles.
3. Liste cinco tipos de mídia usados para comunicação e determine quais são os três mais usados.
4. Qual é o dispositivo usado para converter um sinal de informação para um formato compatível com o meio no qual será transmitido?
5. Qual é a parte de um equipamento que recebe um sinal de comunicação a partir do meio e recupera o sinal de informação original?
11. Qual é o nome dado à informação original ou aos sinais de informação que são transmitidos diretamente pelo meio de comunicação?
12. Cite os dois formatos nos quais um sinal de informação pode se apresentar.
13. Qual é o outro nome dado à comunicação unidirecional?
14. Qual é o outro nome dado à comunicação bidirecional simultânea? Apresente três exemplos.
15. Qual é o termo usado para descrever a comunicação bidirecional na qual uma parte transmite

Problemas

Os estudantes fazem uma verificação dos objetivos com a resolução dos problemas que seguem os exemplos. As respostas dos problemas selecionados se encontram no final do livro.

35. Cite cinco operações de processamento comuns que são realizadas por DSPs. Qual é provavelmente a mais comum implementada em aplicações DSP?
36. Descreva resumidamente a natureza da saída de um processador DSP que realiza a transformada discreta de Fourier ou a transformada rápida de Fourier.
37. Cite os dois tipos de filtros implementados com DSP e explique a diferença entre eles.
38. Que funções úteis são realizadas por um cálculo de FFT?

Problemas

1. Um sinal de vídeo contém variações de luz que mudam numa frequência tão alta quanto 3,5 MHz. Qual a frequência de amostragem mínima para uma conversão A/D? ◆
2. Um conversor a tem uma entrada binária de 12 bits. A tensão analógica de saída varia de 0 a 5 V. Quantos incrementos discretos de tensão existem e qual é o menor incremento de tensão?
3. Calcule o sinal falseado criado pela amostragem de um sinal de 5 kHz com uma taxa de amostragem de 8 kHz.
4. Calcule o ruído de quantização de um conversor A/D de 14 bits com uma faixa de tensão de 3 V.
5. Qual é o SINAD para um ADC de 15 bits?
6. Calcule o ENOB para um conversor com um SINAD de 83 dB.

◆ As respostas para os problemas selecionados estão após o último capítulo.

Raciocínio crítico

Existe um grupo de questões que exige do estudante um raciocínio crítico com base nos conhecimentos adquiridos em cada capítulo.

Raciocínio crítico

1. Liste os três principais tipos de serviços de comunicação que ainda não são digitais mas poderia ser e explique como as técnicas digitais poderiam ser aplicadas nestes serviços.
2. Explique como um receptor totalmente analógico processa o sinal analógico de uma transmissora de rádio AM.
3. Que tipo de conversor A/D funcionaria melhor para sinais de vídeo com uma frequência de até 5 MHz? Por quê?
4. Sob que condições a transferência serial de dados pode ser mais rápida que a paralela?

>> **capítulo 1**

Introdução à comunicação eletrônica

Objetivos deste capítulo

>> Explicar as funções dos três blocos principais de um sistema de comunicação eletrônica.

>> Descrever o sistema usado para classificar diferentes tipos de comunicação eletrônica e apresentar exemplos para cada um.

>> Discutir o papel da modulação e multiplexação ao facilitar a transmissão de um sinal.

>> Definir o espectro eletromagnético e explicar por que a natureza da comunicação eletrônica torna necessário regulamentá-lo.

>> Explicar a relação entre faixa de frequência e largura de banda e fornecer as faixas de frequência usadas desde a frequência de voz até as frequências ultra-altas de televisão.

>> Listar as principais ramificações do campo da comunicação eletrônica e descrever as qualificações necessárias para diferentes ocupações.

Quando?	Quem ou onde?	O quê?
1837	Samuel Morse	Invenção do telégrafo (patenteado em 1844).
1843	Alexander Bain	Invenção do fac-símile (ou fax).
1866	Estados Unidos e Inglaterra	O primeiro cabo telegráfico transatlântico previsto.
1876	Alexander Bell	Invenção do telefone.
1877	Thomas Edison	Invenção do fonógrafo.
1879	George Eastman	Invenção da fotografia.
1887	Heinrich Hertz (alemão)	Descoberta das ondas de rádio.
1887	Guglielmo Marconi (italiano)	Demonstração das comunicações sem fio (*wireless*) por ondas de rádio.
1901	Marconi (italiano)	Primeiro contato transatlântico feito via rádio.
1903	John Fleming	Invenção do retificador de dois eletrodos de tubo a vácuo (válvula termiônica).
1906	Reginald Fessenden	Invenção da modulação em amplitude; primeira comunicação eletrônica de voz demonstrada.
1906	Lee de Forest	Invenção da válvula de três eletrodos (triodo).
1914	Hiram P. Maxim	Fundação da liga americana de radioamadores (*American Radio Relay League* – ARRL), a primeira organização de radioamadores.
1920	KDKA Pittsburg	Primeira transmissão de rádio.
1923	Vladimir Zworykin	Invenção e demonstração da televisão.
1933-1939	Edwin Armstrong	Invenção do receptor super-heterodino e da modulação de frequência.
1939	Estados Unidos	Primeiro uso de uma comunicação bidirecional (*walkie-talkies*).
1940-1945	Britain, Estados Unidos	Invenção e aperfeiçoamento do radar (Segunda Guerra Mundial).
1948	John von Neumann e outros	Criação do primeiro programa armazenado em um computador digital eletrônico.
1948	Laboratórios Bell	Invenção do transistor.
1953	RCA/NBC	Primeira transmissão de TV a cores.
1958-1959	Jack Kilby (Texas Instruments) e Robert Noyce (Fairchild)	Invenção do circuito integrado.
1958-1962	Estados Unidos	Primeiro satélite de comunicação testado.
1961	Estados Unidos	Primeiro uso da faixa de rádio do cidadão.
1975	Estados Unidos	Primeiros computadores pessoais.
1977	Estados Unidos	Primeira utilização de um cabo de fibra óptica.
1983	Estados Unidos	Redes de telefonia móvel.
1990s	Estados Unidos	Adoção e crescimento das redes de computadores, incluindo redes locais (LANs – Local Area Networks). Sistema de posicionamento global (GPS – Global Positioning System) por satélite para navegação. A Internet e a World Wide Web (rede de computadores interligados pela linha telefônica no mundo inteiro).
2000-presente	Global	Terceira geração de telefones celulares digitais, redes locais sem fio, transmissão de rádio digital e comunicação por fibra óptica de 40 Gbps.

Figura 1-1 Marcos históricos da comunicação eletrônica.

O significado da comunicação humana

A COMUNICAÇÃO é o processo de troca de informação. As pessoas se comunicam para transmitir pensamentos, ideias e sentimentos umas para as outras. O processo de comunicação é inerente a toda vida humana e inclui material impresso, verbal, não verbal (linguagem corporal) e processos eletrônicos.

Duas das principais barreiras à comunicação humana são a linguagem e a distância. As barreiras linguísticas aumentam entre pessoas de diferentes culturas ou nacionalidades.

As longas distâncias são outro problema. A comunicação entre os seres humanos primitivos limitava-se a encontros face a face. A comunicação a longa distância foi realizada primeiramente por meio do envio de sinais simples, como batidas de tambores, buzinas e sinais de fumaça e, posteriormente, agitando bandeiras de sinalização (semáforos). Quando mensagens eram transmitidas de um local para outro, mesmo grandes distâncias podiam ser transpostas.

É BOM SABER

Os aparelhos de fax são usadas desde 1930. Essas primeiras máquinas foram usadas principalmente por serviços de notícias para transmitir fotografias usando o espaço livre ou ondas de rádio em vez de linhas telefônicas.

A distância até então alcançada pelas comunicações pôde ser ampliada pelo uso da palavra escrita. Durante muitos anos, as comunicações a longa distância foram limitadas ao envio de mensagens verbais ou escritas realizado a pé, a cavalo, por navios e, mais tarde, por trens.

A comunicação humana teve um grande salto no final do século XIX, quando foi descoberta a eletricidade e suas muitas aplicações foram exploradas. O telégrafo foi inventado em 1844, e o telefone, em 1876. As ondas de rádio foram descobertas em 1887 e demonstradas em 1895. A Figura 1-1 apresenta, em ordem cronológica, importantes marcos históricos da comunicação eletrônica.

As formas mais difundidas de comunicação eletrônica, tais como telefone, rádio, TV e Internet, aumentaram a nossa capacidade de compartilhar informações. A forma como fazemos as coisas e o sucesso do nosso trabalho e da vida pessoal estão diretamente relacionados à forma como nos comunicamos. Diz-se que agora a ênfase em nossa sociedade mudou da fabricação e produção em massa de bens para o acúmulo, o acondicionamento e a troca de informações. Atualmente vivemos na sociedade da informação, e a parte essencial dela é a comunicação. Sem as comunicações eletrônicas, não seríamos capazes de usar as informações disponíveis de maneira oportuna.

Este livro aborda as comunicações eletrônicas e como os princípios da eletrônica (componentes, circuitos, equipamentos e sistemas) facilitam e melhoram a nossa capacidade de nos comunicarmos. A velocidade da comunicação é crucial no nosso mundo, onde as coisas acontecem de forma muito rápida. Sentimos cada vez mais a necessidade de velocidades maiores. Uma vez que adotamos e nos acostumamos a uma forma de comunicação eletrônica, nós nos tornamos dependentes dos seus benefícios. Na realidade, não podemos nos imaginar vivendo e trabalhando sem ela. Tente imaginar o nosso mundo sem telefone, rádio, fax, televisão, celulares ou rede de computadores.

Sistemas de comunicação

Todo sistema de comunicação eletrônica tem um transmissor, um canal de comunicação (ou meio) e um receptor. Esses componentes básicos são ilustrados na Figura 1-2. O processo da comunicação inicia quando uma pessoa gera algum tipo de mensagem, dado ou outra informação que deve ser recebida por outros. Uma mensagem também pode ser gerada por um computador ou um processo eletrônico. Nos SISTEMAS DE COMUNICAÇÃO ELETRÔNICA, a mensagem é denominada INFORMAÇÃO ou sinal inteligente. Essa mensagem, na forma de um sinal eletrônico, alimenta o transmissor que, em seguida, transmite a mensagem através de um canal de comunicação. A mensagem é captada pelo receptor e retransmitida para outra pessoa. Ao longo do percurso, é adicionado ruído no canal de comunicação e no receptor. O termo RUÍDO é geralmente aplicado a qualquer fenômeno que degrada ou interfere na informação transmitida.

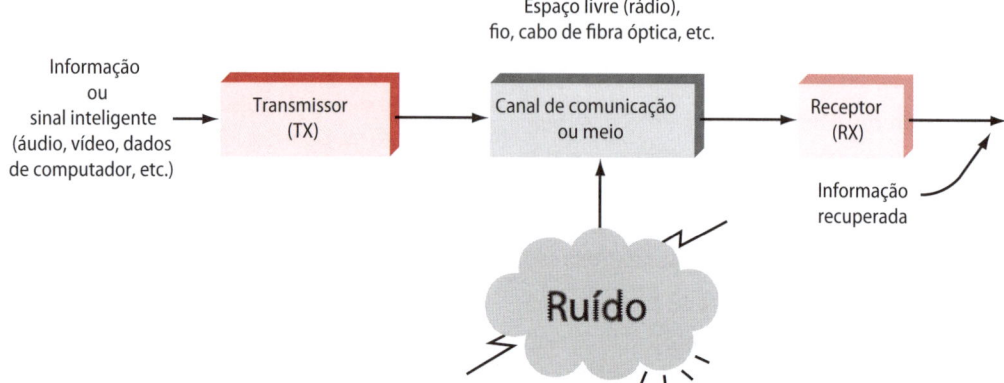

Figura 1-2 Modelo geral dos sistemas de comunicação.

» Transmissor

O primeiro passo para o envio de uma mensagem é convertê-la para a forma eletrônica adequada. No caso de mensagens de voz, é usado o microfone para converter o som em um sinal de ÁUDIO eletrônico. Para as imagens de TV, uma câmera converte a informação luminosa de uma cena em um sinal de vídeo. Em sistemas de computadores, a mensagem é digitada em um teclado e convertida em código binário, que pode ser armazenado em uma memória ou transmitido de forma serial. Os transdutores convertem características físicas (temperatura, pressão, intensidade luminosa e assim por diante) em sinais elétricos.

O TRANSMISSOR é uma coleção de componentes eletrônicos e circuitos projetado para converter o sinal elétrico em um sinal adequado para transmissão em um determinado meio de comunicação. Os transmissores são constituídos de osciladores, amplificadores, circuitos sintonizados e filtros, moduladores, misturadores, sintetizadores de frequência e outros circuitos. Geralmente, o sinal de informação original modula uma portadora senoidal de alta frequência gerada pelo transmissor, e essa combinação é aumentada em amplitude por um amplificador de potência, resultando em um sinal que é compatível com o meio de transmissão selecionado.

» Canal de comunicação

O CANAL DE COMUNICAÇÃO é o meio pelo qual o sinal eletrônico é enviado de um local para outro. Muitos tipos diferentes de meio são usados em sistemas de comunicação, incluindo fios condutores, cabos de fibra óptica e o espaço livre.

Condutores elétricos. Em sua forma mais simples, um meio pode ser simplesmente um par de fios que transporta um sinal de voz de um microfone para um fone de ouvido. Ele pode ser um cabo coaxial, como os que são usados para transportar os sinais de TV a cabo, ou um cabo de par trançado, usado em uma rede local (LAN – *Local Area Network*) de computadores pessoais.

Meio óptico. O meio de comunicação também pode ser um cabo de fibra óptica, que é um "tubo de luz" que transporta a mensagem em ondas luminosas. Este meio é muito usado atualmente para comunicação telefônica de longa distância e para Internet. A informação é convertida para o formato digital, que pode ser usado para ligar e desligar um diodo *laser* em altas velocidades. De forma alternativa, os sinais de áudio ou vídeo podem ser usados para variar a amplitude da luz.

Espaço livre. Quando o espaço livre é o meio de comunicação, o sistema resultante é conhecido como rádio. Também conhecido como COMUNICAÇÃO SEM FIO (*wireless*), o termo RÁDIO é geralmente aplicado a qualquer forma de comunicação sem fio de um ponto para outro. O rádio faz uso do espectro eletromagnético. Os sinais de informação são convertidos em campos elétrico e magnético, que se propagam quase instantaneamente pelo espaço livre por longas distâncias. As comunicações por meio de luz visível ou infravermelha também ocorrem no espaço livre.

Outros tipos de meios. Embora os meios mais usados sejam os cabos condutores e o espaço livre (rádio), outros tipos de meios são usados em sistemas de comunicações especiais. Por exemplo, no caso de um sonar, o meio usado é a água. Sonares passivos "ouvem" sons subaquáticos por meio de hidrofones sensíveis. Os sonares ativos usam uma técnica de reflexão de eco similar à usada em radar para determinar a distância dos objetos dentro d'água e em que direção eles se movem.

A própria terra pode ser usada como um meio de comunicação, porque ela conduz eletricidade e também pode transportar ondas de som de baixas frequências.

A rede CA (corrente alternada) de energia elétrica, que são os condutores elétricos que transportam a energia que alimenta praticamente todos os nossos aparelhos elétricos e eletrônicos, também pode ser usada como canal de comunicação. Os sinais transmitidos são simplesmente superpostos, ou adicionados, à tensão da rede elétrica. Essa operação é conhecida como TRANSMISSÃO POR CORRENTE PORTADORA. Ela é usada para alguns tipos de intercomunicadores para controle remoto de equipamentos elétricos e algumas redes locais (LANs).

» Receptores

Um RECEPTOR é uma coleção de componentes eletrônicos e circuitos que recebem uma mensagem transmitida a partir de um canal e a converte de volta para um formato compreensível por seres humanos. Os receptores contêm amplificadores, osciladores, misturadores, circuitos sintonizados, filtros e um demodulador, ou detector, que recupera o sinal de informação original a partir da portadora modulada. A saída dele é o sinal original que depois é lido ou exibido. Esse pode ser um sinal de voz enviado a um alto-falante, um sinal de vídeo que alimenta um monitor no qual é exibido ou um dado binário que é recebido por um computador e depois impresso ou exibido em um monitor de vídeo.

» Transceptores

A maioria dos sistemas de comunicação é bidirecional. Assim, os dois lados têm que ter um transmissor e um receptor. Como resultado, a maioria dos equipamentos de comunicação incorpora circuitos que enviam e recebem. Essas unidades normalmente são denominadas TRANSCEPTORES. Todos os circuitos do transmissor e do receptor são acondicionados em um único equipamento e, geralmente, compartilham alguns circuitos, como a fonte de alimentação. Telefones, aparelhos de fax, rádios portáteis para faixa do cidadão, telefones celulares e *modems* de computadores são exemplos de transceptores.

É BOM SABER

As erupções solares podem produzir tempestades de radiação ionizante que podem durar um ou mais dias. Essa ionização extra na atmosfera pode interferir nas comunicações, adicionando ruído às mesmas. As partículas ionizadas podem danificar ou mesmo desativar satélites de comunicação. As explosões mais graves, as de classe X, podem causar blecautes de rádio em todo o planeta.

» Atenuação

A ATENUAÇÃO, ou degradação, do sinal é inevitável, não importando o meio de transmissão. A atenuação é proporcional ao quadrado da distância entre transmissor e receptor. O meio também é seletivo em termos de frequência. Um determinado meio pode se comportar como um filtro passa-baixas para um sinal transmitido distorcendo pulsos digitais, além de reduzir bastante a amplitude dos mesmos em longas distâncias. Assim, é necessária uma amplificação do sinal, tanto no transmissor quanto no receptor, para uma transmissão bem-sucedida. Qualquer meio de comunicação também retarda a propagação do sinal para uma velocidade menor do que a velocidade da luz.

» Ruído

O ruído é mencionado neste momento porque ele é a maldição de todas as comunicações eletrônicas. Seu efeito é sentido no receptor em qualquer sistema de comunicação. Por isso, faremos uma abordagem em um momento mais apropriado, no Capítulo 9. Ainda que alguns ruídos possam ser filtrados, a forma geral para minimizar a produção de ruído é usar componentes que produzam menos ruído e baixar suas temperaturas. A medida do ruído é geralmente expressa em termos da relação sinal-ruído (SNR – *signal-to-noise rate*), que é a potência do sinal dividida pela potência do ruído, podendo ser expressa numericamente ou em termos de decibéis (dB). Obviamente, é desejável uma SNR muito alta para um melhor desempenho.

❯❯ Tipos de comunicação eletrônica

As *comunicações eletrônicas* são classificadas como (1) unidirecionais (*simplex*) ou bidirecionais (*full duplex* ou *half duplex*), e os sinais são classificados como (2) analógicos ou digitais.

❯❯ Simplex

A forma mais simples de comunicação eletrônica é a unidirecional, normalmente denominada COMUNICAÇÃO SIMPLEX. Alguns exemplos são mostrados na Figura 1-3. As formas mais comuns de comunicação *simplex* são as transmissões de rádio e de TV. Outro exemplo de comunicação unidirecional é a

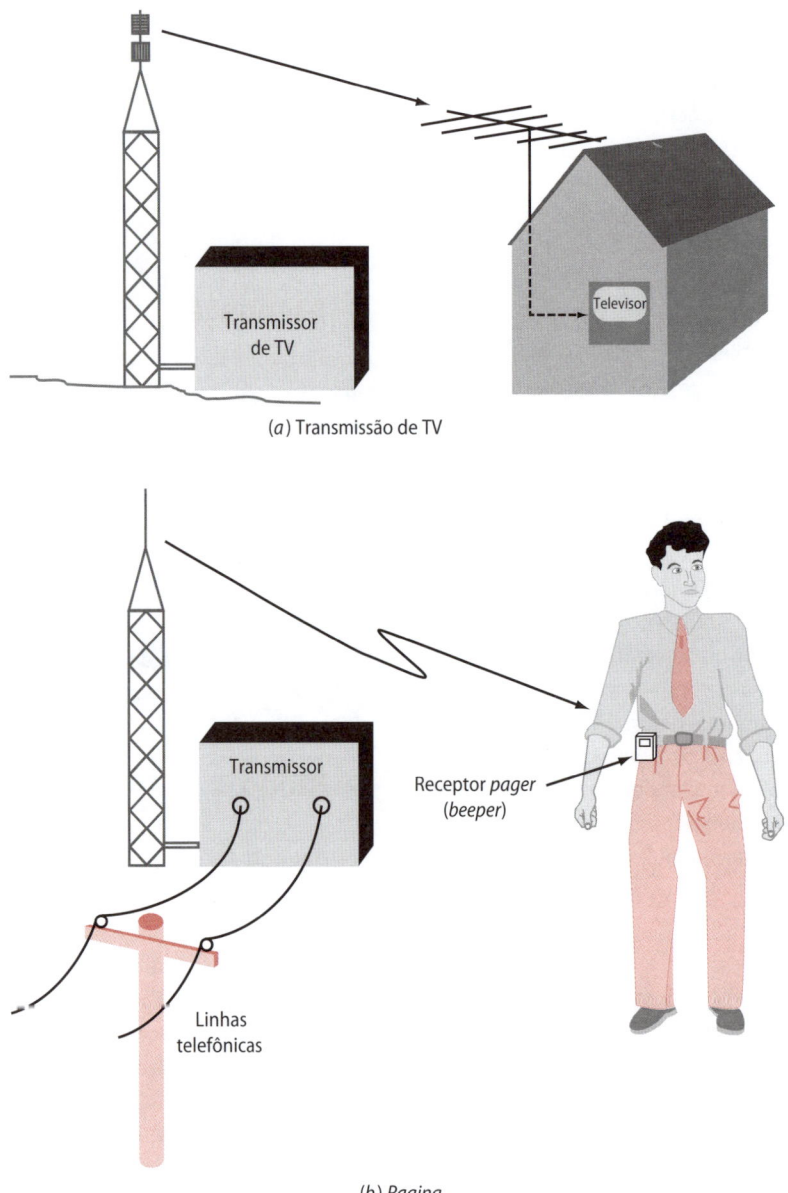

(a) Transmissão de TV

(b) Paging

Figura 1-3 Comunicação *simplex*.

transmissão via sistema de *paging* para um receptor pessoal (*beeper*).

» Full duplex

A maior parte da comunicação eletrônica é bidirecional, ou COMUNICAÇÃO DUPLEX. As aplicações *duplex* típicas são mostradas na Figura 1-4. Por exemplo, na comunicação via telefone, as pessoas podem falar e ouvir simultaneamente, conforme ilustra a Figura 1-4(*a*). Esse é o exemplo de uma COMUNICAÇÃO FULL DUPLEX.

» Half duplex

A forma da comunicação bidirecional na qual apenas uma parte transmite de cada vez é denominada de COMUNICAÇÃO HALF DUPLEX [veja a Fig. 1-4(*b*)]. A comunicação é bidirecional, mas os sentidos se alternam: as partes envolvidas na comunicação se revezam na transmissão e na recepção. A maior parte das comunicações de rádio, como as de uso militar, de bombeiros, policial, em aviões, em navios e outros serviços são comunicações *half duplex*. As comunicações na faixa do cidadão (CB – *citzen band*), rádio FRS (*family radio service*) e radioamador também são *half duplex*.

» Sinais analógicos

Um SINAL ANALÓGICO é uma tensão ou corrente que varia de forma suave e contínua. Alguns tipos de sinais analógicos são mostrados na Figura 1-5. Uma onda senoidal é um sinal analógico de frequência única. As tensões dos sinais de voz e vídeo são sinais analógicos que variam de acordo com o som ou com as variações de luz análogas às informações transmitidas.

» Sinais digitais

Os SINAIS DIGITAIS, em contraste com os analógicos, não variam continuamente, mas em degraus ou incrementos discretos. A maioria dos sinais digitais usa códigos binários, ou

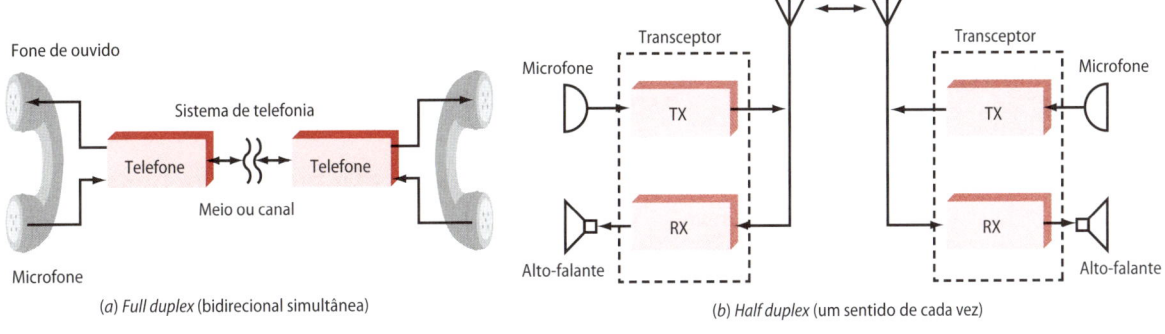

Figura 1-4 Comunicação *duplex*. (*a*) *Full duplex* (bidirecional simultânea). (*b*) *Half duplex* (um sentido de cada vez).

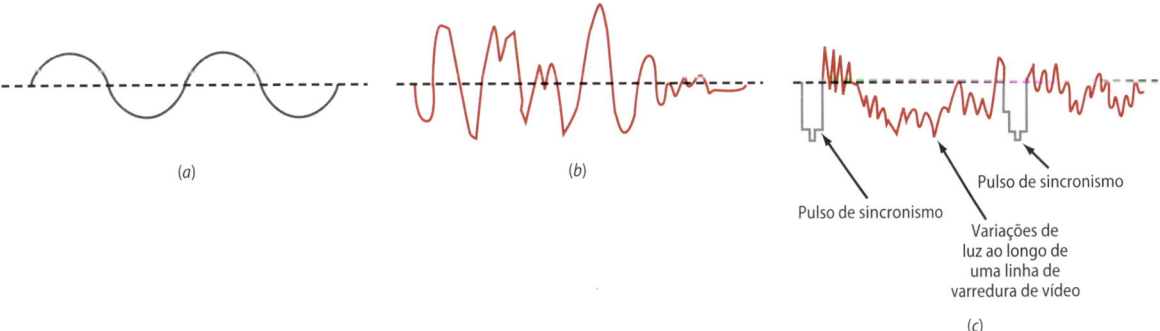

Figura 1-5 Sinais analógicos. (*a*) Onda senoidal, "tom". (*b*) Voz. (*c*) Sinal de vídeo (TV).

de dois estados. Alguns exemplos são mostrados na Figura 1-6. As primeiras formas de comunicação por fio ou por rádio usavam um tipo de código digital *on/off*. O telégrafo usa o código Morse, com seu sistema de sinais curtos e longos (pontos e traços), para representar letras e números [Fig. 1-6(*a*)]. Na radiotelegrafia, também conhecida como transmissão de onda contínua (CW – *continuous-wave*), um sinal senoidal é desligado e ligado em períodos curtos e longos para representar os pontos e traços. [Fig. 1-6(*b*)].

> **É BOM SABER**
>
> A multiplexação foi usada na indústria da música para criar o som estéreo. No rádio estéreo, dois sinais são transmitidos e recebidos, um para o canal de som esquerdo e o outro para o direito. (Para mais informações sobre multiplexação, visite o ambiente virtual de aprendizagem Tekne. Lá você encontrará um capítulo sobre o assunto.)

Os dados usados em computadores também são digitais. Os códigos binários que representam números, letras e símbolos especiais são transmitidos de forma serial por fio, rádio ou meio óptico. O código digital mais usado em comunicações é o Código Padrão Americano para Troca de Informações (**ASCII** – *Americam Standard Code for Information Interchange*) (pronuncia-se "askii"). A Figura 1-6(*c*) mostra um código binário serial.

Muitas transmissões são de sinais de origem digital, por exemplo, mensagens telegráficas e dados de computadores, mas que têm que ser convertidos para o formato analógico para se adequar ao meio de transmissão. Um exemplo é a transmissão de dados digitais pela rede telefônica que foi projetada para transportar apenas sinais de voz analógicos. Se os dados digitais forem convertidos para sinais analógicos, como tons na faixa de frequência de áudio, eles podem ser transmitidos pela rede telefônica.

Os sinais analógicos também podem ser transmitidos digitalmente. Atualmente é muito comum digitalizar sinais analógicos de voz e vídeo usando um conversor analógico-digital (A/D). Os dados também podem ser transmitidos de modo eficiente no formato digital e processados por computadores em outros circuitos digitais.

» Modulação e multiplexação

A modulação e a multiplexação são técnicas para transmissão eficiente de informações de um lugar para outro. A **MODULAÇÃO** torna o sinal de informação mais compatível com o meio, e a **MULTIPLEXAÇÃO** permite que mais de um sinal seja transmitido simultaneamente em um único meio. As técnicas de modulação e multiplexação são fundamentais para a comunicação eletrônica. Depois de ter dominado os fundamentos básicos dessas técnicas, você entenderá facilmente como funcionam os sistemas modernos de comunicação.

» Transmissão em banda base

Antes de serem transmitidos, os dados ou as informações devem ser convertidos em um sinal eletrônico compatível com

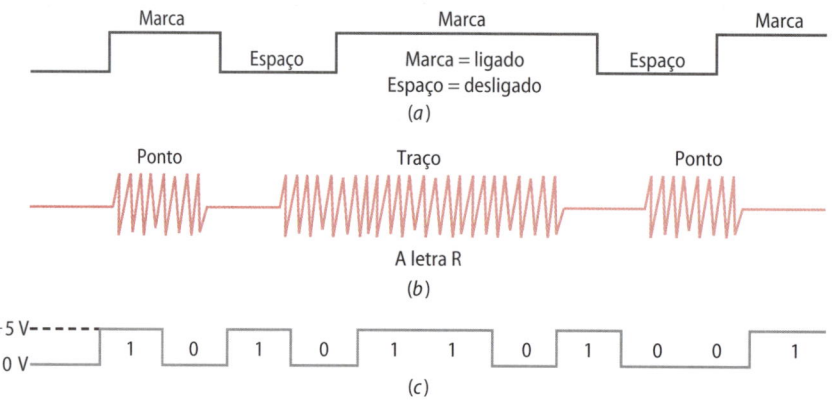

Figura 1-6 Sinais digitais. (*a*) Telégrafo (código Morse). (*b*) Código de onda contínua (CW). (*c*) Código binário serial.

o meio. Por exemplo, um microfone converte sinais de voz (ondas sonoras) em uma tensão analógica de frequência e amplitude variáveis. Em seguida, esse sinal passa, por meio de fios, para um alto-falante ou fone de ouvido. Essa é a maneira como o sistema de telefonia funciona.

Uma câmera de vídeo gera um sinal analógico que representa as variações de luz ao longo de uma linha de varredura da imagem. Esse sinal analógico é normalmente transmitido por meio de um cabo coaxial. Os dados binários são gerados por um teclado conectado a um computador. O computador armazena os dados e os processa. Em seguida, os dados são transmitidos por meio de cabos para periféricos, como uma impressora, ou para outros computadores em uma LAN. Independentemente de os dados ou informações originais serem analógicos ou digitais, todos eles são denominados sinais de banda base.

Em um sistema de comunicação, os sinais de informação em banda base podem ser enviados diretamente, sem modificação, através do meio ou podem ser usados para modular uma portadora a ser transmitida pelo mesmo. O ato de transmitir diretamente no meio os sinais de voz, vídeo ou digitais é denominado TRANSMISSÃO EM BANDA BASE. Por exemplo, em muitos sistemas de telefonia e intercomunicação, é o próprio sinal de voz que é colocado nos fios e transmitido ao longo de certa distância para o receptor. Em algumas redes de computadores, os sinais digitais são aplicados diretamente a um cabo coaxial ou de par trançado para serem transmitidos a outro computador.

Em muitos casos, os sinais em banda base são incompatíveis com o meio. Embora teoricamente seja possível transmitir sinais de voz diretamente via rádio, isso é, na realidade, impraticável. Assim, o sinal de informação em banda base, seja ele áudio, vídeo ou dados, é usado para modular um sinal de frequência maior denominado PORTADORA. As portadoras de maior frequência são radiadas no espaço de forma mais eficiente do que os próprios sinais de banda base. Esses sinais elétricos não guiados por fios consistem em campos elétricos e magnéticos. Esses sinais eletromagnéticos, capazes de se deslocarem no espaço por longas distâncias, também são conhecidos como ONDAS DE RADIOFREQUÊNCIA (RF), ou simplesmente como ondas de rádio.

» Transmissão em banda larga

A modulação é o processo no qual os sinais em banda base de voz, vídeo e dados digitais modificam outro sinal, de frequência maior, que é a portadora. O processo é ilustrado na Figura 1-7. Diz-se que o dado a ser enviado é *IMPRESSO* na portadora. Essa é, geralmente, uma onda senoidal gerada por um oscilador. A portadora é inserida em um circuito denominado modulador juntamente com o sinal de informação em banda base. O sinal de informação modifica a portadora de uma forma única. A portadora modulada é amplificada e enviada para a antena para ser transmitida. Esse processo é denominado TRANSMISSÃO EM BANDA LARGA (*broadband*).

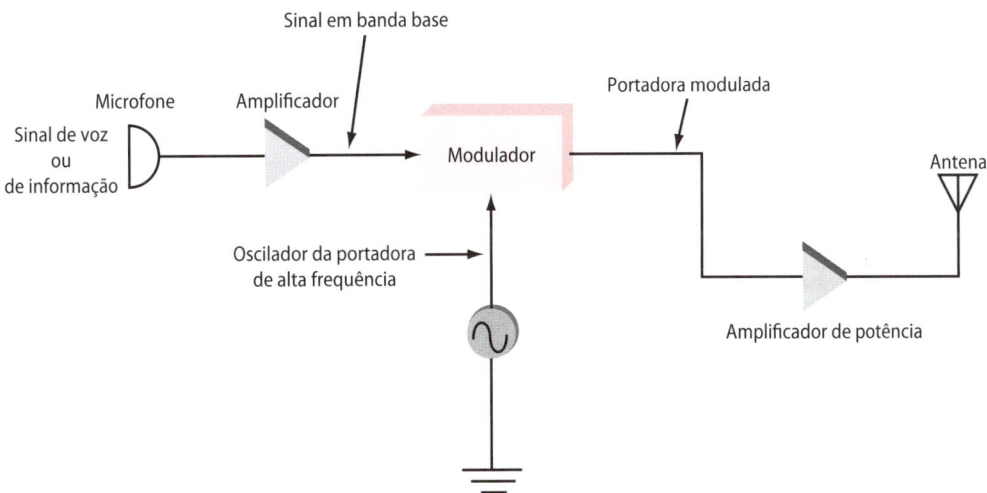

Figura 1-7 Modulação no transmissor.

Considere a expressão matemática comum para uma onda senoidal:

$$v = V_p \,\text{sen}\,(2\pi ft + \theta) \quad \text{ou} \quad v = V_p \,\text{sen}\,(\omega t + \theta)$$

onde v = valor instantâneo da tensão da onda senoidal
V_p = valor de pico da onda senoidal
f = frequência, Hz
ω = velocidade angular = $2\pi f$
t = tempo, s
$\omega t = 2\pi ft$ = ângulo, rad (360° = 2π rad)
θ = ângulo de fase

As três formas de fazer um sinal em banda base mudar a onda senoidal da portadora são: (1) variando sua amplitude, (2) variando sua frequência ou (3) variando seu ângulo de fase. Os dois métodos de modulação mais comuns são a **MODULAÇÃO EM AMPLITUDE** (**AM** – *amplitude modulation*) e a **MODULAÇÃO EM FREQUÊNCIA** (**FM** – *frequency modulation*). Em AM, o sinal de informação em banda base, denominado sinal modulante, varia a amplitude do sinal da portadora de frequência maior, como mostra a Figura 1-8(*a*). Ele faz variar o parâmetro V_p da equação. Em FM, o sinal de informação faz variar a frequência da portadora, como mostra a Figura 1-8(*b*). A amplitude da portadora permanece constante. A modulação em frequência faz variar o valor de *f* no primeiro termo do ângulo dentro dos parênteses. A variação no ângulo de fase produz a **MODULAÇÃO EM FASE** (**PM** – *phase modulation*). Nesse caso, o segundo termo dentro dos parênteses (θ) varia conforme o sinal de informação. A modulação em fase produz modulação em frequência; portanto, o sinal PM é similar em aparência a uma portadora modulada em frequência. Dois exemplos comuns de transmissão de dados digitais que fazem uso da modulação são mostrados na Figura 1-9. Na Figura 1-9(*a*), os dados são convertidos em tons que variam em frequência. Essa modulação é denominada **CHAVEAMENTO DE FREQUÊNCIA** (**FSK** – *frequency-shift keying*). Na Figura 1-9(*b*), o dado introduz um deslocamento de fase de 180º. Essa modulação é denominada **CHAVEAMENTO DE FASE** (**PSK** – *phase-shift keying*). Os dispositivos denominados **MODEMS** (*m*odulador-*dem*odulador) convertem os dados de digitais para analógicos e vice-versa. Tanto FM quanto PM são formas de modulação angular.

No receptor, a portadora com o sinal de informação é amplificada e, em seguida, demodulada para extrair o sinal em banda báse original. Outro nome para o processo de demodulação é detecção. (Veja a Fig. 1-10.)

» Multiplexação

O uso da modulação também permite que outra técnica, denominada multiplexação, seja usada. A multiplexação é o processo que permite a dois ou mais sinais compartilhar o mesmo meio ou canal (veja a Fig. 1-11). Um multiplexador converte

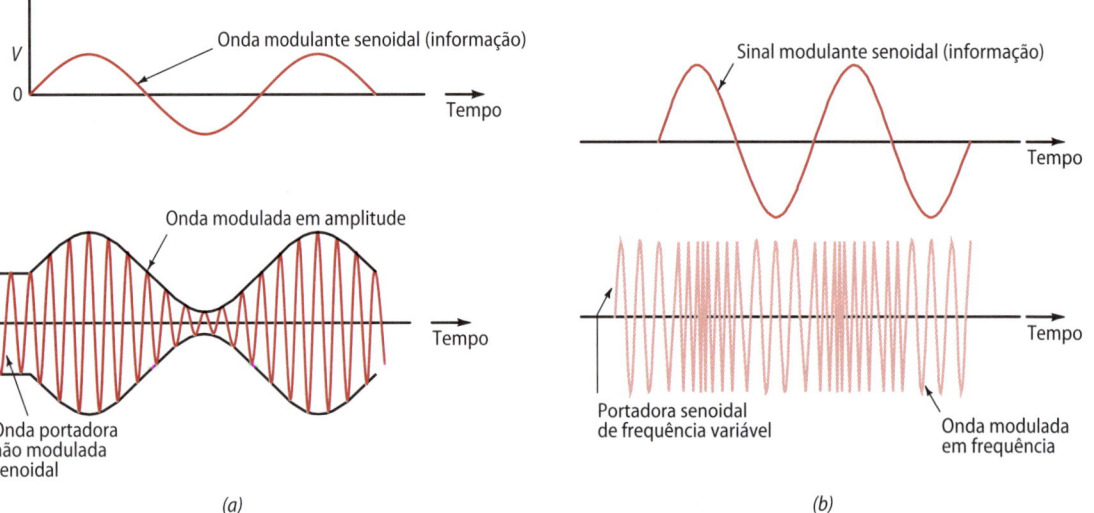

Figura 1-8 Tipos de modulação. (*a*) Modulação em amplitude. (*b*) Modulação em frequência.

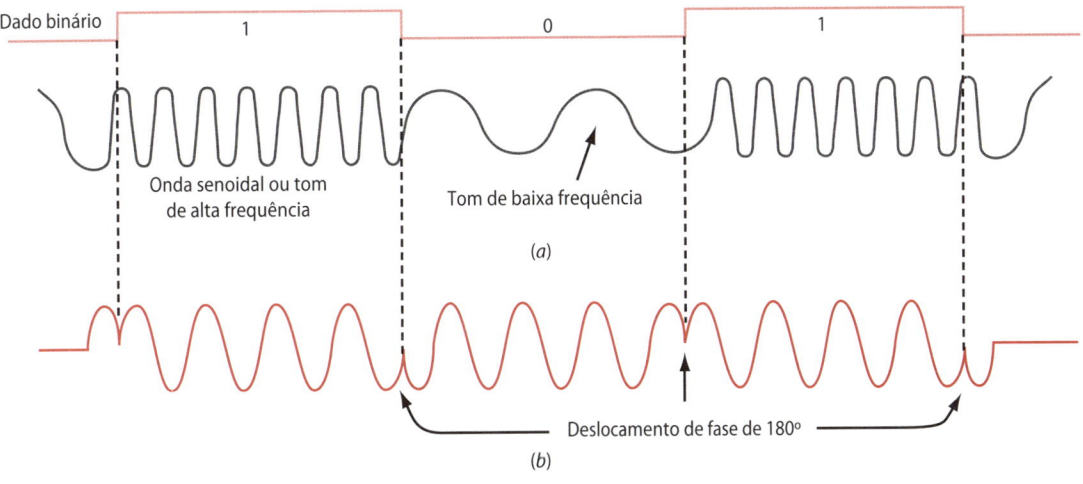

Figura 1-9 Transmissão de dado binário em formato analógico. (*a*) FSK. (*b*) PSK.

o sinal em banda base individual em um sinal composto que é usado para modular uma portadora no transmissor. No receptor, o sinal composto é recuperado no demodulador e, em seguida, enviado ao demultiplexador, onde os sinais em banda base individuais são regenerados (veja a Fig. 1-12).

Existem três tipos básicos de multiplexação: divisão de frequência, divisão de tempo e divisão de código. Na **MULTIPLEXAÇÃO POR DIVISÃO DE FREQUÊNCIA**, os sinais de informação modulam a portadora. Em redes ópticas, a multiplexação por divisão de comprimento de onda (WDM – *wavelength division multiplexing*) é equivalente à multiplexação por divisão de frequência para o sinal óptico. Na **MULTIPLEXAÇÃO POR DIVISÃO DE TEMPO**, os sinais de informação são amostrados sequencialmente, e uma pequena parte de cada um é usada para modular a portadora. Se os sinais de informação forem amostrados com a rapidez necessária, serão transmitidos detalhes suficientes para que o sinal na saída do receptor seja reconstruído com grande precisão. Na multiplexação por divisão de código, os sinais a serem transmitidos são convertidos para dados digitais, que são codificados individualmente de forma única com um código binário mais rápido. Os sinais modulam uma portadora na mesma frequência. Todos usam o mesmo canal de comunicação simultaneamente. A codificação de forma única é usada no receptor para selecionar o sinal desejado.

» Espectro eletromagnético

As ondas eletromagnéticas são sinais que oscilam; ou seja, as amplitudes dos campos elétrico e magnético variam em uma frequência específica. As intensidades de campo flutuam para cima e para baixo, e a polaridade se inverte um determinado número de vezes por segundo. As ondas eletromagnéticas variam senoidalmente. As frequências dessas ondas são medidas em ciclos por segundo (cps) ou hertz (Hz). Essas

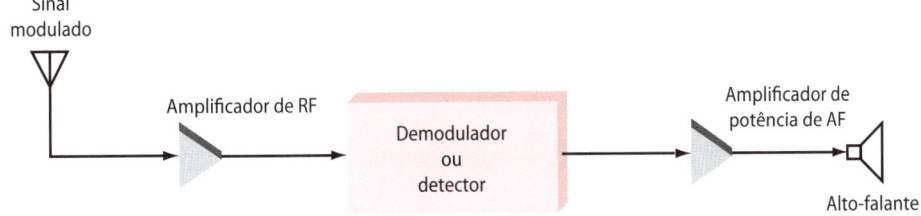

Figura 1-10 Recuperação do sinal de informação no receptor.

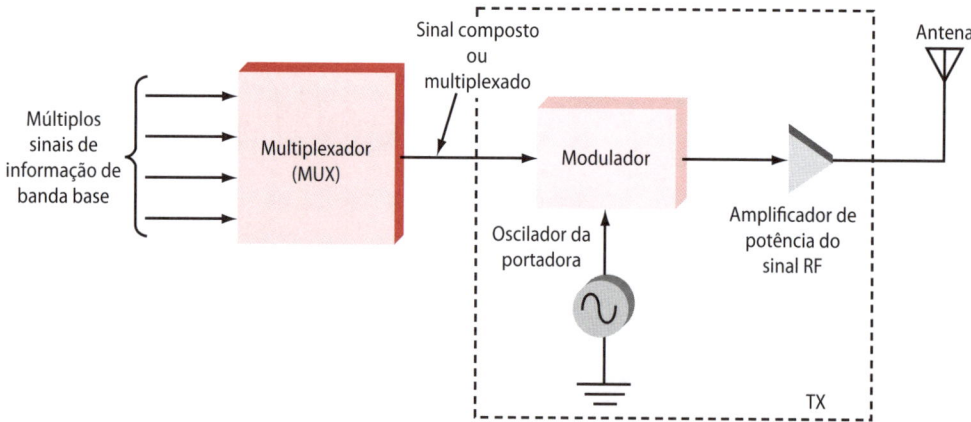

Figura 1-11 Multiplexação no transmissor.

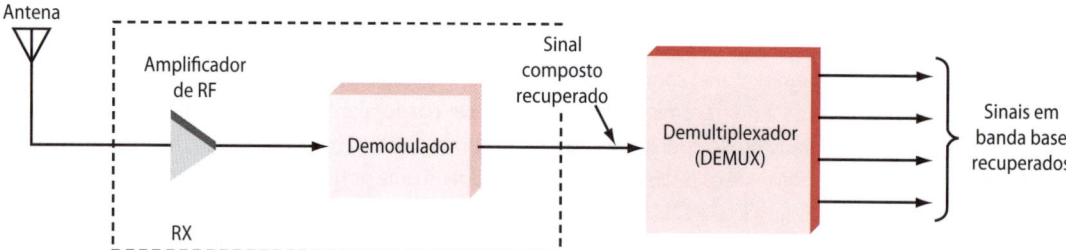

Figura 1-12 Demultiplexação no receptor.

oscilações podem ocorrer desde frequências muito baixas até frequências extremamente altas. A gama de sinais eletromagnéticos que abrange todas as frequências é conhecida como ESPECTRO ELETROMAGNÉTICO.

Todos os sinais elétricos e eletrônicos que radiam no espaço livre fazem parte do espectro eletromagnético. Não estão incluídos os sinais transportados por cabos. Esses sinais podem partilhar as mesmas frequências de sinais similares do espectro, porém eles não são sinais de rádio. A Figura 1-13 ilustra todo o espectro eletromagnético, mostrando tanto a frequência como o comprimento de onda. Dentro da faixa média, estão localizadas as frequências de rádio mais comuns usadas em comunicação bidirecional, TV, telefonia celular, LANs *wireless**, radar entre outras aplicações. Na extremidade superior do espectro, encontram-se o infravermelho e a luz visível. A Figura 1-14 mostra uma lista dos segmentos do espectro geralmente usados para comunicação eletrônica.

» Frequência e comprimento de onda

Um determinado sinal é localizado no espectro de frequências de acordo com sua frequência e seu comprimento de onda.

Frequência. FREQUÊNCIA é o número de vezes que um fenômeno particular ocorre em um determinado período de tempo. Em eletrônica, frequência é o número de ciclos de uma onda repetitiva que ocorre em um determinado período de tempo. Um ciclo consiste em duas inversões na polaridade de uma tensão, corrente ou oscilações do campo eletromagnético. Os ciclos se repetem formando uma onda contínua repetitiva. A frequência é medida em ciclos por segundo (cps). Em eletrônica, a unidade de frequência é o hertz, em homenagem ao físico alemão Heinrich Hertz, que

---
* N. de T.: O termo em inglês *wireless* (sem fio) é bastante usado.

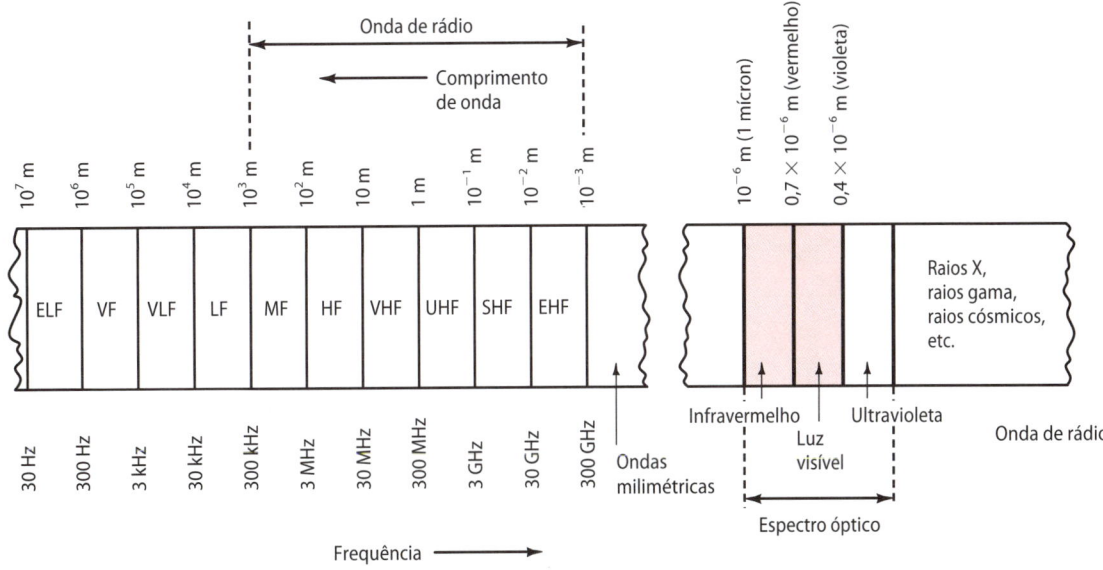

Figura 1-13 O espectro eletromagnético.

foi um pioneiro no campo do eletromagnetismo. Um ciclo por segundo é igual a um hertz, abreviado por Hz. Portanto, 440 cps = 440 Hz.

A Figura 1-15(a) mostra uma onda de tensão senoidal. Um ciclo é formado por uma alternância positiva e uma negativa. Se ocorrerem 2.500 ciclos em 1 s, a frequência será 2.500 Hz.

Nome	Frequência	Comprimento de onda
Frequências extremamente baixas (ELFs – *extremely low frequencies*)	30–300 Hz	10^7–10^6 m
Frequências de voz (VFs – *voice frequencies*)	300–3000 Hz	10^6–10^5 m
Frequências muito baixas (VLFs – *very low frequencies*)	3–30 kHz	10^5–10^4 m
Frequências baixas (LFs – *low frequencies*)	30–300 kHz	10^4–10^3 m
Frequências médias (MFs – *medium frequencies*)	300 kHz–3 MHz	10^3–10^2 m
Frequências altas (HFs – *high frequencies*)	3–30 MHz	10^2–10^1 m
Frequências muito altas (VHFs – *very high frequencies*)	30–300 MHz	10^1–1 m
Frequências ultra-altas (UHFs – *ultra high frequencies*)	300 MHz–3 GHz	1–10^{-1} m
Frequências superaltas (SHFs – *super high frequencies*)	3–30 GHz	10^{-1}–10^{-2} m
Frequências extremamente altas (EHFs – *extremely high frequencies*)	30–300 GHz	10^{-2}–10^{-3} m
Infravermelho	–	0,7–10 µm
Espectro visível (luz)	–	0,4–0,8 µm

Unidades de medida e abreviações:
kHz = 1.000 Hz
MHz = 1.000 kHz = 1×10^6 = 1.000.000 Hz
GHz = 1.000 MHz = 1×10^6 = 1.000.000 kHz
= 1×10^9 = 1.000.000.000 Hz
m = metro
µm = micrômetro (mícron) = $\frac{1}{1.000.000}$ m = 1×10^{-6} m

Figura 1-14 O espectro eletromagnético usado em comunicação eletrônica.

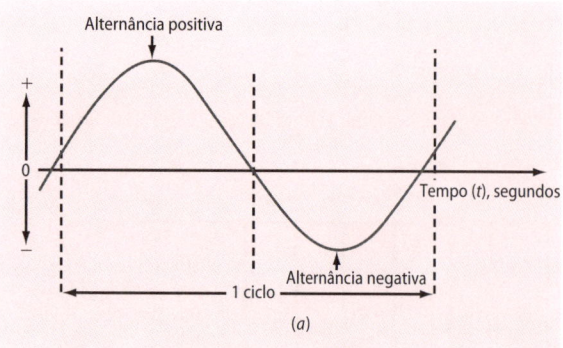
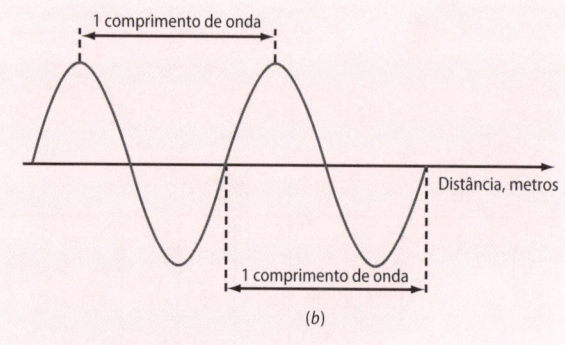

Figura 1-15 Frequência e comprimento de onda. (*a*) Um ciclo. (*b*) Um comprimento de onda.

PIONEIROS DA ELETRÔNICA

Em 1887, o físico alemão Heinrich Hertz foi o primeiro a demonstrar o efeito da radiação eletromagnética no espaço. A distância de transmissão foi de apenas alguns pés, mas essa transmissão provou que as ondas de rádio podem se deslocar de um lugar para outro sem a necessidade de qualquer conexão por fios. Hertz também provou que as ondas de rádio, embora invisíveis, deslocam-se com a mesma velocidade que as ondas de luz. (Grob/Schultz, *Basic Electronics*, 9ª edição, Glencoe/McGraw-Hill, 2003, p.4)

Os prefixos que representam potências de 10 são geralmente usados para expressar frequências. Os prefixos mais usados são:

$$k = \text{quilo} = 1.000 = 10^3$$
$$M = \text{mega} = 1.000.000 = 10^6$$
$$G = \text{giga} = 1.000.000.000 = 10^9$$
$$T = \text{tera} = 1.000.000.000.000 = 10^{12}$$

Portanto, 1.000 Hz = 1kHz (quilohertz). Uma frequência de 9.000.000 Hz geralmente é expressa como 9 MHz (megahertz). Um sinal com uma frequência de 15.700.000.000 Hz é escrito como 15,7 GHz (gigahertz).

Comprimento de onda. COMPRIMENTO DE ONDA (*wave length*) é a distância ocupada por um ciclo de uma onda e é geralmente expresso em metros. Um metro (m) é igual a 39,37 polegadas (um pouco mais de 3 pés ou de 1 jarda). O comprimento de onda é medido entre pontos idênticos em ciclos sucessivos de uma onda, como mostra a Figura 1-15(*b*).

Se o sinal for uma onda eletromagnética, um comprimento de onda será a distância que um ciclo ocupará no espaço livre. Ele é a distância entre picos ou vales adjacentes dos campos elétrico e magnético que constituem a onda.

O comprimento de onda também é a distância percorrida por uma onda eletromagnética durante o tempo de um ciclo. As ondas eletromagnéticas se deslocam à velocidade da luz, ou seja, 299.792.800 m/s. Geralmente, a velocidade da luz e das ondas de rádio no vácuo ou no ar é arredondada para 300.000.000 m/s (3×10^8 m/s), ou 186 milhas por segundo. Em média, a velocidade da transmissão em um cabo é menor.

O comprimento de onda de um sinal, representado pela letra grega λ (lambda), é calculado dividindo-se a velocidade da luz pela frequência f da onda em hertz: $\lambda = 300.000.000/f$. Por exemplo, o comprimento de onda de um sinal de 4.000.000 Hz é

$$\lambda = 300.000.000/4.000.000 = 75 \text{ m}$$

Se a frequência for expressa em megahertz, a fórmula pode ser simplificada para λ (m) = 300/f(MHz) ou λ (pés) = 984 f(MHz)

Um sinal de 4.000.000 Hz pode ser expresso como 4 MHz. Portanto, $\lambda = 300/4 = 75$ m.

Um comprimento de onda de 0,697 m, como na segunda equação no Exemplo 1-1, é identificado como o COMPRIMENTO DE ONDA DE UM SINAL **VHF**. Os comprimentos de onda de frequências muito altas (VHF) são algumas vezes expressos em centímetros (cm). Como 1 m é igual a 100 cm, podemos expressar o comprimento de onda de 0,697 m no Exemplo 1-1 como 69,7 cm ou, aproximadamente, 70 cm.

EXEMPLO 1-1

Determine os comprimentos de onda de um sinal de (a) 150 MHz, (b) 430 MHz, (c) 8 MHz e (d) 750 kHz.

a. $\lambda = \dfrac{300.000.000}{150.000.000} = \dfrac{300}{150} = 2$ m

b. $\lambda = \dfrac{300}{430} = 0{,}697$ m

c. $\lambda = \dfrac{300}{8} = 37{,}5$ m

d. Para Hz (750 kHz = 750.000 Hz):

$$\lambda = \dfrac{300.000.000}{750.000} = 400 \text{ m}$$

Para MHz (750 kHz = 0,75 MHz):

$$\lambda = \dfrac{300}{0{,}75} = 400 \text{ m}$$

Se o comprimento de onda de um sinal for conhecido ou puder ser medido, a frequência do sinal pode ser calculada rearranjando a fórmula $f = 300/\lambda$. Nesse caso, f está em megahertz, e λ, em metros. Como exemplo, um sinal com um comprimento de onda de 14,29 m tem uma frequência de $f = 300/14{,}29 = 21$ MHz.

EXEMPLO 1-2

Um sinal com um comprimento de onda de 1,5 m tem uma frequência de

$$f = \dfrac{300}{1{,}5} = 200 \text{ MHz}$$

EXEMPLO 1-3

Um sinal percorre uma distância de 75 pés no período de tempo que ele leva para completar um ciclo. Qual é a sua frequência?

$$1 \text{ m} = 3{,}28 \text{ pés}$$

$$\dfrac{75 \text{ pés}}{3{,}28} = 22{,}86 \text{ m}$$

$$f = \dfrac{300}{22{,}86} = 13{,}12 \text{ MHz}$$

EXEMPLO 1-4

Os picos máximos de uma onda eletromagnética estão separados por uma distância de 8 pol. Qual é a frequência em MHz dessa onda? E qual é a frequência dela em GHz?

$$1 \text{ m} = 39{,}37 \text{ pol}$$

$$8 \text{ pol} = \dfrac{8}{39{,}37} = 0{,}203 \text{ m}$$

$$f = \dfrac{300}{0{,}203} = 1.477{,}8 \text{ MHz}$$

$$\dfrac{1.477{,}8}{10^3} = 1{,}4778 \text{ GHz}$$

» Faixas de frequências de 30 Hz a 300 GHz

Para fins de classificação, o espectro de frequências eletromagnético é dividido em segmentos, conforme mostra a Figura 1-13. As características dos sinais e as aplicações para cada segmento são discutidas nos parágrafos a seguir.

Frequências extremamente baixas. As FREQUÊNCIAS EXTREMAMENTE BAIXAS (**ELF**s – *extremely low frequencies*) estão na faixa de 30 a 300 Hz. Essa faixa inclui as frequências da rede elétrica (50 e 60 Hz são mais comuns), bem como as frequências na parte inferior da faixa audível do ser humano.

Frequências de voz. As FREQUÊNCIAS DE VOZ (**VF**s – *voice frequencies*) estão na faixa de 300 a 3.000 Hz. Esta é a faixa normal da voz humana. Embora a audição humana se estenda, aproximadamente de, 20 a 20.000 Hz, a maior parte da inteligibilidade do som ocorre na faixa VF.

Frequências muito baixas. As FREQUÊNCIAS MUITO BAIXAS (**VLF**s – *very low frequencies*) se estendem de 9 a 30 kHz e incluem a extremidade superior da faixa de audição humana, que se situa aproximadamente entre 15 e 20 kHz. Muitos instrumentos musicais produzem sons nessa faixa bem, como nas faixas ELF e VF. A faixa VLF também é usada em algumas comunicações governamentais e militares. Por exemplo, a transmissão de rádio VLF é usada pela marinha para se comunicar com submarinos.

Frequências baixas. As frequências baixas (**LF**s – *low frequencies*) estão na faixa de 30 a 300 kHz. Os principais serviços de comunicação que usam essa faixa são os das navegações aéreas e marítimas. As frequências nessa faixa também são usadas como subportadoras, sinais que são modulados por informações de banda base. Geralmente, são somadas duas ou mais subportadoras, e a combinação é usada para modular a portadora de frequência alta final.

Frequências médias. As frequências médias (**MF**s – *medium frequencies*) se encontram na faixa de 300 a 3.000 kHz (0,3 a 3 MHz). A principal aplicação de frequências nessa faixa é a transmissão de rádio AM (535 a 1.605 kHz). Nessa faixa se encontram outras aplicações de comunicação da marinha e da aeronáutica.

Frequências altas. As frequências altas (**HF**s – *high frequencies*) se encontram na faixa de 3 a 30 MHz. Geralmente, essas frequências são conhecidas como ondas curtas. Todos os tipos de transmissão *simplex* e half *duplex* bidirecional de comunicação de rádio se encontram nessa faixa. A transmissão da *Voice of America* e da *British Broadcasting Company* estão nessa faixa. Os serviços do governo e militar usam essas frequências para comunicações bidirecionais. Um exemplo é a comunicação diplomática entre embaixadas. O radioamador e a comunicação na faixa do cidadão (CB) também ocorrem nessa parte do espectro.

Frequências muito altas. As frequências muito altas (**VHF**s – *very high frequencies*) englobam a faixa de 30 a 300 MHz. Essa faixa de frequência popular é usada por muitos serviços, incluindo o rádio móvel, as comunicações da marinha e da aeronáutica, a transmissão de rádio FM (88 a 108 MHz) e os canais de TV de 2 a 13. Os radioamadores também têm várias bandas nessa faixa de frequência.

Frequências ultra-altas. As frequências ultra-altas (**UHF**s – *ultrahigh frequencies*) englobam a faixa de 300 a 3.000 MHz. Essa faixa também é uma parte muito usada do espectro de frequências. Ela inclui os canais de TV UHF de 14

Com três filhos servindo no exterior durante a Segunda Guerra Mundial, a família Rubis, de Muse, Pensilvânia, ouvia o programa de rádio dominical do Presidente Roosevelt em 1943.

a 67 e é usada para comunicação móvel terrestre e serviços como telefonia celular, bem como em comunicações militares. Alguns radares e serviços móveis de comunicação ocupam essa parte do espectro de frequência, e os radioamadores também têm bandas nessa faixa.

Micro-ondas e SHFs. As frequências entre 1.000 MHz (1 GHz) e 30 GHz são denominadas MICRO-ONDAS. Os fornos de micro-ondas geralmente operam em 2,45 GHz. As FREQUÊNCIAS SUPERALTAS (SHFs – *superhigh frequencies*) estão na faixa de 3 a 30 GHz. Essas frequências de micro-ondas são muito usadas em satélites de comunicação e radares. As redes locais (LAN) *wireless* também ocupam essa região.

Frequências extremamente altas. As FREQUÊNCIAS EXTREMAMENTE ALTAS (EHFs - *extremely high frequencies*) se estendem de 30 a 300 GHz. Os sinais eletromagnéticos com frequências maiores do que 30 GHz são conhecidos como ONDAS MILIMÉTRICAS. Os equipamentos usados para gerar e receber sinais nessa faixa são extremamente complexos e caros, mas o uso dessa faixa é crescente em comunicações telefônicas via satélite, dados de computador e alguns radares especializados.

Frequências entre 300 GHz e o espectro óptico. Esta parte do espectro é praticamente sem uso. Ela está entre a parte de RF e a óptica. A falta de componentes de *hardware* impede a sua utilização.

» Espectro óptico

Logo acima da região de ondas milimétricas está o que denominamos ESPECTRO ÓPTICO, a região ocupada pelas ondas de luz. Existem três tipos diferentes de ondas de luz: infravermelha, visível e ultravioleta.

Infravermelho. A REGIÃO DO INFRAVERMELHO está entre as frequências de rádio mais altas (ou seja, as ondas milimétricas) e a parte visível do espectro eletromagnético. O infravermelho ocupa a faixa entre aproximadamente 0,1 milímetro (mm) e 700 nanômetros (nm), ou de 100 a 0,7 micrômetros (μm). Um micrômetro é um milionésimo de um metro. Os comprimentos de onda do infravermelho geralmente são dados em micrômetros ou nanômetros.

A radiação infravermelha é geralmente associada com calor. O infravermelho é produzido por lâmpadas incandescentes, nosso corpo e qualquer equipamento físico que gere calor.

Os sinais infravermelhos também podem ser gerados por tipos especiais de diodos emissores de luz (LEDs) e lasers.

Os sinais de infravermelho são usados em vários tipos especiais de comunicação. Por exemplo, o infravermelho é usado em astronomia para detectar estrelas e outros corpos celestes no universo e para orientação em sistemas de armas, em que o calor irradiado por aviões ou mísseis pode ser detectado por sensores de infravermelho e usados para guiar mísseis ao alvo. O infravermelho também é usado na maioria das unidades de controle remoto de TVs, em que sinais especiais codificados são transmitidos por um LED de infravermelho para um receptor na TV com a finalidade de trocar o canal, ajustar o volume e realizar outras funções. O infravermelho é a base para algumas das mais novas LANs *wireless* e para toda a comunicação via fibra óptica.

Os sinais infravermelhos têm muitas das propriedades dos sinais no espectro visível. Os dispositivos ópticos, como lentes e espelhos, são usados para processar e manipular sinais infravermelhos, e a luz infravermelha é o sinal que geralmente se propaga em cabos de fibra óptica.

O espectro visível. Logo acima da região infravermelha está o ESPECTRO VISÍVEL, que chamamos de LUZ. A luz é um tipo especial de radiação eletromagnética que tem um comprimento de onda na faixa de 0,4 a 0,8 μm (400 a 800 nm). Os comprimentos de onda da luz são geralmente expressos em termos de angstroms (Å). Um angstrom é um milésimo de um micrômetro; por exemplo, 1 Å = 10^{-10} m. A faixa visível é de aproximadamente 8.000 Å (vermelho) a 4.000 Å (violeta). O vermelho é uma luz de frequência relativamente baixa, ao passo que o violeta é de frequência alta, ou seja, uma luz de comprimento de onda pequeno.

> **É BOM SABER**
>
> Embora seja caro construir uma rede de fibra óptica ou *wireless*, o atendimento a cada usuário adicional gera uma boa relação custo-benefício. Quanto mais usuários uma rede tiver, menor será o custo total.

A luz é usada para diversos tipos de comunicação. As ondas luminosas podem ser moduladas e transmitidas por fibras ópticas, assim como os sinais elétricos podem ser transmitidos por fios. A maior vantagem dos sinais de onda de luz é que a sua frequência muito alta confere a eles a capacidade lidar com uma quantidade enorme de informações. Ou seja, a largura de banda dos sinais em banda base pode ser muito grande.

Os sinais de luz também podem ser transmitidos através do espaço livre. Vários tipos de sistemas de comunicação foram criados usando um *laser* que gera um feixe de luz em uma frequência visível específica. Os *lasers* geram um feixe de luz extremamente estreito que pode ser facilmente modulado com voz, vídeo e dados de computador.

Ultravioleta. A **LUZ ULTRAVIOLETA (UV)** abrange a faixa de aproximadamente 4 a 400 nm. É essa luz gerada pelo Sol que provoca insolação. Ela também é gerada pelas lâmpadas de vapor de mercúrio e alguns outros tipos de lâmpadas, como as fluorescentes e as solares. A luz ultravioleta não é usada para comunicação; seu principal uso é médico.

Acima da região visível estão os raios X, raios gama e raios cósmicos. Todos esses exemplos são formas de radiação eletromagnética, mas eles não figuram nos sistemas de comunicação e não são abordadas neste livro.

» *Largura de banda*

A **LARGURA DE BANDA** (***BW** – bandwidth*) é a parte do espectro eletromagnético ocupada por um sinal. Ela também é a faixa de frequência ao longo da qual um receptor ou outros circuitos eletrônicos operam. Mais especificamente, a largura de banda é a diferença entre os limites de frequência superior e inferior do sinal ou a faixa de operação do equipamento. A Figura 1-16 mostra a largura de banda da faixa de frequência de voz, de 300 a 3.000 Hz. A frequência superior é f_2, e a frequência inferior é f_1. A largura de banda é, portanto,

$$BW = f_2 - f_1$$

EXEMPLO 1-5

Uma faixa de frequência específica começa em 902 MHz e vai até 928 MHz. Qual a largura dessa faixa (banda)?

$$f_1 = 902 \text{ MHz} \qquad f_2 = 928 \text{ MHz}$$
$$BW = f_2 - f_1 = 928 - 902 = 26 \text{ MHz}$$

EXEMPLO 1-6

Um sinal de TV ocupa uma largura de banda de 6 MHz. Se o limite de frequência inferior do canal 2 for 54 MHz, qual será o limite de frequência superior?

$$BW = 54 \text{ MHz} \qquad f_1 = 6 \text{ MHz}$$
$$BW = f_1 - f_2$$
$$f_2 = BW + f_1 = 6 + 54 = 60 \text{ MHz}$$

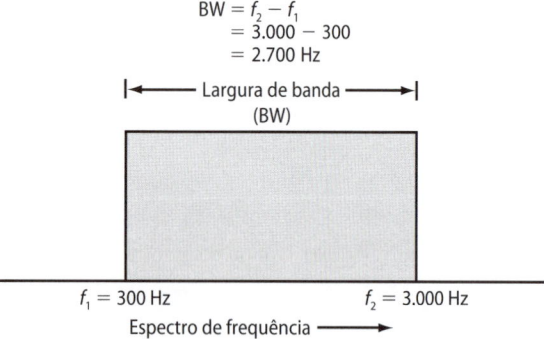

Figura 1-16 Largura de banda é a faixa de frequência na qual os equipamentos operam ou a parte do espectro ocupada pelo sinal. Esta é a largura de banda da frequência de voz.

» **Largura de banda do canal**

Quando a informação é modulada em uma portadora situada em algum lugar do espectro eletromagnético, o sinal resultante ocupa uma pequena porção do espectro em torno da frequência da portadora. O processo de modulação faz surgir outros sinais, denominados **BANDAS LATERAIS**, que são as frequências geradas acima e abaixo da frequência da portadora por um valor igual à frequência modulante. Por exemplo, na transmissão AM, podem ser transmitidos sinais de áudio de até 5 kHz. Se a frequência da portadora for de 1.000 kHz, ou 1 MHz, e a frequência modulante for 5 kHz, as banda laterais serão produzidas em 1.000 − 5 = 995 kHz e em 1.000 + 5 = 1.005 kHz. Em outras palavras, o processo de modulação gera outros sinais que ocupam uma parte do espectro. Não é apenas a portadora de 1.000 kHz que é transmitida. Portanto, o termo largura de banda se refere à faixa de frequência que contém a informação. O termo **LARGURA DE BANDA DO CANAL** se refere à faixa de frequências necessária para transmitir a informação desejada.

A largura de banda do sinal AM descrita anteriormente é a diferença entre a maior e a menor frequências transmitidas: BW = 1.005 kHz – 995 kHz = 10 kHz. Neste caso, a largura de banda do canal é 10 kHz. Portanto, um sinal de transmissão AM ocupa uma fatia de 10 kHz do espectro.

Naturalmente, sinais transmitidos na mesma frequência, ou em frequências sobrepostas, interferem uns nos outros. Portanto, há um número limitado de sinais que pode ser transmitido no espectro de frequência. Como as atividades de comunicação têm crescido ao longo dos anos, existe uma demanda contínua de mais canais de frequência nos quais a comunicação possa ser transmitida. Isso tem provocado um impulso para o desenvolvimento dos equipamentos que operam em frequências maiores. Antes da Segunda Guerra Mundial, as frequências acima de 1 GHz eram praticamente sem uso, visto que não havia componentes eletrônicos disponíveis para gerar sinais nessas frequências. Mas os desenvolvimentos tecnológicos ao longo dos anos têm nos disponibilizado muitos componentes de micro-ondas, como *klystrons*, *magnetrons* e guias de onda e, atualmente, transistores, circuitos integrados e outros dispositivos semicondutores que trabalham na faixa de micro-ondas.

» Mais espaço na faixa superior

O benefício do uso de frequências maiores para portadoras em sistemas de comunicação é que o sinal de uma determinada largura de banda representa uma porcentagem menor do espectro em altas frequências em comparação com as frequências menores. Por exemplo, em 1.000 kHz, o sinal AM de 10 kHz de largura discutido anteriormente representa 1% do espectro:

$$\% \text{ do espectro} = \frac{10 \text{ kHz}}{1.000 \text{ kHz}} \times 100 = 1\%$$

Porém, em 1 GHz, ou 1.000.000 kHz, o sinal representa apenas 1 milésimo de 1%:

$$\% \text{ do espectro} = \frac{10 \text{ kHz}}{1.000.000 \text{ kHz}} \times 100 = 0,001\%$$

Na prática, isso significa que existem muito mais canais de 10 kHz em altas frequências do que em baixas. Em outras palavras, existe mais espaço no espectro para sinais de informação em altas frequências.

PIONEIROS DA ELETRÔNICA

A Federal Communications Commission (FCC)* foi criada em 1934 para regular as comunicações interestaduais e internacionais. A principal função da FCC é alocar as bandas de frequências e definir as limitações de potência de transmissão para diferentes tipos de operação de rádio e TV. A FCC também monitora as transmissões para detectar operação não licenciadas e violações técnicas. Além das estações de rádio e TV, a FCC certifica cerca de 50 milhões de transmissores operados por indivíduos, empresas, navios, aviões, serviços de emergência e sistemas de telefonia. As políticas da FCC são definidas por cinco conselheiros que são nomeados pelo presidente para mandatos de 5 anos.

As frequências mais altas também permitem o uso de sinais de maior largura de banda. Um sinal de TV, por exemplo, ocupa uma largura de banda de 6 MHz. Esse tipo de sinal não pode ser usado para modular uma portadora nas faixas de MF ou HF porque ocuparia todo o espaço disponível no espectro. Os sinais de TV são transmitidos nas faixas de VHF ou UHF do espectro, nas quais há espaço suficiente disponível.

Atualmente, praticamente todo o espectro desde aproximadamente 30 kHz a 300 MHz é utilizado. Algumas áreas e partes do espectro não são muito utilizadas, mas, em sua maior parte, o espectro é ocupado com frequências ativas de todos os tipos geradas em todo o mundo. Existe uma disputa enorme por essas frequências, não apenas entre empresas, indivíduos e serviços governamentais em portadoras individuais, mas também entre diferentes países. O espectro eletromagnético é um dos nossos recursos naturais mais preciosos. Por isso, a engenharia das comunicações se dedica a fazer o melhor uso desse espectro finito. Uma considerável quantidade de esforços é direcionada para o desenvolvimento de técnicas de comunicação que minimizem a largura de banda necessária para transmitir uma determinada informação e, portanto, conservar o espaço do espectro. Isso proporciona mais espaço para canais adicionais e permite a outros serviços ou usuários uma oportunidade de se favorecer dele. Muitas das técnicas discutidas mais adiante neste livro envolvem um esforço para minimizar a largura de banda de transmissão.

---

* N. de T.: FCC é um órgão dos Estados Unidos. No Brasil, o órgão que cumpre um papel equivalente é a ANATEL.

» Gestão do espectro

Os governos dos Estados Unidos e de outros países reconheceram cedo que o espectro de frequência era um recurso natural finito e valioso e, assim, criaram agências para controlar seu uso. Nos Estados Unidos, o Congresso aprovou a Lei das Comunicações em 1934. Essa lei e suas várias emendas estabelecem regulações para o uso do espectro. Ela também criou a Comissão Federal de Comunicações (FCC – Federal Communications Comission), um organismo regulador cuja função é alocar espaço no espectro, emitir licenças, definir padrões e fiscalizar o uso do mesmo. A FCC controla todas as comunicações de telefonia e rádio nos Estados Unidos e, em geral, regula todas as emissões eletromagnéticas. A ADMINISTRAÇÃO NACIONAL DAS TELECOMUNICAÇÕES E INFORMAÇÃO (NTIA – National Telecommunications and Information Administration) realiza uma função similar para os serviços militares e do governo. Outros países têm organizações similares.

A UNIÃO INTERNACIONAL DE TELECOMUNICAÇÕES (ITU – International Telecommunications Union), uma agência das nações unidas sediada em Genebra, Suíça, reúne 189 países membros, que se encontram em intervalos regulares para promover a cooperação e a negociação dos interesses nacionais. As Conferências Mundiais Administrativas de Rádio são reuniões típicas dessa agência e são realizadas, aproximadamente, a cada dois anos. Vários comitês da ITU definem padrões para diversas áreas no campo das comunicações. A ITU reúne vários países para discutir como o espectro de frequência deve ser divido e compartilhado. Devido aos diversos sinais gerados no espectro não serem transportados a longas distâncias, os países podem usar as frequências simultaneamente sem interferência. Por outro lado, algumas faixas do espectro de frequência podem transportar sinais ao redor do mundo. Como resultado, os países têm que negociar entre si o uso das diversas faixas do espectro de frequências altas para evitar interferências mútuas.

» Padrões

Os PADRÕES são especificações e orientações que as empresas e os indivíduos seguem para garantir a compatibilidade entre os equipamentos de transmissão e recepção nos sistemas de comunicações. Embora os conceitos de comunicação sejam simples, existem, obviamente, muitas formas de enviar e receber informação. Uma variedade de métodos é usada para modular, multiplexar e processar a informação a ser transmitida. Se cada sistema usasse métodos diferentes criados pelos seus engenheiros projetistas, eles seriam incompatíveis entre si e não poderiam se comunicar. No mundo real, os padrões são estabelecidos e seguidos de modo que, quando um equipamento for projetado e construído, a compatibilidade seja garantida. O termo usado para descrever a capacidade do equipamento de um fabricante ser compatível com um equipamento de outro é INTEROPERABILIDADE.

Os padrões são descrições detalhadas dos princípios de funcionamento, projetos para construção e métodos de medição que definem os equipamentos de comunicação. Algumas das especificações abordadas são os métodos de modulação, frequência de operação, métodos de multiplexação, tamanhos de palavras e formatos de bits, velocidades de transmissão de dados, métodos de codificação de linha e tipos de cabos e conectores. Esses padrões são definidos e mantidos por diversas organizações sem fins lucrativos ao redor do mundo. Os comitês constituídos de pessoas provenientes da indústria e da academia se reúnem para definir e acordar sobre padrões que serão publicados para que outros possam usar. Outros comitês revisam e melhoram os padrões ao longo do tempo, conforme a necessidade.

No trabalho na área de comunicações, encontramos regularmente muitos padrões diferentes. Por exemplo, existem padrões para transmissão telefônica a longa distância, telefonia digital, redes locais e *modems* de computador. A lista a seguir é de organizações que mantêm padrões para sistemas de comunicação. Para obter informações mais detalhadas (em inglês), acesse o *site* correspondente.

American National Standards Institute (ANSI) – www.ansi.org

Electronic Industries Alliance (EIA) – www.eia.org

European Telecommunications Standards Institute (ETSI) – www.etsi.org

Institute of Electrical and Electronics Engineers (IEEE) – www.ieee.org

International Telecommunications Union (ITU) – www.itu.int

Internet Engineering Task Force (EITF) – www.ietf.org

Telecommunications Institute of America (TIA) – www.tiaonline.org

A FCC dos Estados Unidos lida tanto com o governo como com consumidores. Ela tem foco especial em seis pontos de interesse mais importantes:

Segurança interna do país. Proteger as telecomunicações, banda larga e infraestrutura de comunicação.

Banda larga. Incentivar a rápida disponibilização para usuários de telecomunicações de banda larga comutada de alta velocidade para voz, dados, gráficos e vídeo.

Televisão digital. Trabalhar com a indústria para acelerar a transição para TVD.

Reforma da FCC. Tentar ser um *bureau* tão eficiente quanto possível. Recentemente, a FCC acrescentou um grupo de comunicação e uma divisão sobre a concorrência da telefonia fixa.

Propriedade das mídias. Promover a propriedade da mídia que estimula a diversidade, o regionalismo e a competição no mercado.

Política do espectro. Dar suporte à inovação e ao uso eficiente e flexível do espectro, incluindo questões como proteção à interferência, comunicação efetivamente segura e políticas internacionais para o espectro.

» Um panorama de aplicações em comunicações

As aplicações de técnicas eletrônicas para comunicação são tão comuns e universais que já nos familiarizamos com a maioria delas. Usamos o telefone, ouvimos o rádio e assistimos à TV. Usamos também outras formas de comunicação eletrônica, como telefone celular, radioamador, rádios na faixa do cidadão e FRS, pagers, correio eletrônico e controle remoto abrir o portão para da garagem. A Figura 1-17 apresenta as principais aplicações de comunicação eletrônica.

SIMPLEX (UNIDIRECIONAL)

1. *Transmissão de rádio AM e FM*. As estações de rádio transmitem músicas, notícias, previsões do tempo e programas para entretenimento e informação. Esta transmissão inclui as ondas curtas.
2. *Rádio digital*. Existe tanto via satélite como via terrestre. A programação do rádio é transmitida em formato digital.
3. *Transmissão de TV*. As estações de TV transmitem entretenimento, informação e programas educacionais por ondas de rádio.
4. *Televisão digital (TVD)*. As transmissões via ondas de rádio da programação de TV são realizadas por métodos digitais, tanto via satélite como via terrestre; por exemplo, a TV de alta definição (HDTV) e a TV por IP (IPTV).
5. *TV a cabo*. Filmes, eventos esportivos e outros programas são distribuídos para assinantes por meio de cabos coaxiais e de fibra óptica.
6. *Fax (ou fac-símile)*. Transmissão de um material impresso por meio da linha telefônica. Um fax é um aparelho que escaneia um documento e o converte em sinais eletrônicos que são enviados pelo sistema de telefonia para reprodução em forma impressa a partir de outro aparelho de fax. Os faxes também podem ser enviados a partir de um computador.
7. *Controle remoto sem fio*. Esta categoria inclui um dispositivo que controla qualquer dispositivo remoto por meio de ondas de rádio ou de infravermelho. Como exemplos, temos mísseis, satélites, robôs, brinquedos e veículos ou plantas remotas ou, ainda, estações. Podemos citar também um dispositivo de entrada sem teclado remoto, o portão da garagem com comando remoto e o controle remoto do aparelho de TV, entre outros exemplos.
8. *Serviços de paging*. Um sistema de rádio é usado para enviar "recados" para as pessoas, geralmente relacionados ao trabalho. As pessoas transportam um pequeno receptor alimentado por bateria que capta os sinais de uma estação de *paging* local que recebe uma solicitação por telefone para notificar determinadas pessoas.
9. *Serviços de navegação e radiogoniometria*. Estações especiais transmitem sinais que podem ser captados por receptores com a finalidade de identificar o local exato (latitude e longitude) e determinar a direção e/ou distância de uma estação. Estes sistemas empregam tanto satélites quanto estações em terra. Os serviços são usados principalmente por barcos, navios ou aviões, embora estejam sendo desenvolvidos sistemas para carros e caminhões. O sistema de posicionamento global (GPS) que emprega 24 satélites é o mais usado atualmente.
10. *Telemetria*. Medidas são transmitidas a longas distâncias. Os sistemas de telemetria usam sensores para determinar condições físicas (temperatura, pressão, vazão, tensão, frequência, etc.) em um local remoto. Os sensores modulam uma portadora que é enviada por fio ou por ondas de rádio para um receptor remoto que armazena ou mostra os dados para análise. Como exemplos, podemos citar satélites, foguetes, gasodutos, usinas e fábricas.
11. *Radioastronomia*. Os sinais de rádio, incluindo o infravermelho, são emitidos por praticamente todos os corpos celestes, como as estrelas e os planetas. Com o uso de grandes antenas direcionais e receptores sensíveis de alto ganho, esses sinais podem ser captados e usados para traçar mapas estelares e estudar o universo. A radioastronomia é uma alternativa e um suplemento à atual astronomia óptica.
12. *Vigilância*. Este termo significa monitoramento discreto ou "espionagem". As técnicas eletrônicas são muito usadas por forças policiais, governos, militares, empresas e indústria, entre outros, para coletar informações com a finalidade de obter alguma vantagem competitiva. As técnicas incluem escuta telefônica ("grampo"), um pequeno microfone sem fio implantado no telefone, estações de escuta clandestina e investigação de aviões e satélites.
13. *Serviços de música*. Músicas de fundo contínuas são transmitidas para consultórios médicos, lojas, elevadores, entre outros, por estações locais de rádio FM em subportadoras de alta frequência especiais que não podem ser captadas por receptores FM convencionais.
14. *Rádio e vídeo via Internet*. Música e vídeo são fornecidos por um computador via Internet.

DUPLEX (BIDIRECIONAL)

15. *Telefone*. A comunicação verbal entre pessoas é transmitida ao longo de uma ampla rede de telefonia por todo o mundo empregando fios, fibras ópticas, ondas de rádio e satélites.

    a. Telefones sem fio fornecem comunicações *wireless* de curta distância para comodidade de deslocamento.

    b. Telefones celulares fornecem uma comunicação sem fio por todo o mundo via aparelhos portáteis e estações base e, também, por meio do sistema de telefonia fixa. Além das comunicações de voz, o telefone celular envia *e-mail*, acessa à Internet, usa serviço de mensagem instantânea e reproduz vídeos e jogos.

    c. Telefone via Internet, conhecido como voz sobre IP (VoIP), usa serviços de transmissão de alta velocidade (cabo, DSL, *wireless*, fibra) pela Internet para prover comunicação de voz digital.

    d. Telefone via satélite usa satélites de baixa órbita para prover um serviço de voz por todo o mundo a partir de qualquer local remoto em terra.

Figura 1-17 Aplicações de comunicação eletrônica.

16. *Rádio bidirecional*. As comunicações comerciais, industriais e do governo são transmitidas entre veículos, aparelhos de mão e estações base. Os exemplos incluem polícia, bombeiros, táxi, serviços florestais, empresas de caminhões, aeronaves, marinha, forças armadas e governo.

17. *Radar*. Uma forma especial de comunicação que pode usar sinais de micro-ondas refletidos com a finalidade de detectar navios, aviões e mísseis e determinar extensão, direção e velocidade. A maioria dos radares é usada em aplicações militares, mas aviões civis e serviços da marinha também os usam. A polícia usa o radar para detectar a velocidade de veículos e comparar com os limites de velocidade.

18. *Sonar*. Na comunicação submarina, os sinais em banda base audíveis usam a água como meio de transmissão. Os submarinos e os navios usam o sonar para detectar a presença de submarinos inimigos. O sonar passivo usa receptores de áudio para captar sons da água, hélice, entre outros. O sonar ativo é como um radar submarino que faz uso da reflexão de um pulso de ultrassom transmitido para determinar direção, extensão e velocidade de um alvo submarino.

19. *Radioamador*. Essa atividade é um passatempo para pessoas interessadas em comunicação via rádio. As pessoas podem se tornar operadoras de radioamador licenciadas e operar equipamentos de rádio bidirecional para se comunicar com outros radioamadores.

20. *Rádio do cidadão*. O rádio na faixa do cidadão (CB) é um serviço especial que qualquer pessoa pode usar para comunicação pessoal. A maioria dos rádios CB é usada em caminhões e carros para troca de informações sobre as condições de tráfego, *blitz* de trânsito e emergências.

21. *FRS* (*family radio service*). Esta é uma comunicação pessoal bidirecional com unidades portáteis e de curtas distâncias (<2 milhas, ou 3 km).

22. *Internet*. As interconexões em todo o mundo via redes de fibra óptica, empresas de telecomunicações, empresas de TV a cabo, provedores de serviços de Internet e outros provedores da rede mundial (WWW) acessam milhões de *sites*, páginas e correio eletrônico (*e-mail*).

23. *Redes de longa distância (WANs)*. Redes de fibra óptica em todo o mundo fornecem telefonia de longa distância e serviços de Internet.

24. *Redes metropolitanas (MANs)*. Redes de computadores transmitem em uma área geográfica específica, como o *campus* de um colégio, as instalações de uma empresa ou uma cidade. Normalmente elas são implementadas com cabos de fibra óptica, mas também podem ser usados cabos coaxiais ou *wireless*.

25. *Redes locais (LANs)*. Interconexões com fios (ou *wireless*) de computadores pessoais (PCs), *laptops*, servidores ou computadores *mainframe* dentro de um escritório ou prédio com a finalidade de acesso a *e-mail* ou à Internet ou o compartilhamento de armazenamento em massa, de periféricos, dados e *software*.

Figura 1-17 *Continuação*

» Empregos e carreiras na indústria da comunicação

A indústria eletrônica é dividida em quatro grandes especializações. A maior delas em termos de pessoas envolvidas e do valor dos equipamentos comprados é o setor das comunicações, seguido de perto pelo setor de informática. Os setores de controle industrial e instrumentação são consideravelmente menores. Centenas de milhares de trabalhadores estão no setor das comunicações, e bilhões de dólares em equipamentos são gastos a cada ano. A taxa de crescimento varia de um ano para outro, dependendo da economia, dos desenvolvimentos tecnológicos, entre outros fatores. Porém, como na maioria das áreas da eletrônica, o setor de comunicações tem crescido ao longo dos anos, criando uma oportunidade de emprego relativamente constante. Se o seu interesse está nesse setor, você ficará contente ao saber que existem muitas oportunidades de emprego e carreira a longo prazo. A próxima seção descreve os tipos de empregos disponíveis e os principais empregadores.

» Tipos de empregos

As duas principais ocupações técnica disponíveis no setor de comunicações são engenheiros e técnicos.

Engenheiros. Engenheiros projetam equipamentos e sistemas de comunicações. Eles podem ter os graus de bacharelado, especialista ou doutorado (Ph.D.) em engenharia elétrica, com uma intensa fundamentação em ciências e matemática combinada com uma educação especializada em circuitos e sistemas eletrônicos. Os engenheiros trabalham a partir de especificações e criam novos equipamentos ou sistemas que, posteriormente, são fabricados.

Muitos engenheiros têm o grau de bacharelado em tecnologias eletrônicas obtido em uma faculdade ou universidade. Os títulos mais comuns nos Estados Unidos são o de bacharel em tecnologia (B.T.), bacharel em tecnologia de engenharia (B.E.T.) e bacharel em ciências em tecnologia de engenharia (B.S.E.T.).*

Os programas de bacharelado em tecnologia nos Estados Unidos são, algumas vezes, programas de extensão de dois anos. Com esses dois anos a mais, que são necessários para o grau de bacharel em tecnologia, os estudantes cursam disciplinas adicionais mais complexas de eletrônica juntamente com disciplinas de ciências, matemática e humanas. A principal diferença entre a graduação de bacharel em tecnologia e a em engenharia é que o tecnólogo geralmente tem mais atividades práticas do que o engenheiro. Os profissionais com o título de bacharel em tecnologia podem, geralmente, projetar equipamentos e sistemas eletrônicos, mas não têm um maior aprofundamento em matemática analítica e ciências que é necessário para projetos mais complexos. Entretanto, os bacharéis em tecnologia são geralmente contratados como engenheiros. Embora muitos deles trabalhem com projetos, outros são contratados para postos de engenheiros na fabricação e em serviços de campo em vez de projetos.

Alguns engenheiros se especializam em projetos, outros trabalham com fabricação, teste, controle de qualidade e gerenciamento, entre outras áreas. Os engenheiros também podem fazer serviço de campo, instalação e manutenção de sistemas e equipamentos complexos. Se o seu interesse é voltado para projetos de sistemas de comunicação, então você deve buscar formação em engenharia.

Embora uma licenciatura em engenharia elétrica seja, geralmente, o requisito mínimo para que os engenheiros comecem a trabalhar na maioria das organizações, pessoas com outras formações (p. ex., física e matemática) podem ocupar cargos de engenharia. Técnicos com educação adicional e experiência adequada podem também ocupar cargos de engenharia.

Técnicos. Nos Estados Unidos, os TÉCNICOS têm algum tipo de educação de nível superior em eletrônica obtida em uma escola técnica ou vocacional, um colégio comunitário ou um instituto técnico. Muitos técnicos se formam em programas de treinamento militar. A maioria dos técnicos tem, em média, dois anos de educação pós-secundária formal e uma graduação associada. As graduações são associadas a artes (A.A.), ciências (A.S.), ciências em tecnologia de engenharia ou tecnologia de engenharia eletrônica (A.S.E.T. ou A.S.E.E.T.) e ciências aplicadas (A.A.S.). Esta última graduação, A.A.S., tende a abordar mais assuntos profissionais relacionados ao trabalho; as graduações associadas a artes e a ciências são mais gerais, idealizadas para prover uma base que permita uma transferência para um programa de bacharelado. Os técnicos com uma graduação associada a partir de um colégio comunitário geralmente podem transferir-se para o bacharelado de um programa de tecnologia e completar a graduação de bacharel em mais dois anos. Entretanto, os profissionais com graduação associada geralmente não po-

A venda de produtos técnicos é um grande negócio. A personalização de produtos para celulares oferece opções como cor do painel frontal, toques musicais e outros acessórios, como fones de ouvido.

---

* N. de T.: No Brasil, os níveis dos cursos superiores são: tecnólogo e engenharia, classificados como graduação; especialização e MBA, classificados ainda como *lato sensu*; mestrado e doutorado, como *stricto sensu*.

dem se transferir para um programa de graduação em engenharia, devendo, literalmente, começar tudo de novo se a carreira de engenharia for a escolhida.

Na maioria das vezes, os técnicos são contratados para atividades de serviços. Normalmente, o trabalho envolve a instalação de equipamentos, identificação de defeitos e reparos, ensaios e medições, manutenção e adaptações ou operação. Os técnicos com essas funções são denominados *TÉCNICOS DE CAMPO*, *ENGENHEIROS DE CAMPO* ou *REPRESENTANTES TÉCNICOS*.

Os técnicos também podem estar envolvidos em atividades de engenharia. Os engenheiros podem trabalhar com um ou mais técnicos que apoiem os projetos de equipamentos. Eles podem construir e desenvolver protótipos e, em muitos casos, realmente participar do projeto de equipamentos. Uma grande parte do trabalho envolve testes e medições. Nessas atividades, os técnicos são denominados *ENGENHEIROS TÉCNICOS*, *TÉCNICOS DE LABORATÓRIO*, *ENGENHEIROS ASSISTENTES* ou *ENGENHEIROS ADJUNTOS*.

Os técnicos também são contratados para atuar em linhas de manufatura eletrônica. Eles podem atuar na construção e montagem de equipamentos, mas normalmente se dedicam aos ensaios finais e medições de produtos acabados. Outras atividades técnicas são o controle de qualidade e o reparo de unidades com defeito.

Outras ocupações. Existem muitos outros profissionais na indústria das comunicações além de engenheiros e técnicos. Por exemplo, existem muitas atividades relacionadas à parte técnica nas vendas. A venda de equipamentos complexos de comunicação eletrônica geralmente necessita de um sólido conhecimento técnico. O trabalho pode envolver a determinação das necessidades do cliente e a especificação de equipamentos relacionados, a elaboração de propostas técnicas, a representação técnica e a participação em apresentações e exposições de equipamentos. O potencial da remuneração em vendas geralmente é maior do que em cargos de engenharia e assistência.

Outra atividade é a de redator técnico. Os redatores técnicos geram a documentação técnica para os equipamentos e sistemas de comunicação, produzindo manuais de serviço e instalação, de procedimentos de manutenção e de operação para o cliente. Essa importante atividade requer uma considerável formação técnica e experiência.

Finalmente, existe a função de professor. Engenheiros e técnicos frequentemente atuam como professores de engenheiros, técnicos e clientes. Em função do alto grau de complexidade que há nos equipamentos atuais, existe uma grande necessidade de formação. Muitas pessoas sentem vontade de atuar na área da educação e consideram-na satisfatória. O trabalho geralmente envolve o desenvolvimento de currículos de cursos e de programas de treinamento, a produção de manuais e de materiais necessários à apresentação, a criação de treinamento *on-line* e a condução de aulas em sala, em casa ou nas dependências do cliente.

» Grandes empregadores

A estrutura geral da indústria da comunicação eletrônica é mostrada na Figura 1-18. Os quatro principais segmentos da indústria são fabricantes, revendedores, assistência técnica e usuários finais.

Fabricantes. Tudo começa, é claro, com as necessidades do cliente. Os fabricantes traduzem essas necessidades em produtos, comprando componentes e materiais de outras empresas de eletrônica para usar na criação dos produtos. Os engenheiros projetam os produtos e desenvolvem a fabricação dos mesmos. Existe trabalho para engenheiros, técnicos, vendedores, técnicos de campo, redatores técnicos e instrutores.

Revendedores. Os fabricantes não vendem diretamente os seus produtos para os usuários finais, mas para empresas de revenda que, por sua vez, fazem a venda para os usuários finais. Por exemplo, um fabricante de equipamento de comunicação marítima pode não vender diretamente para um proprietário de barco, mas para um distribuidor regional ou uma loja de equipamentos eletrônicos marítimos. Essa loja não apenas vende os equipamentos, mas também cuida da instalação, da assistência e da manutenção. Um fabricante de celular ou aparelho de fax também geralmente vende para um distribuidor ou um concessionário que cuida da venda e da assistência técnica. A maior parte dos profissionais no segmento de revenda é dos setores de venda, assistência técnica e treinamento.

Assistência técnica. Essas empresas realizam serviços como reparo, instalação e manutenção. Um exemplo é uma companhia de aviação que faz instalação e assistência de equipamentos eletrônicos de aviões particulares. Outro exemplo é um integrador de sistemas, que é uma empre-

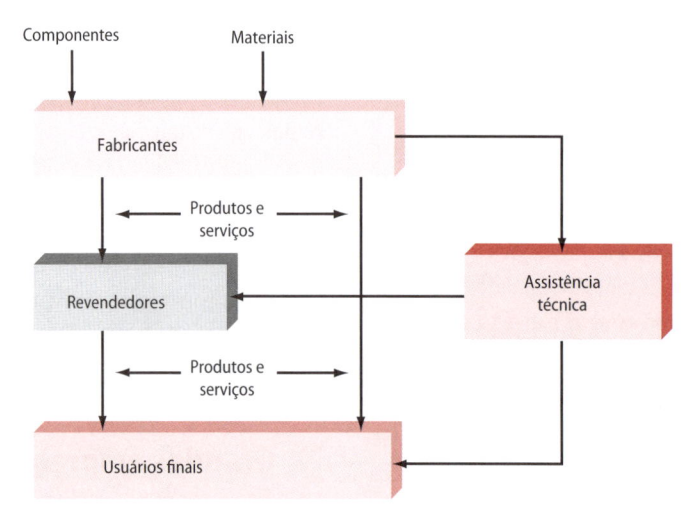

Figura 1-18 Estrutura da indústria de comunicação eletrônica.

sa que projeta e monta uma peça de um equipamento de comunicação ou, o que é mais comum, monta um sistema inteiro usando produtos de outras empresas. Integradores de sistemas reúnem sistemas para atender a necessidades especiais e customizar sistemas existentes para executarem determinadas funções.

A maior parte dos técnicos de comunicação realiza instalação, manutenção e identificação de defeitos.

Usuários finais. O usuário final é o cliente final e o principal empregador. Atualmente, quase todas as pessoas e organizações são usuários finais dos equipamentos de comunicação. As principais categorias de usuários finais no campo das comunicações são:

- Companhias telefônicas
- Usuários de ondas de rádio – equipamentos móveis, marítimos, de aviões, etc.
- Estações de transmissão de rádio e TV e empresas de TV a cabo
- Usuários do comércio e da industria de satélites, redes, etc.
- Empresas de transporte (aéreas, marítimas e terrestres)
- Governo e forças armadas
- Usuários particulares (passatempo, etc.)
- Consumidores

Existe um enorme número de empregos no setor de comunicações com os usuários finais. A maioria deles é de assistência técnica: instalação, reparo, manutenção e operação de equipamentos.

REVISÃO DO CAPÍTULO

Resumo

Todos os sistemas de comunicação consistem em três partes básicas: transmissor, canal de comunicação (meio) e receptor. As mensagens são convertidas em sinais elétricos e envidadas por meio de fio, de fibra óptica ou do espaço livre para um receptor. A atenuação (enfraquecimento) e o ruído podem interferir na transmissão.

As transmissões em comunicação eletrônica são classificadas como (1) unidirecionais (*simplex*) ou bidirecionais (*full duplex* e *half duplex*), e os sinais são classificados como (2) analógicos ou digitais. Os sinais analógicos variam de forma suave e contínua. Os sinais digitais são códigos discretos de dois estados (*on/off*). Os sinais eletrônicos geralmente podem ser convertidos de analógico para digital e vice-versa. Antes da transmissão, os sinais eletrônicos são denominados sinais de banda base.

A modulação em amplitude e frequência torna um sinal de informação compatível com o canal pelo qual será enviado, modificando a portadora por meio de uma mudança em amplitude, frequência ou ângulo de fase, e o envio desse sinal por uma antena é um processo conhecido como comunicação de banda larga. A multiplexação por divisão de frequência e por divisão de tempo permite que mais de um sinal seja transmitido por vez pelo mesmo meio.

Todos os sinais eletrônicos que radiam no espaço são parte do espectro eletromagnético, e a localização deles no espectro é determinada pela frequência. A maior parte dos sinais de informação a serem transmitidos é de baixas frequências e modula uma onda portadora de frequência maior.

A quantidade de informação que um determinado sinal pode transportar depende, em parte, da largura de banda. O espaço disponível para transmissão de sinais é limitado, e os sinais transmitidos na mesma frequência ou com frequências sobrepostas causam interferência entre si. Atualmente, existem pesquisas direcionadas para desenvolver o uso de sinais de frequências mais altas e minimizar a largura de banda necessária.

O uso do espectro é regulado pelos governos. Nos Estados Unidos, isso é feito pela FCC e pela NTIA e, em outros países, por agências equivalentes. Os padrões para os sistemas de comunicações especificam como a informação é transmitida e recebida. Os padrões são definidos por organizações independentes, como ANSI, EIA, ETSI, IEEE, ITU, IETF e TIA.

As quatro principais especialidades da eletrônica são a informática, a comunicação, o controle industrial e a instrumentação. Existem muitas oportunidades de trabalho no campo da comunicação eletrônica.

Questões

1. Qual século marcou o início da comunicação eletrônica?
2. Cite as quatro partes principais de um sistema de comunicação e desenhe um diagrama que mostre a relação entre eles.
3. Liste cinco tipos de mídia usados para comunicação e determine quais são os três mais usados.
4. Qual é o dispositivo usado para converter um sinal de informação para um formato compatível com o meio no qual será transmitido?
5. Qual é a parte de um equipamento que recebe um sinal de comunicação a partir do meio e recupera o sinal de informação original?
6. O que é um transceptor?
7. Quais são as duas formas pelas quais um meio de comunicação pode afetar um sinal?
8. Qual é o outro nome dado ao *meio de comunicação*?
9. Qual é o nome dado à interferência indesejável que é acrescentada a um sinal transmitido?
10. Cite três fontes comuns de interferência.
11. Qual é o nome dado à informação original ou aos sinais de informação que são transmitidos diretamente pelo meio de comunicação?
12. Cite os dois formatos nos quais um sinal de informação pode se apresentar.
13. Qual é o outro nome dado à comunicação unidirecional?
14. Qual é o outro nome dado à comunicação bidirecional simultânea? Apresente três exemplos.
15. Qual é o termo usado para descrever a comunicação bidirecional na qual uma parte transmite de cada vez? Apresente três exemplos.
16. Que tipo de sinal eletrônico varia continuamente os sinais de voz e vídeo?
17. Como são chamados os sinais de informação do tipo *on/off*?
18. Como os sinais de voz e vídeo são transmitidos digitalmente?
19. Quais são os termos geralmente usados para se referir aos sinais originais de voz, vídeo ou dados?

20. Qual técnica normalmente deve ser usada para tornar o sinal de informação compatível com o meio no qual será transmitido?
21. Como é denominado o processo de recuperação de um sinal original?
22. O que é um sinal de banda larga?
23. Cite o processo usado para transmitir dois ou mais sinais em banda base simultaneamente em um meio comum.
24. Cite a técnica usada para extrair múltiplos sinais de informação que foram transmitidos simultaneamente no mesmo canal de comunicação.
25. Qual é o nome dado aos sinais que se deslocam no espaço livre a longas distâncias?
26. Em que consistem as ondas de rádio?
27. Calcule o comprimento de onda dos sinais com frequências de 1,5 kHz, 18 MHz e 22 GHz em milhas, pés e centímetros, respectivamente.
28. Por que os sinais de áudio não são transmitidos diretamente por ondas eletromagnéticas?
29. Qual é a faixa de frequência da audição humana?
30. Qual é a faixa de frequência aproximada da voz humana?
31. As transmissões de rádio ocorrem nas faixas VLF e LF?
32. Qual é a faixa de frequência de transmissão do rádio AM?
33. Qual é o nome dado aos sinais de rádio na faixa de frequência alta?
34. Em qual segmento do espectro operam as transmissões dos canais de TV de 2 a 13 e de FM?
35. Cite os cinco principais usos da banda UHF.
36. Como são chamadas as frequências acima de 1 GHz?
37. Como são chamadas as frequências imediatamente acima da faixa EHF?
38. Considerando o espectro de frequência, o que é um micrômetro? Ele é usado para medir o quê?
39. Cite os três segmentos do espectro de frequência óptica.
40. Qual é a fonte mais comum de sinais infravermelhos?
41. Qual é a faixa aproximada do espectro infravermelho?
42. Defina o termo angstrom e explique como ele é usado.
43. Qual é o comprimento de onda da luz visível?
44. Quais são os dois canais ou meios que os sinais de luz usam para a comunicação eletrônica?
45. Cite dois métodos de transmissão de dados visuais pela rede telefônica.
46. Qual é o nome dado à sinalização de indivíduos em locais remotos por rádio?
47. Qual é o termo usado para descrever o processo de medição à distância?
48. Liste quatro formas em que as ondas de rádio são usadas no sistema de telefonia.
49. Qual é o princípio de operação do radar?
50. Qual é o nome dado ao radar submarino? Cite dois exemplos.
51. Qual é o nome de um passatempo popular na comunicação de rádio?
52. Qual dispositivo permite que um computador troque dados digitais por meio da rede telefônica?
53. Qual é o nome dado ao sistema que interconecta PCs e outros computadores em escritórios ou prédios?
54. Qual é o sinônimo genérico para rádio?
55. Quais são os nomes dos três principais tipos de funções técnicas existentes no campo das comunicações?
56. Qual é a principal atividade de um engenheiro?
57. Qual é a principal graduação para um engenheiro?
58. Qual é a principal graduação para um técnico?
59. Cite um tipo de graduação técnica em engenharia diferente de engenheiro ou técnico nos Estados Unidos.
60. Nos Estados Unidos, um profissional de uma graduação de tecnologia associada pode transferir os créditos para um programa de engenharia?
61. Que tipo de trabalho normalmente faz um técnico?
62. Liste três tipos de profissionais do campo das comunicações eletrônicas que não sejam engenheiros e técnicos.
63. Quais são os quatro principais segmentos da indústria das comunicações? Explique brevemente a função de cada um.
64. Por que os padrões são importantes em comunicação?
65. Que tipo de característica os padrões de comunicação definem?

Problemas

1. Calcule a frequência dos sinais com comprimentos de onda de 40 m, 5 m e 8 cm. ◆
2. Em qual faixa de frequência está a frequência da rede elétrica?
3. Qual é o principal uso das faixas SHF e EHF? ◆

◆ As respostas para os problemas selecionados são dadas após o último capítulo.

Raciocínio crítico

1. Cite três formas em que um sinal de frequência maior, denominado portadora, pode variar para transmitir informação.
2. Cite duas unidades de controle remoto de aparelhos domésticos comuns e indique o tipo de meio e as faixas de frequências usados para cada um.
3. Como a radioastronomia é usada para localizar e mapear estrelas e outros corpos celestes?
4. Em qual segmento do campo das comunicações você tem interesse de trabalhar e por quê?
5. Considere que todo o espectro eletromagnético desde ELF até as micro-ondas esteja totalmente ocupado. Explique como a capacidade de comunicação pode ser estendida.
6. Qual é a velocidade da luz em pés por microssegundos? E em polegadas por nanossegundos? E em metros por segundo?
7. Faça um apontamento geral comparando a velocidade da luz com a do som. Apresente um exemplo de como os princípios mencionados podem ser demonstrados.
8. Liste cinco aplicações atuais das comunicações não mencionadas especificamente neste capítulo.
9. Invente cinco novos métodos de comunicação, com fio ou *wireless*, que você imagina serem práticos.
10. Considere que você tem uma aplicação *wireless* que você quer projetar, construir e vender como um produto comercial. Você selecionou a frequência desejada na faixa UHF. Como você decide a frequência a ser usada e como se obtém autorização para usá-la?
11. Faça uma lista de todos os produtos de comunicação eletrônica que você usa regularmente em casa ou no trabalho.
12. Você provavelmente já viu ou ouviu falar de um simples sistema de comunicação construído com dois copos de papel e um longo pedaço de barbante. Como ele funciona?

capítulo 2

Fundamentos de eletrônica

Revisão

Para entender a eletrônica dos sistemas de comunicação conforme apresentado neste livro, precisamos de um conhecimento de determinados princípios de eletrônica, incluindo o funcionamento de circuitos de corrente alternada (CA) e de corrente contínua (CC), operação de semicondutores e características e a operação de circuitos eletrônicos básicos (amplificadores, osciladores, fontes de alimentação e circuitos lógicos digitais). Alguns dos fundamentos são particularmente importantes para entender os capítulos seguintes. Entre estes estão o entendimento de ganho e perda em decibéis, circuitos LC sintonizados, ressonância e filtros e a teoria de Fourier. A finalidade deste capítulo é fazer uma breve revisão de todos esses assuntos. Se o leitor já estudou estes tópicos antes, esta abordagem serve como uma revisão e uma referência. Se, por causa da sua própria programação de estudo ou por causa do currículo de sua escola, o leitor ainda não houver estudado estes assuntos, use este capítulo para aprender o necessário antes de seguir em frente.

Objetivos deste capítulo

» Calcular tensão, corrente, ganho e atenuação em decibéis e usar essas fórmulas em aplicações que envolvem circuitos em cascata.
» Explicar a relação entre Q, frequência ressonante e largura de banda.
» Descrever a configuração básica dos diferentes tipos de filtros que são usados em redes de comunicações e comparar filtros ativos com passivos.
» Explicar como o uso de filtro com capacitor chaveado melhora a seletividade.
» Explicar os benefícios e o funcionamento de filtros de cristal, cerâmica e SAW.
» Calcular a largura de banda usando a análise de Fourier.

Ganho, atenuação e decibéis

A maioria dos circuitos eletrônicos em comunicação é usada para processar sinais, ou seja, manipular sinais para produzir um determinado resultado. Todos os circuitos de processamento de sinais envolvem ganho e atenuação.

Ganho

GANHO significa amplificação. Se um sinal for aplicado a um circuito como o amplificador mostrado na Figura 2-1, e a saída do circuito tiver uma amplitude maior que a do sinal de entrada, este circuito tem ganho. O ganho é simplesmente a relação entre a saída (*out*) e a entrada (*in*). Para as tensões de entrada (V_{in}) e saída (V_{out}), o ganho de tensão A_V é expresso como a seguir:

$$A_V = \frac{\text{saída}}{\text{entrada}} = \frac{V_{out}}{V_{in}}$$

O número obtido pela divisão da saída pela entrada mostra o quanto a saída é maior do que a entrada. Por exemplo, se a entrada for 150 μV e a saída for 75 mV, o ganho será $A_V = (75 \times 10^{-3})/(150 \times 10^{-6}) = 500$.

A fórmula pode ser rearranjada para obter a entrada ou a saída, dado as outras duas variáveis: $V_{out} = V_{in} \times A_V$ e $V_{in} = V_{out}/A_V$.

Se a saída for 0,6 V e o ganho for 240, a entrada é $V_{in} = 0{,}6/240 = 2{,}5 \times 10^{-3} = 2{,}5$ mV.

EXEMPLO 2-1

Qual é o ganho de tensão de um amplificador que produz uma saída de 750 mV para uma entrada de 30 μV?

$$A_V = \frac{V_{out}}{V_{in}} = \frac{750 \times 10^{-3}}{30 \times 10^{-6}} = 25.000$$

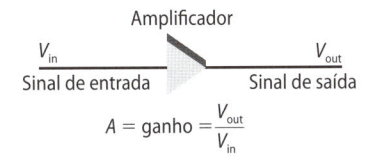

Figura 2-1 Amplificador com ganho.

Visto que a maioria dos amplificadores é também amplificador de potência, o mesmo procedimento pode ser usado para calcular o ganho de potência A_p:

$$A_p = \frac{P_{out}}{P_{in}}$$

em que P_{in} é a potência de entrada e P_{out} é a potência de saída.

EXEMPLO 2-2

A potência de saída de um amplificador é 6 watts (W). O ganho de potência é 80. Qual é a potência de entrada?

$$A_p = \frac{P_{out}}{P_{in}} \quad \text{portanto} \quad P_{in} = \frac{P_{out}}{A_p}$$

$$P_{in} = \frac{6}{80} = 0{,}075 \text{ W} = 75 \text{ mW}$$

Quando dois ou mais estágios de amplificação ou outras formas de processamento de sinal estão em cascata, o ganho total da combinação é o produto dos ganhos dos circuitos individuais. A Figura 2-2 mostra três amplificadores conectados um após o outro de modo que a saída de um é a entrada do próximo. Os ganhos de tensão dos circuitos individuais são indicados. Para determinar o ganho total deste circuito, apenas multiplique os ganhos dos circuitos individuais: $A_T = A_1 \times A_2 \times A_3 = 5 \times 3 \times 4 = 60$.

Se um sinal de entrada de 1 mV for aplicado no primeiro amplificador, a saída do terceiro amplificador será 60 mV. As saídas dos amplificadores individuais dependem dos seus ganhos individuais. A tensão de saída de cada amplificador é mostrada na Figura 2-2.

EXEMPLO 2-3

Três amplificadores em cascata têm ganhos de potência de 5, 2 e 17. A potência de entrada é 40 mW. Qual é a potência de saída?

$$A_p = A_1 \times A_2 \times A_3 = 5 \times 2 \times 17 = 170$$

$$A_p = \frac{P_{out}}{P_{in}} \quad \text{portanto} \quad P_{out} = A_p P_{in}$$

$$P_{out} = 170(40 \times 10^{-3}) = 6{,}8 \text{ W}$$

Figura 2-2 O ganho total de circuitos em cascata é o produto dos ganhos dos estágios individuais.

EXEMPLO 2-4

Um amplificador de dois estágios tem uma potência de entrada de 25 μW e uma potência de saída de 1,5 mW. Um estágio tem um ganho de 3. Qual é o ganho do segundo estágio?

$$A_p = \frac{P_{out}}{P_{in}} = \frac{1,5 \times 10^{-3}}{25 \times 10^{-6}} = 60$$

$$A_p = A_1 \times A_2$$

Se $A_1 = 3$, então $60 = 3 \times A_2$ e $A_2 = 60/3 = 20$.

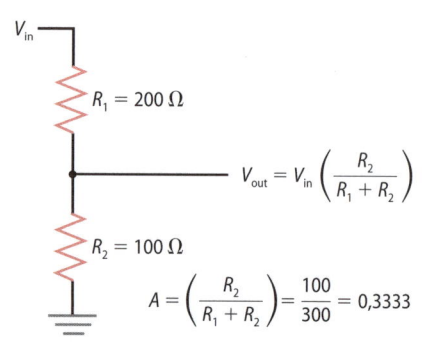

Figura 2-3 Um divisor de tensão introduz uma atenuação.

» Atenuação

Atenuação se refere a uma perda introduzida por um circuito ou componente. Muitos circuitos eletrônicos, algumas vezes denominados de estágios, reduzem a amplitude de um sinal em vez de aumentá-la. Se o sinal de saída for de amplitude menor que o de entrada, o circuito apresenta perda ou atenuação. Assim como o ganho, a atenuação é simplesmente uma relação entre saída e entrada. A letra A é usada para representar atenuação assim como para o ganho:

$$\text{Atenuação } A = \frac{\text{saída}}{\text{entrada}} = \frac{V_{out}}{V_{in}}$$

Os circuitos que introduzem atenuação têm um ganho que é menor do que 1. Em outras palavras, a saída é uma fração da entrada.

Um exemplo de um circuito simples com atenuação é um divisor de tensão como o que é mostrado na Figura 2-3.

A tensão de saída é igual a tensão de entrada multiplicada pela relação baseada nos valores dos resistores. Com estes valores, o ganho, ou fator de atenuação, do circuito é $A = R_2/(R_1 + R_2) = 100/(200 + 100) = 100/300 = 0,3333$ V. Se um sinal de 10 V for aplicado a este atenuador, a saída é $V_{out} = V_{in}A = 10(0,3333) = 3,333$ V.

Quando vários circuitos com atenuação são conectados em cascata, a atenuação total também é o produto das atenuações individuais. O circuito na Figura 2-4 é um exemplo. Os fatores de atenuação para cada circuito são mostrados. A atenuação total é

$$A_T = A_1 \times A_2 \times A_3$$

Com os valores mostrados na Figura 2-4, a atenuação total é

$$A_T = 0,2 \times 0,9 \times 0,06 = 0,0108$$

Dada uma entrada de 3 V, a tensão de saída é

$$V_{out} = A_T V_{in} = 0,0108(3) = 0,0324 = 32,4 \text{ mV}$$

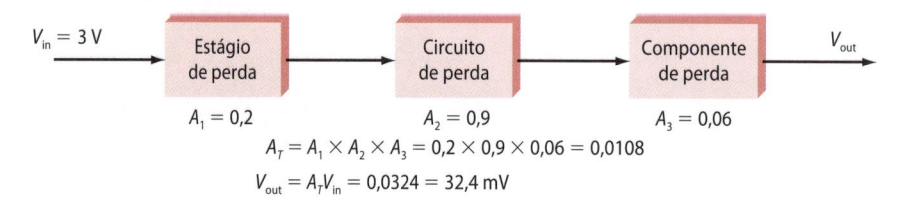

Figura 2-4 A atenuação total é o produto das atenuações individuais de cada circuito em cascata.

É comum em sistemas de comunicações e equipamentos a conexão de circuitos em cascata e componentes que têm ganho e atenuação. Por exemplo, a perda introduzida por um circuito pode ser compensada pela adição de um estágio de amplificação que compense essa perda. Um exemplo disso é mostrado na Figura 2-5. Neste caso, o divisor de tensão introduz uma perda de tensão de 4 para 1, ou uma atenuação de 0,25. Para compensar isso, o divisor é seguido por um amplificador cujo ganho é 4. O ganho, ou atenuação, total do circuito é simplesmente o produto da atenuação pelos fatores de ganho. Neste caso, o ganho total é $A_T = A_1 A_2 = 0{,}25(4) = 1$.

Outro exemplo é mostrado na Figura 2-6, na qual vemos dois circuitos de atenuação e dois amplificadores. O ganho individual e os fatores de atenuação são mostrados. O ganho total do circuito é $A_T = A_1 A_2 A_3 A_4 = (0{,}1)(10)(0{,}3)(15) = 4{,}5$.

Para uma tensão de entrada de 1,5 V, a tensão de saída de cada circuito é mostrada na Figura 2-6.

Neste exemplo, o circuito total tem um ganho resultante. Porém, em alguns exemplos, o circuito total, ou sistema, pode ter uma perda resultante. Em qualquer caso, o ganho total, ou a perda, é obtido multiplicando-se o ganho individual pelos fatores de atenuação.

EXEMPLO 2-5

Um divisor de tensão como o mostrado na Figura 2-5 tem como valores $R_1 = 10\ k\Omega$ e $R_2 = 470\ \Omega$.

a. Qual é a atenuação?

$$A_1 = \frac{R_2}{R_1 + R_2} = \frac{470}{10{,}470} = \quad A_1 = 0{,}045$$

b. Qual ganho do amplificador seria necessário para compensar a perda para um ganho total de 1?

$$A_T = A_1 A_2$$

em que A_1 é a atenuação e A_2 é o ganho do amplificador.

$$1 = 0{,}045 A_2 \quad A_2 = \frac{1}{0{,}045} = 22{,}3$$

Nota: Para determinar o ganho que compensará a perda para um ganho unitário, basta apenas determinar o inverso da atenuação: $A_2 = 1/A_1$.

EXEMPLO 2-6

Um amplificador tem um ganho de 45.000, que é muito grande para o amplificador. Com uma tensão de entrada de 20 μV, qual fator de atenuação é necessário para manter a tensão de saída no máximo em 100 mV? Sendo A_1 = ganho do amplificador = 45.000; A_2 = fator de atenuação; A_T = ganho total.

$$A_T = \frac{V_{out}}{V_{in}} = \frac{10 \times 10^{-3}}{20 \times 10^{-6}} = 5.000$$

$$A_T = A_1 A_2 \quad \text{portanto,} \quad A_2 = \frac{A_T}{A_1} = \frac{5.000}{45.000} = 0{,}1111$$

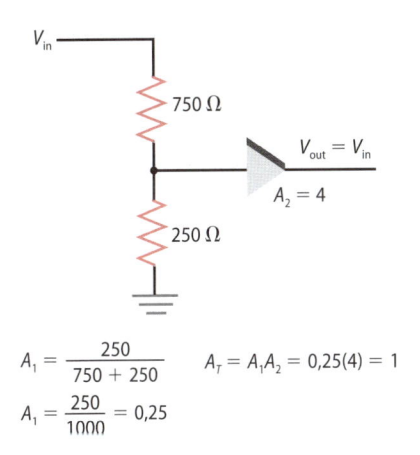

Figura 2-5 Um ganho que compensa exatamente a atenuação.

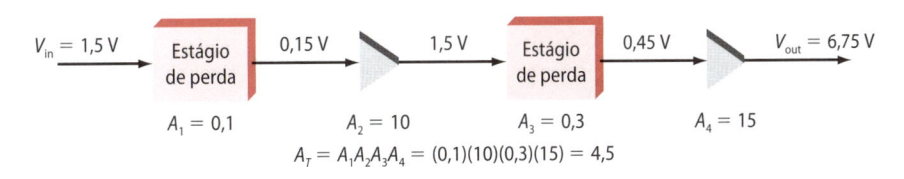

$$A_1 = \frac{250}{750 + 250} \quad A_T = A_1 A_2 = 0{,}25(4) = 1$$

$$A_1 = \frac{250}{1000} = 0{,}25$$

Figura 2-6 O ganho total é o produto dos ganhos e atenuações dos estágios individuais.

» Decibéis

O ganho, ou a perda, de um circuito é geralmente expresso em DECIBÉIS (**dB**), uma unidade de medida que foi originalmente criada como uma forma de expressar a resposta da audição humana para diversos níveis de som. Um decibel é um décimo de um bel.

Quando o ganho e a atenuação são convertidos para decibéis o ganho ou a atenuação total de um circuito eletrônico podem ser calculados simplesmente somando os ganhos ou atenuações individuais expressos em decibéis.

É comum para circuitos e sistemas eletrônicos terem ganhos, ou atenuações, que excedam a 1 milhão. Convertendo esses fatores para decibéis e usando logaritmos, resultam valores de ganho, ou atenuação, menores, que são mais fáceis de usar.

Cálculos em decibéis. As fórmulas para o cálculo do ganho, ou da perda, de um circuito são

$$dB = 20 \log \frac{V_{out}}{V_{in}} \qquad (1)$$

$$dB = 20 \log \frac{I_{out}}{I_{in}} \qquad (2)$$

$$dB = 10 \log \frac{P_{out}}{P_{in}} \qquad (3)$$

A fórmula (1) é usada para expressar o ganho, ou atenuação, de tensão de um circuito; a fórmula (2) calcula o ganho, ou atenuação, de corrente. A relação da tensão de saída, ou corrente, pela tensão de entrada, ou corrente, é determinada como de costume. O logaritmo comum, ou de base 10, da relação saída/entrada é obtida e multiplicada por 20. O número resultante é o ganho, ou atenuação, em decibéis.

A fórmula (3) é usada para calcular o ganho, ou atenuação, de potência. A relação da potência de saída pela de entrada é calculada e o seu logaritmo é multiplicado por 10.

EXEMPLO 2-7

a. Um amplificador tem uma entrada de 3 mV e uma saída de 5 V. Qual é o ganho em decibéis?

$$dB = 20 \log \frac{5}{0{,}003} = 20 \log 1666{,}67 = 20(3{,}22) = 64{,}4$$

b. Um filtro tem uma potência de entrada de 50 mW e de saída de 2 mW. Qual é o ganho ou atenuação?

$$dB = 10 \log \frac{2}{50} = 10 \log 0{,}04 = 10(-1{,}398) = -13{,}98$$

Note que quando o circuito tem ganho, o valor em decibel é positivo. Se o ganho for menor do que 1, o que significa que há uma atenuação, o valor em decibel é negativo.

Agora, para calcular o ganho, ou atenuação, total de um circuito ou sistema, basta simplesmente somar o ganho em decibel com os fatores de atenuação de cada circuito. Um exemplo é mostrado na Figura 2-7, onde existem dois estágios de ganho e um bloco de atenuação. O ganho total deste circuito é

$$A_T = A_1 + A_2 + A_3 = 15 - 20 + 35 = 30 \text{ dB}$$

Os decibéis são muito usados em expressões de ganho e atenuação em circuitos de comunicação. A tabela na próxima página mostra alguns ganhos comuns e fatores de atenuação com seus valores correspondentes em decibéis.

Razões menores do que 1 resultam em valores em decibel negativos. Note que uma relação 2:1 representa um ganho de potência de 3 dB ou um ganho de tensão de 6 dB.

Antilog. É usado para calcular a tensão ou potência de entrada ou saída, dado o ganho ou atenuação em decibéis e a saída ou entrada. O antilog é o número obtido quando a base é elevada ao logaritmo que é o expoente:

$$dB = 10 \log \frac{P_{out}}{P_{in}} \qquad e \qquad \frac{dB}{10} = \log \frac{P_{out}}{P_{in}}$$

e

$$\frac{P_{out}}{P_{in}} = \text{antilog} \frac{dB}{10} = \log^{-1} \frac{dB}{10}$$

O antilog é simplesmente a base 10 elevada à potência dB/10.

Lembre-se que o logaritmo y de um número N é a potência na qual a base 10 tem que ser elevada para se obter o número N.

$$N = 10^y \qquad e \qquad y = \log N$$

Visto que

$$dB = 10 \log \frac{P_{out}}{P_{in}}$$

$$\frac{dB}{10} = \log \frac{P_{out}}{P_{in}}$$

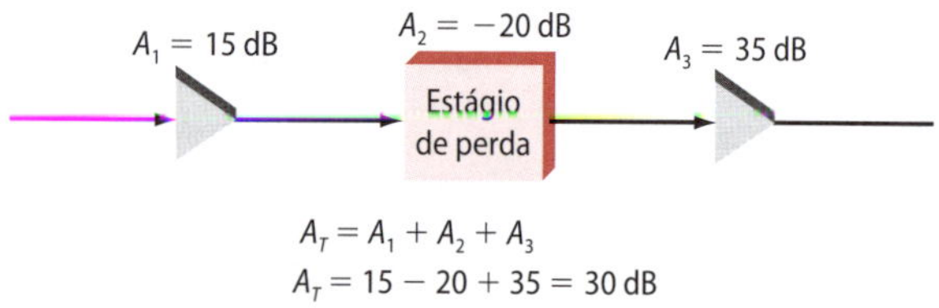

$A_1 = 15$ dB $\qquad A_2 = -20$ dB $\qquad A_3 = 35$ dB

Estágio de perda

$A_T = A_1 + A_2 + A_3$
$A_T = 15 - 20 + 35 = 30$ dB

Figura 2-7 O ganho, ou atenuação, total é a soma algébrica dos ganhos em decibéis dos estágios individuais.

Tabela 2-1 *Ganho ou atenuação em dB*

Razão (potência ou tensão)	Potência	Tensão
0,000001	−60	−120
0,00001	−50	−100
0,0001	−40	−80
0,001	−30	−60
0,01	−20	−40
0,1	−10	−20
0,5	−3	−6
1	0	0
2	3	6
10	10	20
100	20	40
1.000	30	60
10.000	40	80
100.000	50	100

Portanto,

$$\frac{P_{out}}{P_{in}} = 10^{dB/10} = \log^{-1}\frac{dB}{10}$$

O antilog é facilmente calculado em uma calculadora científica. Para determinar o antilog de um logaritmo comum, ou base 10, normalmente pressionamos a tecla de função (Inv) ou (2nd) na calculadora e, em seguida, a tecla log. Algumas vezes a tecla (log) é indicada com 10^x, que é o antilog. O antilog com base e é determinado de uma forma similar, mas usando a função (Inv) ou (2nd) na tecla (ln). Essa tecla algumas vezes é indicada com e^x, que é o mesmo que antilog.

EXEMPLO 2-8

Um amplificador de potência com um ganho de 40 dB tem uma potência de saída de 100 W. Qual é a potência de entrada?

$$dB = 10 \log \frac{P_{out}}{P_{in}} \quad \text{antilog} = \log^{-1}$$

$$\frac{dB}{10} = \log \frac{P_{out}}{P_{in}}$$

$$\frac{40}{10} = \log \frac{P_{out}}{P_{in}}$$

$$4 = \log \frac{P_{out}}{P_{in}}$$

$$\text{antilog } 4 = \text{antilog}\left(\log \frac{P_{out}}{P_{entrada}}\right)$$

$$\log^{-1} 4 = \frac{P_{out}}{P_{in}}$$

$$\frac{P_{out}}{P_{in}} = 10^4 = 10.000$$

$$P_{in} = \frac{P_{out}}{10.000} = \frac{100}{10.000} = 0,01 \text{ W} = 10 \text{ mW}$$

EXEMPLO 2-9

Um amplificador tem um ganho de 60 dB. Se a tensão de entrada é 50 μV, qual é a tensão de saída?
Visto que,

$$dB = 20 \log \frac{V_{out}}{V_{in}}$$

$$\frac{dB}{20} = \log \frac{V_{out}}{V_{in}}$$

Portanto,

$$\frac{V_{out}}{V_{in}} = \log^{-1}\frac{dB}{20} = 10^{dB/20}$$

$$\frac{V_{out}}{V_{in}} = 10^{60/20} = 10^3$$

$$\frac{V_{out}}{V_{in}} = 10^3 = 1.000$$

$$V_{out} = 1.000 V_{in} = 1.000(50 \times 10^{-6}) = 0,05 \text{ V} = 50 \text{ mV}$$

É BOM SABER

Do ponto de vista de medição sonora, 0 dB é o menor som perceptível (limiar da audição) e 120 dB é igual ao limiar da dor. A lista a seguir mostra níveis de intensidade para sons comuns. (Tippens, Physics, 6th Ed., Glencoe/McGraw-Hill, 2001, p. 497)

Som	Nível de Intensidade, dB
Limiar da audição	0
Som das folhas	10
Sussurro	20
Rádio em silêncio	40
Conversa normal	65
Esquina de uma rua engarrafada	80
Vagão de metrô em movimento	100
Limiar da dor auditiva	120
Motor de jato	140-160

dBm. Quando o ganho, ou atenuação, de um circuito é expresso em decibéis, fica implícita uma comparação entre os valores de saída e entrada. Quando a razão é calculada, a unidade de tensão ou potência são canceladas, tornando a razão um número adimensional, ou relativo. Quando vemos um valor em decibel, não sabemos se os valores originais eram de tensão ou de potência. Em alguns casos, isso não representa problema; em outros casos é útil, ou necessário, saber os valores originais envolvidos. Quando um valor absoluto é necessário, podemos usar VALOR DE REFERÊNCIA para comparar qualquer outro valor.

Um valor de referência muito usado em comunicação é 1 mW. Quando um valor decibel é calculado comparando com um valor de potência de 1 mW, o resultado é um valor denominado de **dBm**. Ele é calculado com uma fórmula em decibel com potência padrão de 1 mW como denominador da razão:

$$dBm = 10 \log \frac{P_{out}(W)}{0{,}001(W)}$$

Neste caso P_{out} é a potência de saída, ou algum valor de potência que queremos comparar com 1 mW, e 0,001 é 1 mW expresso em watts.

Por exemplo, a saída de um amplificador de 1 W expresso em dBm é

$$dBm = 10 \log \frac{1}{0{,}001} = 10 \log 1.000 = 10(3) = 30 \text{ dBm}$$

Algumas vezes a saída de um circuito ou dispositivo é dada em dBm. Por exemplo, se um microfone tem uma saída de −50 dBm, a potência de saída real pode ser calculada como segue:

$$-50 \text{ dBm} = 10 \log \frac{P_{out}}{0{,}001}$$

$$\frac{-50 \text{ dBm}}{10} = \log \frac{P_{out}}{0{,}001}$$

Portanto,

$$\frac{P_{out}}{0{,}001} = 10^{-50 \text{ dBm}/10} = 10^{-5} = 0{,}00001$$

$$P_{out} = 0{,}001 \times 0{,}00001 = 10^{-3} \times 10^{-5} = 10^{-8} \text{ W}$$
$$= 10 \times 10^{-9} = 10 \text{ nW}$$

EXEMPLO 2-10

Um amplificador de potência tem uma entrada de 90 mV em uma resistência de 10 kΩ. A saída é 7,8 V em um alto-falante de 8 Ω. Qual é o ganho de potência em decibéis? Você deve calcular primeiro os níveis de potência de entrada e saída.

$$P = \frac{V^2}{R}$$

$$P_{in} = \frac{(90 \times 10^{-3})^2}{10^4} = 8{,}1 \times 10^{-7} \text{ W}$$

$$P_{out} = \frac{(7{,}8)^2}{8} = 7{,}605 \text{ W}$$

$$A_p = \frac{P_{out}}{P_{in}} = \frac{7{,}605}{8{,}1 \times 10^{-7}} = 9{,}39 \times 10^6$$

$$A_p(dB) = 10 \log A_p = 10 \log 9{,}39 \times 10^6 = 69{,}7 \text{ dB}$$

dBc. Essa é uma figura de atenuação em decibel em que a referência é a portadora (*carrier*). A portadora é o sinal de comunicação base, uma onda senoidal que é modulada. Muitas vezes, amplitudes das banda laterais, sinais de interferência ou espúrios, são referenciados à portadora. Por exemplo, se o sinal espúrio for 1 mW em comparação com uma portadora de 10 W, o dBc é

$$dBc = 10 \log \frac{P_{sinal}}{P_{portadora}}$$

$$dBc = 10 \log \frac{0{,}001}{10} = 10(-4) = -40$$

EXEMPLO 2-11

Um amplificador tem um ganho de potência de 28 dB. A potência de entrada é 36 mW. Qual é a potência de saída?

$$\frac{P_{out}}{P_{in}} = 10^{dB/10} = 10^{2,8} = 630,96$$

$$P_{out} = 630,96\, P_{in} = 630,96(36 \times 10^{-3}) = 22,71 \text{ W}$$

EXEMPLO 2-12

Um circuito consiste de dois amplificadores com ganhos de 6,8 e 14,3 dB e dois filtros com atenuações de $-16,4$ e $-2,9$ dB. Se a tensão de saída for 800 mV, qual é a tensão de entrada?

$$A_T = A_1 + A_2 + A_3 + A_4 = 6,8 + 14,3 - 16,4 - 2,9$$
$$= 1,8 \text{ dB}$$

$$A_T = \frac{V_{out}}{V_{in}} = 10^{dB/20} = 10^{1,8/20} = 10^{0,09}$$

$$\frac{V_{out}}{V_{in}} = 10^{0,09} = 1,23$$

$$V_{in} = \frac{V_{out}}{1,23} = \frac{800}{1,23} = 650,4 \text{ mV}$$

EXEMPLO 2-13

Expresse $P_{out} = 12,3$ dBm em watts.

$$\frac{P_{out}}{0,001} = 10^{dBm/10} = 10^{12,3/10} = 10^{1,23} = 17$$

$$P_{out} = 0,001 \times 17 = 17 \text{ mW}$$

» Circuitos sintonizados

Praticamente todos os equipamentos de comunicação contêm CIRCUITOS SINTONIZADOS, constituídos de indutores e capacitores que ressonam em frequências específicas. Nesta seção faremos uma revisão de como calcular a reatância, a frequência de ressonância, o fator Q e a largura de banda de circuitos ressonantes em série e em paralelo.

» Componentes reativos

Todos os circuitos sintonizados e muitos filtros são constituídos de componentes indutivos e capacitivos incluindo com-

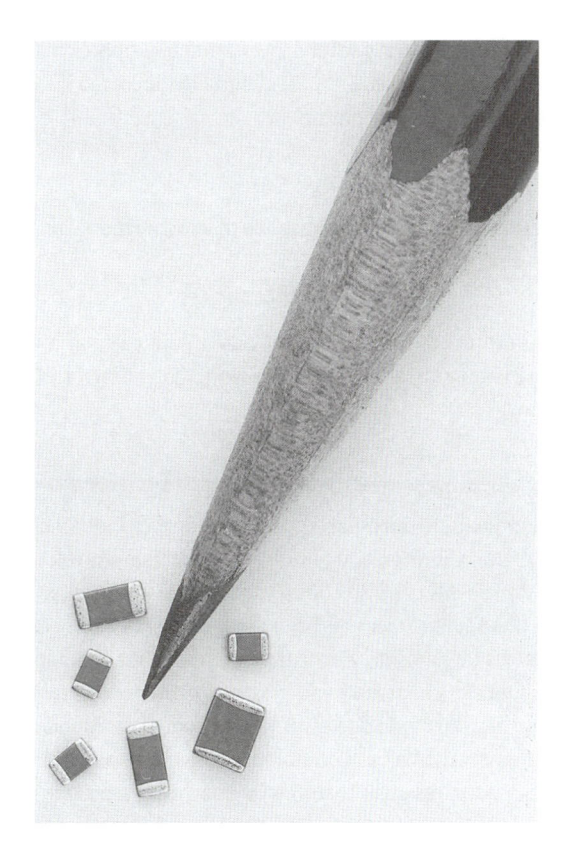

Capacitores SMD.

ponentes discretos, como bobinas e capacitores e também a indutância e capacitância, distribuídas e parasitas, que aparecem em todos os circuitos eletrônicos. Tanto indutores quanto capacitores oferecem uma oposição à passagem de corrente alternada que é denominada REATÂNCIA, que é expressa em ohms (abreviado por Ω). Assim como a resistência, a reatância é uma oposição que afeta diretamente no valor da corrente no circuito. Além disso, os efeitos reativos provocam um deslocamento de fase entre as correntes e tensões no circuito. A capacitância faz com que a corrente se adiante em relação à tensão aplicada, ao passo que a indutância provoca um atraso da corrente em relação à tensão. Bobinas e capacitores usados em conjunto formam circuitos sintonizados, ou ressonantes.

Capacitores. Um CAPACITOR usado em um circuito CA é carregado e descarregado continuamente. Um capacitor tende a se opor às variações de tensão nele. Isso se traduz em uma oposição à corrente alternada denominada REATÂNCIA CAPACITIVA, X_C.

A reatância de um capacitor é inversamente proporcional ao valor da capacitância, *C*, e à frequência de operação, *f*. Ela é dada pela expressão familiar

$$X_C = \frac{1}{2\pi f C}$$

A reatância de um capacitor de 100 pF em 2 MHz é

$$X_C = \frac{1}{6{,}28(2 \times 10^6)(10 \times 10^{-12})} = 796{,}2 \, \Omega$$

Esta fórmula também pode ser usada para calcular a frequência ou a capacitância dependendo da aplicação. Essas fórmulas são

$$f = \frac{1}{2\pi X_C C} \quad \text{e} \quad C = \frac{1}{2\pi f X_C}$$

Os terminais de um capacitor têm resistência e indutância e o dielétrico apresenta fuga que aparece como um valor de resistência em paralelo com o capacitor. Essas características, que são ilustradas na Figura 2-8, são conhecidas como RESIDUAIS ou parasitas. A resistência em série e a indutância em paralelo são muito pequenas, e a resistência de fuga é muito alta, de modo que esses fatores podem ser ignorados em frequências baixas. Entretanto, nas frequências de rádio, estes valores residuais se tornam significativos e o capacitor funciona como um circuito *RLC* complexo. A maioria destes efeitos pode ser bastante minimizada ao manter os terminais do capacitor muito pequenos. Este problema é eliminado na maioria das vezes usando os tipos mais recentes de capacitores, na forma de dispositivo de montagem em superfície (SMD – *surface mount device*), os quais não possuem terminais proeminentes.

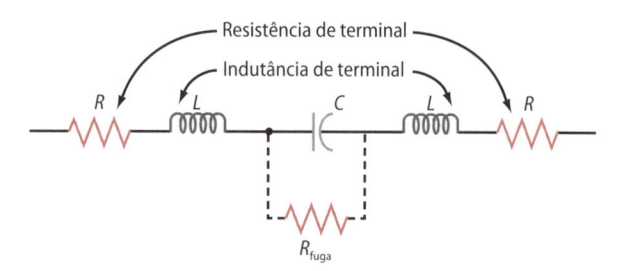

Figura 2-8 Como um capacitor se comporta em frequências altas.

nas, mas elas não podem ser ignoradas, especialmente nas frequências altas usadas em comunicações. As capacitâncias parasitas e distribuídas podem afetar significativamente o desempenho de um circuito.

PIONEIROS DA ELETRÔNICA

A unidade para medida de capacitância, farad (F), foi dada em homenagem a Michael Faraday, um químico e físico inglês que descobriu o princípio da indução. Em 1831, ele constatou que ao mover um ímã dentro de uma bobina de fio de cobre, provocava um fluxo de corrente no fio. O gerador e o motor elétricos se baseiam neste princípio. Faraday, um pesquisador dedicado, também formulou duas leis da eletroquímica e descobriu a teoria do campo. Seu trabalho formou a base para muitos avanços modernos no campo da eletricidade e da eletrônica. (Grob/Schultz, Basic Electronics, 9th Ed., Glencoe/McGraw-Hill, 2003.)

É BOM SABER

As capacitâncias e indutâncias parasitas e distribuídas podem alterar bastante a operação e o desempenho de um circuito.

Capacitância é geralmente acrescentada a um circuito por um capacitor de valor específico, mas pode existir capacitância entre quaisquer dois condutores separados por um isolante. Por exemplo, existe capacitância entre os fios paralelos de um cabo, entre um fio e um chassi metálico e entre trilhas de cobre adjacentes em paralelo sobre uma placa de circuito impresso. Essas CAPACITÂNCIAS são denominadas PARASITAS OU DISTRIBUÍDAS. Capacitâncias parasitas são tipicamente peque-

Indutores. Um INDUTOR, também denominado de bobina ou choque, é simplesmente um enrolamento de múltiplas espiras de fio. Quando uma corrente passa por uma bobina, é produzido um campo magnético em torno da bobina. Se a tensão e a corrente aplicadas são variantes, o campo magnético expande e entra em colapso alternadamente. Isso faz com que uma tensão seja autoinduzida no enrolamento da bobina, que tem o efeito de se opor à variação da corrente na bobina. Este efeito é conhecido como INDUTÂNCIA.

A unidade básica de indutância é o Henry (H). A indutância é diretamente afetada pelas características físicas da bobina, incluindo o número de espiras de fio no indutor, o espaçamento entre as espiras, o comprimento da bobina, o diâmetro da bobina e o tipo do material do núcleo magnético. Os valores práticos de indutância estão na faixa de milihenry (mH = 10^{-3} H), microhenry (μH = 10^{-6} H) e nanohenry (nH = 10^{-9} H).

A Figura 2-9 mostra alguns tipos diferentes de bobina de indutor.

» A Figura 2-9(*a*) ilustra um indutor feito de um fio rígido que se autossustenta.

» Na Figura 2-9(*b*) o indutor é formado por uma trilha de cobre em espiral feita na própria placa.

» Na Figura 2-9(*c*) a bobina é enrolada sobre uma forma isolante que contém um núcleo de ferro em pó ou ferrite no centro, para aumentar a sua indutância.

» A Figura 2-9(*d*) mostra outro tipo comum de indutor que usa uma espira de fios em forma toroidal ou de anel.

» A Figura 2-9(*e*) mostra um indutor feito com um pequeno anel de ferrite em torno de um fio; o anel aumenta efetivamente a pequena indutância do fio.

» A Figura 2-9(*f*) mostra um indutor SMD. Geralmente seu comprimento não é maior do que 1/8 a 1/4 de polegada (3,18 a 6,35 mm). Existe uma bobina dentro do corpo do dispositivo que é soldado na placa de circuito nos pontos de conexões localizados nas extremidades do componente. Esses dispositivos se parecem exatamente com resistores e capacitores SMD.

Em um circuito CC, um indutor tem um efeito pequeno ou nulo. Apenas a resistência ôhmica do fio afeta a corrente. Entretanto, quando a corrente varia, como durante o tempo em que a alimentação é desligada ou ligada, a bobina se opõe a essa variação na corrente.

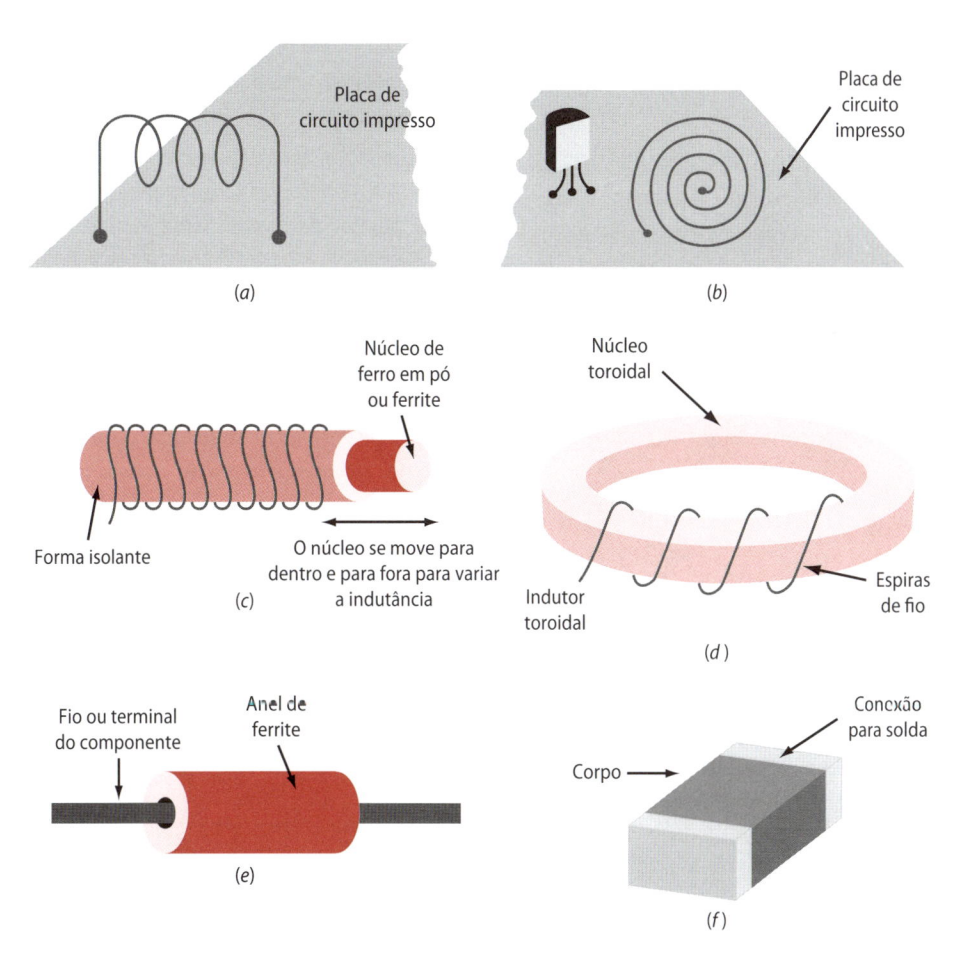

Figura 2-9 Tipos de indutores. (*a*) Bobina de fio rígido que se autossustenta. (*b*) Indutor feito com uma trilha de cobre em uma placa. (*c*) Forma isolada. (*d*) Indutor toroidal. (*e*) Indutor com anel de ferrite. (*f*) Indutor SMD.

Quando um indutor é usado em um circuito CA, essa oposição se torna contínua e constante e é conhecida como **REATÂNCIA INDUTIVA**. Esta reatância, X_L, é expressa em ohms e é calculada usando a seguinte expressão:

$$X_L = 2\pi f L$$

Por exemplo, a reatância indutiva de uma bobina de 40 μH em 18 MHz é

$$X_L = 6{,}28(18 \times 10^6)(40 \times 10^{-6}) = 4.522\,V$$

Além da resistência do fio no indutor, existe uma capacitância parasita entre as espiras da bobina. Veja a Figura 2-10(a). O efeito total é como se um pequeno capacitor fosse conectado em paralelo com a bobina, como mostra a Figura 2-10(b). Este é o circuito equivalente de um indutor em frequências altas. Em baixas frequências, a capacitância pode ser ignorada, mas em frequências de rádio, ela é suficientemente grande para afetar a operação do circuito. A bobina passa a se comportar não apenas como um indutor puro, mas como um circuito *RLC* complexo com uma frequência de ressonância própria.

Qualquer fio ou condutor apresenta uma indutância característica. Quanto maior o fio, maior a indutância. Embora a indutância de um fio reto seja apenas uma fração de micro-henry, em frequências muito altas a reatância pode ser significativa. Por isso, é importante manter curto todos os terminais na interconexão de componentes em circuitos de *RF*. Isso é mais importante para os terminais de capacitores e transistores, visto que indutâncias parasitas ou distribuídas podem afetar significativamente o desempenho e as características de um circuito.

Outra característica importante de um indutor é o **FATOR DE QUALIDADE Q**, a relação entre a potência indutiva e a resistiva:

$$Q = \frac{I^2 X_L}{I^2 R} = \frac{X_L}{R}$$

Essa é a razão entre a potência que retorna para o circuito e a potência realmente dissipara na resistência da bobina. Por exemplo, o Q de um indutor de 3 μH com uma resistência total de 45 Ω em 90 MHz é calculado como segue:

$$Q = \frac{2\pi f L}{R} = \frac{6{,}28(90 \times 10^6)(3 \times 10^{-6})}{45} = \frac{1.695{,}6}{45} = 37{,}68$$

Resistores. Em baixas frequências, um **RESISTOR** padrão com código de cores de baixa potência oferece aproximadamente uma resistência pura. Mas em altas frequências, seus terminais têm uma indutância considerável e uma capacitância parasita entre os terminais faz com que o resistor se comporte como um circuito *RLC* complexo, como mostra a Figura 2-11. Para minimizar os efeitos indutivo e capacitivo, os terminais são mantidos bem curtos em aplicações de rádio frequência.

O pequeno resistor SMD, usado na montagem em superfície de circuitos eletrônicos, tem preferência em equipamentos de RF por não ter praticamente terminal exceto pela extremidade metálica que é soldada na placa de circuito impresso (PCB - *printed circuito board*). Praticamente eles não têm indutância e apenas uma pequena capacitância parasita.

Muitos resistores são feitos de um material com composição de carbono em forma de pó selado dentro de um invólucro no qual os terminais são fixados. O tipo e a quantidade de material carbono determinam o valor do resistor. Este tipo

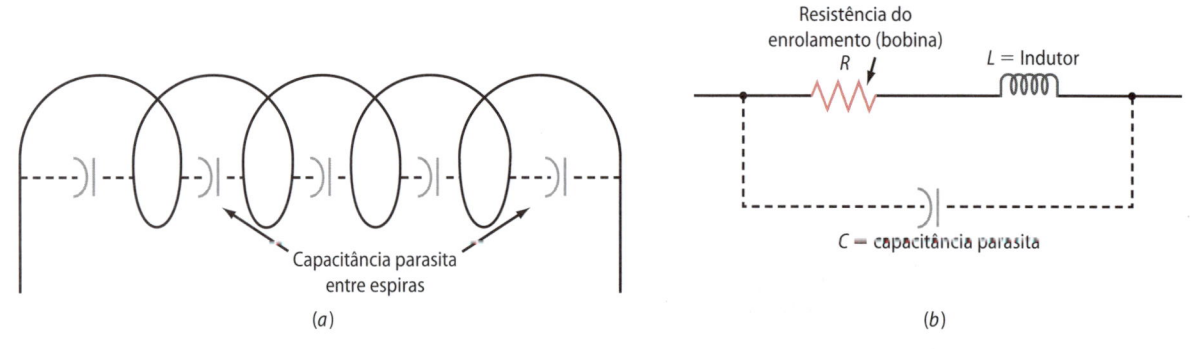

Figura 2-10 Circuito equivalente de um indutor em frequências altas. (a) Capacitância parasita entre espiras. (b) Circuito equivalente de um indutor em frequências altas.

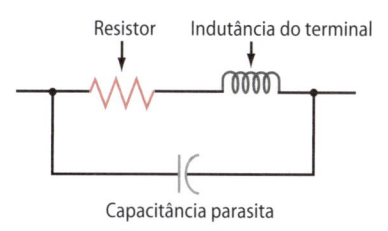

Figura 2-11 Circuito equivalente de um resistor em altas frequências (RF).

contribui com o ruído nos circuitos nos quais são usados. O ruído é provocado pelo efeito térmico e pela natureza granular do material da resistência. O ruído adicionado por esses resistores em um amplificador, usado para amplificar sinais de rádio de nível muito baixo, pode ser tão grande que pode mascarar o sinal desejado.

Para superar este problema, foram desenvolvidos os resistores de filme. Eles são feitos por meio da deposição de um filme de carbono ou de metal na forma de espiral sobre uma forma de cerâmica. O tamanho da espiral e o tipo de filme metálico determinam o valor da resistência. Os resistores de filme carbono geram menos ruído do que os resistores com composição de carbono e os resistores de filme metálico geram menos ruído do que os de filme carbono. Os resistores de filme metálico devem ser usados em circuitos amplificadores que operam com sinais de RF de níveis muito baixos. A maioria dos resistores SMD é do tipo filme metálico.

Efeito pelicular. A resistência de um fio condutor, seja o terminal de um resistor ou capacitor ou o fio de um indutor, é determinada principalmente pela resistência ôhmica do próprio fio. Entretanto, outros fatores também influenciam.

O mais significativo é o EFEITO PELICULAR, que é a tendência dos elétrons percorrerem o condutor na superfície externa do condutor, ou próximo a ela, nas frequências de VHF, UHF e micro-ondas (Figura 2-12). Este efeito reduz bastante a área da seção transversal do condutor, aumentando a resistência e afetando significativamente o desempenho do circuito no qual o condutor é usado. Por exemplo, o efeito pelicular diminui o fator Q de um indutor em frequências altas provocando efeitos indesejados e inesperados. Portanto, muitas bobinas para frequências altas, particularmente as de transmissores de alta potência, são feitas com tubos de cobre. Visto que a corrente não percorre o centro do condutor, mas apenas a superfície, um tubo condutor é mais eficiente. Condutores muito finos, como uma trilha em uma placa de circuito impresso, também são usados. Muitas vezes esses condutores são cobertos por prata ou ouro para se ter uma redução a mais da resistência deles.

» Circuitos sintonizados e ressonância

Um circuito sintonizado é constituído de uma indutância e uma capacitância ressonante em uma frequência específica, a frequência de ressonância. Em geral, os termos CIRCUITO SINTONIZADO e CIRCUITO RESSONANTE são usados indistintamente. Como os circuitos sintonizados são seletivos em frequência, eles respondem melhor em suas frequências de ressonância e em uma faixa estreita em torno da frequência de ressonância.

Circuitos ressonantes em série. Um CIRCUITO RESSONANTE EM SÉRIE é constituído de indutância, capacitância e resistência, como mostra a Figura 2-13. Tais circuitos são ge-

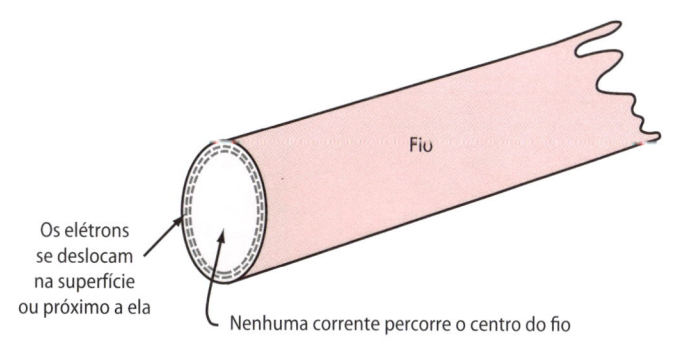

Figura 2-12 O efeito pelicular aumenta a resistência do fio e do indutor em altas frequências.

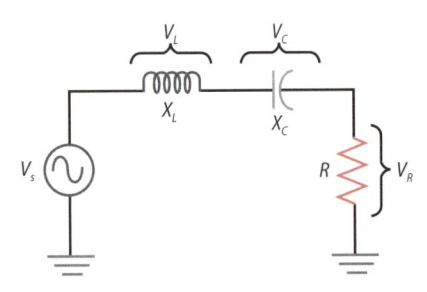

Figura 2-13 Circuito *RLC* em série.

temos
$$2\pi f_r L = \frac{1}{2\pi f_r C}$$

Isolando f_r temos
$$f_r = \frac{1}{2\pi\sqrt{LC}}$$

Nesta fórmula, a frequência está em hertz, a indutância está em Henry e a capacitância está em farads.

ralmente denominados CIRCUITOS **LCR** ou CIRCUITOS **RLC**. As reatâncias indutivas e capacitivas dependem da frequência da tensão aplicada. A ressonância ocorre quando as reatâncias indutiva e capacitiva são iguais. A Figura 2-14 mostra um gráfico de reatância *versus* frequência, no qual f_r é a frequência de ressonância.

A impedância total do circuito é dada pela expressão
$$Z = \sqrt{R^2 + (X_L - X_C)^2}$$

Quando X_L é igual a X_C, há um cancelamento entre eles, restando apenas a resistência do circuito para se opor à corrente. Na ressonância, a impedância total do circuito é simplesmente o valor de todas as resistências em série no circuito. Isso inclui a resistência da bobina e a resistência dos terminais dos componentes, bem como qualquer resistor físico no circuito.

A frequência de ressonância pode ser expressa em termos da indutância e da capacitância. A fórmula para a frequência de ressonância pode ser facilmente deduzida. Primeiro, expresse X_L e X_C como uma equivalência: $X_L = X_C$. Visto que

$$X_L = 2\pi f_r L \quad \text{e} \quad X_C = \frac{1}{2\pi f_r C}$$

EXEMPLO 2-14

Qual é a frequência de ressonância de um capacitor de 2,7 pF e um indutor de 33 nH?

$$f_r = \frac{1}{2\pi\sqrt{LC}} = \frac{1}{6{,}28\sqrt{33 \times 10^{-9} \times 2{,}7 \times 10^{-12}}}$$
$$= 5{,}33 \times 10^8 \text{ Hz ou 533 MHz}$$

Geralmente é necessário calcular a capacitância ou a indutância dado um dos valores e a frequência de ressonância. A fórmula para a frequência de ressonância básica pode ser rearranjada para calcular indutância ou capacitância como segue:

$$L = \frac{1}{4\pi^2 f^2 C} \quad \text{e} \quad C = \frac{1}{4\pi^2 f^2 C}$$

Por exemplo, a capacitância que irá ressonar na frequência de 18 MHz com um indutor de 12 μH é determinada como segue:

$$C = \frac{1}{4\pi^2 f^2 C} = \frac{1}{39{,}478(18 \times 10^6)^2 (12 \times 10^{-6})}$$
$$= \frac{1}{39{,}478(3{,}24 \times 10^4)(12 \times 10^{-6})} = 6{,}5 \times 10^{-12} \text{ F ou 6,5 pF}$$

EXEMPLO 2-15

Que valor de indutância irá ressonar com um capacitor de 12 pF em 49 MHz?

$$L = \frac{1}{4\pi^2 f^2 C} = \frac{1}{39{,}478(49 \times 10^6)^2 (12 \times 10^{-12})}$$
$$= 8{,}79 \times 10^{-7} \text{ H ou 879 nH}$$

Conforme indicado antes, a definição básica de ressonância em um circuito em série sintonizado é o ponto no qual X_L é igual a X_C. Com essa condição, apenas a resistência do circui-

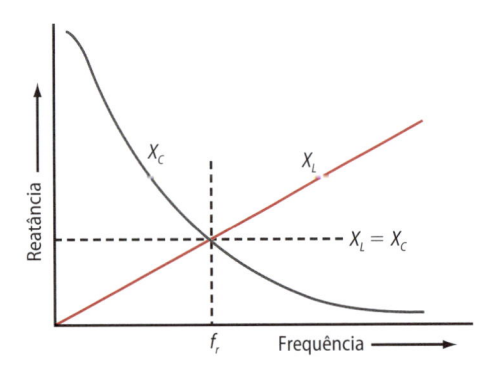

Figura 2-14 Variação da reatância com a frequência.

to limita a corrente. A impedância total do circuito na ressonância é $Z = R$. Por isso, a ressonância em um circuito em série sintonizado também pode ser definida como o ponto no qual a impedância do circuito é o menor valor e a corrente o maior. Visto que o circuito é resistivo na ressonância, a corrente está em fase com a tensão aplicada. Acima da frequência de ressonância, a reatância indutiva é maior do que a capacitiva e a queda de tensão no indutor é maior do que no capacitor. Portanto, o circuito é indutivo e a corrente está atrasada em relação à tensão aplicada. Abaixo da frequência de ressonância, a reatância capacitiva é maior do que a indutiva; a reatância resultante é capacitiva, produzindo assim uma corrente adiantada no circuito. A queda de tensão no capacitor é maior do que no indutor.

A resposta de um circuito em série ressonante é ilustrada na Figura 2-15, que mostra um gráfico da frequência e do deslocamento de fase da corrente no circuito em relação à frequência.

Em frequências muito baixas, a reatância capacitiva é muito maior do que a indutiva; portanto, a corrente no circuito é muito baixa por causa da impedância alta. Além disso, devido o circuito ser predominantemente capacitivo, a corrente está adiantada em relação à tensão em aproximadamente 90º. À medida que a frequência aumenta, X_C diminui e X_L aumenta. O valor do avanço de fase diminui. Conforme os valores de reatância se aproximam um do outro, a corrente cresce. Quando X_L se iguala a X_C, seus efeitos se cancelam e a impedância no circuito passa a ser apenas a resistência. Isso produz um pico de corrente, ponto no qual a corrente está em fase com a tensão (0º). À medida que a frequência continua aumentando, X_L se torna maior do que X_C. A impedância do circuito aumenta e a corrente diminui. Com o circuito predominantemente indutivo, a corrente passa a ser atrasada em relação à tensão aplicada. Se a tensão de saída for obtida sobre o resistor na Figura 2-13, a curva de resposta e o ângulo de fase da tensão seria correspondente a que é mostrada na Figura 2-15. Conforme mostra a figura, a corrente é maior na região central, na frequência de ressonância. A estreita faixa de frequência na qual a corrente é maior, é denominada **LARGURA DE BANDA**. Esta área é ilustrada na Figura 2-16.

Os limites superior e inferior da largura de banda são definidos por duas frequências de corte indicadas por f_1 e f_2. Essas frequências de corte estão situadas nos pontos nos quais a amplitude da corrente é 70,7% da corrente de pico. Na Figura 2-16, a corrente de pico é 2 mA e a corrente nas frequências de corte inferior (f_1) e superior (f_2) é 0,707 de 2 mA, ou seja, 1,414 mA.

Os níveis de corrente nos quais a resposta cai para 70,7% são chamados **PONTOS DE MEIA POTÊNCIA** porque a potência nas frequências de corte é metade da potência de pico da curva.

$$P = I^2 R = (0{,}707\, I_{pico})^2 R = 0{,}5\, I_{pico}^2 R$$

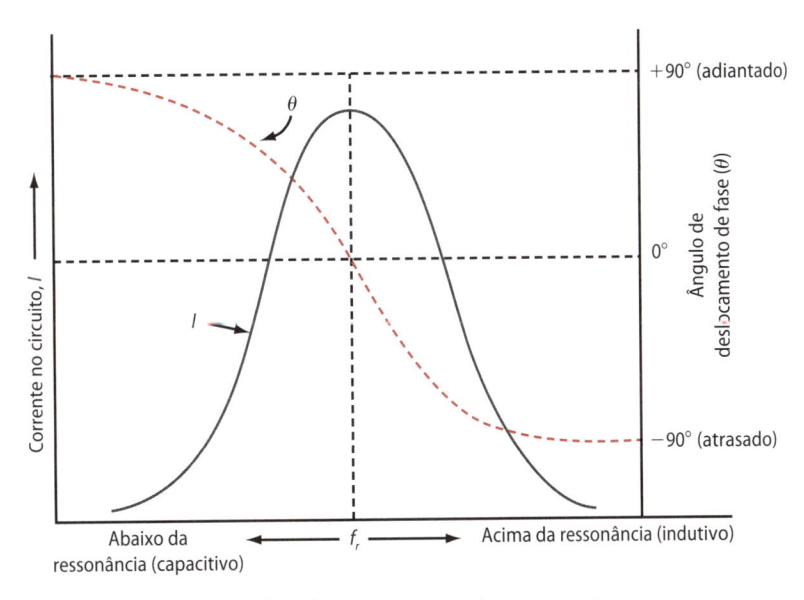

Figura 2-15 Curvas de frequência e resposta de fase de um circuito em série ressonante.

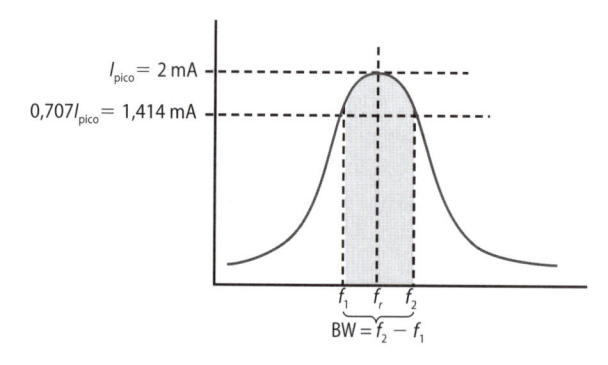

Figura 2-16 Largura de banda de um circuito em série ressonante.

A largura de banda (BW) do circuito sintonizado é definida como a diferença entre as frequências de corte superior e inferior:

$$BW = f_2 - f_1$$

Por exemplo, considerando uma frequência de ressonância de 75 kHz e as frequências de corte inferior e superior de 76,5 e 73,5 kHz, respectivamente, a largura de banda é BW = 76,5 − 73,5 = 3 kHz.

A largura de banda de um circuito ressonante é determinada pelo fator Q do circuito. Lembre-se que o fator Q de um indutor é a razão entre a reatância indutiva e a resistência do circuito. Isso se mantém válido para um circuito em série ressonante, onde Q é a razão entre a reatância indutiva e a resistência total do circuito, na qual se inclui a resistência do indutor mais qualquer resistência em série adicional:

$$Q = \frac{X_L}{R_T}$$

Lembre-se de que a largura de banda é calculada como

$$BW = \frac{f_r}{Q}$$

Se o Q de um circuito ressonante em 18 MHz for 50, então a largura de banda é BW = 18/50 = 0,36 MHz = 360 kHz.

EXEMPLO 2-16

Qual é a largura de banda de um circuito ressonante com uma frequência de 28 MHz e um Q de 70?

$$BW = \frac{f_r}{Q} = \frac{28 \times 10^6}{70} = 400.000 \text{ Hz} = 400 \text{ kHz}$$

A fórmula pode ser reorganizada para calcular Q, dada a frequência e a largura de banda:

$$Q = \frac{f_r}{BW}$$

Portanto, o Q do circuito cuja largura de banda foi calculada anteriormente é Q = 75 kHz/3 kHz = 25.

Visto que a largura de banda é aproximadamente centralizada na frequência de ressonância, f_1 está à mesma distância de f_r que f_2. Este fato nos permite calcular a frequência de ressonância conhecendo apenas as frequências de corte:

$$f_r = \sqrt{f_1 \times f_2}$$

Por exemplo, se f_1 = 175 kHz e f_2 = 178 kHz, a frequência de ressonância é

$$f_r = \sqrt{175 \times 10^3 \times 178 \times 10^3} = 176,5 \text{ kHz}$$

Para uma escala de frequência linear, podemos calcular a frequência central, ou de ressonância, usando a média entre as frequências de corte:

$$f_r = \frac{f_1 + f_2}{2}$$

Se o Q do circuito for muito alto (>100), então a curva de resposta é aproximadamente simétrica em torno da frequência de ressonância. As frequências de corte serão, aproximadamente, equidistantes da frequência de ressonância (BW/2). Portanto, as frequências de corte podem ser calculadas se a largura de banda e a frequência de ressonância forem conhecidas:

$$f_2 = f_r - \frac{BW}{2} \quad \text{e} \quad f_2 = f_r + \frac{BW}{2}$$

Por exemplo, se a frequência de ressonância for 49 MHz (49.000 kHz) e a largura de banda for 10 kHz, então as frequências de corte serão:

$$f_1 = 49.000 \text{ kHz} - \frac{10k}{2} = 49.000 \text{ kHz} - 5 \text{ kHz} = 48.995 \text{ kHz}$$

$$f_2 = 49.000 \text{ kHz} + 5 \text{ kHz} = 49.005 \text{ kHz}$$

Tenha em mente que embora esse procedimento seja uma aproximação, ele é útil em muitas aplicações.

A largura de banda de um circuito ressonante define sua **SELETIVIDADE**, ou seja, como o circuito responde às variações de frequência. Se a resposta produz uma corrente alta apenas em uma faixa estreita de frequência, uma largura de banda estreita, diz-se que o circuito é altamente seletivo. Caso a corrente seja alta em uma faixa de frequência maior, ou seja, a largura de banda é ampla, o circuito é menos seletivo. Em geral, os circuitos com alta seletividade e larguras de banda estreitas são mais desejáveis. Entretanto, a seletividade e a largura de banda real de um circuito devem ser otimizadas para cada aplicação.

A relação entre o Q de um circuito e a largura de banda é extremamente importante. A largura de banda de um circuito é inversamente proporcional ao Q. Quanto maior o Q, menor a largura de banda. Os Qs de valor baixo produzem larguras de banda amplas ou menor seletividade. Por sua vez, Q é uma função da resistência do circuito. Uma baixa resistência produz um Q alto, uma largura de banda estreita e um circuito de alta seletividade. Uma alta resistência do circuito produz um Q baixo, uma largura de banda ampla e uma seletividade baixa. Na maioria dos circuitos de comunicação, os Qs são pelo menos 10 e tipicamente maiores. Na maioria dos casos, o Q é controlado diretamente pela resistência do indutor. A Figura 2-17 mostra o efeito de diferentes valores de Q na largura de banda.

EXEMPLO 2-17

As frequências de corte superior e inferior de um circuito ressonante são 8,07 e 7,93 MHz. Calcule (a) a largura de banda, (b) a frequência de ressonância aproximada e (c) Q.

a. $BW = f_2 - f_1 = 8,07 \text{ MHz} - 7,93 \text{ MHz} = 0,14 \text{ MHz} = 140 \text{ kHz}$

b. $f_r = \sqrt{f_1 f_2} = \sqrt{(8,07 \times 10^6)(7,93 \times 10^6)} = 8 \text{ MHz}$

c. $Q = \dfrac{f_r}{BW} = \dfrac{8 \times 10^6}{140 \times 10^3} = 57,14$

EXEMPLO 2-18

Quais são as frequências aproximadas abaixo de 3 dB de um circuito ressonante com um Q de 200 em 16 MHz?

$$BW = \dfrac{f_r}{Q} = \dfrac{16 \times 10^6}{200} = 80.000 \text{ Hz} = 80 \text{ kHz}$$

$$f_1 = f_r - \dfrac{BW}{2} = 16.000.000 - \dfrac{80.000}{2} = 15,96 \text{ MHz}$$

$$f_2 = f_r + \dfrac{BW}{2} = 16.000.000 + \dfrac{80.000}{2} = 16,04 \text{ MHz}$$

A ressonância produz um fenômeno interessante, mas útil em circuitos RLC em série. Considere o circuito na Figura 2-18(a). Na ressonância, considere $X_L = X_C = 500 \; \Omega$. A resistência total do circuito é 10 Ω. Então, o Q do circuito é

$$Q = \dfrac{X_L}{R} = \dfrac{500}{10} = 50$$

Se a tensão aplicada, V_s, for 2 V, a corrente do circuito na ressonância será

$$I = \dfrac{V_s}{R} = \dfrac{2}{10} = 0,2 \text{ A}$$

Quando as reatâncias, as resistências, e a corrente são conhecidas, a queda de tensão em cada componente pode ser calculada:

$$V_L = IX_L = 0,2(500) = 100 \text{ V}$$
$$V_C = IX_C = 0,2(500) = 100 \text{ V}$$
$$V_R = IR = 0,2(10) = 2 \text{ V}$$

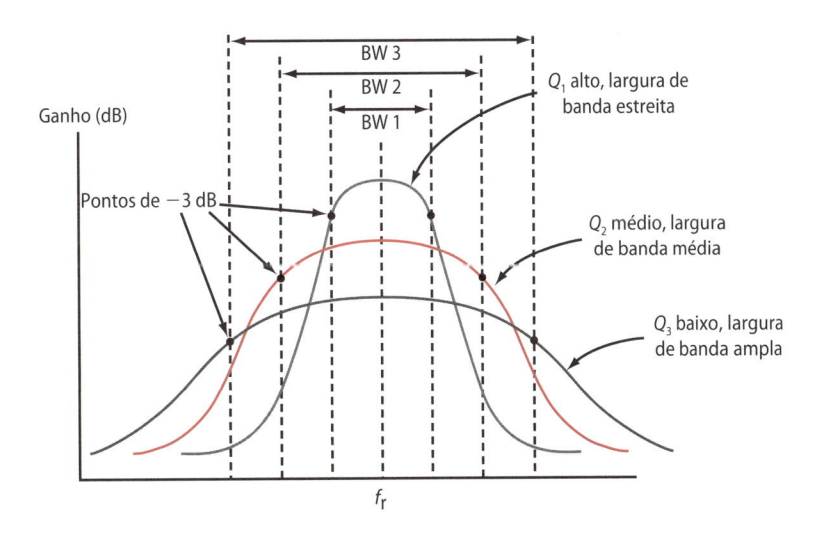

Figura 2-17 O efeito do Q na largura de banda e seletividade em um circuito ressoante.

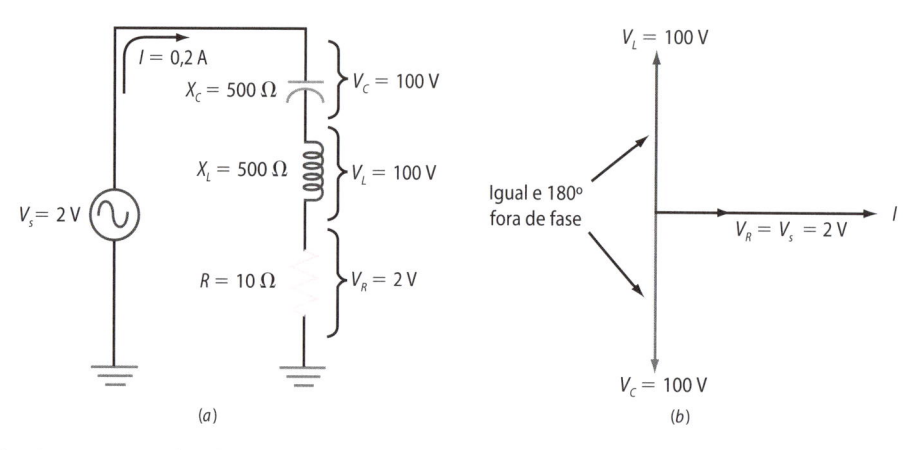

Figura 2-18 Tensão ressonante elevada em um circuito em série ressonante.

Como podemos ver, as quedas de tensão no indutor e no capacitor são significativamente maiores do que a tensão aplicada. Isso é conhecido como **TENSÃO RESSONANTE ELEVADA**. Embora a soma das quedas de tensão no circuito em série ainda seja igual à tensão da fonte, na ressonância a tensão no indutor está adiantada 90° em relação a corrente, e a tensão no capacitor está atrasada 90° em relação a corrente [veja a Figura 2-18(b)]. Portanto, as tensões indutiva e capacitiva são iguais, mas 180° fora de fase. Como resultado, quando somadas, elas se cancelam entre si, resultando em uma tensão reativa total nula. Isso significa que toda a tensão aplicada aparece na resistência do circuito.

A tensão ressonante elevada na bobina ou no capacitor pode ser facilmente calculada multiplicando a entrada, tensão da fonte, por Q.

$$V_L = V_C = QV_s$$

No exemplo na Figura 2-18, $V_L = 50(2) = 100$ V.

Este interessante e útil fenômeno diz que uma pequena tensão aplicada pode essencialmente ser elevada para uma tensão maior, que é uma forma de amplificação sem o uso de circuitos ativos que é muito usada em circuitos de comunicação.

EXEMPLO 2-19

Um circuito em série ressonante tem um Q de 150 em 3,5 MHz. A tensão aplicada é 3 μV. Qual é a tensão no capacitor?

$$V_C = QV_s = 150(3 \times 10^{-6}) = 450 \times 10^{-6} = 450 \text{ mV}$$

Circuitos em paralelo ressonantes. Um **CIRCUITO EM PARALELO RESSONANTE** é formado quando o indutor e o capacitor são conectados em paralelo com a tensão aplicada, como mostra a Figura 2-19(a). Em geral, a ressonância em um circuito em paralelo sintonizado também pode ser definida como o ponto no qual as reatâncias indutiva e capacitiva são iguais. Portanto, a frequência de ressonância é calculada pela fórmula dada antes. Se considerarmos componentes sem perdas no circuito (sem resistência), então a corrente no indutor é igual a do capacitor:

$$I_L = I_C$$

Embora as correntes sejam iguais, elas são 180° fora de fase, como no diagrama fasorial na Figura 2-19(b). A corrente no indutor está atrasada 90° em relação à tensão aplicada e a corrente no capacitor está adiantada 90° em relação à tensão aplicada, resultando em um total de 180°.

Agora, aplicando a lei de Kirchhoff para a corrente, a soma das correntes nos ramos individuais é igual à corrente total drenada da fonte. Com as correntes indutiva e capacitiva iguais e fora de fase, a soma delas é 0. Portanto, na ressonância, um circuito em paralelo sintonizado parece ter resistência infinita, não drenando a corrente da fonte e, portanto, tem impedância infinita e funciona como um circuito aberto. Entretanto, existe uma alta corrente circulando entre indutor e capacitor. A energia é armazenada e transferida entre o indutor e o capacitor. Como este circuito se comporta como um tipo de recipiente de armazenamento de energia elétrica, muitas vezes ele é denominado **CIRCUITO TANQUE** e a corrente circulante **CORRENTE TANQUE**.

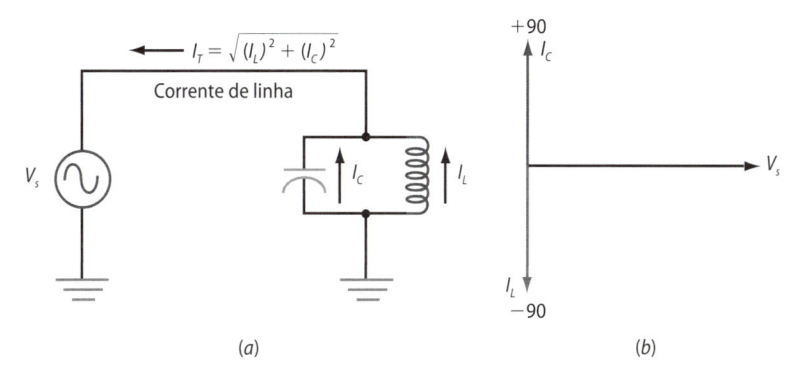

Figura 2-19 Correntes em um circuito em paralelo ressonante. (*a*) Circuito em paralelo ressonante. (*b*) Relações das correntes no circuito em paralelo ressonante.

Em um circuito ressonante prático em que os componentes não possuem perdas (resistência), o circuito ainda se comporta como descrito antes. Tipicamente, podemos considerar que o capacitor tem perdas praticamente nulas e o indutor contém uma resistência, conforme ilustrado na Figura 2-20(*a*). Na ressonância, onde $X_L = X_C$, a impedância do ramo indutivo do circuito é maior do que a impedância do ramo capacitivo por causa da resistência da bobina. A corrente capacitiva é ligeiramente maior do que a indutiva. Mesmo se as reatâncias forem iguais, as correntes de ramo serão diferentes e, portanto, haverá alguma corrente na linha da fonte de alimentação. A corrente na fonte de alimentação estará adiantada da tensão de alimentação, como mostra a Figura 2-20(*b*). Apesar disso, as correntes indutiva e capacitiva se cancelam na maioria dos casos porque elas são aproximadamente iguais e de fase opostas e, consequentemente, a corrente da fonte será significativamente menor do que as corrente nos ramos individuais. O resultado é uma impedância resistiva alta aproximadamente igual a

$$Z = \frac{V_s}{I_T}$$

O circuito na Figura 2-20(*a*) não é fácil de ser analisado. Uma forma de simplificar a matemática envolvida é convertê-lo para um circuito equivalente no qual a resistência da bobina seja transladada para uma resistência em paralelo que produz os mesmos resultados, conforme mostra a Figura 2-21. A indutância equivalente L_{eq} e a resistência R_{eq} são calculadas coma as fórmulas

$$L_{eq} = \frac{L(Q^2 + 1)}{Q^2} \quad \text{e} \quad R_{eq} = R_W(Q^2 + 1)$$

e Q é determinado pela fórmula

$$Q = \frac{X_L}{R_W}$$

em que R_W é a resistência do enrolamento da bobina.

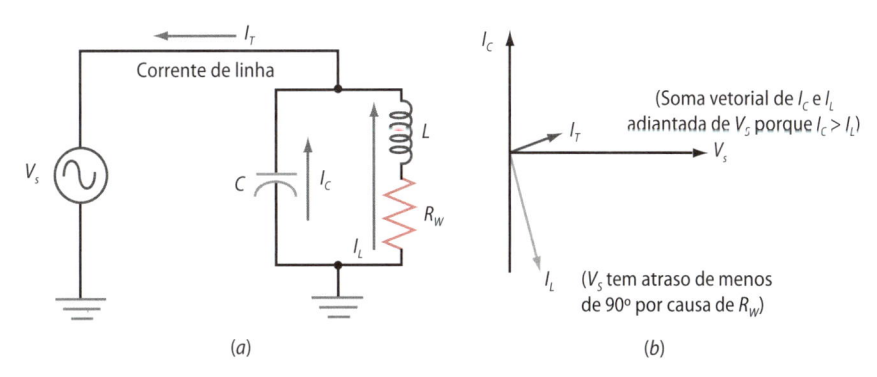

Figura 2-20 Um circuito em paralelo ressonante prático. (*a*) Circuito em paralelo ressonante prático com uma resistência de bobina, R_W. (*b*) Relações de fase.

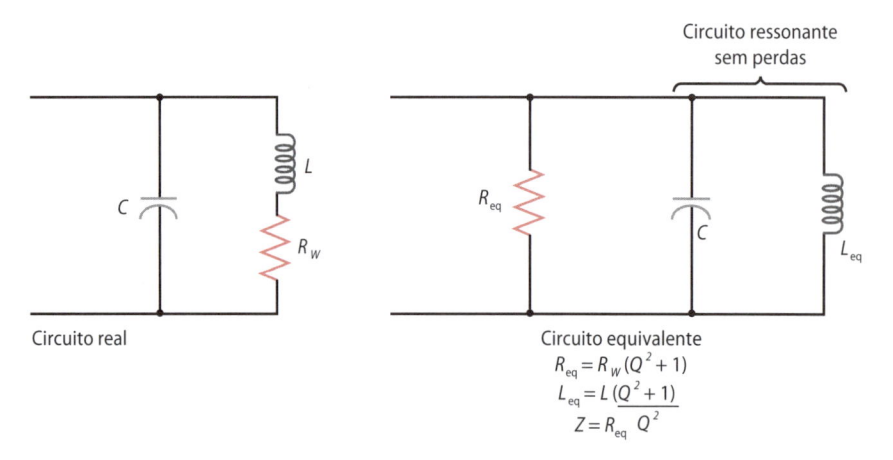

Figura 2-21 Um circuito equivalente torna fácil a análise de circuitos em paralelo ressonantes.

Se Q for alto, geralmente maior do que 10, L_{eq} é aproximadamente igual ao valor da indutância real, L. A impedância total do circuito na ressonância é igual a resistência em paralelo equivalente:

$$Z = R_{eq}$$

EXEMPLO 2-20

Qual é a impedância de um circuito em paralelo LC com uma frequência ressonante de 52 MHz e um Q de 12? $L = 0{,}15\ \mu\text{H}$.

$$Q = \frac{X_L}{R_W}$$

$$X_L = 2\pi f L = 6{,}28(52 \times 10^6)(0{,}15 \times 10^{-6}) = 49\ \Omega$$

$$R_W = \frac{X_L}{Q} = \frac{49}{12} = 4{,}1\ \Omega$$

$$Z = R_{eq} = R_W(Q^2 + 1) = 4{,}1(12^2 + 1) = 4{,}1(145) = 592\ \Omega$$

Se o Q do circuito em paralelo ressonante for maior do que 10, pode ser usada a seguinte fórmula simplificada para calcular a impedância resistiva na ressonância:

$$Z = \frac{L}{CR_W}$$

O valor de R_W é a resistência do enrolamento da bobina.

EXEMPLO 2-21

Calcule a impedância do circuito dado no Exemplo 2-20 usando a fórmula $Z = L/CR$.

$$f_r = 52\ \text{MHz} \quad R_W = 4{,}1(12^2 + 1) \quad L = 0{,}15\ \mu\text{H}$$

$$C = \frac{1}{4\pi^2 f_r^2 L} = \frac{1}{39{,}478(52 \times 10^6)^2(0{,}15 \times 10^{-6})}$$

$$= 6{,}245 \times 10^{-11}$$

$$Z = \frac{L}{CR_W} = \frac{0{,}15 \times 10^{-6}}{(62{,}35 \times 10^{-12})(4{,}1)} = 586\ \Omega$$

Este valor de 592 Ω coincide com o calculado anteriormente. A fórmula $Z = L/CR_W$ é uma aproximação.

É BOM SABER

A largura de banda de um circuito é inversamente proporcional ao Q do circuito. Quanto maior o Q, menor a largura de banda. Valores baixos de Q produz larguras de banda amplas ou menor seletividade.

A Figura 2-22 mostra curvas de frequência e resposta de fase de um circuito em paralelo ressonante. Abaixo da frequência de ressonância, X_L é menor do que X_C; portanto, a corrente indutiva é maior do que a capacitiva e o circuito se mostra indutivo. A corrente de linha está atrasada da tensão aplicada. Acima da frequência de ressonância X_C é menor do que X_L; portanto, a corrente capacitiva é maior do que a indutiva e o circuito se mostra capacitivo. Portanto, a corrente de linha está adiantada da tensão aplicada.

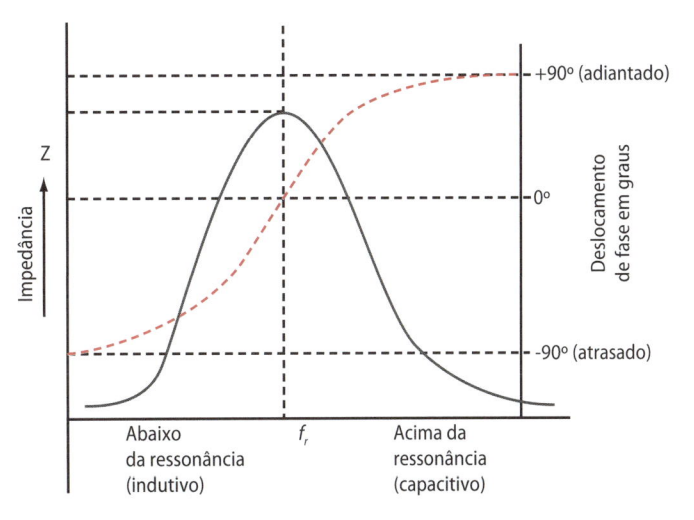

Figura 2-22 Resposta de um circuito em paralelo ressonante.

Na frequência de ressonância, a impedância do circuito atinge o pico. Isso significa que a corrente de linha neste momento é mínima. Na ressonância, o circuito parece ter uma resistência muito alta e uma corrente de linha pequena que está em fase com a tensão aplicada.

Note que o Q de um circuito em paralelo, que foi anteriormente expresso como $Q = X_L/R_W$, também pode ser calculado com a expressão

$$Q = \frac{R_P}{X_L}$$

em que R_P é a resistência em paralelo equivalente, R_{eq}, em paralelo com qualquer outra resistência e X_L é a reatância indutiva da indutância equivalente, L_{eq}.

Podemos definir a largura de banda de um circuito em paralelo sintonizado controlando o valor de Q. O Q pode ser determinado conectando um resistor externo ao circuito. Isso tem o efeito de diminuir R_P e aumentar a largura de banda.

EXEMPLO 2-22

Qual é o valor do resistor em paralelo necessário para estabelecer uma largura de banda de 1 MHz num circuito em paralelo sintonizado? Considere $X_L = 300\ \Omega\ R_W = 10\ \Omega$ e $f_r = 10$ MHz.

$$Q = \frac{X_L}{R_W} = \frac{300}{10} = 30$$

$$R_P = R_W(Q^2 + 1) = 10(30^2 + 1) = 10(901) = 9.010\ \Omega$$

(resistência equivalente de um circuito em paralelo na ressonância)

$$BW = \frac{f_r}{Q}$$

$$Q = \frac{f_r}{BW} = \frac{10\ \text{MHz}}{1\ \text{MHz}} = 10\ (Q\ \text{necessário para uma largura de banda de 1MHz})$$

$$R_{Pnova} = QX_L = 10(300) = 3.000\ \Omega$$

(essa é a resistência total do circuito, R_{Pnova}, composto pelo R_P original e um resistor conectado externamente, R_{ext})

$$R_{Pnova} = \frac{R_P R_{ext}}{R_P + R_{ext}}$$

$$R_{ext} = \frac{R_{Pnova} R_P}{R_P - R_{ext}} = \frac{9.010(3.000)}{9.010 - 3.000} = 4.497{,}5\ \Omega$$

» Filtros

Um **FILTRO** é um circuito seletivo em frequência. Os filtros são projetados para permitir a passagem de algumas frequências e rejeitar outras. Os circuitos em série e em paralelo ressonantes abordados na seção Circuitos sintonizados na p. 37, são exemplos de filtros.

Existem diversas formas de implementar circuitos de filtro. Os filtros simples criados com o uso de resistores e capacitores ou de indutores e capacitores são denominados **FILTROS PASSIVOS** porque eles usam componentes passivos que não amplificam. No trabalho de comunicação, a maioria dos filtros é do tipo LC passivo, embora muitos outros tipos de filtros sejam usados.

Alguns tipos especiais de filtros são os ativos que usam circuitos *RC* com realimentação em circuitos com amplificadores operacionais (AOPs), com capacitor chaveado, cerâmicos e com cristal, de onda acústica superficial (SAW) e digitais implementados com técnicas de processamento de sinais digitais (DSP).

Os cinco tipos básicos de circuitos de filtros são os seguintes:

Filtro passa-baixas. Permite a passagem das frequências abaixo de uma frequência crítica denominada de *frequência de corte* (*cutoff frequency*) e atenua bastante as frequências acima dela.

Filtro passa-altas. Permite a passagem das frequências acima do corte, mas rejeita todas abaixo dela.

Filtro passa-faixa. Permite a passagem das frequências em uma faixa estreita entre as frequências de corte inferior e superior.

Filtro rejeita-faixa. Rejeita ou atenua frequências em uma faixa estreita, mas permite frequências acima e abaixo desta faixa.

Filtro passa-todas. Permite a passagem de todas as frequências igualmente ao longo da faixa projetada, mas tem uma característica de deslocamento de fase fixa ou previsível.

Filtros RC

Um filtro passa-baixas permite que as componentes de baixa frequência da tensão aplicada atinjam a resistência de carga na saída, ao passo que a componentes de alta frequência são atenuadas, ou reduzidas, na saída.

Um filtro passa-altas faz o oposto, permitindo que as componentes de alta frequência da tensão aplicada atinjam a resistência de carga na saída.

O caso de um circuito de acoplamento *RC* é um exemplo de um filtro passa-altas porque a componente CA da tensão de entrada atinge *R* e a tensão CC é bloqueada pelo capacitor em série. Além disso, com frequências mais altas na componente CA, mais tensão CA é acoplada.

Qualquer filtro passa-baixas ou passa-altas pode ser visto como um divisor de tensão dependente da frequência, porque a tensão de saída é uma função da frequência.

Os filtros *RC* usam combinações de resistores e capacitores para conseguir a resposta desejada. A maioria dos filtros *RC* é do tipo passa-baixas ou passa-altas. Alguns filtros rejeita-faixa, ou *notch*, também são construídos com circuitos *RC*. Os filtros passa-faixa podem ser construídos a partir da combinação de seções *RC* de filtros passa-baixas e passa-altas, mas isso raramente é feito assim.

Filtro passa-baixas. Um FILTRO PASSA-BAIXAS é um circuito que não introduz atenuações em frequências abaixo da frequência de corte, mas elimina completamente todos os sinais com frequências acima da frequência de corte. Os filtros passa-baixas às vezes são conhecidos como filtros corta-altas.

A curva de resposta ideal para um filtro passa-baixas é mostrada na Figura 2-23. Essa curva de resposta não pode ser realizada na prática. Em circuitos práticos, em vez de uma transição abrupta na frequência de corte, há uma transição mais gradual entre a região com uma pequena, ou nenhuma, atenuação e a de atenuação máxima.

A forma mais simples do filtro passa-baixas é o circuito *RC* na Figura 2-24(*a*). O circuito tem a forma de um divisor de tensão simples com um componente sensível à frequência, neste caso o capacitor. Em frequências muito baixas, o capacitor tem uma reatância muito alta em comparação com a resistência e, portanto, a atenuação é mínima. À medida que a frequência aumenta, a reatância capacitiva diminui. Quando a reatância se torna menor do que a resistência, a atenuação aumenta rapidamente. A resposta de frequência do circuito básico é ilustrada na Figura 2-24(*b*). A frequência de corte deste filtro é o ponto no qual R e X_c são iguais. A frequência de corte, também conhecida como frequência crítica, é determinada pela expressão

$$X_C = R$$
$$\frac{1}{2\pi f_c} = R$$
$$f_{co} = \frac{1}{2\pi RC}$$

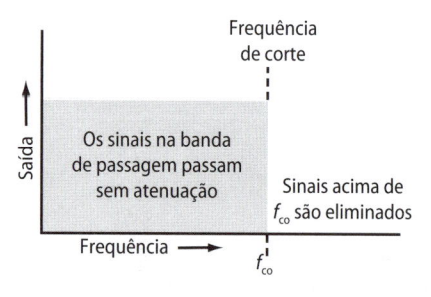

Figura 2-23 Curva de resposta ideal de um filtro passa-baixas.

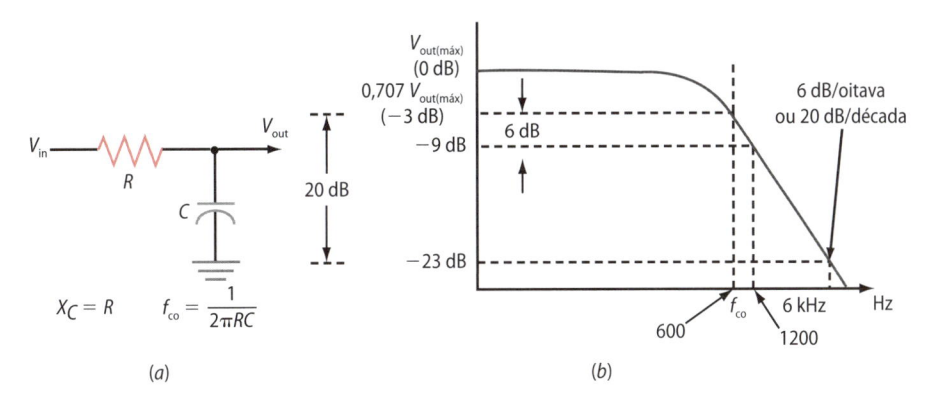

Figura 2-24 Filtro passa-baixas RC. (a) Circuito. (b) Filtro passa-baixas.

Por exemplo, se $R = 4{,}7$ kΩ e $C = 560$ pF, a frequência de corte é

$$f_{co} = \frac{1}{2\pi(4.700)(560 \times 10^{-12})} = 60.469 \text{ Hz ou } 60{,}5 \text{ kHz}$$

EXEMPLO 2-23

Qual é a frequência de corte de uma seção simples de um filtro passa-baixas RC com $R = 8{,}2$ kΩ e $C = 0{,}0033$ μF?

$$f_{co} = \frac{1}{2\pi RC} = \frac{1}{2\pi(8{,}2 \times 10^3)(0{,}0033 \times 10^{-6})}$$

$$f_{co} = 5.881{,}56 \text{ Hz} \quad \text{ou} \quad 5{,}88 \text{ kHz}$$

Na frequência de corte a amplitude de saída é 70,7% da amplitude de entrada em baixas frequências. Este é chamado de ponto de -3 dB. Em outras palavras, esse filtro tem um ganho de tensão de -3 dB na frequência de corte. Nas frequências acima da frequência de corte, a amplitude diminui a uma taxa linear de 6 dB por oitava ou 20 dB por década. Uma OITAVA é definida como o dobro ou a metade de uma frequência, e uma DÉCADA representa um décimo ou uma relação de 10 vezes. Considere que um filtro tem uma frequência de corte de 600 Hz. Se a frequência dobrar para 1200 Hz, a atenuação aumentará em 6 dB, ou de 3 dB no corte para 9 dB em 1200 Hz. Se a frequência aumentasse por um fator de 10 de 600 Hz a 6 kHz, a atenuação aumentaria por um fator de 20 dB a partir de 3 dB no corte até 23 dB em 6 kHz.

Se for necessária uma taxa de atenuação mais rápida, podem ser usadas duas seções RC configuradas com a mesma frequência de corte. Este circuito é mostrado na Figura 2-25(a). Com esse circuito, a taxa de atenuação é 12 dB por oitava ou 40 dB por década. Dois circuitos RC idênticos são usados, mas entre eles é usado um amplificador de isolação ou *buffer* como um seguidor de emissor (ganho $\approx$ 1) para evitar que a segunda seção represente uma carga para a primeira. A

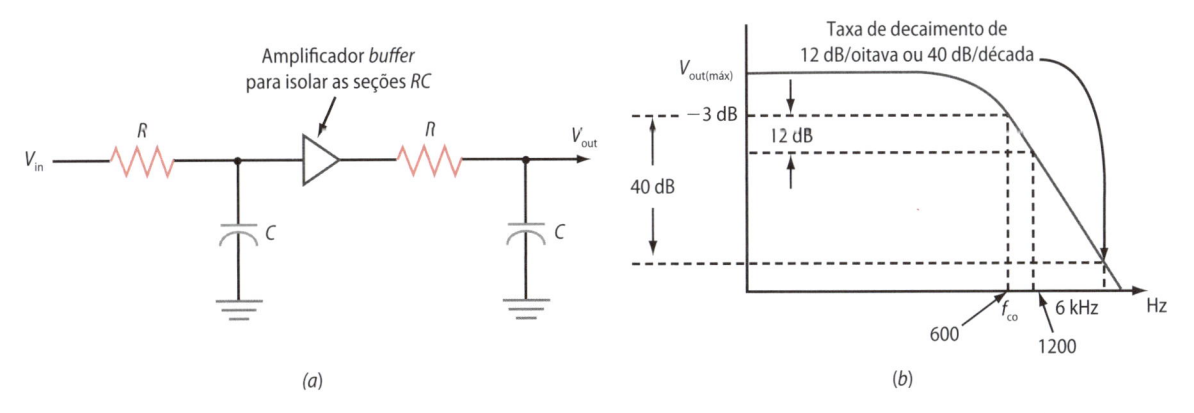

Figura 2-25 Um filtro RC de dois estágios melhora a resposta, mas aumenta a perda de sinal. (a) Circuito. (b) Curva de resposta.

conexão em cascata de duas seções RC sem a isolação resultaria em uma taxa de atenuação menor do que o valor ideal teórico de 12 dB por oitava por causa do efeito de carga.

Com uma curva de atenuação mais acentuada, diz-se que o circuito é mais seletivo. A desvantagem de uma conexão em cascata como esta é que uma atenuação maior torna o sinal de saída consideravelmente menor. Esta atenuação do sinal na banda de passagem do filtro é denominada PERDA DE INSERÇÃO.

Um filtro passa-baixas também pode ser implementado com um indutor e um resistor, como mostra a Figura 2-26. A curva de resposta para esse filtro RL é a mesma mostrada na Figura 2-24(b). A frequência de corte é determinada pelo uso da fórmula

$$f_{co} = \frac{R}{2\pi L}$$

Os filtros passa-baixas RC não são tão usados como os filtros RC porque os indutores geralmente são maiores, mais pesados e mais caros do que os capacitores. Os indutores também têm maior perda do que os capacitores por causa da sua resistência inerente do enrolamento.

Filtro passa-altas. Um FILTRO PASSA-ALTAS permite a passagem das frequências acima da frequência de corte com uma pequena ou nenhuma atenuação, mas atenua intensamente os sinais abaixo da frequência de corte. A curva de resposta ideal de um filtro passa-altas é mostrada na Figura 2-27(a). A Figura 2-27(b) mostra uma aproximação que pode ser obtida com uma variedade de filtros RC e LC.

O filtro passa-altas RC básico é mostrado na Figura 2-28(a). Novamente, ele não é nada mais que um divisor de tensão com o capacitor atuando como um componente sensível à frequência no divisor de tensão. Em frequências baixas, X_C é muito alto. Quando X_C é muito maior do que R, o efeito do divisor de tensão proporciona uma alta atenuação dos sinais de baixa frequência. À medida que a frequência aumenta, a reatância capacitiva diminui. Quando a reatância capacitiva é igual ou menor do que a resistência, o divisor de tensão proporciona uma atenuação muito pequena. Portanto, as frequências altas passam relativamente quase inalteradas.

A frequência de corte para esse filtro é a mesma que para um circuito passa-baixas e é deduzida a partir da condição em que X_C é igual a R e isolando a frequência:

$$f_{co} = \frac{R}{2\pi RC}$$

A taxa de decaimento é 6 dB por oitava ou 20 dB por década.

Um filtro passa-altas também pode ser implementado com uma bobina e um resistor, como mostra a Figura 2-28(b). A frequência de corte é

$$f_{co} = \frac{R}{2\pi L}$$

A curva de resposta para esse filtro é a mesma que a mostrada na Figura 2-27(b). A taxa de atenuação é 6 dB por oitava ou 20 dB por década, conforme vimos para o filtro passa-baixas. Novamente, uma atenuação adicional pode ser obtida conectando seções em cascata de seções deste filtro.

> **É BOM SABER**
>
> Os filtros notch duplo T são usados em frequências baixas para eliminar o zumbido da rede elétrica de circuitos de áudio e amplificadores de equipamentos médicos.

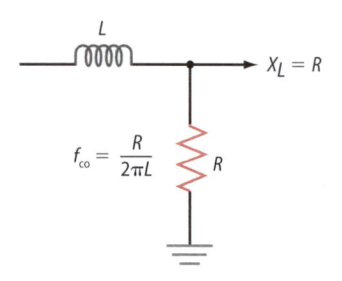

Figura 2-26 Um filtro passa-baixas implementado com um indutor.

$$f_{co} = \frac{R}{2\pi L}$$

$$X_L = R$$

EXEMPLO 2-24

Qual é o valor padrão de resistor EIA que produz uma frequência de corte de 3,4 kHz com um capacitor de 0,047 μF em um filtro passa-altas RC?

$$f_{co} = \frac{R}{2\pi RC}$$

$$R = \frac{1}{2\pi f_{co} C} = \frac{1}{2\pi(3{,}4 \times 10^3)(0{,}047 \times 10^{-6})} = 996\ \Omega$$

Os valores padrão mais próximos são 910 e 1000 Ω, sendo 1000 Ω o mais próximo.

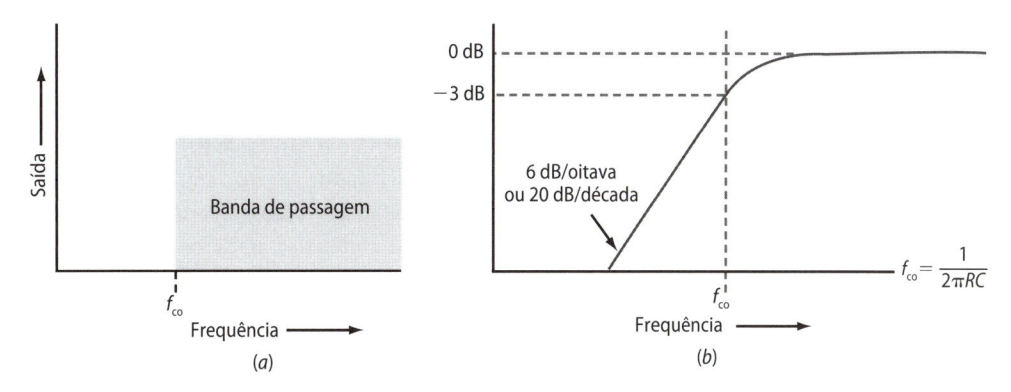

Figura 2-27 Curva de resposta de frequência de um filtro passa-altas. (*a*) Ideal. (*b*) Real.

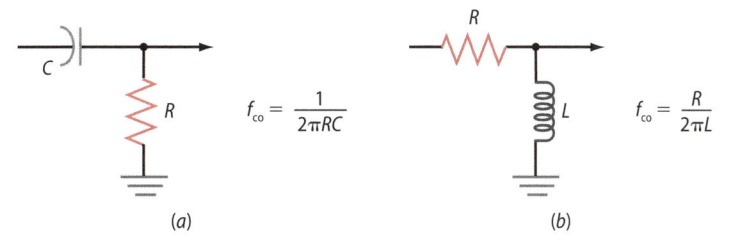

Figura 2-28 (*a*) Filtro passa-altas *RC*. (*b*) Filtro passa-altas *RL*.

Filtro notch RC. Os FILTROS NOTCH também são conhecidos como FILTROS REJEITA-FAIXA ou REJEITA-BANDA. Os filtros rejeita-faixa também são usados para atenuar intensamente uma faixa estreita de frequências em torno de um ponto central. Os filtros *notch* têm a mesma finalidade, mas para uma frequência única.

Um filtro *notch* simples implementado com resistores e capacitores como mostra a Figura 2-29(*a*) é denominado FILTRO NOTCH DUPLO **T** ou **T** EM PARALELO. Esse filtro é uma variação de um circuito em ponte. Lembre-se que em um circuito em ponte a saída é zero se a ponte estiver equilibrada. Se os valores dos componentes estão precisamente casados, o circuito estará em equilíbrio e produzirá uma atenuação de um sinal de entrada na frequência desejada tão alta quanto 30 a 40 dB. Uma curva de resposta típica é mostrada na Figura 2-29(*b*).

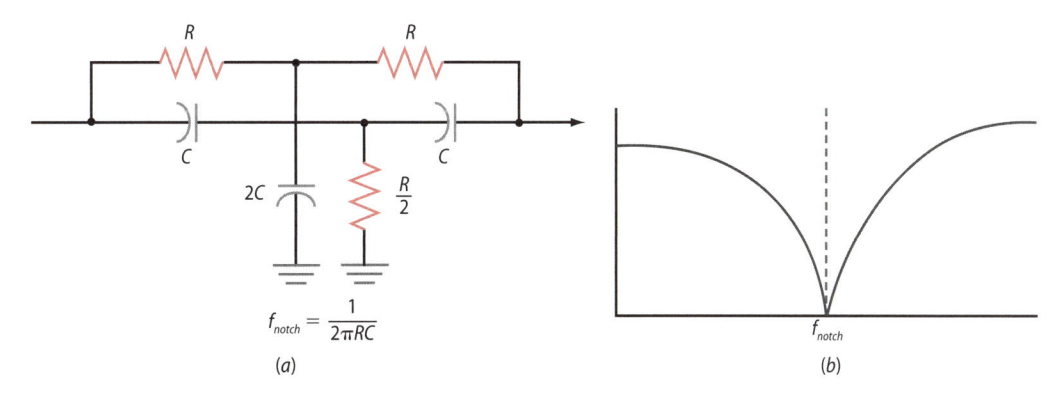

Figura 2-29 Filtro *notch RC*.

A frequência *notch* central é calculada com a fórmula

$$f_{notch} = \frac{R}{2\pi RC}$$

Por exemplo, se os valores de resistência e capacitância são 100 kΩ e 0,02 μF, a frequência *notch* é

$$f_{notch} = \frac{1}{6{,}28(10^5)(0{,}02 \times 10^{-6})} = 79{,}6 \text{ Hz}$$

Os filtros *notch* duplo T são usados principalmente em baixas frequências, áudio e abaixo desta faixa. Um uso comum é eliminar o zumbido de 60 Hz da rede elétrica dos circuitos de áudio e dos amplificadores de baixa frequência de equipamentos médicos. O mais importante na frequência *notch* é a precisão nos valores dos componentes. Os valores do resistor e do capacitor têm que ser casados para se conseguir uma alta atenuação.

EXEMPLO 2-25

Qual valor de capacitor seria usado em um filtro *notch* duplo T para remover 120 Hz se R = 220 kΩ?

$$f_{notch} = \frac{1}{2\pi RC}$$

$$C = \frac{1}{2\pi f_{notch} R} = \frac{1}{6{,}28(120)(220 \times 10^3)}$$

$$C = 6{,}03 \times 10^{-9} = 6{,}03 \text{ nF ou } 0{,}006 \text{ μF}$$

$$2C = 0{,}012 \text{ F}$$

» Filtros *LC*

Os filtros *RC* são usados principalmente em baixas frequências. Eles são muitos comuns em frequências de áudio, mas são raramente usados acima de aproximadamente 100 kHz. Em frequências de rádio, a atenuação deles na banda de passagem é muito grande e a inclinação no corte é muito gradual. É mais comum ver filtros *LC* feitos com indutores e capacitores. Os indutores para frequências baixas são grandes, volumosos e caros, mas aqueles usados em frequências altas são muito pequenos, leves e baratos. Ao longo dos anos, uma infinidade de tipos de filtros foi desenvolvida. Os métodos de projeto de filtros também mudaram ao longo dos anos, graças ao uso do computador.

Terminologia de filtros. Quando se trabalha com filtros, ouvimos uma variedade de termos que descreve a operação e característica dos filtros. As definições a seguir nos ajudam a entender as especificações e operações de filtros.

1. **Passa-faixa.** Essa é a faixa de frequência na qual o filtro permite a passagem de sinais. Ela se situa entre as frequências de corte ou entre a frequência de corte e o zero (para filtro passa-baixas) ou entre a frequência de corte e o infinito (para filtros passa-altas).

2. **Banda de corte.** Essa é a faixa de frequência fora da banda de passagem, ou seja, a faixa de frequência que é fortemente atenuada pelo filtro. As frequências nesta faixa são rejeitadas.

3. **Atenuação.** Este é o valor pelo qual as frequências indesejadas na banda de corte são reduzidas. Ele pode ser expresso como uma relação de potências ou tensões entre saída e entrada. A atenuação geralmente é dada em decibéis.

4. **Perda de inserção.** A perda de inserção é a perda introduzida pelo filtro sobre os sinais na banda de passagem. Os filtros passivos introduzem atenuação por causa das perdas resistivas dos componentes. Geralmente a perda de inserção é dada em decibéis.

5. **Impedância.** Impedância é o valor resistivo da terminação na carga e na fonte do filtro. Geralmente os filtros são projetados para determinadas impedâncias de fonte e de carga que devem estar presentes para uma operação adequada.

6. **Ondulação.** A variação da amplitude com a frequência na banda de passagem, ou a subida e descida repetitiva do nível do sinal na banda de passagem, é denominada ondulação (*ripple*). Geralmente a ondulação é expressa em decibéis. Ela também pode ocorrer na banda de corte em alguns tipos de filtros.

7. **Fator de forma.** O fator de forma, também conhecido como relação de largura de banda, é a razão entre a largura de banda no corte e na banda de passagem de um filtro passa-faixa. Ele compara a largura de banda na atenuação mínima, geralmente nos pontos de −3 dB ou frequências de corte, e na atenuação máxima e, portanto, fornece uma indicação relativa de taxa de atenuação ou seletividade. Quanto menor essa taxa, maior a seletividade. O ideal é uma taxa de 1, que geralmente não pode ser obtida com filtros reais. O filtro na Figura 2-30 tem uma largura de banda de 6 kHz nos pontos de atenuação de −3 dB e uma largura de banda de 14 kHz

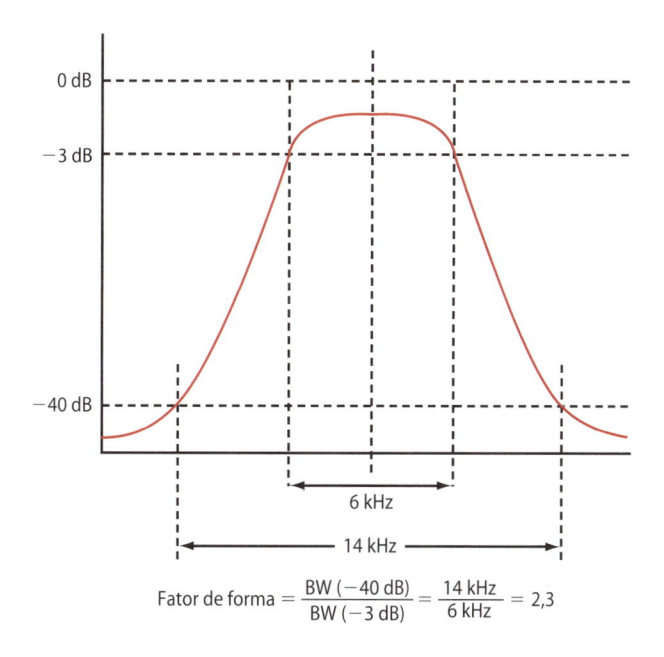

$$\text{Fator de forma} = \frac{\text{BW}(-40\text{ dB})}{\text{BW}(-3\text{ dB})} = \frac{14\text{ kHz}}{6\text{ kHz}} = 2{,}3$$

Figura 2-30 Fator de forma.

nos pontos de atenuação de -40 dB. Portanto, o fator de forma é 14 kHz/6 kHz = 2,333. Os pontos de comparação variam de um filtro para outro e de um fabricante para outro. Os pontos de comparação podem ser os pontos de -6 dB e -60 dB ou em quaisquer outros dois níveis determinados.

8. **Polo.** Um polo é uma frequência na qual há uma alta impedância no circuito. Ele também é usado para descrever uma seção *RC* de um filtro. Um filtro *RC* passa-baixas simples, como o que vemos na Figura 2-24(*a*), tem um polo. O filtro de duas seções na Figura 2-25 tem dois polos. No caso dos filtros *LC* passa-baixas e passa-altas, o número de polos é igual ao número de componentes reativos no filtro. No caso dos filtros passa-faixa e rejeita-faixa, o número de polos é geralmente considerado como sendo metade do número de componentes reativos usados.

9. **Zeros.** Este termo se refere à frequência na qual existe uma impedância zero no circuito.

10. **Atraso de envoltória.** Também conhecido como atraso de tempo, o atraso de envoltória é o tempo que leva para um ponto específico da forma de onda de entrada passar pelo filtro.

11. **Decaimento.** Também denominado de taxa de atenuação, o decaimento (*roll-off*) é a taxa de variação da amplitude com a frequência no filtro. Quanto mais rápido o decaimento, ou quanto maior a taxa de atenuação, maior a seletividade do filtro, ou seja, melhor a capacidade do filtro diferenciar dois sinais de frequências bem próximas, em que um é desejado e o outro não.

Qualquer um dos quatro tipos básicos de filtros pode ser facilmente implementado com indutores e capacitores. Estes filtros podem ser construídos para frequências até aproximadamente algumas centenas de megahertz antes que os valores dos componentes se tornem, em termos práticos, demasiadamente pequenos. Em frequências superiores a esta são comuns filtros especiais construídos com técnicas de *microstrip* em placas de circuito impresso, filtros de ondas acústicas superficiais e cavidades ressonantes. Devido ao uso dos dois tipos de reatância, indutiva combinada com a capacitiva, a taxa de decaimento da atenuação é maior com filtros *LC* do que com filtros *RC*. Os indutores tornam os filtros maiores e mais caros, mas a necessidade de uma seletividade maior faz com que seja necessário este tipo de filtro.

Filtros LC passa-baixas e passa-altas. A Figura 2-31 mostra as configurações básicas de um filtro passa-baixas. O circuito de dois polos básico na Figura 2-31(*a*) fornece uma taxa de atenuação de 12 dB por oitava ou 20 dB por década. Essas seções podem ser conectadas em cascata para proporcionar um maior decaimento. O gráfico na Figura 2-32

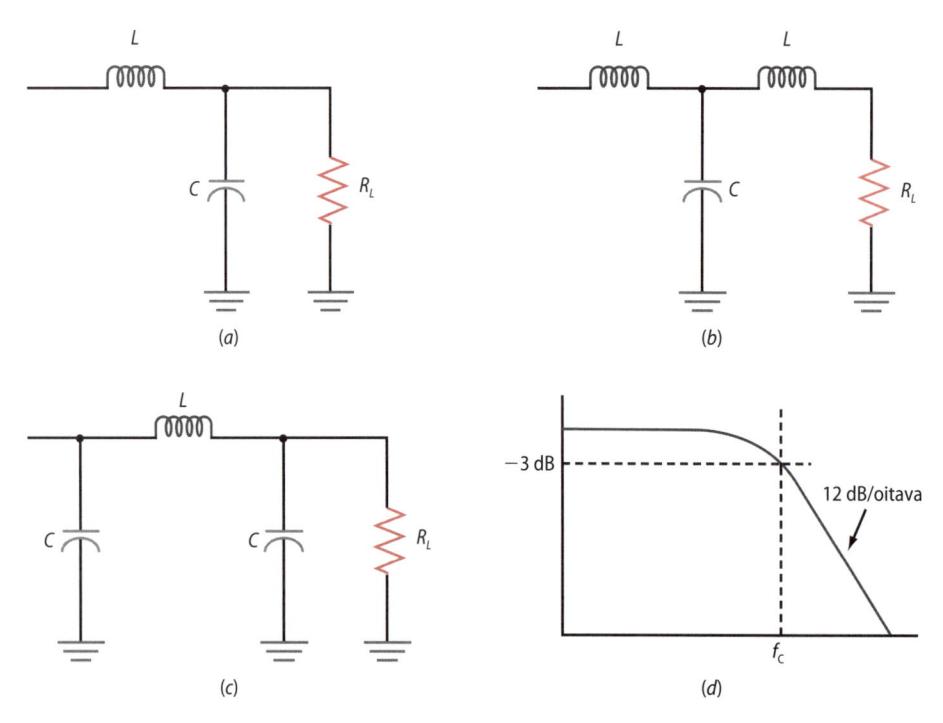

Figura 2-31 Configurações de filtros passa-baixas e resposta. (a) Seção L. (b) Seção T. (c) Seção π. (d) Curva de resposta.

mostra as taxas de atenuação para filtros passa-baixas de até 7 polos. O eixo horizontal f/f_c é a razão de qualquer frequência dada pela frequência de corte, f_c, do filtro. O valor n é o número de polos no filtro. Considere uma frequência de corte de 20 MHz. A razão para uma frequência de 40 MHz seria 40/20 = 2. Isso representa o dobro da frequência, ou uma oitava. A atenuação na curva com dois polos é 12 dB. Os filtros π e T na Figura 2-31(b) e (c) com três polos proporcionam uma taxa de atenuação 18 dB para uma razão de frequência de 2:1. A Figura 2-33 mostra as configurações de filtros passa-altas básicos. Uma curva similar à da Figura 2-32 é usada também para determinar a atenuação para os filtros

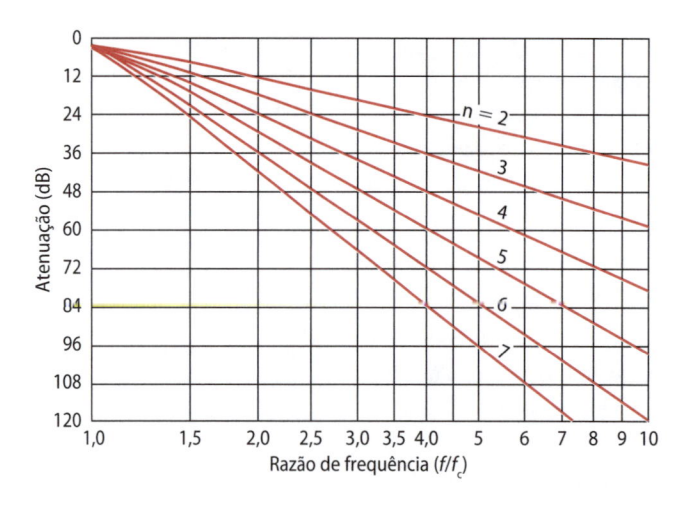

Figura 2-32 Curvas de atenuação de filtros Butterworth passa-baixas em torno da frequência de corte, f_c.

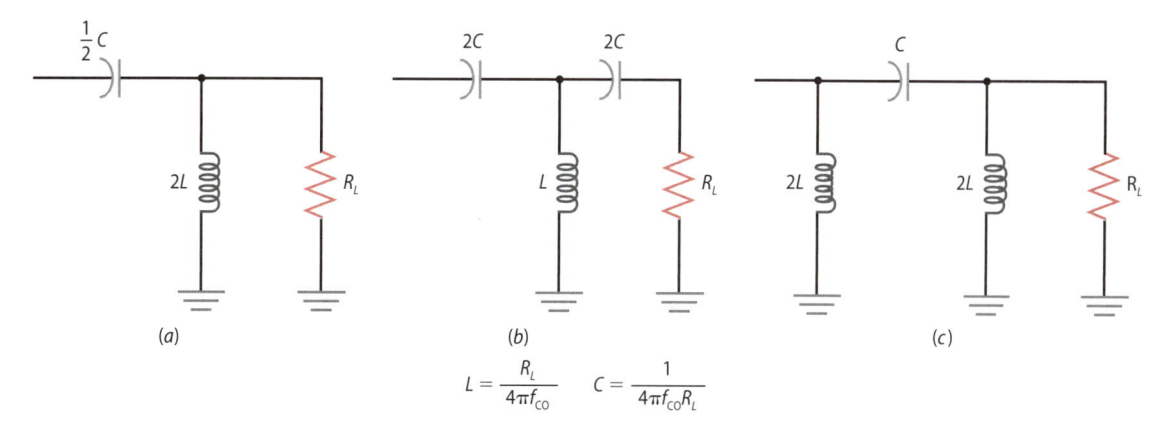

Figura 2-33 Filtros passa-altas. (*a*) Seção L. (*b*) Seção T. (*c*) Seção π.

$$L = \frac{R_L}{4\pi f_{co}} \qquad C = \frac{1}{4\pi f_{co} R_L}$$

com polos múltiplos. A conexão em cascata dessas seções proporcionam uma maior taxa de atenuação. Essas configurações de filtros usam, preferencialmente, o menor número de indutores para se obter menor curso e menor espaço.

» Tipos de filtros

Os principais tipos de filtros *LC* em uso são nomeados em homenagem às pessoas que os inventaram e desenvolveram a análise e o método de projeto para cada um. Os filtros mais usados são Butterworth, Chebyshev, Cauer (elíptico) e Bessel. Cada um pode ser implementado usando as configurações passa-baixas e passa-altas básicas mostradas anteriormente. As curvas de resposta diferentes são conseguidas selecionando os valores dos componentes durante o projeto.

Butterworth. O FILTRO BUTTERWORTH tem a resposta mais plana na banda de passagem e uma atenuação uniforme com a frequência. A taxa de atenuação fora da banda de passagem não é tão grande quanto se poderia conseguir com outros tipos de filtros. Veja a Figura 2-34 para um exemplo de um filtro Butterworth passa-baixas.

Chebyshev. Os FILTROS CHEBYSHEV (ou Tchebyschev) têm uma seletividade extremamente boa; ou seja, a taxa de atenuação deles, ou o decaimento, é alta. Bem maior do que a do filtro Butterworth (veja a Figura 2-34). A atenuação fora da banda de passagem também é muito alta. Também é melhor do que o filtro Butterworth neste aspecto. O principal problema com o filtro Chebyshev é que ele apresenta uma ondulação na banda de passagem, conforme fica evidente na figura. A resposta não é plana, ou constante, como no caso do filtro Butterworth. Isso pode ser uma desvantagem em algumas aplicações.

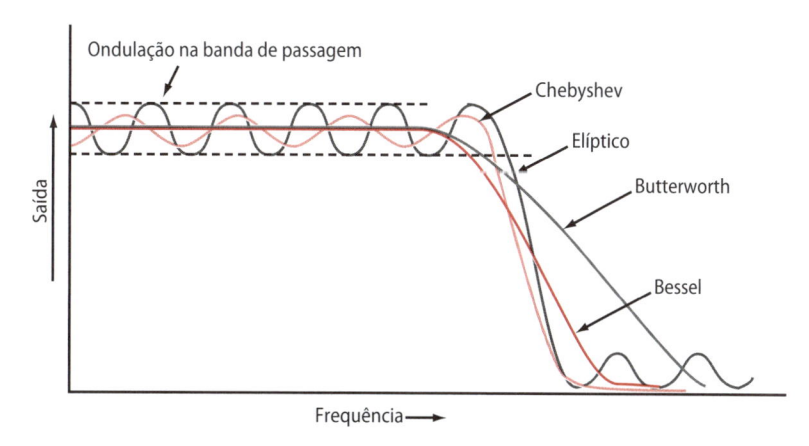

Figura 2-34 Curvas de resposta Butterworth, elíptico, Bessel e Chebyshev.

Cauer (elíptico). Os FILTROS CAUER proporcionam uma taxa de atenuação, ou decaimento, ainda maior do que os filtros Chebyshev, e uma atenuação maior fora da banda de passagem. Entretanto, eles introduzem uma oscilação alta tanto na banda de passagem quanto fora dela.

Bessel. Também denominados de FILTROS THOMSON, os circuitos *Bessel* fornecem a resposta de frequência desejada (ou seja, passa-baixas, passa-faixa, etc.), mas têm um atraso de tempo constante na banda de passagem. Os filtros Bessel têm o que é conhecido como *atraso de grupo constante*: à medida que a frequência do sinal varia na banda de passagem, o deslocamento de fase, ou atraso de tempo, introduzido é constante. Em algumas aplicações, um atraso de grupo constante é necessário para evitar distorção dos sinais na banda de passagem devido à variação nos deslocamentos de fase com a frequência. Os filtros que têm que permitir a passagem de pulsos ou modulação de banda larga são exemplos. Para conseguir essa resposta desejada, o filtro Bessel apresenta uma atenuação menor fora da banda de passagem.

Filtros mecânicos. Um filtro antigo, porém ainda útil, é o mecânico. Esse tipo de filtro usa vibrações ressonantes de discos mecânicos para proporcionar a seletividade. O sinal a ser filtrado é aplicado a uma bobina que interage com um ímã permanente para produzir vibrações na haste conectada a uma sequência de sete a oito discos cujas dimensões determinam a frequência central do filtro. Os discos vibram apenas próximo à frequência de ressonância, produzindo movimento em outra haste conectada em uma bobina de saída. Essa bobina opera com outro ímã permanente para gerar uma saída elétrica. Os filtros mecânicos são projetados para operar na faixa de 200 a 500 kHz e têm fatores Qs muito altos. Seu desempenho é comparável ao dos filtros a cristal.

Independente do tipo, os filtros passivos são geralmente projetados e construídos com componentes discretos, embora eles também possam ser produzidos na forma de circuito integrado. Existem disponíveis diversos pacotes de *software* para projeto de filtros para simplificar e agilizar o desenvolvimento. O projeto de filtros *LC* é especializado e mais complexo e está fora do escopo deste livro. Entretanto, os filtros podem ser comprados como componentes. Esses filtros são pré-projetados e encapsulados em pequenos invólucros selados com apenas os terminais de entrada, saída e GND e podem ser usados como circuitos integrados. Podem ser obtidos filtros destes com uma ampla faixa de frequência, características de resposta e taxa de atenuação.

Filtros passa-faixa. Um FILTRO PASSA-FAIXA é aquele que permite que uma faixa estreita de frequência em torno de uma frequência central, f_c, passe com atenuação mínima, mas rejeite as frequências acima e abaixo dessa faixa. A curva de resposta ideal de um filtro passa-faixa é mostrada na Figura 2-35(*a*). Ele tem frequências de corte superior e inferior, f_2 e f_1, conforme indicado. A largura de banda desse filtro é a diferença entre as frequências de corte superior e inferior, ou BW = $f_2 - f_1$. As frequências acima e abaixo das frequências de corte são eliminadas.

A curva de resposta ideal não é obtida com circuitos reais, mas podem ser obtidas aproximações. A curva de resposta de um filtro passa-faixa real é mostrada na Figura 2-35(*b*). Os circuitos ressonantes em paralelo e em série simples descritos na seção anterior têm uma curva de resposta como a da figura e constituem bons filtros passa-faixa. As frequências

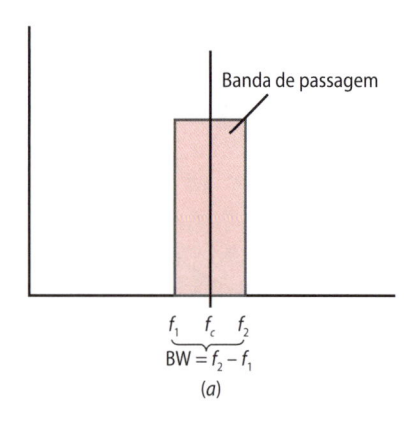

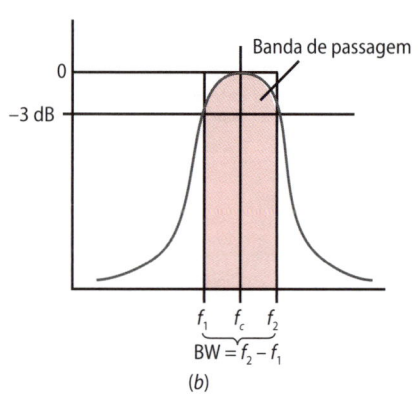

Figura 2-35 Curvas de resposta de um filtro passa-faixa. (*a*) Ideal. (*b*) Real.

de corte são aquelas nas quais a tensão de saída é 0,707 do valor de saída de pico. Esses são os pontos com atenuação de 2 dB.

A Figura 2-36 mostra dois tipos de filtros passa-faixa. Na Figura 2-36(a), um circuito ressonante em série é conectado em série com um resistor de saída, formando um divisor de tensão. Nas frequências acima e abaixo das frequências de ressonância, as reatâncias indutiva e capacitiva são altas em comparação com a resistência de saída. Portanto, a amplitude de saída é baixa. Entretanto, na frequência de ressonância, as reatâncias indutiva e capacitiva se cancelam, restando apenas a pequena resistência do indutor. Portanto, a maior parte da tensão aparece na resistência de saída relativamente grande. A curva de resposta para esse circuito é mostrada na Figura 2-35(b). Lembre-se de que a largura de banda deste circuito é uma função da frequência de ressonância e de Q: $BW = f_c/Q$.

A Figura 2-36(b) mostra um filtro passa-faixa ressonante em paralelo. Novamente, é formado um divisor de tensão com o resistor R e o circuito sintonizado. Desta vez a saída é obtida sobre o circuito ressonante em paralelo. Nas frequências acima e abaixo da frequência ressonante central a impedância do circuito sintonizado em paralelo é baixa comparada com a resistência. Portanto, a tensão de saída é muito baixa. As frequências acima e abaixo da frequência central são fortemente atenuadas. Na frequência de ressonância, as reatâncias são iguais e a impedância do circuito sintonizado em paralelo é muito alta em comparação com a resistência. Portanto, a maior parte da tensão aparece sobre o circuito sintonizado. A curva de resposta é similar à mostrada na Figura 2-35(b).

Pode-se obter uma seletividade melhorada com "saias" mais acentuadas na curva conectando em cascata seções de passa-faixa. Algumas formas de fazer isso são mostradas na Figura 2-37. Uma vez que seções são conectadas em cascata, a largura de banda se torna mais estreita e a curva de resposta se torna mais acentuada. Um exemplo é mostrado na Figura 2-38. Conforme indicado antes, o uso de múltiplas seções melhora bastante a seletividade, mas aumenta a atenuação

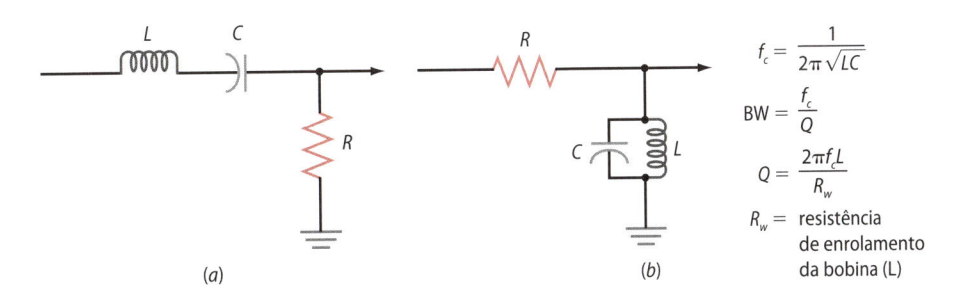

$$f_c = \frac{1}{2\pi\sqrt{LC}}$$

$$BW = \frac{f_c}{Q}$$

$$Q = \frac{2\pi f_c L}{R_w}$$

R_w = resistência de enrolamento da bobina (L)

Figura 2-36 Filtros passa-faixa simples.

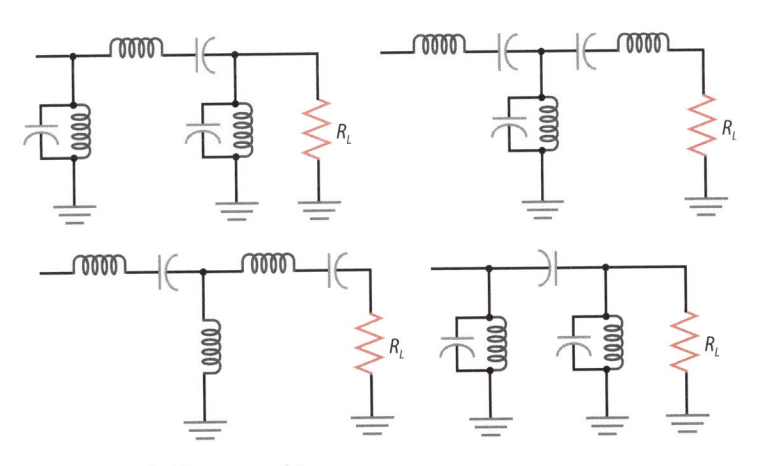

Figura 2-37 Alguns circuitos comuns de filtros passa-faixa.

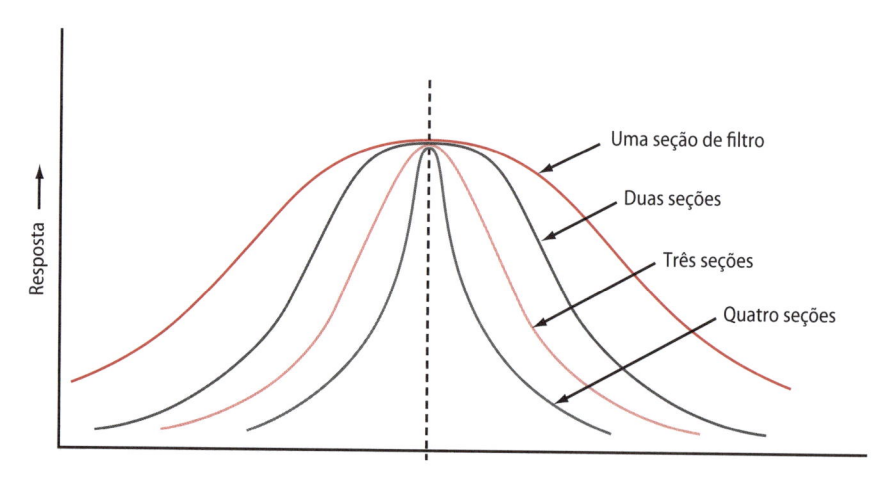

Figura 2-38 Como a conexão em cascata de seções de filtro estreitam a largura de banda melhorando a seletividade.

na banda de passagem (perda de inserção), que tem que ser corrigida com ganho adicional.

Filtros rejeita-banda. Os FILTROS REJEITA-BANDA, também denominados *filtros de banda de corte*, rejeitam uma banda estreita nas frequências em torno da frequência central ou *notch*. A Figura 2-39 mostra dois filtros rejeita-banda *LC* típicos. Na Figura 2-39(*a*) o circuito ressonante *LC* forma um divisor de tensão com o resistor *R* de entrada. Nas frequências acima e abaixo da frequência de rejeição, ou *notch*, a impedância do circuito *LC* é alta em comparação com a resistência. Portanto, os sinais nas frequências acima e abaixo da central passam com atenuação mínima. Na frequência central o circuito sintonizado entra em ressonância, restando apenas a pequena resistência do indutor. O circuito sintonizado forma um divisor de tensão com o resistor de entrada. Visto que a impedância na ressonância é muito baixa em comparação com o resistor, o sinal de saída tem uma amplitude muito baixa. Uma curva de resposta típica é mostrada na Figura 2-39(*c*).

Uma versão em paralelo desse circuito é mostrada na Figura 2-39(*b*), em que o circuito ressonante em paralelo é conectado em série com um resistor a partir do qual a saída é obtida. Nas frequências acima e abaixo da frequência de ressonância, a impedância do circuito em paralelo é muito baixa; portanto, há uma pequena atenuação do sinal e a maior parte da tensão de entrada aparece no resistor de saída. Na frequência de ressonância, o circuito *LC* em paralelo tem uma impedância resistiva extremamente alta em comparação com a resistência de saída e, assim, uma tensão mínima aparece na saída na frequência de ressonância. Os filtros *LC* usados dessa forma são frequentemente denominados de "ARMADILHAS".

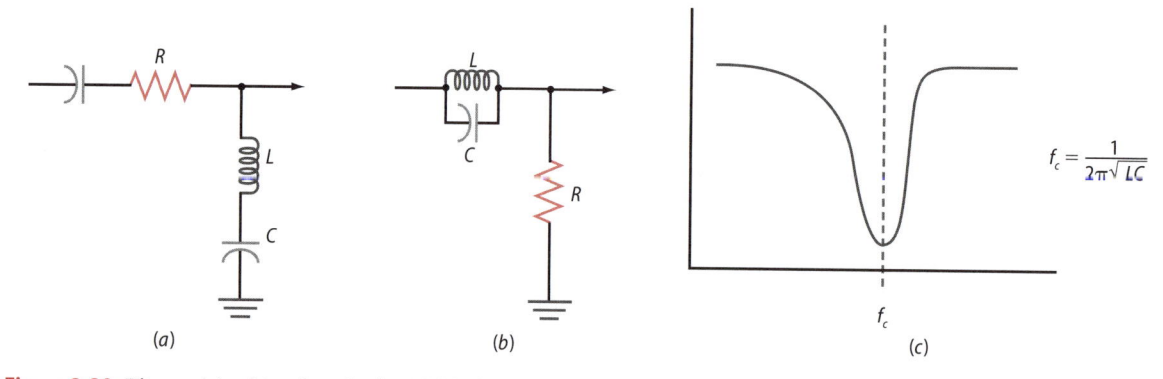

$$f_c = \frac{1}{2\pi\sqrt{LC}}$$

Figura 2-39 Filtros rejeita-faixa sintonizados *LC*. (*a*) *Shunt* (paralelo). (*b*) Série. (*c*) Curva de resposta.

Outro tipo de filtro *notch* que tem configuração em ponte é o FILTRO EM PONTE T mostrado na Figura 2-40. Esse filtro, que é muito usado em circuitos RF, usa indutores e capacitores e, portanto, tem uma curva de resposta mais acentuada do que o filtro nocth duplo T *RC*. Visto que o *L* é variável, a posição da fenda (*notch*) é sintonizável.

A Figura 2-41 mostra símbolos comuns usados para representar filtros *RC* e *LC* ou qualquer outro tipo de filtro em esquemas ou diagramas em bloco de sistemas.

» Filtros ativos

Os FILTROS ATIVOS são circuitos seletivos em frequência que incorporam malhas *RC* e amplificadores com realimentação com desempenho de passa-baixas, passa-altas, passa-faixa e rejeita-faixa. Esses filtros podem substituir os filtros passivos *LC* em muitas aplicações. Eles oferecem as seguintes vantagens sobre os filtros *LC* passivos padrão.

1. **Ganho.** Como os filtros ativos usam amplificadores, eles podem ser projetados para amplificar e também para filtrar, eliminando assim qualquer perda de inserção.

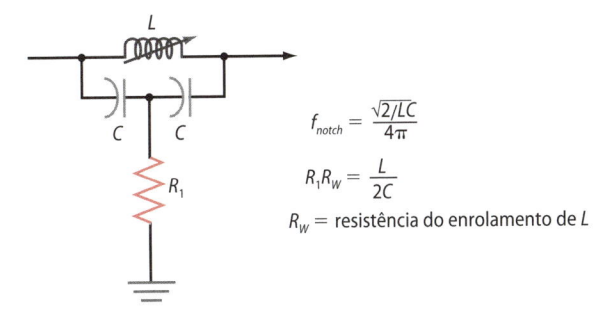

$$f_{notch} = \frac{\sqrt{2/LC}}{4\pi}$$

$$R_1 R_W = \frac{L}{2C}$$

R_W = resistência do enrolamento de *L*

Figura 2-40 Filtro *notch* em ponte T.

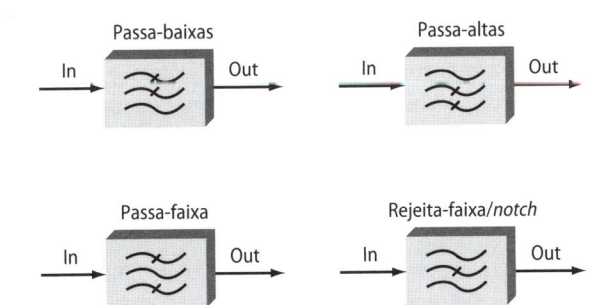

Figura 2-41 Símbolos de filtros para esquemas ou diagramas em bloco.

2. **Sem indutores.** Os indutores geralmente são grandes, pesados e mais caros do que capacitores e têm grandes perdas. Os filtros ativos usam apenas resistores e capacitores.

3. **Fácil de sintonizar.** Como os resistores selecionados podem ser variáveis, a frequência de corte do filtro, a frequência central, o ganho *Q* e a largura de banda são ajustáveis.

4. **Isolação.** Os amplificadores fornecem uma isolação muito alta entre os circuitos conectados em cascata por causa do circuito do amplificador, diminuindo assim a interação entre as seções de filtros.

5. **Fácil casamento de impedância.** O casamento de impedância não é tão crítico quanto nos filtros *LC*.

A Figura 2-42 mostra dois tipos de filtros ativos passa-baixas e dois passa-altas. Note que esses filtros ativos usam AOPs que proporcionam ganho. O divisor de tensão, constituído por R_1 e R_2, determinam o ganho do circuito na Figura 2-42 (*a*) e (*c*) como em qualquer AGP não inversor. O ganho é determinado por R_3 e/ou R_1 na Figura 2-42 (*b*) e por C_3 e/ou C_1 na Figura 2-42 (*d*). Todos os circuitos têm o que é denominado *resposta de segunda ordem*, o que significa que eles fornecem a mesma ação de filtragem que um filtro *LC* de dois polos. A taxa de decaimento é 12 dB por oitava ou 40 dB por década. Os filtros podem ser conectados em cascata para se obter taxas de decaimento mais rápidas.

A Figura 2-43 mostra dois filtros ativos passa-faixa e um filtro *notch*. Na Figura 2-43(*a*) as seções passa-baixas e passa-altas *RC* são combinadas com realimentação para se obter um filtro passa-faixa. Na Figura 2-43(*b*) é usado um filtro *notch RC* duplo T com realimentação negativa para se obter um filtro passa-faixa. Na Figura 2-43(*c*), um filtro *notch* usando um duplo T é ilustrado. A realimentação torna a resposta mais acentuada do que com uma seção duplo T passiva padrão.

Uma forma especial de filtro ativo é o filtro de variável de estado, o qual pode, simultaneamente, oferecer as operações passa-baixas, passa-altas e passa-faixa a partir de um circuito. O circuito básico é mostrado na Figura 2-44(*a*). Ele usa AOPs e redes *RC* e um arranjo na realimentação. Os AOPs 2 e 3 são conectados como integradores ou filtros passa-baixas. O AOP 1 é conectado como um amplificador somador que soma o sinal de entrada com os sinais de realimentação dos AOPs 2 e 3. Observe as saídas de cada AOP. As frequências central e

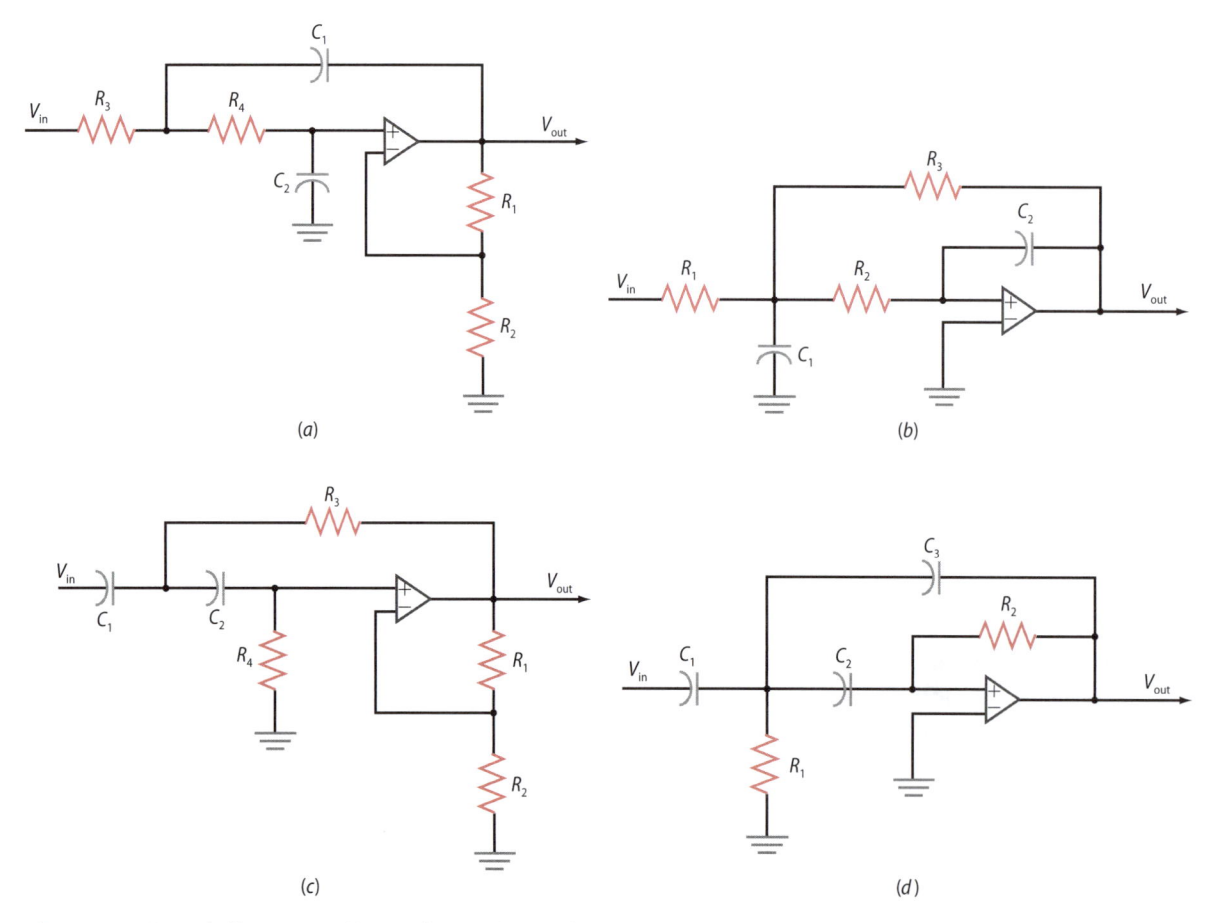

Figura 2-42 Tipos de filtros ativos. (*a*) Passa-baixas. (*b*) Passa-baixas. (*c*) Passa-altas. (*d*) Passa-altas.

de corte são definidas pelos capacitores de realimentação do integrador e pelo valor de R_f; e R_q e R_g definem Q e o ganho do circuito. O circuito pode ser sintonizado variando simultaneamente os valores de R_f.

Uma variante do filtro de variável de estado é o filtro biquadrático mostrado na Figura 2-44(*b*). Ele também usa dois AOPs integradores e um amplificador somador. Novamente, obtém-se simultaneamente as características passa-baixas, passa-altas e passa-faixa. Entretanto, o principal uso do filtro biquadrático é como passa-faixa. Neste caso também as frequências de corte e central são definidas pelos valores dos capacitores de realimentação do integrador e pelo valor de R_f. E R_b define a largura de banda do filtro e R_g define o ganho do circuito.

Os filtros ativos são construídos com o circuito integrado (CI) AOP e malhas *RC* discretas. Eles podem ser projetados para ter qualquer uma das respostas discutidas anteriormente, como Butterworth e Chebyshev e são facilmente conectados em cascata para proporcionarem uma seletividade ainda maior. Os filtros ativos também são encontrados em um único encapsulamento. A principal desvantagem dos filtros ativos é que a frequência superior de operação deles é limitada pela resposta de frequência dos AOPs e pelos tamanhos dos resistores e capacitores. A maioria dos filtros ativos é usada em frequências abaixo de 1 MHz e a maioria dos circuitos ativos operam na faixa de áudio e um pouco acima. Entretanto, atualmente os AOPs com faixas de frequências de até 1 GHz associados a resistores e capacitores SMD criam filtros ativos *RC* práticos para aplicações na faixa de RF.

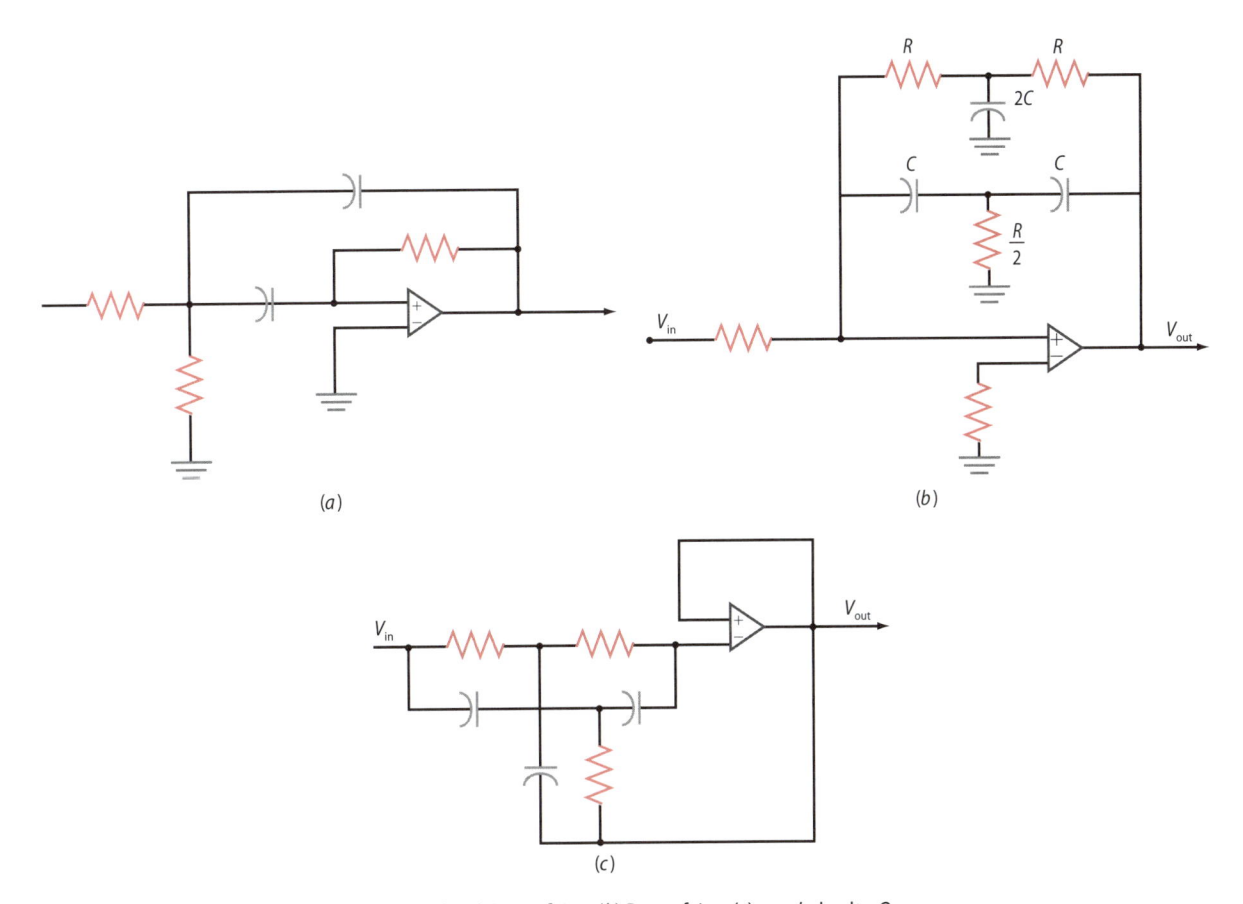

Figura 2-43 Filtros ativos passa-faixa e *notch*. (*a*) Passa-faixa. (*b*) Passa-faixa. (*c*) *notch* de alto Q.

» Filtros cerâmicos e a cristal

A seletividade de um filtro é limitada principalmente pelo fator Q dos circuitos, que é geralmente o Q dos indutores usados. Com circuitos *LC* é difícil conseguir valores de Q acima de 200. Na realidade, a maioria dos Qs de circuitos *LC* estão na faixa de 10 a 100, e como resultado, o decaimento é limitado. Entretanto, em algumas aplicações é necessário selecionar um sinal desejado distinguindo-o de outro sinal próximo (veja a Figura 2-45). Um filtro convencional tem um decaimento lento e o sinal indesejado não é, portanto, atenuado totalmente. A saída para ganhar uma maior seletividade e um maior Q, de modo que o sinal indesejado seja quase completamente atenuado, é usar filtros que sejam construídos com fatias finas de cristais de quartzo ou certos tipos de materiais cerâmicos. Estes materiais apresentam o que é denominado PIEZOELETRICIDADE. Quando eles são fisicamente encurvados ou, de outra forma, distorcidos, desenvolvem uma tensão elétrica entre as faces do cristal. Alternativamente, se uma tensão CA for aplicada no cristal ou cerâmica, o material vibra em uma frequência muito precisa, a qual é determinada pela espessura, forma e tamanho do cristal, bem como do ângulo de corte das faces do cristal. Em geral, quanto mais fino o cristal ou o elemento cerâmico, maior a frequência de oscilação.

Os cristais e elementos cerâmicos são muito usados em osciladores para determinar a frequência de operação em alguns valores precisos, que é mantida apesar das variações de temperatura e de tensão que podem ocorrer no circuito.

Os cristais e elementos cerâmicos também podem ser usados como elementos de circuito para formar filtros, especialmente do tipo passa-faixa. O circuito equivalente de um

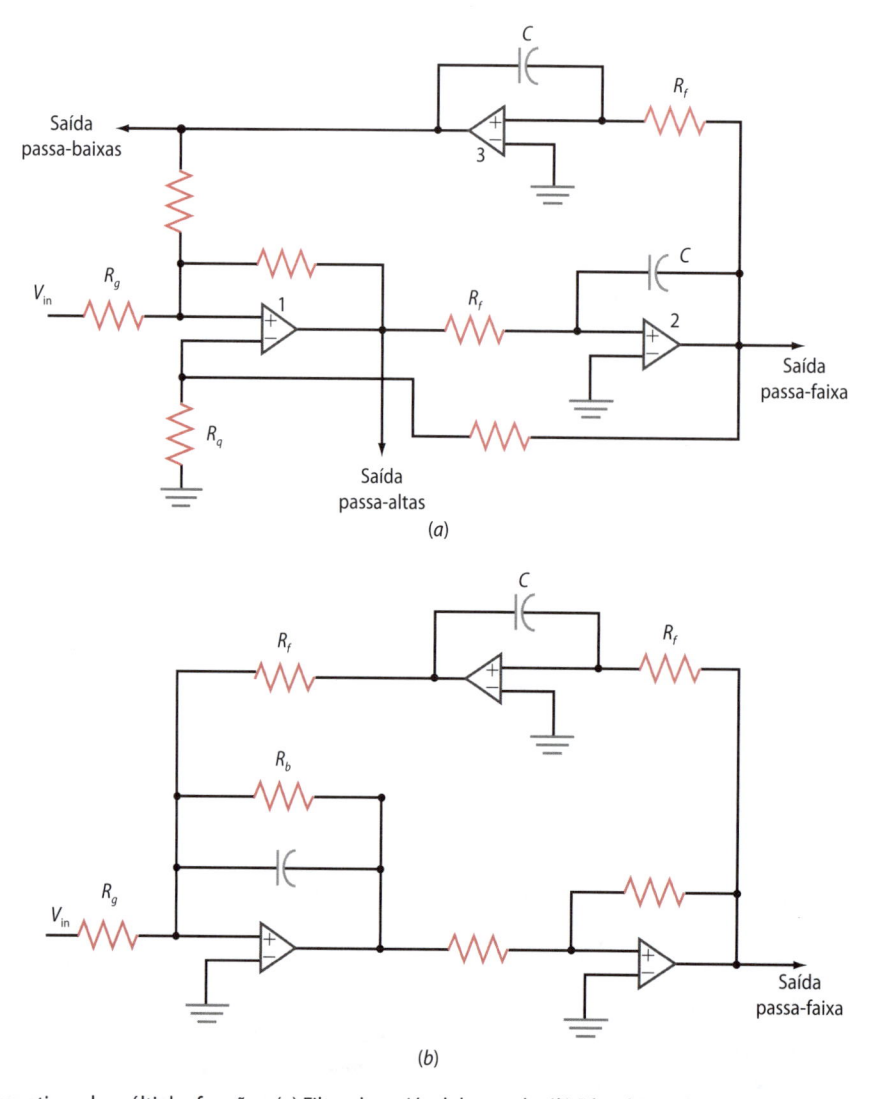

Figura 2-44 Filtros ativos de múltiplas funções. (*a*) Filtro de variável de estado. (*b*) Filtro biquadrático.

cristal ou dispositivo cerâmico é um circuito sintonizado com um Q de 10.000 a 1.000.000, o que permite a construção de filtros de alta seletividade.

Filtros a cristal. Os FILTROS A CRISTAL são construídos do mesmo tipo de cristais de quartzo normalmente usados em osciladores a cristal. Quando uma tensão é aplicada no cristal, ele vibra em uma frequência de ressonância específica, que é uma função do tamanho, da espessura e do sentido de corte do cristal. Os cristais podem ser cortados de modo a ser a base para quase todas as frequências na faixa de 100 kHz a 100 MHz. A frequência da vibração do cristal é extremamente estável. Portanto, os cristais são muito usados para fontes de sinais de frequências exatas com uma boa estabilidade.

O circuito equivalente e o símbolo esquemático de um cristal de quartzo são mostrados na Figura 2-46. O cristal se comporta como um circuito *LC* ressonante. A parte *LCR* do circuito equivalente representa o próprio cristal, ao passo que a capacitância em paralelo, C_p, é a capacitância das placas metálicas montadas sendo o cristal o dielétrico.

A Figura 2-47 mostra as variações de impedância do cristal como uma variação da frequência. Nas frequências abaixo

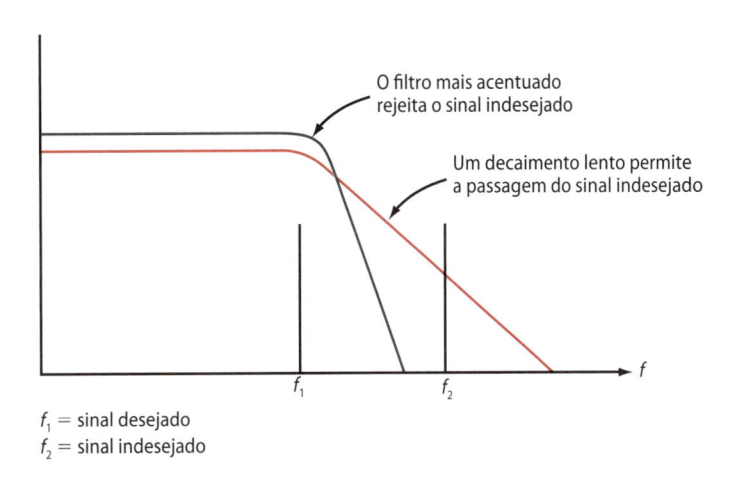

Figura 2-45 Como a seletividade afeta a capacidade de discriminação entre sinais.

f_1 = sinal desejado
f_2 = sinal indesejado

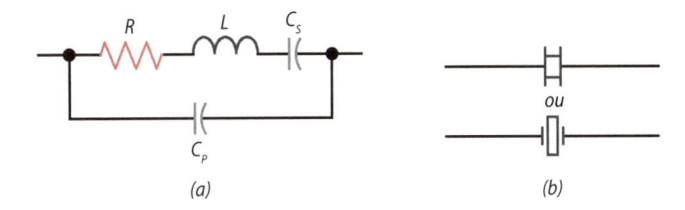

O filtro mais acentuado rejeita o sinal indesejado

Um decaimento lento permite a passagem do sinal indesejado

Figura 2-46 Cristal de quartzo. (*a*) Circuito equivalente. (*b*) Símbolo esquemático.

da frequência de ressonância do cristal, o circuito se mostra capacitivo e tem uma impedância alta. Entretanto, em determinada frequência, as reatâncias da indutância equivalente L e da capacitância em série, C_S, são iguais e o circuito entra em ressonância. O circuito em série é ressonante quando $X_L = X_{C_S}$. Nesta frequência ressonante em série, f_s, o circuito é resistivo. A resistência do cristal é extremamente baixa, dando ao circuito um Q extremamente alto. Os valores de Q na faixa de 10.000 a 1.000.000 são comuns. Isso torna o cristal um circuito ressonante em série altamente seletivo.

Se a frequência do sinal aplicado ao cristal for acima de f_s, o cristal se mostra indutivo. Em uma determinada frequência maior, a reatância da capacitância em paralelo, C_P, é igual a reatância indutiva. Quando isso ocorre, o circuito ressonante em paralelo é formado. Nesta frequência de ressonância em paralelo, f_P, a impedância do circuito é resistiva, mas extremamente alta.

Como o cristal tem as frequências de ressonância em série e em paralelo que são próximas entre si, o torna um componente ideal para uso em filtros. Combinando cristais com pontos de ressonância em série e em paralelo selecionados, podemos construir qualquer filtro passa-faixa desejado de alta seletividade.

O filtro a cristal mais usado é a treliça completa mostrada na Figura 2-48. Este é um filtro passa-faixa. Note que os transformadores são usados para prover a entrada para o filtro e

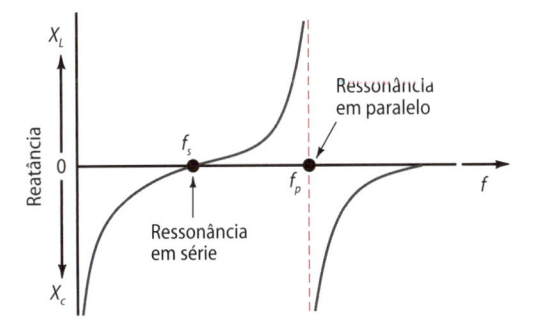

Figura 2-47 Variação da impedância com a frequência de um cristal de quartzo.

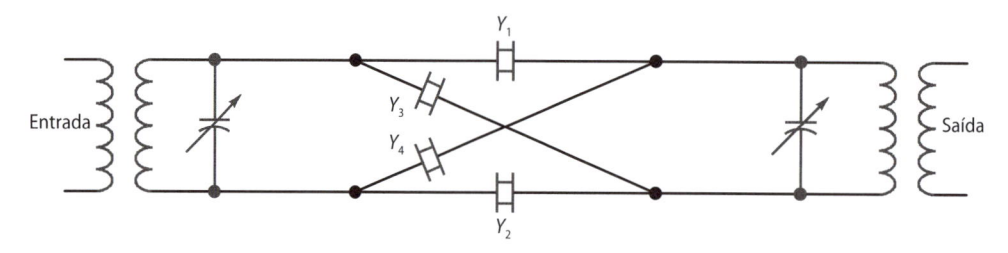

Figura 2-48 Filtro com treliça de cristais.

para se obter a saída. Os cristais Y_1 e Y_2 ressonam em uma frequência e os cristais Y_3 e Y_4 ressonam em outra frequência. A diferença entre as duas frequências dos cristais determina a largura de banda do filtro. A largura de banda nos pontos de -3 dB é aproximadamente 1,5 vezes o espaçamento de frequência dos cristais. Por exemplo, se a frequência de Y_1 e Y_2 for 9 MHz e de Y_3 e Y_4 for 9,002 MHz, a diferença é 9,002 $-$ 9,000 $=$ 0,002 MHz $=$ 2 kHz. Portanto, a largura de banda nos pontos de -3 dB é 1,5 $\times$ 2 kHz $=$ 3 kHz.

Os cristais também são escolhidos de modo que a frequência ressonante em paralelo de Y_3 e Y_4 seja igual a frequência de ressonância em série de Y_1 e Y_2. O resultado é um passa-faixa com uma atenuação extremamente acentuada. Os sinais fora da banda de passagem são rejeitados tanto quanto 50 a 60 dB abaixo do nível na banda de passagem. Este filtro pode facilmente discriminar entre dois sinais, desejado e indesejado, muito próximos.

> **É BOM SABER**
> Os filtros cerâmicos são usados na maioria dos receptores e transmissores de comunicação porque eles são relativamente pequenos e baratos. (Para mais informações sobre transmissores e receptores, veja os Capítulos 7 e 9.)

Outro filtro a cristal em configuração escada é mostrado na Figura 2-49, que também é um filtro passa-faixa. Todos os cristais neste filtro têm exatamente a mesma frequência de corte. O número de cristais usados e os valores dos capacitores *shunt* definem a largura de banda. Pelos menos seis cristais devem ser conectados em cascata para se conseguir a seletividade necessária em aplicações de comunicação.

Filtros cerâmicos. Um composto de cerâmica é um cristal manufaturado como um composto que tem as mesmas qualidades piezoelétricas que o quartzo. Os discos de cerâmica podem ser construídos de modo que eles vibrem em uma determinada frequência, proporcionando ações de filtragem. Os **FILTROS CERÂMICOS** são muito pequenos e baratos e, portanto, muito usados em transmissores e receptores. Embora o Q da cerâmica não seja tão alto quanto o do quartzo, ele é tipicamente de alguns milhares, que é muito alto em comparação com o Q obtido com filtros LC. Os filtros cerâmicos típicos são do tipo passa-faixa com frequências centrais de 455 kHz e 10,7 MHz. Estes estão disponíveis em diferentes larguras de banda dependendo da aplicação. Estes filtros são muito usados em receptores de comunicação.

A Figura 2-50 mostra um diagrama esquemático de um filtro cerâmico. Para uma operação adequada, o filtro deve ser acionado por um gerador com uma impedância de saída R_g e uma terminação com uma carga R_L. Os valores de R_g e R_L são geralmente 1,5 ou 2 kΩ.

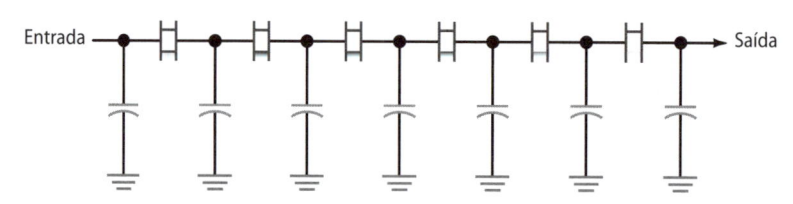

Figura 2-49 Filtro a cristal em configuração escada.

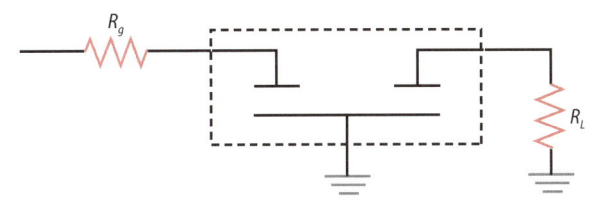

Figura 2-50 Símbolo esquemático para um filtro cerâmico.

Filtros de onda acústica superficial. Uma forma especial de um filtro a cristal é o FILTRO DE ONDA ACÚSTICA SUPERFICIAL (*SAW – surface acoustic wave*). Este filtro passa-faixa sintonizado fixo é projetado para fornecer uma seletividade exata desejada para uma dada aplicação. A Figura 2-51 mostra o desenho esquemático de um filtro SAW. Estes filtros são construídos em um substrato cerâmico piezoelétrico como o niobato de lítio. Um padrão de eletrodos entrelaçados na forma de "dedos" em uma superfície converte os sinais em ondas acústicas que se deslocam na superfície do filtro. Controlando o formato, o tamanho e o espaçamento entre os eletrodos, a resposta pode ser adaptada para qualquer aplicação. Os eletrodos entrelaçados na saída convertem as ondas acústicas de volta para sinais elétricos.

Os filtros SAW são normalmente filtros passa-faixa usados em frequências de rádio muito altas onde a seletividade é difícil de ser obtida. A faixa útil comum deles é de 10 MHz à 3 GHz. Eles têm um baixo fator de forma, dando-lhes uma seletividade muito boa nessas frequências altas. Eles têm também uma significativa perda de inserção, geralmente na faixa de 10 a 35 dB, que deve ser superada com um amplificador associado. Os filtros SAW são muito usados em modernos receptores de TV, receptores de radar, LANs *wireless* e telefones celulares.

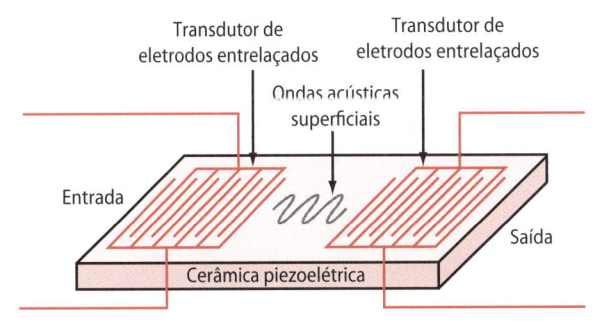

Figura 2-51 Filtro de onda acústica superficial.

» Filtros com capacitor chaveado

Os FILTROS COM CAPACITOR CHAVEADO (*SCFs – switched capacitor filters*) são filtros na forma de CI construídos com AOPs, capacitores e chaves transistorizadas. Conhecidos também como FILTROS DE DADOS AMOSTRADOS ANALOGICAMENTE ou FILTROS DE CHAVEAMENTO, esses dispositivos são geralmente implementados com circuitos MOS ou CMOS. Eles podem se projetados para operar como filtros passa-altas, passa-baixas, passa-faixa ou rejeita-faixa. A principal vantagem dos filtros com capacitor chaveado é que eles possibilitam a construção de circuitos sintonizados ou seletivos em um CI sem o uso de indutores, capacitores ou resistores discretos.

Os filtros com capacitor chaveado são construídos com AOPs, chaves MOSFETs e capacitores. Todos esses componentes são todos integrados em um único *chip*, tornando desnecessário o uso de componentes discretos. O segredo dos filtros com capacitor chaveado é que todos os resistores são substituídos por capacitores que são chaveados por chaves MOSFET. Os resistores são mais difíceis de serem implementados na forma de CI e ocupam mais espaço no *chip* do que transistores e capacitores. Com capacitores chaveados é possível construir filtros ativos mais complexos em um único *chip*. Outras vantagens desse tipo de filtro são a seletividade, a total facilidade de ajuste da frequência de corte ou central e da largura de banda. Um circuito deste tipo de filtro pode ser usado para diferentes aplicações e pode ser configurado para amplas faixas de frequências e largura de banda.

Integradores chaveados. O bloco construtivo básico dos filtros com capacitor chaveado é o clássico integrador com AOP, como mostra a Figura 2-52(*a*). A entrada é aplicada através de um resistor e a realimentação é realizada por um capacitor. Com esse arranjo, a saída é uma função integral da entrada:

$$V_{out} = -\frac{1}{RC} \int V_{in}\, dt$$

Com sinais CA, o circuito funciona essencialmente como um filtro passa-baixas com um ganho de $1/RC$.

Para trabalhar em uma ampla faixa de frequências, os valores RC do integrador devem ser alterados. É difícil implementar resistores e capacitores de valores baixos e altos na forma de CI. Entretanto, esse problema pode ser resolvido substituindo o resistor de entrada por capacitor chaveado, como mos-

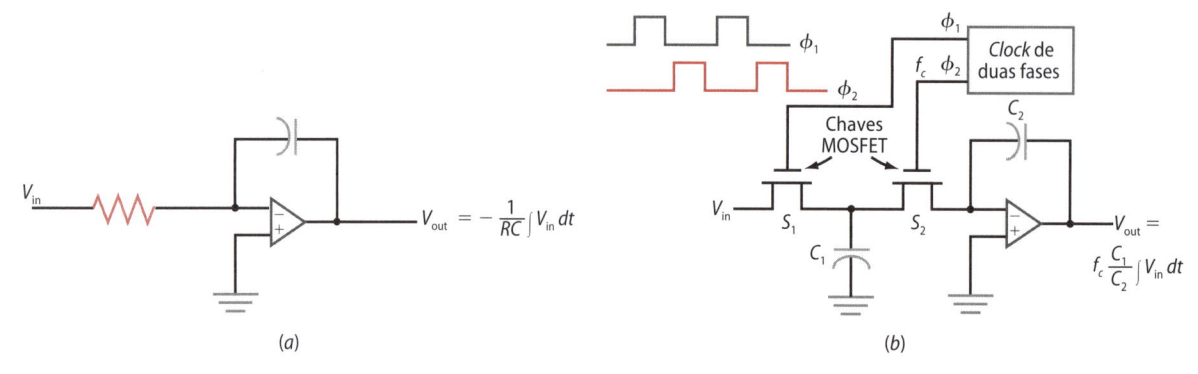

Figura 2-52 Integradores na forma de CI. (*a*) Integrador convencional. (*b*) Integrador com capacitor chaveado.

tra a Figura 2-52(*b*). As chaves MOSFET são acionadas por um gerador de *clock* cuja frequência é tipicamente de 50 a 100 vezes a frequência máxima do sinal CA a ser filtrado. A resistência de uma chave MOSFET quando ligada é geralmente menor do que 1000 Ω. Quando a chave é desligada, sua resistência é de muitos megaohms.

O *clock* de duas fases, indicadas por ϕ_1 e ϕ_2, aciona as chaves MOSFET. Quando S_1 está ligada, S_2 está desligada e vice-versa. As chaves são do tipo interrupção antes do fechamento, o que significa que uma chave abre antes da outra fechar. Quando S_1 é fechada, a carga no capacitor segue o sinal de entrada. Visto que o período do *clock* em que a chave está ligada é muito curto em comparação com a variação do sinal de entrada, uma pequena "amostra" da tensão de entrada fica armazenada em C_1 e S_1 é desligada.

Agora S_2 é ligada. A carga no capacitor C_1 é aplicada na entrada "−" do AOP. C_1 descarrega fazendo aparecer uma corrente no capacitor de realimentação, C_2. A tensão resultante de saída é proporcional a integral da entrada. Mas desta vez o ganho do integrador é

$$f\left(\frac{C_1}{C_2}\right)$$

onde *f* é a frequência do *clock*. O capacitor C_1, que é chaveado na frequência do *clock*, *f*, com período *T*, é equivalente a um resistor de valor $R = T/C_1$.

A beleza deste arranjo é que não é necessário construir resistores no CI. Em vez disso, são construídos capacitores e chaves MOSFET, que são muito menores do que resistores. Além disso, como o ganho é uma função da razão de C_1 por C_2, os valores exatos das capacitâncias são menos importantes do que a sua razão. É muito fácil controlar a razão de pares de capacitores casados do que construir capacitores de valores precisos.

Combinando vários integradores chaveados como esse, é possível criar filtros passa-altas, passa-baixas, passa-faixa e rejeita-faixa do tipo Butterworth, Chebyshev, elíptico e Bessel praticamente com a seletividade desejada. A frequência central ou a de corte do filtro é ajustada pelo valor da frequência do *clock*.

A única característica às vezes indesejável de um filtro com capacitor chaveado é que o sinal de saída é uma aproximação em degraus do sinal de entrada. Devido a ação de chaveamento dos MOSFETs e a carga e descarga dos capacitores, o sinal assume uma forma digital em degraus. Quanto maior a frequência do *clock*, em comparação com a frequência do sinal de entrada, menor este efeito. O sinal pode ser "suavizado" voltando para a forma original passando por um simples filtro passa-baixa *RC* cuja frequência de corte é definida logo acima da máxima frequência do sinal.

Uma variedade de filtros com capacitor chaveado está disponível na forma de CI. Estes filtros para uso específico ou universais podem ser adquiridos por menos de 2 dólares a granel. Um dos mais comuns é o MF10 feito pela National Semiconductor. Este é um filtro com capacitor chaveado que pode ser configurado como passa-baixas, passa-altas, passa-faixa ou rejeita-faixa. Ele pode ser usado para frequências central ou de corte de até cerca de 20 kHz. A frequência do *clock* é aproximadamente de 50 a 100 vezes a frequência de operação.

Filtros de comutação. Uma variação interessante do filtro com capacitor chaveado é o FILTRO DE COMUTAÇÃO mostrado na Figura 2-53. Ele é construído com resistores discretos e capacitores com chaves MOSFET acionadas por um contador

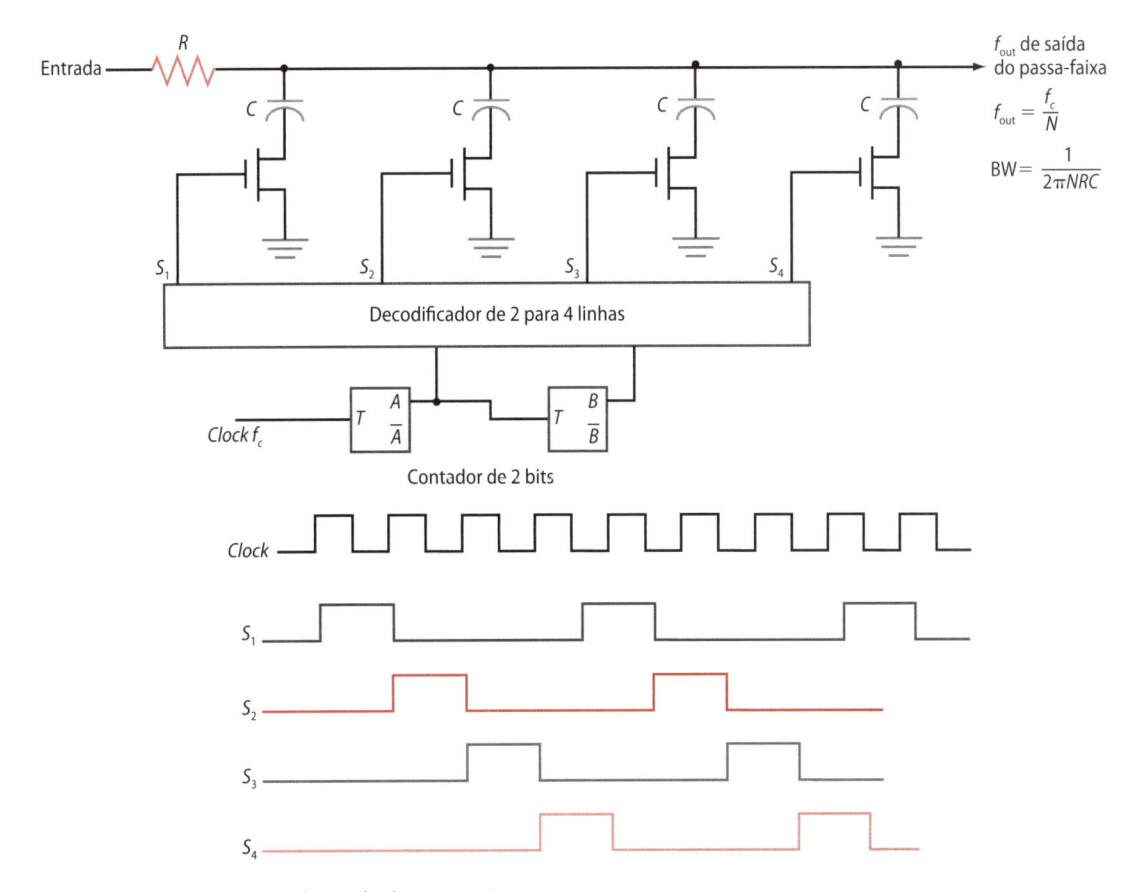

Figura 2-53 Filtro com capacitor chaveado de comutação.

e decodificador. O circuito parece ser um filtro RC passa-baixas, mas a ação de chaveamento faz com que o circuito funcione como um filtro passa-faixa. A frequência de operação, f_{out}, é relacionada com a frequência do *clock*, f_c, e o número N de chaves e capacitores usados.

$$f_c = Nf_{out} \quad \text{e} \quad f_{out} = \frac{f_c}{N}$$

A largura de banda do circuito está relacionada aos valores de RC e ao número de capacitores e chaves usadas conforme a seguir:

$$BW = \frac{1}{2\pi NRC}$$

Para o filtro na Figura 2-53, a largura de banda é $BW = 1/(8\pi RC)$.

Podemos obter um Q muito alto e uma largura de banda estreita e a variação no valor do resistor ajusta a largura de banda.

As formas de onda da operação na Figura 2-53 mostram que cada capacitor é ligado e desligado sequencialmente de modo que apenas um capacitor esteja conectado ao circuito de cada vez. Uma amostra da tensão de entrada é armazenada como uma carga em cada capacitor à medida que ele é conectado à entrada. A tensão no capacitor é a média da variação de tensão durante o tempo em que a chave conecta o capacitor no circuito.

A Figura 2-54(*a*) mostra as formas de onda típicas de entrada e saída, considerando uma entrada senoidal. A saída é uma aproximação em degraus da entrada por causa da ação de amostragem dos capacitores chaveados. Os degraus são grandes, mas o tamanho deles pode ser reduzido simplesmente usando um número maior de chaves e capacitores. O aumento do número de capacitores de quatro para oito, como na Figura 2-54(*b*), torna os degraus menores e, portanto, a saída fica mais próxima da entrada. Os degraus podem ser eliminados ou bastante minimizados passando a saída

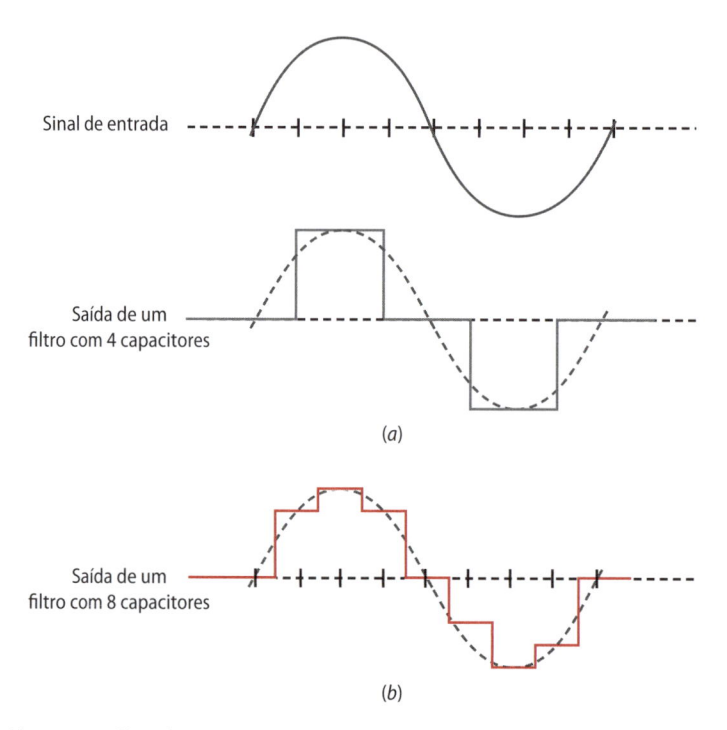

Figura 2-54 Entrada e saída para um filtro de comutação. (*a*) Filtro com quatro capacitores. (*b*) Filtro com oito capacitores.

por um filtro passa-baixas *RC*, cuja frequência de corte é definida no valor da frequência central ou um pouco acima.

Uma característica do filtro de comutação é que ele é sensível aos harmônicos da frequência central para a qual é projetado. Os sinais cujas frequências sejam múltiplos inteiros da frequência central do filtro também passam pelo filtro, embora em uma amplitude um pouco menor. A resposta do filtro, denominada RESPOSTA COMB (PENTE), é mostrada na Figura 2-55. Se este desempenho não for desejável, frequências maiores podem ser eliminadas com um filtro passa-baixa *RC* ou *LC* convencional conectado na saída.

» *Teoria de Fourier*

A análise matemática da modulação e os métodos de multiplexação usados em sistemas de comunicação presumem portadoras e sinais de informação senoidais. Isso simplifica a

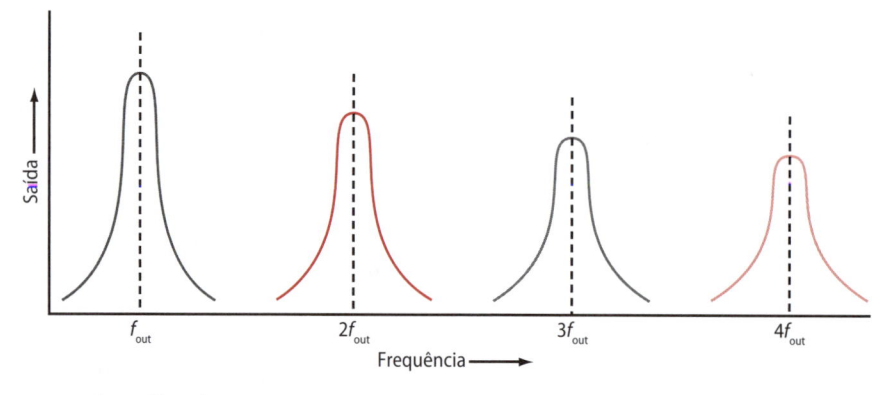

Figura 2-55 Resposta *w* de um filtro de comutação.

análise e torna a operação previsível. Entretanto, no mundo real, nem todos os sinais de informação são senoidais. Estes sinais mais complexos, geralmente sinais de voz e vídeo, são essencialmente compostos de ondas senoidais de muitas frequências e amplitudes. Os sinais de informação podem assumir uma infinidade de formas, incluindo ondas retangulares (ou seja, pulsos digitais), triangulares, dente de serra e outras formas não senoidais. Estes sinais necessitam que uma abordagem de onda não senoidal seja utilizada para determinar as características e o desempenho de qualquer circuito ou sistema de comunicação. Um dos métodos usados para fazer isso é **ANÁLISE DE FOURIER**, que fornece um meio de analisar com precisão o conteúdo da maioria dos sinais não senoidais complexos. Embora a análise de Fourier necessite do uso de cálculo e técnicas matemáticas avançadas que vão além do escopo deste livro, suas aplicações práticas em comunicação eletrônica são relativamente simples.

» Conceitos básicos

A Figura 2-56(a) mostra uma onda senoidal básica com os seus principais parâmetros e a sua equação. Uma onda cossenoidal básica é ilustrada na Figura 2-56(b). Note que a onda cosseno tem a mesma forma da onda seno, mas ela está adiantada da onda senoidal em 90°. Um **HARMÔNICO** é uma onda senoidal cuja frequência é um múltiplo inteiro da onda senoidal fundamental. Por exemplo, o terceiro harmônico de uma onda senoidal de 2 kHz é uma onda senoidal de 6 kHz. A Figura 2-57 mostra os primeiros quatro harmônicos de uma onda senoidal fundamental.

O que a teoria de Fourier diz é que podemos ter uma onda não senoidal e decompô-la em componentes senoidais ou cossenoidais individuais harmonicamente relacionadas. O exemplo clássico disso é uma **ONDA QUADRADA**, que é um sinal retangular com as alternâncias positivas e negativas de mesmo período. Na onda quadrada CA da Figura 2-58, isso quer dizer que t_1 é igual a t_2. Outra forma de dizer isso é que a onda quadrada tem um **CICLO DE TRABALHO (D)** de 50%, que é a relação entre a duração do semiciclo positivo, t_1, e o período T expresso como porcentagem:

$$D = \frac{t_1}{T} \times 100$$

A análise de Fourier nos diz que uma onda quadrada é constituída de ondas senoidais na frequência fundamental da onda quadrada mais um número infinito de harmônicos de ordem ímpar. Por exemplo, se a frequência fundamental da onda quadrada for 1 kHz, essa onda quadrada pode ser sintetizada somando-se uma onda senoidal de 1 kHz e os harmônicos senoidais de 3 kHz, 5 kHz, 7 kHz, 9 kHz, etc.

A Figura 2-59 mostra como isso é feito. As ondas senoidais devem ter amplitude e relação de fase entre si corretas. A onda senoidal fundamental neste caso tem um valor de pico a pico de 20 V (10 V de pico). Quando os valores das ondas senoidais são somados instantaneamente, o resultado se aproxima de uma onda quadrada. Na Figura 2-59(a), a fundamental e o terceiro harmônico são somados. Note a forma da onda composta com o terceiro e o quinto harmônicos somados, conforme a Figura 2-59(b). Quanto mais harmônicos são somados, mais a onda composta se parece com uma onda quadrada perfeita. A Figura 2-60 mostra como a onda composta se parece com 20 harmônicos de ordem ímpar somados à fundamental. O resultado é muito próximo de uma onda quadrada.

T = período de um ciclo em segundos
f = frequência em Hz
$= \dfrac{1}{T}$
v = Valor instantâneo da tensão
V_P = Tensão de pico
$\omega = 2\pi f$

$v = V_P \operatorname{sen} 2\pi f t$
$v = V_P \operatorname{sen} \omega t$

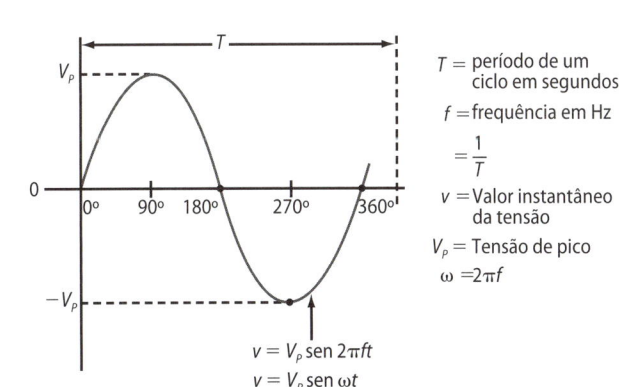

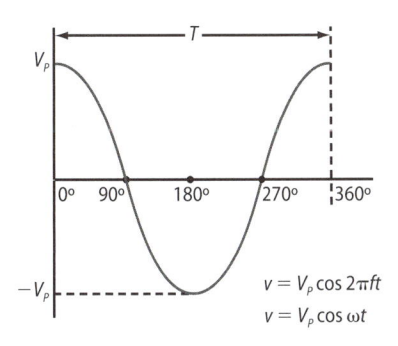

$v = V_P \cos 2\pi f t$
$v = V_P \cos \omega t$

Figura 2-56 Ondas senoidal e cossenoidal.

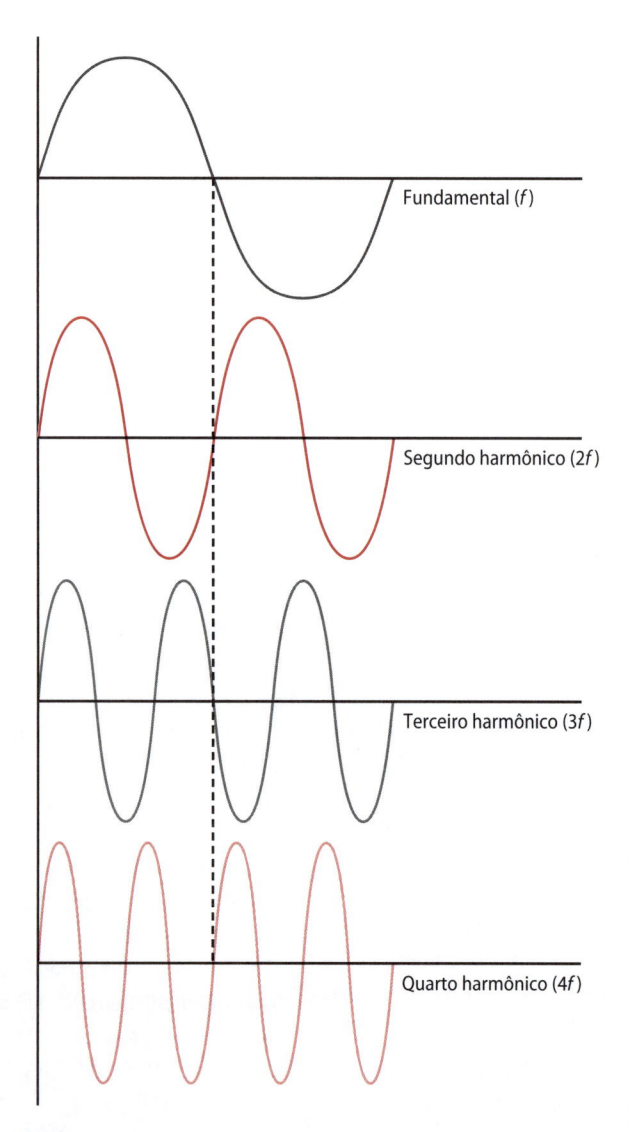

Figura 2-57 Onda senoidal e seus harmônicos.

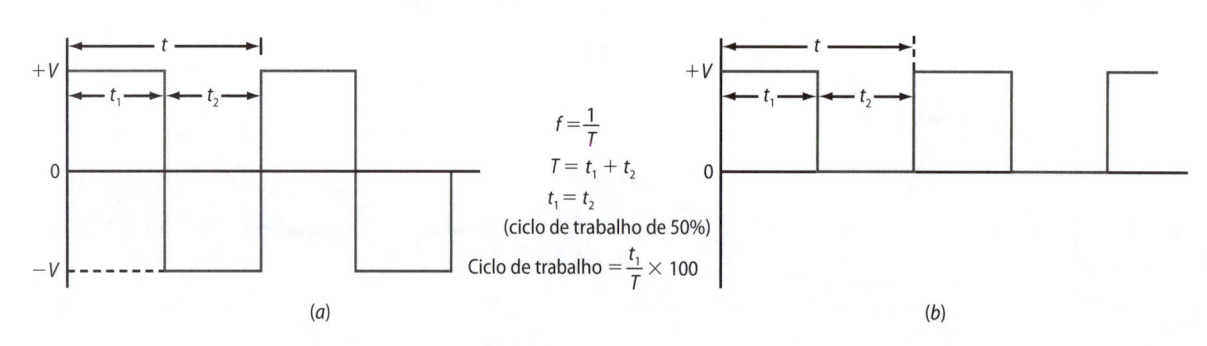

$$f = \frac{1}{T}$$
$$T = t_1 + t_2$$
$$t_1 = t_2$$
(ciclo de trabalho de 50%)

Ciclo de trabalho $= \dfrac{t_1}{T} \times 100$

(a)   (b)

Figura 2-58 Onda quadrada.

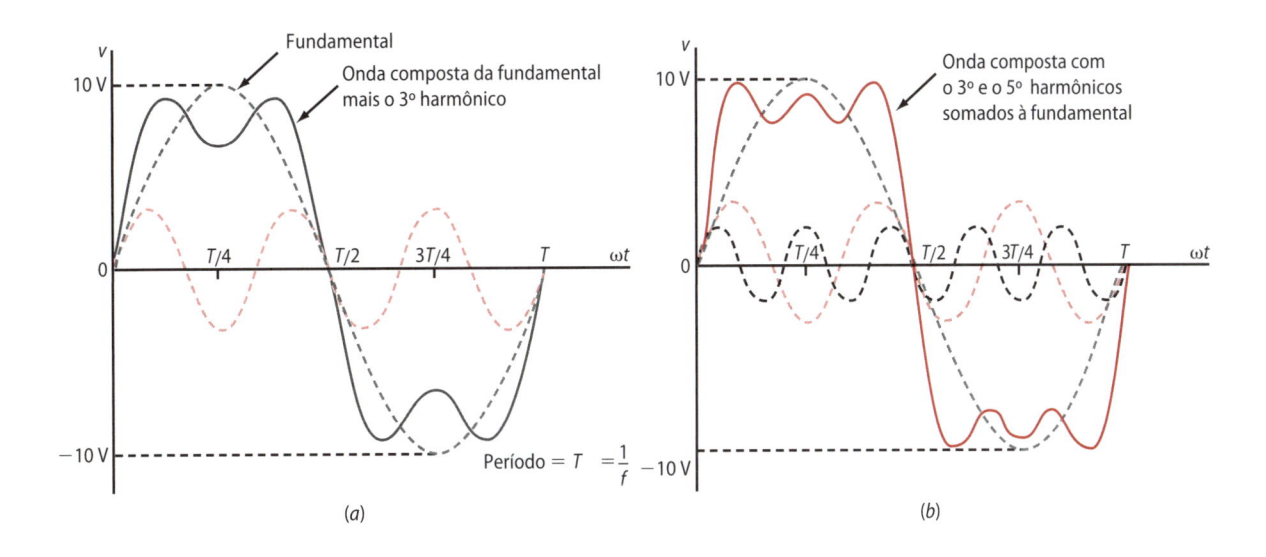

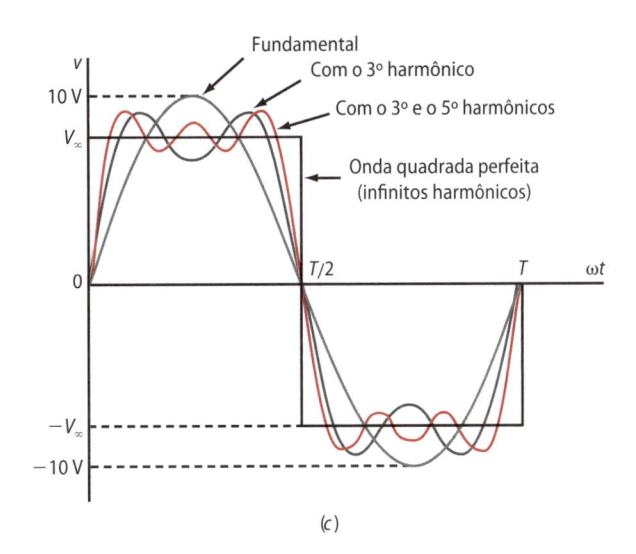

Figura 2-59 Uma onda quadrada é constituída de uma onda senoidal fundamental e um número infinito de harmônicos de ordem ímpar.

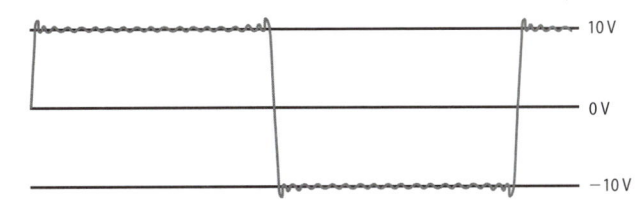

Figura 2-60 Onda quadrada constituída por 20 harmônicos somados à fundamental.

A implicação disso é que uma onda quadrada deve ser analisada como uma coleção de ondas senoidais harmonicamente relacionadas, em vez de uma onda quadrada como uma entidade única. Isso se confirma ao realizarmos a análise matemática de Fourier sobre a onda quadrada. O resultado é a seguinte equação, que expressa a tensão como uma função do tempo:

$$f(t) = \frac{4V}{\pi}\left[\operatorname{sen} 2\pi\left(\frac{1}{T}\right)t + \frac{1}{3}\operatorname{sen} 2\pi\left(\frac{3}{T}\right)t + \frac{1}{5}\operatorname{sen} 2\pi\left(\frac{5}{T}\right)t + \frac{1}{7}\operatorname{sen} 2\pi\left(\frac{7}{T}\right)t + \cdots\right]$$

onde o fator $4V/\pi$ é um multiplicador para todos os termos seno e V é a tensão de pico da onda quadrada. O primeiro termo é a onda senoidal fundamental e os termos que seguem são terceiro, quinto, sétimo, etc., harmônicos. Note que os termos também têm um fator de amplitude. Neste caso, a amplitude também é uma função do harmônico. Por exemplo, o terceiro harmônico tem uma amplitude que é um terço da amplitude da fundamental, e assim por diante. A expressão deve ser reescrita com $f = 1/T$. Se a onda quadrada for de corrente contínua, em vez de alternada, como mostra a Figura 2-58(b), a expressão de Fourier tem uma componente CC:

$$f(t) = \frac{V}{2} + \frac{4V}{\pi}\left(\operatorname{sen} 2\pi ft + \frac{1}{3}\operatorname{sen} 2\pi 3ft + \frac{1}{5}\operatorname{sen} 2\pi 5ft + \frac{1}{7}\operatorname{sen} 2\pi 7ft + \cdots\right)$$

Nessa equação, $V/2$ é a componente CC, o valor médio da onda quadrada. Ela também é a linha base sobre a qual a onda fundamental e os harmônicos variam.

Uma forma geral da equação de Fourier de uma forma de onda é

$$f(t) = \frac{V}{2} + \frac{4V}{n}\sum_{n=1}^{\infty}(\operatorname{sen} 2\pi nft)$$

onde n é ímpar. A componente CC, caso esteja presente na forma de onda, é $V/2$.

Usando cálculo e outras técnicas matemáticas, a forma de onda é definida, analisada e expressa como uma soma de termos em seno e/ou cosseno, conforme ilustrado pela expressão acima para a onda quadrada. A Figura 2-61 apresenta expressões de Fourier para algumas das formas de onda não senoidais mais comuns.

EXEMPLO 2-26

Uma onda quadrada CA tem uma tensão de pico de 3 V e uma frequência de 48 kHz. Determine (a) a frequência do quinto harmônico e (b) o valor rms do quinto harmônico. Use a fórmula na Figura 2-61(a).

a. 5×48 kHz $= 240$ kHz

b. Isole a expressão para o quinto harmônico na fórmula, que é $\frac{1}{5}\operatorname{sen} 2\pi(5/T)t$. Multiplique pelo fator de amplitude, $4V/\pi$. O valor de pico do quinto harmônico, V_P, é

$$V_P = \frac{4V}{\pi}\left(\frac{1}{5}\right) = \frac{4(3)}{5\pi} = 0,76$$

rms $= 0,707 \times$ valor de pico
$V_{rms} = 0,707 V_P = 0,707(0,76) = 0,537$ V

A onda triangular na Figura 2-61(b) exibe a fundamental e harmônicos de ordem ímpar, porém ela é constituída de ondas cossenoidais em vez de senoidais. A onda dente de serra na Figura 2-61(c) contém a fundamental mais harmônicos de ordem par e ímpar. A Figura 2-61(d) e (e) mostram semissenoides como as que vemos nas saídas de retificadores de meia onda e onda completa. Ambas têm uma componente CC, como seria esperado. Um sinal de meia onda é constituído apenas de harmônicos pares, ao passo que um de onda completa tem harmônicos pares e ímpares. A Figura 2-61(f) mostra a expressão de Fourier para uma onda quadrada CC onde a componente CC é Vt_0/T.

Domínio do Tempo *Versus* Domínio da Frequência

A maioria dos sinais e formas de onda que discutimos e analisamos foram expressos no *domínio do tempo*. Ou seja, elas são variações de tensão, corrente ou potência em relação ao tempo. Todos os sinais mostrados nas ilustrações anteriores são exemplos de formas de onda no domínio do tempo. As expressões matemáticas delas contêm a variável tempo, t, indicando que são grandezas que variam com o tempo.

A teoria de Fourier nos dá uma nova e diferente forma de expressar e ilustra sinais complexos. Neste caso, os sinais complexos contêm muitos componentes senoidais e/ou cossenoidais que são expressos como amplitudes de ondas senoidais e cossenoidais em diferentes frequências. Em outras palavras, um gráfico de um sinal em particular é representado pelas amplitudes das senoides e/ou cossenoides em relação à frequência.

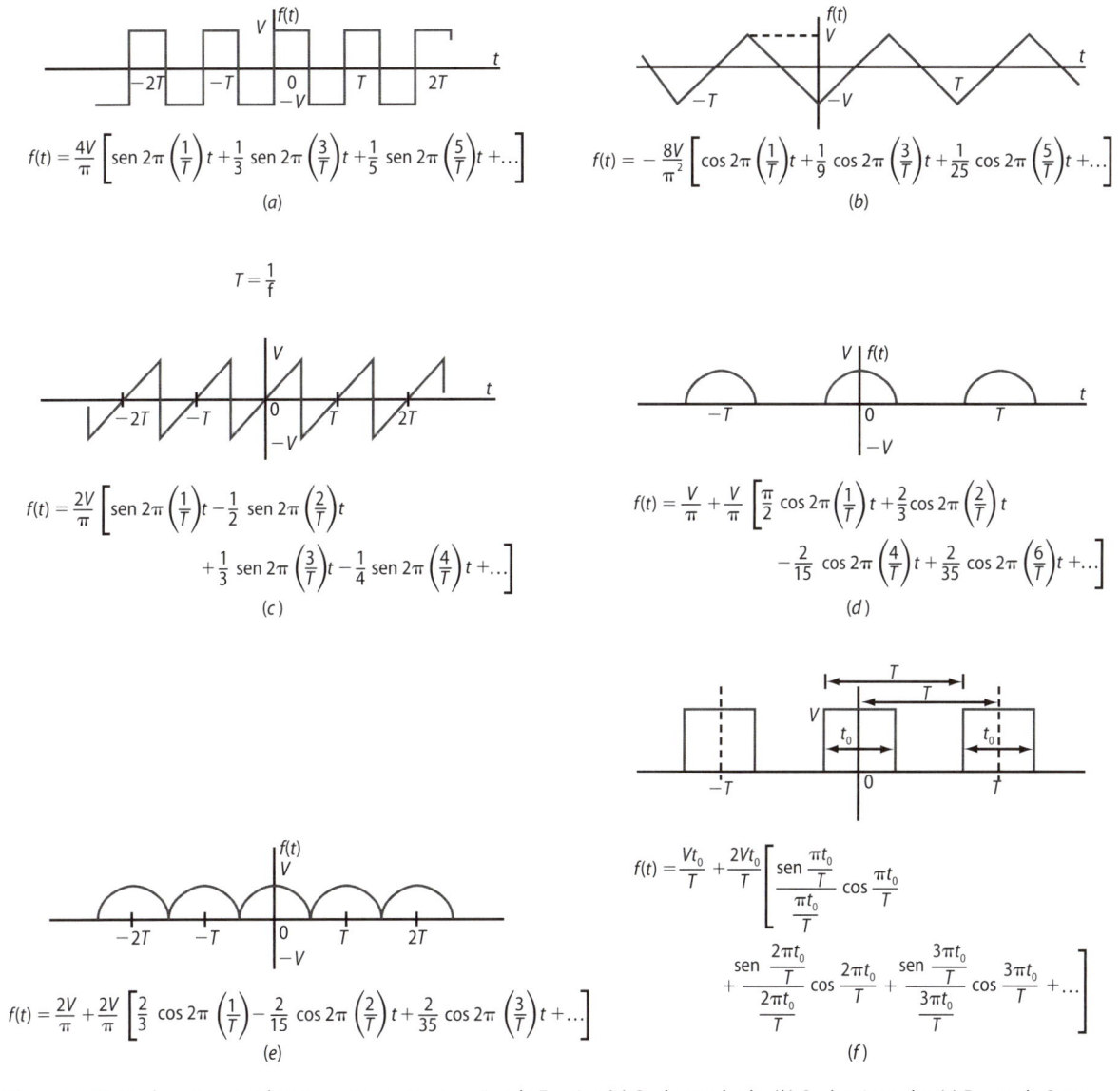

$$f(t) = \frac{4V}{\pi}\left[\operatorname{sen} 2\pi\left(\frac{1}{T}\right)t + \frac{1}{3}\operatorname{sen} 2\pi\left(\frac{3}{T}\right)t + \frac{1}{5}\operatorname{sen} 2\pi\left(\frac{5}{T}\right)t + \ldots\right]$$
(a)

$$f(t) = -\frac{8V}{\pi^2}\left[\cos 2\pi\left(\frac{1}{T}\right)t + \frac{1}{9}\cos 2\pi\left(\frac{3}{T}\right)t + \frac{1}{25}\cos 2\pi\left(\frac{5}{T}\right)t + \ldots\right]$$
(b)

$$T = \frac{1}{f}$$

$$f(t) = \frac{2V}{\pi}\left[\operatorname{sen} 2\pi\left(\frac{1}{T}\right)t - \frac{1}{2}\operatorname{sen} 2\pi\left(\frac{2}{T}\right)t + \frac{1}{3}\operatorname{sen} 2\pi\left(\frac{3}{T}\right)t - \frac{1}{4}\operatorname{sen} 2\pi\left(\frac{4}{T}\right)t + \ldots\right]$$
(c)

$$f(t) = \frac{V}{\pi} + \frac{V}{\pi}\left[\frac{\pi}{2}\cos 2\pi\left(\frac{1}{T}\right)t + \frac{2}{3}\cos 2\pi\left(\frac{2}{T}\right)t - \frac{2}{15}\cos 2\pi\left(\frac{4}{T}\right)t + \frac{2}{35}\cos 2\pi\left(\frac{6}{T}\right)t + \ldots\right]$$
(d)

$$f(t) = \frac{2V}{\pi} + \frac{2V}{\pi}\left[\frac{2}{3}\cos 2\pi\left(\frac{1}{T}\right) - \frac{2}{15}\cos 2\pi\left(\frac{2}{T}\right)t + \frac{2}{35}\cos 2\pi\left(\frac{3}{T}\right)t + \ldots\right]$$
(e)

$$f(t) = \frac{Vt_0}{T} + \frac{2Vt_0}{T}\left[\frac{\operatorname{sen}\frac{\pi t_0}{T}}{\frac{\pi t_0}{T}}\cos\frac{\pi t_0}{T} + \frac{\operatorname{sen}\frac{2\pi t_0}{T}}{\frac{2\pi t_0}{T}}\cos\frac{2\pi t_0}{T} + \frac{\operatorname{sen}\frac{3\pi t_0}{T}}{\frac{3\pi t_0}{T}}\cos\frac{3\pi t_0}{T} + \ldots\right]$$
(f)

Figura 2-61 Ondas não senoidais comuns e suas equações de Fourier. (a) Onda quadrada. (b) Onda triangular. (c) Dente de Serra. (d) Meia onda cossenoidal retificada. (e) Onda completa cossenoidal retificada. (f) Pulso retangular.

Um típico gráfico no domínio da frequência de uma onda quadrada é mostrado na Figura 2-62(a). Note que a linha reta representa as amplitudes das ondas senoidais da fundamental e dos harmônicos, que são traçados no eixo horizontal da frequência. Este gráfico no domínio da frequência pode ser traçado diretamente da expressão de Fourier simplesmente usando as frequências da fundamental e dos harmônicos e suas amplitudes.

Os gráficos no domínio da frequência para alguns dos sinais não senoidais mais comuns são mostrados na Figura 2-62.

Note que a onda triangular na Figura 2-62(c) é constituída de uma fundamental e de harmônicos de ordem ímpar. O terceiro harmônico é mostrado como uma linha abaixo do eixo, o que indica um deslocamento de fase de 180º na onda cosseno que ela compõe.

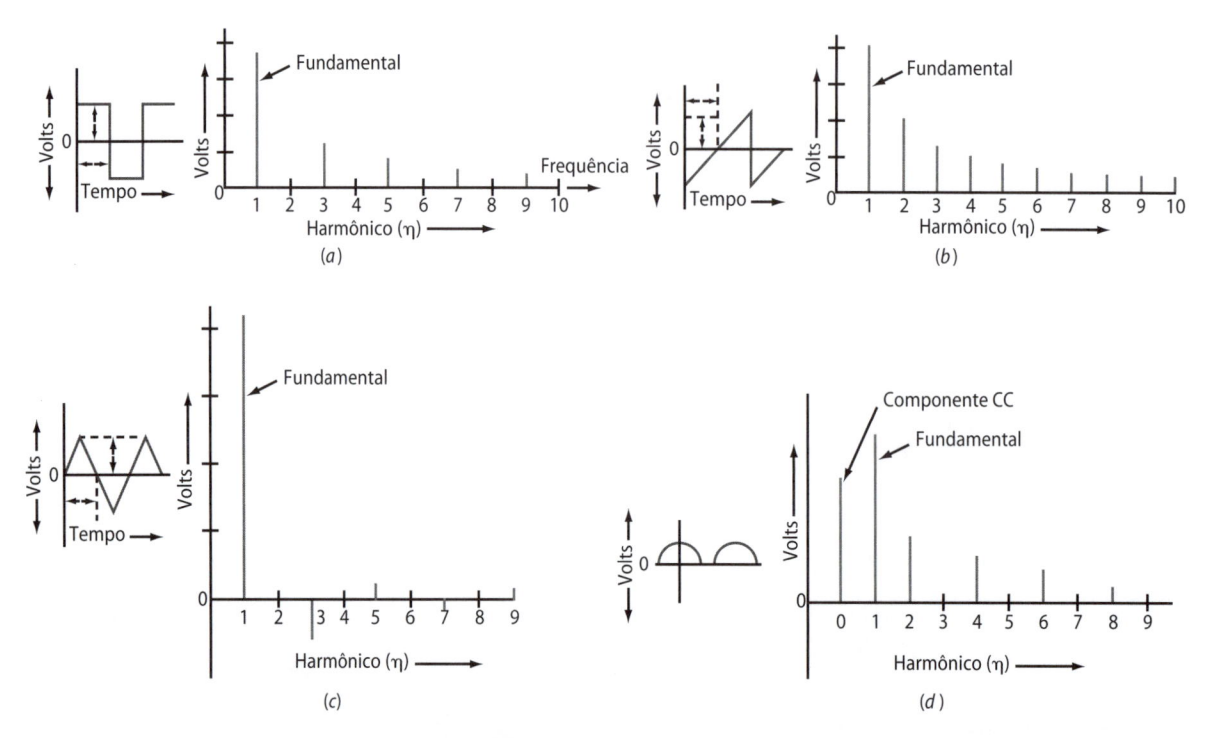

Figura 2-62 Gráficos no domínio da frequência de ondas não senoidais comuns. (*a*) Onda quadrada. (*b*) Dente de serra. (*c*) Triangular. (*d*) Meia onda cossenoidal retificada.

A Figura 2-63 mostra como estão relacionados os domínios do tempo e da frequência. A onda quadrada discutida anteriormente é usada como um exemplo. O resultado é um gráfico tridimensional com três eixos.

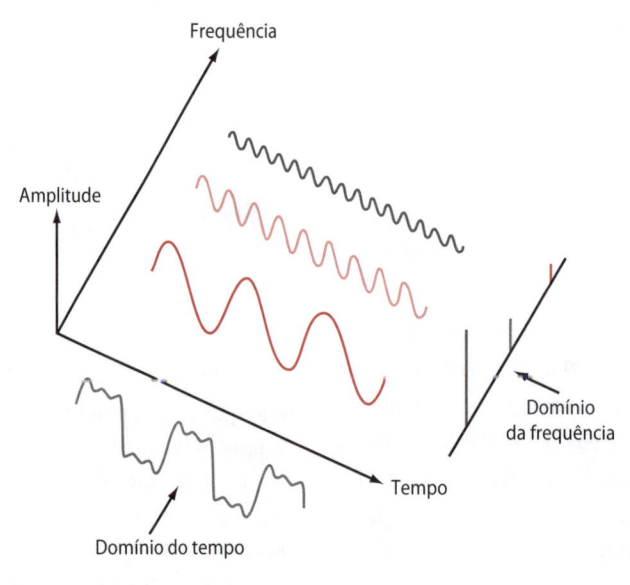

Figura 2-63 Relação entre os domínios do tempo e da frequência.

Os sinais e as formas de onda em aplicações de comunicação são expressos usando os gráficos no domínio do tempo e da frequência, mas em muitos casos o gráfico no domínio da frequência é muito mais útil. Isso é particularmente verdadeiro na análise de formas de onda de sinais complexos bem como em muitos métodos de modulação e multiplexação usados em comunicação.

Os instrumentos de teste para apresentação de sinais nos domínios do tempo e da frequência são de uso comum. Você já deve estar familiarizado com o osciloscópio, que mostra as amplitudes de tensão de um sinal em relação a um eixo de tempo horizontal.

O instrumento de teste que gera visualizações no domínio da frequência é o **ANALISADOR DE ESPECTRO**. Assim como o osciloscópio, o analisador de espectro usa um tubo de raios catódicos como display, mas o eixo de varredura horizontal é calibrado em hertz e o eixo vertical em volts, unidade de potência ou decibel.

» A importância da teoria de Fourier

A análise de Fourier nos permite determinar não apenas as componentes senoidais em qualquer sinal complexo, mas também o quanto de largura de banda um sinal ocupa. Embora uma senoide ou cossenoide de uma única frequência não ocupe, teoricamente, nenhuma largura de banda, obviamente os sinais complexos ocupam mais espaço no espectro. Por exemplo, uma onda quadrada de 1 MHz com os harmônicos até o de ordem onze ocupa uma largura de banda de 11 MHz. Para que este sinal passe sem atenuação e distorção, todos os harmônicos devem passar.

Um exemplo é mostrado na Figura 2-64. Se uma onda quadrada de 1 kHz passar por um filtro passa-baixas com uma frequência de corte logo acima de 1 kHz, todos os harmônicos, além do terceiro, serão intensamente atenuados ou, na maior parte, eliminados completamente. O resultado é que a saída do filtro passa-baixas será simplesmente uma senoide fundamental na frequência da onda quadrada.

Se a frequência de corte do filtro passa-baixas fosse ajustada em uma frequência acima do terceiro harmônico, a saída desse filtro consistiria de uma senoide fundamental e do terceiro harmônico. A Figura 2-59(a) mostra como seria essa forma de onda. Como podemos ver, quando os harmônicos maiores não passam, o sinal original é bastante distorcido. Esta é a razão da importância dos circuitos e sistemas de comunicação terem uma largura de banda suficiente para acomodar todos os componentes harmônicos da forma de onda do sinal a ser processado.

A Figura 2-65 mostra um exemplo no qual uma onda quadrada de 1 kHz que passa por um filtro passa-baixas, cuja faixa de passagem permite a passagem do terceiro harmônico, resulta na saída do filtro em uma senoide de 3 kHz. Neste caso, o filtro usado tem uma inclinação de atenuação suficiente para selecionar a componente desejada.

» Espectro de um pulso

A análise de Fourier de pulsos binários é especialmente útil em comunicação, pois ela nos permite uma forma de analisar a largura de banda necessária para transmitir pulsos como estes. Embora teoricamente os sistemas tenham que passar todos os harmônicos dos pulsos, na realidade,

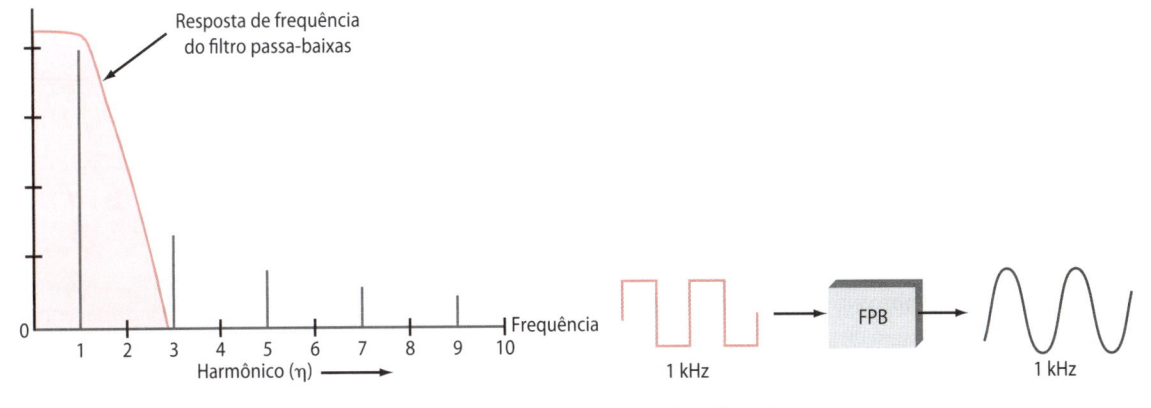

Figura 2-64 Conversão de uma onda quadrada em onda senoidal eliminando os harmônicos.

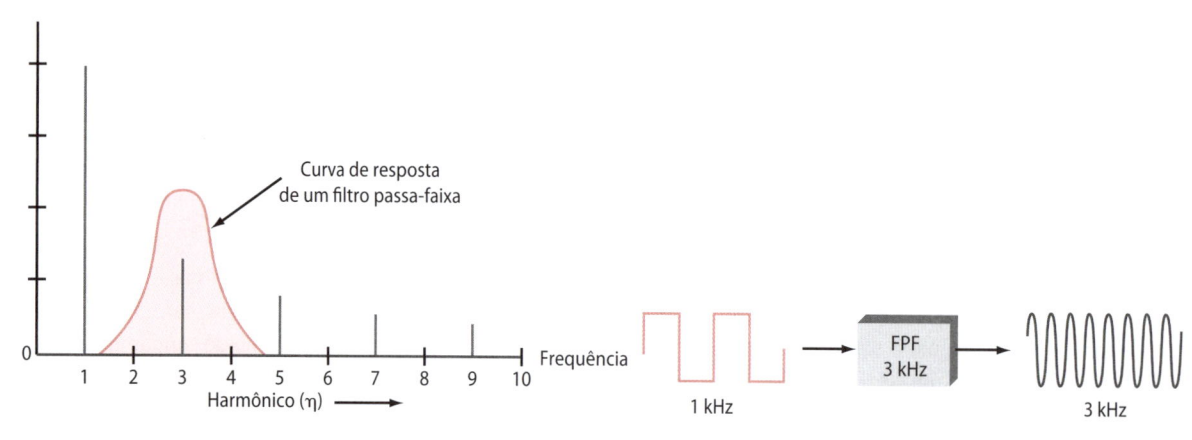

Figura 2-65 Seleção do terceiro harmônico usando um filtro passa-faixa.

relativamente poucos devem passar para preservar a forma do pulso. Além disso, o trem de pulsos em comunicação de dados raramente consiste de um onda quadrada com ciclo de trabalho de 50%. Em vez disso, os pulsos são retangulares e exibem ciclos de trabalho que variam de muito pequeno a muito grande. [A resposta de Fourier desses pulsos é dada na Figura 2-61(*f*).]

Observe a Figura 2-61(*f*). O período do trem de pulsos é T e a largura do pulso é t_0; o ciclo de trabalho é t_0/T; o trem de pulsos consiste de pulsos CC com um valor médio CC de Vt_0/T. Em termos da análise de Fourier, o trem de pulsos é constituído de uma fundamental e todos os harmônicos de ordem par e ímpar. O caso especial dessa forma de onda ocorre quando o ciclo de trabalho é 50%; neste caso todos os harmônicos pares são eliminados. Mas com qualquer outro valor de ciclo de trabalho a forma de onda é constituída de harmônicos pares e ímpares. Visto que este sinal é uma série de pulsos CC, o valor médio CC é Vt_0/T.

A Figura 2-66 mostra um gráfico no domínio da frequência da amplitude dos harmônicos em relação à frequência. O eixo horizontal da frequência é mostrado em incrementos da frequência de repetição dos pulsos, f, onde $f = 1/T$ e T é o período. O primeiro componente é o valor médio na frequência zero, Vt_0/T, onde V é o valor da tensão de pico do pulso.

Agora, observe as amplitudes da fundamental e dos harmônicos. Lembre que cada linha vertical representa o valor de pico da onda senoidal do trem de pulso. Alguns dos harmônicos maiores são negativos; o que significa simplesmente que a fase deles é invertida.

A linha tracejada na Figura 2-66, o contorno dos picos dos componentes individuais, é conhecida como **ENVOLTÓRIA** (envelope) do espectro de frequência. A equação para a curva da envoltória tem a forma geral (sen $x)/x$, onde $x = \dfrac{n\pi t_0}{T}$ e t_0 é a largura do pulso. Essa função é conhecida como **SINC**. Na Figura 2-66 a função *sinc* cruza o eixo horizontal algumas vezes. Esse número de vezes pode ser calculado e é indicado na figura. Note que esses pontos são múltiplos de $1/t_0$.

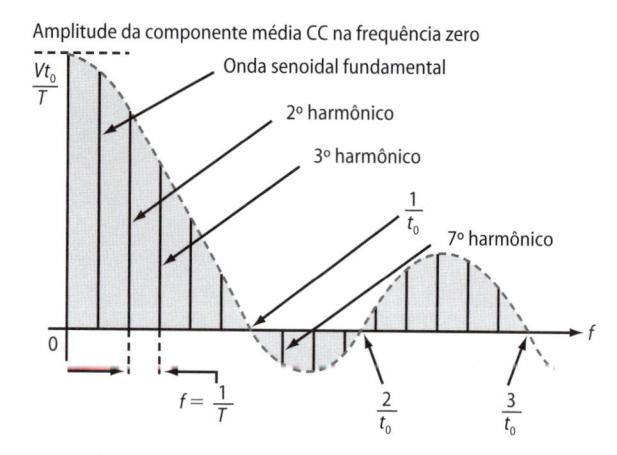

Figura 2-66 Gráfico no domínio da frequência de um trem de pulsos retangulares.

A função *sinc* desenhada na curva do domínio da frequência é usada para predizer o conteúdo harmônico de um trem de pulsos e, portanto, a largura de banda necessária para passar a onda. Por exemplo, na Figura 2-66, quando a frequência do trem de pulsos aumenta, o período T diminui e o espaçamento entre os harmônicos aumenta. Isso move a curva para a direita. E à medida que a duração do pulso, t_0, diminui, o que significa que o ciclo de trabalho diminui, o primeiro cruzamento zero da envoltória se afasta para a direita. O significado prático disso é que pulsos de frequência maior com durações menores, tem mais harmônicos com amplitudes maiores e, portanto, é necessário uma largura de banda maior para que a onda passe com um mínimo de distorção. Nas aplicações em comunicação de dados, geralmente considera-se que uma largura de banda igual ao primeiro cruzamento zero da envoltória é o mínimo que é suficiente para passar os harmônicos necessários para se obter uma forma de onda razoável:

$$BW = \frac{1}{t_0}$$

EXEMPLO 2-27

Um trem de pulsos CC, como o que é mostrado na Figura 2-61(f), tem uma tensão de pico de 5 V, uma frequência de 4 MHz e um ciclo de trabalho de 30%.

a. Qual é o valor CC médio? [$V_{med} = Vt_0/T$. Use a fórmula dada na Figura 2-61(f).]

$$\text{Ciclo de trabalho} = \frac{t_0}{T} = 30\% \quad \text{ou} \quad 0{,}30$$

$$T = \frac{1}{f} = \frac{1}{4 \times 10^6} = 2{,}5 \times 10^{-7} \text{ s}$$

$$= 250 \times 10^{-9} \text{ s}$$

$$T = 250 \text{ ns}$$

$$t_0 = \text{ciclo de trabalho} \times T$$

$$= 0{,}3 \times 250 = 75 \text{ V}$$

$$V_{med} = \frac{Vt_0}{T} = V \times \text{ciclo de trabalho}$$

$$= 5 \times 0{,}3 = 1{,}5 \text{ V}$$

b. Qual é a mínima largura de banda necessária para que esse sinal passe sem distorções excessivas?

Largura de banda mínima, $BW = \dfrac{1}{t_0} = \dfrac{1}{75 \times 10^{-9}}$

$$= 0{,}013333 \times 10^9 = 13{,}333 \times 10^6$$

$$= 13{,}333 \text{ MHz}$$

A maioria dos harmônicos de amplitude maior e, portanto, a parte mais significativa da potência do sinal, está contida dentro da área maior entre a frequência zero e o ponto $1/t_0$ na curva.

›› Relação entre tempo de subida e largura de banda

Como teoricamente uma onda retangular, tal como uma quadrada, contém um número infinito de harmônicos, podemos usar uma onda quadrada com base para determinar a largura de banda de um sinal. Se o circuito de processamento deve permitir a passagem de todos os harmônicos, um número infinito, os tempos de subida e descida da onda quadrada deverão ser zero. Como a largura de banda é reduzida por decaimento ou filtragem das frequências maiores, os harmônicos maiores são bastante atenuados. O efeito que isso tem na onda quadrada é que os tempos de subida e descida da forma de onda se tornam finitos e aumentam à medida que mais e mais harmônicos maiores são filtrados. Quanto mais restringir a largura de banda, menos harmônicos passam e maiores os tempos de subida e descida. A restrição máxima ocorre onde todos os harmônicos são filtrados, deixando apenas a onda senoidal fundamental (Figura 2-64).

O conceito de tempo de subida e descida é ilustrado na Figura 2-67. O tempo de subida (t_r – *rise time*) é o tempo que a

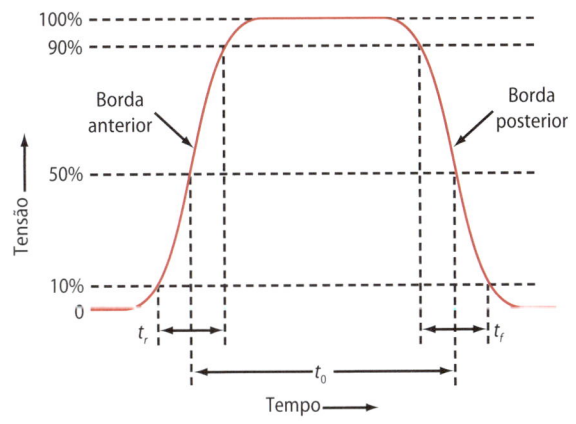

t_r = tempo de subida
t_f = tempo de descida
t_0 = largura do pulso (duração)

Figura 2-67 Tempos de subida e descida de um pulso.

tensão do pulso leva para subir de 10 a 90% do valor. O tempo de descida (t_f – *fall time*) é o tempo que a tensão leva para cair de 90 a 10% do valor. A largura do pulso, t_0, é geralmente medida entre os pontos de 50% da amplitude situados nas bordas de subida (*rise*) e descida (*fall*) do pulso.

Uma expressão matemática simples relaciona o tempo de subida de uma onda retangular e a largura de banda de um circuito que é necessária para permitir a passagem de uma onda sem distorção é

$$BW = \frac{0{,}35}{t_r}$$

EXEMPLO 2-28

Um trem de pulsos tem um tempo de subida de 6 ns. Qual é a largura de banda mínima para que esse trem de pulsos passe fielmente?

$$BW = \frac{0{,}35}{t_r} \qquad t_r = 6 \text{ ns} = 0{,}006 \ \mu s$$

$$BW \text{ mínima} = \frac{0{,}35}{0{,}006} = 58{,}3 \text{ MHz}$$

Essa é a largura de banda do circuito que é necessária para permitir a passagem de um sinal que contém a componente de mais alta frequência em uma onda quadrada com um tempo de subida t_r. Nesta expressão, a largura de banda é realmente considerada no ponto de 3 dB abaixo da resposta plana, que é a frequência de corte do circuito, dada em megahertz. O tempo de subida da onda quadrada de saída é dado em microssegundos. Por exemplo, se a onda quadrada de saída de um amplificador tem um tempo de subida de 10 ns (0,01 μs), a largura de banda do circuito deve ser pelo menos BW = 0,35/0,01 = 35 MHz.

Reorganizando a fórmula, podemos calcular o tempo de subida de um sinal de saída a partir do circuito cuja largura de banda é dada: $t_r = 0{,}35/BW$. Por exemplo, um circuito com uma largura de banda de 50 MHz permite a passagem de uma onda quadrada com um tempo de subida mínimo de $t_r = 0{,}35/50 = 0{,}007 \ \mu s = 7$ ns.

Essa relação simples nos permite determinar rapidamente a largura de banda aproximada de um circuito necessária para permitir a passagem de uma forma de onda retangular com um tempo de subida dado. Essa relação é muito usada para expressar a resposta de frequência do amplificador vertical de um osciloscópio. Nas especificações de um osciloscópio muitas vezes é dado apenas uma figura de tempo de subida para o amplificador vertical. Um osciloscópio com uma largura de banda de 60 MHz permite a passagem de formas de onda retangulares com tempos de subida tão pequenos quanto $t_r = 0{,}35/60 = = 0{,}00583 \ \mu s = 5{,}83$ ns.

EXEMPLO 2-29

Um circuito tem uma largura de banda de 200 kHz. Qual é o tempo de subida mais rápido do sinal que este circuito permite passar?

$$t_r(\mu s) = \frac{0{,}35}{f(MHz)} \quad \text{e} \quad 200 \text{ kHz} = 0{,}2 \text{ MHz}$$

$$t_r = \frac{0{,}35}{0{,}2} = 1{,}75 \pi s$$

De forma similar, um osciloscópio cuja especificação para o amplificador vertical é de 2 ns (0,002 μs) tem uma largura de banda ou frequência de corte superior de BW = 0,35/0,002 = 175 MHz. Isso significa que o amplificador vertical do osciloscópio tem uma largura de banda adequada para a passagem de um número suficiente de harmônicos de modo que a onda retangular resultante tenha um tempo de subida de 2 ns. Isso não indica o tempo de subida da onda quadrada de entrada em si. Para levar isso em consideração, utilizamos a fórmula

$$t_r = 1{,}1\sqrt{t_{ri}^2 + t_{ra}^2}$$

onde t_{ri} = tempo de subida da onda quadrada de entrada
t_{ra} = tempo de subida do amplificador
t_r = tempo de subida composto da saída do amplificador

Essa expressão pode ser expandida para incluir o efeito da adição de estágios de amplificação simplesmente somando os quadrados dos tempos de subida individuais à expressão acima antes de extrair a raiz quadrada dela.

EXEMPLO 2-30

Um osciloscópio tem uma largura de banda de 60 MHz. A onda quadrada de entrada tem um tempo de subida de 15 ns. Qual é o tempo de subida da onda quadrada apresentada por ele?

$$t_{ra}(\text{osciloscópio}) = \frac{0{,}35}{60} = 0{,}005833\ \mu s = 5{,}833\ ns$$
$$t_{ri} = 15\ ns$$
$$t_{ra}(\text{composto}) = 1{,}1\sqrt{t_{ri}^2 + t_{ra}^2} = 1{,}1\sqrt{(15)^2 + (5{,}833)^2}$$
$$= 1{,}1\sqrt{259} = 17{,}7\ ns$$

Tenha em mente que a largura de banda ou a frequência de corte superior deduzida a partir da fórmula do tempo de subida discutida neste momento, permite a passagem apenas dos harmônicos necessários para suportar o tempo de subida. Existem harmônicos além dessa largura de banda que também contribuem para emissões indesejadas e ruído.

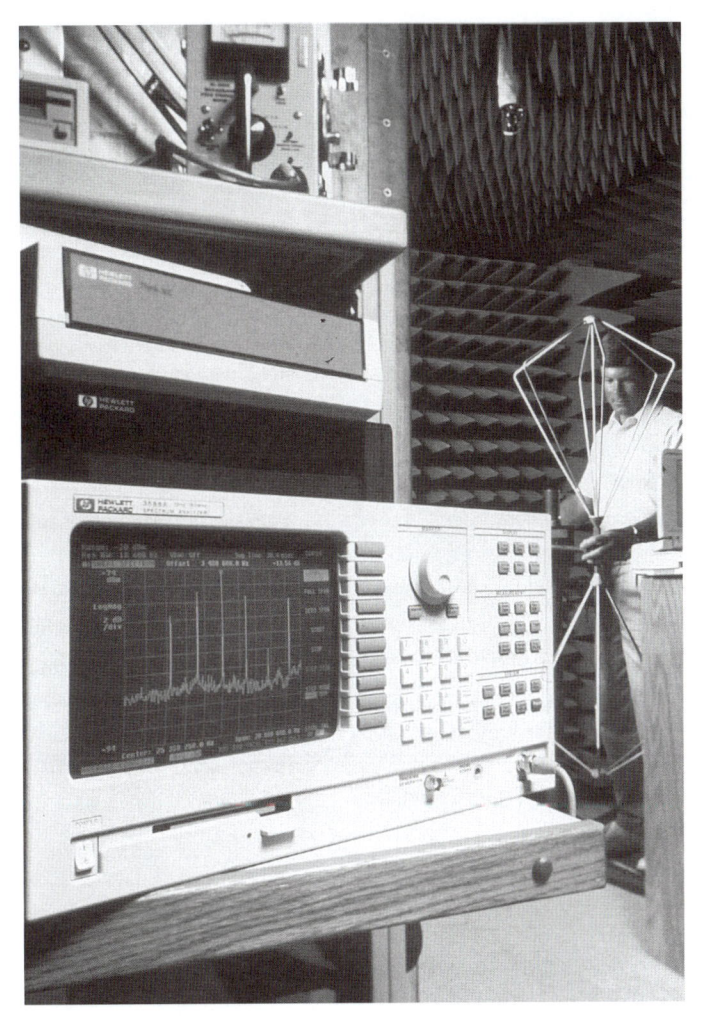

O analisador de espectro mostra um gráfico no domínio da frequência de sinais eletrônicos. Ele é um importante instrumento de teste no projeto, análise e verificação de defeitos em equipamentos de comunicação.

REVISÃO DO CAPÍTULO

Resumo

É comum em sistemas de comunicação conectar componentes em cascata que possuem ganho e perda, de modo que, a perda pode ser compensada adicionando um estágio de ganho e vice-versa. As fórmulas para ganho e perda de tensão, corrente e potência são normalmente expressas em termos de decibéis ou em dBm. Os circuitos sintonizados em paralelo ou em série são constituídos de indutores e capacitores que entram em ressonância em frequências específicas. As bobinas e os capacitores oferecem uma oposição à corrente alternada conhecida como reatância. Assim como a resistência, ela é uma oposição que afeta diretamente a intensidade da corrente no circuito. Outro efeito reativo é a capacitância. A combinação de resistência, indutância e capacitância produz uma oposição total conhecida como impedância.

Um filtro é um circuito seletivo em frequência projetado para permitir a passagem de algumas frequências e rejeitar outras. Existem filtros passivos e ativos. Os cinco tipos de circuitos de filtros são passa-baixas, passa-altas, passa-faixa, rejeita-faixa e passa-todas. O tipo de material do filtro (por exemplo, cristal ou cerâmica) afeta a seletividade.

Os filtros são construídos com malhas contendo resistor e capacitor (*RC*) ou indutor e capacitor (*LC*). Os filtros *RC* são usados em frequências abaixo de 100 kHz e os *LC* são usados em frequências de algumas centenas de megahertz. Os filtros a cristal, cerâmicos e de onda acústica superficial (SAW) são usados para oferecer uma alta seletividade em altas frequências a partir de 1 MHz a 5 GHz. Os filtros com capacitor chaveado e os filtros ativos oferecem uma forma de se obter uma alta seletividade sem indutores em circuitos integrados.

A teoria de Fourier oferece uma forma de analisar sinais complexos (não senoidais) para determinar seus harmônicos. A teoria de Fourier nos permite determinar a largura de banda necessária para a passagem de uma onda retangular de determinada frequência e ciclo de trabalho. A largura de banda de um pulso está relacionada ao seu tempo de subida.

Questões

1. O que acontece com a reatância capacitiva quando a frequência de operação aumenta?
2. À medida que a frequência diminui, como varia a reatância de uma bobina?
3. O que é o efeito pelicular e como ele afeta o *Q* de uma bobina?
4. O que acontece com um fio quando uma esfera de ferrite é colocada em torno dele?
5. Qual é o nome dado ao tipo de bobina muito usada que tem a forma de uma rosquinha?
6. Descreva a corrente e a impedância em um circuito *RLC* em série na ressonância?
7. Descreva a corrente e a impedância em um circuito *RLC* em paralelo na ressonância?
8. Expresse com suas próprias palavras a relação entre *Q* e largura de banda de um circuito sintonizado.
9. Que tipo de filtro é usado para selecionar um único sinal de frequência entre muitos sinais?
10. Que tipo de filtro você usaria para se livrar de um incômodo ruído de 120 Hz?
11. O que significa seletividade?
12. Expresse com suas próprias palavras o que diz a teoria de Fourier.
13. Defina os termos *domínio do tempo* e *domínio da frequência*.
14. Determine os quatro primeiros harmônicos de 800 Hz.
15. Qual forma de onda é constituída apenas de harmônicos pares? Qual forma de onda é constituída apenas de harmônicos ímpares?
16. Por que um sinal não senoidal é distorcido quando passa por um filtro?

Problemas

1. Qual é o ganho de um amplificador com uma saída de 1,5 V e uma entrada de 30 μV? ◆

2. Qual é a atenuação de um divisor de tensão como o da Figura 2-3, onde R_1 é 3,3 kΩ e R_2 é 5,1 kΩ?

3. Qual é o ganho ou atenuação total de uma combinação formada pelos circuitos em cascata discutidos nos Problemas 1 e 2? ◆

4. Três amplificadores com ganhos de 15, 22 e 7 são conectados em cascata; a tensão de entrada é 120 μV. Qual é o ganho total e as tensões de saída de cada estágio?

5. Uma peça de um equipamento de comunicação tem dois estágios de amplificação com ganhos de 40 e 60; dois estágios de perda com fatores de atenuação de 0,03 e 0,075. A tensão de saída é 2,2 V. Quais são o ganho total (ou atenuação) e a tensão de entrada? ◆

6. Determine o ganho ou atenuação de tensão, em decibéis, para cada um dos circuitos descritos nos Problemas de 1 a 5.

7. Um amplificador de potência tem uma saída de 200 W e uma entrada de 8 W. Qual é o ganho de potência em decibéis? ◆

8. Um amplificador de potência tem um ganho de potência de 55 dB. A potência de entrada é 600 mW. Qual é a potência de saída?

9. Um amplificador tem uma saída de 5 W. Qual é o ganho dele em decibéis? ◆

10. Um sistema de comunicação tem cinco estágios com ganhos e atenuações de 12, −45, 68, −31 e 9 dB. Qual o ganho total?

11. Qual é a reatância de um capacitor de 7 pF em 2 GHz?

12. Qual valor de capacitância é necessário para produzir uma reatância de 50 Ω em 450 MHz?

13. Calcule a reatância indutiva de uma bobina de 0,9 μH em 800 MHz.

14. Em qual frequência um indutor de 2 μH tem uma reatância de 300 Ω?

15. Um indutor de 2,5 μH tem uma resistência de 23 Ω. Em uma frequência de 35 MHz, qual é o seu Q?

16. Qual a frequência de ressonância de uma bobina de 0,55 μH com uma capacitância de 22 pF?

17. Qual é o valor da indutância que entra em ressonância com um capacitor de 80 pF em 18 MHz?

18. Qual é a largura de banda de um circuito ressonante em paralelo que tem uma indutância de 33 μH com uma resistência de 14 Ω e uma capacitância de 48 pF?

19. Um circuito ressonante em série tem como frequência de corte superior de 72,9 MHz e inferior de 70,5 MHz. Qual é a largura de banda?

20. Um circuito ressonante tem uma tensão de pico de saída de 4,5 mV. Qual é a tensão de saída nas frequências de corte superior e inferior?

21. Qual é o Q necessário para um circuito ter uma largura de banda de 36 MHz em uma frequência de 4 GHz?

22. Determine a impedância de um circuito ressonante em paralelo com $L = 60$ μH, $R_W = 7$ Ω e $C = 22$ pF.

23. Escreva os primeiros quatro termos da equação de Fourier de uma onda dente de serra que tem uma amplitude de pico a pico de 5 V e uma frequência de 100 MHz.

24. Um osciloscópio tem um tempo de subida de 8 ns. Qual é a onda senoidal de maior frequência que este osciloscópio é capaz de mostrar?

25. Um filtro passa-baixas tem uma frequência de corte de 24 MHz. Qual é o tempo de subida mais rápido que uma onda retangular pode ter para passar por este filtro?

◆ As respostas para os problemas selecionados são dadas após o último capítulo.

Raciocínio crítico

1. Explique como capacitâncias e indutâncias podem existir em um circuito sem que os componentes capacitor e indutor estejam presentes.

2. Como o valor da tensão na bobina ou no capacitor em um circuito ressonante em série pode ser maior do que a tensão da fonte na ressonância?

3. Qual é o tipo de filtro que você usaria para evitar que os harmônicos gerados por um transmissor cheguem a antena?

4. Que tipo de filtro você usaria em um aparelho de TV para evitar que um sinal de rádio na faixa do cidadão em 27 MHz interfira com um sinal de TV no canal 2 em 54 MHz?

5. Explique por que é possível reduzir o Q efetivo de um circuito ressonante em paralelo conectando a um resistor em paralelo com ele.

6. Um circuito ressonante em paralelo tem uma indutância de 800 nH, uma resistência de enrolamento de 3 Ω e uma capacitância de 15 pF. Calcule (*a*) a frequência de ressonância, (*b*) o Q, (*c*) a largura de banda e (*d*) a impedância na ressonância.

7. Para o circuito anterior, qual seria a largura de banda se você conectasse a um resistor de 33 kΩ em paralelo com o circuito sintonizado.

8. Qual seria o valor do capacitor necessário para produzir um filtro passa-altas, com uma frequência de corte de 48 kHz e com um resistor de 2,2 kΩ?

9. Qual é a largura de banda mínima necessária para permitir a passagem de um trem de pulsos periódico cuja frequência é 28,8 kHz e o ciclo de trabalho é 20%? E se o ciclo de trabalho for 50%?

10. Consulte a Figura 2-61. Examine as diversas formas de onda e expressões de Fourier. Qual circuito você acha que pode ser um bom duplicador de frequência, porém, simples?

capítulo 3

Fundamentos da modulação em amplitude

No processo de modulação, os sinais de voz, vídeo e dados digitais em banda básica modificam outro sinal de alta frequência, denominado **PORTADORA**, que geralmente é uma onda senoidal. Uma portadora senoidal pode ser modificada por um sinal de informação modulando a amplitude, a frequência ou a fase. O foco deste capítulo é a **MODULAÇÃO EM AMPLITUDE** (**AM** – *amplitude modulation*).

Objetivos deste capítulo

» Calcular o índice de modulação e a porcentagem da modulação de um sinal AM, dadas as amplitudes da portadora e do sinal modulante.

» Definir sobremodulação e explicar como atenuar seus efeitos.

» Explicar como a potência em um sinal AM é distribuída entre a portadora e as bandas laterais e, em seguida, calcular as potências da portadora e das bandas laterais, dadas as porcentagens de modulação.

» Calcular as frequências das bandas laterais, dadas as frequências da portadora e do sinal modulante.

» Comparar as representações no domínio do tempo, no domínio da frequência e fasorial de um sinal AM.

» Explicar o que se entende pelos termos DSB e SSB e expressar a principais vantagens de um sinal SSB sobre o sinal AM convencional.

» Calcular o pico de potência da envoltória, a partir da tensão do sinal e da impedância da carga.

Conceitos de AM

Como o nome sugere, em AM, o sinal de informação varia a amplitude da portadora senoidal. O valor instantâneo da amplitude da portadora oscila de acordo com as variações de amplitude e frequência do sinal modulante. A Figura 3-1 mostra um sinal senoidal de frequência única modulando uma portadora de alta frequência. A frequência da portadora permanece constante durante o processo de modulação, mas sua amplitude varia de acordo com o sinal modulante. Um aumento na amplitude do sinal modulante causa um aumento na amplitude da portadora. Os picos positivo e negativo da onda portadora variam com o sinal modulante. Um aumento ou diminuição na amplitude do sinal modulante gera um correspondente aumento ou diminuição nos picos positivo e negativo da amplitude da portadora.

Uma linha imaginária que conecta os picos positivos e os picos negativos da forma de onda da portadora (a linha tracejada na Figura 3-1), mostra a forma exata do sinal modulante, que é a informação. Essa linha imaginária na forma de onda da portadora e denominada de **ENVOLTÓRIA**.

Devido às formas de onda complexas, como à mostrada na Figura 3-1, serem difíceis de serem desenhadas, elas são frequentemente simplificadas pela representação da portadora de alta frequência como linhas verticais igualmente espaçadas cujas amplitudes variam de acordo com o sinal modulante, com na Figura 3-2. Este método de representação é usado neste livro.

Os sinais ilustrados nas Figuras 3-1 e 3-2 mostram a variação da amplitude da portadora em relação ao tempo e, dessa forma, dizemos que estão no domínio do tempo. Os sinais no domínio do tempo, variações de tensão ou corrente que acontecem ao longo do tempo, são mostrados na tela de um osciloscópio.

Usando funções trigonométricas, podemos expressar a portadora senoidal com a expressão simples a seguir:

$$v_c = V_c = \operatorname{sen} 2\pi f_c t$$

Nesta expressão, v_c representa o valor instantâneo da tensão da portadora senoidal em qualquer momento específico no ciclo; V_c representa o valor de pico constante da portadora senoidal não modulada que é a medida entre zero e a amplitude máxima do pico positivo ou do negativo (Figura 3-1); f_c é a frequência da portadora senoidal; e t é um ponto em particular no tempo dentro de um ciclo da portadora.

Um sinal modulante senoidal pode se expressar com uma fórmula similar:

$$v_m = V_m \operatorname{sen} 2\pi f_m t$$

onde v_m = valor instantâneo do sinal de informação
V_m = amplitude de pico do sinal de informação
f_m = frequência do sinal modulante

> **É BOM SABER**
>
> Neste livro, o radiano é usado como medida para todos os ângulos, exceto quando houver indicação de outra unidade. Um radiano é aproximadamente 57,3°.

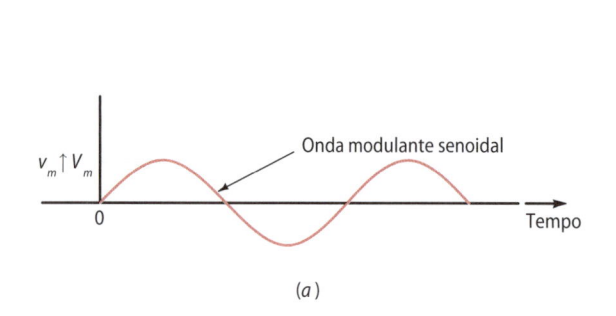

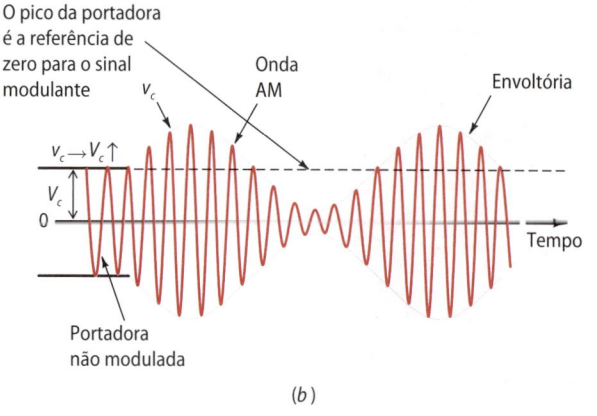

Figura 3-1 Modulação em amplitude. (*a*) O sinal de modulação ou informação. (*b*) A portadora modulada.

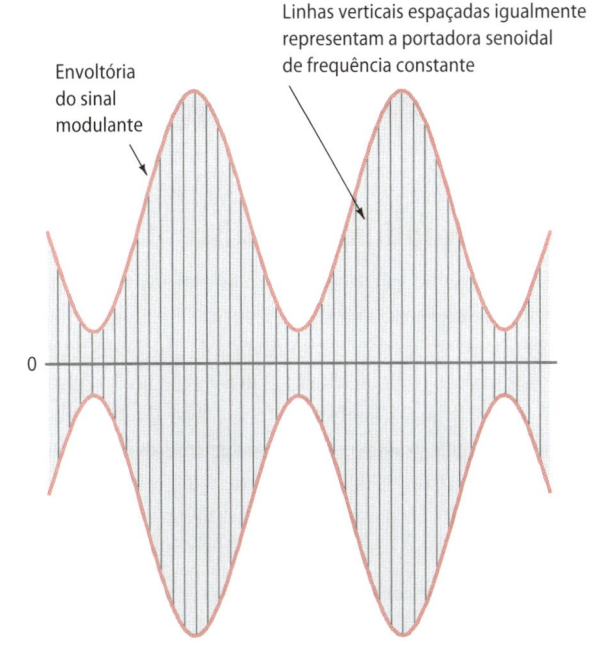

Figura 3-2 Método simplificado de representação de uma onda senoidal de alta frequência AM.

(Envoltória do sinal modulante; Linhas verticais espaçadas igualmente representam a portadora senoidal de frequência constante)

> **É BOM SABER**
> Se a amplitude do sinal modulante for maior do que a amplitude da portadora, ocorrerá uma distorção.

Na Figura 3-1, o sinal modulante usa o valor de pico da portadora em vez do zero como ponto de referência. A envoltória do sinal modulante varia acima e abaixo do valor de pico da portadora. Ou seja, a linha de referência zero do sinal modulante coincide com o valor de pico da portadora não modulada. Por isso, a amplitude relativa da portadora e do sinal modulante são importantes. Em geral, a amplitude do sinal modulante deve ser menor do que a amplitude da portadora. Quando a amplitude do sinal modulante for maior do que a amplitude da portadora, ocorrerá uma distorção, fazendo com que uma informação incorreta seja transmitida. Na modulação em amplitude é particularmente importante que o valor de pico do sinal modulante seja menor do que o valor de pico da portadora. Matematicamente, temos

$$V_m < V_c$$

Os valores da portadora e do sinal modulante podem ser usados na fórmula para expressar a onda modulada completa. Primeiro, tenha em mente que o valor de pico da portadora é o ponto de referência para o sinal modulante; o valor do sinal modulante é somado ou subtraído ao valor da portadora. O valor instantâneo superior e inferior da tensão da envoltória, v_1, pode ser calculado usando a equação

$$v_1 = V_c + v_m = V_c + V_m \operatorname{sen} 2\pi f_m t$$

que expressa o fato de que o valor instantâneo do sinal modulante é somado algebricamente ao valor de pico da portadora. Portanto, podemos escrever os valores instantâneos da onda modulada completa, v_2, substituindo v_1 pelo valor da tensão de pico da portadora, V_c, como a seguir:

$$v_2 = v_1 \operatorname{sen} 2\pi f_c t$$

Substituindo a expressão deduzida anteriormente por v_1 e expandindo, obtemos o seguinte:

$$v_2 = (V_c + V_m \operatorname{sen} 2\pi f_m t) \operatorname{sen} 2\pi f_c t =$$
$$V_c \operatorname{sen} 2\pi f_c t + (V_m \operatorname{sen} 2\pi f_m t)(\operatorname{sen} 2\pi f_c t)$$

onde v_2 é o valor instantâneo (ou v_{AM}) da onda AM, $V_c \operatorname{sen} 2\pi f_c t$ é a forma de onda da portadora e $(V_m \operatorname{sen} 2\pi f_m t)(\operatorname{sen} 2\pi f_c t)$ é a forma de onda da portadora multiplicada pela forma de onda do sinal modulante. Esta é a segunda parte da expressão característica de um sinal AM. Um circuito tem que ser capaz de produzir a multiplicação matemática da portadora pelo sinal modulante para produzir o sinal AM. A onda AM é o produto da onda portadora pelo sinal modulante.

O circuito usado para produzir o sinal AM é denominado **MODULADOR**. Suas duas entradas, a portadora e o sinal modulante, e a saída resultante são mostradas na Figura 3-3. Os moduladores de amplitude calculam o produto da moduladora pelo sinal modulante. Os circuitos que calculam o produto de dois sinais analógicos são conhecidos também como multiplicadores analógicos, misturadores, conversores, detectores de produto e detectores de fase. Um circuito que desloca um sinal em banda base, baixa frequência, ou sinal de informação para um sinal de alta frequência é geralmente denominado modulador. Um circuito usado para recuperar o sinal de informação original de uma onda AM é denominado de detector ou demodulador. Aplicações que envolvem a mistura e detecção de sinais são discutidas em detalhes nos próximos capítulos.

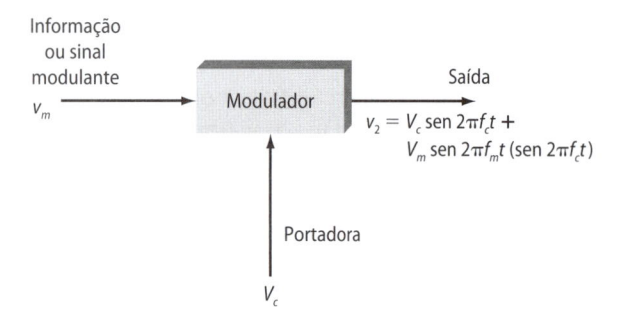

Figura 3-3 Modulador de amplitude mostrando os sinais de entrada e saída.

Entrada: Informação ou sinal modulante v_m → Modulador ← Portadora V_c
Saída: $v_2 = V_c \operatorname{sen} 2\pi f_c t + V_m \operatorname{sen} 2\pi f_m t (\operatorname{sen} 2\pi f_c t)$

» Índice de modulação e porcentagem de modulação

Conforme dito antes, para gerar um sinal AM sem distorção, a tensão do sinal modulante, V_m, tem que ser menor do que a tensão da portadora, V_c. Portanto, a relação entre a amplitude do sinal modulante e a amplitude da portadora é importante. Essa relação, conhecida como **ÍNDICE DE MODULAÇÃO** m (também denominada fator ou coeficiente de modulação, ou grau de modulação), é a relação

$$m = \frac{V_m}{V_c}$$

Estes são valores de pico dos sinais e a tensão da portadora é o valor não modulado.

Multiplicando o índice de modulação por 100 obtemos a **PORCENTAGEM DE MODULAÇÃO**. Por exemplo, se a tensão da portadora for 9 V e a tensão do sinal modulante for 7,5 V, o fator de modulação é 0,8333 e a porcentagem de modulação é $0,833 \times 100 = 83,33$.

» Sobremodulação e distorção

O índice de modulação deve ser um número entre 0 e 1. Se a amplitude da tensão modulante for maior do que a tensão da portadora, m será maior do que 1, causando **DISTORÇÃO** da forma de onda modulada. Se a distorção for grande o suficiente, o sinal de informação se torna ininteligível. A distorção na transmissão de voz produz sons truncados, ásperos, ou não naturais no alto-falante. A distorção de sinais de vídeo produz uma imagem embaralhada e imprecisa na tela da TV.

Uma distorção simples é mostrada na Figura 3-4. Neste caso um sinal de informação senoidal está modulando uma portadora senoidal, mas a tensão modulante é maior do que a tensão da portadora, resultando em uma condição denominada **SOBREMODULAÇÃO**. Como podemos ver, a forma de onda é aplainada na linha zero. O sinal recebido produzirá uma forma de onda de saída no formato da envoltória, que neste caso é uma onda senoidal cujos picos negativos forma aplainados. Se a amplitude do sinal modulante for menor do que a amplitude da portadora, ne-

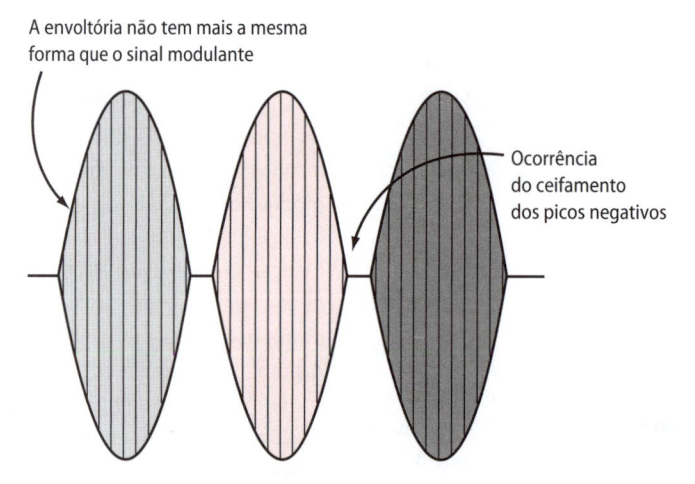

Figura 3-4 Distorção da envoltória causada por sobremodulação na qual a amplitude do sinal modulante, V_m, é maior do que a amplitude da portadora, V_c.

nhuma distorção ocorre. A condição ideal para o sinal AM é quando $V_m = V_c$, ou $m = 1$, que equivale em uma modulação percentual de 100. Isso resulta na maior potência de saída no transmissor e na maior tensão de saída no receptor, sem distorção.

É complicado evitar a sobremodulação. Por exemplo, em momentos diferentes durante a transmissão de voz, esta varia de uma amplitude baixa para uma alta. Normalmente, a amplitude do sinal modulante é ajustada de modo que apenas os picos de voz produzam uma modulação de 100%. Isso evita sobremodulação e distorção. Circuitos automáticos denominados de CIRCUITOS DE COMPRESSÃO resolvem este problema amplificando os sinais de baixo nível e suprimindo ou comprimindo os de alto nível. O resultado é uma potência média de saída maior sem sobremodulação.

A distorção causada pela sobremodulação também produz interferência de canal adjacente. A distorção produz um sinal de informação não senoidal. De acordo com a teoria de Fourier, qualquer sinal não senoidal pode ser tratado como uma onda senoidal fundamental na frequência do sinal de informação mais os harmônicos. Obviamente, esses harmônicos também modulam a portadora e podem causar interferência com outros sinais nos canais adjacentes.

» Porcentagem de modulação

O índice de modulação pode ser determinado medindo os valores reais da tensão modulante e da tensão da portadora e calculando a razão entre eles. Entretanto, é mais comum calcular o índice de modulação a partir de medidas feitas na própria onda modulada composta. Quando o sinal AM é mostrado em um osciloscópio, o índice de modulação pode ser calculado a partir de $V_{máx}$ e $V_{mín}$, conforme mostra a Figura 3-5. O valor de pico do sinal modulante, V_m, é metade da diferença entre os valores de pico e de vale:

$$V_m = \frac{V_{máx} - V_{mín}}{2}$$

Conforme mostra a Figura 3-5, $V_{máx}$ é o valor de pico do sinal durante a modulação e $V_{mín}$ é o menor valor, ou vale, da onda

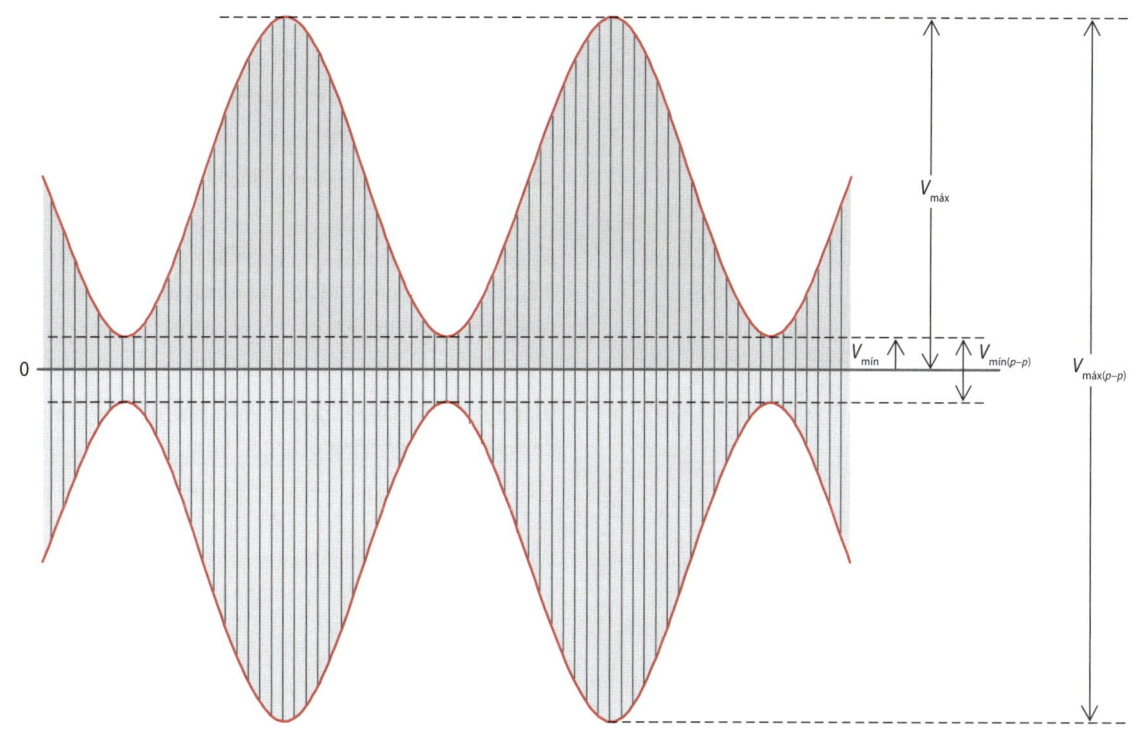

Figura 3-5 Onda AM mostrando os picos ($V_{máx}$) e vales ($V_{mín}$).

modulada. $V_{máx}$ é metade do valor de pico a pico do sinal AM, ou $V_{máx(p-p)}/2$. Subtraindo $V_{mín}$ de $V_{máx}$ obtemos o valor de pico a pico do sinal modulante. Obviamente, metade disso é simplesmente o valor de pico.

O valor de pico da portadora, V_c, é a média entre os valores $V_{máx}$ e $V_{mín}$:

$$V_c = \frac{V_{máx} - V_{mín}}{2}$$

O índice de modulação é

$$m = \frac{V_{máx} - V_{mín}}{V_{máx} + V_{mín}}$$

Os valores para $V_{máx(p-p)}$ e $V_{mín(p-p)}$ podem ser lidos diretamente da tela do osciloscópio e colocados diretamente na fórmula para calcular o índice de modulação.

O valor, ou profundidade, do sinal AM é normalmente expresso como porcentagem de modulação em vez de um valor fracionário. No Exemplo 3-1 a porcentagem de modulação é 100 × m, ou 66,2%. O valor máximo de modulação sem distorção do sinal é, obviamente, 100%, onde V_c e V_m são iguais. Neste momento $V_{mín} = 0$ e $V_{máx} = 2V$, onde V_m é o valor de pico do sinal modulante.

EXEMPLO 3-1

Suponha que em um sinal AM o valor $V_{máx(p-p)}$ lido na tela de um osciloscópio é 5,9 divisões e $V_{mín(p-p)}$ é 1,2 divisões.

a. Qual é o índice de modulação?

$$m = \frac{V_{máx} - V_{mín}}{V_{máx} + V_{mín}} = \frac{5,9 - 1,2}{5,9 + 1,2} = \frac{4,7}{7,1} = 0,662$$

b. Calcule V_c, V_m e m se a escala vertical for 2 volts por divisão. (*Sugestão*: faça um esboço do sinal.)

$$V_c = \frac{V_{máx} + V_{mín}}{2} = \frac{5,9 + 1,2}{2} = \frac{7,1}{2} = 3,55 \, @ \, \frac{2\,V}{div}$$

$$V_c = 3,55 \times 2\,V = 7,1\,V$$

$$V_m = \frac{V_{máx} - V_{mín}}{2} = \frac{5,9 - 1,2}{2} = \frac{4,7}{2}$$

$$= 2,35 \, @ \, \frac{2\,V}{div}$$

$$V_m = 2,35 \times 2\,V = 4,7\,V$$

$$m = \frac{V_m}{V_c} = \frac{4,7}{7,1} = 0,662$$

≫ As bandas laterais e o domínio da frequência

Sempre que uma portadora é modulada por um sinal de informação, novos sinais são gerados em frequências diferentes como parte do processo. Essas novas frequências são denominadas *frequências laterais* ou BANDAS LATERAIS. Estão situadas no espectro de frequência acima e abaixo da frequência da portadora. Mais especificamente, as bandas laterais ocorrem em frequências que são a soma e a diferença das frequências da portadora e do sinal modulante. Quando sinais de mais de uma frequência constituem uma forma de onda, como o sinal AM, é melhor visualizá-lo no domínio da frequência em vez do domínio do tempo.

≫ Cálculo de banda laterais

Quando um sinal modulante senoidal de frequência única é usado, o processo de modulação gera duas bandas laterais. Se o sinal modulante for uma onda complexa, como voz e vídeo, um conjunto de frequências modula a portadora e, dessa forma, um conjunto de bandas laterais é gerado.

A banda lateral superior (*upper sideband*), f_{USB}, e a banda lateral inferior (*lower sideband*), f_{LSB}, são calculadas como

$$f_{USB} = f_c + f_m \quad \text{e} \quad f_{LSB} = f_c - f_m$$

onde f_c é a frequência da portadora e f_m é a frequência do sinal modulante.

A existência das bandas laterais pode ser demonstrada matematicamente, começando com a equação para um sinal AM descrita anteriormente:

$$v_{AM} = V_c \operatorname{sen} 2\pi f_c t + (V_m \operatorname{sen} 2\pi f_m t)(\operatorname{sen} 2\pi f_c t)$$

Usando a identidade trigonométrica que diz que o produto de duas ondas senoidais é

$$\operatorname{sen} A \operatorname{sen} B = \frac{\cos(A-B)}{2} - \frac{\cos(A+B)}{2}$$

e substituindo essa identidade na expressão de uma onda modulada, a amplitude instantânea do sinal torna-se

$$v_{AM} = V_c \operatorname{sen} 2\pi f_c t + \frac{V_m}{2} \cos 2\pi t(f_c - f_m)$$
$$- \frac{V_m}{2} \cos 2\pi t(f_c + f_m)$$

onde o primeiro termo é a portadora, o segundo termo, que contém a diferença $f_c - f_m$, é a banda lateral inferior; e o terceiro termo, que contém a soma $f_c + f_m$, é a banda lateral superior.

Por exemplo, considere que um tom de 400 Hz modula uma portadora de 300 kHz. As bandas laterais superior e inferior são:

$$f_{USB} = 300.000 + 400 = 300.400 \text{ Hz} \quad \text{ou} \quad 300,4 \text{ kHz}$$
$$f_{LSB} = 300.000 - 400 = 299.600 \text{ Hz} \quad \text{ou} \quad 299,6 \text{ kHz}$$

Observando um sinal AM em um osciloscópio podemos ver as variações de amplitude da portadora em relação ao tempo. Esta imagem no domínio do tempo não dá nenhuma indicação da existência das bandas laterais, embora o processo de modulação as produza de fato, conforme a equação acima mostra. Um sinal AM é realmente um sinal composto constituído de várias componentes: a portadora senoidal é somada às bandas laterais superior e inferior, conforme a equação indica. Isso é ilustrado graficamente na Figura 3-6.

Somando algebricamente esses sinais a cada ponto instantâneo ao longo do eixo do tempo e plotando o resultado obtemos a onda AM mostrada na figura. Esta onda é senoidal na frequência da portadora cuja amplitude varia conforme determinado pelo sinal modulante.

» Representação do sinal AM no domínio da frequência

Outro método de mostrar os sinais nas bandas laterais é plotar as amplitudes da portadora e das bandas laterais em relação à frequência, como mostra a Figura 3-7. Neste caso o eixo horizontal representa a frequência e o vertical as amplitudes

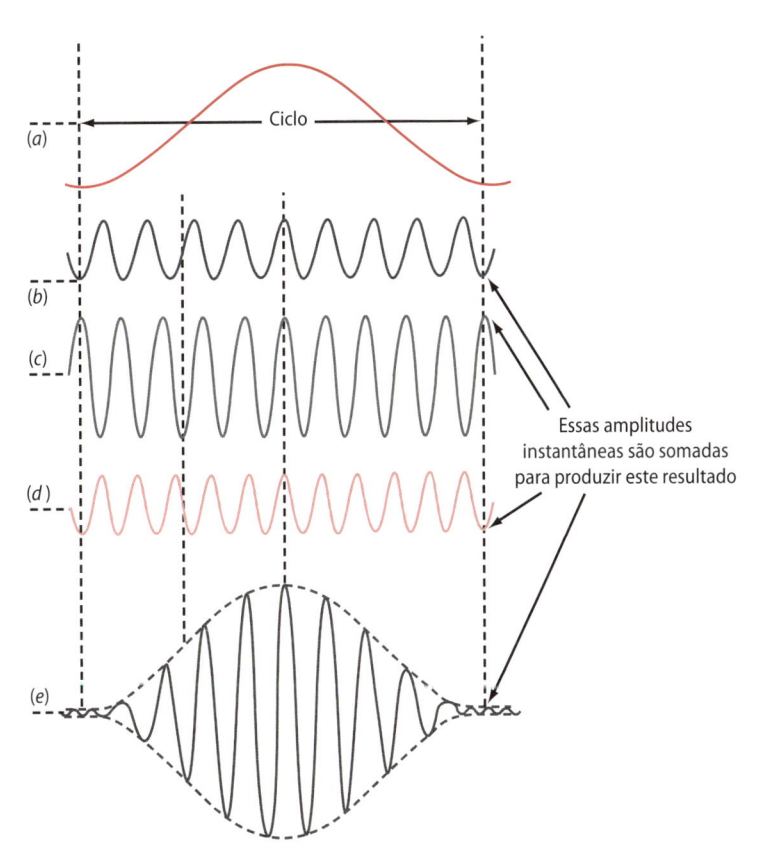

Figura 3-6 A onda AM é a soma algébrica da portadora com as ondas senoidais das bandas laterais superior e inferior. (*a*) Informação ou sinal modulante. (*b*) Banda lateral inferior. (*c*) Portadora. (*d*) Banda lateral superior. (*e*) Onda AM composta.

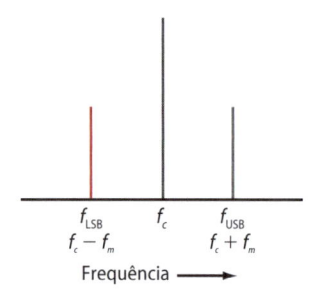

Figura 3-7 Gráfico no domínio da frequência de um sinal AM (tensão).

dos sinais. Os sinais podem ser indicados pelas amplitudes de tensão, corrente ou potência e podem ser representadas pelos valores de pico ou rms. Diz-se que um gráfico da amplitude do sinal *versus* a frequência é um GRÁFICO NO DOMÍNIO DA FREQUÊNCIA. Um instrumento de teste conhecido como ANALISADOR DE ESPECTRO é usado para mostrar sinais no domínio da frequência.

A Figura 3-8 mostra a relação entre os domínios do tempo e da frequência de um sinal AM. Os eixos do tempo e da frequência são perpendiculares entre si. As amplitudes mostradas no domínio da frequência são os valores de pico da portadora e das senoides das bandas laterais.

Sempre que o sinal modulante for mais complexo do que uma senoide de único tom, são geradas múltiplas bandas laterais no processo de produção do sinal AM. Por exemplo, um sinal de voz consiste em muitas componentes senoidais de diferentes frequências misturadas. Lembre-se que as frequências de voz situam-se a faixa de 300 a 3000 Hz. Portanto, os sinais de voz produzem uma faixa de frequência acima e abaixo da frequência da portadora, como mostra a Figura 3-9. Essas bandas laterais ocupam espaço no espectro. A largura de banda total de um sinal AM é calculada levando em conta as frequências máxima e mínima da banda lateral. Isso é feito determinando-se a soma e a diferença da frequência da portadora com a frequência máxima do sinal modulante (3000 Hz, ou 3 kHz na Figura 3-9). Por exemplo, se a frequência da portadora for 2,8 MHz (2800 kHz), então as frequências máxima e mínima da banda lateral são

$$f_{USB} = 2.800 + 3 = 2.803 \text{ kHz}$$
$$e \quad f_{LSB} = 2.800 - 3 = 2.797 \text{ kHz}$$

A largura de banda total é simplesmente a diferença entre as frequências das bandas laterais superior e inferior:

$$BW = f_{USB} - f_{LSB} = 2.803 - 2.797 = 6 \text{ kHz}$$

Como podemos ver, a largura de banda de um sinal AM é duas vezes a maior frequência do sinal modulante: $BW = 2f_m$, onde

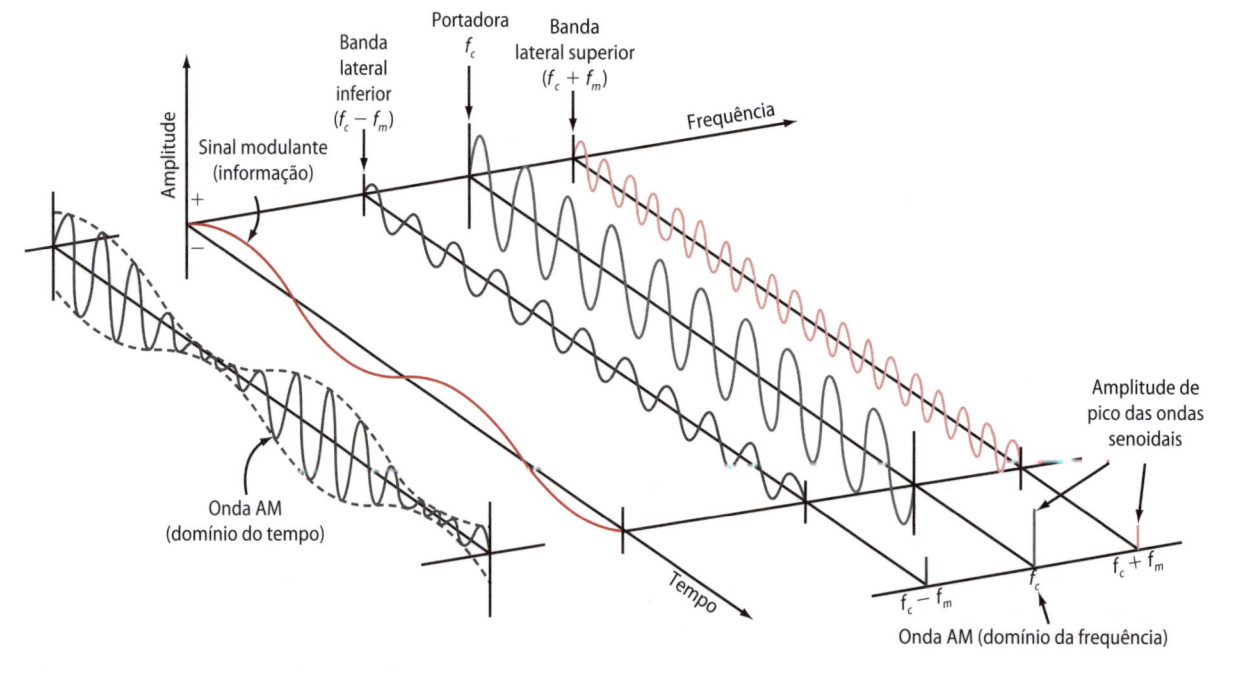

Figura 3-8 Relação entre os domínios do tempo e da frequência.

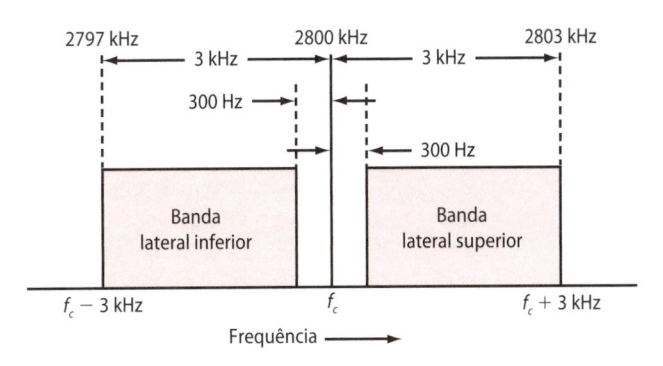

Figura 3-9 Bandas laterais inferior e superior de um sinal AM modulado por voz.

f_m é a frequência de modulação máxima. No caso do sinal de voz, cuja frequência máxima é 3 kHz, a largura de banda total é simplesmente

$$BW = 2(3 \text{ kHz}) = 6 \text{ kHz}$$

EXEMPLO 3-3

Uma estação de transmissão AM padrão tem permissão para transmitir frequências modulantes de até 5 kHz. Se esta estação transmite em uma frequência de 980 kHz, calcule as bandas laterais superior e inferior e a largura de banda ocupada pela estação AM.

$f_{USB} = 980 + 5 = 985$ kHz
$f_{LSB} = 980 - 5 = 975$ kHz
$BW = f_{USB} - f_{LSB} = 985 - 975 = 10$ kHz   ou
$BW = 2(5 \text{ kHz}) = 10$ kHz

Conforme o Exemplo 3-2 indica, uma estação de transmissão AM tem uma largura de banda total de 10 kHz. Além disso, as estações de transmissão AM são espaçadas a cada 10 kHz no espectro entre 540 e 1600 kHz. Isso está ilustrado na Figura 3-10. As bandas laterais da primeira frequência de transmissão AM se estende de 535 kHz até 545 kHz, formando um canal de 10 kHz para o sinal. A frequência do canal mais alto é 1600 kHz, com bandas laterais que se estendem de 1595 kHz até 1605 kHz. Existe um total de 107 canais de 10 kHz para as estações AM.

» Modulação por pulso

Quando sinais complexos, como pulsos ou ondas retangulares, modulam uma portadora, é produzido um amplo espectro de bandas laterais. De acordo com a teoria de Fourier, os sinais complexos, como as ondas quadradas, triangulares, dente de serra e senoides distorcidas são simplesmente constituídas de uma onda senoidal fundamental e diversos sinais harmônicos com diferentes amplitudes. Considere que uma portadora seja modulada em amplitude por uma onda quadrada que é constituída de uma onda senoidal fundamental e todos os harmônicos de ordem ímpar. Uma onda quadrada modulante produz bandas laterais nas frequências da fundamental bem como nos harmônicos de terceira, quinta, sétima, etc., ordens, resultando em um gráfico no domínio da frequência como o que é mostrado na Figura 3-11. Como podemos ver, os pulsos geram sinais de largura de banda muito extensa. Para que uma onda quadrada seja transmitida e recebida fielmente sem distorção ou degradação, todas as bandas laterais significativas têm que passar pelas antenas e circuitos de transmissão e recepção.

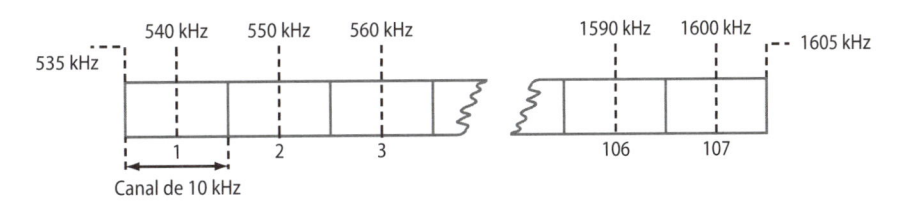

Figura 3-10 Espectro de frequência de uma banda de transmissão AM.

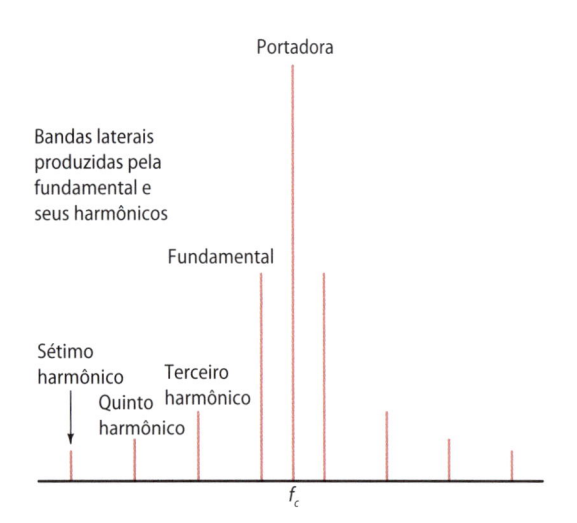

Figura 3-11 Espectro de frequência de um sinal AM modulado por uma onda quadrada.

A Figura 3-12 mostra um sinal AM que é resultado de uma onda quadrada modulando uma portadora senoidal. Na Figura 3-12(a), a porcentagem de modulação é 50%; na Figura 3-12(b) é 100%. Neste caso, quando a onda quadrada passa pelo negativo a amplitude da portadora vai para zero. A modulação em amplitude por ondas quadradas ou pulsos binários retangulares é denominada CHAVEAMENTO DE AMPLITUDE (**ASK** – *amplitude-shift keying*). O ASK é usado em alguns tipos de comunicação de dados quando se deve transmitir uma informação binária.

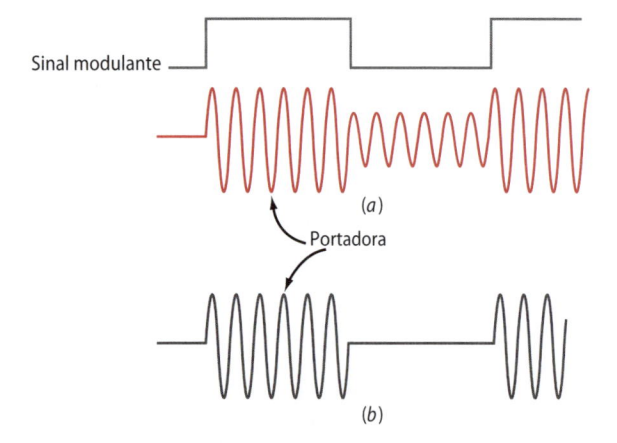

Figura 3-12 Modulação em amplitude de uma portadora senoidal por um pulso ou onda retangular é denominado chaveamento de amplitude (ASK). (a) Modulação de 50%. (b) Modulação de 100%.

Outro tipo de modulação de amplitude pode ser obtido simplesmente ligando e desligando a portadora. Um exemplo é a transmissão do código Morse usando pontos e traços.

Um ponto é uma rajada curta da portadora e um traço é uma rajada mais longa. A Figura 3-13 mostra a transmissão da letra P, que é ponto-traço-traço-ponto. A duração de um traço é 3 vezes a de um ponto e o espaço entre pontos e traços é o tempo de um ponto. As transmissões de código como essa são geralmente denominadas TRANSMISSÕES DE ONDA CONTÍNUA. Esse tipo de transmissão também é denominado CHAVEAMENTO ON/OFF (OOK – *ON/OFF keying*). Apesar do fato de apenas a portadora estar sendo transmitida, a frequência ou a taxa de repetição dos próprios pulsos mais seus harmônicos.

Conforme indicado antes, a distorção de um sinal analógico por sobremodulação também gera harmônicos. Por exemplo, o espectro produzido por uma onda senoidal de 500 Hz que modula uma portadora de 1 MHz é mostrado na Figura 3-14(a). A largura de banda total do sinal é 1 kHz. Entretanto, se o sinal modulante for distorcido, serão gerados os harmônicos de ordem dois, três, quatro e maiores. Os harmônicos também modulam a portadora, produzindo muito mais bandas laterais, como ilustrado na Figura 3-14(b). Considere que a distorção seja tal que as amplitudes dos harmônicos além do quarto harmônico sejam insignificante (geralmente menores do que 1%); então, a largura de banda total do sinal resultante é aproximadamente 4 kHz em vez da largura de banda de 1 kHz que ocorreria sem a sobremodulação e distorção. Os harmônicos podem sobrepor canais adjacentes, onde outros sinais podem estar presentes e sofrerem interferência. Essas interferências das bandas laterais dos harmônicos são algumas vezes denominadas "AGITAÇÃO" ESPECTRAL (*splatter*) por causa da forma do seu som no receptor. A sobremodulação e a "agitação" espectral são facilmente eliminados simplesmente reduzindo o nível do sinal modulante usando um controle de ganho e, em alguns casos, limitadores de amplitude ou circuitos de compressão.

❯❯ *Potência do sinal AM*

Em transmissão de rádio o sinal AM é amplificado por um amplificador de potência que o envia a uma antena com uma impedância característica que é o ideal, mas não necessariamente, uma resistência quase pura. O sinal AM é

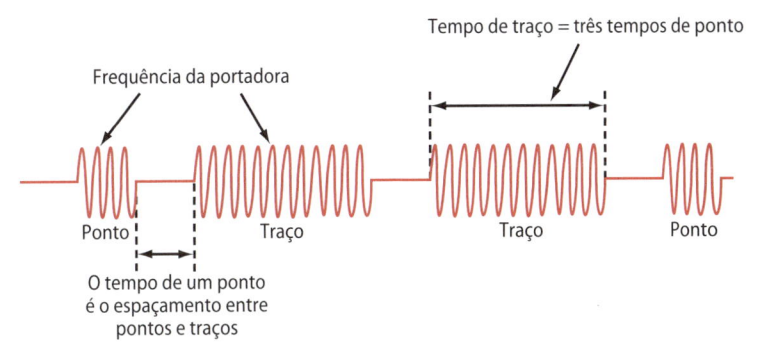

Figura 3-13 Envio da letra P em código Morse. Exemplo de chaveamento *ON/OFF* (OOK).

realmente uma composição de vários sinais de tensão, ou seja, a portadora e as duas bandas laterais, e cada um desses sinais produz potência na antena. A potência total transmitida, P_T, é simplesmente a soma da potência da portadora, P_c, com a potência nas duas bandas laterais, P_{USB} e P_{LSB}:

$$P_T = P_c + P_{LSB} + P_{USB}$$

Podemos ver como a potência no sinal AM é distribuída e calculada analisando novamente a equação do sinal AM original:

$$v_{AM} = V_c \operatorname{sen} 2\pi f_c t + \frac{V_m}{2} \cos 2\pi t(f_c - f_m) - \frac{V_m}{2} \cos 2\pi t(f_c + f_m)$$

onde o primeiro termo é a portadora, o segundo é a banda lateral inferior e o terceiro é a banda lateral superior.

Agora, lembre-se que V_c e V_m são valores de pico da portadora e da onda senoidal modulante, respectivamente. Para os cálculos de potência, deve-se usar valores rms dividindo o valor de pico por $\sqrt{2}$ ou multiplicando por 0,707. Então, as tensões rms da portadora e das bandas laterais são

$$v_{AM} = \frac{V_c}{\sqrt{2}} \operatorname{sen} 2\pi f_c t + \frac{V_m}{2\sqrt{2}} \cos 2\pi t(f_c - f_m) - \frac{V_m}{2\sqrt{2}} \cos 2\pi t(f_c + f_m)$$

As potências na portadora e bandas laterais podem ser calculadas usando a fórmula de potência $P = V^2/R$, onde P é a potência de saída, V é a tensão de saída rms e R é a parte resistiva da impedância da carga, que geralmente é uma antena. Precisamos apenas usar os coeficientes dos termos seno e cosseno acima na fórmula da potência:

$$P_T = \frac{(V_c/\sqrt{2})^2}{R} + \frac{(V_m/2\sqrt{2})^2}{R} + \frac{(V_m/2\sqrt{2})^2}{R}$$
$$= \frac{V_c^2}{2R} + \frac{V_m^2}{8R} + \frac{V_m^2}{8R}$$

Lembre-se que podemos expressar o sinal modulante, V_m, em termos da portadora, V_c, usando a expressão dada ante-

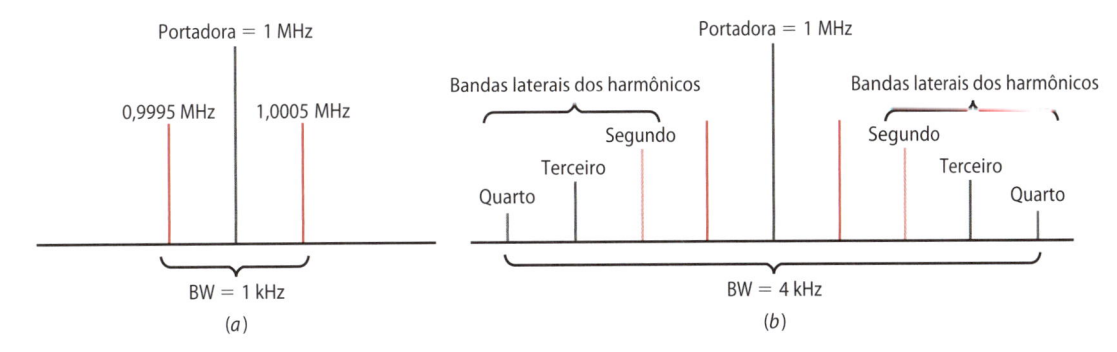

Figura 3-14 O efeito da sobremodulação e distorção na largura de banda de um sinal AM. (*a*) Senoide de 500 Hz modulando uma portadora de 1 MHz. (*b*) Senoide de 500 Hz distorcida com os harmônicos significativos de ordem dois, três e quatro.

riormente para o índice de modulação, $m = V_m/V_c$; podemos escrever

$$V_m = mV_c$$

Se expressarmos as potências das bandas laterais em termos da potência da portadora, a potência total torna-se

$$P_T = \frac{(V_c)^2}{2R} + \frac{(mV_c)2}{8R} + \frac{(mV_c)2}{8R} = \frac{V_c^2}{2R} + \frac{m^2 V_c^2}{8R} + \frac{m^2 V_c^2}{8R}$$

Visto que o termo $V_c^2/2R$ é igual à potência da portadora rms, P_c, ele pode ser fatorado e, assim, obtemos

$$P_T = \frac{V_c^2}{2R}\left(1 + \frac{m^2}{4} + \frac{m^2}{4}\right)$$

Finalmente, temos uma fórmula útil para o cálculo da potência total em um sinal AM, quando a potência da portadora e a porcentagem de modulação são conhecidos:

$$P_T = P_c\left(1 + \frac{m^2}{2}\right)$$

Por exemplo, se a portadora de um transmissor AM for 1000 W e ela for modulada 100% ($m = 1$), a potência AM total é

$$P_T = 1000\left(1 + \frac{1^2}{2}\right) = 1500 \text{ W}$$

Da potência total, 1000 W está na portadora. Que deixa 500 W nas duas bandas laterais. Visto que as bandas laterais são de mesma amplitude, cada banda lateral tem 250 W.

Para um transmissor AM modulado em 100%, a potência de banda lateral total é sempre metade da potência da portadora. A potência da portadora de um transmissor de 50 kW que tem uma modulação de 100% terá uma potência de banda lateral de 25 kW, com 12,5 kW em cada banda lateral. A potência total para este sinal AM é a soma das potências na portadora e nas bandas laterais, ou 75 kW.

Quando a porcentagem de modulação for menor do que 100, haverá bem menos potência nas bandas laterais. Por exemplo, para uma modulação de 70% para uma portadora de 250 W, a potência total no sinal AM composto é

$$P_T = 250\left(1 + \frac{0,7^2}{2}\right) = 250(1 + 0,245) = 311,25 \text{ W}$$

Deste total, 250 W está na portadora, restando $311,25 - 250 = 61,25$ W nas bandas laterais. Existe 61,25/2, ou 30,625 W, em cada banda lateral.

EXEMPLO 3-3

Em um transmissor AM, a portadora é de 30 W. A porcentagem de modulação é 85%. Calcule (a) a potência total e (b) a potência em uma banda lateral.

a. $P_T = P_c\left(1 + \dfrac{m^2}{2}\right) = 30\left[1 + \dfrac{(0,85)^2}{2}\right] = 30\left(1 + \dfrac{0,7225}{2}\right)$

$P_T = 30(1,36125) = 40,8$ W

$P_{SB}(\text{ambas}) = P_T - P_c = 40,8 - 30 = 10,8$ W

b. $P_{SB}(\text{uma}) = \dfrac{P_{SB}}{2} = \dfrac{10,8}{2} = 5,4$ W

No mundo real é difícil determinar a potência AM medindo a tensão de saída e calculando a potência com a expressão $P = V^2/R$. Entretanto, é fácil medir a corrente na carga. Por exemplo, podemos usar um amperímetro RF conectado em série com uma antena para observar a corrente na antena. Quando a impedância da antena é conhecida, a potência de saída é facilmente calculada usando a fórmula

$$P_T = I_T^2 R$$

onde $I_T = I_c\sqrt{(1 + m^2/2)}$. Neste caso I_c é a corrente da portadora não modulada na carga e m é o índice de modulação. Por exemplo, a potência de saída total de um transmissor AM com 85% de modulação, cuja corrente de portadora não modulada em uma antena com impedância de carga de 50 Ω é 10 A, é

$$I_T = 10\sqrt{\left(1 + \frac{0,85^2}{2}\right)} = 10\sqrt{1,36125} = 11,67 \text{ A}$$

$$P_T = 11,67^2(50) = 136,2(50) = 6809 \text{ W}$$

Uma forma de determinar a porcentagem de modulação é medindo na antena as correntes modulada e não modulada. Assim, reorganizando algebricamente a fórmula acima, m pode ser calculado diretamente:

$$m = \sqrt{2\left[\left(\frac{I_T}{I_c}\right)^2 - 1\right]}$$

Suponha que a corrente não modulada na antena seja 2,2 A. Essa é a corrente produzida apenas pela portadora, ou I_c. Agora, se a corrente modulada na antena for 2,6 A, o índice de modulação será

$$m = \sqrt{2\left[\left(\frac{2,6}{2,2}\right)^2 - 1\right]} = \sqrt{2\left[(1,18)^2 - 1\right]} = \sqrt{0,7934} = 0,89$$

A porcentagem de modulação é 89.

Como podemos ver, a potência nas bandas laterais depende do valor do índice de modulação. Quanto maior a porcentagem de modulação, maior a potência na banda lateral e maior a potência total transmitida. Obviamente, a potência máxima aparece nas bandas laterais quando a portadora é modulada em 100%. A potência em cada banda lateral (*sideband*), P_{SB}, é dada por

$$P_{SB} = P_{LSB} = P_{USB} = \frac{P_c m^2}{4}$$

Um exemplo de um gráfico de potência no domínio da frequência de um sinal AM é mostrado a seguir.

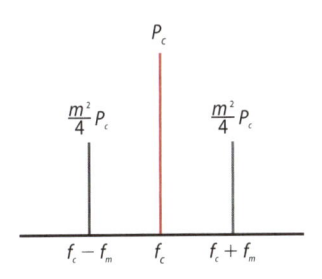

Considerando uma modulação de 100%, em que o fator de modulação $m = 1$, a potência em cada banda lateral é um quarto (1/4), ou 25%, da potência na portadora. Como existem duas bandas laterais, a potência nelas representa 50% da potência na portadora. Por exemplo, se a potência na portadora for 100 W, para uma modulação de 100%, nas bandas laterais aparecerá 50 W, 25 W em cada uma. Portanto, a potência total transmitida é a soma das potências na portadora e nas bandas laterais, ou 150 W. O objetivo em AM é manter a porcentagem de modulação tão alta quanto possível sem sobremodulação de modo que a máxima potência na banda lateral seja transmitida.

A potência da portadora representa 2/3 da potência total transmitida. Considerando uma portadora de 100 W e uma potência total de 150 W, a porcentagem de potência da portadora é 100/150 = 0,667, ou 66,7%. Portanto, a porcentagem de potência nas bandas laterais é 50/150 = 0,333, ou 33,3%.

A portadora em si não transmite nenhuma informação. A portadora pode ser transmitida e recebida, mas a menos que a modulação ocorra, nenhuma informação será transmitida. Quando a modulação ocorre, as bandas laterais são produzidas. Portanto, é fácil concluir que toda a informação transmitida está na contida nas bandas laterais. Apenas 1/3 da potência total transmitida se encontra nas bandas laterais e os 2/3 restantes é literalmente desperdiçado na portadora.

Em baixas porcentagens de modulação, a potência nas bandas laterais é ainda menor. Por exemplo, considerando uma potência de portadora de 500 W e um modulação de 70%, a potência em cada banda lateral é

$$P_{SB} = \frac{P_c m^2}{4} = \frac{500(0,7)^2}{4} = \frac{500(0,49)}{4} = 61,25 \text{ W}$$

e a potência total nas bandas laterais é 122,5 W. Obviamente, a potência da portadora permanece inalterada em 500 W.

Conforme dito antes, os sinais complexos de voz e vídeo variam em uma ampla faixa de amplitude e frequência, sendo que uma modulação de 100% ocorre apenas nos picos do sinal modulante. Por isso, a potência média nas bandas laterais é consideravelmente menor do que o valor ideal de 50% que seria produzido por uma modulação de 100%. Com menos potência transmitida na banda lateral, o sinal recebido é fraco e a comunicação é menos confiável.

EXEMPLO 3-4

Uma antena tem uma impedância de 40 Ω. Um sinal AM não modulado produz uma corrente de 4,8 A. A modulação é de 90%. Calcule (a) a potência da portadora, (b) a potência total e (c) a potência nas bandas laterais.

a. $P_c = I^2 R = (4,8)^2(40) = (23,04)(40) = 921,6$ W

b. $I_T = I_c \sqrt{1 + \frac{m^2}{2}} = 4,8\sqrt{1 + \frac{(0,9)^2}{2}} = 4,8\sqrt{1 + \frac{0,81}{2}}$

$I_T = 4,8\sqrt{1,405} = 5,7$ A

$P_T = I_T^2 R = (5,7)^2(40) = 32,49(40) = 1.295$ W

c. $P_{SB} = P_T - P_c = 1295 - 921,6 = 373,4$ W (186,7 W em cada banda lateral)

EXEMPLO 3-5

O transmissor no Exemplo 3-4 experimenta uma variação na corrente não modulada da antena de 4,8 A para 5,1 A. Qual é a porcentagem de modulação?

$$m = \sqrt{2\left[\left(\frac{I_T}{I_c}\right)^2 - 1\right]}$$

$$= \sqrt{2\left[\left(\frac{5,1}{4,8}\right)^2 - 1\right]}$$

$$= \sqrt{2\left[(1,0625)^2 - 1\right]}$$

$$= \sqrt{2(1,13 - 1)}$$

$$= \sqrt{2(0,13)}$$

$$= \sqrt{0,26}$$

$$m = 0,51$$

A porcentagem de modulação é 51.

EXEMPLO 3-6

Qual é a potência em uma banda lateral do transmissor no Exemplo 3-4?

$$P_{SB} = m^2 \frac{P_c}{4} = \frac{(0,9)^2(921,6)}{4} = \frac{746,5}{4} = 186,6 \text{ W}$$

Apesar de sua ineficiência, o AM ainda é muito usado por ser simples e eficaz. Ele é usado em transmissão de rádio AM, rádio do cidadão (CB), transmissão de TV analógica e em torres de comunicação de aeronaves. Alguns rádios de controle simples usam ASK por causa de sua simplicidade. Como exemplos temos o portão automático de garagem e o dispositivo de abertura remota das portas de um carro. O AM também é muito usado em combinação com a modulação em fase para produzir a modulação de amplitude em quadratura (QAM – *quadrature amplitude modulation*) que facilita a transmissão de alta velocidade em *modems*, TV a cabo e algumas aplicações *wireless*.

» *Modulação de banda lateral única*

Em modulação de amplitude, dois terços da potência transmitida está na portadora, que por si só não transporta nenhuma informação. A informação real está contida nas bandas laterais. Uma forma de melhorar a eficiência da modulação em amplitude é suprimir a portadora e eliminar uma banda lateral. O resultado é um sinal de banda lateral única (SSB – *single-sideband*). Esta é uma forma de AM que oferece benefícios exclusivos em alguns tipos de comunicação eletrônica.

» Sinais DSB

O primeiro passo para a geração de um sinal SSB é a supressão da portadora, deixando as bandas laterais inferior e superior. Esse tipo de sinal é denominado BANDA LATERAL DUPLA COM PORTADORA SUPRIMIDA (**DSSC** – *Double-sideband suppressed carrier* ou **DSB** – *Double-sideband*). Obviamente, o benefício é que potência nenhuma é desperdiçada na portadora. A modulação de banda lateral dupla com portadora suprimida é simplesmente um caso especial de AM sem a portadora.

Um típico sinal DSB é mostrado na Figura 3-15. Este sinal, que é a soma algébrica de duas bandas laterais senoidais, é produzido quando uma portadora é modulada por um sinal de informação senoidal de único tom. A portadora é suprimida e o sinal DSB no domínio do tempo é uma senoide na frequência da portadora que varia a amplitude conforme mostrado. Note que a envoltória desta forma de onda não é o mesmo que o sinal modulante, assim como em um sinal AM puro com portadora. A única característica do sinal DSB é a transição de fase que ocorre em partes da onda com baixa amplitude. Observe na Figura 3-15 que existem dois semiciclos positivos próximos ao ponto nulo da onda. Essa é uma forma de dizer a partir da tela do osciloscópio se o sinal mostrado é de fato um sinal DSB.

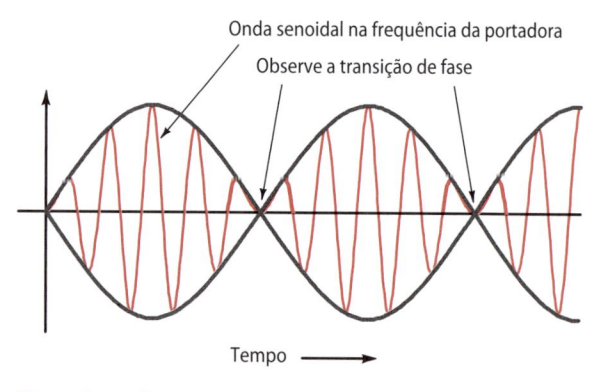

Figura 3-15 GRÁFICO NO DOMÍNIO DO TEMPO de um sinal DSB.

É BOM SABER

Embora a eliminação da portadora no AM DSB economize uma grande quantidade de potência, o DSB não é muito usado porque o sinal é difícil de ser demodulado no receptor. Entretanto, o DSB é usado para transmitir a informação de cor em um sinal de TV analógico.

» Sinais SSB

Na transmissão DSB, como as bandas laterais são a soma e a diferença da portadora e do sinal modulante, a informação está contida nas duas bandas laterais. Como se vê, não há razão para transmitir as duas bandas laterais com o objetivo de transportar a informação. Uma banda lateral pode ser suprimida; a banda lateral restante é denominada de sinal de BANDA LATERAL ÚNICA COM PORTADORA SUPRIMIDA (**SSSC** – *single-sideband suppressed carrier* ou **SSB** – *single-sideband*). Os sinais SSB possuem quatro benefícios importantes:

1. O principal benefício de um sinal SSB é que o espaço espectral ocupado é apenas metade dos sinais AM e DSB. Isso economiza muito espaço no espectro e permite que mais sinais sejam transmitidos na mesma faixa de frequência.

2. Toda a potência anteriormente dedicada à portadora e a outra banda lateral, pode ser direcionada para uma única banda lateral produzindo um sinal mais forte com maior alcance e maior confiabilidade na recepção em distâncias maiores. Como alternativa, os transmissores SSB podem ser menores e mais leves do que um transmissor AM ou DSB equivalente por ser um circuito menor e gastar menos potência.

3. Como os sinais SSB ocupam uma banda mais estreita, a quantidade de ruído no sinal é reduzida.

4. Existe menos desvanecimento seletivo em um sinal SSB em longas distâncias. Um sinal AM é composto de vários sinais, que correspondem, no mínimo, a uma portadora e a duas bandas laterais. Estes estão em frequências diferentes, de modo que podem ser afetados de formas ligeiramente diferentes pela ionosfera e pela atmosfera superior, que têm uma grande influência nos sinais de rádio menores do que cerca de 50 MHz. A portadora e as bandas laterais podem alcançar o receptor em momentos ligeiramente diferentes, provocando um deslocamento de fase que, por sua vez, pode causar uma soma de tal forma a se cancelarem em vez de uma soma aditiva com o sinal AM original. Este cancelamento, ou DESVANECIMENTO SELETIVO, não é um problema para o sinal SSB, pois nesse caso é transmitido apenas uma banda lateral.

Um GRÁFICO NO DOMÍNIO DA FREQUÊNCIA de um sinal DSB é mostrado na Figura 3-16. Conforme mostrado, o espaço espectral ocupado por um sinal DSB é igual ao de um sinal AM convencional.

Os sinais de banda lateral dupla com portadora suprimida são gerados por um circuito denominado *modulador balanceado*. A finalidade do modulador balanceado é produzir a soma e a diferença de frequências, mas cancelar ou suprimir a portadora. Os moduladores balanceados são abordados no Capítulo 4.

Apesar do fato de que a eliminação da portadora no AM DSB economiza uma considerável potência, o DSB não é muito usado porque o sinal é difícil de ser demodulado (recuperado) no receptor. Uma aplicação importante. Entretanto, uma aplicação importante para o DSB é a transmissão da informação de cor em um sinal de TV analógico.

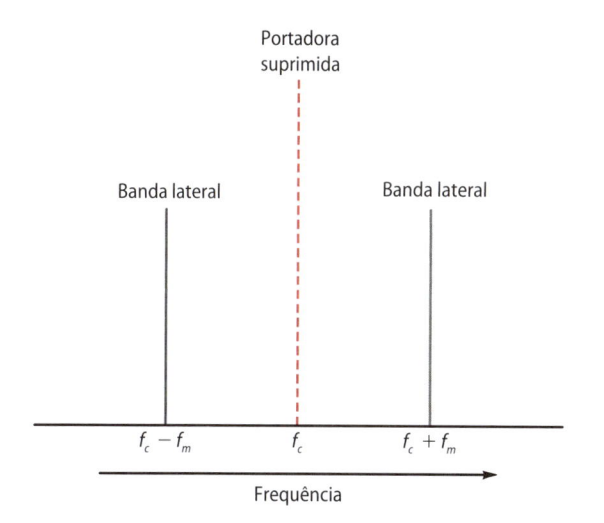

Figura 3-16 Gráfico no domínio da frequência de um sinal DSB.

Um sinal SSB tem algumas características incomuns. Primeiro, quando nenhuma informação ou sinal modulante está presente, nenhum sinal RF é transmitido. Em um transmissor AM padrão, a portadora é transmitida mesmo não sendo modulada. Essa é a condição que pode ocorrer durante uma pausa de voz em uma transmissão AM. Porém, como não existe portadora transmitida no sistema SSB, não haverá sinais presentes se o sinal de informação for zero. As bandas laterais são geradas apenas durante o processo de modulação, ou seja, quando alguém fala ao microfone. Isso explica porque o SSB é muito mais eficiente do que o AM.

A Figura 3-17 mostra os gráficos nos domínios da frequência e do tempo de um sinal SSB produzido quando uma onda senoidal de 2 kHz modula uma portadora de 14,3 MHz. A modulação em amplitude produz bandas laterais de 14,289 e 14,302 MHz. No sistema SSB, apenas uma banda lateral é usada. A Figura 3-17(a) mostra que apenas a banda lateral superior é gerada. O sinal RF é simplesmente uma onda senoidal de 14,302 MHz de potência constante. A Figura 3-17(b) mostra um gráfico no domínio do tempo de um sinal SSB.

Obviamente, a maioria dos sinais de informação transmitidos em SSB não são ondas senoidais puras. O sinal de modulação mais comum é a voz, que possui frequência e amplitude que variam. O sinal de voz cria um sinal RF SSB complexo que varia em frequência e amplitude ao longo de um espectro estreito definido pela largura de banda do sinal de voz. A forma de onda na saída de um modulador SSB tem a mesma forma que a forma de onda de banda base, mas é deslocada em frequência.

» Desvantagem dos sinais DSB e SSB

A principal desvantagem dos sinais DSB e SSB é que eles são mais difíceis de serem recuperados, ou demodulados, no receptor. A demodulação depende de a portadora estar presente no sinal. Se a portadora não está presente, então ela deve ser regenerada no receptor e reinserida no sinal. Para recuperar fielmente o sinal de informação, a portadora reinserida deve ter a mesma fase e frequência que a portadora original. Este é um requisito difícil de cumprir. Quando o sinal SSB é usado para transmissão de voz, a portadora reinserida pode ser de frequência variável de modo que possa ser ajustada manualmente enquanto se escuta o sinal de informação recuperado. Isso não é possível com alguns tipos de sinais de dados.

É BOM SABER

Uma vez que os sinais DSB e SSB são difíceis de demodular, um sinal de portadora de nível baixo é transmitido algumas vezes juntamente com a(s) banda(s) lateral(is). Como a portadora tem um nível de potência baixo, os benefícios dos sistemas SSB e DSB são preservados. Então, a portadora recebida é amplificada e reinserida para recuperar a informação.

Para resolver esse problema, um sinal de portadora de baixo nível é, em alguns casos, transmitido juntamente com as bandas laterais no DSB ou com a única banda lateral no SSB. Devido a portadora ter um nível de potência baixo, os benefícios

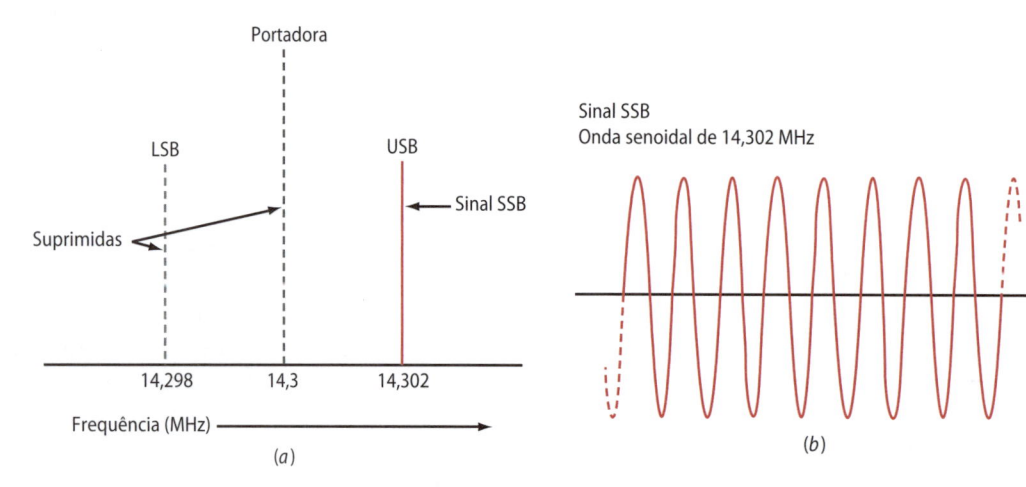

Figura 3-17 Sinal SSB produzido por um sinal senoidal de 2 kHz modulando uma portadora senoidal de 14,3 MHz.

essenciais do SSB são preservados, entretanto uma portadora fraca é recebida de modo que ela pode ser amplificada e reinserida para recuperar a informação original. Esta portadora de baixo nível é denominada de **PORTADORA PILOTO**. Essa técnica é usada em transmissões FM estéreo bem como na transmissão da informação de cor em uma imagem de TV analógica.

» Considerações de potência do sinal

No AM convencional, a potência transmitida é distribuída entre a portadora e as duas bandas laterais. Por exemplo, dado uma potência de portadora de 400 W com 100% de modulação, cada banda lateral irá conter 100 W de potência e a potência total transmitida será 600 W. A potência de transmissão eficaz é a potência combinada nas bandas laterais, ou 200 W.

Um transmissor SSB não envia a portadora, de modo que a potência da portadora é zero. Um determinado transmissor SSB terá a mesma eficácia de comunicação que um transmissor AM convencional consumindo uma potência bem menor. Por exemplo, um transmissor SSB de 10 W oferece o mesmo desempenho que um transmissor AM que consome um total de 40 W, visto que eles apresentam uma potência de 10 W em uma banda lateral. A vantagem de potência do SSB sobre o AM é 4:1.

No sistema SSB a saída do transmissor é expressa em termos da **POTÊNCIA DE PICO DA ENVOLTÓRIA** (**PEP** – *peak envelope power*), que é a potência máxima produzida nos picos de amplitude da voz. O PEP é calculado pela equação $P = V^2/R$. Por exemplo, considere que um sinal de voz produza um sinal de 360 V de pico a pico em uma carga de 50 Ω. A tensão rms é 0,707 vezes o valor de pico, e este é metade da tensão de pico a pico. Neste exemplo, a tensão rms é $0,707(360/2) = 127,26$ V.

Portanto, a potência de pico da envoltória é

$$PEP = V_{rms}^2/R = \frac{(127,26)^2}{50} = 324 \text{ W}$$

A potência de entrada PEP é simplesmente a potência de entrada CC do estágio final do amplificador do transmissor no instante do pico da envoltória de voz. É a tensão de alimentação CC do estágio final do amplificador multiplicada pela corrente máxima do amplificador que acontece no pico, ou

$$PEP = V_s I_{máx}$$

onde V_s = tensão de alimentação do amplificador
$I_{máx}$ = pico de corrente

Por exemplo, uma fonte de 450 V com uma corrente de pico de 0,8 A produz um PEP de $450(0,8) = 360$ W.

Note que os picos de amplitude da voz são produzidos apenas quando sons bem altos são gerados durante certos padrões de voz ou quando algumas palavras ou sons são enfatizados. Durante níveis normais de voz, os níveis de potência de entrada e saída são muito menores do que o nível PEP. A potência média é, geralmente, apenas de um quarto a um terço do valor PEP para uma conversa humana típica:

$$P_{méd} = \frac{PEP}{3} \quad \text{ou} \quad P_{méd} = \frac{PEP}{3}$$

Com um PEP de 240 W, a potência média é apenas de 60 a 80 W. Os transmissores SSB típicos são projetados para operarem apenas no nível de potência média de forma contínua, não no nível do PEP.

Obviamente, a banda lateral transmitida varia em frequência e amplitude conforme o sinal de voz aplicado. Essa banda lateral ocupará a mesma largura de banda que uma banda lateral em um sinal AM plenamente modulado com portadora.

Aliás, não importa se é usada a banda lateral superior ou inferior, pois a informação está contida em ambas. Um filtro é tipicamente usado para remover a banda lateral indesejada.

> **É BOM SABER**
>
> Para transmissões SSB, não importa se a banda lateral superior ou inferior for usada, visto que a informação está contida em ambas.

> **EXEMPLO 3-7**
>
> Um transmissor SSB produz uma tensão de pico a pico de 178 V em uma carga, que é uma antena de 75 Ω. Qual é o PEP?
>
> $$V_p = \frac{V_{p-p}}{2} = \frac{178}{2} = 89 \text{ V}$$
> $$V_{rms} = 0,707 \quad V_p = 0,707(89) = 62,9 \text{ V}$$
> $$P = \frac{V^2}{R} = \frac{(62,9)^2}{75} = 55,8 \text{ W}$$
> $$PEP = 52,8 \text{ W}$$

EXEMPLO 3-8

Um transmissor SSB tem uma fonte de alimentação de 24 V. Nos picos de voz a corrente alcança um máximo de 9,3 A.

a. Qual é o PEP?

$$PEP = V_s I_m = 24(9,3) = 223,2 \text{ W}$$

b. Qual é a potência média do transmissor?

$$P_{méd} = \frac{PEP}{3} = \frac{223,2}{3} = 74,4 \text{ W}$$

$$P_{méd} = \frac{PEP}{4} = \frac{223,2}{4} = 55,8 \text{ W}$$

$$P_{méd} = 55,8 \text{ a } 74,4 \text{ W}$$

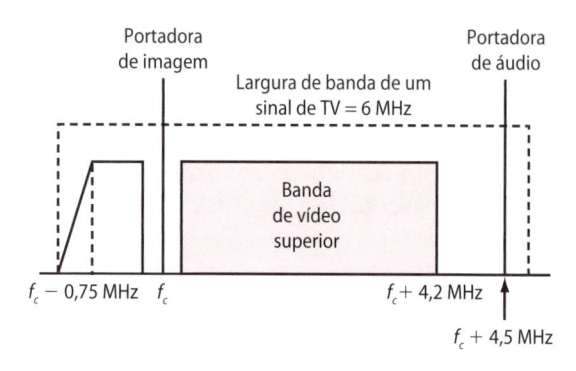

Figura 3-18 Transmissão de banda lateral vestigial de um sinal de imagem de TV.

» Aplicações de DSB e SSB

As técnicas DSB e SSB são muito utilizadas em comunicação. Os sinais SSB ainda são usados em alguns rádios bidirecionais. A comunicação SSB bidirecional é usada em aplicações marítimas, militares e por diletantes conhecidos como radioamadores. Os sinais DSB são usados em transmissões de FM e de TV para transmitir sinais estéreo em dois canais e transmitir a informação de cor de uma imagem de TV analógica.

Uma forma não usual de AM é usada na transmissão de TV analógica. Um sinal de TV consiste em um sinal de imagem (vídeo) e um sinal de áudio, os quais têm portadoras de frequências diferentes. A portadora de áudio é modulada em frequência, mas a informação de vídeo modula a amplitude da portadora da imagem. A portadora da imagem é transmitida, mas uma banda lateral é parcialmente suprimida.

A informação de vídeo contém tipicamente frequências tão altas quanto 4,2 MHz. Um sinal de TV analógica totalmente modulado em amplitude ocupa, portanto, 2(4,2) = 8,4 MHz. Esse é um valor excessivo de largura de banda que é um desperdício de espaço no espectro porque nem todo esse espaço é necessário para a transmissão confiável de um sinal de TV analógico. Para reduzir a largura de banda para um máximo de 6 MHz permitido pelo FCC para sinais de TV analógicos, uma porção da banda lateral inferior do sinal de TV é suprimida, restando apenas uma pequena parte, ou vestígio, da banda lateral inferior. Esse arranjo, conhecido como SINAL DE BANDA LATERAL VESTIGIAL (**VSB** – *vestigial sideband*), está ilustrado na Figura 3-18. Os sinais de vídeo acima de 0,75 MHz (750 kHz) são suprimidos na banda lateral inferior (vestigial) e todas as frequências de vídeo são transmitidas na banda lateral superior.

A nova TV digital de alta definição também usa VSB, mas com modulação digital multinível denominada VSB.

» Classificação das emissões de rádio

A Figura 3-19 mostra os códigos usados para designar os diversos tipos de sinais que podem ser transmitidos por rádio e por fio. O código básico é constituído por uma letra maiúscula e um número; letras minúsculas subscritas são usadas para definições específicas. Por exemplo, um sinal de voz AM básico como o que ouvimos em uma transmissão AM ou na faixa do cidadão ou, ainda, no rádio de aeronaves tem o código A3. Todas as variações do AM que usam informação de voz ou vídeo têm a designação A3, mas são usadas letras subscritas para distingui-las. A seguir, podemos ver exemplos de códigos de designação de alguns sinais descritos neste capítulo:

DSB de banda lateral dupla com portadora = A3
DSB de banda lateral dupla com portadora suprimida = $A3_b$
SSB de banda lateral única com portadora suprimida = $A3_j$
SSB de banda lateral única com portadora piloto de 10% = $A3_a$
TV de banda lateral vestigial = $A3_c$
OOK e ASK = A1

Note que existem designadores especiais para fax e transmissões de pulsos e que o número 9 abrange qualquer modulação especial ou técnicas não abordadas em outras classificações. Quando um número precede o código da letra, o número se refere à largura de banda em quilohertz. Por exemplo, a designação 10A3 se refere a uma largura de banda AM de 10 kHz de um sinal de voz. A designação 20A3$_h$ se refere a um sinal AM SSB com portadora e frequência de mensagem de até 20 kHz.

Outro sistema usado para descrever um sinal é dado na Figura 3-20. Este é similar ao método ora descrito, mas com algumas variações. Essa é a definição usada pela União Internacional de Telecomunicações (ITU – *International Telecommunications Union*), que é uma organização de padronização. Eis alguns exemplos:

A3F TV analógica modulada em amplitude
J3E voz SSB
F2D dados FSK
G7E voz modulada em fase, sinais múltiplos

Letra	A	Modulação em amplitude
	F	Modulação em frequência
	P	Modulação em fase
Número	0	Apenas a portadora *ON*, sem mensagem (radiofarol)
	1	Portadora *ON/OFF*, sem mensagem (código Morse, radar)
	2	Portadora *ON*, tom chaveado *ON/OFF* (código)
	3	Telefone, mensagem como voz ou música
	4	Fax, gráficos sem movimento (TV de varredura lenta)
	5	Banda lateral vestigial (TV comercial)
	6	Telegrafia *duplex* de quatro frequências
	7	Bandas laterais múltiplas cada uma com mensagens diferentes
	8	
	9	Geral (todos os outros)
Subscritos	Nenhum	Banda lateral dupla com portadora
	a	Banda lateral simples com portadora reduzida
	b	Banda lateral dupla sem portadora
	c	Banda lateral vestigial
	d	Portadora de pulsos apenas, modulação por amplitude de pulso (PAM)
	e	Portadora de pulsos apenas, modulação por largura de pulso (PWM)
	f	Portadora de pulsos apenas, modulação por posição de pulso (PPM)
	g	Pulsos quantizados, vídeo digital
	h	Banda lateral única com portadora
	j	Banda lateral única sem portadora

Figura 3-19 Códigos designadores de emissões de rádio.

Tipo de Modulação
- N   Portadora não modulada
- A   Modulação em amplitude
- J   Banda lateral única
- F   Modulação em frequência
- G   Modulação em fase
- P   Série de pulsos sem modulação

Tipos de Sinais de Modulação
- 0   Nenhum
- 1   Canal digital único sem modulação
- 2   Canal digital único com modulação
- 3   Canal analógico único
- 7   Dois ou mais canais digitais
- 8   Dois ou mais canais analógicos
- 9   Analógico mais digital

Tipos de Sinais de Informação
- N   Nenhum
- A   Telegrafia humana
- B   Telegrafia por máquina
- C   Fax
- D   Dados, telemetria, sinais de controle
- E   Telefone (voz humana)
- F   TV, vídeo
- W   Combinações de quaisquer dos acima

Figura 3-20 Designadores de emissões de rádio do ITU.

REVISÃO DO CAPÍTULO

Resumo

Na modulação em amplitude, um aumento ou diminuição na amplitude do sinal modulante provoca aumento correspondente ou diminuição nos picos positivo e negativo da amplitude da portadora. A interconexão dos picos positivos ou negativos adjacentes da forma de onda da portadora resulta na forma de onda do sinal modulante, a informação, que é denominado de envoltória.

Podemos formar expressões matemáticas para a portadora e o sinal modulante usando funções trigonométricas e, combinando estas expressões, criamos uma fórmula para a onda completa modulada. Os moduladores (circuitos que produzem modulação em amplitude) implementam o produto da portadora pelo sinal modulante.

A relação entre as amplitudes do sinal modulante e a portadora é expressa como o índice de modulação, m, que é um número entre 0 e 1. Se a amplitude da tensão modulante for maior do que a tensão da portadora, $m > 1$, resulta em distorção ou sobremodulação.

Quando uma portadora é modulada por um sinal de informação, são gerados novos sinais em diferentes frequências. Essas frequências laterais, ou bandas laterais, ocorrem dentro do espectro, acima e abaixo da frequência da portadora. Um sinal AM é composto por algumas tensões de sinais, a portadora e as bandas laterais, cada uma produz uma potência na antena. A potência total transmitida é a soma da potência da portadora com as potências nas duas bandas laterais.

Os sinais AM podem ser expressos nos domínios do tempo e da frequência.

Na transmissão AM, 2/3 da potência transmitida aparecem na portadora, que por si só não transmite nenhuma informação. Uma forma de superar este efeito de desperdício é suprimir a portadora. Quando a portadora é inicialmente suprimida, restam as bandas laterais superior e inferior resultado em um sinal de banda lateral dupla com portadora suprimida (DSSC ou DSB). Como não é necessário transmitir as duas bandas laterais, uma delas pode ser suprimida, resultando em um sinal de banda lateral única (SSB). Este tipo de sinal oferece importantes benefícios: ele economiza espaço no espectro, produz sinais mais intensos, reduz o ruído e está sujeito a menos desvanecimento em longas distâncias.

No sistema SSB a saída do transmissor é expressa como uma potência de pico da envoltória (PEP), que é a potência máxima produzida pelos picos de amplitude do sinal de voz.

Tanto a técnica DSB quanto a SSB são muito usadas em comunicação. A comunicação SSB bidirecional é usada em aplicações marítimas, militar e por hobistas. Com a finalidade de reduzir a largura de banda do sinal de TV para 6 MHz, permitida pelo FCC, é usado um sinal de banda lateral vestigial para suprimir a banda lateral inferior do sinal de TV.

Questões

1. Defina modulação.
2. Explique por que a modulação é necessária ou desejável.
3. Determine o circuito que faz com que um sinal module outro, e cite os nomes dos dois sinais aplicados a este circuito.
4. No sistema AM, como a portadora varia de acordo com o sinal de informação?
5. Verdadeiro ou falso? A frequência da portadora é geralmente menor do que a do sinal modulante.
6. Como é denominada a linha que une os picos da portadora e que forma ela tem?
7. Como são denominadas as tensões que variam com o tempo?
8. Escreva a expressão trigonométrica para uma portadora senoidal.
9. Verdadeiro ou falso? A frequência da portadora permanece constante no sinal AM.
10. Qual operação matemática a modulação em amplitude realiza?
11. Qual a relação ideal entre a tensão do sinal de modulação, V_m, e a tensão da portadora, V_c?
12. Como é denominado o índice de modulação quando ele é expresso em porcentagem?
13. Explique os efeitos de uma porcentagem de modulação maior do que 100.
14. Qual é o nome dado ao novo sinal gerado pelo processo de modulação?
15. Qual é o nome do tipo de sinal mostrado por um osciloscópio?
16. Qual é o nome do tipo de sinal no qual as componentes de amplitude são apresentadas em relação à frequência e qual instrumento é usado para mostrar esse tipo de sinal?
17. Explique por que sinais não senoidais complexos e sinais distorcidos produzem um sinal AM de largura de banda maior do que uma simples onda senoidal na mesma frequência.
18. Quais são os três sinais que somados formam a onda AM?
19. Qual é o nome dado ao sinal AM cuja portadora é modulada por pulsos binários?
20. Qual é o valor da representação fasorial de sinais AM?
21. Verdadeiro ou falso? O sinal modulante aparece no espectro de saída de um sinal AM.
22. Qual porcentagem da potência total tem a portadora em um sinal AM? E uma banda lateral? E as duas bandas laterais?
23. A portadora de um sinal AM contém alguma informação? Explique.
24. Qual é o nome do sinal que tem as duas bandas laterais, mas não tem a portadora?
25. Qual é o nome do circuito usado para eliminar a portadora em uma transmissão DSB/SSB?
26. Qual é a largura de banda mínima de um sinal AM que pode ser transmitido e ainda transportar toda a informação necessária?
27. Cite os quatro principais benefícios do SSB sobre o AM convencional.
28. Cite duas aplicações para SSB e duas para DSB.
29. Determine o tipo de AM usado na transmissão de uma imagem de TV analógica.
30. Utilizando as Figuras 3-19 e 3-20, escreva os designadores para um sinal de rádio modulado por amplitude de pulso e um sinal de fax analógico modulado em amplitude (V_{SB}).
31. Explique os requisitos de largura de banda de um sinal de voz de 2 kHz e um sinal de dados binários com a uma taxa de 2 kHz.

Problemas

1. Apresente a fórmula para o índice de modulação e explique os seus termos. ◆
2. Uma onda AM mostrada na tela de um osciloscópio tem os valores $V_{máx} = 4,8$ e $V_{mín} = 2,5$ da leitura a partir da retícula na tela. Qual a porcentagem de modulação?
3. Qual a porcentagem de modulação ideal para a transmissão da amplitude máxima da informação? ◆
4. Para alcançar uma modulação de 75% de uma portadora com $V_c = 50$ V, qual é a amplitude necessária para o sinal modulante, V_m?
5. O valor máximo de pico a pico de uma onda AM é 45 V. O valor de pico a pico do sinal modulante é 20 V. Qual a porcentagem de modulação? ◆
6. Qual é a relação matemática das tensões da portadora e do sinal modulante quando ocorre sobremodulação?

7. Um transmissor de rádio AM que opera em 3,9 MHz é modulado por frequências de até 4 kHz. Quais são as frequências laterais inferior e superior máximas? Qual é a largura de banda total desse sinal AM? ◆

8. Qual é a largura de banda de um sinal AM cuja portadora é 2,1 MHz modulada por uma onda quadrada de 1,5 kHz com harmônicos significativos até o quinto? Calcule todas as bandas laterais superior e inferior produzidas.

9. Quanto de potência aparece em uma banda lateral de um sinal AM de um transmissor de 5 kW modulado em 80%? ◆

10. Qual a potência total fornecida por um transmissor AM com uma portadora de potência 2500 W e modulação de 77%?

11. Um sinal AM tem uma portadora de 12 W e 1,5 W em cada banda lateral. Qual é a porcentagem de modulação?

12. Um transmissor AM passa uma portadora de 6 A para uma antena de 52 Ω de resistência. O transmissor é modulado em 60%. Qual é a potência de saída total?

13. A corrente na antena produzida por uma portadora não modulada é 2,4 A em uma antena com resistência de 75 Ω. Quando modulada em amplitude, a corrente na antena aumenta para 2,7 A. Qual é a porcentagem de modulação?

14. Um transmissor de radioamador tem uma potência de portadora de 750 W. Quanto de potência é acrescentado ao sinal quando o transmissor é modulado em 100%?

15. Um transmissor SSB tem uma tensão de alimentação de 250 V. Nos picos de voz o amplificador final drena uma corrente de 3,3 A. Qual é o PEP de entrada?

16. Uma tensão de saída de pico a pico de 675 V aparece em uma antena de 52 Ω nos picos de voz em um transmissor SSB. Qual é o PEP de saída?

17. Qual é a potência de saída média de um transmissor SSB com especificação de PEP de 100 W?

18. Um transmissor SSB com uma portadora de 2,3 MHz é modulada por um sinal de informação que varia de 150 Hz a 4,2 kHz. Calcule a faixa de frequência da banda lateral inferior.

◆ *As respostas para os problemas selecionados são dadas após o último capítulo.*

Raciocínio crítico

1. Uma informação pode ser enviada sem portadora? Em caso afirmativo, como?

2. Como a potência de saída de um transmissor SSB é expressa?

3. Uma subportadora de 70 kHz é modulada em amplitude por tons de 2,1 e 6,8 kHz. O sinal AM resultante é usado para modular em amplitude uma portadora de 12,5 MHz. Calcule todas as frequências das bandas laterais no sinal composto e desenhe o sinal no domínio da frequência. Considere uma modulação de 100%. Qual é a largura de banda ocupada pelo sinal completo?

4. Explique como poderíamos transmitir dois sinais de informações de banda básica independentes usando SSB com uma frequência de portadora comum.

5. Um sinal AM com modulação de 100% tem uma banda lateral superior com potência de 32 W. Qual é a potência da portadora?

6. Um sinal de informação pode ter uma frequência maior do que a portadora? O que aconteceria se um sinal de 1 kHz modulasse em amplitude uma portadora de 1 kHz?

capítulo 4

Circuitos moduladores e demoduladores de amplitude

Dezenas de circuitos moduladores foram desenvolvidos de modo a fazer a amplitude da portadora variar de acordo com o sinal modulante, a informação. Existem circuitos que produzem sinais em potências baixas e altas. Este capítulo analisa alguns dos moduladores de amplitude mais comuns que usam componentes discretos e circuitos integrados (CIs). São abordados também os circuitos demoduladores AM, DSB e SSB.

Objetivos deste capítulo

» Explicar a relação da equação básica de um sinal AM para a produção de uma modulação em amplitude, mixagem e conversão de frequência por um diodo ou outro componente ou circuito de frequência não linear.

» Descrever a operação de circuitos moduladores a diodo circuitos detectores.

» Comparar as vantagens e desvantagens das modulações de baixo e alto níveis.

» Explicar como o desempenho de um detector a diodo básico é melhorado com o uso de circuitos retificadores de onda completa.

» Definir a detecção síncrona e explicar o papel dos ceifadores nos circuitos detectores síncronos.

» Citar a função dos moduladores balanceados e descrever as diferenças entre moduladores em treliça e moduladores a circuitos integrados.

» Desenhar os componentes básicos de circuitos do tipo filtro e deslocador de fase para a geração de sinais SSB.

❯❯ Princípios básicos da modulação em amplitude

O exame da equação básica para um sinal AM, apresentada no Capítulo 3, nos dá várias pistas de como um sinal AM pode ser gerado. A equação é

$$v_{AM} = V_c \operatorname{sen} 2\pi f_c t + (V_m \operatorname{sen} 2\pi f_m t)(\operatorname{sen} 2\pi f_c t)$$

onde o primeiro termo é a portadora senoidal e o segundo é o produto da portadora pelo sinal modulante. (Lembre-se de que v_{AM} é o valor instantâneo da tensão do sinal de modulação em amplitude.) O índice de modulação, m, é a relação entre a amplitude do sinal modulante e a amplitude da portadora, ou $m = V_m/V_c$ e, portanto, $V_m = mV_c$. Então, substituindo V_m na equação básica resulta em $v_{AM} = V_c \operatorname{sen} 2\pi f_c t + (mV_c \operatorname{sen} 2\pi f_m t)(\operatorname{sen} 2\pi f_c t)$. Fatorando temos $v_{AM} = V_c \operatorname{sen} 2\pi f_c t(1 + m \operatorname{sen} 2\pi f_m t)$.

❯❯ AM no domínio do tempo

Quando observamos a expressão v_{AM}, fica claro que precisamos de um circuito que possa multiplicar a portadora pelo sinal modulante e, em seguida, somá-lo à portadora. A Figura 4-1 mostra um diagrama em bloco deste circuito. Uma forma de fazer isso é desenvolver um circuito cujo ganho (ou atenuação) seja uma função de $1 + m \operatorname{sen} 2\pi f_m t$. Se denominarmos o ganho de A, a expressão para o sinal AM torna-se

$$v_{AM} = A(v_c)$$

onde A é o fator de ganho ou de atenuação. A Figura 4-2 mostra um circuito simples baseado nessa expressão. Na Figura 4-2(a), A é um ganho maior do que 1 proporcionado por um amplificador. Na Figura 4-2(b), a portadora é atenuada por um divisor de tensão. O ganho neste caso é menor do que 1, sendo, portanto, um fator de atenuação. A portadora é multiplicada por uma fração fixa A.

Agora, se o ganho do amplificador, ou a atenuação do divisor de tensão puder ser variada de acordo com o sinal modulante mais 1, será produzido o sinal AM. Na Figura 4-2(a), o sinal modulante é usado para aumentar ou diminuir o ganho do amplificador conforme a variação do sinal de informação. Na Figura 4-2(b), o sinal modulante deve variar uma das resistências no divisor de tensão criando um fator de atenuação variável. Uma variedade de circuitos populares permite que o ganho, ou a atenuação, varie dinamicamente conforme um sinal, produzindo o AM.

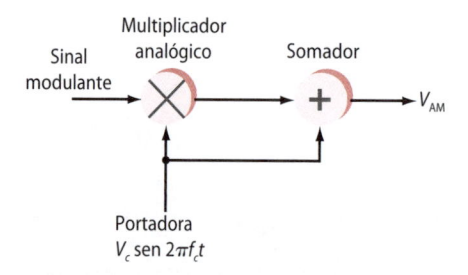

Figura 4-1 Diagrama em bloco de um circuito para produzir o sinal AM.

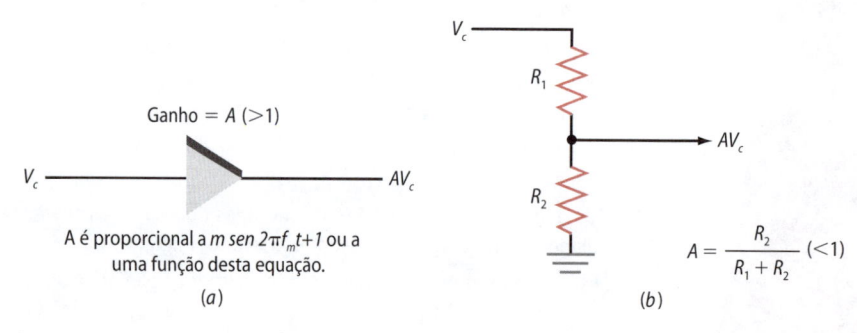

Figura 4-2 Multiplicação da portadora por um ganho A fixo.

» AM no domíno da frequência

Outra forma de gerar o produto da portadora pelo sinal modulante é aplicar os dois sinais em um componente ou circuito não linear. Idealmente um que gere uma função quadrática. Um componente ou circuito linear é aquele no qual a corrente é uma função linear da tensão [veja a Figura 4-3(a)]. Um resistor ou um transistor polarizado linearmente é um exemplo de um dispositivo linear. A corrente no dispositivo aumenta na proporção direta do aumento de tensão. A inclinação ou declive da linha é determinada pelo coeficiente a na expressão $i = av$.

Um circuito não linear é aquele no qual a corrente não é diretamente proporcional à tensão. Um componente não linear comum é um diodo que tem a resposta parabólica não linear mostrada na Figura 403(b), em que um aumento da tensão corresponde a um aumento da corrente, mas não na forma de uma linha reta. Em vez disso, a corrente varia segundo uma função quadrática. Uma **FUNÇÃO QUADRÁTICA** é aquela em que a saída varia na proporção do quadrado do sinal de entrada. Um diodo tem uma resposta aproximadamente quadrática. Os transistores bipolares e FETs também podem ser polarizados para proporcionarem uma resposta quadrática. Um FET proporciona uma resposta quadrática quase perfeita, ao passo que os diodos e transistores bipolares, que contêm componentes de alta ordem, apenas se aproximam da função quadrática.

A variação de corrente em um diodo semicondutor típico pode ser aproximada pela equação

$$i = av + bv^2$$

em que av é um componente linear igual à tensão aplicada multiplicada pelo coeficiente a (geralmente uma polarização CC) e bv^2 e um componente de segunda ordem, ou quadrático, da corrente. Os diodos e transistores também têm termos de ordens maiores, como cv^3 e dv^4; entretanto, estes são menores e normalmente desprezíveis e, dessa forma, são desconsiderados na análise.

Para produzir um sinal AM, a portadora e o sinal modulante são somados e aplicados ao dispositivo não linear. Uma forma simples de fazer isso é conectar as fontes da portadora e do sinal modulante em série e aplicá-las no circuito do diodo, como mostra a Figura 4-4. Portanto, a tensão aplicada ao diodo é

$$v = v_c + v_m$$

A corrente do diodo no resistor é

$$i = a(v_c + v_m) + b(v_c + v_m)^2$$

Expandindo, obtemos

$$i = a(v_c + v_m) + b(v_c^2 + 2v_cv_m + v_m^2)$$

Substituindo as expressões trigonométricas pela portadora e sinal modulante, temos $v_c \operatorname{sen} 2\pi f_c t = v_c \operatorname{sen} \omega_c t$, em que $\omega = 2\pi f_c$ e $v_m \operatorname{sen} 2\pi f_m t = v_m \operatorname{sen} \omega_m t$, em que $\omega_m = 2\pi f_m$. Então,

$$i = aV_c \operatorname{sen} \omega_c t + aV_m \operatorname{sen} \omega_m t + bV_c^2 \operatorname{sen}^2 \omega_c t + 2bV_cV_m \operatorname{sen} \omega_c t \operatorname{sen} \omega_m t + b_m^2 \operatorname{sen}^2 \omega_m t$$

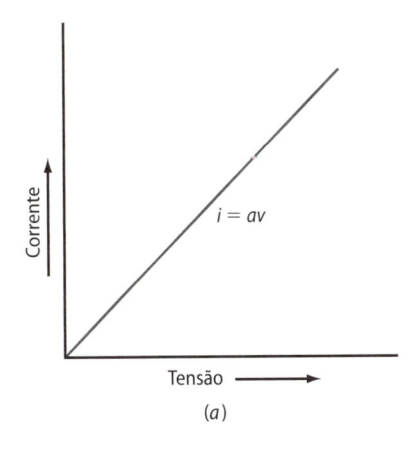

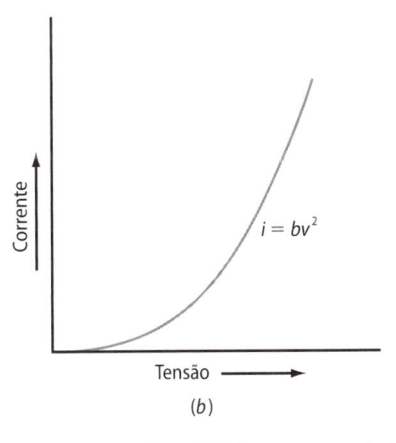

Figura 4-3 Curvas de resposta linear e quadrática. (a) Uma relação tensão-corrente linear. (b) Uma resposta não linear ou quadrática.

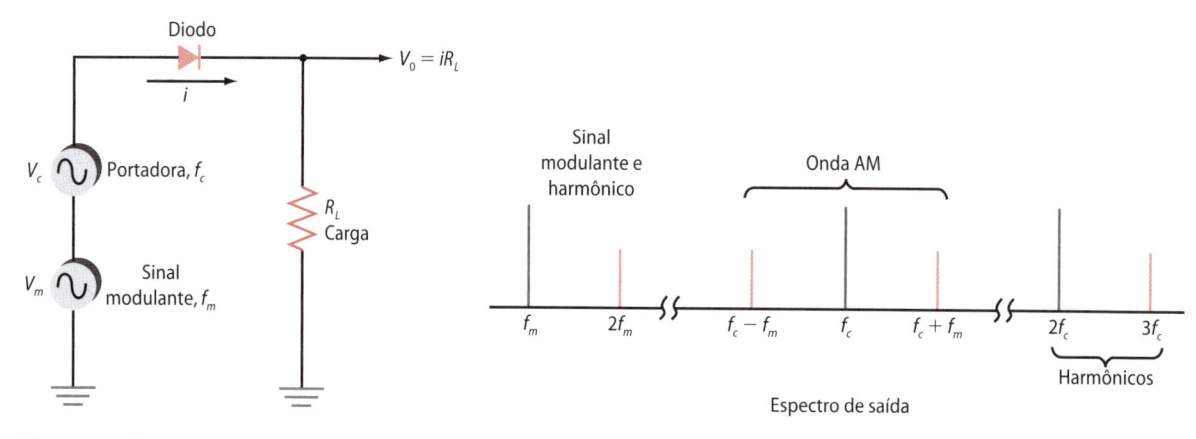

Figura 4-4 Um circuito quadrático para produção de um sinal AM.

Em seguida, substituindo a identidade trigonométrica $\text{sen}^2 A = 0,5(1 - \cos 2A)$ na expressão a seguir obtemos a expressão para a corrente no resistor de carga na Figura 4-4:

$$i = a_c \text{ sen } \omega_c t + a_m \text{ sen } \omega_m t + 0,5b_c^2(1 - \cos 2\omega_c t) + 2b_{c\,m} \text{ sen } \omega_c t \text{ sen } \omega_m t + 0,5b_m^2(1 - \cos \omega_m t)$$

O primeiro termo é a portadora senoidal, que é uma parte importante da onda AM; o segundo termo é o sinal modulante senoidal. Normalmente, este termo não faz parte da onda AM. Ele tem uma frequência substancialmente menor do que a da portadora, portanto, pode ser facilmente filtrado. O quarto termo, o produto da portadora senoidal pelo sinal modulante senoidal, define a onda AM. Se fizermos as substituições trigonométricas explicadas no Capítulo 3, obteremos dois termos adicionais, a soma e a diferença das ondas senoidais, que são, obviamente, as bandas laterais superior e inferior. O terceiro termo, $\cos 2\omega_c t$, é uma onda senoidal com duas vezes a frequência da portadora, ou seja, o segundo harmônico da portadora. O termo $\cos 2\omega_m t$ é o segundo harmônico do sinal modulante. Esses componentes são indesejáveis, mas são relativamente fáceis de filtrar. Os diodos e transistores, cuja função não é puramente quadrática, produzem os harmônicos de terceira e quarta ordens e maiores, que algumas vezes são denominados **PRODUTOS DE INTERMODULAÇÃO** e que também são fáceis de serem filtrados.

A Figura 4-4 mostra o circuito e o espectro de saída para um modulador a diodo simples. A forma de onda de saída é mostrada na Figura 4-5. Essa forma de onda é uma onda AM normal na qual o sinal modulante foi adicionado.

Se um circuito ressonante em paralelo substituir o resistor na Figura 4-4, resulta no circuito modulador mostrado na Figura 4-6. Esse circuito é ressonante na frequência da portadora e tem uma largura de banda ampla o suficiente para passar as bandas laterais, mas estreita o suficiente para filtrar o sinal

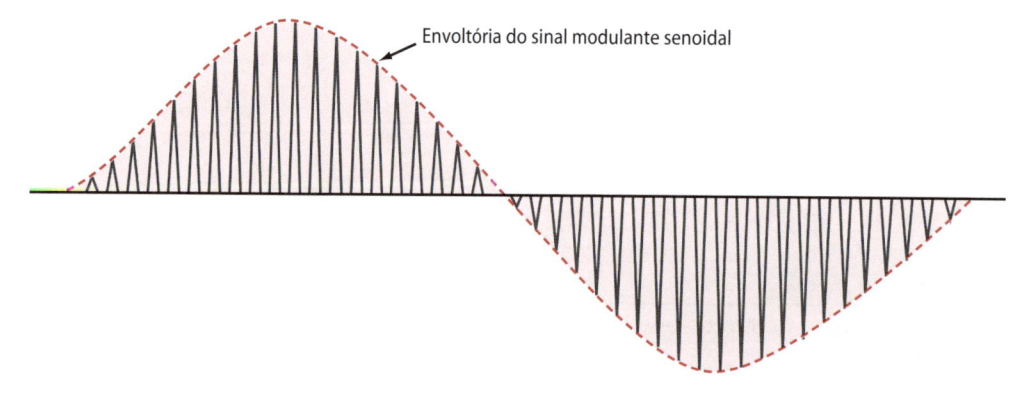

Figura 4-5 Sinal AM contendo não apenas a portadora e as bandas laterais, mas também o sinal modulante.

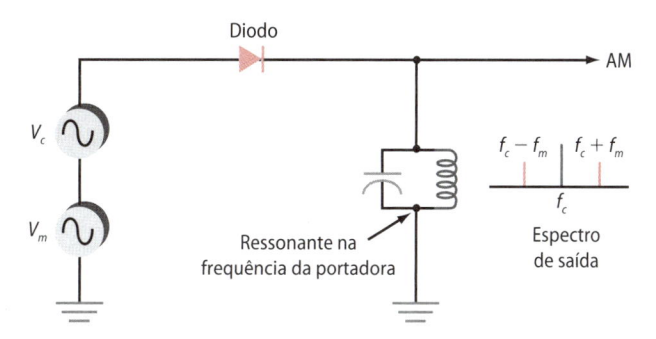

Figura 4-6 O circuito sintonizado filtra o sinal modulante e os harmônicos da portadora, deixando apenas a portadora e as bandas laterais.

modulante, bem como o segundo harmônico, e os de ordem maior, da portadora. O resultado é um sinal AM obtido no circuito sintonizado.

Esta análise se aplica não apenas ao AM, mas também aos dispositivos de translação de frequência como misturadores, detectores de produto, detectores de fase, moduladores balanceados e outros circuitos heterodinos. Na realidade, ela se aplica a qualquer dispositivo ou circuito que tenha uma função quadrática. Ela explica como as frequências de soma e diferença são formadas e explica também porque a maioria das mixagens e modulações em qualquer circuito não linear são acompanhados de componentes indesejáveis como os harmônicos e produtos de intermodulação.

» Moduladores de amplitude

Moduladores de amplitude são geralmente de dois tipos: baixo nível ou alto nível. Os moduladores de baixo nível geram sinal AM de baixa amplitude e, portanto, necessitam ser amplificados consideravelmente para serem transmitidos. Os moduladores de alto nível produzem sinais AM com níveis altos de potência, geralmente no estágio de amplificação final do transmissor. Embora os circuitos de componentes discretos discutidos nas seções a seguir ainda sejam usados de forma limitada, tenha em mente que atualmente a maioria dos moduladores e demoduladores de amplitude são encontrados na forma de circuito integrado (CI).

» AM de baixo nível

Modulador a diodo. Um dos moduladores de amplitude mais simples é o **MODULADOR A DIODO** descrito na seção Princípios básicos da modulação em amplitude, na p. 108. A implementação prática mostrada na Figura 4-7 consiste de uma malha de mixagem resistiva, um diodo retificador e um circuito *LC* sintonizado. A portadora é aplicada em um resistor de entrada do e o sinal modulante no outro. Os sinais misturados aparecem em R_3. Esta malha faz com que os sinais sejam misturados linearmente, ou seja, somados algebricamente.

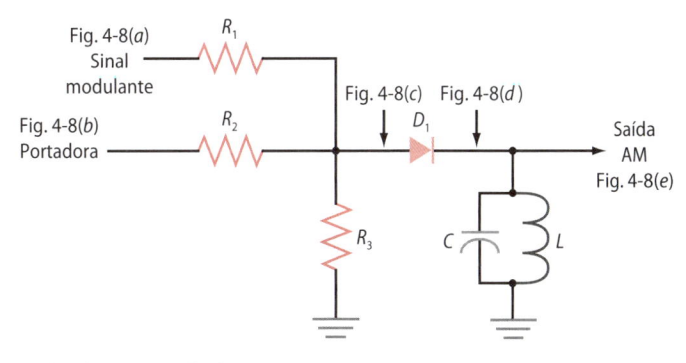

Figura 4-7 Modulação em amplitude com um diodo.

Se a portadora e o sinal modulante forem senoidais, a forma de onda resultante na junção dos dois resistores será como a mostrada na Figura 4-8(c), em que a portadora é sobreposta ao sinal modulante. Este não é o sinal AM. A modulação é um processo de multiplicação, e não um processo de adição.

A forma de onda composta é aplicada ao diodo retificador. O diodo é conectado de modo que esteja polarizado diretamente para o semiciclo positivo da onda de entrada. Durante a parte negativa da onda, o diodo entra em corte e o sinal é bloqueado. A corrente através do diodo é uma série de pulsos positivos cujas amplitudes variam na proporção da amplitude do sinal modulante [veja a Figura 4-8(d)].

Esses pulsos positivos são aplicados ao circuito sintonizado em paralelo constituído de L e C, que são ressonantes na frequência da portadora. Cada vez que o diodo conduz, um pulso de corrente passa pelo circuito sintonizado. A bobina e o capacitor trocam energia repetidamente entre si, provocando uma oscilação, ou "*ringing*", na frequência de ressonância. A oscilação do circuito sintonizado cria um semiciclo negativo para cada pulso positivo de entrada. Pulsos positivos de amplitude maior fazem com que o circuito sintonizado produza pulsos negativos maiores. Pulsos positivos de amplitude menor produzem correspondentes pulsos negativos de amplitudes menores. A forma de onda resultante no circuito sintonizado é o sinal AM, conforme ilustra a Figura 4-8(e). O Q do circuito sintonizado deve ser alto o suficiente para eliminar os harmônicos e produzir uma onda senoidal "limpa" e filtrar o sinal modulante, e baixo o suficiente de modo que a largura de banda acomode as bandas laterais geradas.

É BOM SABER
Os moduladores PIN são muito utilizados porque são um dos poucos métodos disponíveis para produzir sinais AM em frequências de micro-ondas.

Este circuito produz um sinal AM de alta qualidade, mas as amplitudes dos sinais são críticas para a operação adequada do circuito. Em função da porção não linear da curva característica do diodo ocorrer apenas em baixos níveis de tensão, os níveis dos sinais têm que ser baixos, menores do que um volt, para produzir o sinal AM. Em tensões maiores a resposta da corrente no diodo é quase linear. O circuito funciona melhor com sinais de milivolts.

Modulador a transistor. Uma versão melhorada deste circuito ora descrito é a mostrada na Figura 4-9. Como ele usa um transistor em vez de um diodo, o circuito tem ganho. A junção emissor-base é um diodo, um dispositivo não linear. A modulação ocorre conforme descrito antes, exceto que a corrente de base controla uma grande corrente de coletor e, portanto, o circuito amplifica. A retificação ocorre por causa da junção base-emissor. Isso gera grandes pulsos de corrente de meia senoide no circuito sintonizado. Este circuito oscila para gerar o semiciclo que falta. A saída é a clássica onda AM.

Modulador a diodo PIN. Circuitos atenuadores variáveis para a produção de sinais AM são mostrados na Figura 4-10. Esses circuitos usam diodos PIN para produzirem sinal AM em VHF, UHF e micro-ondas. Os diodos PIN são um tipo especial de diodo de junção de silício projetado para uso em

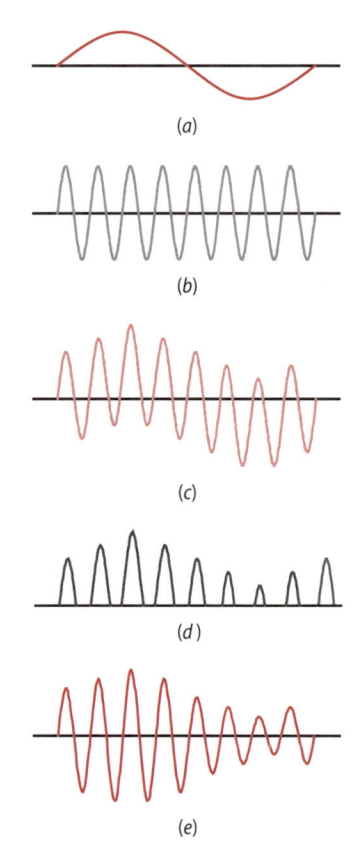

Figura 4-8 Formas de onda no modulador a diodo. (a) Sinal modulante. (b) Portadora. (c) Mistura linear do sinal modulante com a portadora. (d) Sinal positivo após o diodo D_1. (e) Sinal de saída AM.

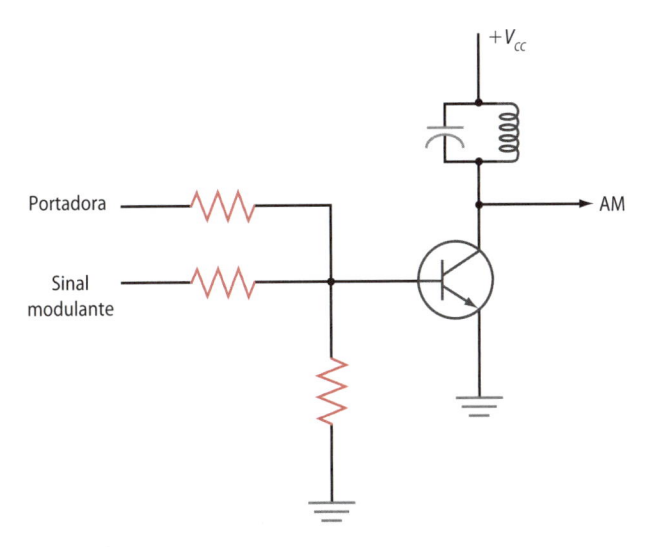

Figura 4-9 Modulador a transistor simples.

frequências acima de aproximadamente 100 MHz. Quando polarizado diretamente, esses diodos se comportam como resistores variáveis. A resistência desse tipo de diodo varia linearmente com a quantidade de corrente que passa por ele. Uma corrente alta produz uma baixa resistência, ao passo que uma corrente baixa produz uma resistência alta. À medida que o sinal modulante varia a polarização direta do diodo PIN, o sinal AM é gerado.

Na Figura 4-10(a) dois diodos PIN estão conectados em sentidos opostos entre si e são polarizados diretamente por uma tensão CC negativa fixa. O sinal modulante é aplicado aos diodos através do capacitor C_1. Este sinal modulante CA se sobrepõe à polarização CC, somando e subtraindo a esta tensão CC e, desta forma, variando a resistência dos diodos PIN. Estes diodos aparecem em série com o oscilador da portadora e a carga. Um sinal de modulação positivo reduz a polari-

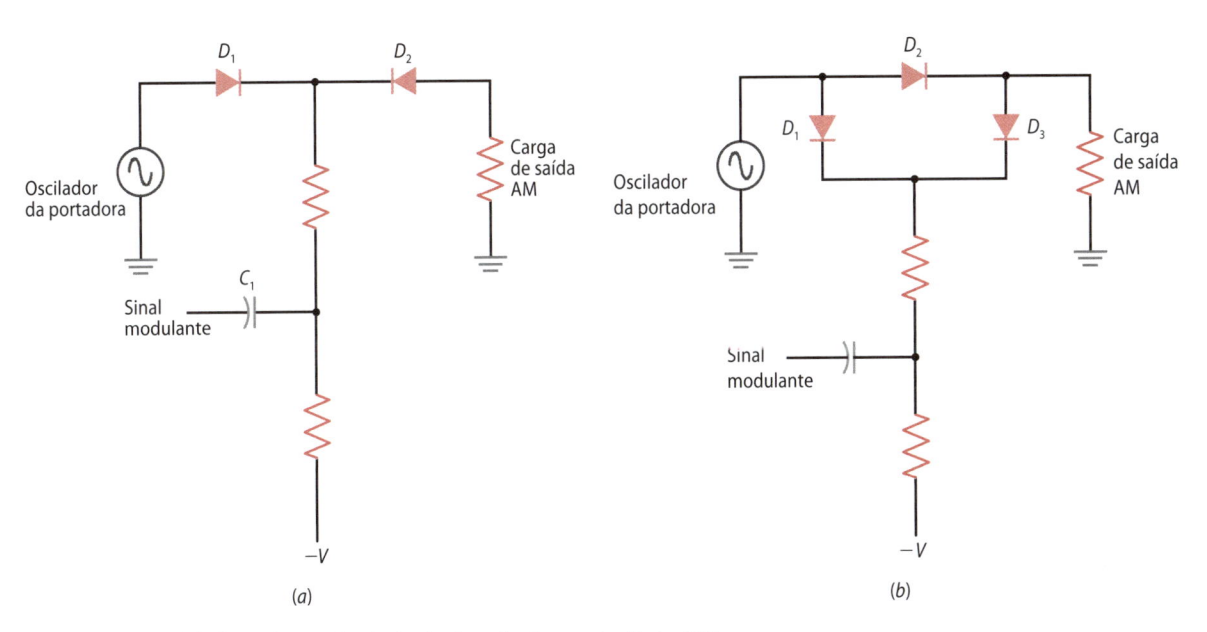

Figura 4-10 Moduladores de amplitude de alta frequência usando diodos PIN.

zação dos diodos PIN, fazendo com que a resistência deles aumente. Isso provoca uma redução na amplitude da portadora na carga. Um sinal de modulação negativo se soma à polarização direta fazendo com que a resistência do diodo diminua, aumentando assim a amplitude da portadora.

Uma variação do modulador a diodo PIN é mostrada na Figura 4-10(b), em que os diodos são arranjados em uma configuração π. Essa configuração é utilizada quando é necessário manter a impedância do circuito constante mesmo sob modulação.

Nos dois circuitos da Figura 4-10 os diodos PIN formam um circuito atenuador variável cuja atenuação varia com a amplitude do sinal modulante. Esses circuitos moduladores introduzem uma perda considerável e, portanto, têm que ser seguidos por amplificadores para aumentar o sinal AM para um nível utilizável. Apesar dessa desvantagem, os moduladores PIN são muito utilizados porque eles são um dos poucos métodos disponíveis para geração de sinais AM nas frequências de micro-ondas.

Amplificador diferencial. Um MODULADOR A AMPLIFICADOR DIFERENCIAL é um excelente modulador de amplitude. Um circuito típico é mostrado na Figura 4-11(a). Os transistores Q_1 e Q_2 formam um par diferencial e Q_3 é uma fonte de corrente constante. O transistor Q_3 fornece uma corrente de emissor (I_E) fixa para Q_1 e Q_2, com cada transistor conduzindo um semiciclo. A saída é obtida a partir dos resistores de coletor R_1 e R_2.

A saída é uma função da diferença entre as entradas V_1 e V_2; ou seja, $V_{out} = A(V_2 - V_1)$, em que A é o ganho do circuito. O amplificador também pode ser operado com um único sinal.

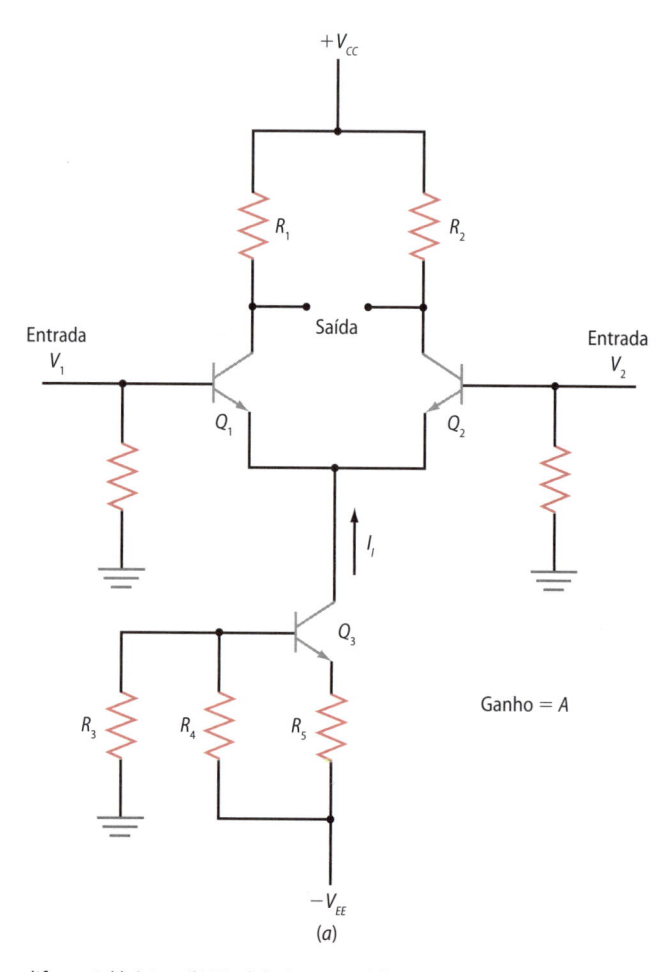

Figura 4-11 (a) Amplificador diferencial básico. (b) Modulador a amplificador diferencial.

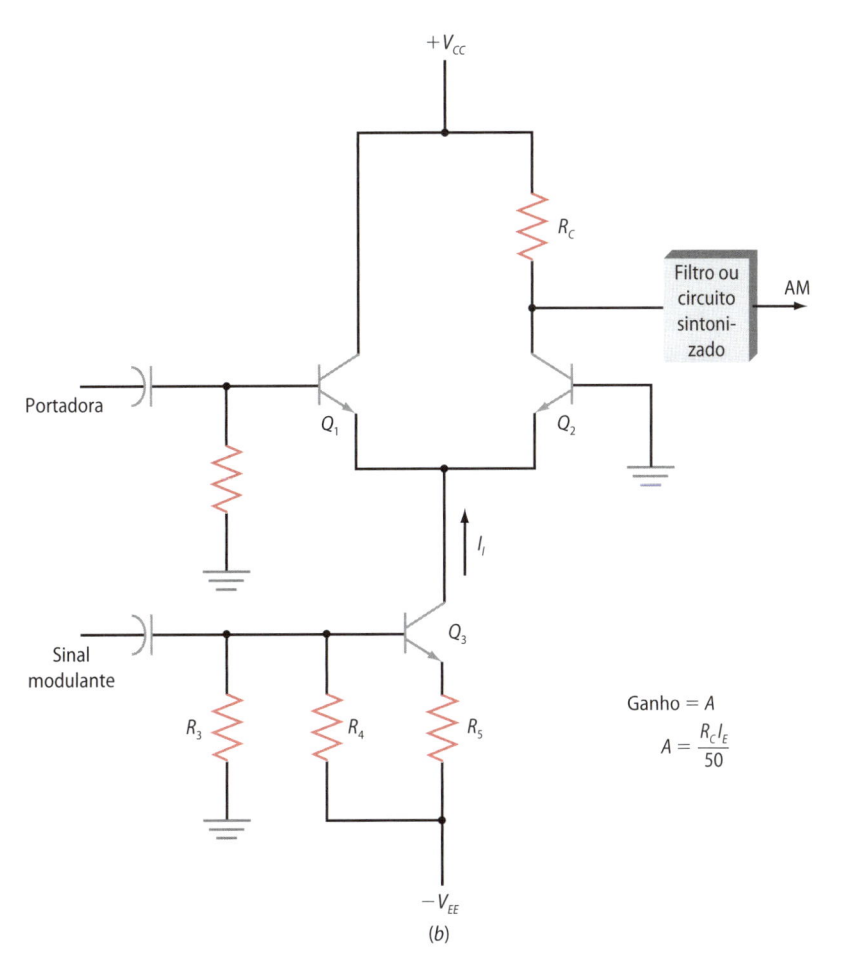

Figura 4-11 Continuação.

Quando isso ocorre, a outra entrada é aterrada (zero volt). Na Figura 4-11(a) se V_1 for zero, a saída será $V_{out} = A(V_2)$. Se V_2 for zero, a saída será $V_{out} = A(-V_1) = -AV_1$. Isso significa que o circuito inverte V_1.

A tensão de saída pode ser obtida entre os dois coletores, produzindo uma saída *balanceada* ou *diferencial*. A saída pode também ser obtida da saída de um dos coletores e o GND, produzindo uma saída de um só terminal (não balanceada). As duas saídas são 180° fora de fase entre si. Se for usada a saída balanceada, a tensão de saída na carga é duas vezes a tensão de saída não balanceada.

Não são necessários circuitos de polarização especial, visto que o valor correto da corrente no coletor é fornecido diretamente pela fonte de corrente constante, Q_3, na Figura 4-11(a). Os resistores R_3, R_4 e R_5, juntamente com V_{EE}, pola-

rizam a fonte de corrente constante, Q_3. Sem uma entrada aplicada, a corrente em Q_1 é igual a corrente em Q_2, que é $I_E/2$. A saída balanceada desta vez é zero. O circuito formado por R_1 e Q_1 e R_2 e Q_2 é um **CIRCUITO EM PONTE**. Quando nenhuma entrada é aplicada, R_1 é igual a R_2 e Q_1 e Q_2 conduzem igualmente. Portanto, a ponte está em equilíbrio e a saída entre os coletores é zero.

Agora, se um sinal de entrada V_1 for aplicado em Q_1, a condução de Q_1 e Q_2 é afetada. O aumento de tensão na base de Q_1 aumenta a corrente de coletor de Q_1 e diminui a corrente de coletor de Q_1 na mesma intensidade de modo que a soma das duas correntes é I_E. Diminuindo a tensão de entrada na base de Q_1, diminui a corrente de coletor de Q_1, mas aumenta a corrente de coletor de Q_2. A soma das correntes de emissor é sempre igual a corrente fornecida por Q_3.

> **É BOM SABER**
> Os amplificadores diferenciais tornam os moduladores de amplitude excelentes porque eles têm um alto ganho e uma boa linearidade e podem ser modulados em 100%.

O ganho de um amplificador diferencial é uma função da corrente de emissor e do valor dos resistores do coletor. Uma aproximação do ganho é dada pela expressão $A = R_C I_E/50$. Este é o ganho não balanceado, onde a saída é obtida de um dos coletores em relação a GND. Se a saída for obtida dos coletores, o ganho é 2 vezes este valor.

O resistor R_C é o resistor de coletor em ohms e I_E é a corrente de emissor em miliampères. Se $R_C = R_1 = R_2 = 4{,}7 \text{ k}\Omega$ e $I_E = 1{,}5 \text{ mA}$, o ganho será aproximadamente $A = 4700(1{,}5)/50 = 7050/50 = 141$.

Na maioria dos amplificadores diferenciais, R_C e I_E são fixos, proporcionando um ganho constante. Mas conforme a fórmula anterior mostra, o ganho é diretamente proporcional à corrente de emissor. Portanto, se a corrente de emissor pode ser variada de acordo com o sinal modulante, o circuito produzirá um sinal AM. Isso é facilmente implementado alterando ligeiramente o circuito conforme a Figura 4-11(b). A portadora é aplicada na base de Q_1 e a base de Q_2 é aterrada. A saída, obtida a partir do coletor de Q_2 é de um só terminal. Como a saída de Q_1 não é usada, o resistor do seu coletor pode ser omitido sem nenhum efeito no circuito. O sinal modulante é aplicado na base de Q_3, que é uma fonte de corrente constante. Conforme o sinal de informação varia, ele faz variar a corrente de emissor. Isso varia o ganho do circuito, amplificando a portadora por um valor determinado pela amplitude do sinal modulante. O resultado é um sinal AM na saída.

Esse circuito, assim como o modulador a diodo básico, tem o sinal modulante na saída além da portadora e das bandas laterais. O sinal modulante pode ser removido usando um filtro passa-altas simples na saída, visto que as frequências da portadora e das bandas laterais são geralmente muito maiores do que o sinal modulante. Um filtro passa-faixa centrado na portadora com largura de banda suficiente para passar as bandas laterais também pode ser utilizado. Também pode ser utilizado um circuito sintonizado em paralelo no coletor de Q_2 substituindo R_C.

O amplificador diferencial torna um modulador de amplitude excelente. Ele tem um alto ganho e uma boa linearidade e pode ser modulado em 100%, e se for usado transistores de alta frequência ou um CI amplificador diferencial de alta frequência, esse circuito pode ser utilizado para produzir uma modulação de baixo nível em frequências de centenas de megahertz. Os MOSFETs podem ser utilizados no lugar de transistores bipolares para produzir um resultado similar ao dos CIs.

Amplificação de sinais AM de baixo nível. Nos circuitos moduladores de baixo nível, como os discutidos anteriormente, os sinais são gerados em amplitudes de tensão e potência muito baixas. A tensão é tipicamente menor do que 1 V e a potência é de miliwatts. Nos sistemas que usam modulação de baixo nível, o sinal AM é aplicado a um ou mais amplificadores lineares, como mostra a Figura 4-12, para aumentar o nível de potência sem distorcer o sinal. Estes circuitos amplificadores, classe A, classe AB ou classe B, elevam o nível do sinal o nível de potência desejado antes do sinal AM ser entregue à antena.

» AM de alto nível

Em AM de alto nível, o modulador varia a tensão e a potência no estágio de amplificação de RF final do transmissor. O resultado é uma alta eficiência no amplificador de RF e um desempenho total de alta qualidade.

Modulador em coletor. Um exemplo de um circuito modulador de alto nível é o **MODULADOR EM COLETOR** mostrado na Figura 4-13. O estágio de saída do transmissor é um amplificador classe C de alta potência. Os amplificadores classe C conduzem apenas uma porção do semiciclo positivo do sinal de entrada. A corrente no coletor pulsa fazendo com que o circuito sintonizado oscile na frequência de saída desejada. Portanto, o circuito sintonizado reproduz a porção negativa do sinal da portadora (veja o Capítulo 7 para mais detalhes).

O modulador é um amplificador de potência linear que faz com que o sinal modulante de baixo nível seja amplificado para um alto nível de potência. O sinal modulante de saída é acoplado através do transformador de modulação T_1 para o amplificador classe C. O enrolamento secundário do transformador de modulação é conectado em série com a tensão de alimentação do coletor, V_{CC}, do amplificador classe C.

Com um sinal modulante de entrada zero, existe uma tensão de modulação zero no secundário de T_1, a tensão de alimentação do coletor é aplicada diretamente no amplificador classe C e a portadora de saída é uma onda senoidal estável.

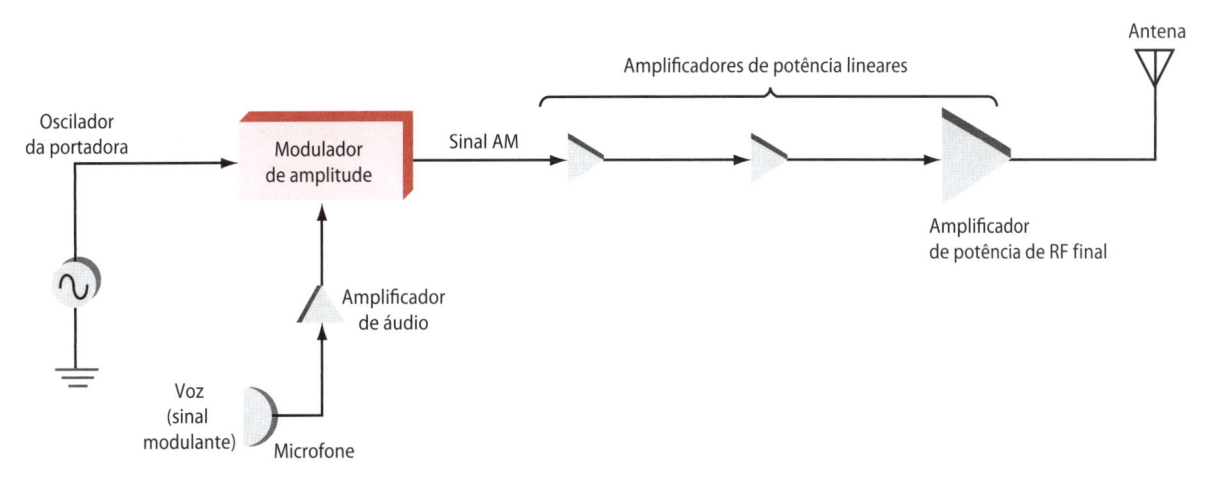

Figura 4-12 Os sistemas de modulação de baixo nível utilizam amplificadores de potência lineares para aumentar o nível do sinal AM antes da transmissão.

Quando o sinal modulante estiver presente, sua tensão CA no secundário do transformador de modulação é somada e subtraída da tensão CC de alimentação do coletor. Esta tensão de alimentação variante é então aplicada ao amplificador classe C, fazendo com que a amplitude dos pulsos de corrente no transistor Q_1 variem. Como resultado, a amplitude da portadora senoidal varia de acordo com o sinal modulante. Quando o sinal modulante é positivo, ele é somado à tensão de alimentação do coletor, aumentando assim o seu valor e produzindo pulsos de corrente maiores e portadora de amplitude maior. Quando o sinal de modulação é negativo, ele é subtraído da tensão de alimentação do coletor, diminuindo o seu valor. Por isso, os pulsos de corrente do amplificador classe C são menores, resultando em uma portadora de saída de menor amplitude.

Para uma modulação de 100%, o pico do sinal modulante no secundário de T_1 tem que ser igual à tensão de alimentação. Quando acontece um pico positivo, a tensão aplicada ao coletor é duas vezes a tensão de alimentação do coletor. Quando o sinal modulante é negativo, ele é subtraído da tensão de alimentação do coletor. Quando um pico negativo for igual à tensão de alimentação, a tensão efetiva aplicada no coletor de Q_1 é zero, produzindo uma portadora de saída zero. Isso está ilustrado na Figura 4-14.

Na prática, uma modulação de 100% não pode ser alcançada com um circuito modulador em coletor de alto nível, mostrado na Figura 4-13, por causa da resposta não linear do transistor para pequenos sinais. Para superar este problema, o amplificador que aciona o amplificador classe C final é modulado simultaneamente no coletor.

A modulação em alto nível produz o melhor tipo de sinal AM, mas requer um circuito modulador de potência extremamente alta. Na realidade, para uma modulação de 100%, a potência fornecida pelo modulador tem que ser igual à metade da potência de entrada do amplificador classe C. Se um amplificador classe C tem uma potência de entrada de 1000 W, o modulador tem que ser capaz de fornecer metade desta potência, ou 500 W.

Figura 4-13 Um modulador em coletor de alto nível.

EXEMPLO 4-1

Um transmissor AM usa modulação em alto nível no amplificador de potência de RF final, que tem uma tensão de alimentação CC, V_{CC}, de 48 V com uma corrente total, I, de 3,5 A. A eficiência é 70%.

a. Qual é a potência de entrada RF para o estágio final?

Potência de entrada CC = $P_i = V_{CC} I$ $P = 48 \times 3,5 = 168$ W

b. Qual a potência AF (áudio frequência) necessária para uma modulação de 100%? (*Sugestão*: Para uma modulação de 100%, a potência modulante AF, P_m, é metade da potência de entrada.)

$$P_m = \frac{P_i}{2} = \frac{168}{2} = 84 \text{ W}$$

c. Qual é a potência de saída da portadora?

$$\% \text{ de eficiência} = \frac{P_{out}}{P_{in}} \times 100$$

$$P_{out} = \frac{\% \text{ de eficiência} \times P_{in}}{100} = \frac{70(168)}{100} = 117,6 \text{ W}$$

d. Qual é a potência em uma banda lateral para uma modulação de 70%?

P_s = potência de banda lateral

$$P_s = \frac{P_c(m^2)}{4}$$

m = percentagem de modulação

$P_c = 168$

$$P_s = \frac{168(0,67)^2}{4} = 18,85 \text{ W}$$

e. Qual é a oscilação máxima e mínima da tensão de alimentação CC com uma modulação de 100%? (Veja a Figura 4-14.)

Oscilação mínima = 0

Tensão de alimentação $v_{CC} = 48$ V

Oscilação máxima $2 \times V_{CC} = 2 \times 48 = 96$ V

Modulador em série. A principal desvantagem dos moduladores em coletor é a necessidade de um transformador de modulação que conecta o amplificador de áudio para o amplificador classe C no transmissor. Quanto maior a potência de saída, mais caro o transformador. Para aplicações de potência muito alta, o transformador é eliminado e a modulação é realizada em um nível menor por um dos diversos circuitos moduladores descritos nas seções anteriores. O sinal AM resultante é amplificado por um amplificador linear de alta potência. Essa não é a configuração preferida porque os amplificadores RF lineares são menos eficientes do que os amplificadores classe C.

Uma abordagem é usar uma versão transistorizada de um modulador em coletor na qual um transistor é utilizado para substituir o transformador, como na Figura 4-15. Esse modulador em série substitui o transformador com um seguidor de emissor. O sinal modulante é aplicado ao seguidor de emissor Q_2, que é um amplificador de potência de áudio. Note que o seguidor de emissor aparece em série com a tensão de alimentação do coletor, $+V_{CC}$. Isso faz com que o sinal modulante de áudio amplificado varie a tensão de alimentação no coletor para o amplificador classe C, Q_1, conforme ilustrado na Figura 4-14. E Q_2 simplesmente varia a tensão de alimentação de Q_1. Se o sinal modulante for positivo, a ten-

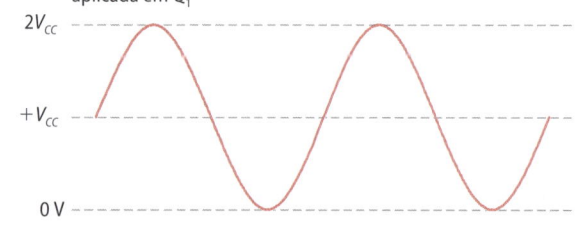

Figura 4-14 Para uma modulação de 100% o pico do sinal modulante deve ser igual a V_{CC}.

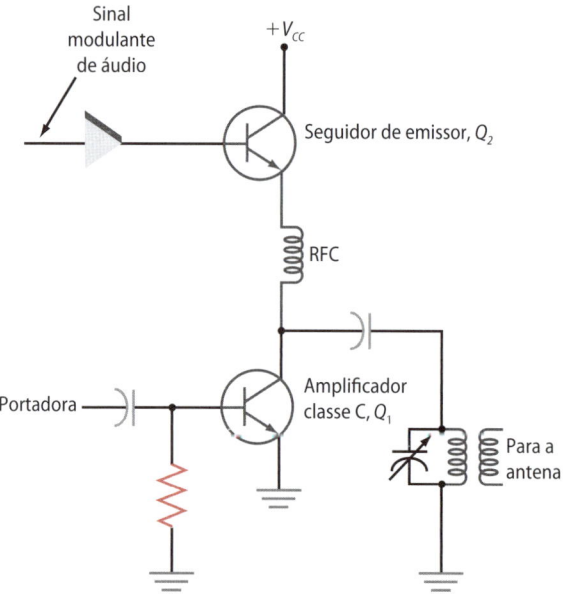

Figura 4-15 Modulação em série. Os transistores podem também ser MOSFETs com polarização apropriada.

são de alimentação de Q_1 aumenta; portanto, a amplitude da portadora aumenta na proporção do sinal modulante. Se o sinal modulante for negativo, a tensão de alimentação de Q_1 diminui, diminuindo assim a amplitude da portadora na proporção do sinal modulante. Para uma modulação de 100%, o seguidor de emissor pode reduzir a tensão de alimentação para zero nos picos negativos máximos.

O uso desse esquema de modulação de alto nível elimina a necessidade de um transformador grande, pesado e caro, e melhora consideravelmente a resposta de frequência. Entretanto, ele é muito ineficiente. O modulador com seguidor de emissor tem que dissipar tanta potência quanto um amplificador RF classe C. Por exemplo, considere uma tensão de alimentação de coletor de 24 V e uma corrente de coletor de 0,5 A. Sem um sinal de modulação aplicado, a porcentagem de modulação é 0. O seguidor de emissor é polarizado de modo que a base e o emissor estão em uma tensão CC de aproximadamente metade da tensão de alimentação, ou 12 V neste exemplo. A tensão de alimentação do coletor no amplificador classe C é 12 V e, portanto, a potência de entrada é

$$P_{in} = V_{CC}I_C = 12(0,5) = 6\,W$$

Para produzir uma modulação de 100%, a tensão de coletor de Q_1 tem que dobrar, assim como a corrente. Isso ocorre nos picos positivos da entrada de áudio, conforme descrito antes. Dessa vez, a maior parte do sinal de áudio aparece no emissor de Q_1; uma parte bem pequena do sinal aparece entre o emissor e o coletor de Q_2 e assim, com uma modulação de 100%, Q_2 dissipa uma potência muito pequena.

Quando a entrada de áudio estiver no pico negativo, a tensão no emissor de Q_2 é reduzida para 12 V. Isso significa que o restante da tensão de alimentação, ou seja, os outros 12 V, aparecem entre o emissor e o coletor de Q_2. Como Q_2 também tem que ser capaz de dissipar 6 W, ele tem que ser de potência muito grande. A eficiência cai para menos de 50%.

Com um transformador de modulação a eficiência é muito maior; em alguns casos tão alta quanto 80%.

Essa configuração não é prática para um sistema AM de potência muito alta, mas ela torna um modulador de alto nível eficiente para níveis de potência abaixo de aproximadamente 100 W.

» Demoduladores de amplitude

Os **DEMODULADORES**, ou **DETECTORES**, são circuitos que aceitam sinais modulados e recuperam a informação modulante original. O circuito demodulador é o principal circuito em qualquer receptor de rádio. Na realidade, os circuitos podem ser utilizados sozinhos como em receptores de rádio simples.

» Diodos detectores

O mais simples e mais usado demodulador de amplitude é o **DETECTOR A DIODO** (veja a Figura 4-16). Conforme mostrado, o sinal AM é geralmente acoplado por um transformador e aplicado a um circuito retificador de meia onda básico que consiste em D_1 e R_1. O diodo conduz durante o ciclo positivo do sinal AM. Durante o ciclo negativo, o diodo é polarizado reversamente e nenhuma corrente passa por ele. Como resultado, a tensão em R_1 é uma série de pulsos positivos cujas amplitudes variam com o sinal modulante. Um capacitor C_1 é conectado ao resistor R_1, filtrando efetivamente a portadora e, portanto, recuperando o sinal modulante original.

Uma forma de estudar a operação de um diodo detector é analisar sua operação no domínio do tempo. As formas de onda na Figura 4-17 ilustram isso. Em cada alternância positiva do sinal AM, o capacitor se carrega rapidamente com o valor de pico dos pulsos que passam pelo diodo. Quando a tensão do pulso cai a zero, o capacitor se descarrega pelo

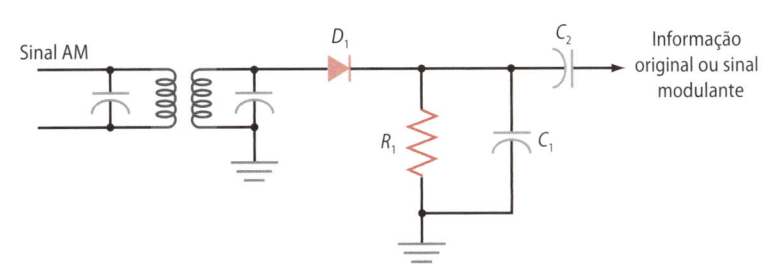

Figura 4-16 Um detector a diodo em um demodulador AM.

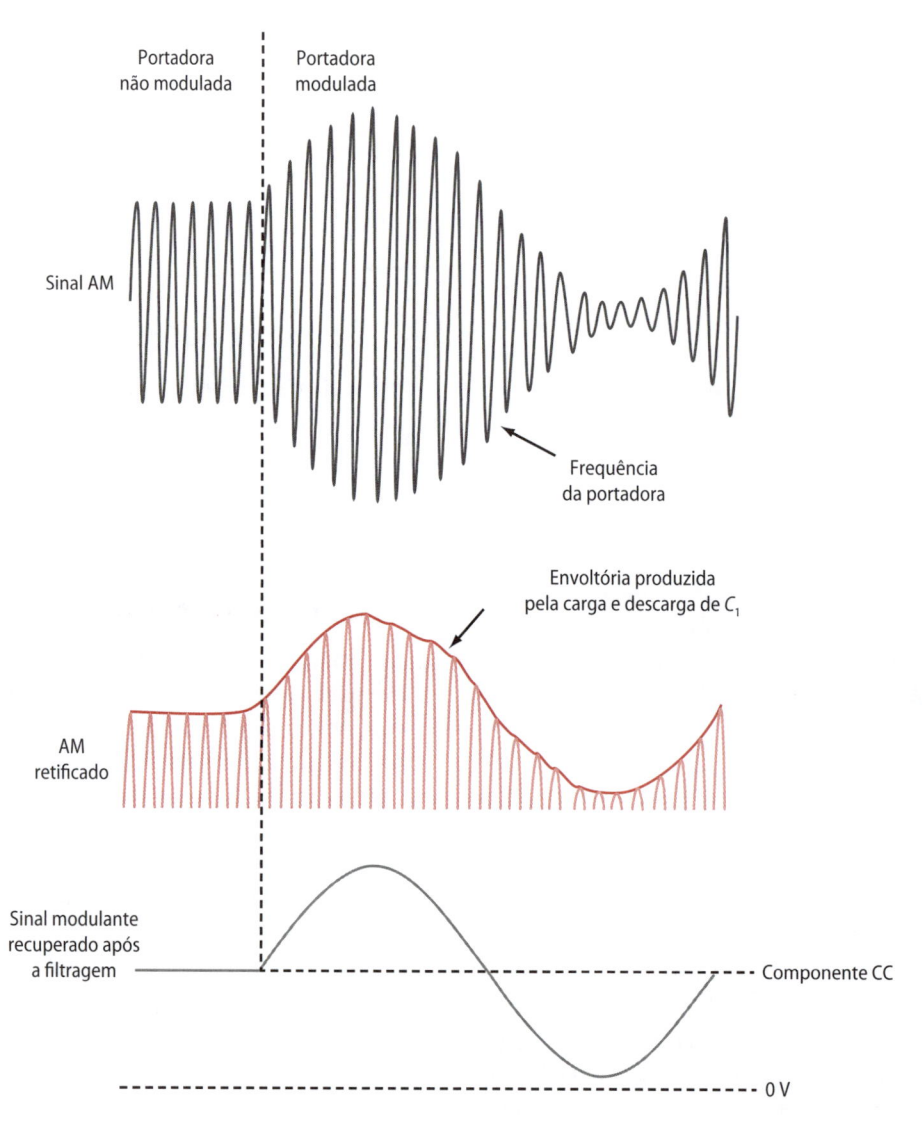

Figura 4-17 Formas de onda de um detector a diodo.

resistor R_1. A constante de tempo de C_1 e R_1 é escolhida de forma a ser grande em comparação com o período da portadora. Como resultado, o capacitor se descarrega apenas ligeiramente durante o tempo em que o diodo não está conduzindo. Quando o próximo pulso chega, o capacitor se carrega novamente com o valor de pico do pulso. Quando o diodo corta, o capacitor se descarrega novamente um pouco através do resistor. A forma de onda resultante no capacitor é aproximadamente o sinal modulante original.

Devido à carga e à descarga do capacitor, o sinal recuperado tem uma pequena quantidade de ondulação (*ripple*), que provoca distorção no sinal de modulação. Entretanto, a frequência da portadora geralmente é maior do que a frequência de modulação e essa ondulação é pouco perceptível.

Como o detector a diodo recupera a envoltória do sinal AM, que é o sinal modulante original, o circuito algumas vezes é denominado DETECTOR DE ENVOLTÓRIA. A distorção do sinal original pode ocorrer se a constante de tempo do resistor de carga, R_1, e o capacitor de filtro *shunt*, C_1, for muito grande ou muito pequeno. Se a constante de tempo for muito grande, a descarga do capacitor seria muito lenta para seguir as variações rápidas do sinal modulante. Isso é denominado DISTOR-

ÇÃO DIAGONAL. Se a constante de tempo for muito pequena, o capacitor se descarrega muito rápido e a portadora não é suficientemente filtrada. O componente CC na saída é removido com um capacitor de acoplamento ou bloqueio em série (C_2), na Figura 4-16, que está conectado ao amplificador.

Outra forma de estudar a operação do detector a diodo é no domínio da frequência. Neste caso, o diodo é considerado um dispositivo não linear no qual são aplicados múltiplos sinais provenientes de um processo de modulação. Os sinais múltiplos são a portadora e as bandas laterais, que compõem o sinal AM de entrada a ser demodulado. Os componentes do sinal AM são a portadora, a banda lateral superior ($f_c + f_m$) e a banda lateral inferior ($f_c - f_m$). O circuito detector a diodo combina esses sinais, gerando os sinais de soma e diferença:

$$f_c + (f_c + f_m) = 2f_c + f_m$$
$$f_c - (f_c + f_m) = -f_m$$
$$f_c + (f_c - f_m) = 2f_c - f_m$$
$$f_c - (f_c - f_m) = f_m$$

Todos esses componentes aparecem na saída. Como a frequência da portadora é bem maior do que o sinal modulante, o sinal da portadora pode ser facilmente filtrado com um simples filtro passa-baixas. Em um detector a diodo, esse filtro passa-baixas é simplesmente um capacitor, C_1, em paralelo com o resistor, R_1. Removendo a portadora resta apenas o sinal modulante original. O espectro de frequência de um detector a diodo é ilustrado na Figura 4-18. O filtro passa-baixas, C_1 na Figura 4-16, remove tudo, exceto o sinal modulante original.

» Receptores de rádio a cristal

O componente cristal dos RECEPTORES DE RÁDIO A CRISTAL que foi muito utilizado no passado é simplesmente um diodo. O circuito detector a diodo, da Figura 4-16, foi redesenhado na Figura 4-19 mostrando a conexão de uma antena e fones de ouvido. Uma antena de fio longo capta o sinal de rádio, que é acoplado indutivamente ao enrolamento secundário de T_1, que forma um circuito ressonante em série com C_1. Note que o secundário não é um circuito em paralelo porque a tensão induzida no enrolamento secundário aparece como uma fonte de tensão em série com a bobina e o capacitor. O capacitor variável, C_1, é usado para selecionar uma estação de rádio. Na ressonância, a tensão no capacitor é elevada por um fator igual ao Q do circuito sintonizado. Esse aumento da tensão de ressonância é uma forma de amplificação. Esse sinal de tensão maior é aplicado ao diodo. O detector a diodo D_1 e seu filtro C_2 recuperam a informação modulante original que faz com que uma corrente percorra os fones de ouvido. Estes servem como resistência de carga e o capacitor C_2 remove a portadora. O resultado é um receptor de rádio simples; o sinal de recepção é muito fraco porque não há uma amplificação ativa. Tipicamente, é utilizado um diodo de germânio porque sua tensão de limiar é menor do que a de um diodo de silício e permite a recepção de sinais mais fracos. Receptores de rádio a cristal podem ser construídos facilmente para receber transmissões AM padrão.

» Detecção síncrona

DETECTORES SÍNCRONOS usam um sinal de *clock* interno na frequência da portadora no receptor para ligar e desligar o sinal AM, produzindo retificação similar ao do detector a diodo padrão (veja a Figura 4-20.) O sinal AM aplicado a uma chave em série que é aberta e fechada sincronamente com o sinal da portadora. A chave é geralmente um diodo ou um transistor que é ligado ou desligado por um *clock* gerado internamente de frequência e fase iguais à da portadora. A chave na Figura 4-20 é ligada pelo sinal de

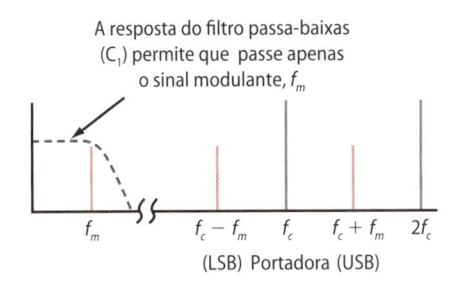

Figura 4-18 Espectro de saída de um detector a diodo.

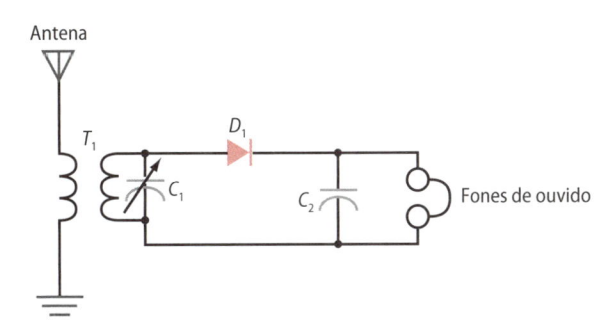

Figura 4-19 Um receptor de rádio a cristal.

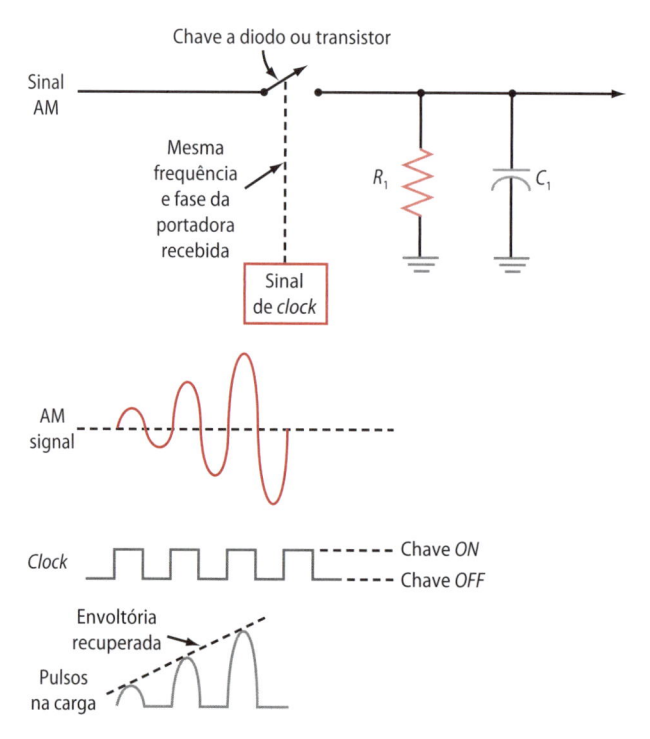

Figura 4-20 Conceito de um detector síncrono.

clock durante o semiciclo positivo do sinal AM, que, portanto, aparece no resistor de carga. Durante o semiciclo negativo do sinal AM, o *clock* desliga a chave, de modo que nenhum sinal alcança a carga ou o capacitor de filtro. O capacitor filtra (elimina) a portadora.

> **É BOM SABER**
>
> Detectores síncronos, ou coerentes, têm menores distorções e uma melhor relação sinal-ruído do que os detectores a diodo padrão.

A Figura 4-21 mostra um detector síncrono de onda completa. O sinal AM é aplicado nos amplificadores inversor e não inversor. O sinal de portadora gerado internamente opera as chaves A e B. O *clock* liga (*ON*) a chave A e desliga (*OFF*) a B, ou liga a B e desliga a A. Essa configuração simula uma chave eletrônica de um polo e duas posições. Durante o semiciclo positivo do sinal AM, a clave A conecta o sinal AM não invertido, o semiciclo positivo, à carga. Durante o semiciclo negativo da entrada, a chave B conecta a saída invertida à carga. Os semiciclos negativos são invertidos, tornando-se positivos, e o sinal aparece na carga. O resultado é uma retificação de onda completa do sinal.

A função principal do detector síncrono é garantir que o sinal que produz a ação de comutação esteja perfeitamente em fase com a portadora AM recebida. Um sinal de portadora gerado internamente, por exemplo, por um oscilador não funciona. Mesmo que a frequência e a fase do sinal de comutação possam ser bem próximas da frequência e da fase da portadora, elas nunca seriam perfeitamente iguais. Entretanto, existem algumas técnicas, conhecidas como **CIRCUITOS DE RECUPERAÇÃO DE PORTADORA**, que podem ser usadas para gerar o sinal de comutação que tenha frequência e fase corretas relacionadas à portadora.

A Figura 4-22 mostra um detector síncrono prático. Um transformador com derivação central fornece os dois sinais iguais, mas invertidos. A portadora é aplicada na derivação central. Note que um diodo é conectado de forma oposta em comparação com um retificador de onda completa. Esses diodos são usados como chaves que desligam e ligam o *clock*, que é utilizado como a tensão de polarização. A portadora é geral-

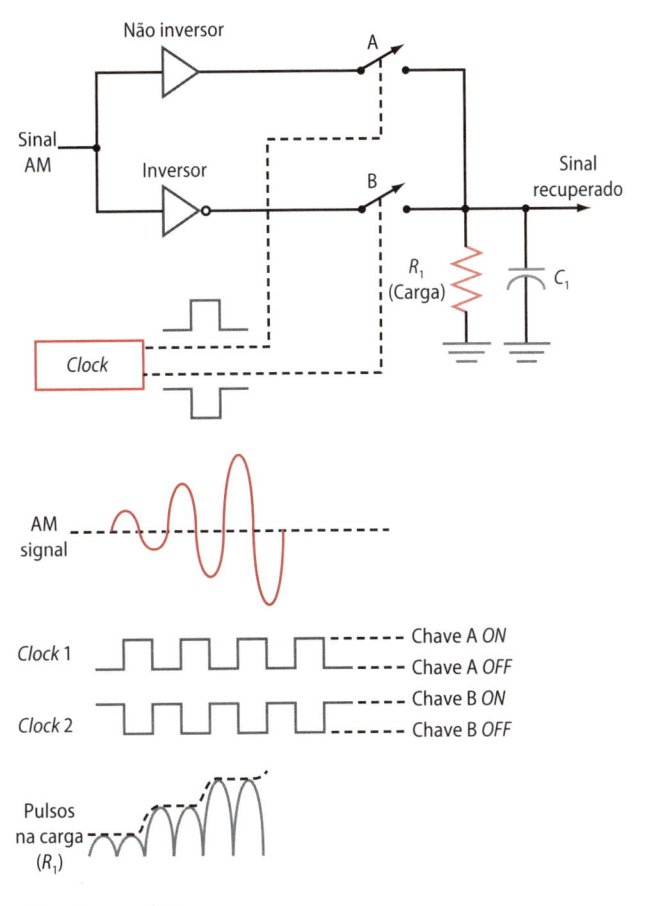

Figura 4-21 Detector síncrono de onda completa.

mente uma onda quadrada obtida ceifando e amplificando o sinal AM. Quando o clock é positivo, o diodo D_1 é polarizado diretamente. Ele se comporta como um curto-circuito e conecta o sinal AM ao resistor de carga. Os semiciclos positivos aparecem na carga.

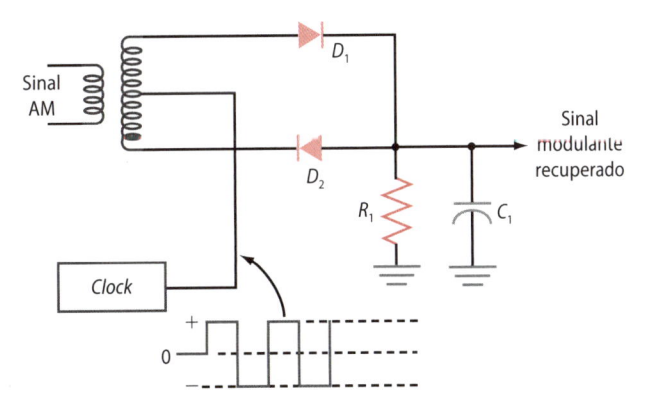

Figura 4-22 Detector síncrono prático.

É BOM SABER
Os circuitos demoduladores podem ser utilizados sozinhos ou em receptores de rádio simples.

Quando o *clock* é negativo, D_2 é polarizado diretamente. Durante esse tempo, os ciclos negativos do sinal AM acontecem, o que faz com que a saída inferior do enrolamento secundário do transformador seja positiva. Com D_2 conduzindo, os semiciclos positivos chegam à carga, e o circuito realiza uma retificação de onda completa. Assim como antes, o capacitor conectado à carga elimina a portadora, deixando o sinal modulante original na carga.

O circuito mostrado na Figura 4-23 é uma forma de gerar a portadora para o detector síncrono. O sinal AM a ser demodulado é aplicado a um filtro passa-faixa de alta seletividade deixa passar a portadora e suprime as bandas laterais, removendo assim a maior parte das variações de amplitude. Este sinal é amplificado e aplicado a um ceifador ou limitador que remove qualquer variação de amplitude remanescente do sinal, deixando apenas a portadora. O circuito ceifador converte tipicamente a portadora senoidal em uma onda quadrada que é amplificada e, portanto, torna-se o sinal de *clock*. Em alguns detectores síncronos, a portadora ceifada passa por outro filtro passa-faixa para se livrar dos harmônicos da onda quadrada e gerar uma portadora senoidal pura. Esse sinal é então amplificado e usado como o *clock*. Um pequeno deslocador de fase pode ser introduzido para corrigir qualquer diferença de fase que ocorra durante o processo de recuperação da portadora. O sinal de portadora resultante é exatamente de mesma frequência e fase que a portadora original, como é de fato derivado dela. A saída desse circuito é aplicada ao detector síncrono. Alguns detectores síncronos utilizam uma malha de fase sincronizada (PLL – *phase-locked loop*) para gerar o *clock*, que está "atrelado" à portadora de entrada.

Os detectores síncronos também são denominados detectores coerentes e foram conhecidos há muito tempo como detectores homódinos. A principal vantagem deles sobre os detectores a diodo é que eles têm menos distorção e uma melhor relação sinal-ruído. Eles também são menos propensos ao DESVANECIMENTO (*fading*) SELETIVO, que é um fenômeno no qual a distorção é causada pelo enfraquecimento de uma banda lateral da portadora durante a transmissão.

» Moduladores balanceados

Um MODULADOR BALANCEADO é um circuito que gera um sinal DSB, de portadora suprimida, tendo na saída apenas as frequências de soma e diferença. A saída de um modulador balanceado pode ser processada por circuitos de filtros ou deslocamento de fase para eliminar uma das bandas laterais, resultando em um sinal SSB.

» Moduladores em treliça

Um dos moduladores balanceados mais usados é o MODULADOR EM TRELIÇA ou de diodo em anel, mostrado na Figura 4-24, que consiste de um transformador de entrada, T_1, um transformador de saída, T_2, e quatro diodos conectados em um circuito na configuração de uma ponte. O sinal da portadora é aplicado às derivações centrais dos transformadores de entrada e saída e o sinal modulante é aplicado na entrada do transformador T_1. A saída é obtida no secundário de T_2. As conexões na Figura 4-24(*a*) são as mesmas que na Figura 4-24(*b*), mas a operação do circuito é entendida mais facilmente na representação em (*b*).

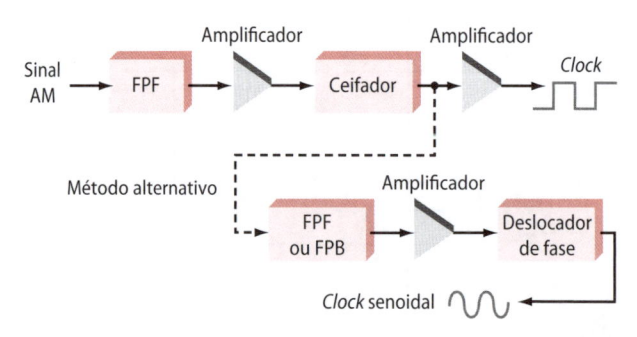

Figura 4-23 Circuito de recuperação de portadora simples.

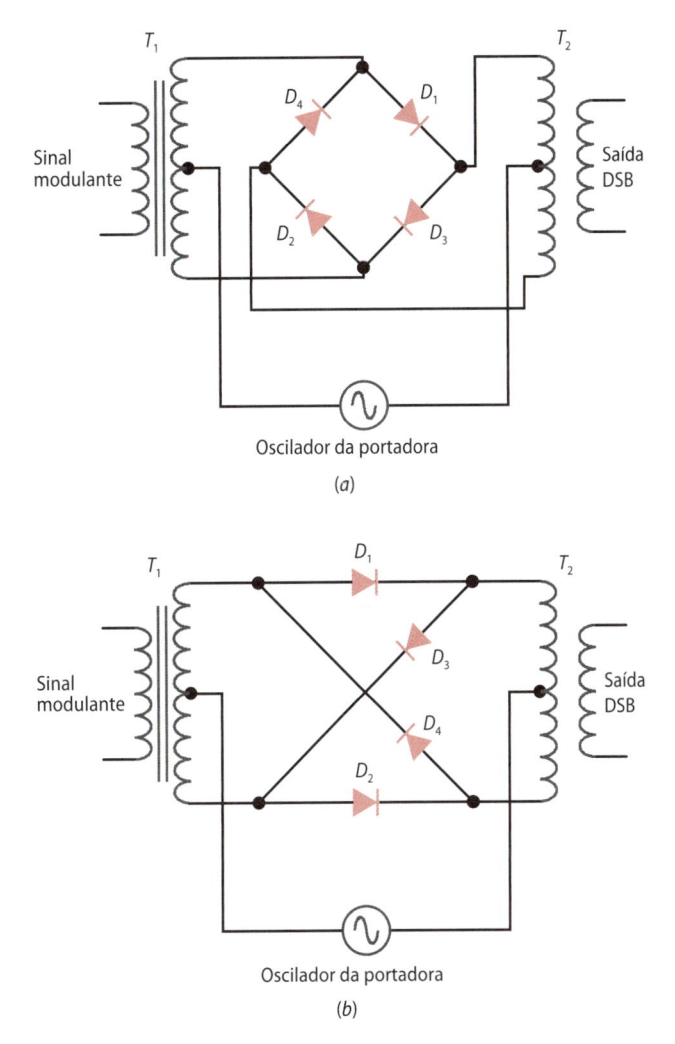

Figura 4-24 Modulador balanceado do tipo treliça.

A operação do modulador em treliça é relativamente simples. A portadora senoidal, que geralmente é considerada de frequência e amplitude maior do que o sinal modulante, é usada como uma fonte que polariza os diodos diretamente e reversamente. A portadora liga e desliga os diodos em uma velocidade alta e os diodos se comportam como chaves que conectam o sinal modulante no secundário de T_1 ao primário de T_2.

As Figuras 4-25 e 4-26 mostram como funciona os moduladores em treliça. Considere que a entrada do modulador seja zero. Quando a polaridade da portadora for positiva, como ilustra a Figura 4-26(a), os diodos D_1 e D_2 são polarizados diretamente. Nesse instante, D_3 e D_4 são polarizados reversamente se comportam como circuitos abertos. Como podemos ver, a corrente se divide igualmente nas partes superior e inferior do enrolamento primário de T_2. A corrente na parte superior do enrolamento produz um campo magnético que é igual e oposto ao campo magnético produzido pela corrente na metade inferior do secundário. Os campos magnéticos são cancelados entre si. Nenhuma saída é induzida no secundário e a portadora é efetivamente suprimida.

Quando a polaridade da portadora inverte, como mostra a Figura 4-26(b), os diodos D_1 e D_2 são polarizados reversamente e os diodos D_3 e D_4 conduzem. Novamente, a corrente percorre o enrolamento secundário de T_1 e o primário de T_2. Os campos magnéticos iguais e opostos produzidos em T_2

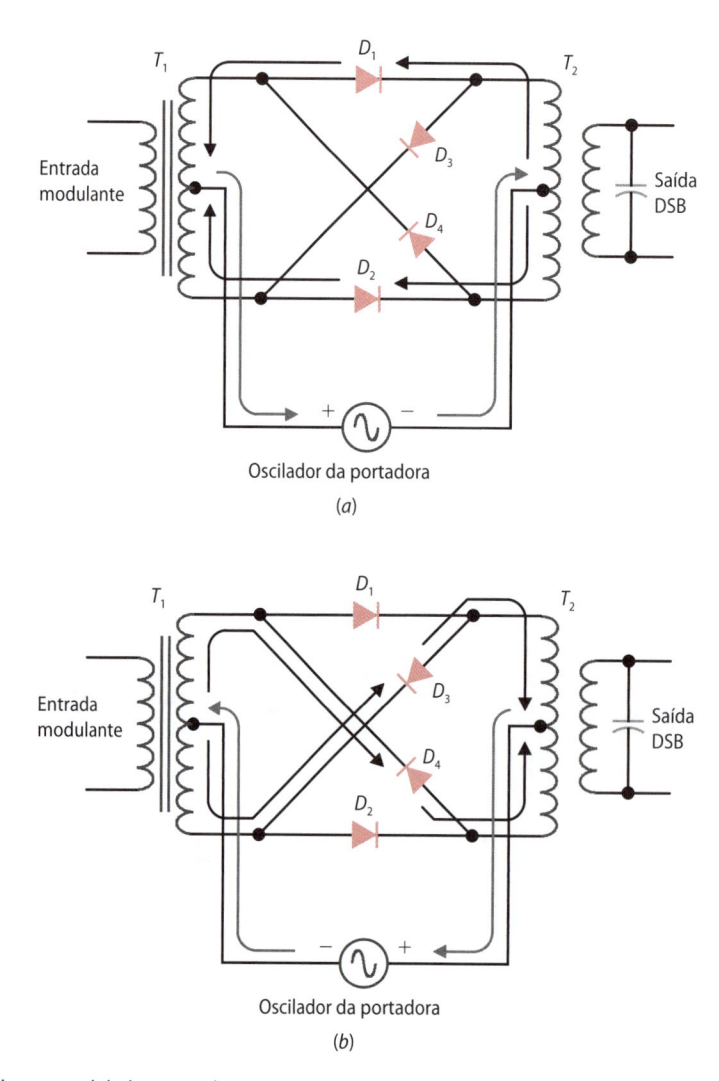

Figura 4-25 Operação de um modulador em treliça.

cancelam-se mutuamente. A portadora é efetivamente balanceada (eliminada) e sua saída é zero. O grau de supressão da portadora depende do grau de precisão que os transformadores são construídos e o posicionamento da derivação central: o objetivo é que as correntes nos enrolamentos superior e inferior sejam exatamente iguais e os campos magnéticos se cancelem perfeitamente. O grau de atenuação da portadora depende também dos diodos. A maior supressão de portadora ocorre quando as características dos diodos são perfeitamente casadas. Uma supressão de portadora de 40 dB é conseguida com componentes bem balanceados.

Considere agora que uma onda senoidal de baixa frequência seja aplicada no primário de T_1 como o sinal modulante. Este sinal aparece no secundário de T_1. As chaves a diodo conectam o secundário de T_1 ao primário de T_2 em diferentes momentos, dependendo da polaridade da portadora. Quando a polaridade da portadora é conforme mostra a Figura 4-26 (a), os diodos D_1 e D_2 conduzem se comportando como chaves fechadas. Neste momento, D_3 e D_4 estão polarizados reversamente e estão eletricamente fora do circuito. Como resultado, o sinal modulante no secundário de T_1 é aplicado ao primário de T_2 através de D_1 e D_2.

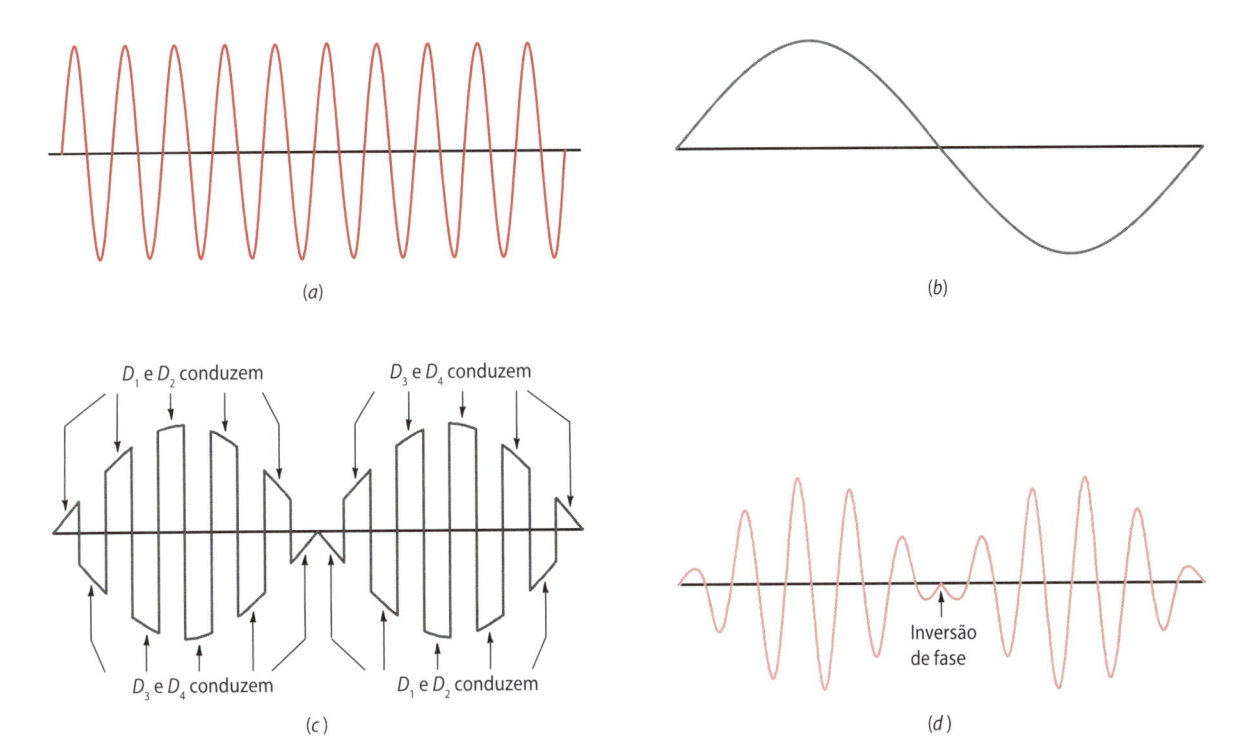

Figura 4-26 Formas de onda em um modulador balanceado tipo treliça. (a) Portadora. (b) Sinal modulante. (c) Sinal SDB no primário de T_2. (d) Saída DSB.

Quando a polaridade da portadora inverte, D_1 e D_2 cortam e D_3 e D_4 conduzem. Novamente, uma parte do sinal modulante no secundário de T_1 é aplicada ao primário de T_2, mas dessa vez os terminais foram efetivamente invertidos por causa das conexões de D_3 e D_4. O resultado é uma fase invertida em 180º. Com essa conexão, se o sinal modulante for positivo, a saída será negativa, e vice-versa.

Na Figura 4-26, a portadora opera em uma frequência consideravelmente maior do que o sinal modulante. Portanto, os diodos ligam e desligam em uma taxa alta, fazendo com que partes do sinal modulante passem pelos diodos em diferentes momentos. O sinal DSB que aparece no primário de T_2 é ilustrado na Figura 4-26(c). A ascensão e queda rápida da forma de onda são causadas pela comutação rápida dos diodos. Devido à ação de comutação a forma de onda contém harmônicos da portadora. Geralmente, o secundário de T_2 é um circuito ressonante como mostrado, e, portanto, os harmônicos de alta frequência são eliminados, deixando o sinal DSB como mostra a Figura 4-26(d).

> **É BOM SABER**
>
> Em DSB e SSB, a portadora suprimida no transmissor deve ser reinserida no receptor para recuperar a informação.

Existem algumas coisas importantes a se observar neste sinal. Primeiro, a forma de onda de saída é na frequência da portadora. Isso é verdade, embora a portadora tenha sido removida. Se duas ondas senoidais nas frequências das bandas laterais são somadas algebricamente, o resultado é um sinal senoidal na frequência da portadora com a variação de amplitude mostrada na Figura 4-26(c) ou (d). Observe que a envoltória do sinal de saída *não* é a forma do sinal modulante. Note também a inversão de fase no centro da forma de onda, que é uma indicação de que o sinal observado é um DSB verdadeiro.

Embora os moduladores em treliça possam ser construídos com componentes discretos, eles são encontrados geralmente em módulos únicos contendo os transformadores e diodos em um único encapsulamento. Este pode ser utilizado como um componente individual. Os transformadores são cuidadosamente balanceados e os diodos são combinados para proporcionarem uma ampla faixa de frequência de operação e uma supressão de portadora superior.

O modulador em treliça a diodo mostrado na Figura 4-25 usa um transformador de núcleo de ferro de baixa frequência para o sinal modulante e um transformador de núcleo de ar para a saída RF. Essa é uma configuração inconveniente, porque o transformador de baixa frequência é grande e caro. O mais comum é usar dois transformadores de RF como mostra a Figura 4-27, em que o sinal modulante é aplicado nas derivações centrais dos transformadores de RF. A operação desse circuito é similar a de outros moduladores em treliça.

» CIs moduladores balanceados

Outro circuito modulador balanceado muito empregado usa amplificadores diferenciais. Um exemplo típico, CI MODULADOR BALANCEADO 1496/1596, é mostrado na Figura 4-28. Esse circuito pode operar em frequências de portadora de até aproximadamente 100 MHz e pode alcançar uma supressão de portadora de 50 a 65 dB. Os números dos pinos mostrados nas entradas e saídas do CI são relativos ao encapsulamento DIP de 14 pinos. O dispositivo é encontrado também com encapsulamento metálico de 10 pinos.

Na Figura 4-28, os transistores Q_7 e Q_8 são fontes de corrente constante e são polarizados com um único resistor externo e uma fonte negativa. Eles fornecem correntes iguais para os dois amplificadores diferenciais. Um amplificador diferencial é constituído por Q_1, Q_2 e Q_3 e o outro por Q_3, Q_4 e Q_6. O sinal modulante é aplicado nas bases de Q_5 e Q_6. Esses transistores são conectados no percurso da corrente dos transistores diferenciais e variam a amplitude da corrente de acordo com o sinal modulante. A corrente em Q_5 está 180º fora de fase em relação à corrente em Q_6. Conforme a corrente em Q_5 aumenta, a corrente em Q_6 diminui e vice-versa.

Os transistores diferenciais de Q_1 a Q_4, que são controlados pela portadora, operam como chaves. Quando a entrada da portadora for tal que o terminal de entrada inferior seja positivo em relação ao terminal superior, os transistores Q_1 e Q_4 conduzem e se comportam como chaves fechadas e Q_2 e Q_3 estão em corte. Quando a polaridade da portadora inverte, Q_1 e Q_4 cortam e Q_2 e Q_3 conduzem, se comportando como chaves fechadas. Portanto, esses transistores diferenciais têm a mesma finalidade de comutação que os diodos no circuito modulador em treliça discutido antes. Eles ligam e desligam na frequência da portadora.

Considere que uma portadora de frequência alta seja aplicada aos transistores de comutação Q_1 e Q_4 e que uma senoide de baixa frequência seja aplicada na entrada de sinal modulante em Q_5 e Q_6. Considere que o sinal modulante seja posi-

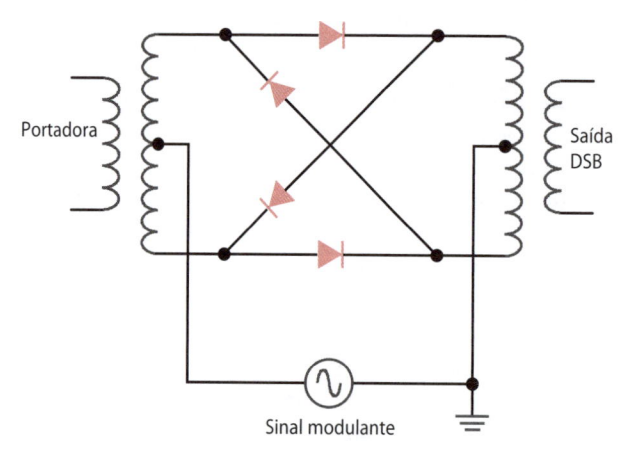

Figura 4-27 Versão modificada do modulador em treliça que não requer um transformador de núcleo de ferro para o sinal modulante de baixa frequência.

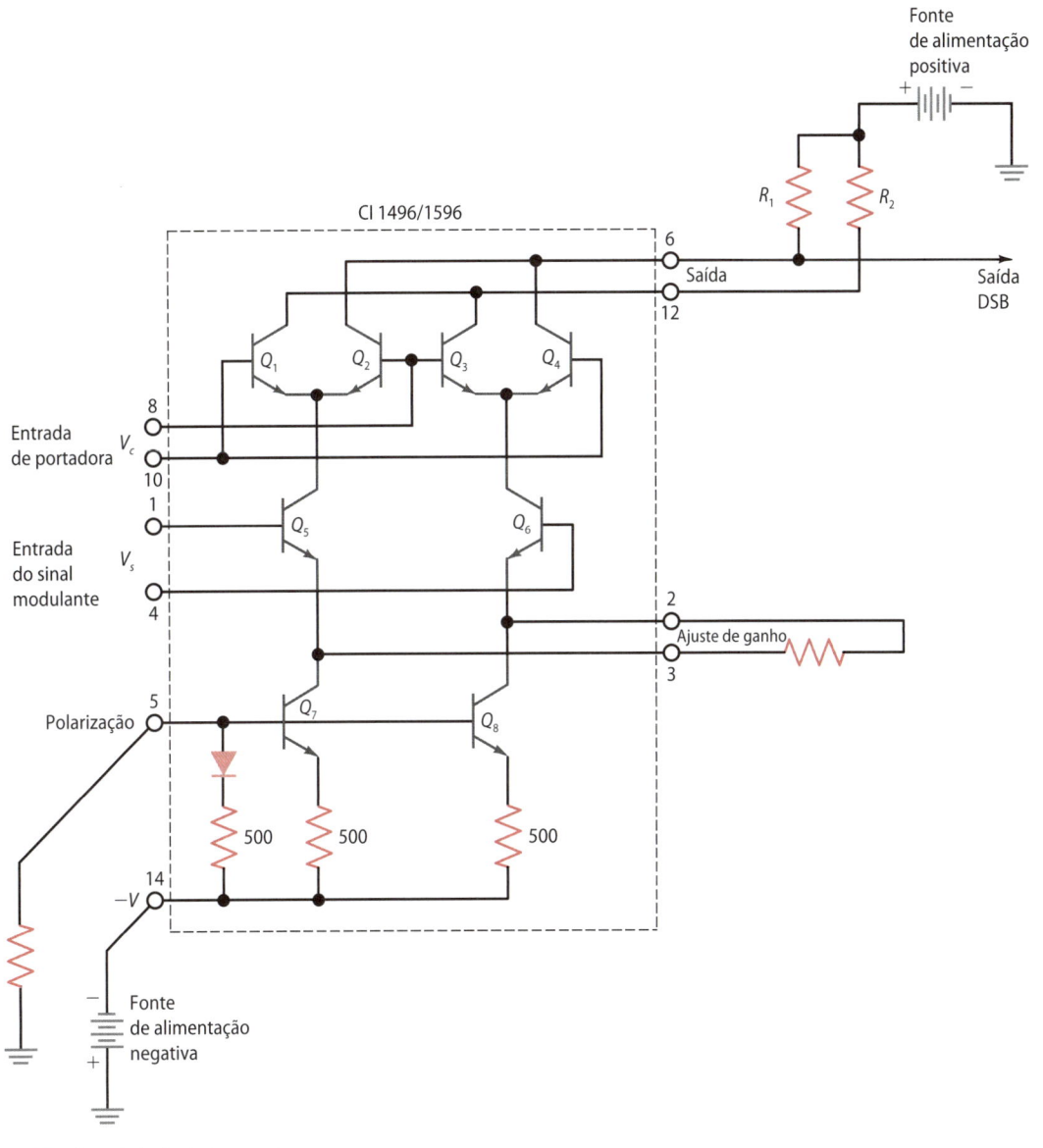

Figura 4-28 CI modulador balanceado.

tivo de modo que a corrente em Q_5 aumenta enquanto a corrente em Q_6 diminui. Quando a polaridade da portadora for positiva, Q_1 e Q_4 conduzem. À medida que a corrente em Q_5 aumenta, a corrente em Q_1 e R_2 aumenta proporcionalmente; portanto, a tensão de saída no coletor de Q_1 varia no sentido negativo. À medida que a corrente em Q_6 diminui, a corrente em Q_4 e R_1 diminui. Portanto, a tensão de saída no coletor de Q_4 aumenta. Quando a polaridade da portadora inverte, Q_2 e Q_3 conduzem. A corrente de Q_5 que aumenta passa por Q_2 e R_1, e, portanto, a tensão de saída diminui. A diminuição de corrente em Q_6 passa agora por Q_3 e R_2, fazendo com que a tensão de saída aumente. O resultado do ligamento e desligamento do sinal modulante que varia conforme indicado, produz o sinal de saída DSB clássico descrito antes [veja a Figura 4-26(c)]. O sinal em R_1 é igual ao sinal em R_2, mas os dois estão 180° fora de fase.

É BOM SABER

O CI 1496 é um dos CIs mais versáteis para aplicações de comunicação. Além de ser um modulador balanceado, ele pode ser reconfigurado para ser um modulador de amplitude, um detector de produto ou um detector síncrono.

A Figura 4-29 mostra o CI 1496 conectado para operar como um circuito DSB ou AM. Os componentes adicionais foram incluídos no circuito da Figura 4-28 para prover entradas de um só terminal (*single-ended*) em vez de balanceadas para a portadora, entradas para o sinal modulante e uma forma de sintonia fina do balanceamento da portadora. O potenciômetro entre os pinos 1 e 4 permite a sintonia para uma portadora mínima na saída, compensar os menores desequilíbrios no circuito modulador balanceado interno e correção para as tolerâncias nos resistores, proporcionando assim máxima supressão de portadora. A supressão da portadora pode ser ajustada até pelo menos 50 dB na maioria das condições e até 65 dB em frequências baixas.

Aplicações para os CIs 1496/1596. O CI 1496 é um dos mais versáteis circuitos disponíveis para aplicações de comunicação. Além do seu uso como modulador balanceado, ele pode ser reconfigurado para ser um modulador de amplitude ou um detector síncrono.

Na Figura 4-29 os resistores de 1 kΩ polarizam os amplificadores diferenciais na região linear de modo que eles amplifiquem a portadora de entrada. O sinal modulante é aplicado aos transistores de emissor em série, Q_5 e Q_6. Uma malha de ajuste com um potenciômetro de 50 kΩ permite o controle da quantidade de sinal modulante que é aplicado em cada par interno de amplificadores diferen-

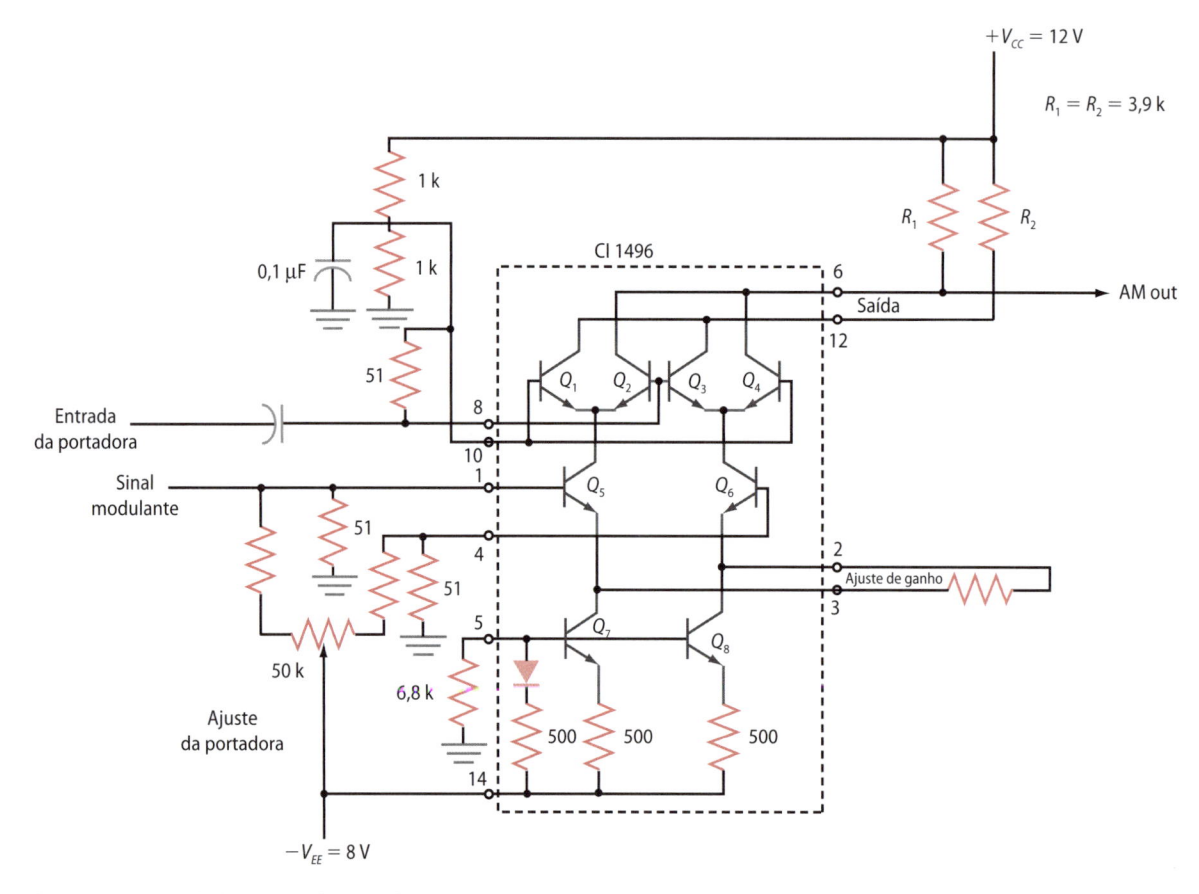

Figura 4-29 Modulador AM implementado com o CI 1496.

ciais. Se o potenciômetro for ajustado próximo ao centro, a portadora é balanceada e o circuito funciona como um modulador balanceado. Quando o potenciômetro é ajustado na posição central, a portadora é suprimida e a saída é AM DSB.

Se o potenciômetro for posicionado em uma extremidade ou na outra, um par de amplificadores diferenciais recebe uma parte pequena, ou nenhuma, da portadora amplificada e o outro par recebe a maior parte ou toda a portadora. O circuito torna-se uma versão de um modulador com amplificador diferencial mostrado na Figura 4-11(b). Esse circuito funciona muito bem, mas tem uma impedância de entrada alta. As impedâncias de entrada da portadora e do sinal modulante são iguais ao valor do resistor de 51 Ω. Isso significa que as fontes da portadora e do sinal modulante devem ser provenientes de circuitos com baixas impedâncias de saída, como seguidores de emissor ou AOPs.

A Figura 4-30 mostra o CI 1496 conectado como um detector síncrono para AM. O sinal AM é aplicado aos transistores de emissor Q_5 e Q_6, variando assim as correntes de emissor nos amplificadores diferenciais, que neste caso são usados como chaves para ligar e desligar o sinal AM nos momentos exatos. A portadora deve estar em fase com o sinal AM.

Neste circuito, a portadora pode ser derivada do próprio sinal AM. Na realidade, a conexão do sinal AM nas duas entradas funciona se o sinal AM tiver uma amplitude suficientemente alta. Quando a amplitude é suficientemente alta, o sinal AM aciona os transistores de Q_1 a Q_4 nos estados de corte e saturação, removendo assim quaisquer variações de amplitude. Como a portadora é derivada do sinal AM, ela está perfeitamente em fase para proporcionar uma demodulação de alta qualidade. As variações da portadora são filtradas na saída por um filtro passa-baixas RC, deixando o sinal de informação recuperado.

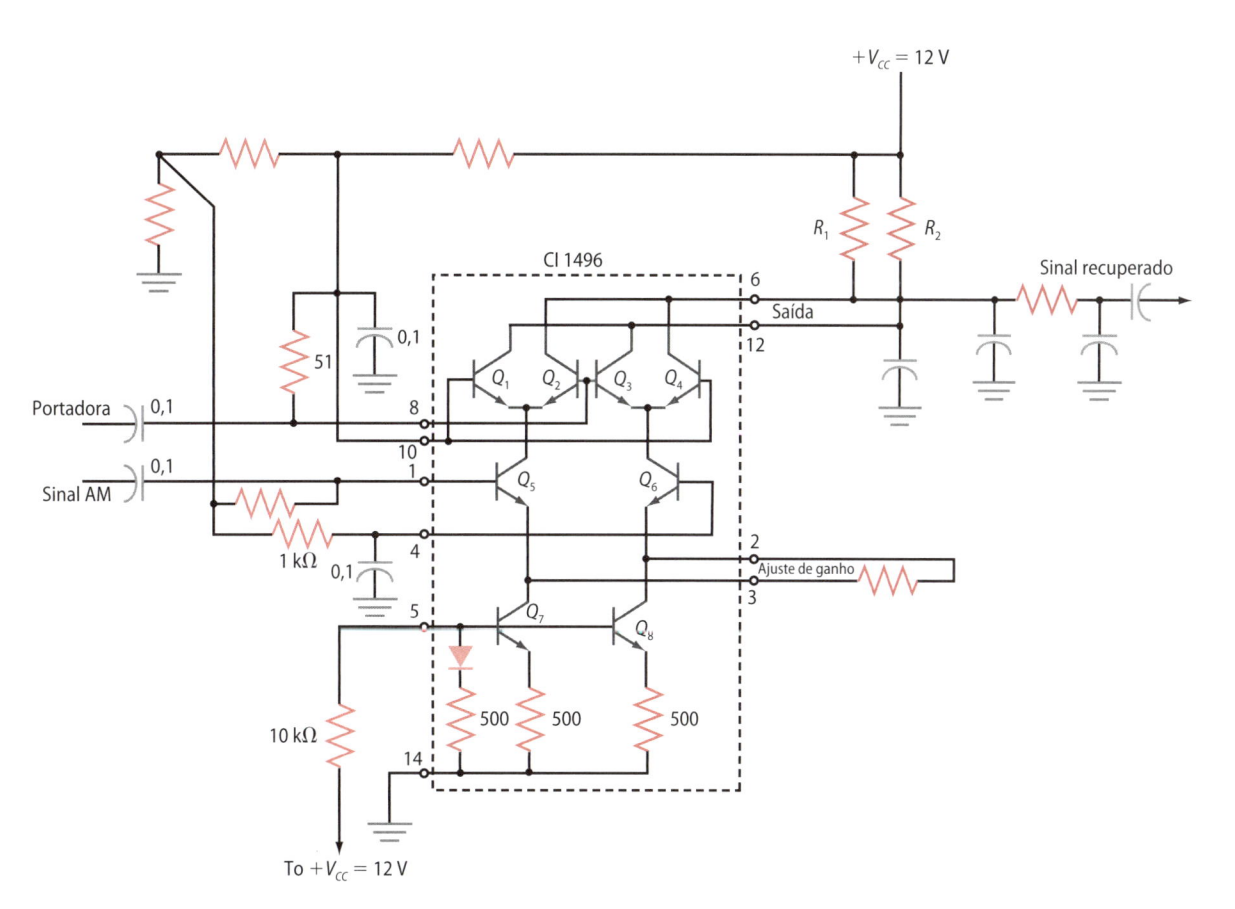

Figura 4-30 Detector AM síncrono utilizando o CI 1496.

Multiplicador analógico. Outro tipo de CI que pode ser usado como um modulador balanceado é o **MULTIPLICADOR ANALÓGICO**. Estes circuitos são geralmente usados para gerar sinais DSB. A principal diferença entre um CI modulador balanceado e um multiplicador analógico é que o modulador balanceado é um circuito de chaveamento. A portadora, que pode ser uma onda retangular, faz ligar e desligar os transistores do amplificador diferencial para chavear o sinal modulante. O multiplicador analógico usa amplificadores diferenciais, mas ele opera no modo linear. A portadora tem que ser uma senoide e este circuito produz o produto verdadeiro de dois sinais analógicos de entrada.

Dispositivos na forma de CI. Os circuitos descritos aqui são aplicáveis e utilizam circuitos integrados de larga escala nos quais receptores completos são inseridos em um único *chip* de silício. Entretanto, os circuitos são mais plausíveis de serem implementados com MOSFETs em vê de transistores bipolares.

» Circuitos SSB

Geração de Sinais SSB: Método do Filtro

O método mais simples e mais utilizado de geração de sinais SSB é o método do filtro. A Figura 4-31 mostra um diagrama em bloco geral de um transmissor SSB utilizando o método do filtro. O sinal modulante, geralmente um sinal de voz de um microfone, é aplicado ao amplificador de áudio, cuja saída alimenta a entrada de um modulador balanceado. Um oscilador a cristal fornece um sinal de portadora, que também é aplicado ao modulador balanceado. A saída deste modulador é um sinal de **BANDA LATERAL DUPLA (DSB)**. Um sinal SSB é produzido passando o sinal DSB por um filtro passa-faixa altamente seletivo que seleciona a banda superior ou a inferior.

O principal requisito deste filtro é, obviamente, permitir a passagem apenas da banda lateral desejada. Estes filtros são geralmente projetados com uma largura de banda de aproximadamente e 2,5 a 3 kHz, fazendo com eles sejam suficientemente largos para permitir a passagem apenas das frequências de voz padrão. As laterais das curvas de resposta deles são extremamente íngremes, fornecendo uma excelente seletividade. Eles são dispositivos de sintonia fixa; ou seja, a faixa de frequência que pode passar por eles não é alterável. Portanto, a frequência do oscilador da portadora tem que ser escolhida de modo que as bandas laterais estejam dentro da banda passante do filtro. Muitos filtros disponíveis comercialmente são sintonizados em 455 kHz, 3,35 MHz ou 9 MHz, embora outras frequências também sejam utilizadas. Os filtros de processamento digital de sinais (DSP) também são utilizados em equipamentos modernos.

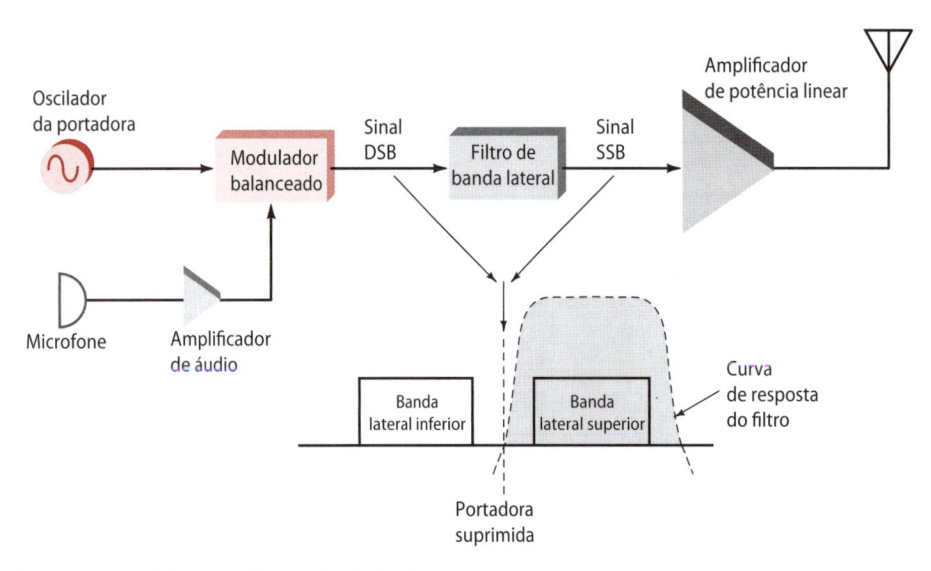

Figura 4-31 Um transmissor SSB que utiliza o método do filtro.

Com o método do filtro é necessário selecionar a banda lateral superior ou inferior. Como a mesma informação está contida nas duas bandas laterais, geralmente não faz diferença qual é a selecionada, desde que a mesma banda lateral seja usada no transmissor e no receptor. Entretanto, a escolha da banda lateral superior ou inferior como um padrão varia de um serviço para outro e é necessário saber qual foi utilizada para receber adequadamente o sinal SSB.

Existem dois métodos de seleção de banda lateral. Muitos transmissores simplesmente contêm dois filtros, um que permite a passagem da banda lateral superior e outro para a banda lateral inferior; e uma chave é usada para selecionar a banda lateral desejada [Figura 4-32(a)]. Um método alternativo é prover duas frequências para o oscilador da portadora. Dois cristais permitem a mudança da frequência do oscilador da portadora para fazer com que a banda lateral superior ou inferior apareça no filtro passa-faixa [veja a Figura 4-32(b)].

Como exemplo, considere que um filtro passa-faixa seja sintonizado em 1000 kHz e o sinal modulante seja $f_m = 2$ kHz. O modulador balanceado gera a frequência soma e a diferença. Portanto, a frequência da portadora, f_c, tem que ser escolhida de modo que USB ou LSB esteja em 1000 kHz. As saídas do modulador balanceado são USB = $f_c + f_m$ e LSB = $f_c - f_m$. Para escolher a USB em 1000 kHz, a portadora tem que ser $f_c + f_m = 1000$, $f_c + 2 = 1000$ e $f_c = 1000 - 2 = 998$ kHz. Para escolher a LSB em 1000 kHz a portadora tem que $f_c + f_m = 1000$, $f_c - 2 = 1000$ e $f_c = 1000 + 2 = 1002$ kHz.

Os filtros a cristal que são de baixo custo e de projeto relativamente simples, são de longe os filtros mais utilizados em transmissores SSB. O Q desses filtros é muito alto e proporciona uma seletividade muito boa. Os filtros de cerâmica são utilizados em alguns projetos. As frequências centrais típicas são 455 kHz e 10,7 MHz. Os filtros DSP também são utilizados em projetos mais modernos.

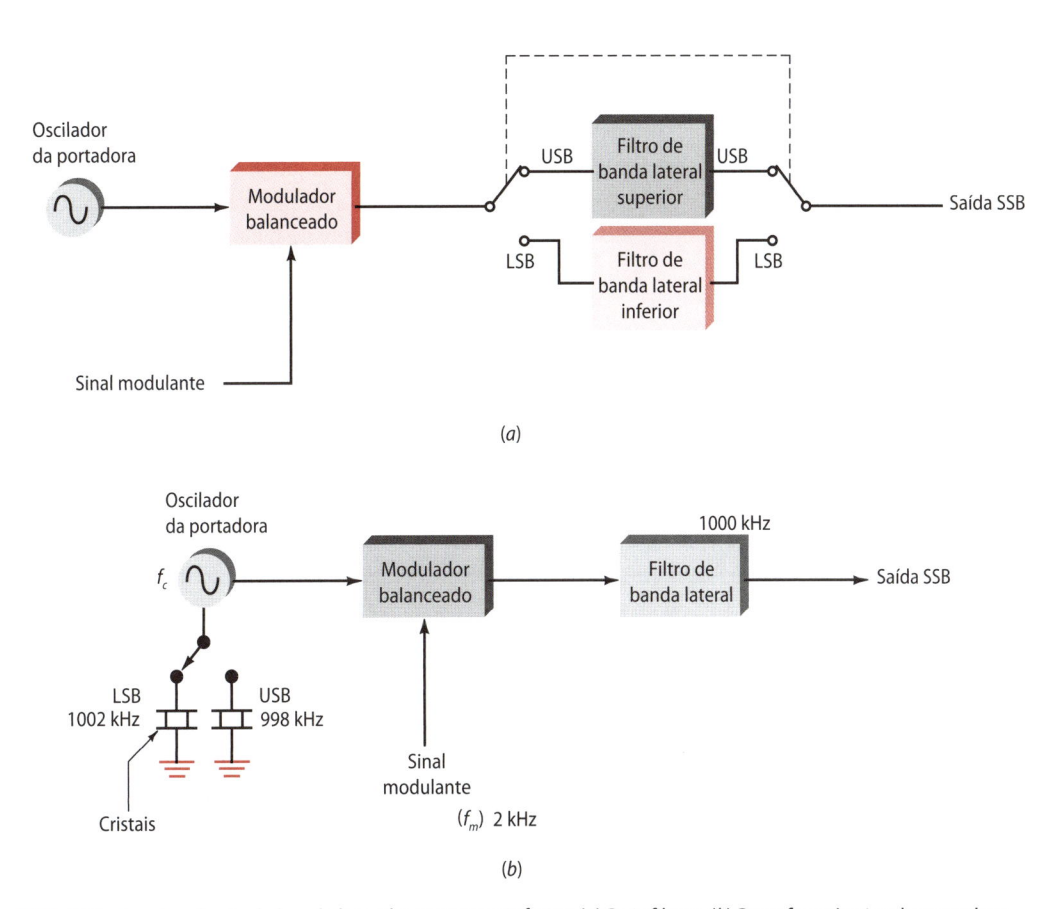

Figura 4-32 Métodos de seleção de banda lateral superior ou inferior. (a) Dois filtros. (b) Duas frequências de portadora.

EXEMPLO 4-2

Um transmissor SSB que utiliza o método do filtro da Figura 4-31 opera na frequência de 4,2 MHz. A faixa de frequência de voz é 300 a 3400 Hz.

a. Calcule as faixas das bandas laterais superior e inferior.

Banda lateral superior

Limite inferior de $f_{LL} = f_c + 300 = 4.200.00 + 300$
$= 4.200.300$ Hz

Limite superior de $f_{UL} = f_c + 3400 = 4.200.00 + 3400$
$= 4.203.400$ Hz

Faixa, USB = 4.200.300 a 4.203.400 Hz

Banda lateral inferior

Limite inferior de $f_{LL} = f_c - 300 = 4.200.000 - 300$
$= 4.199.700$ Hz

Limite superior de $f_{UL} = f_c - 3400 = 4.200.000 - 3400$
$= 4.196.600$ Hz

Faixa, USB = 4.196.000 a 4.199.700 Hz

b. Qual deve ser a frequência central aproximada de um filtro passa-faixa para selecionar a banda lateral inferior? A equação para a frequência central da banda lateral inferior, f_{LSB}, é

$$f_{LSB} = \sqrt{f_{LL} f_{UL}} = \sqrt{4.196.660 \times 4.199.700} = 4.198.149{,}7 \text{ Hz}$$

Uma aproximação é

$$f_{LSB} = \frac{f_{LL} + f_{UL}}{2} = \frac{4.196.600 + 4.199.700}{2} = 4.198.150 \text{ Hz}$$

» Geração de sinais SSB: Cancelamento

O método do cancelamento na geração de sinais SSB utiliza uma técnica de deslocamento de fase que faz com que uma das bandas laterais seja cancelada. A Figura 4-33 mostra um diagrama em bloco de um gerador SSB do tipo cancelamento. Ele utiliza dois moduladores balanceados, que efetivamente eliminam a portadora. O oscilador da portadora é aplicado diretamente ao modulador balanceado superior juntamente com o sinal modulante de áudio. A portadora e o sinal modulante passam então por um deslocamento de fase de 90° e são aplicados no segundo modulador balanceado, o inferior. Esse deslocamento de fase faz com que uma banda lateral seja cancelada quando as saídas dos dois moduladores balanceados são somadas para produzir a saída final.

É BOM SABER

Quando o método do filtro é utilizado para produzir sinais SSB, a banda lateral superior ou a inferior é selecionada. A escolha da banda lateral, superior ou inferior, varia de um serviço para outro e tem que ser conhecida para a recepção apropriada de um sinal SSB.

O sinal da portadora é $V_c \operatorname{sen} 2\pi f_c t$. O sinal modulante é $V_m \operatorname{sen} 2\pi f_m t$. O modulador balanceado 1 produz o produto desses dois sinais: $(V_m \operatorname{sen} 2\pi f_m t)(V_c \operatorname{sen} 2\pi f_c t)$. Aplicando a seguinte identidade trigonométrica comum

$$\operatorname{sen} A \operatorname{sen} B = 0{,}5[\cos(A - B) - \cos(A + B)]$$

temos

$$(V_m \operatorname{sen} 2\pi f_m t)(V_c \operatorname{sen} 2\pi f_c t) =$$
$$0{,}5 V_m V_c [\cos(2\pi f_c - 2\pi f_m)t - \cos(2\pi f_c + 2\pi f_m)t]$$

Note que essas são as frequências soma e diferença, ou as bandas laterais superior e inferior.

É importante lembrar que uma onda cossenoidal é simplesmente uma onda senoidal deslocada de 90°; ou seja, ela tem exatamente a mesma forma que a onda senoidal, mas ela está 90° à frente no tempo. Uma onda cossenoidal está *adiantada* 90° em relação a uma onda senoidal, e esta está *atrasada* 90° em relação a onda cossenoidal.

O deslocador de fase na Figura 4-33 cria ondas cossenoidais da portadora e do sinal modulante que são multiplicadas no modulador balanceado 2 para produzir $(V_m \operatorname{sen} 2\pi f_m t) \times (V_c \operatorname{sen} 2\pi f_c t)$. Aplicando outra identidade trigonométrica comum

$$\cos A \cos B = 0{,}5[\cos(A - B) + \cos(A + B)]$$

temos

$$(V_m \cos 2\pi f_m t)(V_c \cos 2\pi f_c t) =$$
$$0{,}5 V_m V_c [\cos(2\pi f_c - 2\pi f_m)t + \cos(2\pi f_c + 2\pi f_m)t]$$

Quando somamos as expressões em seno dadas antes com a expressão em cosseno ora apresentada, as frequências soma se cancelam e as frequências diferença são adicionadas, produzindo apenas a banda lateral inferior $\cos[(2\pi f_c - 2\pi f_m)]$.

Deslocamento de fase da portadora. Um deslocador de fase da portadora é geralmente uma malha *RC* que provoca na saída um adiantamento ou um atraso de 90° em relação à

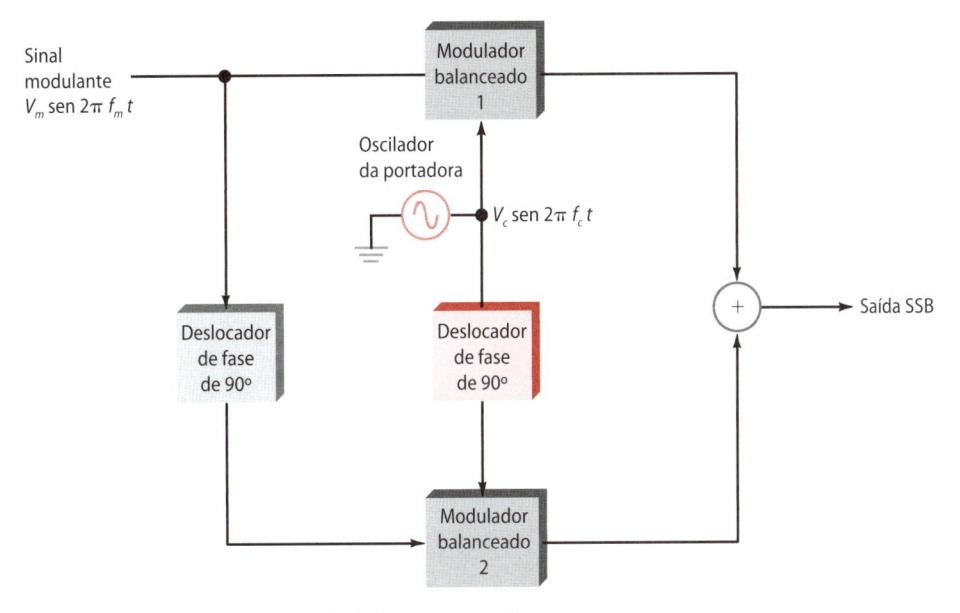

Figura 4-33 Gerador SSB que utiliza o método do deslocamento de fase.

entrada. Foram criados diferentes tipos de circuitos para produzir esse deslocamento de fase. Um deslocador de fase RF simples que consiste de duas seções RC, cada uma ajustada para produzir um deslocamento de fase de 45º, é mostrado na Figura 4-34. A seção constituída por R_1 e C_1 produz uma saída que está atrasada 45º em relação à entrada. A seção constituída por R_2 e C_2 produz um deslocamento de fase adiantado de 45º em relação à entrada. O deslocamento de fase total entre as duas saídas é 90º. Uma saída vai para o modulador balanceado 1 e a outra vai para o modulador balanceado 2.

Como um gerador SSB do tipo cancelamento pode ser implementado com CIs moduladores balanceados, como o CI 1496, e como estes podem ser acionados por uma portadora de onda quadrada, pode ser utilizado um deslocador de fase digital para prover as duas portadoras defasadas de 90º. A Figura 4-35 mostra dois *flip-flops* tipo D conectados como um registrador de deslocamento simples com realimentação do complemento da saída do *flip-flop* B para a entrada do *flip-flop* A. Poderia ser utilizado também *flip-flops* JK. Considere que o disparo (*trigger*) dos *flip-flops*, ou a mudança de estado, seja na borda negativa do sinal de *clock*. O sinal de *clock* é ajustado para uma frequência que é exatamente 4 vezes a frequência da portadora. Com esta configuração, cada *flip-flop* produz uma onda quadrada com ciclo de trabalho de 50% na frequência da portadora e os dois sinais estão exatamente com 90º fora de fase entre si. Esses sinais fazem o amplificador diferencial comutar nos moduladores balanceados (CI 1496) e essa relação de fase é mantida independente do *clock* ou da frequência da portadora. Os *flip-flops* TTL podem ser utilizados em frequências de até cerca de 50 MHz. Para frequências maiores, que excedam a 100 MHz, podem ser utilizados flip-flops de lógica por acoplamento de emissor (ECL). Nos circuitos integrados CMOS, essa técnica é utilizada em até 10 GHz.

Figura 4-34 Deslocador de fase de 90º para uma única frequência.

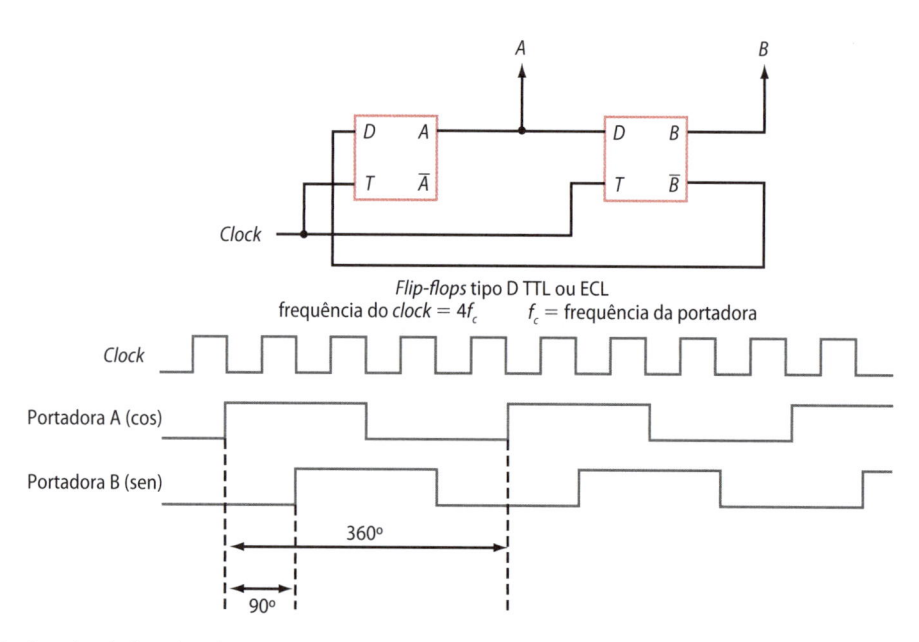

Figura 4-35 Deslocador de fase digital.

Deslocamento de fase do áudio. A parte mais difícil no projeto de um gerador SSB do tipo cancelamento é projetar um circuito que mantenha um deslocamento de fase constante de 90º ao longo de uma ampla faixa de frequência modulante de áudio. (Tenha em mente que um deslocamento de fase é simplesmente um deslocamento de tempo entre ondas senoidais de mesma frequência.) Uma malha *RC* produz um valor específico de deslocamento de fase em apenas uma frequência porque a reatância capacitiva varia com a frequência. No deslocador de fase da portadora, isso não era problema, visto que a portadora é mantida em uma frequência constante. Entretanto, o sinal modulante é geralmente uma banda de frequência, tipicamente na faixa de áudio, de 300 a 3000 Hz.

Um dos circuitos geralmente utilizado para produzir um deslocamento de fase ao longo de uma largura de banda é mostrado na Figura 4-36. A diferença no deslocamento de fase entre a saída do modulador 1 e a saída do modulador 2 é 90º ± 1,5º ao longo da faixa de 300 a 3000 Hz. Os valores dos resistores e capacitores têm que ser cuidadosamente se-

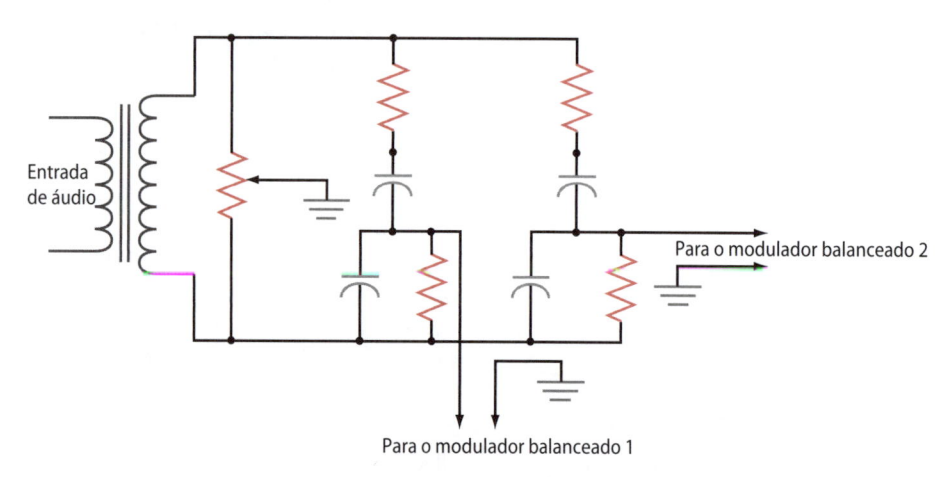

Figura 4-36 Deslocador de fase que produz um deslocamento de 90º na faixa de 300 a 3000 Hz.

lecionados para garantir precisão no deslocamento de fase, visto que imprecisões causam cancelamento incompleto da banda lateral indesejada.

Um deslocador de fase de banda larga de áudio que utiliza um AOP em uma configuração de filtro ativo é mostrado na Figura 4-37. A seleção cuidadosa de componentes garante que o deslocamento de fase da saída será bem próximo de 90° ao longo da faixa de frequência de áudio, 300 a 3000 Hz. Uma precisão maior de deslocamento de fase pode ser conseguida utilizando estágios múltiplos, com cada estágio tendo valores de componentes diferentes e, portanto, um valor de deslocamento de fase diferente. Os deslocamentos de fase em múltiplos estágios produzem um deslocamento total de 90°.

O método do cancelamento pode ser utilizado para selecionar a banda lateral superior ou a inferior. Isso é feito variando o deslocamento de fase do sinal de áudio ou da portadora nas entradas do modulador balanceado. Por exemplo, aplicando o sinal de áudio diretamente no modulador balanceado 2 na Figura 4-33 e o sinal com fase deslocada em 90° no modulador balanceado 1 fará com que a banda lateral superior seja selecionada em vez da inferior. A relação de fase da portadora também pode ser comutada para fazer essa mudança.

A saída do gerador SSB do tipo cancelamento é um sinal SSB de baixo nível. O grau de supressão da portadora depende da configuração e precisão dos moduladores balanceados. E a precisão do deslocamento de fase determina o grau de supressão da banda lateral indesejada. O projeto de um gerador SSB do tipo cancelamento é crítico se for necessário conseguir a supressão completa da banda lateral indesejada. A saída SSB é então aplicada ao amplificador RF linear, onde seu nível de potência é aumentado antes de ser aplicado na antena transmissora.

» Demodulação DSB e SSB

Para recuperar a informação em um sinal SDB ou SSB, a portadora que foi suprimida tem que ser reinserida no receptor. Considere, por exemplo, que um tom senoidal de 3 kHz seja transmitido pela modulação de uma portadora de 1000 kHz. Com a transmissão SSB da banda lateral superior, o sinal transmitido é 1000 + 3 = 1003 kHz. Agora, no receptor, o sinal SSB (1003 kHz da USB) é utilizado para modular uma portadora de 1000 kHz. Veja a Figura 4-38(a). Se um modulador balanceado for usado, a portadora de 1000 kHz é suprimida, mas os sinais da soma e da diferença são gerados. O modulador balanceado é denominado **DETECTOR DE PRODUTO**, porque ele é usado para recuperar o sinal modulante em vez de gerar uma portadora que o transmitirá. As frequências da soma e da diferença produzidas são

Soma: $1003 + 1000 = 2003$ kHz
Diferença: $1003 - 1000 = 3$ kHz

A diferença é, obviamente, o sinal de informação original ou o sinal modulante. A soma, o sinal de 2003 kHz, não tem importância ou significado. Visto que as duas frequências de saída do modulador balanceado estão tão distantes, a frequência indesejada, a maior, é facilmente filtrada por um filtro passa-baixas que permite a passagem do sinal de 3 kHz, mas suprime qualquer outro acima desta frequência.

Qualquer modulador balanceado pode ser usado como um detector de produto para demodular sinais SSB. Muitos

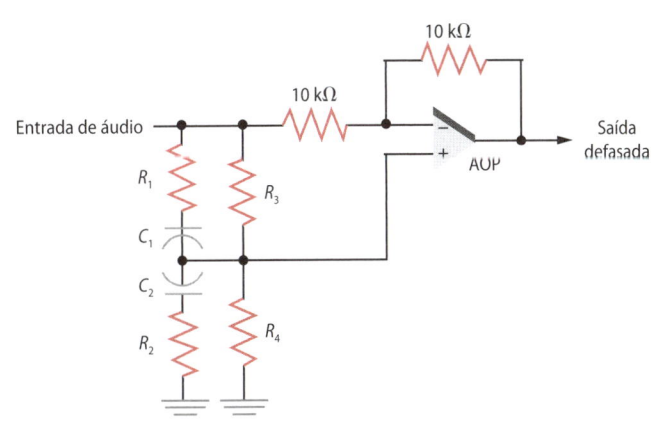

Figura 4-37 Deslocador de fase ativo.

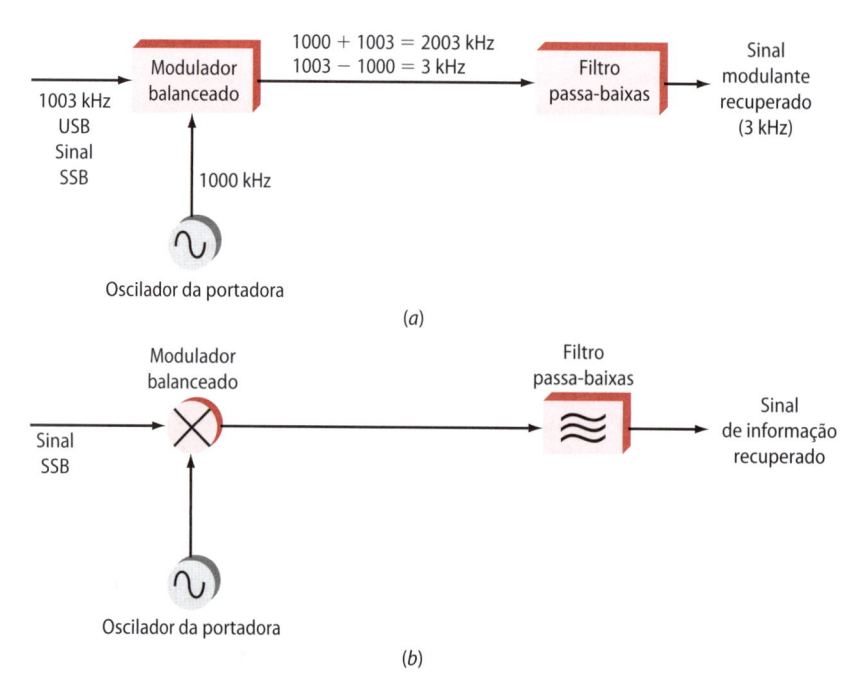

Figura 4-38 Modulador balanceado utilizado como um detector de produto para demodular um sinal SSB.

circuitos especiais detectores de produto foram desenvolvidos. Os moduladores em treliça ou CIs como o 1496 possibilitam a implementação de bons detectores de produto. Tudo o que precisa ser feito é conectar um filtro passa-baixas na saída para se livrar do sinal de frequência alta indesejado enquanto permite a passagem do sinal de diferença desejado. A Figura 4-38(b) mostra uma convenção amplamente aceita para representar circuitos moduladores balanceados. Note os símbolos especiais utilizados para o modulador balanceado e para o filtro passa-baixas.

REVISÃO DO CAPÍTULO

Resumo

Um tipo de circuito AM varia o ganho do amplificador ou a atenuação do divisor de tensão de acordo com o sinal modulante mais 1. Outro aplica o produto da portadora pelo sinal modulante em um circuito ou componente não linear. Um circuito ressonante em paralelo sintonizado na frequência da portadora, com uma largura de banda ampla o suficiente para filtrar o sinal modulante, bem como o segundo harmônico e os de ordem maior da portadora, pode ser utilizado para produzir uma onda AM.

O AM de baixo nível pode ser produzido por diversos tipos de circuitos. Na modulação de alto nível, o modulador varia a tensão e a potência do estágio de amplificação RF do transmissor.

Circuitos demoduladores (detectores) aceitam um sinal modulado e recuperam a informação modulante original. O detector AM básico é um retificador de meia onda. Os detectores síncronos utilizam um *clock* interno para ligar e desligar o sinal AM, produzindo retificação.

Um modulador balanceado é um circuito que gera um sinal DSB. O modulador em treliça, ou diodo em anel, é o modulador balanceado mais utilizado.

Os filtros usados para gerar sinais SSB devem ser de alta seletividade. Os filtros a cristal são mais comuns, mas os filtros DSP se tornam cada vez mais utilizados.

Os detectores de produto, que são circuitos para demodulação ou detecção de sinais DSB ou SSB, geram o produto matemático entre o sinal SSB e a portadora.

Questões

1. Qual operação matemática produz a modulação em amplitude?
2. Um dispositivo que produz modulação em amplitude tem que tipo de curva de resposta?
3. Descreva as duas formas básicas em que os circuitos moduladores de amplitude geram o sinal AM.
4. Qual é o tipo de dispositivo semicondutor que apresenta uma curva de resposta quase quadrática?
5. Quais os quatro sinais e frequências que aparecem na saída de um modulador a diodo de baixo nível?
6. Que componente parece com um diodo PIN quando ele é usado em um modulador de amplitude?
7. Cite a principal aplicação dos diodos PIN como moduladores de amplitude.
8. Que tipo de amplificador deve ser utilizado para reforçar a potência de um sinal AM de baixo nível?
9. Como funciona um modulador a amplificador diferencial?
10. Em qual estágio de um transmissor o modulador é conectado em um transmissor AM de alto nível?
11. Qual é a mais simples e mais comum técnica para a demodulação de um sinal AM?
12. Qual é o componente de valor mais crítico em um circuito detector a diodo? Explique.
13. Qual é o componente básico em um detector síncrono? Como esse componente opera?
14. Que sinal é gerado por um modulador balanceado?
15. Que tipo de modulador balanceado utiliza transformadores e diodos?
16. Qual é o filtro mais comum utilizado em um gerador SSB do tipo filtro?
17. Qual a parte mais difícil na geração SSB para sinais de voz utilizando o método do cancelamento?
18. Que tipo de modulador balanceado proporciona a maior supressão de portadora?
19. Qual é o nome do circuito utilizado para demodular um sinal SSB?
20. Qual sinal tem que estar presente em um demodulador SSB além do sinal a ser detectado?

Problemas

1. Um transmissor modulado em coletor tem uma tensão de alimentação de 48 V e uma corrente de coletor com média de 600 mA. Qual é a potência de entrada do transmissor? Qual é o valor da potência do sinal modulante necessária para produzir modulação de 100%? ◆
2. Um gerador SSB tem uma portadora de 9 MHz, ele é utilizado para frequências de voz na faixa de 300 a 3300 Hz. A banda lateral inferior é selecionada. Qual é a frequência central aproximada do filtro para permitir a passagem da banda lateral inferior?
3. Um CI 1496, modulador balanceado, tem uma entrada de nível de portadora de 200 mV. A supressão alcançada é de 60 dB. Qual é o valor de tensão da portadora aparece na saída? ◆

◆ As respostas para os problemas selecionados estão após o último capítulo.

Raciocínio crítico

1. Cite as vantagens e desvantagens relativas dos detectores síncronos *versus* outros tipos de demoduladores de amplitude.
2. Um modulador balanceado pode ser utilizado como um detector síncrono? Explique.
3. Um sinal SSB é gerado por uma portadora de 5 MHz modulada por um tom senoidal de 400 Hz. No receptor, a portadora é reinserida durante a demodulação, mas sua frequência é 5,00015 MHz em vez de ser exatamente 5 MHz. Como isso afeta o sinal recuperado? Como um sinal de voz seria afetado por uma portadora que não é exatamente a mesma portadora original?

capítulo 5

Fundamentos da modulação em frequência

Uma portadora senoidal pode ser modulada variando sua amplitude, frequência ou fase. A equação básica para uma onda portadora é

$$v = V_c \operatorname{sen}(2\pi ft + \theta)$$

onde V_c = amplitude de pico, f = frequência e q = ângulo de fase.

A "impressão" de um sinal de informação em uma portadora variando sua frequência produz o sinal FM (*frequency modulation*). A variação do deslocamento de fase da portadora com o sinal modulante é denominada de modulação em fase (PM – *phase modulation*). A variação de fase de uma portadora também produz FM. FM e PM são coletivamente conhecidas como *modulação de ângulo*. Como o FM geralmente é superior em desempenho em relação ao AM, ele é muito utilizado em diversas áreas de comunicação eletrônica.

Objetivos deste capítulo

» Comparar e contrastar as modulações em frequência e fase.

» Calcular o índice de modulação dado o desvio máximo e a frequência modulante máxima e utilizar o índice de modulação e os coeficientes de Bessel para determinar o número de bandas laterais significantes em um sinal FM.

» Calcular a largura de banda de um sinal FM utilizando dois métodos e explicar a diferença entre eles.

» Explicar como a pré-ênfase é utilizada para resolver o problema da interferência de componentes de frequência alta pelo ruído.

» Listar as vantagens e desvantagens do FM em comparação com o AM.

» Apresentar as razões para a superior imunidade do FM ao ruído.

» Princípios básicos da modulação em frequência

Em FM, a amplitude da portadora permanece constante e a frequência dela é alterada pelo sinal modulante. Conforme a amplitude do sinal de informação varia, a frequência da portadora muda proporcionalmente. À medida que a amplitude do sinal modulante aumenta, a frequência da portadora aumenta. Se a amplitude do sinal modulante diminui, a frequência da portadora diminui. A relação inversa também pode ser implementada. Uma diminuição do sinal modulante aumenta a frequência da portadora acima do valor central, ao passo que um aumento do sinal modulante diminui a frequência da portadora abaixo do seu valor central. À medida que a amplitude do sinal modulante varia, a frequência da portadora varia acima e abaixo do centro normal, ou *repouso*, que é a frequência sem modulação. O valor da variação da frequência da portadora produzida pelo sinal modulante é denominado de DESVIO DE FREQUÊNCIA, F_D. O desvio de frequência máximo ocorre na amplitude máxima do sinal modulante.

> **É BOM SABER**
>
> A frequência do sinal modulante determina a razão de desvio da frequência ou quantas vezes por segundo a frequência da portadora desvia para cima e para baixo de sua frequência central.

A frequência do sinal modulante determina a razão do desvio de frequência ou quantas vezes por segundo a frequência da portadora é desviada acima e abaixo da sua frequência central. Se o sinal modulante for uma onda senoidal de 500 Hz, a frequência da portadora é desviada para cima e para baixo da frequência central 500 vezes por segundo.

Um sinal FM é ilustrado na Figura 5-1(*c*). Normalmente, a portadora [Figura 5-1(*a*)] é uma onda senoidal, mas aqui ela é mostrada como uma onda triangular para simplificar a ilustração. Sem sinal modulante aplicado, a frequência da portadora é uma onda senoidal de amplitude constante em sua frequência de repouso normal.

O sinal de informação modulante [Figura 5-1(*b*)] é uma onda senoidal de baixa frequência. À medida que esta onda vai para o positivo, a frequência da portadora aumenta proporcionalmente. A frequência mais alta ocorre na amplitude de pico do sinal modulante. À medida que a amplitude do sinal modulante diminui, a frequência da portadora diminui. Quando o sinal modulante tem amplitude zero, a portadora está em seu ponto de frequência central.

Quando o sinal modulante vai para o negativo, a frequência da portadora diminui. Ela continua a diminuir até o pico do semiciclo negativo do sinal modulante senoidal seja alcançado. Em seguida, conforme o sinal modulante aumenta em direção ao zero, a frequência da portadora aumenta novamente. Esse fenômeno é ilustrado na Figura 5-1(*c*), em que a onda senoidal da portadora parece ser primeiro comprimida e depois estendida pelo sinal modulante.

Considere uma frequência de portadora de 150 MHz. Se a amplitude de pico do sinal modulante provoca um desvio máximo de frequência de 30 kHz, a frequência da portadora será desviada para cima até 150,03 MHz e para baixo até 149,97 MHz. O desvio de frequência total é 150,03 − 149,97 = 0,06 MHz = 60 kHz. Entretanto, na prática o desvio de frequência é expresso como um valor de desvio da portadora acima e abaixo da frequência central. Portanto, o desvio de frequência para a portadora de 150 MHz é representada como ±30 kHz. Isso significa que o sinal modulante varia a portadora acima e abaixo da frequência central em 30 kHz. Note que a frequência do sinal modulante não tem efeito sobre o *valor* do desvio, que é estritamente uma função da amplitude do sinal modulante.

> **EXEMPLO 5-1**
>
> Um transmissor opera com uma frequência de 915 MHz. O desvio FM máximo é ±12,5 kHz. Quais são as frequências máxima e mínima da portadora durante a modulação?
>
> 915 MHz = 915.000 kHz
>
> Desvio máximo = 915.000 + 12,5 = 915.012,5 kHz
>
> Desvio mínimo = 915.000 − 12,5 = 914.987,5 kHz

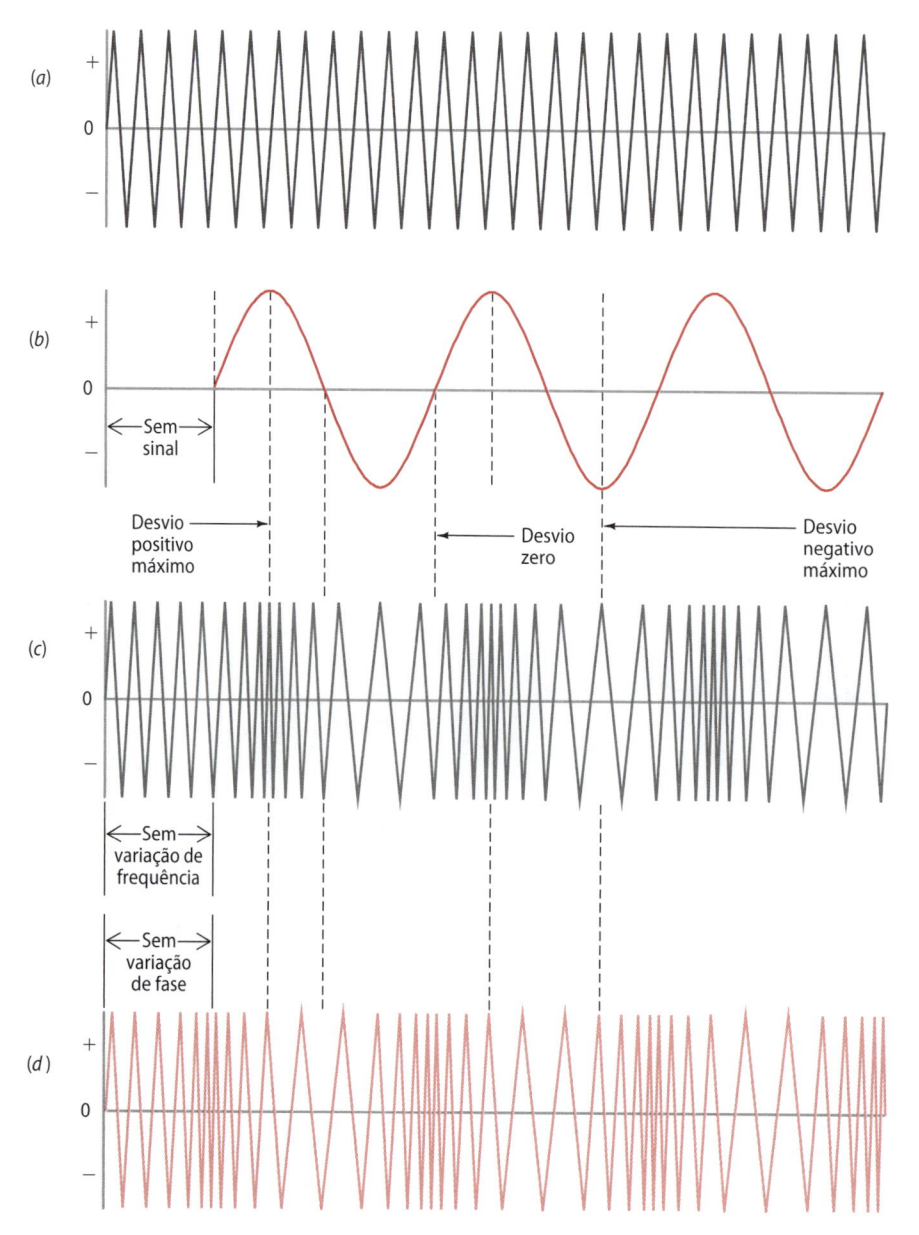

Figura 5-1 Sinais FM e PM. A portadora é desenhada como um onda triangular por questão de simplificação, mas na prática ela é uma onda senoidal. (*a*) Portadora. (*b*) Sinal modulante. (*c*) Sinal FM. (*d*) Sinal PM.

Frequentemente, o sinal modulante é um trem de pulsos ou uma série de ondas retangulares, ou seja, dados binários em série. Quando o sinal modulante tem apenas duas amplitudes, a frequência da portadora, em vez de ter um número infinito de valores, como ocorre com um sinal que varia continuamente (analógico), tem apenas dois valores. Esse fenômeno é ilustrado na Figura 5-2. Por exemplo, quando o sinal modulante é um binário 0, a frequência da portadora está no valor central. Quando o sinal modulante é um binário 1, a frequência da portadora varia abruptamente para um nível de frequência maior. O valor do desvio depende da amplitude do sinal modulante. Esse tipo de modulação, denominado de **CHAVEAMENTO DE FREQUÊNCIA** (*FSK – frequency-shift keying*), é muito usado na transmissão de dados binários em telefonia

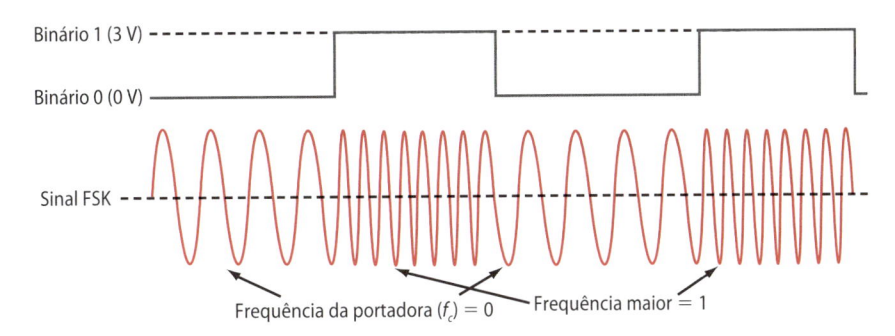

Figura 5-2 Modulação em frequência de uma portadora com dados binários produz um sinal FSK.

celular e em alguns tipos de *modems* de computador de baixa velocidade.

» Princípios da modulação em fase

Quando o valor do desvio de fase de uma portadora de frequência constante varia de acordo com um sinal modulante, a saída resultante é um sinal de MODULAÇÃO EM FASE (PM) [veja a Figura 5-1(d)]. Imagine um circuito modulador cuja função básica seja produzir um *desvio de fase*, ou seja, uma separação de tempo entre duas ondas senoidais de mesma frequência. Considere que um circuito de desvio de fase pode ser construído de forma que o valor do desvio de fase varia com a amplitude do sinal modulante. Quanto maior a amplitude do sinal modulante, maior o desvio de fase. Considere ainda que as alternâncias positivas do sinal modulante produz um desvio de fase em atraso e as negativas produzem um desvio de fase em avanço.

Se uma portadora senoidal de amplitude constante e frequência constante for aplicada a um circuito de desvio de fase cujo deslocamento de fase varia com o sinal de informação, a saída desse circuito é uma onda PM. À medida que o sinal modulante vai para o positivo, a fase da portadora atrasa, e esse atraso aumenta com a amplitude do sinal modulante. O resultado na saída é o mesmo que se a portadora de frequência constante fosse estendida ou tivesse sua frequência reduzida. Quando o sinal modulante vai para o negativo, a fase avança. Isso faz com que a portadora senoidal seja efetivamente acelerada ou comprimida. O resultado é o mesmo que se a frequência da portadora fosse aumentada.

Note que é a natureza dinâmica do sinal modulante que gera a variação de frequência na saída do circuito de deslocamento de fase: FM é produzido apenas quando o desvio de fase é variável. Para entender isso melhor, observe o sinal modulante mostrado na Figura 5-3(a), que é uma onda triangular cujos picos positivos e negativos foram ceifados em uma amplitude fixa. Durante o tempo t_0 o sinal é zero, de modo que a portadora está em sua frequência central.

Aplicando esse sinal modulante a um modulador de frequência, é produzido o sinal FM mostrado na Figura 5-3(b). Durante o tempo em que a forma de onda é crescente (t_1), a frequência aumenta. Durante o tempo em que a amplitude positiva é constante (t_2), a frequência de saída da modulação em frequência é constante. Durante o tempo em que a amplitude diminui e vai para o negativo (t_3), a frequência diminui. Durante o tempo em que a amplitude é constante e negativa (t_4), a frequência permanece constante, em uma frequência baixa. Durante t_5, a frequência aumenta.

É BOM SABER

O desvio de frequência máximo produzido por um modulador de fase ocorre quando o sinal modulante varia mais rapidamente. Para um sinal modulante senoidal, esse instante é quando a onda modulante varia de mais para menos ou de menos para mais.

Agora, analisemos o sinal PM na Figura 5-3(c). Durante o aumento ou a diminuição da amplitude (t_1, t_3 e t_5) é produzida uma frequência variável. Entretanto, durante os picos positivo e negativo em que a amplitude é constante, nenhuma variação de frequência ocorre. A saída do modulador de fase é simplesmente a frequência da portadora que foi deslocada

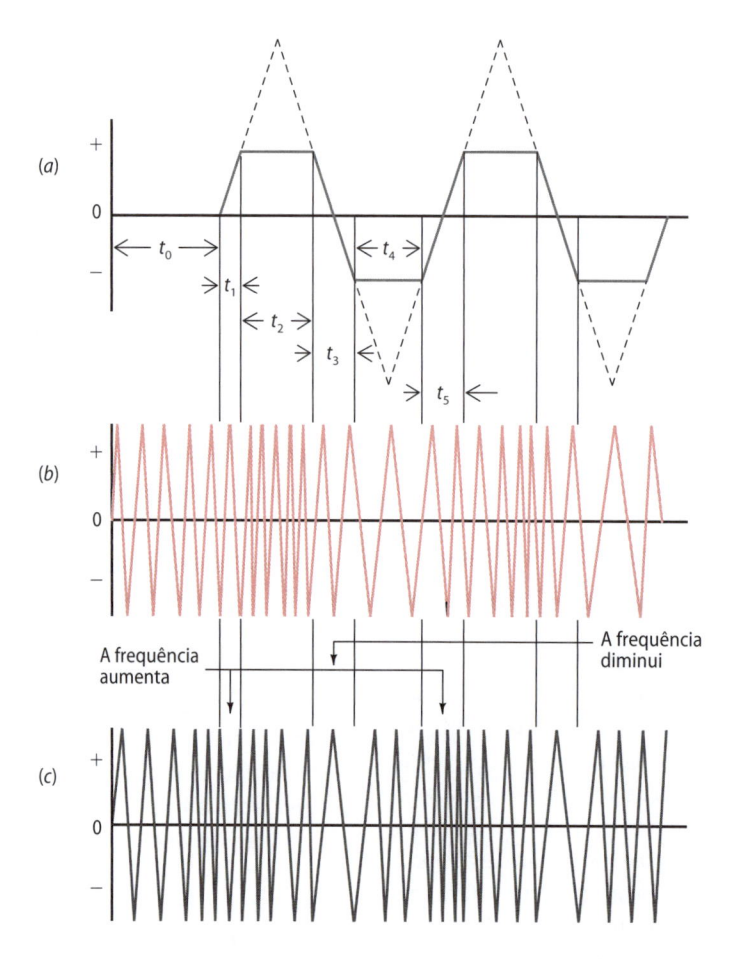

Figura 5-3 O desvio de frequência em PM ocorre apenas quando a amplitude do sinal modulante varia. (*a*) Sinal modulante. (*b*) Sinal FM. (*c*) Sinal PM.

na fase. Isso ilustra claramente que quando um sinal modulante é aplicado a um modulador de fase, a frequência de saída varia apenas durante o momento em que a amplitude do sinal modulante varia.

O desvio máximo de frequência produzido pelo modulador de fase ocorre durante o momento em que o sinal modulante varia em sua taxa mais rápida. Para um sinal modulante senoidal, a taxa de variação dele é maior quando a onda varia de mais para menos e de menos para mais. Conforme a Figura 5-3(*c*) mostra, a taxa máxima de variação da tensão modulante ocorre exatamente nos pontos de cruzamento zero. Em contraste, note que na onda FM o desvio máximo ocorre nos picos positivo e negativo da amplitude da tensão modulante. Portanto, embora um modulador de fase produza FM, o desvio máximo ocorre em pontos diferentes do sinal modulante.

Em PM, o valor do desvio da portadora é proporcional à taxa de variação do sinal modulante, ou seja, a derivada, que é estudada em cálculo. Com um sinal modulante senoidal, a portadora PM parece estar sendo modulada em frequência por um sinal modulante cossenoidal. Lembre-se que o cosseno é adiantado 90° do seno.

Visto que o desvio de frequência em PM é proporcional à taxa de variação do sinal modulante, o desvio de frequência é proporcional à frequência do sinal modulante bem como à sua amplitude. Esse efeito é compensado antes da modulação.

» Relação entre o sinal modulante e o desvio da portadora

Em FM, o desvio de frequência é diretamente proporcional à amplitude do sinal modulante. O desvio máximo ocorre nos picos positivo e negativo da amplitude do sinal modulante. Em PM, o desvio de frequência também é diretamente proporcional à amplitude do sinal modulante. O valor máximo do avanço ou do atraso no deslocamento de fase ocorre nas amplitudes de pico do sinal modulante. Esse efeito, para FM e PM, é ilustrado na Figura 5-4(a).

Agora observe a Figura 5-4(b), que mostra que o desvio de frequência de um sinal FM é constante para qualquer valor de frequência do sinal modulante. Apenas a amplitude do sinal modulante determina o valor do desvio. Mas, observe como varia o desvio em um sinal PM com diferentes frequências do sinal modulante. Quanto maior a frequência do sinal modulante, menor o seu período e mais rápido a tensão varia. Tensões maiores do sinal modulante resultam em deslocamentos de fase maiores, e isso, por sua vez, produz um desvio de frequência maior. Entretanto, frequências maiores do sinal modulante produzem uma taxa mais rápida da variação da tensão do sinal modulante e, portanto, um desvio de frequência maior. Portanto, em PM, o desvio de frequência da portadora é proporcional tanto à frequência do sinal modulante (inclinação da tensão modulante) quanto a amplitude. Em FM, o desvio de frequência é proporcional apenas à amplitude do sinal modulante, independente de sua frequência.

» Conversão de PM em FM

Para tornar PM compatível com FM, o desvio produzido pelas variações de frequência no sinal modulante devem ser compensados. Isso pode ser feito passando o sinal de informação por uma malha RC passa-baixas, como ilustrado na Figura 5-5. Esse filtro passa-baixas é denominado CIRCUITO DE CORREÇÃO DE FREQUÊNCIA, CIRCUITO DE PRÉ-DISTORÇÃO OU FILTRO 1/F, que faz com que as frequências modulantes maiores sejam atenuadas. Embora as frequências modulantes maiores produzam uma taxa de variação maior e, dessa forma, um desvio de frequência maior, essa é a compensação pela amplitude menor do sinal modulante, que produz menos desvio de fase e, portanto, menos desvio de frequência. O circuito de pré-distorção compensa o excesso no desvio de frequência causada pelas frequências modulantes maiores. O resultado é uma saída que é a mesma que de um sinal FM. O FM produzido por um modulador de fase é denominado **FM INDIRETO**.

Chaveamento de Fase

A modulação em fase também é usada com sinais binários, como mostra a Figura 5-6. Quando um sinal modulante binário é 0 V ou binário 0, o sinal PM é simplesmente a frequência da portadora. Quando um nível de tensão do binário 1 ocorre, o modulador, que é um deslocador de fase, simplesmente

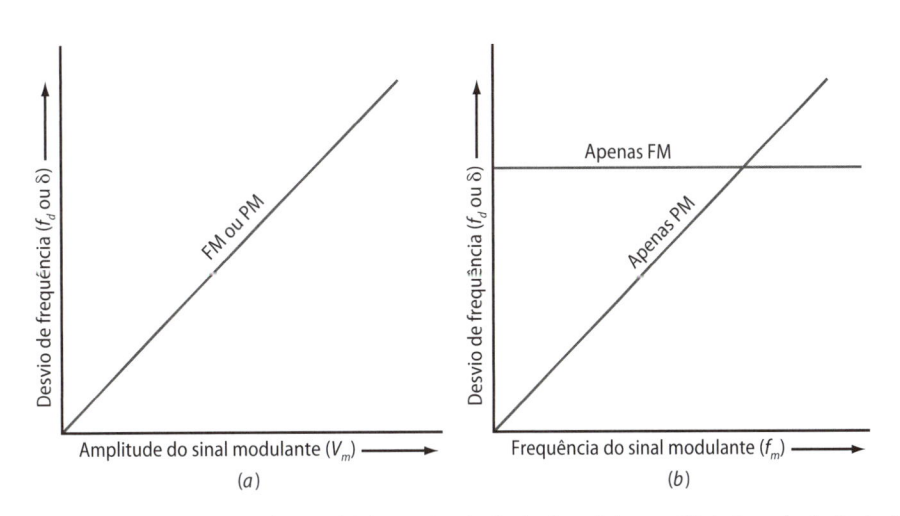

Figura 5-4 Desvio de frequência como uma função (a) da amplitude do sinal modulante e (b) da frequência do sinal modulante.

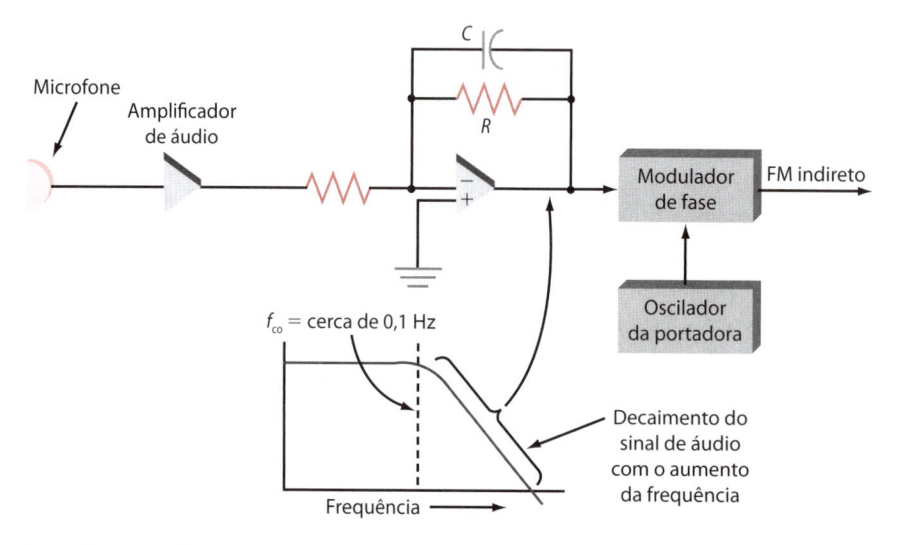

Figura 5-5 Uso de um filtro passa-baixas para o decaimento da amplitude do sinal modulante de áudio com a frequência.

muda a fase da portadora, não sua frequência. Na Figura 5-6 o deslocamento de fase é 180º. Cada vez que o sinal muda de 0 para 1 ou de 1 para 0, ocorre um deslocamento de fase de 180º. O sinal PM ainda está na frequência da portadora, mas a fase muda em relação à portadora original com a entrada do binário 0.

O processo da modulação em fase de uma portadora com dados binários é denominado CHAVEAMENTO DE FASE (**PSK** – *phase-shift keying*) ou *chaveamento binário de fase* (*BPSK – binary phase-shift keying*). O sinal PSK mostrado na Figura 5-6 usa um deslocamento de fase de 180º a partir da referência, mas outros valores de deslocamento de fase podem ser usados, como por exemplo, 45º, 90º, 135º ou 225º. O importante a lembrar é que não ocorre nenhuma variação de frequência. O sinal PSK tem uma frequência constante, mas a fase do sinal muda a partir de alguma referência conforme o valor binário do sinal modulante.

»» Índice de modulação e bandas laterais

Qualquer processo de modulação produz BANDAS LATERAIS. Quando uma senoide de frequência constante modula uma portadora, são geradas duas frequências laterais. As frequências laterais são a soma e a diferença da portadora com a frequência modulante. Em FM e PM, assim como em AM, são geradas as frequências das bandas laterais relativas à soma e à diferença de frequências. Além disso, um grande número de pares de bandas laterais superiores e inferiores

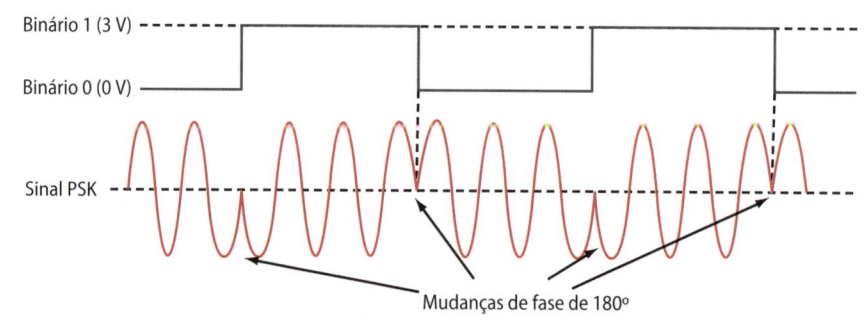

Figura 5-6 Modulação em fase de uma portadora por dados binários produz um sinal PSK.

são gerados. Como resultado, o espetro de um sinal FM ou PM é geralmente maior do que um sinal AM equivalente. É possível também gerar um sinal FM de banda estreita especial cuja largura de banda é apenas ligeiramente maior do que um sinal AM.

> **É BOM SABER**
>
> Em FM, apenas as bandas laterais com amplitudes maiores são significativas no transporte da informação. Bandas laterais, contendo menos de 2% da potência total, têm um efeito global pequeno na inteligibilidade do sinal.

A Figura 5-7 mostra o espetro de frequência de um sinal FM típico produzido pela modulação de uma portadora por uma onda senoidal de frequência única. Note que as bandas laterais são espaçadas da portadora, f_c, por frequências múltiplas da frequência modulante, f_m. Se a frequência modulante for 1 kHz, o primeiro par de bandas laterais está acima e abaixo da portadora uma frequência de 1000 Hz. O segundo par de bandas laterais está acima e abaixo da portadora uma frequência de 2 × 1000 Hz = 2000 Hz ou 2 kHz, e assim por diante. Note também que as amplitudes das bandas laterais variam. Se cada banda lateral for considerada como sendo uma onda senoidal, com frequência e amplitude conforme indicado na Figura 5-7 e todas as ondas senoidais forem somadas, então o sinal FM é criado.

Conforme a amplitude do sinal modulante varia, o desvio da frequência da portadora varia. O número de bandas laterais produzido, e suas amplitude e espaçamentos, dependem do desvio de frequência e da frequência modulante. Tenha em mente que um sinal FM tem uma amplitude constante. Como um sinal FM é uma soma das frequências das bandas laterais, as amplitudes das bandas laterais têm que variar com o desvio de frequência e a frequência modulante se a sua soma produzir um sinal FM de amplitude constante, mas com frequência variável.

Teoricamente, o processo FM produz um número infinito de bandas laterais superior e inferior e, portanto, uma largura de

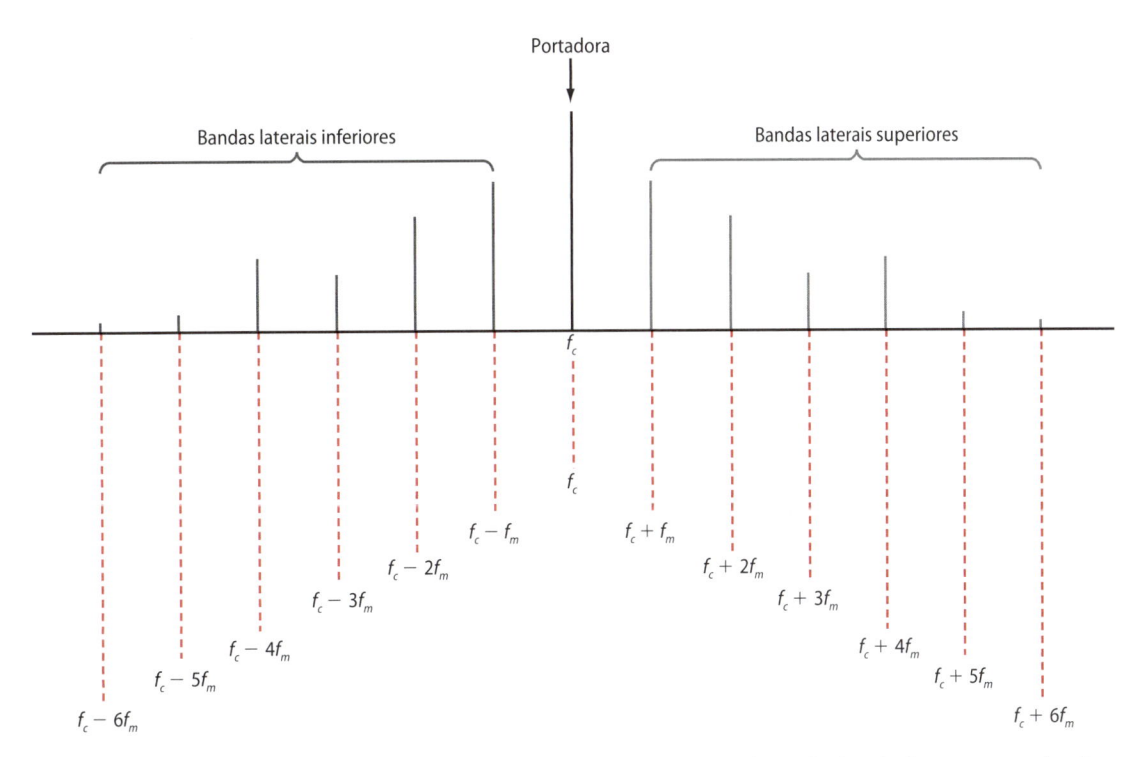

Figura 5-7 Espectro de frequência de um sinal FM. Note que as amplitudes da portadora e das bandas laterais mostradas são apenas exemplos. As amplitudes dependem do índice de modulação, m_f.

banda teoricamente infinita. Entretanto, na prática, apenas as banda laterais com amplitudes maiores são significativas no transporte da informação. Tipicamente, qualquer banda lateral, cuja amplitude seja menor do que 1% da portadora não modulada, é considerada insignificante. Portanto, o sinal FM passa facilmente por circuitos com largura de banda finita. Apesar disso, a largura de banda de um sinal FM é geralmente muito maior do que a de um sinal AM com o mesmo sinal modulante.

» Índice de modulação

A relação entre o desvio de frequência e a frequência modulante é denominada **ÍNDICE DE MODULAÇÃO**, m_f:

$$m_f = \frac{f_d}{f_m}$$

onde f_d é o desvio de frequência e f_m é a frequência modulante. Algumas vezes é utilizada a letra grega minúscula delta (δ) em vez de f_d para representar desvio; assim, $m_f = \delta/f_m$. Por exemplo, se o desvio de frequência máximo da portadora for ± 12 kHz e a frequência modulante for 2,5 kHz, o índice de modulação é $m_f = 12/2,5 = 4,8$.

Na maioria dos sistemas de comunicação que utilizam FM, são estipulados limites máximos para o desvio de frequência e para a frequência modulante. Por exemplo, na transmissão de FM padrão o desvio de frequência máximo permitido é 75 kHz e a frequência modulante máxima permitida é 15 kHz. Isso produz um índice de modulação de $m_f = 75/15 = 5$.

Quando o desvio de frequência máximo permitido e a frequência modulante máxima são utilizados no cálculo do índice de modulação, m_f é conhecido como **RAZÃO DE DESVIO**.

EXEMPLO 5-2

Qual é a razão de desvio do áudio de uma TV se o desvio máximo é 25 kHz e a frequência modulante máxima é 15 kHz?

$$m_f = \frac{f_d}{f_m} = \frac{25}{15} = 1,667$$

» Funções de Bessel

Dado o índice de modulação, o número de amplitudes de bandas laterais significativas pode ser determinado resolvendo a equação básica de um sinal FM. Esta equação, cuja dedução vai além do escopo desse livro, é $v_{FM} = V_c \operatorname{sen}[2\pi f_c t + m_f \operatorname{sen}(2\pi f_m t)]$, onde v_{FM} é o valor instantâneo do sinal FM e m_f é o índice de modulação. O termo cujo coeficiente é m_f, é o ângulo de fase da portadora. Note que essa equação expressa o ângulo de fase em termos de um sinal modulante senoidal. Essa equação é resolvida com um processo matemático complexo conhecido como **FUNÇÕES DE BESSEL**. Não é necessário mostrar essa solução, mas o resultado é o seguinte:

$$\begin{aligned}v_{FM} = V_c \{ & J_0(\operatorname{sen}\omega_c t) + J_1[\operatorname{sen}(\omega_c + \omega_m)t - \operatorname{sen}(\omega_c - \omega_m)] \\ & + J_2[\operatorname{sen}(\omega_c + 2\omega_m)t + \operatorname{sen}(\omega_c - 2\omega_m)t] \\ & + J_3[\operatorname{sen}(\omega_c + 3\omega_m)t + \operatorname{sen}(\omega_c - 3\omega_m)t] \\ & + J_4[\operatorname{sen}(\omega_c + 4\omega_m)t + \operatorname{sen}(\omega_c - 4\omega_m)t] \\ & + J_5[\operatorname{sen}\cdots] + \cdots \}\end{aligned}$$

onde $\omega_c = 2\pi f_c =$ frequência da portadora
$\omega_m = 2\pi f_m =$ frequência do sinal modulante
$V_c =$ valor de pico da portadora não modulada

A onda FM é expressa como uma composição de ondas senoidais de diferentes frequências e amplitudes que, quando somadas, resultam no sinal FM no domínio do tempo. O primeiro termo é a portadora com uma amplitude dada por um coeficiente J_n, no caso. O próximo termo representa um par de frequências laterais, superior e inferior, igual à soma e à diferença da portadora e o sinal modulante. A amplitude dessas frequências laterais é J_1. O próximo termo é outro par de frequências laterais igual à portadora ± 2 vezes a frequência do sinal modulante. Os outros termos representam as frequências laterais adicionais espaçadas uma da outra por um valor igual à frequência do sinal modulante.

As amplitudes das bandas laterais são determinadas pelos coeficientes J_n, que são, por sua vez, determinados pelo valor do índice de modulação. Esses coeficientes de amplitude são calculados usando-se a expressão

$$j_n(m_f) = \left(\frac{m_f}{2^n n!}\right)^n \left[1 - \frac{(m_f)^2}{2(2n+2)} + \frac{(m_f)^4}{2 \cdot 4(2n+2)(2n+4)} - \frac{(m_f)^6}{2 \cdot 4 \cdot 6(2n+2)(2n+4)(2n+6)} + \cdots \right]$$

onde ! = fatorial
$n =$ número da banda lateral (1, 2, 3, etc.)
$n = 0$ é a portadora
$m_f = \dfrac{f_d}{f_m} =$ desvio de frequência

Índice de modulação	Porta-dora	Bandas laterais (pares)														
		1º	2º	3º	4º	5º	6º	7º	8º	9º	10º	11º	12º	13º	14º	15º	16º
0,00	1,00	—	—	—	—	—	—	—	—	—	—	—	—	—	—	—	—
0,25	0,98	0,12	—	—	—	—	—	—	—	—	—	—	—	—	—	—	—
0,5	0,94	0,24	0,03	—	—	—	—	—	—	—	—	—	—	—	—	—	—
1,0	0,77	0,44	0,11	0,02	—	—	—	—	—	—	—	—	—	—	—	—	—
1,5	0,51	0,56	0,23	0,06	0,01	—	—	—	—	—	—	—	—	—	—	—	—
2,0	0,22	0,58	0,35	0,13	0,03	—	—	—	—	—	—	—	—	—	—	—	—
2,5	−0,05	0,50	0,45	0,22	0,07	0,02	—	—	—	—	—	—	—	—	—	—	—
3,0	−0,26	0,34	0,49	0,31	0,13	0,04	0,01	—	—	—	—	—	—	—	—	—	—
4,0	−0,40	−0,07	0,36	0,43	0,28	0,13	0,05	0,02	—	—	—	—	—	—	—	—	—
5,0	−0,18	−0,33	0,05	0,36	0,39	0,26	0,13	0,05	0,02	—	—	—	—	—	—	—	—
6,0	0,15	−0,28	−0,24	0,11	0,36	0,36	0,25	0,13	0,06	0,02	—	—	—	—	—	—	—
7,0	0,30	0,00	−0,30	−0,17	0,16	0,35	0,34	0,23	0,13	0,06	0,02	—	—	—	—	—	—
8,0	0,17	0,23	−0,11	−0,29	−0,10	0,19	0,34	0,32	0,22	0,13	0,06	0,03	—	—	—	—	—
9,0	−0,09	0,24	0,14	−0,18	−0,27	−0,06	0,20	0,33	0,30	0,21	0,12	0,06	0,03	0,01	—	—	—
10,0	−0,25	0,04	0,25	0,06	−0,22	−0,23	−0,01	0,22	0,31	0,29	0,20	0,12	0,06	0,03	0,01	—	—
12,0	−0,05	−0,22	−0,08	0,20	0,18	−0,07	−0,24	−0,17	0,05	0,23	0,30	0,27	0,20	0,12	0,07	0,03	0,01
15,0	−0,01	0,21	0,04	0,19	−0,12	0,13	0,21	0,03	−0,17	−0,22	−0,09	0,10	0,24	0,28	0,25	0,18	0,12

Figura 5-8 Amplitudes da portadora e bandas laterais para diferentes índices de modulação de sinais FM baseado nas funções de Bessel.

É BOM SABER

O símbolo ! significa fatorial. Ele nos diz para multiplicar todos os inteiros de 1 até o número no qual o símbolo está junto. Por exemplo, 5! Significa $1 \times 2 \times 3 \times 4 \times 5 = 120$.

Na prática, não temos que saber ou calcular esses coeficientes, visto que existem tabelas disponíveis com esses valores. Os coeficientes de Bessel para uma faixa de índices de modulação são mostrados na Figura 5-8. A coluna mais à esquerda mostra o índice de modulação m_f. As colunas restantes indicam as amplitudes relativas da portadora e dos diversos pares de bandas laterais. Qualquer banda lateral com uma amplitude de portadora relativa menor do que 1% (0,01) foi eliminada. Note que algumas das amplitudes de portadora e bandas laterais são negativas. Isso significa que o sinal representado pela amplitude em questão é simplesmente deslocado 180° na fase (inversão de fase).

A Figura 5-9 mostra as curvas que são geradas colocando os dados da Figura 5-8 em um gráfico. As amplitudes da portadora e das bandas laterais e polaridades são plotados no eixo vertical; o índice de modulação é plotado no eixo horizontal. Conforme ilustra a figura, a amplitude da portadora, J_0, varia com o índice de modulação. Em FM, a amplitude da portadora e as amplitudes das bandas laterais, no espectro, variam conforme a frequência do sinal modulante e a variação do desvio. Em AM, a amplitude portadora, no espectro, permanece constante.

Note que em vários pontos nas Figuras 5-8 e 5-9, nos índices de modulação de aproximadamente 2,4, 5,5 e 8,7 a amplitude da portadora, J_0, cai para zero. Nesses pontos, toda a potência do sinal está completamente distribuída nas bandas laterais. E como pode ser visto na Figura 5-9, as bandas laterais também passam pelo zero em certos valores de índice de modulação.

EXEMPLO 5-3

Qual é a frequência de modulação máxima que pode ser utilizada para conseguir um índice de modulação de 2,2 com um desvio de 7,48 kHz?

$$f_m = \frac{f_d}{m_f} = \frac{7480}{2,2} = 3400 \text{ Hz} = 3,4 \text{ kHz}$$

A Figura 5-10 mostra alguns exemplos dos espectros de sinais FM com diferentes índices de modulação. Compare os exemplos com os dados na Figura 5-8. A portadora não modulada na Figura 5-10(a) tem uma amplitude relativa de 1,0. Sem modulação, toda a potência está na portadora. Com a modulação, a amplitude na portadora diminui enquanto as amplitudes das diversas bandas laterais aumentam.

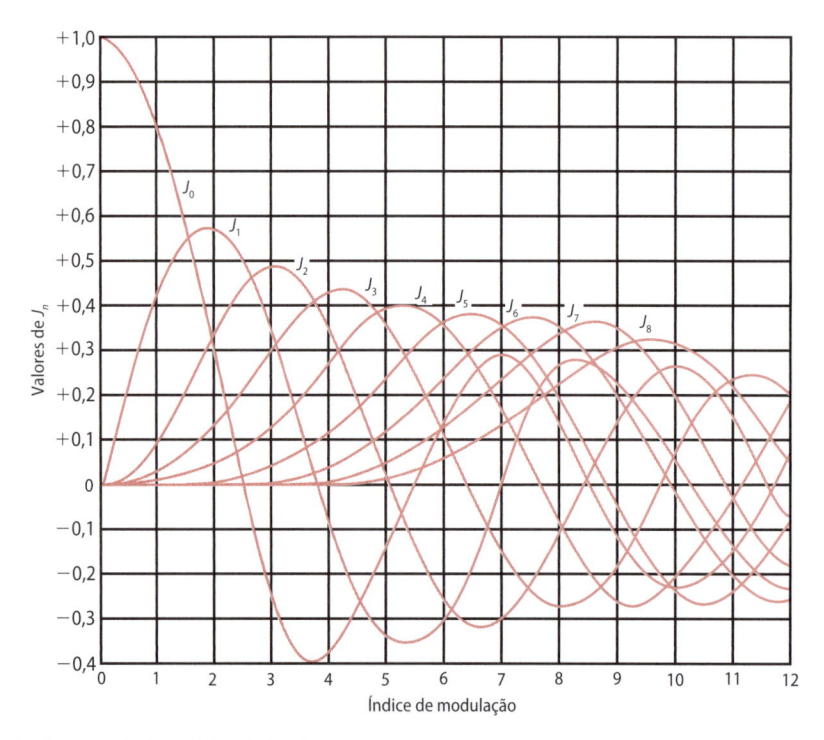

Figura 5-9 Gráfico das funções de Bessel dos dados da Figura 5-8.

Na Figura 5-10(d), o índice de modulação é 0,25. Esse é um caso especial do FM no qual o processo de modulação produz apenas um único par de bandas laterais significativas com as produzidas no AM. Com um índice de modulação de 0,25, o sinal FM não ocupa mais espaço do que um sinal AM. Esse tipo de FM é denominado **FM DE BANDA ESTREITA**, ou *NBFM* (*narrowband FM*). A definição formal de NBFM é qualquer sistema FM no qual o índice de modulação é menor do que $\pi/2$ = 1,57, ou $m_f < \pi/2$. Entretanto, para um NBFM verdadeiro com apenas um único par de bandas laterais, m_f tem que ser muito menor do que $\pi/2$. Os valores de m_f na faixa de 0,2 a 0,25 resultam em um NBFM verdadeiro. Os rádios FM móveis utilizam um desvio máximo de 5 kHz, com uma frequência de voz de 3 kHz, resultando em um índice de modulação de m_f = 5 kHz/3 kHz = 1,667. Embora esses sistemas não se encontrem dentro da definição formal de NBFM, eles são mesmo assim considerados como transmissões de banda estreita.

EXEMPLO 5-4

Determine as amplitudes da portadora e das quatro primeiras bandas laterais de um sinal FM com um índice de modulação de 4 (use as Figuras 5-8 e 5-9).

$$J_0 = -0,4$$
$$J_1 = -0,07$$
$$J_2 = 0,36$$
$$J_3 = 0,43$$
$$J_4 = 0,28$$

A principal finalidade do NBFM é economizar espaço no espectro e este sistema é muito utilizado em comunicação de rádio. Entretanto, note que o NBFM economiza espaço no espectro em detrimento da relação sinal-ruído.

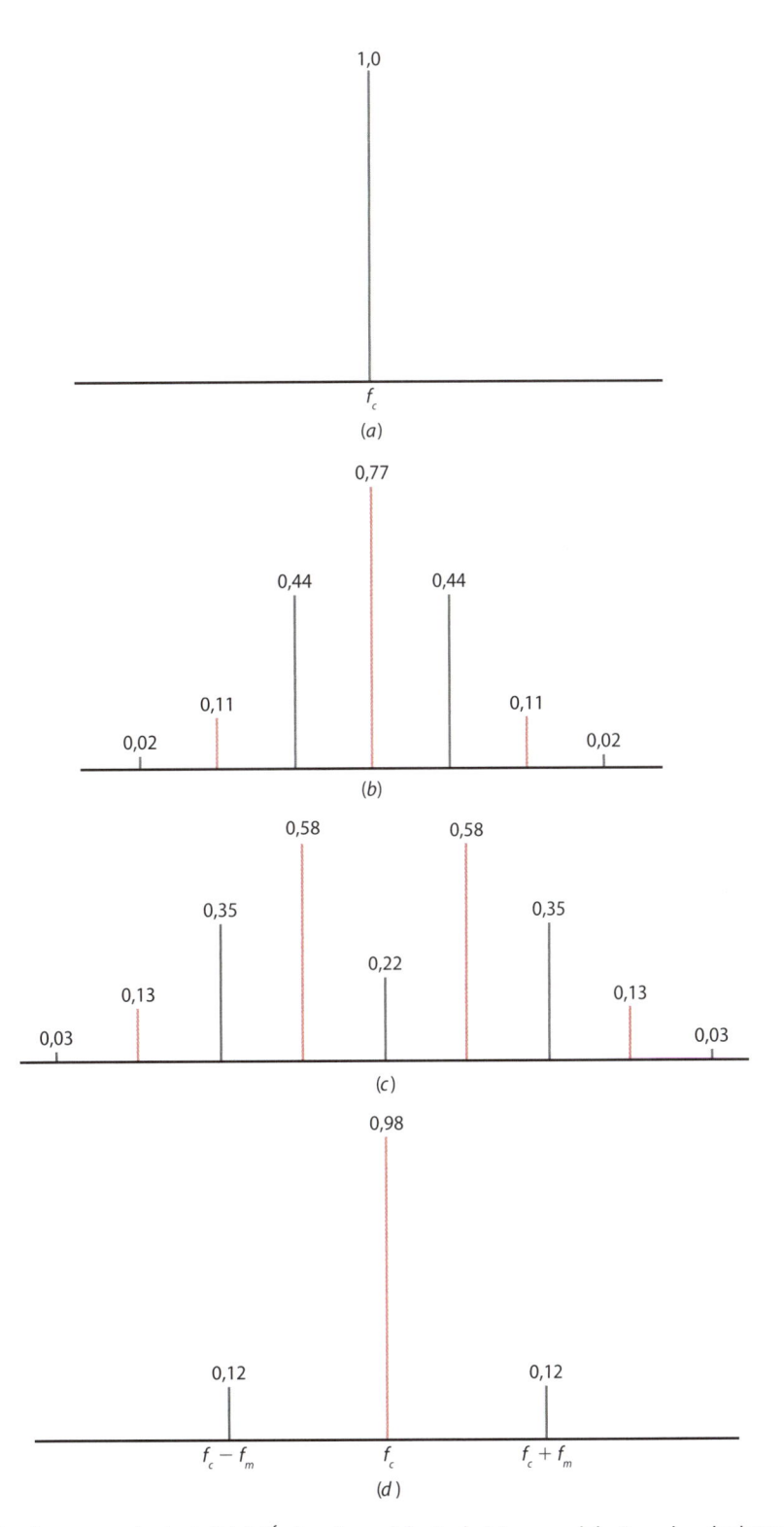

Figura 5-10 Exemplos de espetros de sinais FM. (*a*) Índice de modulação de 0 (sem modulação ou bandas laterais). (*b*) Índice de modulação de 1. (*c*) Índice de modulação de 2. (*d*) Índice de modulação de 0,25 (NBFM).

» Largura de banda de um sinal FM

Conforme dito antes, quanto maior o índice de modulação em FM, maior o número de bandas laterais significativas e maior a largura de banda do sinal. Quando é necessário economizar espaço no espectro, a largura de banda do sinal FM pode ser deliberadamente restringida impondo limites superior e inferior ao índice de modulação.

A largura de banda total de um sinal FM pode ser determinada conhecendo-se o índice de modulação e utilizando a Figura 5-8. Por exemplo, considere que a maior frequência modulante de um sinal seja 3 kHz e o desvio máximo seja 6 kHz. Isso resulta em um índice de modulação de $m_f = 6$ kHz/3 kHz = 2. Consultando a Figura 5-8, podemos ver que isso produz quatro pares significativos de bandas laterais. Então, a largura de banda pode ser determinada com a simples fórmula

$$BW = 2f_m N$$

onde N é o número de bandas laterais significativas no sinal. De acordo com essa fórmula, a largura de banda desse sinal FM é

$$BW = 2(3 \text{ kHz})(4) = 24 \text{ kHz}$$

Em termos gerais, um sinal FM com um índice de modulação igual a 2 e com a maior frequência modulante igual a 3 kHz, ocupa uma largura de banda de 24 kHz.

Outra forma de determinar a largura de banda de um sinal FM é utilizando a *regra de Carson*. Essa regra reconhece apenas a potência nas bandas laterais mais significativas com amplitudes maiores do que 2% da portadora (0,02 ou maior conforme a Figura 5-8). Segundo essa regra,

$$BW = 2[f_{d(\text{máx})} + f_{m(\text{máx})}]$$

De acordo com a regra de Carson, a largura de banda do sinal FM no exemplo anterior é

$$BW = 2(6 \text{ kHz} + 3 \text{ kHz}) = 2(9 \text{ kHz}) = 18 \text{ kHz}$$

A regra de Carson sempre dá uma largura de banda menor do que a calculada com a fórmula $BW = 2f_m N$. Entretanto, assegura-se que se um circuito ou sistema tiver a largura de banda calculada pela regra de Carson, seguramente as bandas laterais passam, o que garante toda a inteligibilidade do sinal.

Até agora, todos os exemplos de FM foram considerados tendo como sinal modulante uma onda senoidal de frequência única. Entretanto, sabemos que a maioria dos sinais modulantes não são senoides puras, mas ondas complexas constituída de frequências distintas. Quando o sinal modulante é um pulso ou um trem de pulsos binário, a portadora é modulada pelo sinal equivalente, que é uma mistura de ondas senoidais e todos os harmônicos relevantes, conforme determinado pela teoria de Fourier. Por exemplo, se o sinal modulante for uma onda quadrada, a onda senoidal fundamental e todos os harmônicos de ordem ímpar modulam a portadora. Cada harmônico produz pares múltiplos de bandas laterais dependendo do índice de modulação. Como podemos imaginar, a frequência modulada por uma onda quadrada ou retangular gera muitas bandas laterais e produz um sinal com uma enorme largura de banda. Os circuitos ou sistemas que transportam, processam e passam um sinal devem ter uma largura de banda apropriada de modo a não distorcer o sinal. Na maioria dos equipamentos que transmitem dados digitais ou binários usando FSK, o sinal binário é filtrado para remover os harmônicos de alta ordem antes da modulação. Isso reduz a largura de banda necessária para a transmissão.

EXEMPLO 5-5

Qual é a largura de banda máxima de um sinal FM com um desvio de 30 kHz e um sinal modulante máximo de 5 kHz conforme determinado (*a*) pela Figura 5-8 e (*b*) pela regra de Carso

a. $$m_f = \frac{f_d}{f_m} = \frac{30 \text{ kHz}}{5 \text{ kHz}} = 6$$

A Figura 5-8 mostra nove bandas laterais significativas espaçadas de 5 kHz para um $m_f = 6$

b. $BW = 2[f_{d(\text{máx})} + f_{m(\text{máx})}]$
$= 2(30 \text{ kHz} + 5 \text{ kHz})$
$= 2(35 \text{ kHz})$
$BW = 70 \text{ kHz}$

» Efeitos da supressão de ruído em FM

Ruído é uma interferência gerada por raios, motores, sistemas de ignição automotivos e qualquer comutação na rede elétrica que produz sinais transitórios. Esse ruído é tipicamente picos de tensão estreitos com frequências muito altas. Eles se somam ao sinal interferindo na informação. O efeito potencial do ruído em um sinal FM é mostrado na Figura

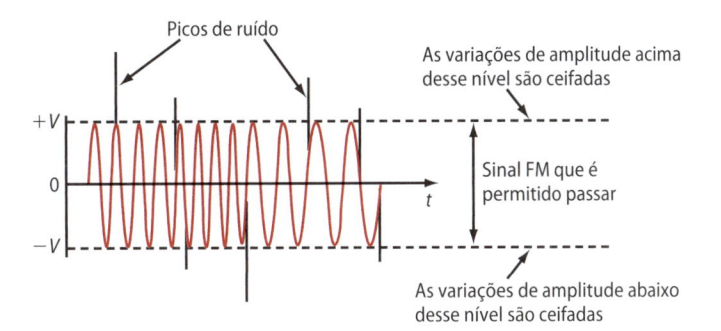

Figura 5-11 Um sinal FM com ruído.

5-11. Se os sinais de ruído forem suficientemente intensos, eles podem destruir completamente o sinal de informação.

Entretanto, os sinais FM têm uma portadora modulada com amplitude constante e os receptores FM contêm circuitos limitadores que intencionalmente restringem a amplitude do sinal recebido. Qualquer variação de amplitude que ocorra no sinal FM é efetivamente ceifada, como mostra a Figura 5-11. Isso não afeta o conteúdo da informação do sinal FM, visto que ele está contido somente nas variações de frequência da portadora. Devido a ação de ceifamento dos circuitos limitadores, o ruído é quase completamente eliminado. Mesmo se os próprios picos do sinal FM forem ceifados ou achatados e o sinal resultante distorcido, nenhuma informação é perdida. Na realidade, um dos principais benefícios do FM sobre o AM é sua superior imunidade ao ruído. O processo de demodulação ou recuperação de um sinal FM suprime de fato o ruído e melhora a relação sinal-ruído.

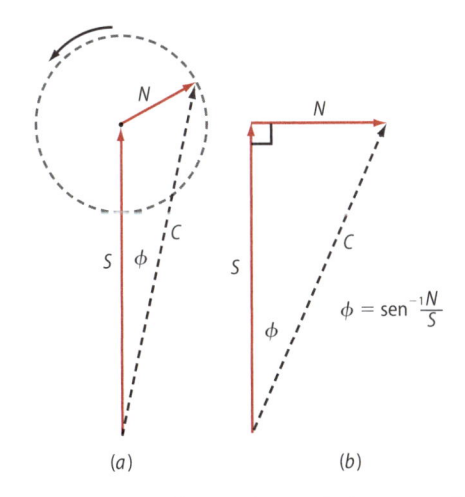

Figura 5-12 Como o ruído introduz um deslocamento de fase.

» Deslocamento de fase e ruído

A amplitude do ruído somada a um sinal FM introduz uma pequena variação de frequência, ou deslocamento de fase, que muda ou distorce o sinal. A Figura 5-12 mostra como isso acontece. A portadora é representada por um fasor S de comprimento (amplitude) fixo. O ruído é geralmente um pulso de curta duração que contém muitas frequências de muitas amplitudes e fases de acordo com a teoria de Fourier. Entretanto, para simplificar a análise, consideremos um ruído de frequência única e alta que varia em fase. Na Figura 5-12(a) esse sinal de ruído é representado como um fasor rotativo N. O sinal composto pela portadora e o ruído, denominado de C, é um fasor cuja amplitude é o fasor soma do sinal com o ruído e um ângulo de fase deslocado da portadora de um valor f. Se imaginarmos o fasor girando, podemos imaginar também o sinal composto variando na amplitude e no ângulo de fase em relação à portadora.

O deslocamento de fase máximo ocorre quando os fasores do ruído e do sinal formam um ângulo reto entre si, conforme ilustrado na Figura 5-12(b). Esse ângulo pode ser calculado com arcseno, ou o inverso do seno, de acordo com a fórmula

$$\phi = \text{sen}^{-1}\frac{N}{S}$$

É possível determinar o quanto de deslocamento de frequência um deslocamento de fase produz utilizando a fórmula

$$\delta = \delta(f_m)$$

onde δ = desvio de frequência produzido pelo ruído
ϕ = deslocamento de fase, rad
f_m = frequência do sinal modulante

Considere que a relação sinal-ruído (S/N) seja 3:1 e a frequência do sinal modulante seja 800 Hz. Então, o deslocamento de fase é $\phi = \text{sen}^{-1}(N/S) = \text{sen}^{-1}(1/3) = \text{sen}^{-1} 0{,}3333 = 19{,}47°$.

Visto que há 57,3° por radiano, esse ângulo é $\phi = 19{,}47/57{,}3 = 0{,}34$ rad. O desvio de frequência produzido por esse breve deslocamento de fase pode ser calculado como

$$\delta = 0{,}34(800) = 271{,}8 \text{ Hz}$$

Quão mal um deslocamento particular de fase distorce um sinal depende de alguns fatores. Observando a fórmula do desvio, podemos deduzir que o deslocamento de fase de pior caso e o desvio de frequência vão ocorrer na frequência de sinal modulante maior. O efeito geral do deslocamento depende do deslocamento de frequência máximo permitido para a aplicação. Se for permitido desvios altos, ou seja, se existe um índice de modulação alto, o deslocamento pode ser pequeno e sem importância. Se a distorção total permitida for pequena, então o desvio induzido pelo ruído pode ser grave. Lembre-se que a interferência do ruído é de duração muito curta; assim, o deslocamento de fase é momentâneo e a inteligibilidade raramente e severamente prejudicada. No caso de um ruído intenso, a voz humana pode ser temporariamente deturpada, mas tanto que poderia não ser compreendida.

Considere que o desvio máximo permitido seja 5 kHz no exemplo anterior. A relação entre o deslocamento produzido pelo ruído e o desvio máximo permitido é

$$\frac{\text{Desvio de frequência produzido pelo ruído}}{\text{Desvio máximo permitido}} = \frac{271{,}8}{5000} = 0{,}0544$$

Esse valor é apenas um pouco maior do que um deslocamento de 5%. O desvio de 5 kHz representa a amplitude máxima do sinal modulante. O deslocamento de 271,8 Hz é a amplitude do ruído. Portanto, essa relação é a relação sinal-ruído (S/N). O inverso desse valor nos dá a relação ruído-sinal:

$$\frac{S}{N} = \frac{1}{N/S} = \frac{1}{0{,}0544} = 18{,}4$$

Para FM, uma relação S/N de entrada de 3:1 se traduz em uma relação S/N de saída de 18,4:1.

EXEMPLO 5-6

A entrada de um receptor de FM tem uma relação S/N de 2,8. A frequência modulante é 1,5 kHz. O desvio máximo permitido é 4 kHz. Quais são (a) o desvio de frequência provocado pelo ruído e (b) a relação S/N de saída melhorada?

a. $= \text{sen}^{-1}\frac{N}{S} = \text{sen}^{-1}\frac{1}{2{,}8} = \text{sen}^{-1} 0{,}3571$
$= 20{,}92°$ ou $0{,}3652$ rad
$\delta = \phi(f_m) = (0{,}3652)(1{,}5 \text{ kHz}) = 547{,}8 \text{ Hz}$

b. $\dfrac{N}{S} = \dfrac{\text{desvio de frequência produzido pelo ruído}}{\text{desvio máximo permitido}} = \dfrac{547{,}8}{4000}$

$\dfrac{N}{S} = 0{,}13695$

$\dfrac{S}{N} = \dfrac{1}{N/S} = 7{,}3$

» Pré-ênfase

O ruído *pode* interferir com um sinal FM e, particularmente, com os componentes de alta frequência do sinal modulante. Visto que o ruído é principalmente picos agudos de energia, ele contém muitos harmônicos e outros componentes de frequência alta. Essas frequências podem ser maiores em amplitude do que o conteúdo de alta frequência do sinal modulante, provocando distorção de frequência que pode tornar o sinal ininteligível.

A maior parte do conteúdo do sinal modulante, particularmente a voz, é de baixa frequência. Em sistemas de comunicação de voz, a largura de banda do sinal é limitada a cerca de 3 kHz, o que permite uma inteligibilidade aceitável. Em contraste, os instrumentos musicais tipicamente geram sinais de baixa frequência, mas contêm muitos harmônicos de frequências altas que conferem a eles sons únicos e devem passar pelos sistemas de comunicação para que o som seja preservado. Portanto, é necessário uma largura de banda ampla em sistemas de alta fidelidade. Visto que os componentes de alta frequência são geralmente de baixo nível, o ruído pode destruí-los.

Para superar esse problema, a maioria dos sistemas FM usa uma técnica denominada PRÉ-ÊNFASE que ajuda compensar a interferência do ruído nas altas frequências. No transmissor, o sinal modulante passa por um circuito simples que amplifica os componentes de alta frequência mais do que os de baixa frequência. A forma mais simples deste circuito é um filtro passa-altas simples do tipo mostrado na Figura 5-13(*a*). As especificações determinam a constante de tempo *t* de 75 μs, onde $t = RC$. Qualquer combinação de resistor e capacitor (o resistor e indutor) resulta nessa constante de tempo que calculamos

$$f_L = \frac{1}{2\pi RC} = \frac{1}{2\pi t} = \frac{1}{2\pi(75\,\mu s)} = 2123 \text{ Hz}$$

Este circuito tem uma frequência de corte de 2122 Hz; frequências maiores do que 2122 Hz serão melhoradas linearmente. A amplitude de saída aumenta com a frequência a uma taxa de 6 dB por oitava. O circuito de pré-ênfase aumenta a energia contida nos sinais de alta frequência de modo que eles se tornem mais fortes do que os componentes de ruído de alta frequência. Isso melhora a relação sinal ruído e aumenta a inteligibilidade e a fidelidade.

O circuito de pré-ênfase também tem uma frequência de corte superior, f_u, na qual o reforço do sinal se estabiliza [veja a Figura 5-13(b)], que é calculado com a fórmula

$$f_u = \frac{R_1 + R_2}{2\pi R_1 R_2 C}$$

O valor de f_u é geralmente definido bem além da faixa de áudio, e é tipicamente maior do que 30 kHz.

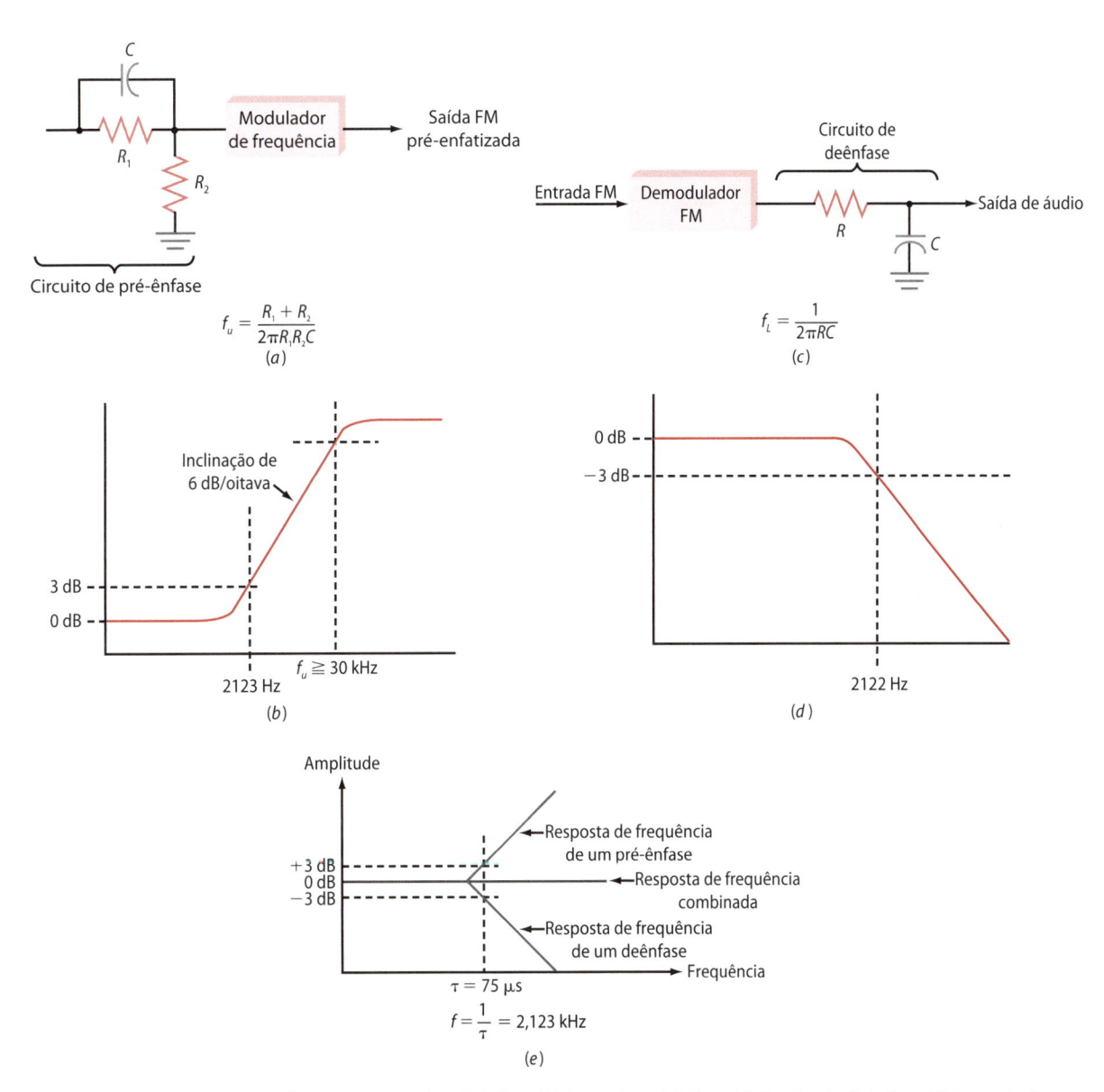

Figura 5-13 Pré-ênfase e deênfase. (a) Circuito de pré-ênfase. (b) Curva de pré-ênfase. (c) Circuito de deênfase. (d) Curva de deênfase. (e) Resposta de frequência combinada.

Para retornar a resposta de frequência ao seu normal, nível horizontal, é utilizado no receptor um CIRCUITO DE DEÊNFASE, que é um simples filtro passa-baixas com uma constante de tempo de 75 μs [veja a Figura 5-13(c)]. Os sinais acima da frequência de corte de 2123 Hz são atenuados na taxa de 6 dB por oitava. A curva de resposta é mostrada na Figura 5-13(d). Como resultado, a pré-ênfase no transmissor é exatamente compensada pelo circuito de deênfase no receptor, que proporciona uma resposta de frequência plana. O efeito combinado do pré-ênfase e deênfase é aumentar a relação sinal-ruído para os componentes de frequência alta durante a transmissão de modo que eles sejam fortalecidos e não mascarados pelo ruído. A Figura 5-13(e) mostra o efeito global dos circuitos de pré-ênfase e deênfase.

❯❯ Modulação em frequência versus modulação em amplitude

❯❯ Vantagens do FM

Em geral, o sistema FM é considerado superior ao AM. Embora os dois possam ser utilizados para transmitir informação de um lugar para outro, o sistema FM tipicamente oferece alguns benefícios significantes sobre o AM.

Imunidade ao ruído. A principal vantagem do FM sobre o AM é sua imunidade superior ao ruído, possibilitada pelos circuitos ceifadores no receptor, que efetivamente retira todas as variações de ruído, resultando em um sinal FM de amplitude constante. Embora o ceifamento não resulte em uma recuperação total em todos os casos, o FM, no entanto, pode tolerar um nível de ruído maior do que o AM para uma determinada amplitude de portadora. Isso também é verdade para a distorção induzida pelo deslocamento de fase.

Efeito de captura. Outra principal vantagem do FM é que os sinais de interferência de mesma frequência são efetivamente rejeitados. Devido aos limitadores de amplitude e aos métodos de demodulação usados nos receptores de FM, um fenômeno conhecido como EFEITO DE CAPTURA acontece quando dois ou mais sinais FM ocorrem simultaneamente na mesma frequência. Se um sinal tiver uma amplitude maior que duas vezes a do outro, o sinal mais forte captura o canal, eliminando totalmente o sinal mais fraco. Com circuitos receptores modernos, uma diferença nas amplitudes de sinais de apenas 1 dB é geralmente suficiente para produzir o efeito de captura. Em contraste, quando dois sinais AM ocupam a mesma frequência, os dois sinais são geralmente ouvidos, independente das intensidades relativas deles. Quando um sinal AM é significativamente mais forte que outro, naturalmente o sinal mais forte é inteligível; entretanto, o sinal mais fraco não é eliminado e ainda pode ser ouvido ao fundo. Quando as intensidades dos sinais AM são quase iguais, eles interferem mutuamente fazendo com que ambos fiquem quase ininteligíveis.

Embora o efeito de captura impeça que o sinal mais fraco dos dois sinais FM seja ouvido, quando duas estações estão transmitindo sinais de amplitudes aproximadamente iguais, primeiro um pode se capturado e depois o outro. Isso pode acontecer, ou seja, quando um motorista se movimenta de carro ao longo de uma rodovia e ouve uma transmissão nítida em uma determinada frequência. Em algum ponto, o motorista pode, repentinamente, ouvir outra transmissão, perdendo completamente a primeira e, em seguida, de repente, ouvir a transmissão original novamente. A transmissão dominante depende de onde o carro está e da intensidade relativa dos dois sinais.

Eficiência do transmissor. Uma terceira vantagem do FM sobre o AM envolve a eficiência. Lembre-se que o AM pode ser produzido por técnicas de modulação de alto nível ou de baixo nível. A mais eficiente é a modulação de alto nível na qual é utilizada um amplificador classe C como estágio final de potência RF e é modulado por um amplificador de modulação de alta potência. O transmissor AM tem que produzir tanto uma potência alta de RF quanto do sinal modulante. Além disso, em potências muito altas são impraticáveis grandes amplificadores de modulação. Nestas condições, deve ser utilizado modulação de baixo nível se a informação AM deve ser preservada sem distorção. O sinal AM é gerado em um nível baixo e, em seguida, amplificado com amplificadores lineares para produzir o sinal RF final. Os amplificadores lineares podem ser de classe A ou B e são bem menos eficientes que os amplificadores classe C.

Os sinais FM têm uma amplitude constante e, portanto, não é necessário usar amplificadores lineares para aumentar o nível de potência deles. Na realidade, os sinais FM sempre são gerados em baixo nível e então amplificados por uma série de amplificadores classe C para aumentar a potência deles. O resultado é um uso maior da potência disponível por causa do alto nível de eficiência dos amplificadores classe C. Ainda mais eficientes os amplificadores classe D, E ou F também são utilizados em equipamentos FM ou PM.

» Desvantagens do FM

Uso de um espectro maior. Talvez a maior desvantagem do FM é que ele utiliza muito espaço no espectro. A largura de banda de um sinal FM é, em geral, consideravelmente maior do que a de um sinal AM que transmite informação similar. Embora seja possível manter o índice de modulação baixo para minimizar a largura de banda, a redução do índice de modulação também reduz a imunidade ao ruído de um sinal FM. Em sistema de rádio FM bidirecional, o desvio máximo permitido é 5 kHz, com uma frequência modulante máxima de 3 kHz. Isso produz uma razão de desvio de 5/3 = 1,67. Razões de desvios tão baixas quanto 0,25 são possíveis, embora elas resultem em sinais muito menos desejáveis que os sinais FM de banda larga. Essas duas razões de desvios são classificadas como FM de banda estreita.

Como o FM tem uma largura de banda maior, ele é utilizado tipicamente apenas nas faixas do espectro onde a largura de banda adequada é disponível, ou seja, em frequências muito altas. Na realidade, é raro utilizá-lo em frequências abaixo de 30 MHz. A maioria das comunicações FM estão nas frequências VHF, UHF e micro-ondas.

Complexidade do circuito. Uma das principais desvantagens do FM há algum tempo envolvia a complexidade dos circuitos utilizados para a modulação e a demodulação em frequência em comparação com os circuitos simples utilizados na modulação e demodulação em amplitude. Atualmente, essa desvantagem quase desapareceu por causa do uso de circuitos integrados. Embora os CIs usados em transmissão FM ainda sejam complexos, eles oferecem pouca dificuldade em aplicações e o preço deles é tão baixo quanto o dos circuitos AM comparáveis.

Uma vez que a tendência em comunicação eletrônica é utilizar frequências cada vez maiores e como os CIs são de baixo custo e fáceis de usar, FM e PM se tornaram, de longe, o método de modulação mais utilizado em comunicação eletrônica atualmente.

» Aplicações de FM e AM

Apresentamos a seguir uma lista com as principais aplicações de AM e FM.

Aplicação	Tipo de modulação
Transmissão de rádio AM	AM
Transmissão de rádio FM	FM
Multiplexação de som FM estéreo	DSB (AM) e FM
Audio de TV	FM
Imagem (vídeo) de TV	AM, VSB
Sinais de cor de TV	DSB em quadratura (AM)
Telefone celular	FM, FSK, PSK
Telefone sem fio	FM, PSK
Aparelho de fax	FM, QAM (AM mais PSK)
Rádio de aeronaves	AM
Rádio marítimo	FM e SSB (AM)
Rádio móvel e portátil	FM
Rádio na faixa do cidadão	AM e SSB (AM)
Radioamador	FM e SSB (AM)
Modems de computador	FSK, PSK, QAM (AM mais PSK)
Portão de garagem automático	OOK
Controle remoto de TV	OOK
VCR	FM
FRS (*family radio service*)	FM

REVISÃO DO CAPÍTULO

Resumo

O desvio de frequência em FM é proporcional apenas à amplitude do sinal modulante independente de sua frequência. Em FM, a frequência do sinal modulante determina quantas vezes por segundo a frequência da portadora é desviada acima e abaixo de sua frequência central nominal. No chaveamento de frequência (FSK), assim como na transmissão de dados binários seriais, o sinal modulante é um trem de pulsos ou uma série de ondas retangulares. Em PM, o valor do deslocamento de fase de uma portadora de frequência constante varia de acordo com o sinal modulante e o desvio de frequência da portadora é proporcional à frequência e à amplitude do sinal modulante. Como o FM pode ser produzido a partir do PM, muitas vezes o PM é denominado de FM indireto.

A transmissão de dados binários pela modulação em fase é denominada de chaveamento de fase (PSK).

Para tornar o PM compatível com FM, o desvio produzido pelas variações de frequência do sinal modulante tem que ser compensado. A relação entre o desvio máximo de frequência permitido e a frequência modulante máxima permitida é o índice de modulação, ou a razão de desvio. Dado o índice de modulação, o número de bandas laterais significativas e os coeficientes de amplitude das bandas laterais conforme determinado pelas funções de Bessel, a equação básica de um sinal FM pode ser resolvida. A onda FM é expressa como ondas senoidais compostas de diferentes frequências e amplitudes que, quando somadas, produzem um sinal FM no domínio do tempo.

A largura de banda de um sinal FM pode ser calculada utilizando o índice de modulação e as funções de Bessel ou pela regra de Carson.

Um dos principais benefícios do FM sobre o AM é sua superior imunidade ao ruído. Os receptores FM contêm circuitos limitadores que restringem a amplitude do sinal recebido, ceifando qualquer variação e eliminando quase que completamente o ruído. Entretanto, certos tipos de componentes de alta frequência contidos no sinal modulante podem interferir com a transmissão FM. Para superar esse problema, a maioria dos sistemas FM usa uma técnica conhecida como pré-ênfase. No transmissor, o sinal modulante passa por um circuito simples que amplifica os componentes de alta frequência mais do que os de baixa frequência.

Em FM, o sinal mais forte entre dois sinais de mesma frequência rejeita o mais fraco. Esse fenômeno é conhecido como efeito de captura. Em contraste, quando um sinal AM é significativamente mais forte que outro, o sinal mais fraco pode ser ouvido ao fundo. Uma vantagem final do FM sobre o AM é a eficiência de transmissão. Os sinais FM são sempre gerados em um baixo nível e, em seguida, amplificado por uma série de amplificadores eficientes de classe C, D, E e F.

Questões

1. Qual é o nome geral da modulação que envolve FM e PM?
2. Cite os efeitos sobre a amplitude da portadora em FM ou PM.
3. Qual é o nome e a expressão matemática para a variação da portadora a partir de sua frequência central não modulada durante a modulação?
4. Cite como a frequência de uma portadora varia em um sistema FM quando a amplitude do sinal modulante e a frequência varia.
5. Cite como a frequência de uma portadora varia em um sistema PM quando a amplitude do sinal modulante e a frequência varia.
6. Quando ocorre o desvio de frequência máximo em um sinal FM? E em um sinal PM?
7. Cite as condições que devem existir para um modulador de fase produzir um sinal FM.
8. Como se chama a técnica em que um sinal FM é produzido a partir de um PM?
9. Qual é a natureza da saída de um modulador de fase durante o momento em que a tensão do sinal modulante é constante?
10. Qual é o nome dado ao processo de modulação em frequência de uma portadora por dados binários?
11. Qual é o nome dado ao processo de modulação em fase de uma portadora por dados binários?
12. Qual deve ser a natureza do sinal modulante a ser modificada para produzir FM a partir de técnicas PM?
13. Qual é a diferença entre o índice de modulação e a razão de desvio?
14. Defina FM de banda estreita. Qual é o critério utilizado para indicar o NBFM?
15. Qual é o nome da equação matemática utilizada par calcular o número e a amplitude das bandas laterais em um sinal FM?
16. Qual é o significado de um sinal negativo no valor da banda lateral na Figura 5-8?
17. Cite as duas formas em que um ruído afeta um sinal FM.

18. Como é minimizado o ruído em um sinal FM no receptor?
19. Qual é a principal vantagem do FM sobre o AM?
20. Apresente mais duas vantagens do FM sobre o AM?
21. Qual é a natureza do ruído que normalmente acompanha um sinal de rádio?
22. De que modo um transmissor FM é mais eficiente do que um AM de baixo nível? Explique.
23. Qual é a principal desvantagem do FM sobre o AM? Cite duas formas em que essa desvantagem pode ser superada.
24. Que tipo de amplificador de potência é usado para amplificar sinais FM? E para sinais AM de baixo nível?
25. Qual é o nome do circuito receptor que elimina o ruído em um sistema FM?
26. O que é o efeito de captura e o que provoca este efeito?
27. Qual é a natureza dos sinais modulantes que são mais afetados negativamente pelo ruído em um sinal FM?
28. Descreva o processo de pré-ênfase. Como ele melhora o desempenho da comunicação na presença de ruído? Onde ele é implementado, no transmissor ou no receptor?
29. Qual é o circuito básico utilizado para produzir a pré-ênfase?
30. Descreva o processo de deênfase. Onde ele é implementado, no transmissor ou no receptor?
31. Que tipo de circuito é utilizado para realizar o deênfase?
32. Qual é a frequência de corte dos circuitos de pré-ênfase e deênfase?
33. Liste quatro importantes aplicações do FM.

Problemas

1. Uma portadora de 162 MHz é desviada em 12 kHz por um sinal modulante de 2 kHz. Qual é o índice de modulação? ◆
2. O desvio máximo de uma portadora FM com um sinal de 2,5 kHz é 4 kHz. Qual é a razão de desvio?
3. Para os Problemas 1 e 2, calcule a largura de banda ocupada pelo sinal, utilizando o método convencional e pela regra de Carson. Esboce o espectro de cada sinal mostrando todas as bandas laterais significativas e suas amplitudes exatas.
4. Para um sinal modulante senoidal de frequência única de 3 kHz com uma frequência de portadora de 36 MHz, qual é o espaço entre as bandas laterais?
5. Quais são as amplitudes relativas do quarto par das bandas laterais para um sinal FM com uma razão de desvio de 8? ◆
6. Qual é o valor aproximado do índice de modulação em que a amplitude do primeiro par de bandas laterais tem amplitude zero? Use as Figuras 5-8 e 5-9 para determinar o menor índice de modulação que proporciona esse resultado.
7. Um canal disponível para transmissão FM é de 30 kHz. A frequência do sinal modulante máxima permitida é 3,5 kHz. Qual razão de desvio deve ser utilizada? ◆
8. A relação sinal-ruído em um sistema FM é 4:1. O desvio máximo permitido é 4 kHz. Qual é o desvio de frequência introduzido pelo deslocamento de fase causado pelo ruído quando a frequência modulante é 650 Hz? Qual é a relação sinal-ruído real?
9. Um circuito deênfase tem um capacitor de 0,02 μF. Qual é o valor de resistor necessário? Determine o valor mais próximo de acordo com o padrão EIA. ◆
10. Use a regra de Carson para determinar a largura de banda de um canal FM quando o desvio máximo permitido for 5 kHz em frequências de até 3,333 kHz. Esboce o espectro mostrando os valores da portadora e das bandas laterais.

◆ *As respostas para os problemas selecionados estão após o último capítulo.*

Raciocínio crítico

1. A banda de transmissão AM consiste de 107 canais para estações de 10 kHz de largura. A frequência de modulação máxima permitida é 5 kH. O FM pode ser utilizado com essa banda? Em caso afirmativo, explique o que seria necessário para que isso aconteça.
2. Uma portadora de 49 MHz é modulada em frequência por uma onda quadrada de 1,5 kHz. O índice de modulação é 0,25. Esboce o espectro do sinal resultante. (Considere que apenas os harmônicos menores do que o sexto passam pelo sistema.)
3. A banda de transmissão de rádio FM é alocada na faixa de frequência de 88 a 108 MHz do espectro. Existem 100 canais espaçados de 200 kHz. A frequência central do primeiro canal é 88,1 MHz; o último, ou centésimo, é 107,9 MHz. Cada canal de 200 kHz tem uma largura de banda modulante de 150 kHz com uma banda de guarda de 25 kHz de cada lado para minimizar os efeitos de sobremodulação (sobredesvio). A banda de transmissão FM permite um desvio máximo de ±75 kHz e uma frequência modulante máxima de 15 kHz.

a. Desenhe o espectro de frequência do canal com centro em 99,9 MHz, mostrando todas as frequências relevantes.
b. Desenhe o espectro de frequência da banda FM, mostrando detalhes dos três canais menores e os três maiores.
c. Determine a largura de banda do sinal FM utilizando a razão de desvio e a tabela de Bessel.
d. Determine a largura de banda do sinal FM utilizando a regra de Carson.
e. Qual dos cálculos de largura de banda anteriores se ajusta melhor a largura de banda do canal disponível?

4. Um transmissor de rádio de 450 MHz usa FM com um desvio máximo permitido de 6 kHz e uma frequência modulante máxima de 3,5 kHz. Qual é a largura de banda mínima necessária? Use a Figura 5-14 para determinar as amplitudes da portadora e das três primeiras bandas laterais significativas.

5. Considere que podemos transmitir dados digitais em uma estação de rádio FM. A largura de banda máxima permitida é 200 kHz. O desvio máximo permitido é 75 kHz e a razão de desvio é 5. Considerando que queremos preservar até o terceiro harmônico, qual é a onda quadrada de maior frequência que pode ser transmitida?

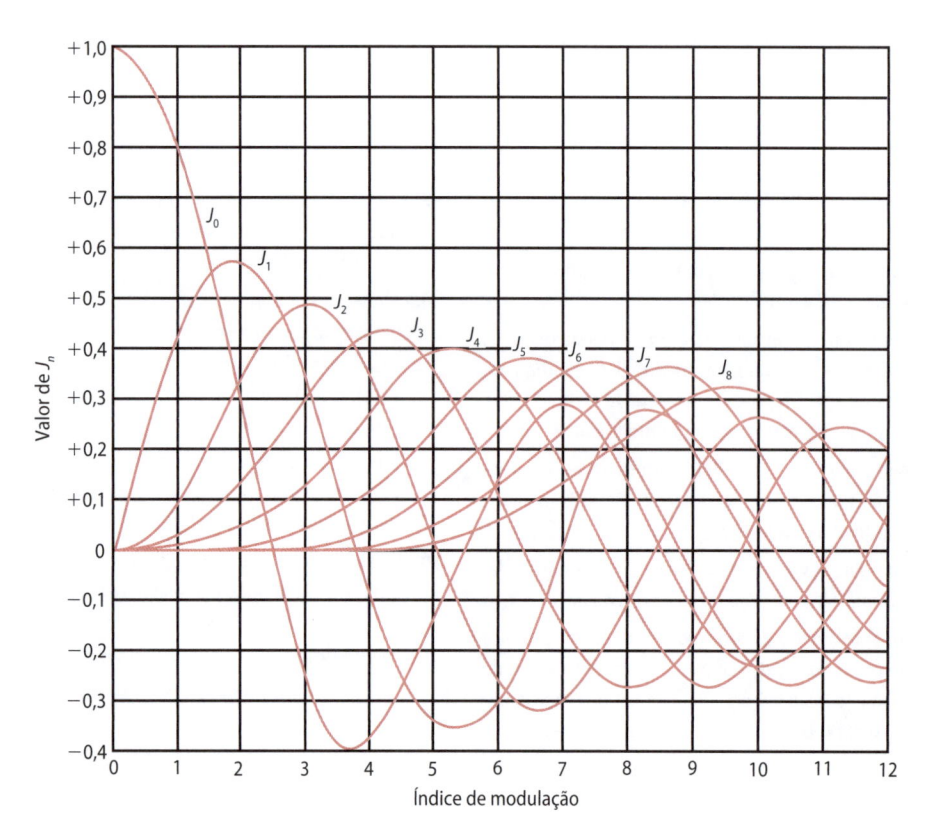

Figura 5-14

capítulo 6

Circuitos FM

Muitos circuitos diferentes foram projetados para produzir sinais FM e PM. Existem dois tipos diferentes de circuitos moduladores de frequência, os que produzem FM diretamente e os que produzem FM indiretamente a partir de técnicas de modulação de fase. Os circuitos FM diretos fazem uso de técnicas que variam a frequência do oscilador da portadora de acordo com o sinal modulante. Os moduladores indiretos produzem FM via deslocador de fase após o estágio do oscilador da portadora. O circuito demodulador de frequência, ou detector, converte o sinal FM de volta para o sinal modulante original.

Objetivos deste capítulo

» Comparar e contrastar FM que usa oscilador a cristal com FM que usa *varactors*.

» Explicar os princípios gerais dos circuitos moduladores de fase e listar as técnicas básicas para alcançar o deslocamento de fase.

» Calcular o desvio de frequência total de um transmissor FM dados a frequência do oscilador original e o fator de multiplicação de frequência.

» Descrever a operação dos detectores de inclinação, discriminadores de amplitude média de pulsos e detectores de quadratura.

» Desenhar um diagrama em bloco de uma malha de fase sincronizada (PLL – *phase-locked loop*), descrever a função de cada componente, explicar a operação do circuito e definir a faixa de captura e a faixa de travamento do PLL.

» Explicar a operação de um PLL como um demodulador de frequência.

❯❯ Moduladores de frequência

Um **MODULADOR DE FREQUÊNCIA** é um circuito que varia a **FREQUÊNCIA DA PORTADORA** de acordo com o sinal modulante. A portadora é gerada por um circuito oscilador LC ou a cristal, e, então, deve ser encontrada uma maneira de alterar a frequência de oscilação. Em um oscilador LC, a frequência da portadora é determinada pelos valores da indutância e da capacitância em um circuito sintonizado, e a frequência da portadora pode, portanto, ser alterada variando-se a indutância ou a capacitância. A ideia é encontrar um circuito ou componente que converta uma tensão modulante em uma variação correspondente na capacitância ou indutância.

Quando a portadora é gerada por um oscilador a cristal, a frequência é determinada pelo cristal. Entretanto, tenha em mente que o circuito equivalente de um cristal é um circuito RLC com pontos de ressonância em série e em paralelo. Conectar um capacitor externo ao cristal permite variações menores na frequência de operação a ser obtida. Novamente, o objetivo é encontrar um circuito ou componente cuja capacitância varie em resposta ao sinal modulante. O componente usado mais frequentemente para esse fim é o *VARACTOR*. Também conhecido como capacitor variável com a tensão, diodo de capacitância variável ou *varicap*, esse dispositivo é basicamente um diodo de junção semicondutor que opera no modo de polarização reversa.

❯❯ Funcionamento do *varactor*

Um diodo de junção é criado quando são formados semicondutores do tipo P e N durante o processo de fabricação. Alguns elétrons no material tipo N se deslocam para o material

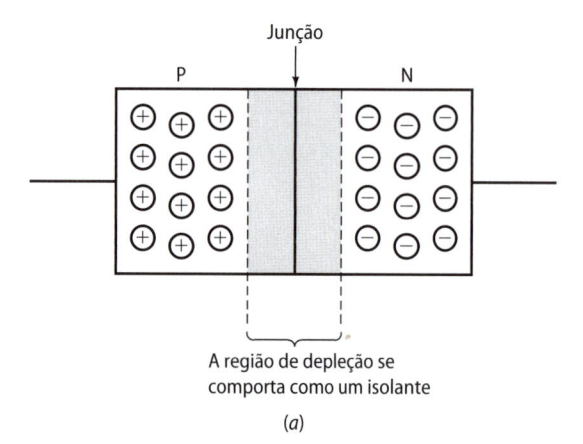

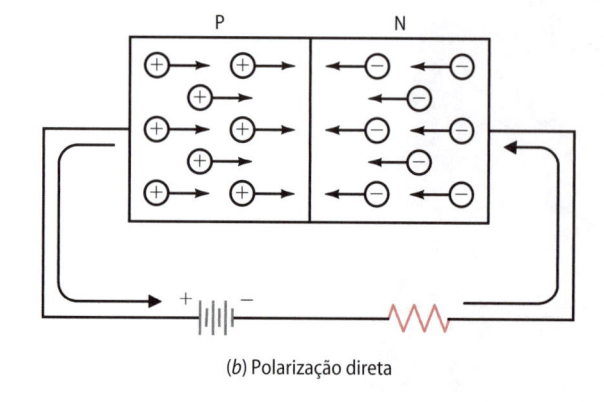

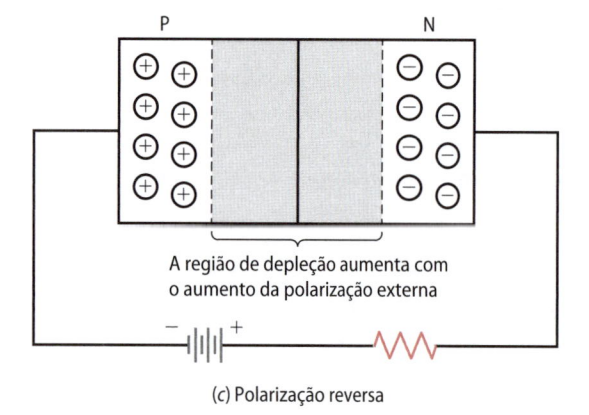

Figura 6-1 Região de depleção em um diodo de junção.

tipo P neutralizando as lacunas [veja a Fig. 6-1(*a*)], formando uma área estreita denominada REGIÃO DE DEPLEÇÃO, onde não existem portadores livres (lacunas ou elétrons).

Essa região se comporta como um isolante fino que evita que uma corrente circule pelo dispositivo.

Se uma polarização direta for aplicada ao diodo, ele conduzirá. O potencial externo força lacunas e elétrons em direção à junção, onde se combinam e produzem uma corrente interna e externa ao diodo. A camada de depleção simplesmente desaparece [veja a Fig. 6-1(*b*)]. Se uma polarização reversa for aplicada ao diodo, como na Figura 6-1(*c*), nenhuma corrente circulará. A polarização aumenta a largura da capada de depleção, de modo que o valor do aumento depende do valor da polarização reversa. Quanto maior for a polarização reversa, mais larga será a camada de depleção e menor será a chance de circulação de corrente.

Um diodo de junção polarizado reversamente se comporta como um pequeno capacitor. Os materiais tipo P e N se comportam como as duas placas do capacitor, e a região de depleção, como o dielétrico. Com todos os portadores de corrente ativos (lacunas e elétrons) neutralizados na região de depleção, sua função é como a de um material isolante. A largura da camada de depleção determina a largura do dielétrico e, portanto, o valor da capacitância. Se a polarização reversa for maior, a região de depleção aumentará e o dielétrico fará as placas do capacitor ficarem mais espaçadas, produzindo uma capacitância menor. Diminuindo o valor da polarização reversa, a região de depleção ficará mais estreita; as placas do capacitor ficarão efetivamente mais próximas, produzindo uma capacitância maior.

Todos os diodos de junção exibem capacitância variável quando a polarização reversa varia. Entretanto, os *varactors* são projetados para otimizar essa característica particular, de modo que as variações de capacitância sejam maiores e tão lineares quanto for possível. Os símbolos usados para representar os diodos *varactor* são mostrados na Figura 6-2.

Os *varactors* são construídos com uma ampla faixa de valores de capacitância. A maioria tem uma capacitância nominal na faixa de 1 a 200 pF. A faixa de variação da capacitância pode ser tão alta quanto 12:1. A Figura 6-3 mostra a curva para um diodo típico. Uma capacitância máxima de 80 pF é obtida para 1 V. Com 60 V aplicados, a capacitância cai para 20 pF, uma faixa de 4:1. A faixa de operação é geralmente restrita à parte linear da curva.

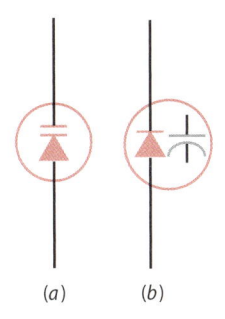

(*a*)   (*b*)

Figura 6-2   Símbolo esquemático de um diodo *varactor*.

É BOM SABER

Os *varactors* são construídos com uma ampla faixa de valores de capacitância. A maioria deles tem uma capacitância nominal na faixa de 1 a 200 pF. A faixa de variação da capacitância pode ser tão alta quanto 12:1.

» Moduladores com *varactor*

A Figura 6-4, com um oscilador de portadora para um transmissor, mostra o conceito básico de um modulador de frequência com *varactor*. A capacitância do diodo *varactor* D_1 e L_1 forma o circuito sintonizado em paralelo do oscilador. O valor de C_1 é dimensionado para ser muito grande na fre-

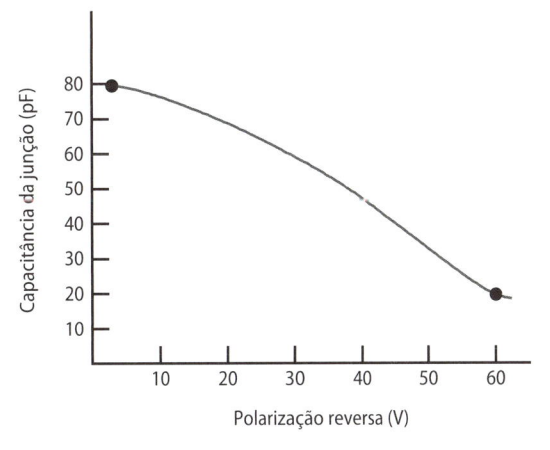

Figura 6-3   Capacitância *versus* tensão reversa da junção para um *varactor* típico.

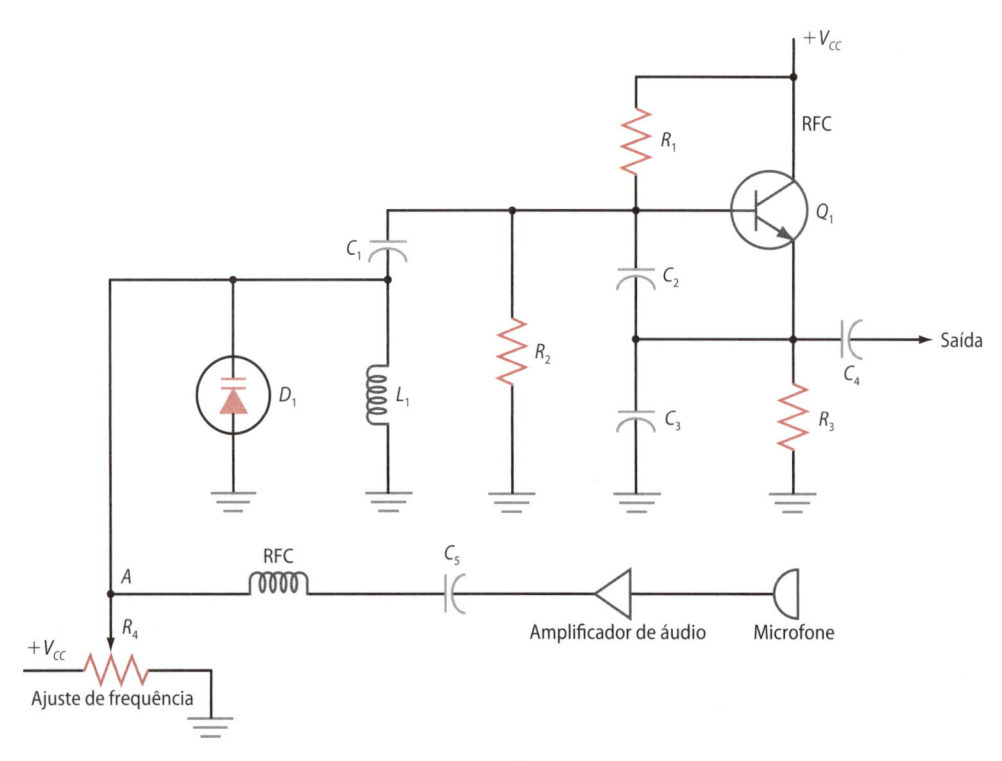

Figura 6-4 Um oscilador de portadora modulada diretamente em frequência usando um diodo *varactor*.

quência de operação, de modo que sua reatância seja muito pequena. Como resultado, C_1 conecta o circuito sintonizado ao oscilador. C_1 também bloqueia a polarização CC na base de Q_1 para que não seja colocada em curto-circuito com GND através de L_1. Os valores de L_1 e D_1 determinam a frequência central da portadora.

A capacitância de D_1 é controlada de duas formas: por meio de uma polarização fixa e pelo sinal modulante. Na Figura 6-4, a polarização de D_1 é definida pelo divisor de tensão que é constituído pelo potenciômetro R_4. A variação de R_4 permite que a frequência central da portadora seja ajustada em uma faixa estreita. O sinal modulante é aplicado através de C_5 e do choque de radiofrequência (RFC); C_5 é um capacitor de bloqueio que mantém a polarização CC do *varactor* separada do circuito do sinal modulante. A reatância de RFC é alta na frequência da portadora para evitar que o sinal da portadora volte para o circuito de áudio do sinal modulante.

O sinal modulante, a partir do microfone, é amplificado e aplicado no modulador. À medida que o sinal modulante varia, ele se soma e se subtrai a partir da tensão de polarização fixa. Portanto, a tensão efetiva aplicada em D_1 faz com que sua capacitância varie. Isso, por sua vez, produz o desvio desejado da frequência da portadora. Um sinal que varia positivamente no ponto A se soma à polarização reversa, diminuindo a capacitância e aumentando a frequência da portadora. Um sinal que varia negativamente no ponto A se subtrai da polarização, aumentando a capacitância e diminuindo a frequência da portadora.

EXEMPLO 6-1

O valor da capacitância de um *varactor* no centro de sua faixa linear é 40 pF. Esse *varactor* é conectado em paralelo com um capacitor de 20 pF. Qual é o valor da indutância a ser usada para ressonar essa combinação em 5,5 MHz em um oscilador? A capacitância total é $C_T = 40 + 20 = 60$ pF.

$$f_0 = 5,5 \text{ MHz} = \frac{1}{2\pi\sqrt{LC_T}}$$

$$L = \frac{1}{(2\pi f)^2 C_T} = \frac{1}{(6{,}28 \times 5{,}5 \times 10^6)^2 \times 60 \times 10^{-12}}$$

$$L = 13{,}97 \times 10^{-6} \text{ H} \quad \text{ou} \quad 14 \ \mu\text{H}$$

O principal problema com o circuito na Figura 6-4 é que a maioria dos osciladores LC não é estável o suficiente para fornecer um sinal de portadora. Mesmo com componentes de alta qualidade e um projeto otimizado, a frequência de osciladores LC varia em função de variação de temperatura, variação de tensão no circuito e outros fatores. Essas instabilidades não podem ser toleradas na maioria dos sistemas de comunicação modernos, onde um transmissor deve permanecer tanto quanto for possível em uma frequência precisa. Os osciladores LC simplesmente não são estáveis o suficiente para atender aos rigorosos requisitos impostos pela FCC. Como resultado, os osciladores a cristal são normalmente usados para gerar a frequência da portadora. Os osciladores a cristal oferecem não apenas precisão na frequência da portadora, mas também a estabilidade deles é superior em uma ampla faixa de temperatura.

» Modulação em frequência com um oscilador a cristal

É possível variar a frequência de um oscilador a cristal alterando o valor da capacitância em série, ou em paralelo, com o cristal. A Figura 6-5 mostra um oscilador a cristal típico. Quando um pequeno valor de capacitância é conectado em série com o cristal, a frequência dele pode ser "puxada" um pouco de sua frequência de ressonância natural. Colocando um diodo *varactor* como capacitância em série, pode-se obter a modulação em frequência do oscilador a cristal. O sinal modulante é aplicado no diodo *varactor*, D_1, que produz a variação na frequência do oscilador.

É importante notar que é possível apenas um desvio de frequência muito pequeno com moduladores de frequência que usam osciladores a cristal. Raramente a frequência de um oscilador a cristal varia mais do que algumas centenas de hertz a partir do valor nominal do cristal. O desvio resultante pode ser menor do que o desejado. Por exemplo, para conseguir um deslocamento de frequência total de 75 kHz, que é necessário em uma transmissão FM comercial, devem ser usadas outras técnicas. Nos sistemas de comunicação FM de banda estreita, desvios menores são aceitáveis.

Embora seja possível conseguir desvios de apenas algumas centenas de ciclos a partir da frequência do oscilador a cristal, o desvio total pode ser aumentado usando um circuito multiplicador de frequência após o oscilador da portadora. Um CIRCUITO MULTIPLICADOR DE FREQUÊNCIA é aquele cuja frequência de saída é um múltiplo inteiro da frequência de entrada. Um circuito desse tipo que multiplica uma frequência por 2 é denominado DUPLICADOR, o que multiplica uma frequência por 3 é denominado TRIPLICADOR, e assim por diante. Os multiplicadores de frequência também podem ser conectados em cascata.

Quando o sinal FM é aplicado a um multiplicador de frequência, tanto a frequência da portadora quanto o valor do desvio são aumentados. Normalmente, os multiplicadores de frequência podem aumentar a frequência do oscilador da portadora de 24 a 32 vezes. A Figura 6-6 mostra como os multiplicadores de frequência aumentam a frequência da portadora e o desvio. A frequência de saída desejada do transmissor FM na figura é 156 MHz, e o desvio máximo de frequência é 5 kHz. A portadora é gerada por um oscilador a cristal de 6,5 MHz, seguido por multiplicadores de frequência que aumentam a frequência por um fator de 24 (6,5 MHz $\times$ 24 = 156 MHz). A modulação em frequência do oscilador a cristal por um *varactor* produz um desvio máximo de apenas 200 Hz. Quando multiplicado por um fator de 24 nos circuitos multiplicadores de frequência, esse desvio é aumentado para 200 $\times$ 24 = 4.800 Hz, ou 4,8 kHz, que está próximo do desvio desejado. Os circuitos multiplicadores de frequência são discutidos com mais detalhes no Capítulo 8.

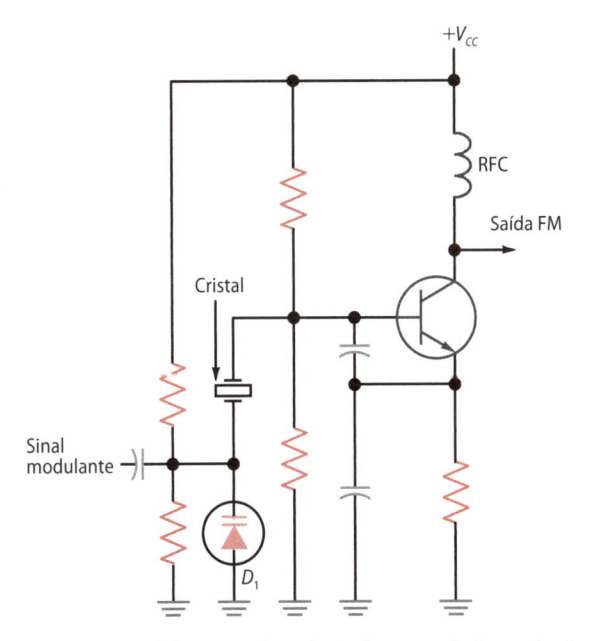

Figura 6-5 Modulação em frequência de um oscilador a cristal com capacitância controlada por tensão.

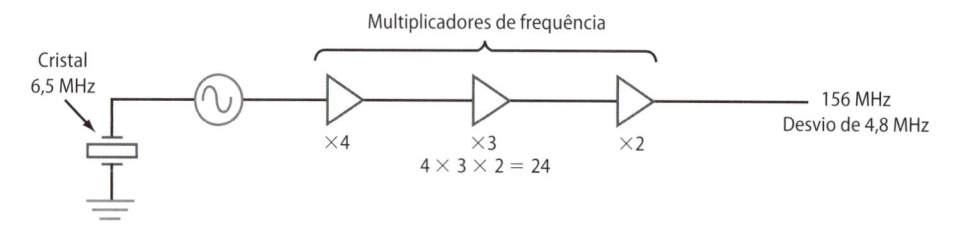

Figura 6-6 Multiplicadores de frequência que aumentam a frequência da portadora e o desvio.

» Osciladores controlados por tensão

Os osciladores cujas frequências são controladas por uma tensão de entrada externa são geralmente denominados OSCILADORES CONTROLADOS POR TENSÃO (**VCO**s – *voltage-controlled oscillators*). Os OSCILADORES A CRISTAL CONTROLADOS POR TENSÃO são geralmente denominados **VXO**s (*voltage-controlled crystal oscillators*). Embora alguns VCOs sejam usados principalmente em FM, eles também podem ser usados em outras aplicações onde a conversão de tensão para frequência for necessária. Como podemos ver, a aplicação mais comum é em malhas de fase travada, discutida posteriormente neste capítulo.

Embora os VCOs usados em VHF, UHF e micro-ondas ainda sejam implementados com componentes discretos, cada vez mais eles são integrados em um único *chip* de silício juntamente com outros circuitos transmissores ou receptores. A Figura 6-7 mostra um exemplo de um VCO. Esse circuito usa transistores bipolares de silício-germânio (SiGe) para conseguir uma frequência de operação próxima a 10 GHz. O oscilador usa transistores de acoplamento cruzado, Q_1 e Q_2, na forma de um multivibrador ou *flip-flop*. O sinal é uma senoide cuja frequência é ajustada por indutâncias de coletor e capacitores *varactor*. A tensão modulante, geralmente um sinal binário para produzir FSK, é aplicada na junção de D_1 e D_2. Duas saídas complementares são disponibilizadas a partir de seguidores de emissor, Q_3 e Q_4. Nesse circuito, os indutores são realmente minúsculas espiras de alumínio (ou cobre) dentro do *chip* com indutâncias dentro da faixa de 500 a 900 pH. Os *varactors* são diodos polarizados reversamente que funcionam como capacitores variáveis. A faixa de sintonia é de 9,953 a 10,66 GHz.

A Figura 6-8 mostra uma versão típica CMOS. Esse circuito também usa um circuito ressonante *LC* de acoplamento cruzado e opera na faixa de 2,4 a 2,5 GHz. Variações desse circuito são usadas em transceptores Bluetooth e aplicações de LAN *wireless*.

Existem também muitos tipos diferentes de VCOs de baixa frequência de uso comum, incluindo CIs VCOs usando um oscilador multivibrador tipo *RC* cuja frequência pode ser controlada em uma ampla faixa por uma tensão de entrada CC ou CA. Esses VCOs têm, tipicamente, uma faixa de operação menor do que 1 Hz a aproximadamente 1 MHz. A saída é quadrada ou triangular em vez de senoidal.

A Figura 6-9(*a*) é um diagrama em bloco de um **CI VCO** muito usado, o popular **NE566**. O resistor externo R_1 no pino 6 ajusta o valor da corrente produzida pelas fontes de corrente internas. Essas fontes carregam e descarregam linearmente o capacitor externo C_1 no pino 7. Uma tensão externa V_C aplicada no pino 5 é usada para variar o valor da corrente produzida pelas fontes de corrente. O CIRCUITO SCHMITT TRIGGER é um detector de nível que controla a fonte de corrente comutando entre a carga e a descarga quando o capacitor carrega ou descarrega para um nível de tensão específico. Uma tensão dente-de-serra linear é desenvolvida no capacitor por uma fonte de corrente. Esse sinal passa por um *buffer* antes de ser disponibilizado no pino 4. A saída do Schmitt *trigger* é uma onda quadrada na mesma frequência disponível no pino 3. Se for desejada uma saída senoidal, a onda triangular é geralmente filtrada com um circuito ressonante sintonizado na frequência de portadora desejada.

A Figura 6-9(*b*) mostra um circuito modulador de frequência completo usando o NE566. As fontes de corrente são polarizadas com um divisor de tensão, R_2 e R_3. O sinal modulante é aplicado ao divisor de tensão no pino 5 através de C_2. O capacitor de 0,001 μF entre os pinos 5 e 6 é usado para evitar oscilações indesejadas. A frequência central da portadora do circuito é definida pelos valores de R_1 e C_1. Frequências de portadora de até 1 MHz podem ser usadas com esse CI. Se forem necessários frequências e desvios maiores, as saídas podem ser filtradas ou usadas para acionar outros circuitos,

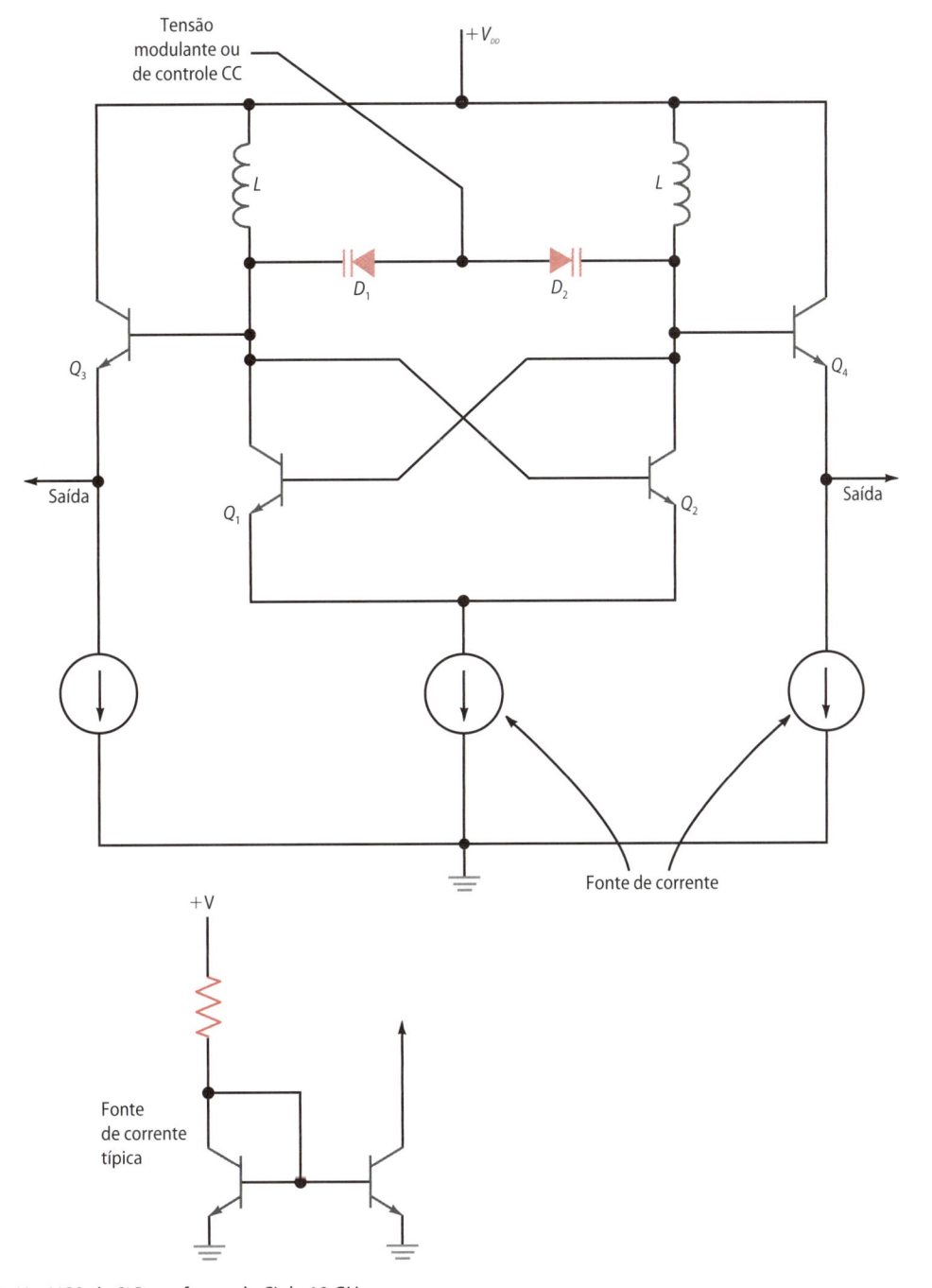

Figura 6-7 Um VCO de SiGe na forma de CI de 10 GHz.

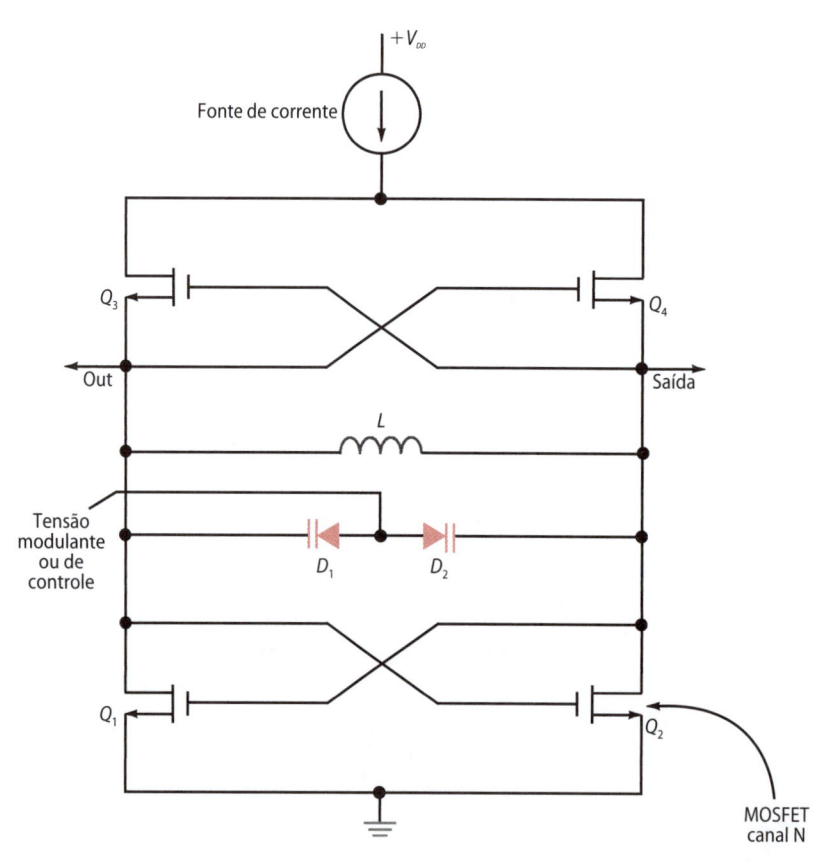

Figura 6-8 Um VCO CMOS para um FSK de 2,4 GHz.

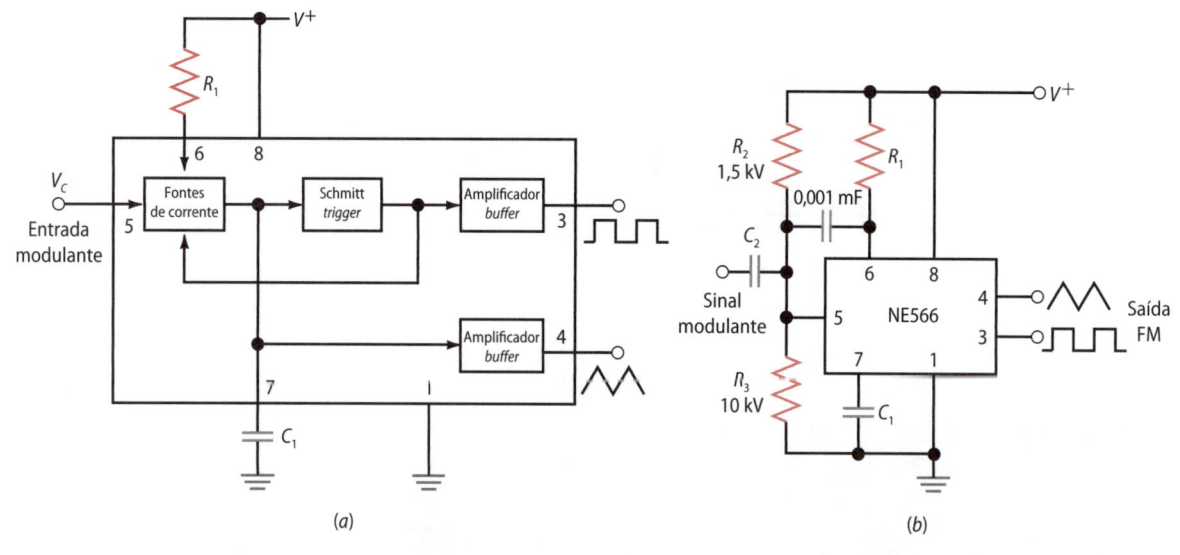

Figura 6-9 Modulação em frequência com um CI VCO. (*a*) Diagrama em bloco com um CI VCO. (*b*) Modulador de frequência básico usando o VCO NE566.

como um multiplicador de frequência. O sinal modulante pode variar a frequência da portadora ao longo de uma faixa de quase 10:1, tornando possíveis desvios bem grandes. O desvio é linear em relação à amplitude de entrada ao longo de toda a faixa.

Moduladores de reatância

Outra forma de produzir FM direto é usar uma **MODULADOR DE REATÂNCIA**. Esse circuito usa um amplificador transistorizado que se comporta como um capacitor variável ou um indutor. Quando esse circuito é conectado a um circuito sintonizado de um oscilador, a frequência do oscilador pode ser alterada aplicando-se o sinal modulante ao amplificador.

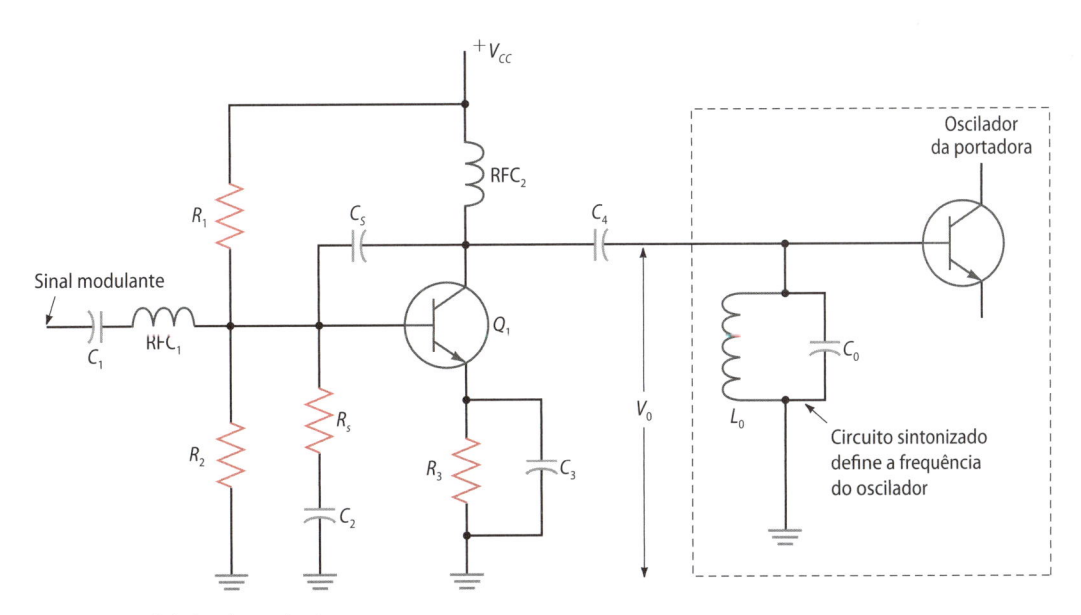

A Figura 6-10 mostra um modulador de reatância padrão, que é basicamente um amplificador emissor comum classe A. Os resistores R_1 e R_2 formam um divisor de tensão para polarizar o transistor na região linear. O resistor R_3 é um resistor de polarização do emissor que é desviado (*bypass*) pelo capacitor C_3. Um choque RF (RFC_2), em vez de um resistor de coletor, é usado para prover uma carga de alta impedância na frequência de operação. O coletor do transistor é conectado ao circuito sintonizado no oscilador da portadora. O capacitor C_4 tem uma impedância muito baixa na frequência do oscilador. Sua principal finalidade é manter a corrente direta do coletor de Q_1 desviada por um curto-circuito para GND por meio da bobina do oscilador, L_0. O circuito do modulador de reatância é conectado diretamente no circuito sintonizado em paralelo que define a frequência do oscilador.

O sinal do oscilador do circuito sintonizado, V_0, é conectado de volta ao circuito de deslocamento de fase RC constituído por C_s e R_s. O capacitor C_2 em série com R_s tem uma impedância muito baixa na frequência de operação, de modo que ele não afeta o deslocamento de fase. Entretanto, ele evita que R_s gere um distúrbio na polarização CC de Q_1. O valor de C_s é escolhido de modo que a reatância na frequência do oscilador seja cerca de 10 ou mais vezes o valor de R_s. Se a reatância for muito maior do que a resistência, o comportamento do circuito será predominantemente capacitivo e, portanto, a corrente no capacitor e em R_s estará adiantada da tensão aplicada em cerca de 90°. Isso significa que a tensão em R_s, que é aplicada na base de Q_1, é adiantada da tensão do oscilador. Como a corrente de coletor de Q_1 está em fase com a corrente de base, que, por sua vez, está em fase com a tensão de base, a corrente de coletor de Q_1 está adiantada da tensão do oscilador, V_0, em 90°. Obviamente, qualquer circuito cuja corrente está adiantada 90° da tensão aplicada parece ser capacitivo para a fonte de tensão. Isso significa que o modulador de reatância parece um capacitor para o circuito sintonizado do oscilador.

O sinal modulante é aplicado ao circuito modulador por meio de C_1 e RFC_1. o RFC ajuda a manter o sinal RF do osci-

Figura 6-10 Um modulador de reatância.

lador separado do circuito de áudio do qual o sinal modulante é derivado. O sinal modulante de áudio varia a tensão e a corrente de base de Q_1 de acordo com a informação a ser transmitida, e a corrente de coletor varia proporcionalmente. Conforme a amplitude da corrente de coletor varia, o ângulo de deslocamento de fase varia em relação à tensão do oscilador, que é interpretada pelo oscilador como uma variação na capacitância. Portanto, conforme o sinal modulante varia, a capacitância efetiva do circuito varia, e a frequência do oscilador varia de acordo. Um aumento da capacitância diminui a frequência, e uma diminuição da capacitância aumenta a frequência. O circuito produz FM direto.

Se as posições de R_s e C_s, no circuito da Figura 6-10, forem invertidas, a corrente no deslocador de fase ainda estará adiantada 90° da tensão do oscilador. Entretanto, a tensão no capacitor agora estará aplicada na base do transistor, e a tensão estará atrasada 90° da tensão do oscilador. Com essa configuração, o modulador de reatância se comporta como um indutor. A indutância equivalente varia conforme o sinal modulante é aplicado. Novamente, a frequência do oscilador varia na proporção da amplitude do sinal de informação.

Os circuitos moduladores de reatância podem produzir desvios de frequência ao longo de uma ampla faixa. Eles são altamente lineares e, desta forma, a distorção é mínima. Esses circuitos também podem ser implementados com transistores de efeito de campo (FETs) em vez do componente bipolar NPN mostrado na Figura 6-10. Apesar dessas vantagens, os moduladores de reatância atualmente são quase totalmente obsoletos.

> **É BOM SABER**
> Deslocadores de fase simples não produzem uma resposta linear ao longo de uma ampla faixa de deslocamento de fase. Para compensar isso, restringe-se o deslocamento de fase total para maximizar a linearidade. Também devem ser usados multiplicadores para conseguir o desvio necessário.

Alguns moduladores de fase são baseados na mudança de fase produzida pelo circuito sintonizado *RC* ou *LC*. Deve-se salientar que deslocadores de fase simples desse tipo não produzem resposta linear ao longo de uma ampla faixa de deslocamento de fase. O deslocamento de fase total permitido tem que ser restringido para maximizar a linearidade, e devem ser usados multiplicadores para alcançar o desvio desejado. Os deslocadores de fase mais simples são os circuitos *RC* como o que é mostrado na Figura 6-11(*a*) e (*b*). Dependendo dos valores de *R* e *C*, a saída do deslocador de fase pode ser ajustada para qualquer ângulo de fase entre 0 e 90°. Em (a), a saída está adiantada um ângulo entre 0 e 90° da entrada. Por exemplo, quando X_c for igual a R, o deslocamento de fase será 45°. O deslocamento de fase é calculado usando-se a fórmula

$$\phi = \operatorname{tg}^{-1}\frac{X_C}{R}$$

Um filtro passa-baixas *RC* também pode ser usado, como mostra a Figura 6-11(*b*). Nesse caso, a saída é obtida no capacitor. Assim, ela está atrasada um ângulo entre 0 e 90° da tensão de entrada. O ângulo de fase é calculado usando-se a fórmula

$$\phi = \operatorname{tg}^{-1}\frac{R}{X_C}$$

» *Moduladores de fase*

Os transmissores FM mais modernos usam alguma forma de modulação de fase para produzir o FM indiretamente. A razão para o uso de PM em vez de FM é que o oscilador da portadora pode ser otimizado para frequências precisas e estáveis. Os osciladores a cristal ou sintetizadores de frequência controlados a cristal podem ser usados para definir com precisão a frequência da portadora e mantê-la estável.

A saída do oscilador da portadora é enviada ao modulador de fase, no qual o deslocamento de fase varia de acordo com o sinal modulante. Visto que as variações de fase produzem variações de frequência, o resultado é o FM indireto.

» **Moduladores de fase com *varactor***

Um circuito deslocador de fase simples pode ser usado como um modulador de fase se a resistência, ou a capacitância, puder variar conforme o sinal modulante. Uma forma de fazer isso é substituindo o capacitor mostrado no circuito da Figura 6-11(*b*) por um *varactor*. O circuito de deslocamento de fase resultante é mostrado na Figura 6-12.

Nesse circuito, o sinal modulante faz a capacitância do *varactor* variar. Se a amplitude do sinal modulante na saída do amplificador A se torna mais positiva, ela se soma à polarização reversa do *varactor* definida por R_1 e R_2, fazendo a capa-

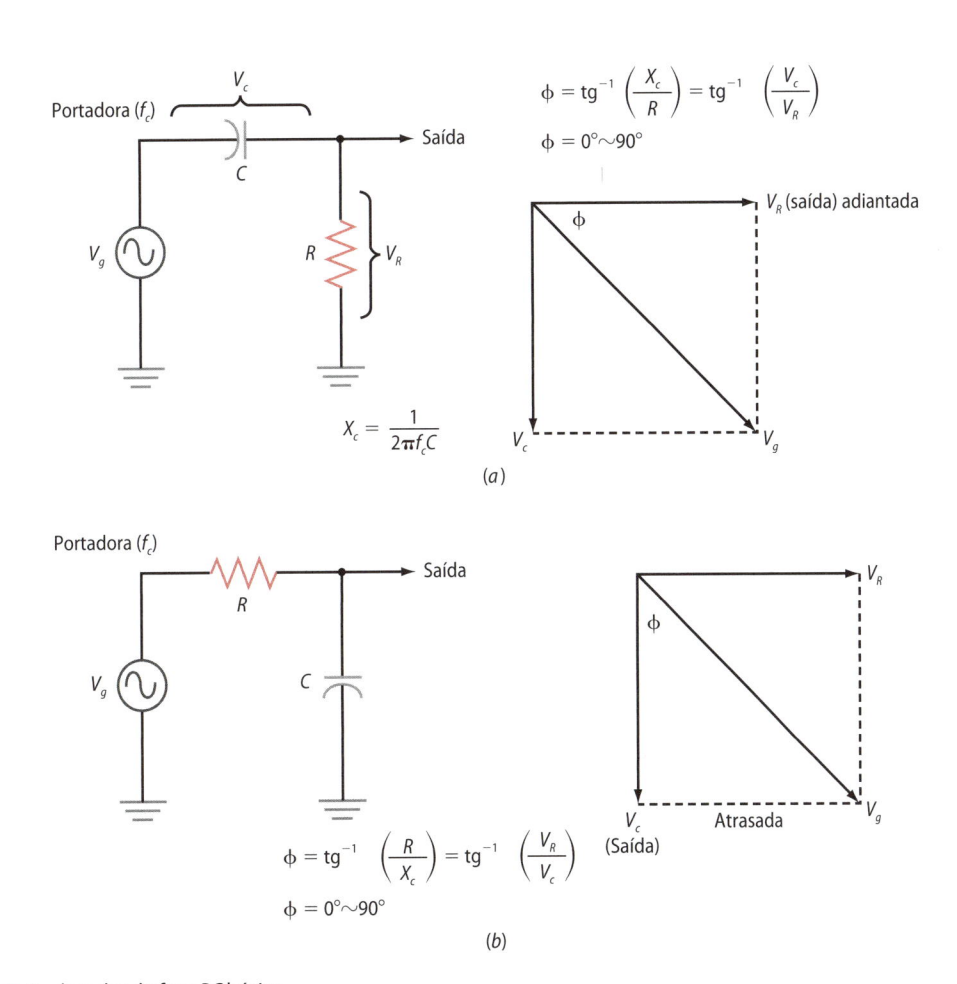

Figura 6-11 Deslocador de fase RC básico.

citância diminuir. Isso faz a reatância aumentar; portanto, o circuito produz menos deslocamento de fase e menos desvio. Um sinal modulante negativo a partir de A subtrai a polarização reversa do diodo *varactor*, aumentando a capacitância ou diminuindo a reatância capacitiva. Isso aumenta o valor do deslocamento de fase e o desvio.

Com esse arranjo, existe uma relação inversa entre a polaridade do sinal modulante e o sentido do desvio de frequência. Esse é o oposto da variação desejada. Para corrigir essa condição, um amplificador inversor A pode ser inserido entre a fonte de sinal modulante e a entrada do modulador. Então, quando o sinal modulante vai para positivo, a saída do inversor, que é entrada do modulador, vai para negativo, e o desvio aumenta. Na Figura 6-12, C_1 e C_2 são capacitores que bloqueiam CC e têm reatâncias muito baixas na frequência da portadora. O deslocamento de fase produzido está atrasa-

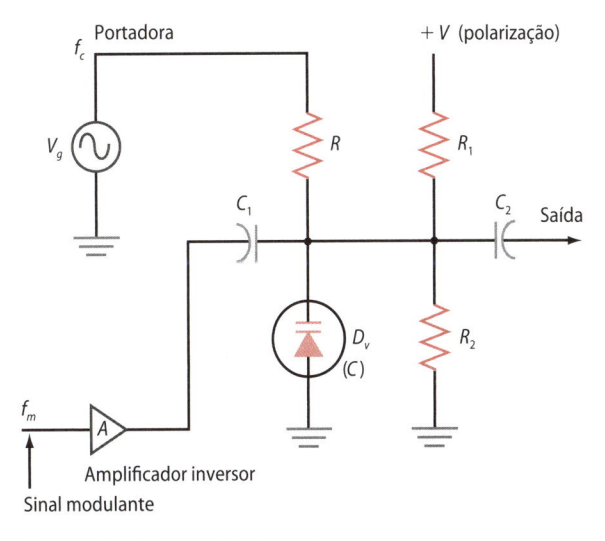

Figura 6-12 Um modulador de fase com *varactor*.

do, e, assim como em qualquer modulador de fase, a amplitude de saída e a fase variam com a mudança na amplitude do sinal modulante.

» Modulador de fase com transistor

A Figura 6-13 mostra um transistor bipolar usado como um resistor variável para criar um modulador de fase. Os FETs também podem ser usados. O circuito é simplesmente um amplificador classe A emissor-comum polarizado na região linear pelos resistores R_1 e R_2. Sem modulação, a corrente de coletor é 1,22 mA. A tensão do coletor para GND é 6,28 V. O transistor se comporta como um resistor (do coletor para GND) e tem um valor de resistência de $R = V_C/I_C = 6,28/1,22 \times 10^{-3} = 5.147 \, \Omega$. Essa resistência, com $C_1 = 22$ PF, forma parte do deslocador de fase. Com uma frequência de portadora de 1,4 MHz, a reatância capacitiva é $X_C = 1/2\pi f_c C_1 = 1/6,28(1,4 \times 10^6)(22 \times 10^{-12}) = 5.170 \, \Omega$. O deslocamento de fase produzido pelo circuito é $\phi = \text{tg}^{-1}(5.170/5.147) = \text{tg}^{-1} 1,004 = 45°$.

Agora considere que um sinal modulante seja aplicado ao circuito através do capacitor de bloqueio C_2. O RFC mantém o RF separado do circuito de modulação de áudio. Se o sinal for para positivo, ele aumenta a corrente de base; isso faz aumentar a corrente de coletor que, por sua vez, aumenta a tensão no resistor de coletor e diminui a tensão entre o coletor de GND. Se a corrente de coletor subir 0,5 mA, indo para 1,72 mA, a tensão no coletor cai para 3,9 V. Agora o transistor representa um valor de resistência de $R = 3,9/0,00172 = 2.267 \, \Omega$. O novo valor do deslocamento de fase com C_1 agora é $\phi = \text{tg}^{-1}(5.170/2.267) = \text{tg}^{-1} 2,28 = 66,3°$.

Se o sinal de entrada for para negativo, a corrente de base diminui, e a corrente de coletor diminui proporcionalmente. Se a corrente de coletor diminuir 0,5 mA, indo para 0,72 mA, a nova tensão de saída no coletor será 8,6 V. O novo valor da resistência representada pelo transistor será $R = 8,6/0,00072 = 11.944 \, \Omega$. O novo deslocamento de fase será $\phi = \text{tg}^{-1}(5.170/11.944) = 23,4°$. O deslocamento de fase total produzido pelo circuito será $66,3 - 23,4 = 42,9°$.

Um deslocamento de fase de 43° também pode ser representado por $\pm 21,5°$. Expresso em radianos, o deslocamento total é $43/57,3 = 0,75$ rad ou $\pm 0,375$ rad.

> **EXEMPLO 6-2**
>
> Um transmissor deve operar em uma frequência de 168,96 MHz com um desvio de ± 5 kHz. Ele usa três multiplicadores de frequência, um duplicador, um triplicador e um quadruplicador. É usado um modulador de fase. Calcule (a) a frequência do oscilador da portadora a cristal e (b) o deslocamento de fase $\Delta \phi$ exigido para produzir o desvio necessário para uma frequência modulante de 2,8 kHz.

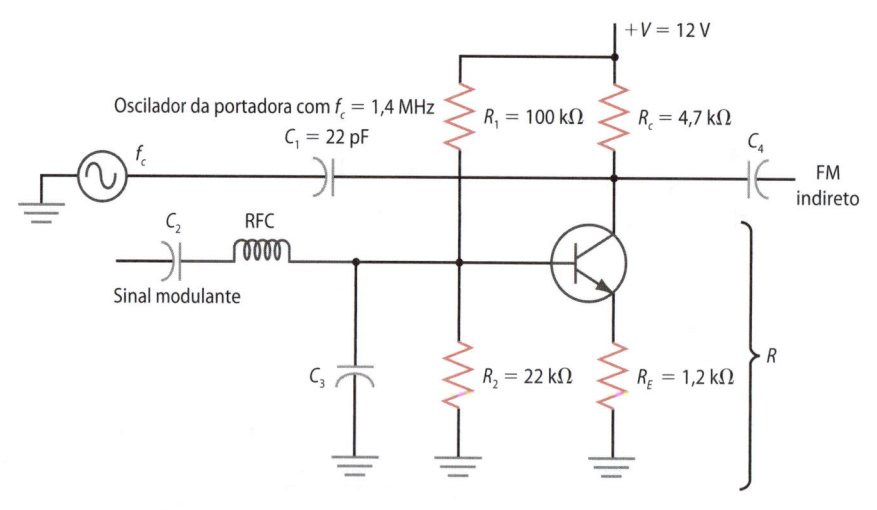

Figura 6-13 Um deslocador de fase com transistor.

a. O multiplicador de frequência produz uma multiplicação total de $2 \times 3 \times 4 = 24$. A frequência do oscilador a cristal é multiplicada por 24 para se obter a frequência de saída final de 168,96 MHz. Portanto, a frequência do oscilador a cristal é

$$f_0 = \frac{168{,}96}{24} = 7{,}04 \text{ MHz}$$

b. Os multiplicadores de frequência multiplicam o desvio pelo mesmo fator. Para conseguir um desvio de ± 5 kHz, o modulador de fase deve produzir um desvio de $f_d = 5\text{kHz}/24 = \pm 208{,}33$ Hz. O desvio é calculado com $f_d = \Delta\phi\, f_m$; $f_m = 2{,}8$ kHz.

$$\Delta\phi = \frac{f_d}{f_m} = \frac{208{,}33}{2.800} = \pm 0{,}0744 \text{ rad}$$

Convertendo para graus, obtemos

$$0{,}0744(57{,}3°) = \pm 4{,}263°$$

O deslocamento de fase total é

$$\pm 4{,}263° = 2 \times 4{,}263° = 8{,}526°$$

EXEMPLO 6-3

Para o transmissor no Exemplo 6-2, é usado um deslocador de fase como o da Figura 6-11, em que C é um *varactor* e $R = 1$ kΩ. Considere que a faixa de deslocamento de fase total é centrada em 45°. Calcule os dois valores de capacitância necessários para conseguir o desvio total.

O desvio de fase é centrado em 45°, ou $45° \pm 4{,}263° = 40{,}737°$ e 49,263°. O desvio de fase total é $49{,}263 - 40{,}737 = 8{,}526°$. Se $\phi = \text{tg}^{-1}(R/X_C)$, então $\text{tg}\,\phi = R/X_C$.

$$X_C = \frac{R}{\text{tg}\,\phi} = \frac{1.000}{\text{tg}\,40{,}737} = 1.161\ \Omega$$

$$C = \frac{1}{2\pi f X_C} = \frac{1}{6{,}28 \times 7{,}04 \times 10^6 \times 1.161} = 19{,}48 \text{ pF}$$

$$X_C = \frac{R}{\text{tg}\,\phi} = \frac{1.000}{\text{tg}\,49{,}263} = 861\ \Omega$$

$$C = \frac{1}{2\pi f X_C} = \frac{1}{6{,}28 \times 7{,}04 \times 10^6 \times 861} = 26{,}26 \text{ pF}$$

Para conseguir o desvio desejado, o sinal de voz deve polarizar o *varactor* para variar a sua capacitância na faixa de 19,48 a 26,26 pF.

Uma fórmula simples para determinar o valor do desvio de frequência f_d representado por um ângulo de fase específico é

$$f_d = \Delta\phi\, f_m$$

onde $\Delta\phi$ = variação no ângulo de fase, rad
f_m = frequência do sinal modulante

Considere que a menor frequência modulante para o circuito com um deslocamento de 0,75 rad é 300 Hz. O desvio é $f_d = 0{,}75(300) = 225$ Hz ou $\pm 112{,}5$ Hz. Como se trata de uma modulação em fase, o desvio real também é proporcional à frequência do sinal modulante. Com o mesmo desvio máximo de 0,75 rad, se a frequência modulante for 3 kHz (3.000 Hz), o desvio é $f_d = 0{,}75(3.000) = 2.250$ Hz ou $\pm 1{,}125$ Hz.

Para eliminar esse efeito e gerar o sinal FM real, a frequência de entrada de áudio deve passar por um filtro passa-baixas para ocorrer o decaimento da amplitude do sinal nas frequências altas. Na Figura 6-13, essa é a função de C_3, o qual, com a impedância do amplificador de áudio, cria um filtro passa-baixas.

» Modulador de fase com circuito sintonizado

A maioria dos moduladores de fase é capaz de produzir apenas um pequeno valor de deslocamento de fase, sendo o valor total limitado a $\pm 20°$ por causa da faixa estreita de linearidade do transistor ou *varactor*. O deslocamento limitado de fase produz, por sua vez, um deslocamento limitado de frequência. Uma técnica para resolver esse problema é usar um circuito sintonizado em paralelo para produzir o deslocamento de fase. Na ressonância, um circuito ressonante em paralelo se comporta como um resistor de valor muito alto. Fora da ressonância, o circuito se comporta indutivamente ou capacitivamente e, como resultado, produz um deslocamento de fase entre a corrente e a tensão aplicadas.

A Figura 6-14 mostra a curva de resposta da impedância básica e a variação de fase de um circuito ressonante em paralelo. Na frequência de ressonância, f_r, as reatâncias indutiva e capacitiva são iguais, e seus efeitos se cancelam entre si.

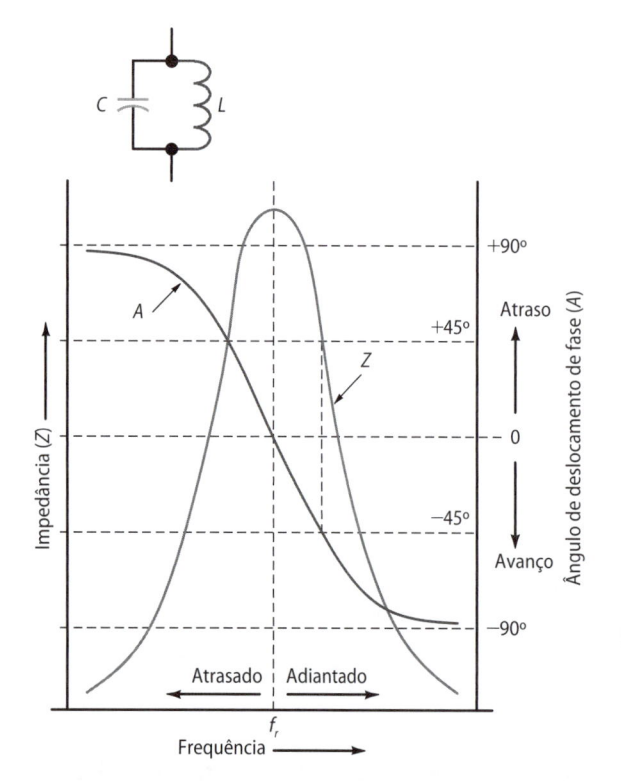

Figura 6-14 Impedância e deslocamento de fase *versus* frequência de um circuito ressonante em paralelo.

Nas frequências abaixo da ressonância, X_L diminui e X_C aumenta. Isso faz com que o circuito se comporte como um indutor e a corrente está atrasada da tensão aplicada. Acima da ressonância, X_L aumenta e X_C diminui. Isso faz o circuito se comportar como um capacitor e a corrente ficar adiantada da tensão aplicada. Se o Q do circuito ressonante for relativamente alto, o deslocamento de fase será muito pronunciado, como mostra a Figura 6-14. O mesmo efeito é obtido se a frequência for constante e L ou C variar. Uma variação relativamente pequena em L ou C produz um deslocamento de fase significativo. Assim, a ideia é fazer a capacitância ou a indutância variarem com a tensão modulante, produzindo um deslocamento de fase.

> **É BOM SABER**
>
> Outra desvantagem de circuitos deslocadores de fase é que eles sempre produzem variações de amplitude e de fase.

O resultado é uma impedância resistiva extremamente alta em f_r. O circuito se comporta resistivamente nesse ponto, e, portanto, o ângulo de fase entre a corrente e a tensão aplicadas é zero.

Uma variedade de circuitos que foram desenvolvidos baseados nessa técnica é ilustrada na Figura 6-15. Nesse tipo de circuito, o circuito sintonizado em paralelo é geralmente parte do circuito de saída de um amplificador RF acionado por um oscilador de portadora. O diodo *varactor* D_1 é conectado em paralelo com o circuito sintonizado, proporcionando assim uma variação de capacitância com o sinal modulante. O divisor de tensão, constituído por R_1 e R_2, define a polarização reversa em D_1, e C_2 se comporta como um capacitor de

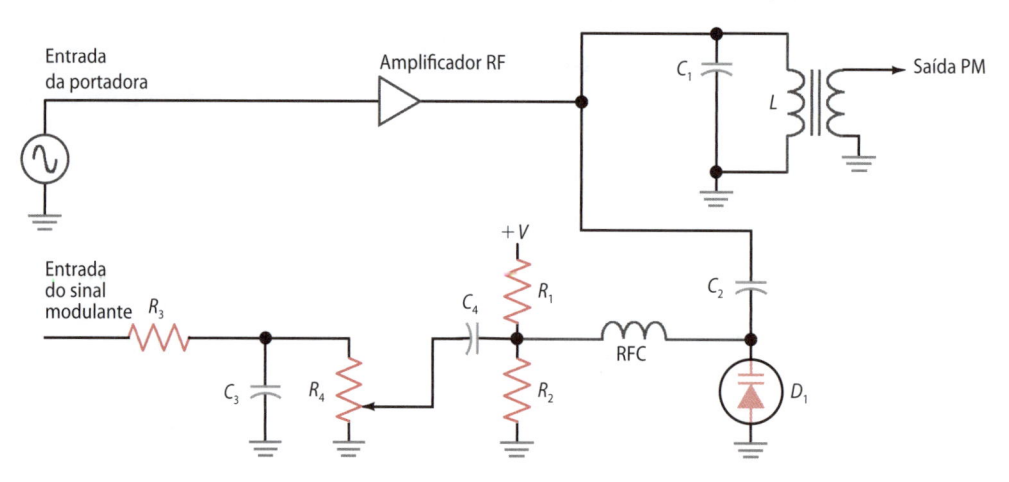

Figura 6-15 Um tipo de modulador de fase.

bloqueio, evitando que a polarização seja aplicada ao circuito sintonizado. O seu valor é muito grande, de modo que ele é essencialmente um curto-circuito para CA na frequência da portadora, e a capacitância de D_1 controla a frequência de ressonância.

O sinal modulante passa primeiro por um circuito passa-baixas, constituído por R_3 e C_3, que fornece a compensação de amplitude necessária para produzir o sinal FM. O sinal modulante aparece no potenciômetro R_4, permitindo que o valor desejado do sinal modulante seja aplicado ao circuito de deslocamento de fase. O potenciômetro R_4 se comporta como um controle de desvio. Quanto maior for a tensão modulante, maior será o desvio de frequência. O sinal modulante é aplicado ao diodo *varactor* através do capacitor C_4. Com uma tensão modulante zero, o valor da capacitância de D_1, juntamente com o capacitor C_1 e o indutor L, define a frequência de ressonância do circuito sintonizado. O capacitor C_2 é um capacitor de bloqueio CC com uma impedância próxima de zero na frequência de ressonância. A saída de FM indireto obtida em L é indutivamente acoplado à saída.

Quando o sinal modulante vai para negativo, ele subtrai a polarização reversa de D_1. Isso aumenta a capacitância do circuito e diminui a reatância, fazendo o circuito parecer capacitivo. Portanto, é produzido um deslocamento de fase adiantado. O circuito LC em paralelo se parece com um capacitor para a resistência de saída do amplificador da portadora, de modo que a saída está atrasada da entrada. Uma tensão modulante variando para positivo diminui a capacitância; então, o circuito sintonizado se torna indutivo, produzindo um deslocamento de fase atrasado. O circuito LC se parece com um indutor para a resistência de saída do amplificador da portadora, de modo que a saída se adianta da entrada. O resultado na saída é um deslocamento de fase relativamente amplo, o qual, por sua vez, produz um desvio de frequência linear excelente.

Os moduladores de fase são relativamente fáceis de serem implementados, mas eles têm duas grandes desvantagens. A primeira é que o valor do deslocamento que eles produzem e o desvio de frequência resultante são relativamente pequenos. Por isso, a portadora é comumente gerada em uma frequência menor, e utilizam-se multiplicadores de frequência para aumentar a frequência da portadora e o valor do desvio de frequência. A segunda desvantagem é que todos os circuitos de deslocamento de fase descritos até aqui incluem o deslocador de fase com circuito sintonizado, que produz variações de amplitude, bem como de fase. Quando o valor de um componente é alterado, a fase desloca, mas a amplitude de saída também varia. Esses dois problemas são resolvidos conectando a saída do modulador de fase em amplificadores classe C usados como multiplicadores de frequência. Esses amplificadores eliminam variações de amplitude ao mesmo tempo que aumentam a frequência da portadora e o desvio para os valores finais desejados. (A Fig. 6-6 ilustra como os multiplicadores de frequência aumentam a frequência da portadora e o desvio.)

» *Demoduladores de frequência*

Qualquer circuito que converte uma variação de frequência na portadora de volta para uma variação de tensão proporcional pode ser usado para demodular, ou detectar, sinais de FM. Os circuitos usados para recuperar o sinal modulante original de uma transmissão FM são chamados de demoduladores, detectores ou discriminadores.

» **Detectores de inclinação**

O demodulador de frequência mais simples – o DETECTOR DE INCLINAÇÃO – faz uso de um circuito sintonizado e de um diodo detector para converter variações de frequência em variações de tensão. O circuito básico é mostrado na Figura 6-16(*a*). Ele tem a mesma configuração que o detector a diodo AM básico descrito no Capítulo 4, embora seja sintonizado de forma diferente.

O sinal FM é aplicado ao transformador T_1 constituído por L_1 e L_2. Juntos, L_2 e C_1 formam um circuito ressonante em série. Lembre-se de que a tensão do sinal introduzido em L_2 aparece em série com L_2 e C_1 e a tensão de saída é obtida em C_1. A curva de resposta desse circuito sintonizado é mostrada na Figura 6-16(*b*). Note que, na frequência de ressonância, f_r, a tensão em C_1 está no valor de pico. Em frequências maiores ou menores, a tensão cai.

Para usar o circuito para detectar ou recuperar o sinal FM, o circuito é sintonizado de modo que o centro ou a frequência da portadora do sinal FM seja aproximadamente centrado na borda de subida da curva de resposta, como mostra a Figura 6-16(*b*). Conforme a frequência da portadora varia acima e abaixo da frequência central, o circuito sintonizado responde como mostra a figura. Se a frequência diminuir

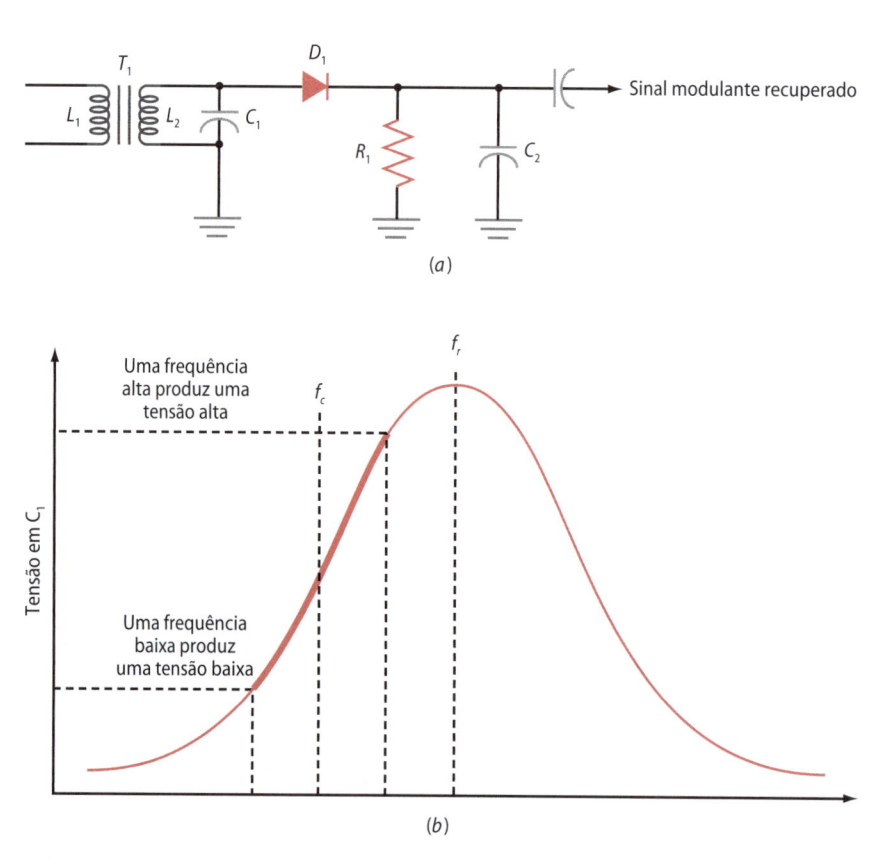

Figura 6-16 Operação do detector de inclinação.

abaixo da frequência da portadora, a tensão de saída em C_1 diminui. Se a frequência for maior, a tensão de saída em C_1 será maior. Portanto, a tensão CA em C_1 é proporcional à frequência do sinal FM. A tensão em C_1 é retificada em pulsos CC que aparecem na carga R_1. Esses são filtrados produzindo um sinal CC variante, que é a reprodução exata do sinal modulante original.

A principal dificuldade com os detectores de inclinação está em sintonizá-los de modo que o sinal FM seja corretamente centrado na borda de subida do circuito sintonizado. Além disso, o circuito sintonizado não tem uma resposta perfeitamente linear. Ele é aproximadamente linear ao longo de uma faixa estreita, como mostra a Figura 6-16(b), mas para desvios maiores, ocorrem distorções de amplitude por causa da não linearidade.

O detector de inclinação nunca é usado na prática, mas ele mostra o princípio da demodulação FM, ou seja, converte uma variação de frequência em uma variação de tensão. Diversos projetos práticos baseados nesses princípios foram desenvolvidos. Entre eles, incluem-se o discriminador Foster-Seeley e o detector de relação, dos quais nenhum é usado nos equipamentos modernos.

» Discriminadores de média de pulso

Um diagrama em bloco simplificado de um *DISCRIMINADOR DE MÉDIA DE PULSO* é ilustrado na Figura 6-17. O sinal FM é aplicado ao detector de cruzamento zero, ou ceifador-limitador, que gera uma variação binária de nível de tensão cada vez que o sinal FM varia de negativo para positivo e vice-versa. O resultado é uma onda retangular que contém todas as variações de frequência do sinal original, mas sem variações de amplitude. Essa onda retangular FM é então aplicada a um multivibrador monoestável que gera um pulso CC de largura e amplitude fixas na borda de subida de cada ciclo FM. A duração do pulso do monoestável é ajustada de modo que seja menor do que metade do período da maior frequência esperada durante um desvio máximo. Os pulsos de saída do

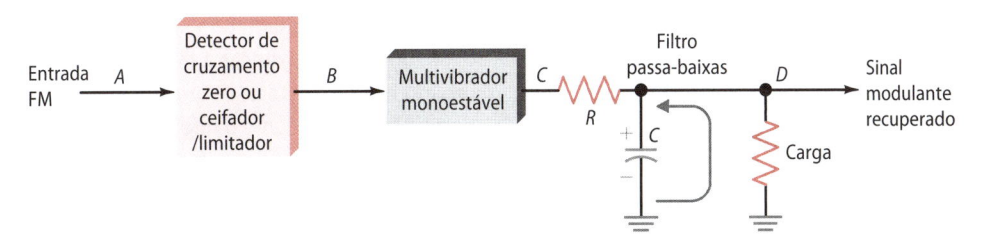

Figura 6-17 Discriminador de média de pulso.

monoestável passam então por um filtro passa-baixas *RC* simples que produz a média dos pulsos CC para recuperar o sinal modulante original.

As formas de onda para o discriminador de média de pulso são ilustradas na Figura 6-18. Em baixas frequências, os pulsos do monoestável têm um espaçamento maior; em altas frequências, eles são mais próximos entre si. Quando esses pulsos são aplicados ao filtro de média, aparece na saída uma tensão de CC cuja amplitude é proporcional ao desvio de frequência.

Quando ocorre um pulso no monoestável, o capacitor do filtro se carrega com a amplitude do pulso. Quando o pulso termina, o capacitor se descarrega na carga. Se a constante de tempo *RC* for alta, a carga do capacitor não diminuirá muito. Entretanto, quando o intervalo entre os pulsos for longo, o capacitor perderá parte de sua carga elétrica acumulada na resistência de carga, de modo que a saída CC média será baixa. Quando os pulsos acontecem mais rapidamente, o capacitor tem um tempo menor entre os pulsos para descarregar; portanto, a tensão média nele permanece alta. Conforme mostra a figura, a tensão de saída do filtro varia na amplitude com o desvio de frequência. O sinal modulante original aparece na saída do filtro. Os componentes do filtro são cuidadosamente selecionados para minimizar a ondulação (*ripple*) causada pela carga e descarga do capacitor, ao mesmo tempo que fornecem a resposta de frequência alta necessária para o sinal modulante original.

Alguns discriminadores de média de pulso geram um pulso a cada meio ciclo ou a cada passagem por zero em vez de a cada ciclo da entrada. Com um número maior de pulsos para

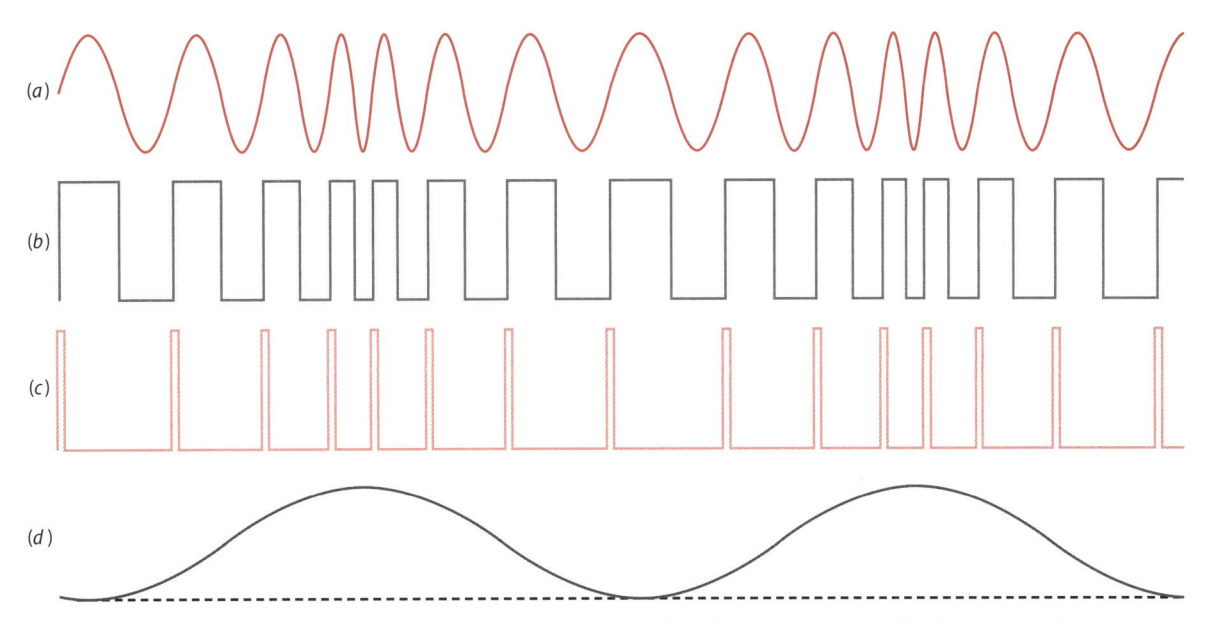

Figura 6-18 *(a)* Entrada FM. *(b)* Saída do detector de cruzamento zero. *(c)* Saída do monoestável. *(d)* Saída do discriminador (sinal modulante original).

tirar a média, é mais fácil filtrar o sinal de saída, que conterá menos *ripple*.

O discriminador de média de pulso é um demodulador de frequência de qualidade bastante alta. Há algum tempo, ele era limitado a aplicações de controle industrial e telemetria. Atualmente, com a disponibilidade de CIs de baixo custo, o discriminador de média de pulso é facilmente implementado e usado em muitos produtos eletrônicos.

» Detectores de quadratura

O **DETECTOR DE QUADRATURA** talvez seja o demodulador FM mais usado. Sua principal aplicação é na demodulação de áudio de TV, embora ele também seja usado em alguns sistemas de rádio FM. O detector de quadratura usa um circuito de deslocamento de fase para produzir um deslocamento de fase de 90° na frequência da portadora não modulada. A configuração desse circuito mais usada é mostrada na Figura 6-19. O sinal modulado em frequência é aplicado a um circuito sintonizado em paralelo através de um capacitor muito pequeno (C_1). O circuito sintonizado é ajustado para ressonar na frequência central da portadora. Na ressonância, o circuito sintonizado aparece como um alto valor de resistência pura. O pequeno capacitor tem uma reatância muito alta em comparação com a impedância do circuito sintonizado. Portanto, a saída obtida no circuito sintonizado na frequência da portadora está aproximadamente 90° adiantada da entrada. Quando ocorre a modulação em frequência, a frequência da portadora desvia para cima e para baixo da frequência ressonante do circuito sintonizado, resultando em um aumento ou uma diminuição no valor do deslocamento de fase entre a entrada e a saída.

Os dois sinais em quadratura passam então por um circuito detector de fase. O detector de fase de uso mais comum é um modulador balanceado implementado com amplificadores diferenciais, como o que vimos no Capítulo 4. A saída do detector de fase é uma série de pulsos cuja largura varia com o valor do deslocamento de fase entre os dois sinais. Esses sinais passam por um filtro passa-baixas *RC* obtendo-se a média e, portanto, o sinal modulante original.

Normalmente, os sinais de entrada FM senoidais têm níveis altos para o detector de fase e acionam os amplificadores diferenciais do detector de fase, levando-os ao corte e à saturação. Os transistores diferenciais se comportam como chaves, de modo que a saída é uma série de pulsos. Nenhum limitador é necessário se o sinal de entrada for suficientemente grande. A duração do pulso de saída é determinada pelo valor do deslocamento de fase. O detector de fase pode ser considerado uma porta AND, cuja saída é *ON* apenas quando os dois pulsos de entrada forem *ON* e é *OFF* se qualquer umas das entrada for *OFF*.

A Figura 6-20 mostra as formas de onda típicas envolvidas no detector de quadratura. Quando não há modulação, os dois sinais de entrada estão exatamente 90° fora de fase e, portanto, fornecem um pulso de saída com a largura indicada. Quando a frequência do sinal FM aumenta, o valor do deslocamento de fase diminui, resultando em um pulso de saída mais largo. O valor médio dos pulsos mais largos, dado pelo filtro *RC*, proporciona uma tensão de saída média maior, que corresponde a uma amplitude maior necessária para produzir a frequência de portadora maior. Quando a frequência do sinal diminui, ocorrem um deslocamento de fase maior e pulsos de saída mais estreitos. A média dos pulsos mais estreitos resulta em uma tensão de saída média menor, que corresponde a uma amplitude menor do sinal modulante original.

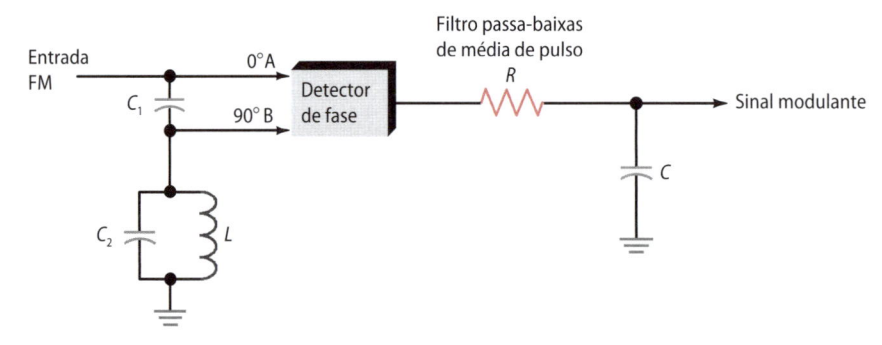

Figura 6-19 Detector FM de quadratura.

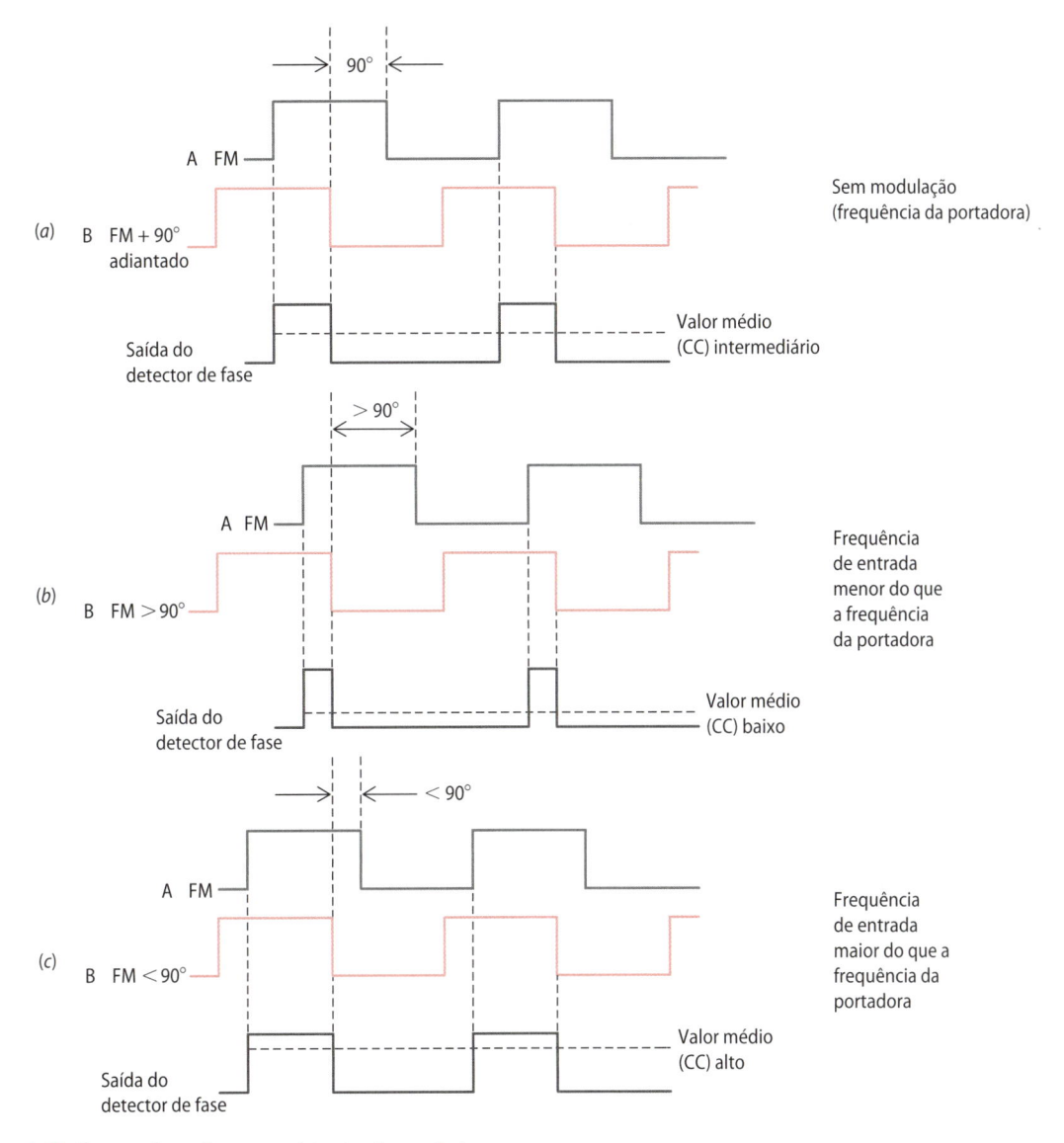

Figura 6-20 Formas de onda em um detector de quadratura.

Detectores de quadratura são construídos geralmente em outros CIs, como amplificadores de frequência intermediária e CIs receptores completos, que são discutidos no Capítulo 9.

> **É BOM SABER**
>
> O termo *quadratura* se refere a um deslocamento de fase de 90° entre dois sinais.

›› PLLs

Uma MALHA DE FASE SINCRONIZADA (**PLL** – *phase-locked loop*) é um circuito de controle com realimentação sensível a frequência ou a fase usado em demodulação de frequência, sintetizadores de frequência e diversas aplicações de detecção de sinal e filtragem. Todos os PLLs têm três elementos básicos, mostrados na Figura 6-21.

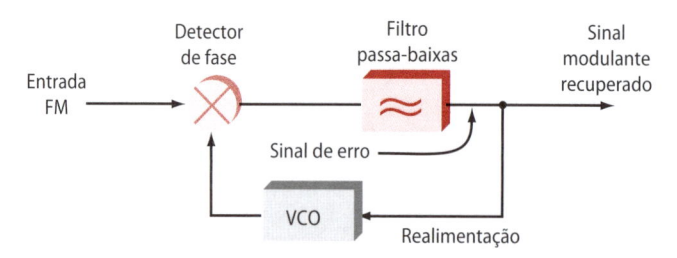

Figura 6-21 Diagrama em bloco de um PLL.

1. Um detector de fase é usado para comparar a entrada FM, algumas vezes denominada *sinal de referência*, com a saída de um oscilador controlado por tensão (VCO – *voltage-controlled oscillator*).
2. A frequência do VCO varia conforme a tensão CC fornecida pelo filtro passa-baixas.
3. O filtro passa-baixas suaviza a saída do detector de fase produzindo uma tensão de controle que varia a frequência do VCO.

A principal tarefa de um detector de fase é comparar os dois sinais de entrada e gerar um sinal de saída que, quando filtrado, controle o VCO. Se houver uma diferença de fase ou frequência entre os sinais da entrada FM e do VCO, a saída do detector de fase irá variar na proporção da diferença. A saída filtrada ajusta a frequência do VCO na tentativa de corrigir a diferença de frequência ou fase inicial. Essa tensão de controle CC, denominada **SINAL DE ERRO**, também é a realimentação desse circuito.

Quando não é aplicado um sinal de entrada, as saídas do detector de fase e do filtro passa-baixas são zero. O VCO opera então em um ponto denominado de **FREQUÊNCIA LIVRE**, que é sua frequência de operação normal conforme determinado pelos componentes internos que definem a frequência. Quando é aplicado um sinal de entrada próximo da frequência do VCO, o detector de fase compara a frequência livre do VCO com a frequência de entrada e produz uma tensão de saída proporcional à diferença de frequência. A maioria dos detectores de fase de PLLs opera como discutido na seção sobre detectores de quadratura. A saída do detector de fase é uma série de pulsos que variam na largura de acordo com o valor do deslocamento de fase, ou diferença de frequência, que existe entre as duas entradas. Os pulsos de saída são então filtrados para obter uma tensão CC, que é aplicada no VCO. Essa tensão CC tem um valor que força a frequência do VCO a se mover no sentido de reduzir a tensão de erro. A tensão de erro força a frequência do VCO a variar no sentido de reduzir o valor da diferença de fase, ou frequência, entre o VCO e a entrada. Em um determinado ponto, a tensão de erro faz a frequência do VCO ser igual à frequência de entrada; quando isso acontece, diz-se que o PLL está na condição de sincronismo. Embora as frequências de entrada e do VCO sejam iguais, existe uma diferença de fase entre elas – que, em geral, é exatamente 90° –, a qual produz a tensão de saída CC que faz o VCO produzir a frequência que mantém o circuito sincronizado.

É BOM SABER
A habilidade de um PLL proporcionar seletividade de frequência e filtragem confere a ele uma relação sinal-ruído superior a qualquer outro tipo de detector de FM.

Se a frequência de entrada varia, o detector de fase e o filtro passa-baixas produzem um novo valor de tensão de controle CC, que força a frequência de saída do VCO a variar até que seja igual à nova frequência de entrada. Qualquer variação na frequência de entrada faz a frequência do VCO ser igualada a ela, de modo que o circuito permaneça sincronizado. Portanto, o VCO em um PLL é capaz de seguir (rastrear) a frequência de entrada ao longo de uma ampla faixa. A faixa de frequência na qual um PLL pode rastrear um sinal de entrada e permanecer sincronizado é denominada **FAIXA DE RETENÇÃO**. A faixa de retenção é geralmente uma banda de frequência acima e abaixo da frequência livre do VCO. Se a frequência do sinal de entrada estiver fora da faixa de retenção, o PLL não sincronizará. Quando isso ocorre, a frequência de saída do VCO salta para sua frequência livre.

Se uma frequência de entrada dentro da faixa de retenção for aplicada ao PLL, o circuito imediatamente se ajusta, entrando na condição de sincronismo. O detector de fase determina a diferença de fase entre as frequências livre e de entrada do VCO e gera o sinal de erro que força o VCO a igualar a frequência de entrada. Essa ação é conhecida como *captura* do sinal de entrada. Uma vez que o sinal de entrada é capturado, o PLL permanece sincronizado e rastreia qualquer variação no sinal de entrada enquanto a frequência estiver dentro da faixa de retenção. A faixa de frequência na qual um PLL captura um sinal de entrada, conhecida como FAIXA DE CAPTURA, é muito menor do que a faixa de retenção, mas, assim como esta, é geralmente centrada na frequência livre do VCO (veja a Fig. 6-22).

A característica que faz um PLL capturar os sinais dentro de certa faixa de frequência faz com que ele se comporte como um filtro passa-faixa. Os PLLs geralmente são usados em aplicações de condicionamento de sinais, onde é desejável a passagem de sinais apenas em uma determinada faixa, rejeitando sinais fora da mesma. O PLL é bastante eficaz na eliminação de ruído e interferência em um sinal.

É BOM SABER

A faixa de captura f_o de um PLL é menor do que a faixa de retenção. Uma vez que a frequência de entrada for capturada, a frequência de saída se igualará a ela enquanto a frequência de entrada não sair da faixa de retenção. Se isso ocorrer, o PLL retornará para a frequência livre do VCO.

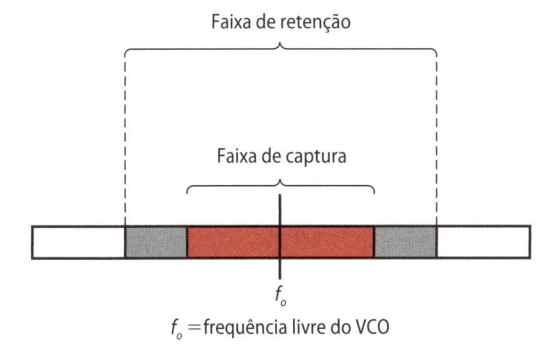

Figura 6-22 Faixas de captura e retenção de um PLL.

A capacidade de um PLL de responder a variações de frequência de entrada o torna útil em aplicações de FM. A ação de rastreamento de um PLL significa que o VCO opera como um modulador de frequência que produz exatamente o mesmo sinal FM de entrada. Entretanto, para isso acontecer, a entrada do VCO deve ser idêntica à do sinal modulante original. A saída do VCO segue o sinal de entrada FM porque a tensão de erro produzida pelo detector de fase e o filtro passa-baixas força o VCO a rastreá-lo. Portanto, a saída do VCO deve ser idêntica ao sinal de entrada se o PLL permanecer sincronizado. O sinal de erro deve ser idêntico ao sinal modulante original da entrada FM. A frequência de corte do filtro passa-baixas é projetada de modo que ele seja capaz de permitir a passagem do sinal modulante original.

A capacidade de um PLL de proporcionar seletividade de frequência e filtragem confere a ele uma relação sinal-ruído superior a qualquer outro tipo de detector FM. A linearidade do VCO garante baixa distorção e uma alta precisão de reprodução do sinal modulante original. Embora os PLLs sejam complexos, eles são de fácil aplicação, porque são facilmente encontrados na forma de CIs de baixo custo.

A Figura 6-23 é um diagrama em bloco de um CI PLL comum e muito usado, o 565. Esse CI está configurado como um demodulador de FM. O circuito interno a ele é mostrado dentro da parte interna às linhas tracejadas da figura; todos os componentes externos às linhas tracejadas são discretos. Os números nas conexões são os números dos pinos no CI 565, que tem encapsulamento DIP de 14 pinos. O circuito é alimentado com ± 12 V.

O filtro passa-baixas é constituído de um resistor de 3,6 kΩ interno ao 565 com uma extremidade no pino 7. Um capacitor externo de 0,1 μF, C_2, completa o filtro. Note que o sinal modulante original recuperado é obtido na saída do filtro. A frequência livre do VCO (f_0) é ajustada pelos componentes externos, R_1 e C_1, de acordo com a fórmula $f_0 = 1,2/4R_1C_1 = 1,2/4(2.700)(0,01 \times 10^{-6}) = 11.111$ Hz ou 11,11 kHz.

A faixa de retenção, f_L, pode ser calculada com uma expressão fornecida pelo fabricante desse circuito, $f_L = 16f_0/V_S$, onde V_S é a tensão de alimentação total. No circuito da Figura 6-23, V_S é a soma das duas tensões de 12 V, ou 24 V, de modo que a faixa de retenção total centrada na frequência livre é $f_L = 16(11,11 \times 10^3)/24 = 7.406,7$ Hz ou $\pm 3.703,3$ Hz.

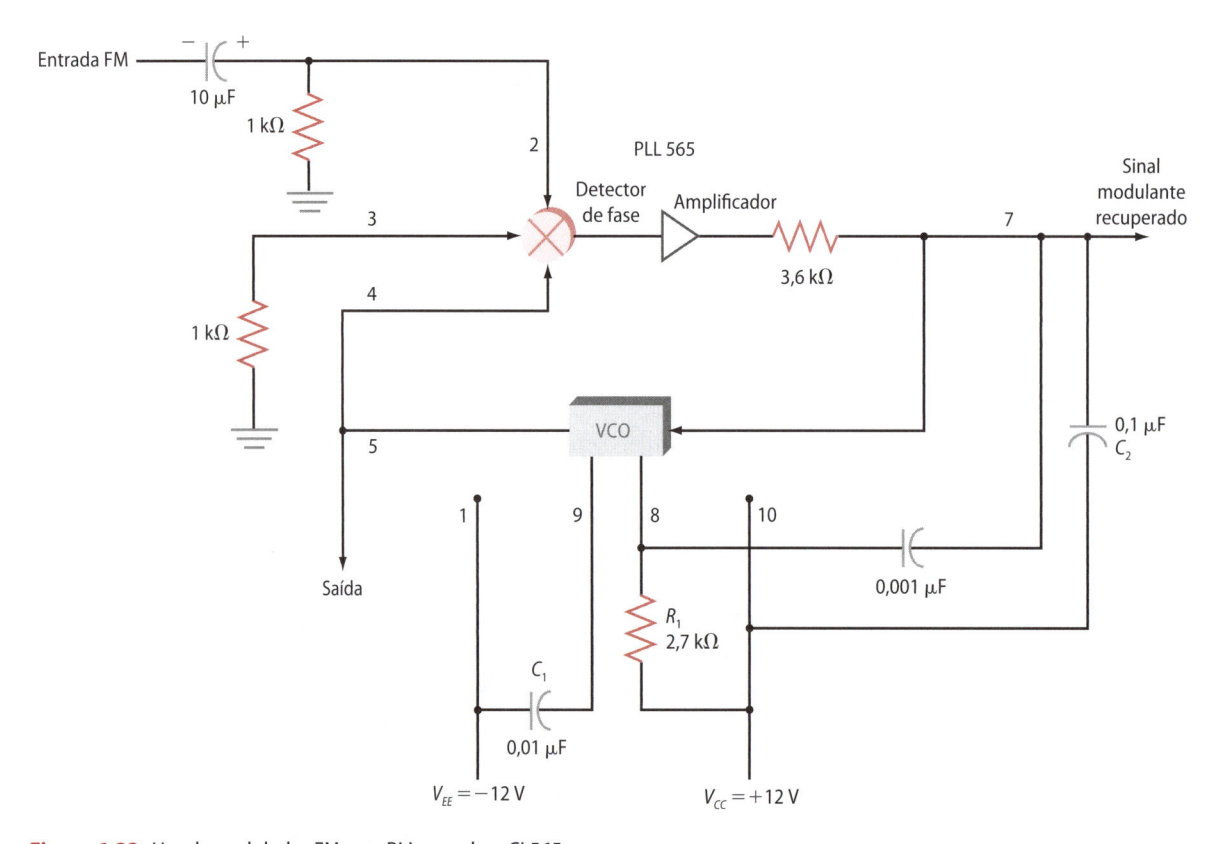

Figura 6-23 Um demodulador FM com PLL usando o CI 565.

Com esse circuito, considera-se que a frequência da portadora não modulada é igual à frequência livre, 11,11 kHz. Obviamente, é possível ajustar esse tipo de circuito para qualquer outra frequência central desejada simplesmente alterando os valores de R_1 e C_1. O limite superior de frequência para o CI 565 é 500 kHz.

Ninguém gosta de estática no rádio. Mas, até Edwin Armstrong (1890-1954), as pessoas viviam com ela. Ouvir um rádio AM era um exercício de paciência, mas ninguém considerava qualquer outro método viável. As pessoas aprenderam a conviver com a estática provocada por tempestades, aspiradores de pó e queimadores a óleo.

Armstrogn teve a ideia da modulação em frequência (concebida por outros por volta de 1904) e, entre 1928 e 1933, transformou-a em um rádio FM de som nítido. Armstrong descobriu que o FM de faixa estreita (que foi onde a pesquisa de FM se concentrou até Armstrong) era o caminho errado e que o FM de banda larga iria funcionar.

Atualmente, é difícil imaginar um mundo sem FM. Esse sistema foi usado em rádio móvel militar por tanques (durante a Segunda Guerra Mundial), por radar FM e no áudio de TV. Em 1940, havia 40 estações FM, e esse sistema foi amplamente utilizado nos ônibus, nos táxis e por bombeiros e policiais.

Além de inúmeras outras contribuições para a tecnologia, Armstrong desenvolveu um sistema de rádio FM de multiplexação para que mais de um programa pudesse ser transmitido simultaneamente no mesmo comprimento de onda.

Embora Armstrong não tenha vivido para ver isso, na década de 1960 havia quase 2 mil estações de FM nos Estados Unidos. Todos os *links* de micro-ondas e quase todos os aparelhos de rádio são FM, e essa técnica também é usada na comunicação espacial. A antiga estação e torre de 1936 de Armstrong se transformaram em um local para *pager* e repetidor para a cidade de Nova York.

Atualmente, o FM está sendo substituído por métodos digitais. O primeiro telefone celular foi FM, mas rapidamente muitos fabricantes passaram para o sistema digital. O rádio também está caminhando nesse sentido com os novos rádios digitais via satélite; a TV está caminhando para a digitalização; as TVs via satélites são digitais, assim como o novo sistema de TV de alta definição (HDTV). Em pouco tempo, praticamente tudo será digital! Curiosamente, alguns sinais digitais serão transmitidos por uma versão digital de FM chamada de chaveamento de frequência (FSK).

REVISÃO DO CAPÍTULO

Resumo

Os circuitos de modulação de frequência são projetados para converter uma tensão modulante em uma correspondente variação de capacitância ou indutância. O *varactor* é geralmente usado nessa aplicação. Ele é basicamente um diodo de junção semicondutor que opera no modo de polarização reversa.

Devido aos osciladores *LC* não serem suficientemente estáveis para atender às rigorosas exigências de estabilidades definidas pelo FCC, os osciladores a cristal, ou osciladores combinados com multiplicadores de frequência, são usados para gerar a frequência da portadora.

Circuitos de deslocamento de fase simples podem ser usados como moduladores de fase se a resistência ou a capacitância puderem variar de acordo com o sinal modulante. Pode-se conseguir isso acrescentando um modulador de fase com *varactor* ao circuito.

Qualquer circuito que converta uma variação de frequência na portadora de volta para uma variação de tensão proporcional pode ser usado para demodulação de frequência. Os demoduladores de FM mais usados atualmente são os detectores de quadratura e os PLLs.

Todos os PLLs têm três elementos básicos: um detector de fase, um oscilador controlado por tensão (VCO) e um filtro passa-baixas. A faixa de frequência na qual o PLL rastreia um sinal de entrada e permanece sincronizado é denominada faixa de retenção, e a faixa de frequência na qual um PLL captura um sinal de entrada é denominada faixa de captura.

Questões

1. Quais partes de um *varactor* se comportam como as placas de um capacitor?
2. Como a capacitância dele varia com a tensão aplicada?
3. Os *varactors* operam polarizados direta ou reversamente?
4. Qual é o principal motivo de os osciladores *LC* não serem usados nos transmissores atualmente?
5. O tipo de oscilador de portadora mais usado pode ser modulado em frequência por um *varactor*?
6. Como se comportará o modulador de reatância na Figura 6-10 se o capacitor C_s for substituído por um indutor?
7. Qual é a principal vantagem do uso de um modulador de fase em vez de um modulador direto de frequência?
8. Qual é o termo usado para a modulação de frequência produzida por um sistema PM?
9. Qual é a vantagem de um circuito sintonizado em paralelo, como um deslocador de fase, sobre um circuito *RC* simples?
10. Quais são os componentes na Figura 6-15 que compensam o desvio de frequência maior nas frequências maiores do sinal modulante?
11. Quais são as principais aplicações para os detectores de quadratura?
12. Quais são os dois CIs demoduladores que usam o conceito de pulsos médios em um filtro passa-baixas para recuperar o sinal modulante original?
13. Qual é o melhor demodulador de FM dentre os discutidos neste capítulo?
14. O que é a faixa de captura em um PLL? E a faixa de retenção?
15. Qual é a frequência que o VCO assume quando a entrada está fora da faixa de captura?
16. Que tipo de circuito se assemelha a um PLL quando está na faixa de retenção?

Problemas

1. Um circuito sintonizado em paralelo em um oscilador consiste de um indutor de 40 μH em paralelo com um capacitor de 330 pF. Um *varactor* com uma capacitância de 50 pF é conectado em paralelo com o circuito. Quais são a frequência de ressonância do circuito sintonizado e a frequência de operação do oscilador? ◆
2. Se a capacitância do *varactor* do circuito no Problema 1 for diminuída para 25 pF, (a) como variará a frequência e (b) qual será a nova frequência ressonante?
3. Um modulador de fase produz um deslocamento de fase máximo de 45°. A faixa de frequência modulante é de 300 a 4.000 Hz. Qual é o desvio de frequência máximo possível? ◆
4. A entrada FM para um demodulador PLL tem uma frequência central não modulada de 10,7 MHz. (a) Em qual frequência o VCO deve ser ajustado? (b) A partir de qual circuito o sinal modulante recuperado é obtido?
5. Um CI PLL 565 tem um resistor externo R_1 de 1,2 kΩ e um capacitor C_1 de 560 pF. A tensão de alimentação é 10 V. (a) Qual é a frequência livre? (b) Qual é a faixa de retenção total? ◆
6. Um modulador de fase com *varactor*, como o da Figura 6-12, tem um valor de resistência de 3,3 kΩ. A capacitância do *varactor* na frequência não modulada central é 40 pF, e a frequência da portadora é 1 MHz. (a) Qual é o deslocamento de fase? (b) Se o sinal modulante mudar a capacitância do *varactor* para 55 pF, qual será o novo deslocamento de fase? (c) Se a frequência do sinal modulante for 400 Hz, qual será o desvio de frequência aproximado representado por esse deslocamento de fase?

◆ *As respostas para os problemas selecionados estão após o último capítulo.*

Raciocínio crítico

1. Qual circuito deve ser usado à frente do discriminador Foster-Seeley para que ele funcione adequadamente? Explique.
2. Cite os três principais blocos de um PLL e descreva resumidamente como cada um funciona.
3. O que acontece com o sinal FM que passa por um circuito sintonizado muito estreito, resultando na eliminação de bandas laterais superior e inferior? Qual seria a saída de um demodulador que processa esse sinal em comparação com o sinal modulante original?
4. Um oscilador a cristal modulado diretamente em frequência tem uma frequência de 9,3 MHz. O *varactor* produz um desvio máximo de 250 Hz. O oscilador é seguido de dois triplicadores, um duplicador e um quadruplicador. Quais são a frequência e o desvio de saída final?
5. Consulte a Figura 6-4. Para diminuir a frequência do oscilador, devemos ajustar o potenciômetro R_4 próximo de $+V_{CC}$ ou próximo de GND?
6. Consulte a Figura 6-15. Se R_1 abrir, o circuito ainda continua operando? Explique.

capítulo 7

Técnicas de comunicação digital

Desde meados dos anos 1970, os métodos digitais de transmissão de dados têm substituído gradualmente os sistemas convencionais analógicos mais antigos. Atualmente, graças à disponibilidade de conversores analógico-digital (A/D) e digital-analógico (D/A) rápidos, de baixo custo e de alta velocidade de processamento de sinais digitais, a maioria das comunicações eletrônicas é digital.

Este capítulo inicia abordando as razões para a utilização de transmissão digital. Em seguida, os conceitos e operação de conversores A/D e D/A são revisados. Subsequentemente, são descritas técnicas de modulação de pulso e o capítulo termina com uma introdução ao processamento de sinais digitais (DSP).

Objetivos deste capítulo

>> Apresentar uma descrição passo a passo da transmissão de sinais analógicos utilizando técnicas digitais.

>> Explicar como ocorre o erro de quantização, descrever as técnicas utilizadas para minimizá-lo e calcular a taxa de amostragem mínima dado o limite superior de frequência do sinal analógico a ser convertido.

>> Listar as vantagens e desvantagens dos três tipos mais comuns de conversores de analógico para digital.

>> Explicar por que a modulação por codificação de pulso substituiu a modulação por amplitude de pulso (PAM), a modulação por largura de pulso (PWM) e modulação por posição de pulso (PPM).

>> Desenhar o diagrama em blocos e identificar cada bloco de um circuito de processamento de sinal digital (DSP).

❯❯ *Transmissão digital de dados*

O termo DADOS se refere a informação a ser comunicada. Os dados estão na forma digital se são provenientes de um computador. Se a informação estiver na forma de voz, vídeo ou algum outro sinal analógico, ela pode ser convertida para o formato digital antes de ser transmitida.

A comunicação digital era inicialmente limitada à transmissão de dados entre computadores. Diversas redes grandes e pequenas foram criadas para dar suporte à comunicação entre computadores, como por exemplo, as redes locais (LANs) que permitem aos PCs se comunicarem. O uso de *modems* que permite que PCs e computadores de grande porte se comuniquem via sistema de telefonia é outro exemplo. Atualmente, como os sinais analógicos podem ser facilmente, e com custo baixo, convertidos para digital e vice-versa, as técnicas de comunicação de dados podem ser usadas para transmissão de voz, vídeo e outros sinais analógicos no formato digital.

Existem três grandes motivos para o crescimento dos sistemas de comunicação digital. Primeiro, o uso crescente de computadores tornou necessário encontrar formas para computadores se comunicarem e trocaram dados. Segundo, os métodos de transmissão digital oferecem benefícios significativos sobre as técnicas de comunicação analógica. Terceiro, o sistema de telefonia, que é o maior e mais utilizado sistema de comunicação, está sendo convertido de analógico para digital. Esses motivos são discutidos nas seções a seguir.

Proliferação dos computadores

Desde que os PCs foram introduzidos durante na década de 1970, os seus números aumentaram várias ordens de magnitude de forma que temos atualmente centenas de milhões deles em uso no mundo todo. A maioria dos profissionais tem PCs em suas mesas. Estes computadores simplificaram o nosso trabalho aumentando velocidade e produtividade.

Ao mesmo tempo, cresceu a necessidade de os usuários compartilharem e trocaram dados e programas. De uma forma bem simples, os dados podem ser transferidos por meio de discos, dispositivos de memória semicondutora (*pendrives*) ou por *e-mail*. Mas é bem mais fácil se os computadores puderem se comunicar diretamente. Quando os computadores são conectados via algum meio de comunicação e programados apropriadamente, eles podem trocar dados ou compartilhar programas e periféricos bem como outros recursos. O resultado é uma maior conveniência e utilidade dos computadores.

Alguns exemplos comuns de comunicação de dados de computadores são:

1. TRANSFERÊNCIA DE ARQUIVOS. A transferência de arquivos, registros ou bancos de dados inteiros, como registros da empresa de contabilidade, pedidos de clientes de um escritório de vendas para o escritório central, ou transferência de dados bancários.

2. CORREIO ELETRÔNICO (*E-MAIL*). Comunicação entre indivíduos por meio do computador. Os usuários enviam mensagens uns aos outros como se fossem cartas ou notas em formulário impresso.

3. CONEXÕES ENTRE COMPUTADOR E PERIFÉRICOS. O uso de técnicas de comunicação de dados para enviar dados entre um computador principal e periféricos. Os dados são digitados no computador, enviados de e para unidades de disquete e disco rígido para armazenamento de dados ou recuperação, e em seguida enviados para uma impressora.

4. ACESSO A INTERNET. Acesso em bancos de dados remotos, sites ou outras fontes de informação por meio do sistema de telefonia ou de uma rede de TV a cabo. São exemplos serviços *on-line* e da Internet.

5. REDES LOCAIS (LANs). Grupos de PCs em um escritório ou uma empresa que são conectados para compartilhar dados e outros recursos. Este é o segmento que mais cresce na comunicação de dados.

❯❯ Uso da comunicação digital fora da informática

Entre as aplicações de técnicas digitais fora da informática está, por exemplo, o controle remoto:

1. **Controle remoto de TV**. Sinais binários gerados pelos acionamento dos botões modulam um feixe de luz infravermelha com a finalidade de mudança de canais ou volume.

2. **Portão eletrônico de garagem**. O acionamento de um botão em um controle remoto gera um código binário único que modula um transmissor de rádio VHF ou UHF com a finalidade de abrir ou fechar o portão da garagem.

3. **Controles por corrente portadora.** Esses sistemas geram códigos binários que modulam um sinal de portadora sobreposto à tensão da rede elétrica de 60 Hz. A rede elétrica de corrente alternada de uma residência ou edifício se torna o meio de transmissão para sinais de controle de um ambiente para outro. Um exemplo é o sistema X-10 usado em lares americanos para controle remoto de iluminação e aparelhos conectados na rede elétrica.*

4. **Modelismo com Rádio controle.** Diletantes montam modelos de aviões, barcos e carros controlados remotamente via rádio controle que transmite códigos de controle em binário.

5. **Substituição de chaves por controle remoto.** Atualmente os automóveis usam sistemas com controle remoto na abertura e fechamento de portas e em outros acessórios. Estes sistemas são conhecidos pela sigla RKE (*remote keyless entry*).

Vantagens da comunicação digital

A transmissão de informações por meio digital oferece algumas vantagens importantes sobre os métodos analógicos, conforme discutido nesta seção e na seção Processamento de sinais digitais.

Imunidade a ruído. Quando um sinal é enviado em um meio ou canal, o ruído é invariavelmente acrescentado ao sinal. A relação sinal-ruído (S/N) diminui e o sinal se torna mais difícil de ser recuperado. O ruído, sinal elétrico em que a amplitude e a frequência variam aleatoriamente, corrompe facilmente sinais analógicos. Os sinais de amplitude insuficiente podem ser completamente deteriorado pelo ruído. Algumas melhorias podem ser conseguidas com circuitos e pré-ênfase no transmissor e deênfase no receptor e outras técnicas similares. Se o sinal for FM analógico, o ruído pode se ceifado no receptor de modo que o sinal pode ser mais facilmente recuperado, mas a modulação de fase do sinal pelo ruído degradará a qualidade do sinal.

Os sinais digitais, geralmente binários, são mais imunes ao ruído do que os sinais analógicos porque a amplitude do ruído tem que ser muito maior do que a amplitude do sinal para transformar um binário 1 em um 0 ou vice-versa. Se a amplitude dos binários 0 e 1 forem suficientemente grandes, o circuito de recepção poderá distinguir facilmente entre os níveis 0 e 1 mesmo com uma quantidade significativa de ruído (veja a Figura 7-1).

> **É BOM SABER**
> Os sinais digitais, geralmente binários, são mais imunes ao ruído do que os sinais analógicos.

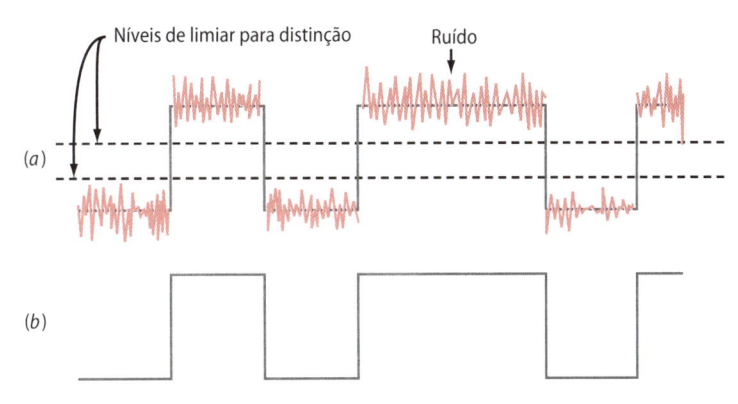

Figura 7-1 (*a*) Ruído em um sinal binário. (*b*) Sinal binário "limpo" após a regeneração.

---

* N. de T.: O ramo da tecnologia que cuida das aplicações da automação em habitações é denominado **Domótica** [termo que resulta da junção da palavra latina "*Dom*us" (casa) com "Rob*ótica*" (controle automatizado)].

No receptor, os circuitos podem ser ajustados de modo que o ruído seja ceifado. Um circuito de limiar constituído de um circuito receptor de um nível de limiar, um comparador com AOP ou um Schmitt *trigger* farão a distinção de níveis, acima ou abaixo, a partir dos limiares para os quais foram ajustados. Se os limiares são cuidadosamente ajustados, apenas os níveis lógicos irão acionar o circuito que faz a distinção de níveis. Portanto, o circuito irá gerar um pulso de saída "limpo". Esse processo é denominado REGENERAÇÃO DE SINAL.

Os sinais digitais, assim como os analógicos, sofrem distorção e atenuação quando transmitidos via cabo ou ondas de rádio. O cabo se comporta como um filtro passa-baixas e, portanto, elimina os harmônicos maiores em um pulso digital fazendo com que o sinal seja "arredondado" e distorcido. Quando um sinal é transmitido via ondas de rádio, sua amplitude é seriamente reduzida. Entretanto, os sinais digitais podem ser transmitidos em longas distâncias se o sinal for regenerado ao longo do caminho para recuperar a amplitude perdida no meio e superar o ruído acrescentado a ele no processo. Quando o sinal alcança o destino, ele tem quase exatamente a mesma forma que o original. Consequentemente, com a transmissão digital, a taxa de erro é mínima.

Detecção e correção de erro. Com a comunicação digital, os ERROS de transmissão podem ser detectados e ainda corrigidos. Se ocorrer um erro por causa de um ruído de alto nível, ele pode ser detectado por circuitos especiais. O receptor reconhece que um erro está contido na transmissão e o dado pode ser retransmitido. Foi desenvolvida uma variedade de técnicas para identificar erros em transmissões binárias. Além disso, foram desenvolvidos esquemas de detecção de erro de modo que o tipo de erro e a sua localização podem ser identificados. Esse tipo de informação torna possível a correção de erros antes que o dado seja usado no receptor.

Compatibilidade com a multiplexação por divisão do tempo. A comunicação de dados digitais é adaptável ao esquema de multiplexação por divisão do tempo. A MULTIPLEXAÇÃO é o processo de transmissão de dois ou mais sinais simultaneamente no mesmo canal ou meio de comunicação. Existem dois tipos de multiplexação: multiplexação por divisão de frequência, uma técnica analógica que usa métodos de modulação, e a multiplexação por divisão do tempo, que é uma técnica digital.

CIs digitais. Um benefício a mais das técnicas digitais é que os CIs digitais são menores e mais fáceis de serem construídos do que CIs lineares; portanto, podem ser mais complexos e fornecem uma capacidade de processamento maior do que o que pode ser realizado com CIs analógicos.

Processamento de sinais digitais (DSP). DSP (*digital signal processing*) é o processamento de sinais analógicos por métodos digitais. Isso envolve a conversão de um sinal analógico para digital e o processamento do sinal por meio de um computador digital de alta velocidade. Este processamento significa filtragem, equalização, deslocamento de fase, mistura (mixagem) e outros métodos analógicos tradicionais. O processamento também inclui técnicas de compressão de dados que melhoram a velocidade da transmissão de dados e reduz a capacidade de armazenamento de dados digitais necessária para algumas aplicações. Tanto a modulação quanto a demodulação podem ser realizadas por DSP. O processamento é realizado com a execução de algoritmos matemáticos no computador. O sinal digital é então convertido de volta para o formato analógico. O DSP permite melhorias significativas no processamento em comparação com técnicas analógicas equivalentes. Mas o melhor de tudo é que ele permite tipos de processamento que jamais são possíveis no formato analógico.

Finalmente, o processamento também envolve o armazenamento de dados. É difícil armazenar um dado analógico. Mas os dados digitais são facilmente armazenados em computadores utilizando uma variedade de métodos de armazenamento digital bem comprovados e dispositivos como RAM, ROM, unidades de disco flexível e rígido e de memória *flash* (*pendrive*), unidades ópticas e de fita.

» Desvantagens da comunicação digital

Existem algumas desvantagens da comunicação digital. A mais importante é o tamanho da largura de banda necessária para um sinal digital. Com técnicas binárias, a largura de banda de um sinal digital pode ser 2 ou mais vezes maior do que, seria necessário para métodos analógicos. Ocorre também que na comunicação digital, os circuitos são geralmente mais complexos do que os analógicos. Entretanto, embora seja necessário mais circuitos para fazer o mesmo trabalho, geralmente os circuitos na forma de CIs são mais baratos e não necessitam de muito conhecimento ou atenção por parte do usuário.

É BOM SABER
Com técnicas binárias, a largura de banda de um sinal pode ser 2 ou mais vezes maior do que seria com métodos analógicos.

» Transmissão em paralelo e em série

Existem duas formas de mover dados binários (bits) de um local para outro: transmitindo todos os bits da palavra simultaneamente ou enviando apenas 1 bit de cada vez. Esses métodos são conhecidos, respectivamente, como transferência em paralelo e em série de dados.

Transferência em Paralelo

Na TRANSFERÊNCIA EM PARALELO de dados, todos os bits de uma palavra de código são transferidos simultaneamente (veja a Figura 7-2). A palavra binária a ser transmitida é geralmente carregada em um registrador que contém um *flip-flop* para cada bit. Cada saída de *flip-flop* é conectada a um fio que transporta o bit para o circuito de recepção que geralmente tem um registrador de armazenamento. Conforme podemos ver na Figura 7-2, transmissão em paralelo de dados, existe um fio para cada bit de informação a ser transmitida. Isso significa que deve ser usado um cabo multivias. As linhas paralelas múltiplas que transportam os dados binários são geralmente denominadas BARRAMENTO DE DADOS. Todas as oito linhas são referenciadas a um fio comum, o GND.

A transmissão em paralelo de dados é extremamente rápida porque todos os bits da palavra de dados são transferidos simultaneamente. A velocidade da transferência em paralelo depende do atraso de propagação nos circuitos lógicos de transmissão e recepção e de qualquer atraso de tempo introduzido pelo cabo. Esta transferência de dados pode ocorrer em apenas alguns nanossegundos em muitas aplicações.

A transmissão em paralelo de dados não é prática para comunicações de longa distância. Para transferir uma palavra de dados de 8 bits de um local para outro, são necessários oito canais de comunicação em separados, um para cada bit. Embora possam ser usados cabos multivias em distâncias limitadas (geralmente não mais do que alguns metros), para a comunicação de longa distância eles são impraticáveis por causa do custo e da atenuação do sinal. E, evidentemente, a

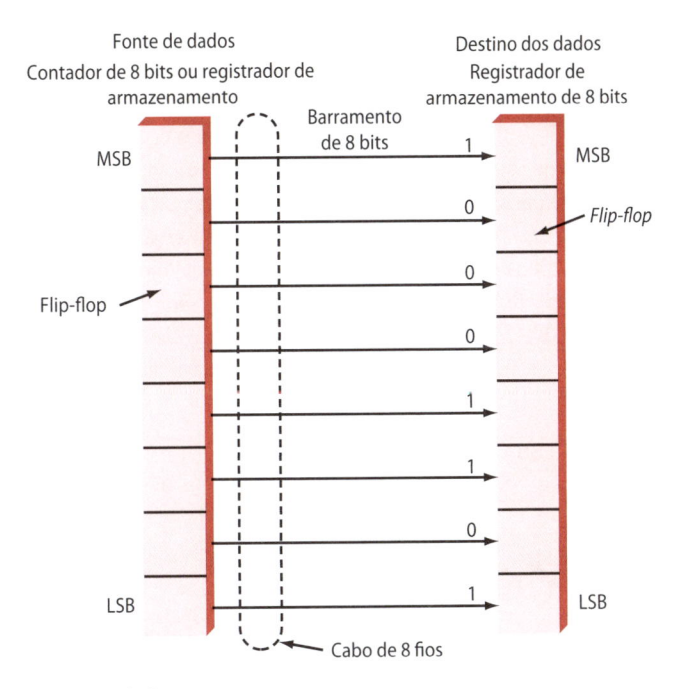

Figura 7-2 Transmissão em paralelo de dados.

transmissão de dados em paralelo via ondas de rádio seria ainda mais complexa e cara, porque seriam necessários um transmissor e um receptor para cada bit.

Ao longo dos anos, tem aumentado a taxa de transferência nos barramentos em paralelo. Por exemplo, as taxas de transferências nos barramentos de computadores pessoais tem aumentado desde 33 MHz, passando por 66, 133 e agora está em 400 MHz e além. Entretanto, para alcançar essas velocidades, os comprimentos das linhas de barramento foram consideravelmente diminuídos. A capacitância e a indutância das linhas de barramentos distorcem bastante os sinais de pulsos. Além disso, o *crosstalk* (diafonia) entre as linhas também limita a velocidade. A redução do comprimento da linha reduz a capacitância e a indutância, permitindo velocidades maiores. Para alcançar velocidades de até 400 MHz, o comprimento dos barramentos deve ser limitado a alguns centímetros. Para alcançar taxas maiores, está sendo utilizada transferência em série de dados.

> **É BOM SABER**
>
> À medida que as taxas de dados aumentam, o comprimento das linhas dos barramentos diminuem para eliminar os efeitos das capacitâncias e a indutâncias dos condutores.

» Transferência em série

A transferência de dados em sistemas de comunicação são realizadas serialmente; cada bit de uma palavra é transmitido um após o outro (veja a Figura 7-3). Essa figura mostra o código 10011101 sendo transmitido 1 bit de cada vez. O bit menos significativo (LSB – *least significant bit*) é transmitido primeiro e o bit mais significativo (MSB – *most significant bit*) por último. O MSB está à direita, indicando que ele foi transmitido após o LSB. Cada bit é transmitido em um intervalo fixo de tempo, *t*. Os níveis de tensão que representam cada bit aparecem em uma única linha (em relação ao GND) um após o outro até que toda a palavra seja transmitida. Por exemplo, o intervalo de bit pode ser 10 μs, o que significa que o nível de tensão para cada bit da palavra aparece por 10 μs. Portanto, levaria 80 μs para transmitir uma palavra de 8 bits.

» Conversão série-paralelo

Devido a ocorrência das transmissões em paralelo e em série nos computadores e outros equipamentos, há a necessidade da conversão entre paralelo e série e vice-versa. Essas conversões de dados são geralmente feitas por registradores de deslocamento (veja a Figura 7-4).

Um REGISTRADOR DE DESLOCAMENTO é um circuito lógico sequencial constituído de *flip-flops* conectados em cascata. Os *flip-flops* são capazes de armazenar uma palavra binária multibits que geralmente é carregada em paralelo para dentro do registrador de transmissão. Quando um pulso de *clock* é aplicado aos *flip-flops*, os bits da palavra são deslocados de um *flip-flop* para outro em sequência. O último *flip-flop* (à direita) no registrador de transmissão armazena, em última análise, cada bit em sequência conforme ele é deslocado para fora.

A palavra de dado serial é então transmitida ao longo do enlace de comunicação e é recebida por outro registrador de deslocamento. Os bits da palavra são deslocados para os *flip-flops* um de cada vez até que a palavra completa esteja contida no registrador. Em seguida, as saídas dos *flip-flops* podem ser observadas e os dados armazenados neles, transferidos em paralelo para outros circuitos. Essa transferência de dados de série para paralelo ocorre dentro dos circuitos de interface e são conhecidos como DISPOSITIVOS SERIALIZADOR-DESERIALIZADOR (SERDES).

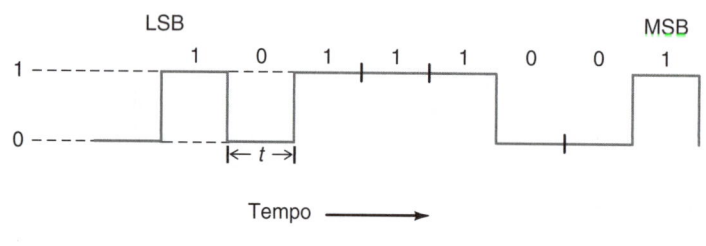

Figura 7-3 Transmissão em série de dados.

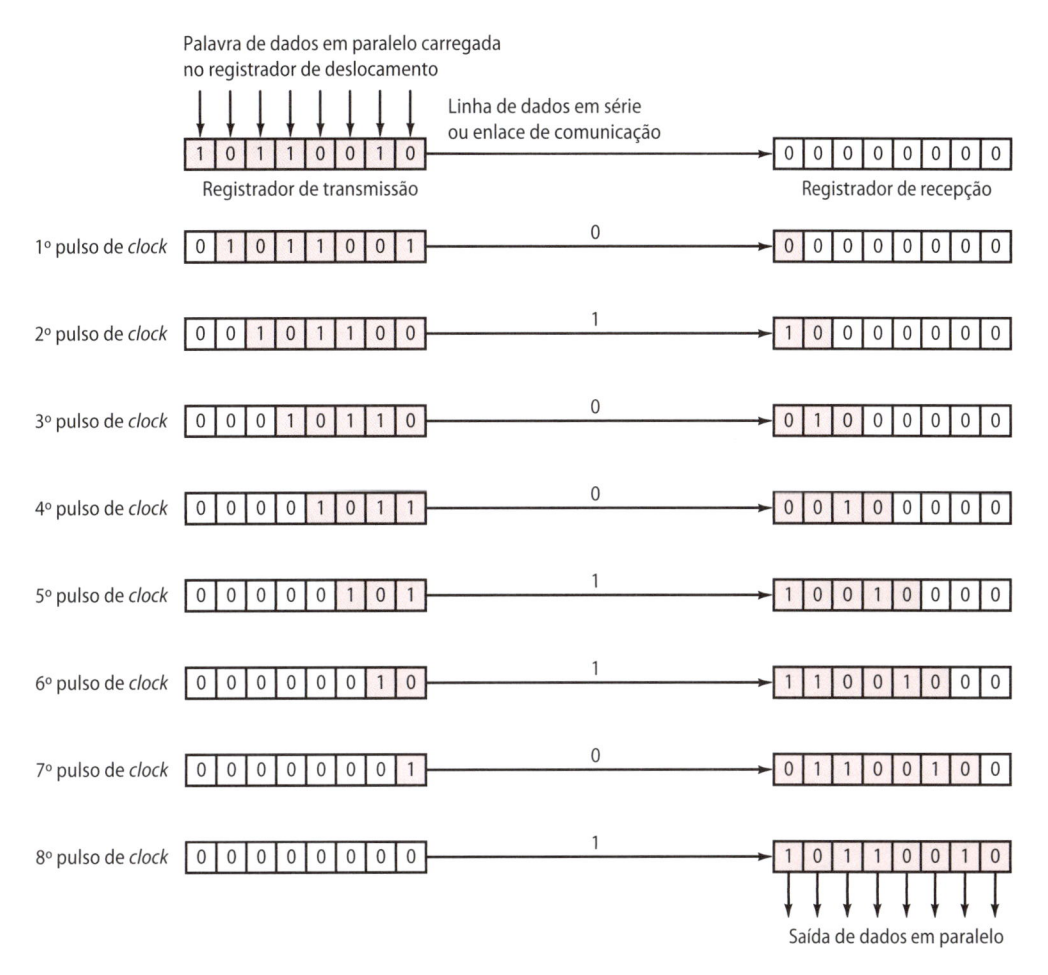

Figura 7-4 Transferência de dados de paralelo para série e de série para paralelo com registradores de deslocamento.

Os dados em série normalmente podem ser transmitidos mais rapidamente em longas distâncias do que os dados em paralelo. Se uma linha de transmissão de dois fios, em vez de múltiplas conexões de fios, for utilizada, podem ser alcançadas velocidades de mais de 2 GHz em um enlace serial de vários metros de comprimento. Se o dado serial for convertido em pulsos de luz infravermelha, pode ser usado um cabo de fibra óptica. As taxas de dados seriais de a te 40 GHz podem ser alcançadas em distâncias de vários quilômetros. Agora os barramentos em série estão substituindo os barramentos em paralelo nos computadores, sistemas de armazenamento e equipamentos de telecomunicações em que é necessário velocidades muito altas.

Por exemplo, suponha que temos de transmitir dados a uma taxa de 400 Mbytes/s. Em um sistema em paralelo podemos transmitir 4 bytes de cada vez através de um barramento em paralelo de 32 bits e 100 MHz. O comprimento do barramento seria limitado a alguns centímetros.

Podemos fazer isso de forma serial. Lembre-se de que 400 Mbytes/s é o mesmo que 8 × 400 Mbytes/s, ou 3,2 gigabits por segundo (Gbps) ou 3,2 GHz. Essa taxa é facilmente obtida de forma serial por diversos centímetros com uma linha de transmissão de cobre ou até vários quilômetros com um cabo de fibra óptica.

Modulação delta. A MODULAÇÃO DELTA é uma forma especial de conversão de analógico para digital que resulta em um sinal de dado serial transmitido continuamente. O modulador delta observa uma amostra do sinal analógico de entrada, compara com a amostra anterior e transmite um 0 ou um 1 se a amostra for menor ou maior do que a amostra anterior.

Conversão de dados

A questão-chave na comunicação digital é converter dados na forma analógica para a forma digital. Existem circuitos especiais disponíveis para isso. Uma vez que o dado está na forma digital ele pode ser processado ou armazenado. Geralmente os dados devem ser reconvertidos para o formato analógico para utilização final pelo usuário; por exemplo, voz e vídeo devem estar em formato analógico. A CONVERSÃO DE DADOS é o assunto desta seção.

Princípios básicos da conversão de dados

A tradução de um sinal analógico em um sinal digital é denominada CONVERSÃO ANALÓGICO-DIGITAL (A/D), *digitalização* ou *codificação*. O dispositivo utilizado para realizar essa conversão é conhecido como *conversor analógico-digital (A/D)* ou *ADC*. Um conversor A/D moderno é geralmente um CI de pastilha única que recebe um sinal analógico e gera uma saída binária em série ou em paralelo (veja a Figura 7-5).

O processo oposto é denominado CONVERSÃO DIGITAL-ANALÓGICO (D/A). O circuito utilizado para realizar isso é denominado *conversor digital-analógico (D/A)* (ou *DAC* ou *decodificador*. A entrada para um conversor D/A geralmente é um número binário em paralelo e a saída é um valor de tensão analógica proporcional. Assim como um conversor A/D, um conversor D/A é geralmente um CI de pastilha única (veja a Figura 7-6) ou uma parte de um CI maior.

Conversão A/D. Um sinal analógico é uma variação de tensão ou corrente suave ou contínua (veja a Figura 7-7). Isso poderia ser um sinal de voz, uma forma de onda de vídeo ou uma tensão que representa uma variação de alguma outra característica física como a temperatura. Através da conversão A/D, os sinais que variam continuamente são convertidos em uma série de números binários.

A conversão A/D é um processo de amostragem ou medição de um sinal analógico em intervalos regulares de tempo. No momento indicado pela linha tracejada na Figura 7-7, o valor instantâneo do sinal analógico é medido e um número binário proporcional é gerado para representar essa amostra. Como resultado, o sinal analógico contínuo é convertido em uma série de números binários discretos que representam amostras.

> **É BOM SABER**
> Para calcular a taxa de amostragem mínima utilizada para representar um sinal, multiplica-se o componente de maior frequência do sinal por 2.

Um importante fator no processo de amostragem é a frequência de amostragem, f, que é o inverso do intervalo de amostragem, t, mostrado na Figura 7-7. Para reter a informação de frequência alta no sinal analógico, um número suficiente de amostras tem que ser obtido de modo que a forma de onda seja adequadamente representada. Sabe-se que a frequência de amostragem mínima é duas vezes a maior frequência analógica do sinal. Por exemplo, se o sinal analógico contiver uma variação de frequência máxima de 3000 Hz, a onda analógica tem que ser amostrada a uma taxa de pelo menos duas vezes esse valor, ou 6000 Hz. Essa frequência de amostragem mínima é conhecida como FREQUÊNCIA DE NYQUIST, f_N. (E $f_N \geq 2f_m$, onde f_m é a frequência do sinal de entrada.) Para sinais de largura de banda limitada, com limites superior e inferior, f_2 e f_1. A taxa de amostragem de Nyquist é exatamente a duas vezes a largura de banda ou $2(f_2 - f_1)$.

Embora teoricamente o componente de maior frequência possa ser adequadamente representado por uma taxa de amostragem 2 vezes maior, na prática, a taxa de amostragem é maior do que a mínima de Nyquist, tipicamente 2,5 a 3 vezes maior. A taxa de amostragem real depende da aplicação

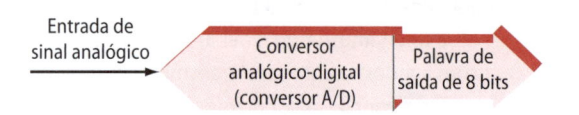

Figura 7-5 Conversor A/D.

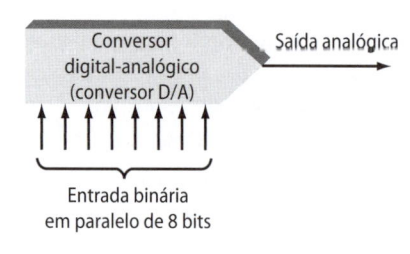

Figura 7-6 Conversor D/A.

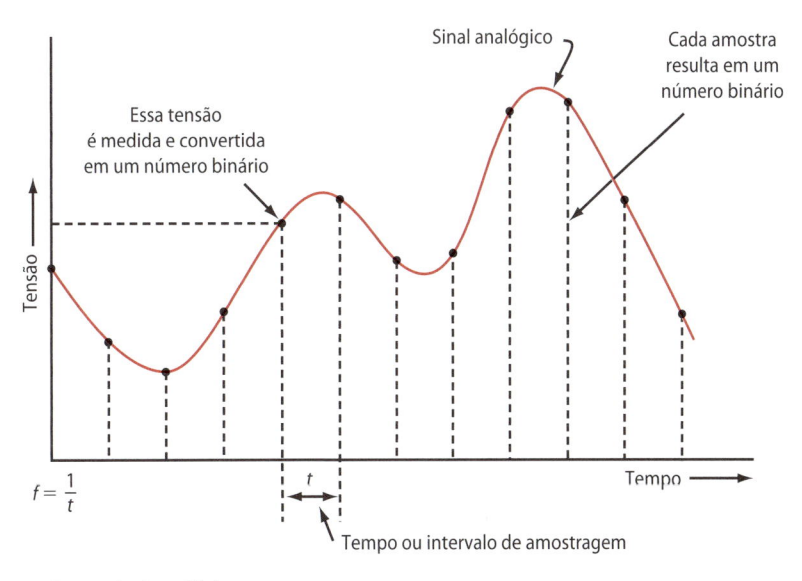

Figura 7-7 Amostragem de um sinal analógico.

bem como de fatores como custo, complexidade, largura de banda do canal e a disponibilidade de circuitos práticos.

Considere, por exemplo, que a saída de um rádio FM seja digitalizada e a frequência máxima do áudio em uma transmissão FM seja 15 kHz. Para garantir que a maior frequência seja representada, a taxa de amostragem deve ser duas vezes a maior frequência: $f = 2 \times 15$ kHz $= 30$ kHz. Mas, na prática, a taxa de amostragem escolhida é maior, ou seja, 3 a 10 vezes maior, ou 3×15 kHz $= 45$ kHz a 10×15 kHz $= 150$ kHz. A taxa de amostragem para aparelhos de CD que armazenam sinais de música com frequências de até cerca de 20 kHz é 44,1 kHz ou 48 kHz.

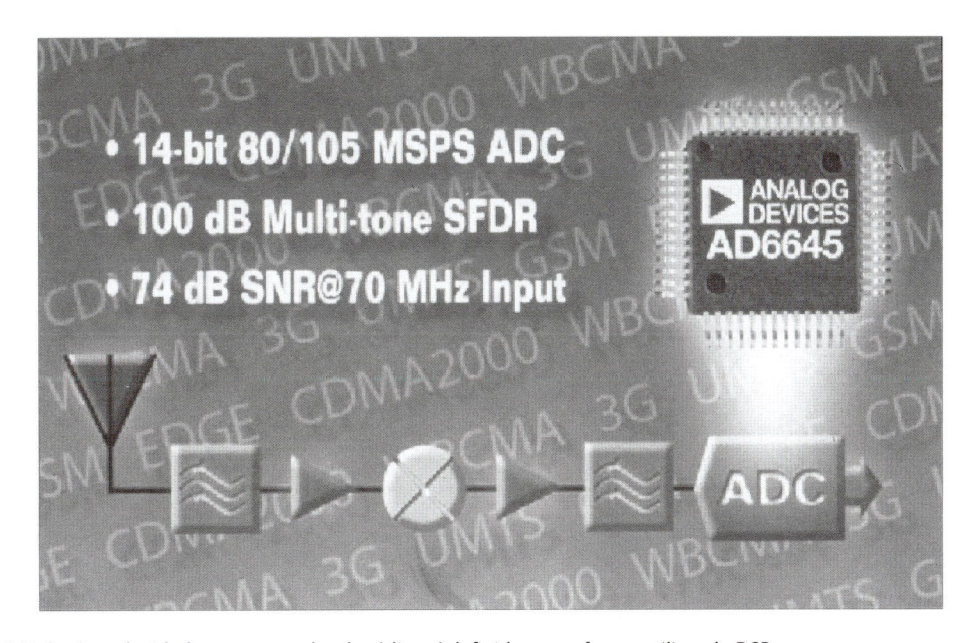

Conversor A/D de alta velocidade que usa ondas de rádio e é definido por *software* utilizando DSP.

É BOM SABER

MSPS significa milhões de amostras por segundo. SFDR é a faixa dinâmica livre de espúrios. SNR se refere à relação sinal-ruído.

Outro fator importante no processo de conversão é que, devido ao sinal analógico ser suave e contínuo, ele representa um número infinito de valores de tensão reais. Em um conversor A/D prático, não é possível converter todas as amostras para um número binário proporcional de precisão. Em vez disso, o conversor A/D é capaz de representar apenas um número finito de valores de tensão ao longo de uma faixa específica. As amostras são convertidas para um número binário cujo valor é próximo do valor real da amostra. Por exemplo, um número binário de 8 bits pode representar apenas 256 estados, que pode representar os valores convertidos entre $+1\,V$ e $-1\,V$.

A natureza física de um conversor A/D é tal que ele divide uma faixa de tensão em incrementos discretos, cada um dos quais é então representado por um número binário. A tensão analógica medida durante o processo de amostragem é ajustada para o incremento de tensão mais próximo dele. Por exemplo, considere que um conversor A/D produz 4 bits de saída. Com 4 bits, 2^4 ou 16 níveis de tensão podem ser representados. Por questão de simplicidade, considere uma tensão analógica na faixa de 0 a 15 V. O conversor A/D divide a faixa de tensão como mostra a Figura 7-8. O número binário representado por cada incremento é indicado. Note que embora existam 16 níveis, existem apenas 15 incrementos. O número de níveis é 2^N e o número de incrementos é $2^N - 1$, onde N é o número de bits.

Agora considere que o conversor A/D amostra o sinal analógico de entrada e mede uma tensão de 0 V. O conversor A/D produzirá um número binário tão próximo quanto possível desse valor, que neste caso é 0000. Se a entrada analógica for 8 V, o conversor A/D gera o número binário 1000. Mas o que acontece se a entrada analógica for 11,7 V, como mostra a Figura 7-8? O conversor A/D produzirá o número binário 1011, cujo equivalente decimal é 11. Na realidade, qualquer valor de tensão analógica entre 11 e 12 V produzirá esse valor binário.

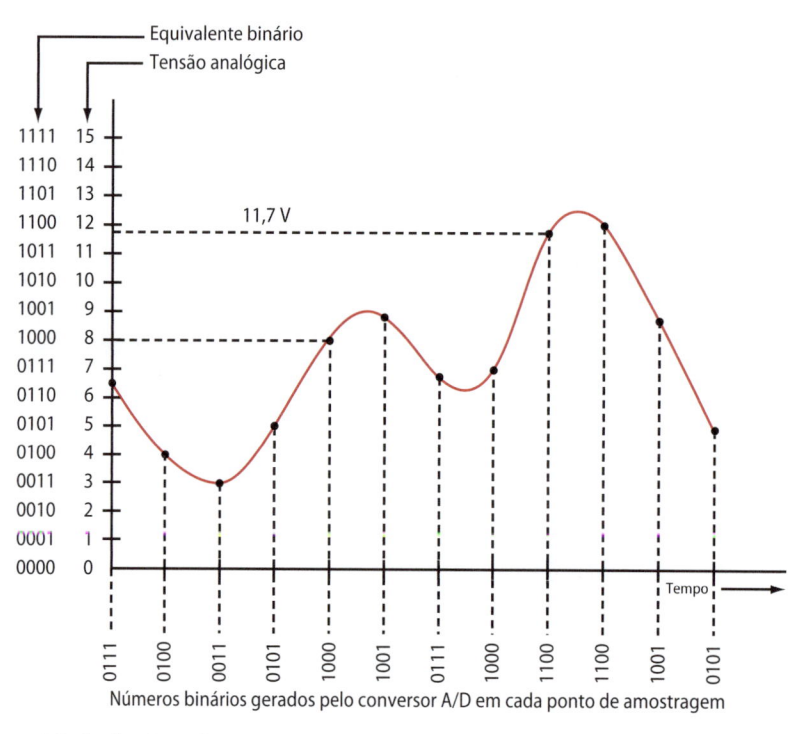

Figura 7-8 O conversor A/D divide a faixa da tensão de entrada em incrementos discretos de tensão.

Como podemos ver, existe um erro associado com o processo de conversão. Ele é conhecido como ERRO DE QUANTIZAÇÃO.

Obviamente, o erro de quantização pode ser reduzido simplesmente dividindo a faixa de tensão analógica em um número maior de incrementos de tensão de valores menores. Para representar mais incrementos de tensão, deve ser utilizado um número maior de bits. Por exemplo, o uso de 12 bits em vez de 10 permite que a faixa de tensão analógica produza 2^{12} ou 4096 incrementos de tensão. Isso proporciona uma divisão da faixa de tensão em mais partes e, portanto, o conversor A/D gera um número binário próximo do valor analógico real. Quanto maior o número de bits, maior o número de incrementos na faixa analógica e menor o erro de quantização.

O valor máximo do erro pode ser calculado dividindo-se a faixa de tensão na qual o conversor A/D opera pelo número de incrementos. Considere um conversor A/D de 10 bits, o qual possui $2^{10} = 1024$ níveis de tensão, ou $1024 - 1 = 1023$ incrementos. Considere que a faixa de tensão de entrada seja de 0 a 6 V. O incremento de tensão mínimo é $6/1023 = 5{,}865 \times 10^{-3} = 5{,}865$ mV.

Como podemos ver, cada incremento tem uma faixa de menos de 6 mV. Esse é o erro máximo que pode ocorrer; o erro médio é metade desse valor. Diz-se que o erro máximo é $\pm\frac{1}{2}$ LSB ou metade do valor de incremento do LSB.

O erro de quantização também pode ser considerado como um tipo de ruído aleatório ou branco. O ruído limita a faixa dinâmica de um conversor A/D visto que ele torna os sinais de baixo nível difíceis, ou impossíveis, de serem convertidos. Um valor aproximado desse ruído é

$$V_n = \frac{q}{\sqrt{12}}$$

onde V_n é a tensão de ruído rms e q é o peso do LSB. Essa aproximação é válida apenas ao longo da largura de banda desde a corrente CC até $f_s/2$ (denominada de largura de banda de Nyquist).

O sinal de entrada está nessa faixa. Usando o exemplo anterior de 10 bits, o LSB é 5,865 mV. Então, a tensão de ruído rms é

$$V_n = \frac{q}{\sqrt{12}} = \frac{0{,}005865}{3{,}464} = 0{,}0017 \text{ V} \quad \text{ou} \quad 1{,}7 \text{ mV}$$

O sinal a ser digitalizado deve ser 2 ou mais vezes maior do que o nível do ruído para garantir uma razoável conversão sem erros.

Pode-se mostrar que o erro de quantização total pode ser reduzido através de sobreamostragem, ou seja, amostrando o sinal a uma taxa muitas vezes maior que a taxa de amostragem de Nyquist, que é 2 vezes a maior frequência do sinal. A sobreamostragem reduz o erro de quantização por um fator que é igual a raiz quadrada da taxa de sobreamostragem, que é $f_s/2f_m$.

Conversão D/A. Pra reter um sinal analógico convertido para digital, deve ser utilizada alguma forma de memória binária. Os diversos números binários que representam cada uma das amostras podem ser armazenados em memórias de acesso aleatório (RAM), em disco, ou em fita magnética. Uma vez que elas estejam neste formato, as amostras podem ser processadas e utilizadas como dados por um microcomputador que pode realizar manipulações matemáticas e lógicas. Isso é denominado processamento de sinais digitais (DSP) e é discutido na seção Processamento de sinais digitais.

Em algum momento, é desejável converter os diversos números binários de volta para a tensão analógica equivalente. Esse é o trabalho realizado por um conversor D/A, que recebe os números binários sequencialmente e produz uma tensão analógica proporcional na saída. Por causa dos números binários de entrada representarem níveis de tensão, a saída de um conversor D/A tem uma característica de uma linha segmentada (ou serrilhada). A Figura 7-9 mostra o processo de conversão dos números binários de 4 bits obtidos na conversão da forma de onda na Figura 7-8. Se esses números binários são inseridos em um conversor D/A, a saída é uma tensão serrilhada conforme mostrado. Visto que os degraus são muito largos, a tensão resultante é apenas uma aproximação do sinal analógico real. Entretanto, o aspecto serrilhado pode ser filtrado passando a saída do conversor D/A por um filtro passa-baixas com uma frequência de corte apropriada.

EXEMPLO 7-1

Um sinal de informação a ser transmitido digitalmente é uma onda retangular com um período de 71,4 μs. Foi determinado que a onda passará adequadamente se a largura de banda incluir o quarto harmônico. Calcule (a) o sinal de frequência, (b) o quarto harmônico e (c) a frequência de amostragem mínima (taxa de Nyquist).

a. $f = \dfrac{1}{t} = \dfrac{1}{71{,}4 \times 10^{-6}} = 14.006 \text{ Hz} \cong 14 \text{ kHz}$

b. $f_{4^\circ \text{ harmônico}} = 4 \times 14 \text{ kHz} = 56 \text{ kHz}$

c. Taxa de amostragem mínima $= 2 \times 56 \text{ kHz} = 112 \text{ kHz}$

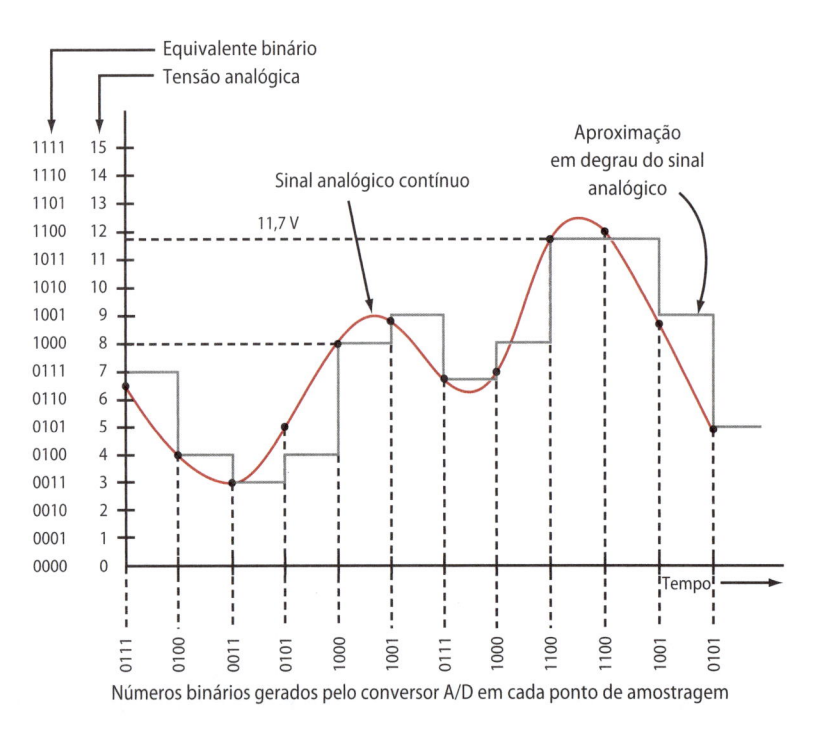

Figura 7-9 Um conversor A/D produz uma aproximação em degraus do sinal original.

Se as palavras binárias contêm um número maior de bits, a faixa de tensão analógica é dividida em incrementos menores e o degrau de saída será menor. Isso leva a uma aproximação maior do sinal analógico original.

Aliasing. Sempre que uma forma de onda analógica é amostrada, acontece uma forma de modulação denominada MODULAÇÃO POR AMPLITUDE DE PULSO (**PAM** – *pulse-amplitude modulation*). O modulador é um circuito de chaveamento que momentaneamente permite que uma parte da onda analógica passe produzindo um pulso por um tempo fixo e com uma amplitude igual ao valor do sinal naquele instante. O resultado é uma série de pulsos como mostra a Figura 7-10. Esses pulsos passam por um conversor A/D, onde cada um é convertido em um valor binário proporcional. O PAM é discutido com mais detalhes mais adiante neste capítulo, mas por enquanto precisamos analisar o processo para ver como ele afeta a conversão A/D.

Lembre-se do Capítulo 3: a modulação em amplitude é o processo de multiplicar a portadora pelo sinal modulante. Neste caso, a portadora, ou sinal de amostragem, é uma série de pulsos estreitos que podem ser descritos por uma série de Fourier:

$$v_c = D + 2D\left(\frac{\text{sen }\pi D}{\pi D}\cos\omega_s t + \frac{\text{sen }2\pi D}{2\pi D}\cos 2\omega_s t + \frac{\text{sen }3\pi D}{3\pi D}\cos 3\omega_s t + \cdots\right)$$

Nesta equação, v_c é a tensão instantânea da portadora e D é o ciclo de trabalho, que é a relação da duração do pulso, t, com o período T, ou $D = t/T$. O termo ω_s é $2\pi f_s$, onde f_s é

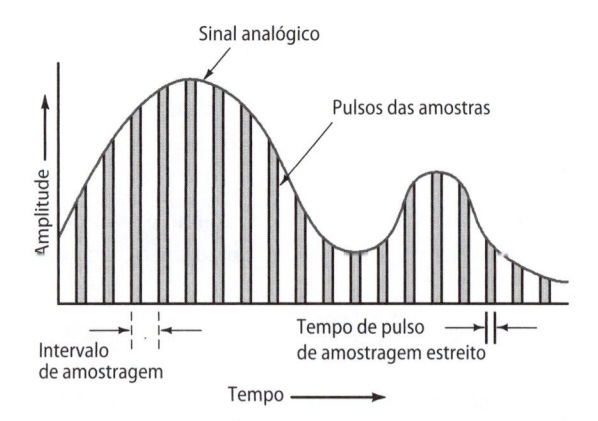

Figura 7-10 Amostragem e sinal analógico para produzir uma modulação por amplitude de pulso.

a frequência de amostragem. Note que os pulsos têm uma componente CC (o termo D) mais as ondas cosseno que representam a frequência fundamental e seus harmônicos ímpares e pares.

Quando multiplicamos isso pelo sinal analógico modulante, ou de informação, a ser digitalizado, obtemos uma equação que parece confusa, mas é extremamente fácil de decifrar. Considere que a onda analógica a ser digitalizada é uma onda senoidal na frequência f_m ou $V_m \text{sen}(2f_m t)$. Quando multiplicamos pela equação de Fourier que descreve a portadora ou os pulsos de amostragem, temos

$$v = V_m D \, \text{sen} \, \omega_m t + 2V_m D \left(\frac{\text{sen} \, \pi D}{\pi D} \, \text{sen} \, \omega_m t \cos \omega_s t \right.$$
$$+ V_m \frac{\text{sen} \, 2\pi D}{2\pi D} \, \text{sen} \, \omega_m t \cos \omega_s t$$
$$\left. + V_m \frac{\text{sen} \, 3\pi D}{3\pi D} \, \text{sen} \, \omega_m t \cos \omega_s t + \cdots \right)$$

O primeiro termo na equação é o sinal senoidal original. Se passarmos esse sinal complexo por um filtro passa-baixas ajustado em uma frequência um pouco acima da frequência do sinal modulante, todos os pulsos são filtrados restando apenas o sinal de informação desejado.

Observando o sinal complexo novamente, podemos ver as equações AM familiares que mostram o produto de ondas senoidais e cossenoidais. Se lembrarmos do Capítulo 3, essas expressões em seno e cosseno se convertem em frequências soma e diferença que formam as bandas laterais no AM. Ora, o mesmo acontece aqui. O sinal modulante forma as bandas laterais com a frequência de amostragem f_s ou $f_s + f_m$ e $f_s - f_m$. Além disso, as bandas laterais também são formadas com os harmônicos da portadora, ou da frequência de amostragem ($2f_s \pm f_m$, $3f_s \pm f_m$, $4f_s \pm f_m$, etc.). A saída resultante é mostrada melhor no domínio da frequência como na Figura 7-11. Geralmente não nos preocupamos com os harmônicos mais altos e suas bandas laterais, porque, em última instância, serão filtrados. Mas precisamos observar as bandas laterais formadas com a onda senoidal fundamental.

Tudo está correto com esse arranjo, desde que a frequência (f_s), ou a portadora, seja 2 ou mais vezes maior do que a frequência do sinal modulante ou de informação. Entretanto, se a frequência de amostragem não for suficientemente alta, surgirá um problema denominado de *aliasing* (falseamento). O *aliasing* faz com que seja criado um novo sinal próximo do sinal original. Esse sinal tem uma frequência de $f_s - f_m$. Quando o sinal amostrado for finalmente convertido de volta para analógico por meio de um conversor D/A, a saída será o sinal falseado $f_s - f_m$, não o sinal original f_m. A Figura 7-12(a) mostra o espectro e a Figura 7-12(b) mostra o sinal analógico original e o sinal falseado recuperado.

É BOM SABER

Um *alias* (sinal falso) é um sinal que é erroneamente amostrado quando a frequência de amostragem é menor que duas vezes a frequência de entrada. Um filtro *antialiasing* é utilizado para garantir que o sinal correto seja usado.

Considere um sinal de entrada desejado de 2 kHz. A frequência de amostragem mínima, ou de Nyquist, é 4 kHz. Mas o que acontece se a taxa de amostragem for de apenas 2,5 kHz? Esse resultado é um sinal falseado de 2,5 kHz − 2 kHz = 0,5 kHz, ou 500 Hz. Este sinal falseado, que será recuperado pelo conversor D/A, não será o sinal desejado de 2 kHz.

Para eliminar esse problema, geralmente é colocado um filtro passa-baixas denominado **FILTRO ANTIALIASING** entre a fon-

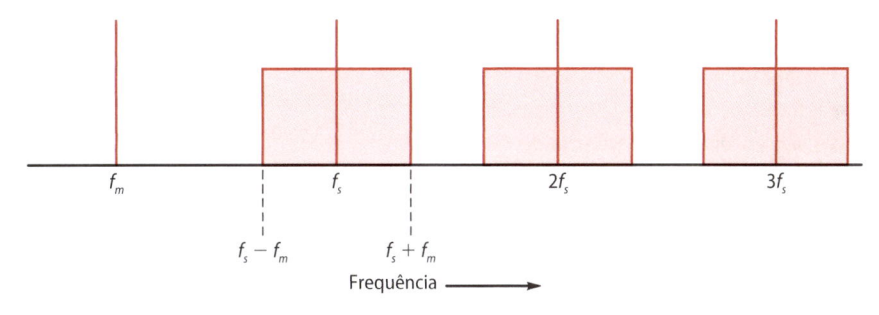

Figura 7-11 Espectro do sinal PAM.

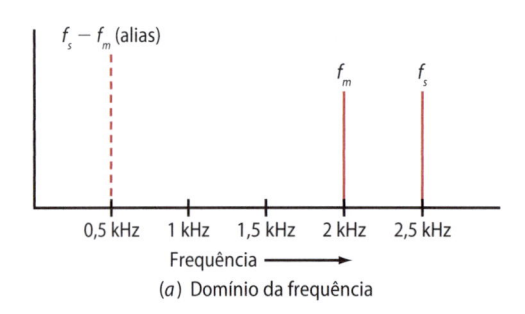

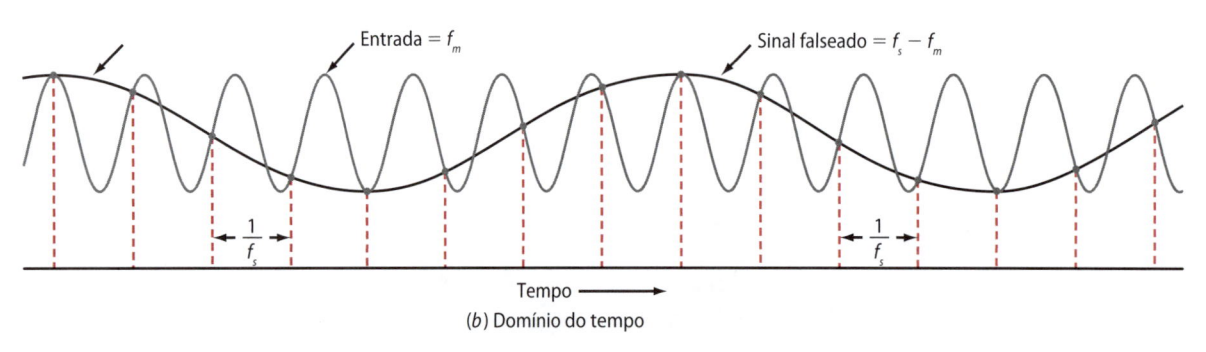

Figura 7-12 *Aliasing.*

te do sinal modulante e a entrada do conversor A/D para garantir que nenhum sinal com uma frequência maior do que metade da frequência de amostragem passe. Este filtro tem que ter uma seletividade muito boa. A taxa de decaimento de um filtro passa-baixas comum *RC* ou *LC* é bastante gradual. A maioria dos filtros *antialiasing* usa filtros *LC* de múltiplos estágios, um filtro ativo *RC* ou um filtro com capacitor chaveado de ordem maior para obter o decaimento acentuado desejado para eliminar qualquer *aliasing*. O corte do filtro é geralmente ajustado um pouco acima do componente de maior frequência do sinal de entrada.

Conversores D/A

Existem várias formas de converter códigos digitais em tensões analógicas proporcionais. Entretanto, os métodos mais usados são conversores R-2R, *string* e fonte de corrente ponderada. Estes circuitos são encontrados na forma de CIs e também em integrados em outros sistemas em um *chip* (SoC – *system on chip*) maiores.

Conversor R-2R. O conversor R-2R consiste em quatro blocos principais como mostra a Figura 7-13 e descrito nos próximos parágrafos.

Reguladores de referência. O REGULADOR DE TENSÃO DE REFERÊNCIA de precisão, um diodo *zener*, recebe a fonte de tensão CC como uma entrada e converte a mesma em uma tensão de referência altamente precisa. Essa tensão passa por um resistor que estabelece a corrente de entrada máxima para a malha de resistores e define a precisão do circuito. A corrente é denominada *corrente de fundo de escala*, ou I_{FS}:

$$I_{FS} = \frac{V_R}{R_R}$$

onde V_R = tensão de referência
R_R = resistor de referência

Malha de resistores. A MALHA DE RESISTORES de precisão é conectada em uma configuração única. A tensão de referência é aplicada a essa malha de resistores, a qual converte a tensão de referência em uma corrente proporcional à entrada binária. A saída da malha de resistores é uma corrente que é diretamente proporcional ao valor binário de entrada e à corrente de referência de fundo de escala. Seu valor máximo é calculado como a seguir:

$$I_O = \frac{I_{FS}(2^N - 1)}{2^N}$$

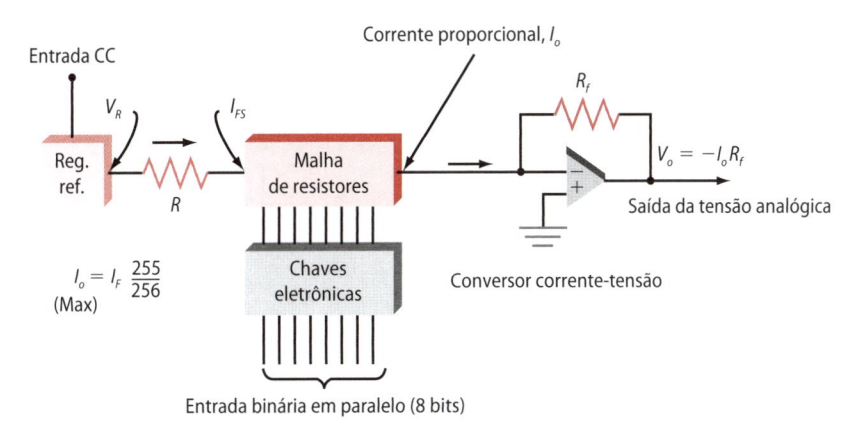

Figura 7-13 Principais blocos de um conversor D/A.

Para um conversor de 8 bits, $N = 8$.

Alguns conversores D/A modernos utilizam uma malha de capacitores em vez de resistores para realizar a conversão de um número binário para uma corrente proporcional.

Amplificadores de saída. A corrente proporcional é então convertida em uma tensão proporcional por um amplificador operacional (AOP). A saída da malha resistiva é conectada a uma junção de soma do amplificador operacional. A tensão de saída do AOP é igual a corrente de saída da malha de resistores multiplicada pelo valor do resistor de realimentação. Se for selecionado o valor apropriado do resistor de realimentação, a tensão de saída pode ser de qualquer valor desejado com o uso de um fator de escala. O AOP inverte a polaridade do sinal:

$$V_o = -I_o R_f$$

Chaves eletrônicas. A malha de resistores é modificada por meio das chaves eletrônicas que podem ser chaves de tensão ou de corrente e geralmente são implementadas com diodos ou transistores. Essas chaves são controladas pelos bits em paralelo da entrada binária provenientes de um contador, registrador ou uma porta de saída de um microcomputador. As chaves ligam ou desligam para configurar a malha de resistores.

Todos os blocos mostrados na Figura 7-13 são geralmente integrados em um único CI. A única exceção pode ser o AOP, que geralmente é um circuito externo.

Os conversores D/A desse tipo são encontrados em uma variedade de configurações e podem converter palavras de 8, 10, 12, 14 e 16 bits.

A implementação do circuito do conversor D/A varia bastante. Uma das configurações mais comuns é mostrada em detalhes na Figura 7-14. Apenas 4 bits são mostrados para simplificar o desenho. O interesse particular é na malha de resistores, a qual utiliza apenas dois valores de resistências e, por isso, é conhecida como malha R-2R (ou ainda escada R-2R). Circuitos mais complexos foram projetados, mas implementar em CI uma faixa maior de valores de resistores é mais difícil. Na Figura 7-14 as chaves são mostradas como dispositivos mecânicos, porém na realidade elas são transistores controlados pelas entradas binárias. Muitos conversores A/D e D/A mais modernos utilizam uma malha capacitiva em vez de uma malha R-2R.

DAC string. O DAC *string* tem esse nome a partir do fato de ser constituído de uma cadeia (*string*) de resistores de valores iguais que formam um divisor de tensão. Veja a Figura 7-15. Esse divisor de tensão divide a tensão de referência de entrada em degraus iguais de tensão proporcional à entrada binária. Existem 2^N resistores na cadeia, onde N é o número de bits de entrada que determina a resolução. Na Figura 7-12 a resolução é $2^3 = 8$, de modo que são utilizados 8 resistores. Resoluções maiores de 10 ou 12 bits estão disponíveis nesta configuração. Se a referência de entrada for 10 V, a resolução será de $10/2^3 = 10/8 = 1,25$ V. A saída varia em incrementos de 1,25 V de 0 a 8,75 V.

A tensão de saída é determinada pela definição do estado de condução/corte das chaves MOSFET (modo enriquecimento) controladas por um decodificador binário padrão. Com 3 bits de entrada, o decodificador apresenta 8 saídas, cada uma acionando uma chave MOSFET. Se o código de entrada for 000, a chave S0 é ligada e a saída é aterrada,

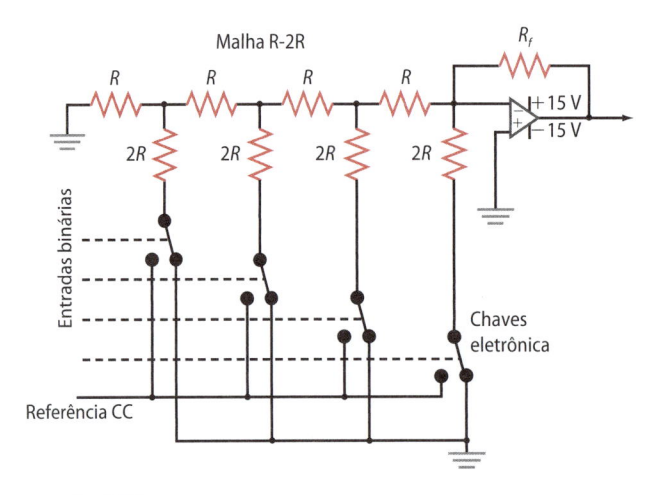

Figura 7-14 Conversor D/A com malha R-2R.

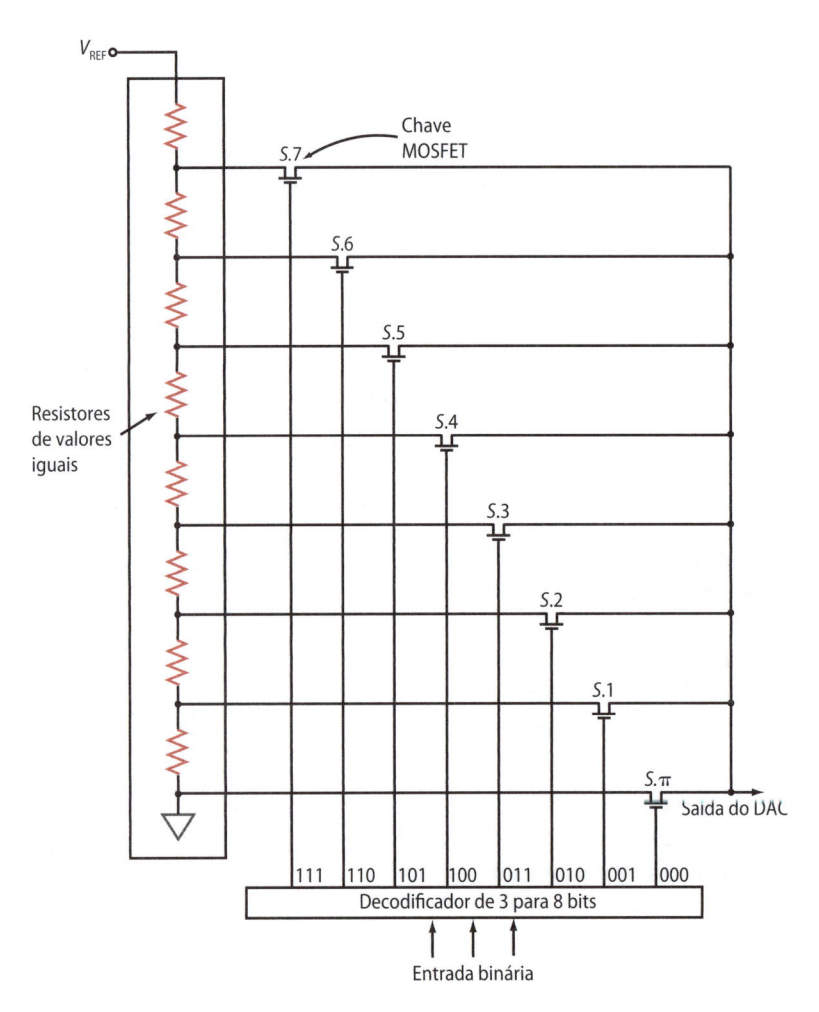

Figura 7-15 DAC *string*.

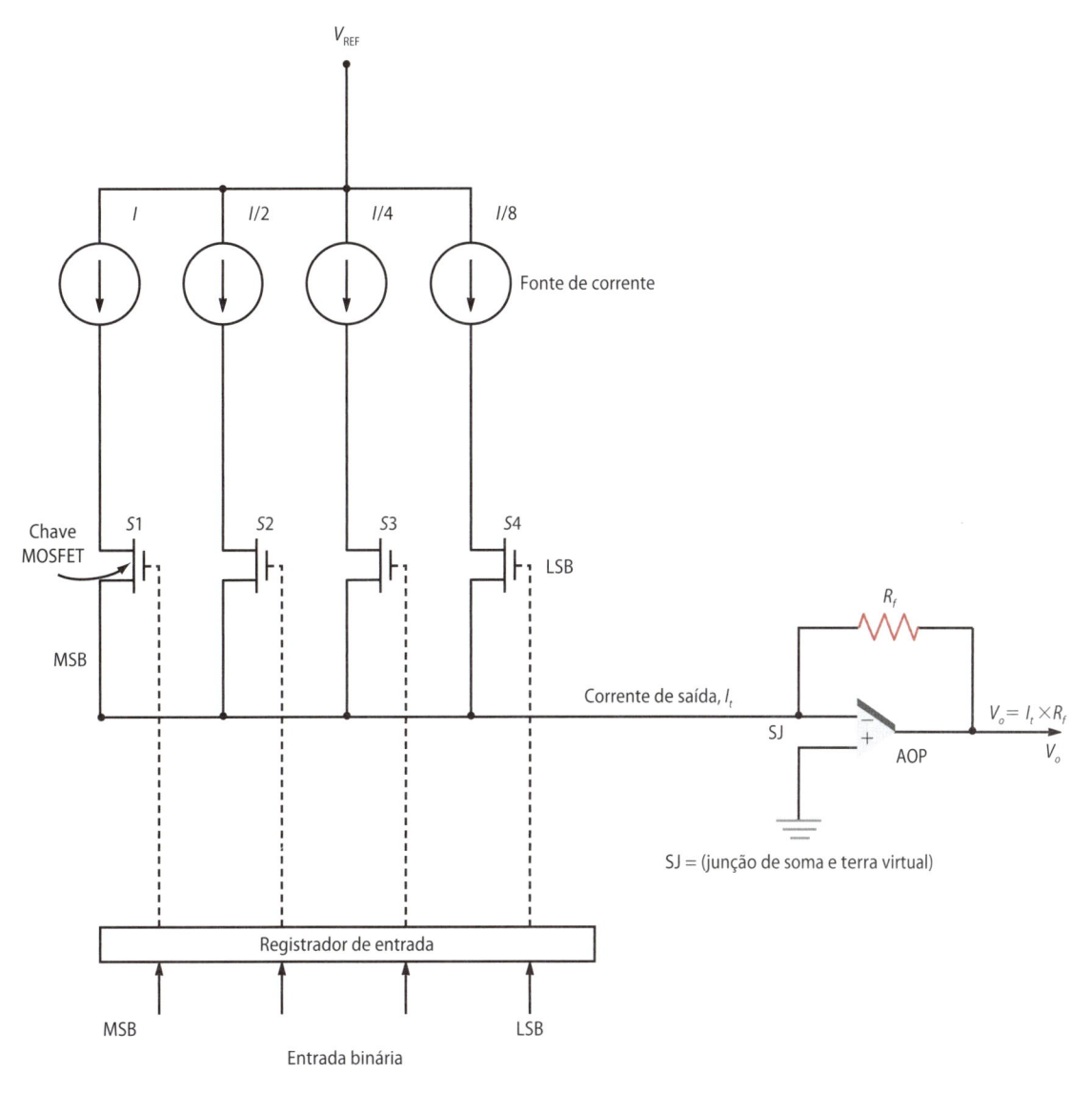

Figura 7-16 DAC de fonte de corrente ponderada.

ou 0 V. Todos os outros MOSFETs estarão desligados nesse momento. Se o código de entrada for 111, então S7 é ligada e a tensão de saída será 8,75 V. A saída é uma tensão e ainda pode ser condicionada por um AOP com ganho e impedância de saída baixa conforme a necessidade da aplicação.

DAC de fonte de corrente ponderada. Uma configuração comum para muitos DACs de alta velocidade é a do DAC de fonte de corrente ponderada mostrado na Figura 7-16. As fontes de corrente fornecem uma corrente fixa que é determinada por uma tensão de referência externa. Cada fonte de corrente fornece um valor binário ponderado de I, $I/2$, $I/4$, $I/8$, etc. As fontes de corrente são constituídas de uma combinação de resistores com MOSFETs ou, em alguns casos, com transistores bipolares. Geralmente, as chaves implementadas com MOSFETs de modo enriquecimento são mais rápidas, mas, em alguns modelos, são utilizados transistores bipolares. A entrada binária em paralelo é geralmente armazenada em um registrador de entrada e esses bits ligam ou desligam as chaves conforme determinado pelo valor em binário.

As saídas das fontes de correntes são somadas na junção de soma de um AOP. A tensão de saída, V_O, é a soma das correntes, I_t, multiplicada pelo resistor de realimentação, R_f.

$$V_O = I_t R_f$$

Na Figura 7-16, com 4 bits de resolução, existem $2^N = 2^4 = 16$ incrementos de corrente. Considere $I = 100\ \mu A$. Se o número binário de entrada for 0101, então as chaves S2 e S4 são fechadas e a corrente é $50 + 12,5 = 62,5\ \mu A$. Com um resistor de realimentação de 10 kΩ, a tensão de saída seria $62,5 \times 10^{-6} \times 10 \times 10^3 = 0,625$ V.

Os DACs com fontes de corrente são utilizados para conversões muito rápidas e estão disponíveis com resoluções de 8, 10, 12 e 14 bits.

Especificações de conversores D/A.
Estão associadas aos conversores D/A três importantes especificações: resolução, erro e tempo de estabilização.

A RESOLUÇÃO é o menor incremento de tensão que o conversor D/A produz dentro de sua faixa de tensão de saída. A resolução está diretamente relacionada ao número de bits de entrada. Ela é calculada dividindo a tensão de referência, V_R, pelo número de degraus de saída, $2^N - 1$. Existe um incremento a menos do que o número de estados binários.

Para uma referência de 10 V e um conversor D/A de 8 bits, a resolução é $10(2^8 - 1) = 10/255 = 0,039$ V $= 39$ mV.

Para aplicações de precisão maior, devem ser utilizados conversores D/A com palavras de entrada maiores. Os conversores D/A com 8 e 12 bits são os mais comuns, mas são encontrados conversores com 10, 14, 16, 20 e 24 bits.

O ERRO é expresso como uma porcentagem de um valor máximo, ou de fundo de escala, da tensão de saída, que é o valor de tensão de referência. As figuras de erro típicas são menores do que $\pm 0,1\%$. Este erro deve ser menor do que metade do incremento mínimo. O menor incremento de um conversor D/A de 8 bits com uma tensão de referência de 10 V é 0,039 V, ou 39 mV. Expresso como uma porcentagem, temos $0,039 \div 10 = 0,0039 \times 100 = 0,39\%$. Metade disso é 0,195%. Com uma referência de 10 V, isso representa uma tensão de $0,00195 \times 10 = 0,0195$ V, ou 19,5 mV. Uma especificação de erro de 0,1% do fundo de escala é $0,001 \times 10 = 0,01$ V, ou 10 mV.

O TEMPO DE ESTABILIZAÇÃO é o valor de tempo gasto para que a tensão de saída do conversor D/A estabilizar dentro de uma faixa de tensão específica após uma mudança na entrada binária. Consulte a Figura 7-17. Quando uma entrada binária é estabelecida, é necessário um tempo finito para as chaves eletrônicas ligarem e desligarem e qualquer capacitância de circuito carregar e descarregar. Durante a mudança, a saída oscila, ultrapassa o valor final e contém transientes provenientes da ação de comutação. Portanto, a saída ainda não é uma representação precisa da entrada binária; ela não pode ser utilizada até que a estabilização ocorra.

> **É BOM SABER**
>
> O tempo de estabilização é geralmente igual ao tempo que o conversor D/A leva para estabilizar a saída com a mudança de $\pm\frac{1}{2}$ bit menos significativo (LSB).

O tempo de estabilização é o tempo que a saída do conversor D/A leva estabilizar dentro de uma variação de $\pm\frac{1}{2}$ LSB. No caso do conversor D/A de 8 bits descrito anteriormente, quando a tensão de saída se estabiliza em menos da metade da variação de tensão mínima de 39 mV, ou 19,5 mV, a saída pode ser considerada estável. Os tempos de estabilização típicos estão na faixa de 100 ns. Essa especificação é importante porque ela determina a velocidade máxima da operação do circuito, denominada tempo de conversão. Um tempo de estabilização de 100 ns convertido em frequência é $1/100 \times 10^{-9} = 10$ MHz. Operações mais rápidas do que isso resulta em erros de saída.

A monotonicidade é outra especificação de um DAC. Um DAC é monotônico se a saída aumentar um incremento da tensão de resolução para cada incremento do número binário de entrada. Em DACs de alta resolução com incrementos muito pequenos, é possível que imprecisões do circuito possam literalmente resultar em uma diminuição na tensão de saída para um aumento na entrada binária. Geralmente isso é provocado por resistores e fontes de corrente desiguais no DAC.

Outra especificação é a tensão e a corrente de operação CC. Os DACs mais antigos operavam com +5 V, mas a maioria dos conversores modernos opera a partir de 3,3 ou 2,5 V. Geralmente também é informada a corrente de consumo.

Outra consideração é sobre a quantidade de DACs por *chip*. Existem CIs com dois, quatro e oito DACs por *chip*. Em *chips*

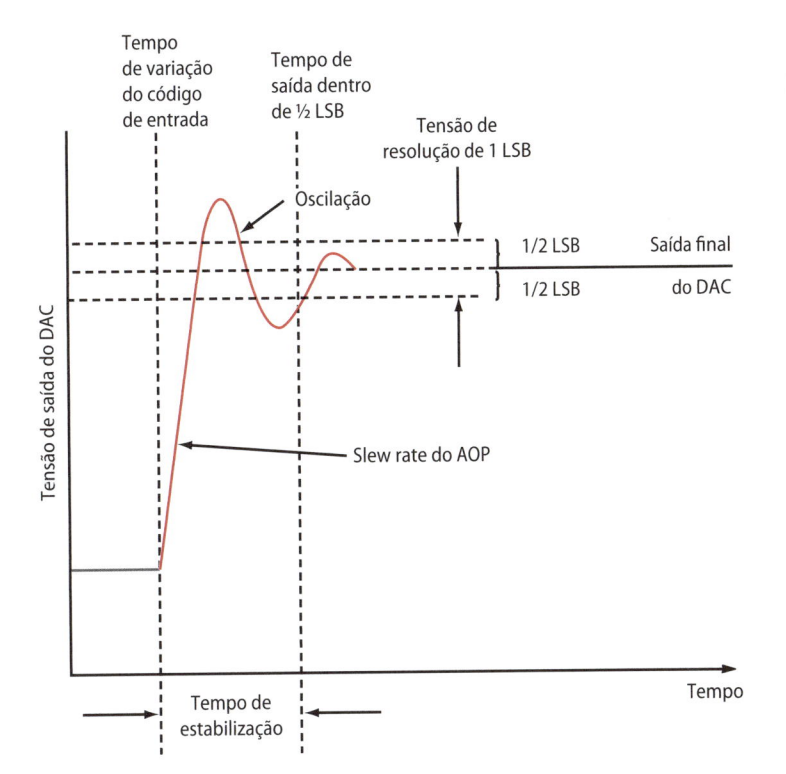

Figura 7-17 Tempo de estabilização.

multi-DACs, a entrada binária é serial. Atualmente, a entrada serial é uma opção na maioria dos DACs, pois a entrada serial reduz bastante o número de pinos dedicados aos sinais de entrada. Um DAC em paralelo de 16 bits tem, obviamente, 16 pinos de entrada. O mesmo DAC com entrada serial tem apenas 1 pino de entrada. Os formatos de entrada serial típicos são o SPI (*serial peripheral interface*) ou a interface I^2C comum na maioria dos controladores incorporados e microprocessadores.

A tensão de entrada binária também é uma especificação. Os DACs antigos utilizam entradas de +5 V compatíveis com TTL ou CMOS enquanto que os *chips* mais modernos usam tensões de sinais de entrada menores de 1,8, 2,5 ou 3,3 V. Geralmente os DACs de alta velocidade usam entradas lógicas CML (*current mode logic*) ou entradas com tensão diferencial de baixa amplitude que é a LVDS (*low-voltage differential signaling*) que utiliza sinais diferenciais com níveis de poucas centenas de milivolts.

A tensão de referência é tipicamente de 1 a 5 V, obtida de um diodo *zener* com compensação de temperatura que geralmente é interno ao *chip* DAC.

» Conversores A/D

A conversão A/D começa com o processo de amostragem, que geralmente é realizado por um circuito de amostragem e retenção (S/H – *sample-and-hold*). O circuito S/H faz uma "medição" precisa da tensão analógica em intervalos especificados. Em seguida, o conversor A/D converte esse valor instantâneo de tensão em um número binário.

Circuitos S/H. Um CIRCUITO DE AMOSTRAGEM E RETENÇÃO (S/H), também denominado circuito de rastreamento/armazenamento, recebe o sinal de entrada analógico e durante o modo de amostragem sem alterar sua amplitude. No modo de retenção (H), o amplificador memoriza o nível de tensão particular do instante da amostragem. A saída do amplificador S/H é um nível CC fixo cuja amplitude é o valor no instante da amostragem.

A Figura 7-18 é um desenho simplificado de um amplificador S/H. O principal componente é um amplificador diferencial CC de alto ganho (AOP). O amplificador está conectado como um seguidor de tensão com 100% de realimentação.

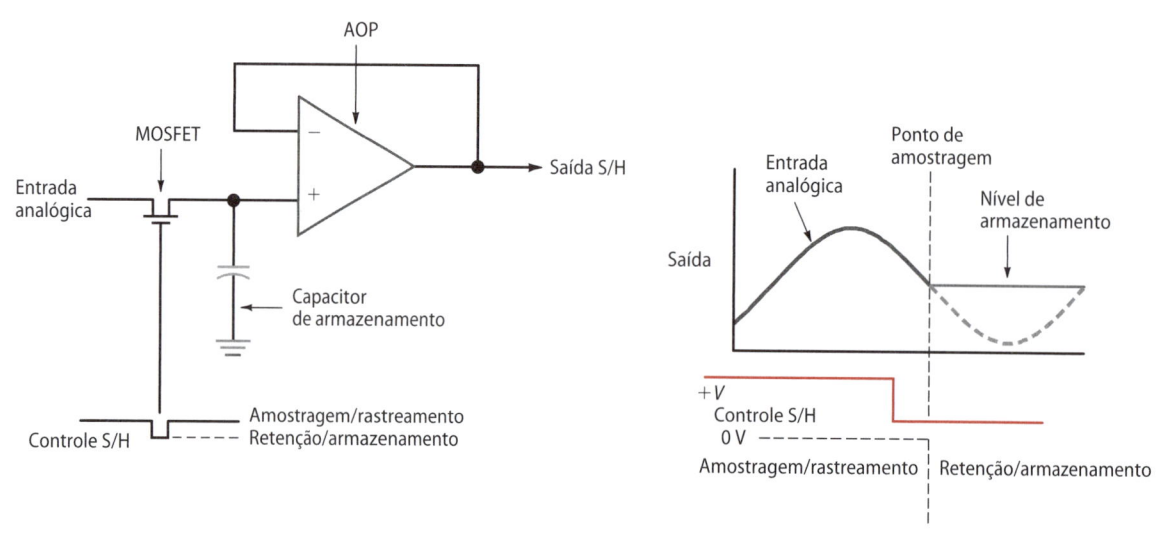

Figura 7-18 Amplificador S/H.

Qualquer sinal aplicado na entrada não inversora (+) passa sem ser afetado. Este amplificador tem um ganho unitário e é não inversor.

Um capacitor de armazenamento é conectado na entrada de alta impedância do AOP. O sinal de entrada é aplicado no capacitor de armazenamento e na entrada do amplificador através de uma porta MOSFET. Normalmente é usado um MOSFET do tipo enriquecimento que funciona como uma chave *on/off* (liga/desliga). Enquanto o sinal de controle na porta do MOSFET for mantido em nível alto, o sinal de entrada estará conectado ao capacitor e à entrada do AOP. Quando a porta for alta, o transistor liga e se comporta como um resistor de valor muito baixo conectando o sinal de entrada ao amplificador. A carga no capacitor segue o sinal de entrada. Este é o modo de amostragem, ou rastreamento, para o amplificador. A saída do AOP é igual à sua entrada.

Quando o sinal de controle S/H for baixo, o transistor está em corte, mas a carga no capacitor permanece. A alta impedância de entrada do amplificador permite ao capacitor reter a carga por um tempo relativamente longo. Então, a saída do amplificador S/H é o valor de tensão do sinal de entrada no instante da amostragem, ou seja, o ponto no qual o pulso de controle S/H comuta de alto (amostragem) para baixo (retenção). A tensão de saída do AOP é aplicada ao conversor A/D para que este a converta em um número binário.

O principal benefício de um amplificador S/H é que ele armazena a tensão analógica durante o intervalo de amostragem. Em alguns sinais de alta frequência, a tensão analógica pode aumentar ou diminuir durante o intervalo de amostragem; isso é indesejável porque confunde o conversor A/D e introduz o que é conhecido como erro de abertura. Entretanto, o amplificador S/H armazena a tensão no capacitor; com a tensão constante durante o intervalo de amostragem, a quantização é precisa.

Existem muitas formas de converter uma tensão analógica em um número binário. As próximas seções descrevem os mais comuns.

Conversores de aproximações sucessivas. Esse conversor contém um **REGISTRADOR DE APROXIMAÇÕES SUCESSIVAS** (*SAR – successive-approximations register*), como mostra a Figura 7-19. Uma lógica especial no registrador faz com que cada bit seja ligado (um de cada vez) do MSB ao LSB até que o valor binário aproximado esteja armazenado no registrador. O sinal de entrada de *clock* define a taxa em que os bits são ligados (1) ou desligados (0).

Considere que o SAR está inicialmente em zero. Quando a conversão começa, o MSB é ligado (1), produzindo 10 000 000 na saída e fazendo com que a saída do conversor D/A vá para a metade do fundo de escala. A saída do conversor D/A é aplicada no AOP, e a saída deste é aplicada no comparador juntamente com o sinal analógico de entrada. Se a tensão de saída do conversor D/A for maior do que a tensão analógica de entrada, o bit deve ser desligado (0); se a tensão de saída do conversor D/A for menor do que a tensão analógica de entrada, o bit deve ser mantido no binário 1.

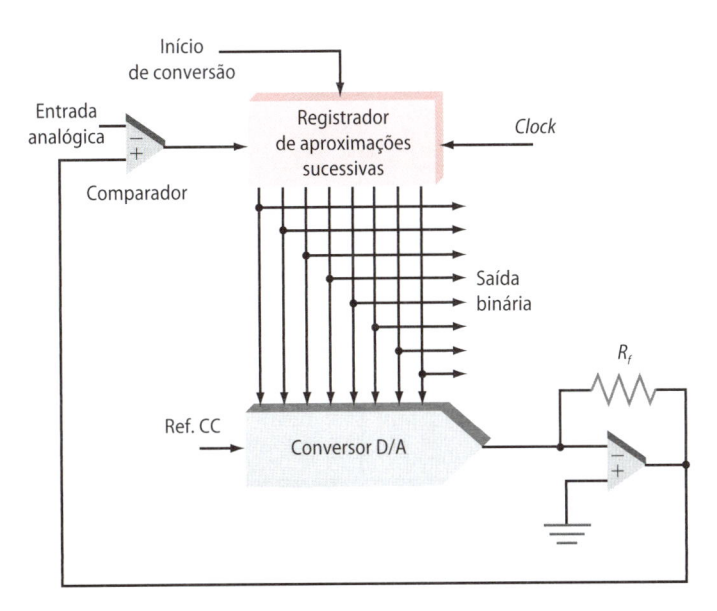

Figura 7-19 Conversor A/D de aproximações sucessivas.

Em seguida, o próximo MSB é ligado (1) e outra comparação é feita. O processo continua até que todos os 8 bits sejam ligados ou desligados e ocorram as oito comparações. A saída é um número binário de 8 bits proporcional. Com uma frequência de *clock* de 200 kHz, o período do *clock* é $1/200 \times 10^3 \; 5 = \mu s$. Cada decisão de bit é realizada durante um período de *clock*. Para oito comparações de 5 μs cada uma, o tempo de conversão total é $8 \times 5 = 40 \; \mu s$.

Os conversores de aproximações sucessivas são rápidos e consistentes. Existem disponíveis conversores com tempos de conversão de aproximadamente 0,25 a 200 μs e versões de 8, 10, 12 e 16 bits. Os tempos de conversão também são expressos em mega amostras por segundo (MSPS – *megasamples per second*). Existem disponíveis conversores de aproximações sucessivas com velocidades de até 5 MSPS. A maior parte dos CIs conversores A/D são do tipo aproximações sucessivas.

É BOM SABER

Resistores em circuitos integrados ocupam mais espaço do que outros componentes. Para economizar espaço no projeto de *chips*, as malhas de resistores podem ser reprojetadas como malhas de capacitores.

Em vez de usar um conversor D/A com uma malha R-2R, muitos conversores de aproximações sucessivas modernos utilizam capacitores em vez de resistores na malha ponderada. A parte mais difícil na construção de um conversor A/D ou D/A na forma de circuito integrado (CI) é a malha de resistores. Ela pode ser feita com resistores de filme fino cujos valores são ajustados com *laser*, mas isso requer a execução de etapas que são de custo elevado na produção de um CI. Os resistores também ocupam mais espaço no *chip* do que outros componentes. Nos conversores A/D, a malha R-2R ocupa cerca de 10 ou mais vezes o espaço de todo o restante do circuito. Para eliminar esses problemas, pode ser utilizada uma malha de capacitores em substituição à de resistores. Os capacitores são fáceis de serem construídos e ocupam menos espaço no *chip*.

O conceito básico de uma rede capacitiva é mostrado na Figura 7-20. Este é um simples conversor D/A de 3 bits. Note que os capacitores têm pesos binários de C, $C/2$ e $C/4$. A capacitância total de todos os capacitores em paralelo é $2C$. Os valores reais dos capacitores são irrelevantes, visto que a relação de capacitâncias é que determina o resultado da conversão. Este fato torna fácil a construção desta malha em CI, visto que não são necessários valores precisos de capacitâncias. Apenas a relação tem que ser cuidadosamente controlada e isso é mais fácil de ser feito em CIs do que em resistores ajustados com *laser*. As chaves no diagrama representam chaves MOS-

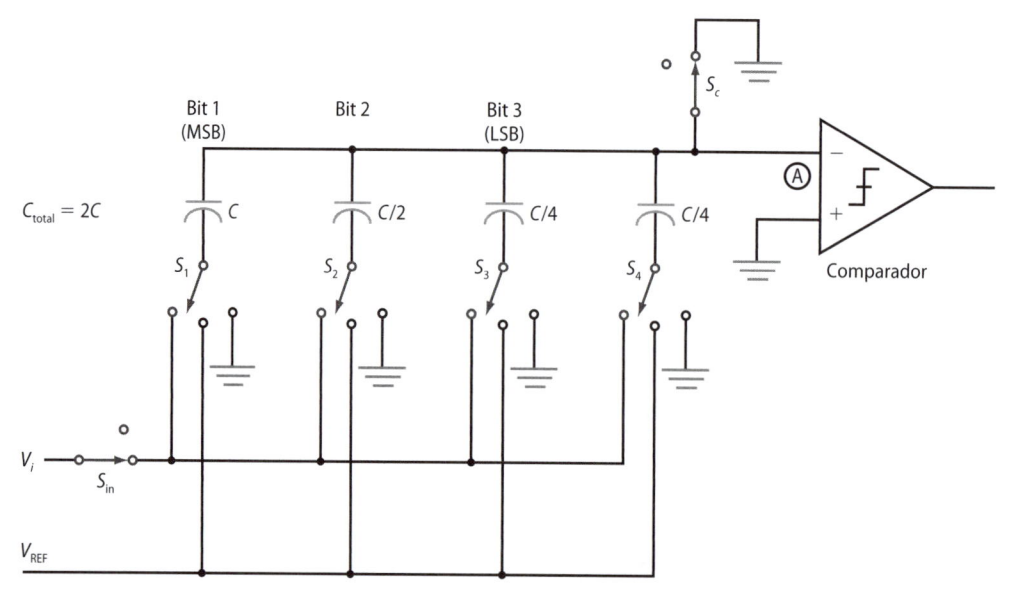

Figura 7-20 Conversor D/A com capacitor chaveado usado nos conversores modernos A/D de aproximações sucessivas.

FET no circuito real. Um registrador de aproximações sucessivas de 3 bits aciona as chaves indicadas por S_1 a S_4.

Para iniciar a conversão, as chaves S_c e S_{in} são fechadas e as chaves S_1 a S_4 conectam V_i aos capacitores, que estão em paralelo neste momento. O comparador é curto-circuitado temporariamente. O sinal analógico de entrada a ser amostrado e convertido, V_i, é aplicado a todos os capacitores, fazendo com que cada um se carregue até o valor atual do sinal. Em seguida, as chaves S_c e S_{in} são abertas, armazenando o valor atual do sinal nos capacitores. Visto que os capacitores armazenam o valor da entrada no instante da amostragem, não há a necessidade de um circuito S/H em separado. O registrador de aproximações sucessivas e o circuito relacionado comutam a tensão de referência V_{REF} para os diversos capacitores em uma sequência específica, e o comparador "observa" a tensão resultante em cada etapa e toma a decisão se a saída será 0 ou 1 para cada uma. Por exemplo, na primeira etapa S_1 conecta V_{REF} ao capacitor C e todos os outros capacitores são comutados para GND via S_2 a S_4. O capacitor C forma um divisor de tensão com todos os outros capacitores em paralelo. O comparador observa a junção dos capacitores (nó A) e produz uma saída 0 ou 1 que depende da tensão. Se a tensão na junção for maior do que o limiar (geralmente metade da tensão de alimentação), um bit 0 aparece na saída do comparador e também é armazenado no registrador de saída. Se a tensão na junção for menor do que o limiar, a saída do comparador será 1, que é armazenado no registrador de saída. Se ocorrer um bit 1, o capacitor C permanece conectado em V_{REF} durante o restante da conversão.

O processo continua conectando o capacitor $C/2$ de GND para V_{REF} e, novamente, ocorre a comparação e outro bit é gerado. Esse processo continua até que todas as tensões de capacitores tenham sido comparadas. Durante esse processo, as cargas iniciais nos capacitores são distribuídas de acordo com o valor da tensão de entrada. A saída binária aparece no registrador de aproximações sucessivas.

O circuito é facilmente expandido com mais capacitores para produzir um número maior de bits de saída. Tensões de referência positiva e negativa podem ser utilizadas para acomodar um sinal de entrada bipolar.

Uma malha com capacitores chaveados torna o conversor A/D bem menor. Então ele pode ser facilmente integrado em outros circuitos. Um caso típico é um conversor A/D integrado em um *chip* microcontrolador com memória.

Conversores flash. Um CONVERSOR FLASH tem uma abordagem completamente diferente do processo de conversão A/D. Ele utiliza um grande divisor de tensão resistivo e multiplica os comparadores analógicos. O número de comparadores necessário é igual a $2^N - 1$, onde N é o número de bits de saída desejado. Um conversor A/D de 3 bits necessita de $2^3 - 1 = 8 - 1 = 7$ comparadores (veja a Figura 7-21).

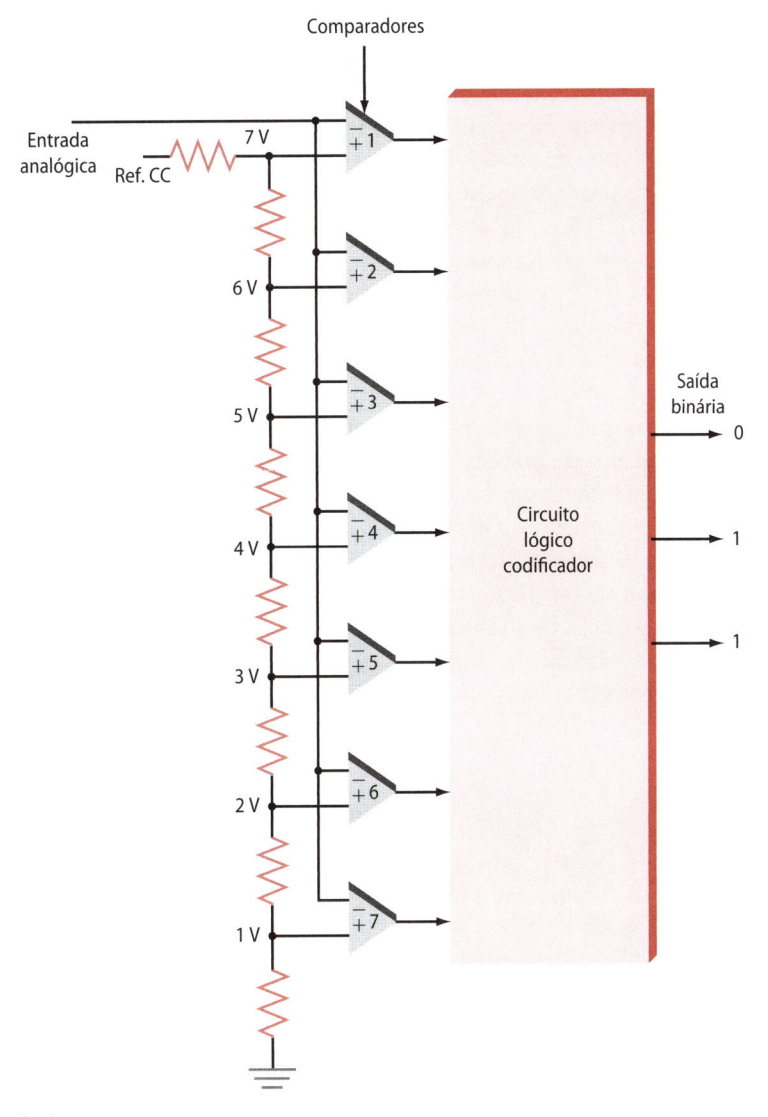

Figura 7-21 Conversor *flash*.

O divisor de tensão resistivo divide a faixa de tensão de referência CC em um número de incrementos iguais. Cada derivação no divisor de tensão é conectada em um comparador analógico separado. Todas as outras entradas dos comparadores são conectadas juntas e recebem a tensão de entrada analógica. Os comparadores operam de modo que, se a entrada analógica for maior do que a tensão de referência no ponto de derivação, a saída do comparador será o binário 1. Por exemplo, se a tensão de entrada analógica na Figura 7-21 for 4,5 V, as saídas dos comparadores 4, 5, 6 e 7 serão o binário 1. As saídas dos outros comparadores serão o binário 0. A lógica de codificação, que é um circuito lógico combinacional especial, converte os 7 bits de entrada provenientes dos comparadores em uma saída binária de 3 bits.

Os conversores de aproximações sucessivas geram suas próprias tensões de saída após o circuito realizar o processo de decisão. O conversor *flash*, por outro lado, produz uma saída binária quase que instantaneamente. Os contadores têm que ser incrementados e a sequência de bits em um registrador não tem que ser ligada e desligada. Em vez disso, o conversor *flash* produz uma saída tão rápida quanto os comparadores podem comutar e os sinais podem ser convertidos para binário pelo circuito lógico. Os atrasos de comutação dos comparadores e da propagação lógica são extremamente pequenos. Portanto, os conversores *flash* são os conversores A/D mais rápidos. Velocidades de conversão menores do que 100 ns são típicas e velocidades menores do que 0,5 ns são possíveis. As velocidades dos conversores *flash* são dadas em MSPS ou gigasamples por segundo (GSPS) ou 10^9 amostras por segundo. Os conversores A/D *flash* são complicados e caros por causa do grande número de comparadores analógicos necessários para números binários grandes. O número total de comparadores necessários é baseado em uma potência de 2. Um conversor *flash* de 8 bits tem $2^8 - 1 = 255$ circuitos comparadores. Obviamente, os CIs que necessitam desse grande número de componentes são grandes de difíceis de serem construídos. Eles também consomem muito mais potência do que um circuito digital por causa dos comparadores serem circuitos lineares. No entanto, para conversões de alta velocidade, eles são a melhor escolha. Com a alta velocidade que eles podem alcançar, sinais de alta frequência, como sinais de vídeo, podem ser facilmente digitalizados. Os conversores *flash* são encontrados com saídas de 6, 8 e 10 bits.

EXEMPLO 7-2

A faixa de tensão de um conversor A/D que utiliza números de 14 bits é de -6 a $+6$ V. Determine (a) o número de níveis discretos (códigos binários) que são representados, (b) o número de incrementos de tensão utilizado para dividir a faixa de tensão total e (c) a resolução da digitalização expressa como o menor incremento de tensão.

a. $2^N = 2^{14} = 16.389$

b. $2^N - 1 = 16.384 - 1 = 16.383$

c. A faixa de tensão total é -6 a $+6$ V, ou 12 V; portanto,

$$\text{Resolução} = \frac{12}{16.383} = 0{,}7325 \text{ mV} \quad \text{ou} \quad 732{,}5 \text{ μV}$$

Conversores com arquitetura pipeline. Um conversor *pipeline* é aquele que utiliza dois ou mais conversores *flash* de menor resolução para conseguir uma velocidade e uma resolução maiores do que com conversores de aproximações sucessivas, porém menor do que um conversor *flash* puro. Os conversores *flash* de alta resolução com mais de 8 bits são essencialmente impraticáveis por causa do grande número de comparadores necessário que torna o consumo de potência muito alto. Entretanto, é possível utilizar alguns conversores *flash* com menos bits para alcançar velocidades de conversão muito altas, bem como resoluções. Um exemplo de um conversor *pipeline* de 8 bits e dois estágios é mostrado na Figura 7-22. O sinal de entrada analógico amostrado a partir de um amplificador S/H é aplicado ao conversor *flash* de 4 bits que gera os 4 bits mais significativos. Esses bits são aplicados ao DAC de 4 bits e convertidos de volta para analógico. O sinal de saída do DAC é então subtraído do sinal de entrada analógico original em um amplificador diferencial. O sinal analógico residual representa a parte menos significativa do sinal. Ele é amplificado e aplicado em um segundo conversor *flash* de 4 bits. Sua saída representa os 4 bits menos significativos da saída.

Com apenas dois conversores *flash* de 4 bits, são necessários apenas 30 comparadores para conseguir uma resolução de 8 bits. De outra forma, seria necessário 255 comparadores, conforme indicado antes. A compensação neste caso é uma velocidade menor. Um conversor *pipeline* é obviamente mais lento porque ele tem que passar por uma conversão de duas etapas, uma em cada conversor *flash*. Entretanto, o resultado ainda é muito rápido (mais rápido do que seria com apenas um conversor de aproximações sucessivas.

Esse princípio pode ser estendido a três, quatro ou mais estágios *pipeline* para conseguir as resoluções de 12, 14 e 16 bits. Velocidades tão altas quanto 500 MSPS são possíveis com essa configuração.

❯❯ Especificações de ADCs

As principais especificações de ADCs são resolução, faixa dinâmica, relação sinal-ruído, número efetivo de bits e faixa dinâmica livre de sinais espúrios.

A resolução está relacionada ao número de bits. A resolução indica a menor tensão de entrada que é reconhecida pelo conversor e é a tensão de referência, V_{REF}, dividida por 2^N, onde N é o número de bits de saída. Os ADCs com resoluções de 8, 10, 12, 14, 16, 18, 20, 22 e 24 bits são utilizados em uma ampla faixa de aplicações.

A faixa dinâmica é uma medida da faixa de tensões de entrada que pode ser convertida. Ela é expressa como a razão entre a tensão de entrada máxima e a tensão reconhecível mínima e convertida em decibéis. Em qualquer ADC, a tensão de entrada mínima é simplesmente o valor da tensão do LSB, ou 1. a entrada máxima é simplesmente relacionada ao código de saída máximo, ou $2^N - 1$, onde N é o número de

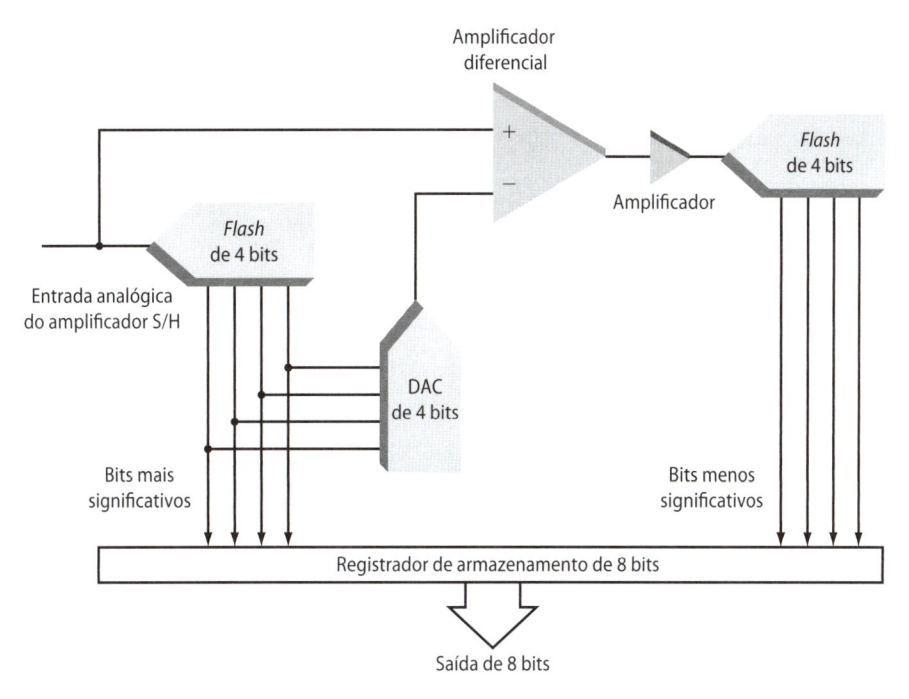

Figura 7-22 Conversor *pipeline* de 8 bits e dois estágios.

bits. Portanto, podemos expressar a faixa dinâmica com a expressão

$$dB = \frac{20 \log 2^N - 1}{1} \quad \text{ou apenas} \quad 20 \log(2^N - 1)$$

Então, a faixa dinâmica de um conversor de 12 bits é

$$dB = 20 \log (2^{12} - 1) = 20 \log (4096 - 1)$$
$$= 20 \log 4095 = 72,24 \text{ dB}$$

Quanto maior o valor em decibel, melhor.

A relação sinal-ruído (S/N ou SNR) cumpre um papel importante no desempenho de um ADC. Ela é a relação entre a tensão do sinal de entrada real e o ruído total no sistema. O ruído é proveniente de uma combinação de ruído relacionado ao *clock*, à fonte de alimentação, ao acoplamento do sinal externo e à quantização. O ruído do *clock* pode ser minimizado colocando a fiação do *clock* longe do ADC e minimizando o *jitter* no sinal de *clock*. Um bom *bypass* (desvio) na fonte de alimentação deve cuidar da maior parte do ruído de *ripple* (ondulação). Uma blindagem do conversor reduz sinais acoplados indutivamente e capacitivamente. O ruído de quantização é outra questão. Ele é o resultado do próprio processo de conversão e não pode ser reduzido além de certo ponto.

O ruído de quantização é uma tensão real que se manifesta como um ruído acrescentado ao sinal de entrada analógico como resultado do erro produzido na conversão do sinal analógico para o valor digital mais próximo. Podemos ver esse erro se desenharmos ele sobre a faixa de tensão de entrada, como mostra a Figura 7-23. Essa figura é um gráfico que mostra a tensão de entrada e o código de saída relacionado em um ADC simples de 3 bits. A resolução de 1 LSB é $V_R/2$. Abaixo do gráfico, está o ruído ou tensão de erro. Quando a tensão de entrada do ADC for exatamente igual a tensão representada por cada código de saída, o erro é zero. Mas quando a diferença de tensão entre a tensão de entrada real e a tensão representada pelo código se torna maior, a tensão de erro aumenta. O resultado é uma tensão de erro como uma onda dente de serra que, na verdade, torna-se o ruído acrescentado ao sinal de entrada. Felizmente, o pico de ruído máximo é apenas 1 LSB, mas que pode reduzir a precisão da conversão dependendo do nível do sinal de entrada. O ruído de quantização pode ser reduzido usando um conversor com um número maior de bits, reduzindo assim o ruído máximo representado pelo valor do LSB.

Outra forma de mostrar o ruído de quantização é dada na Figura 7-24. Se pudermos obter a saída binária de um ADC

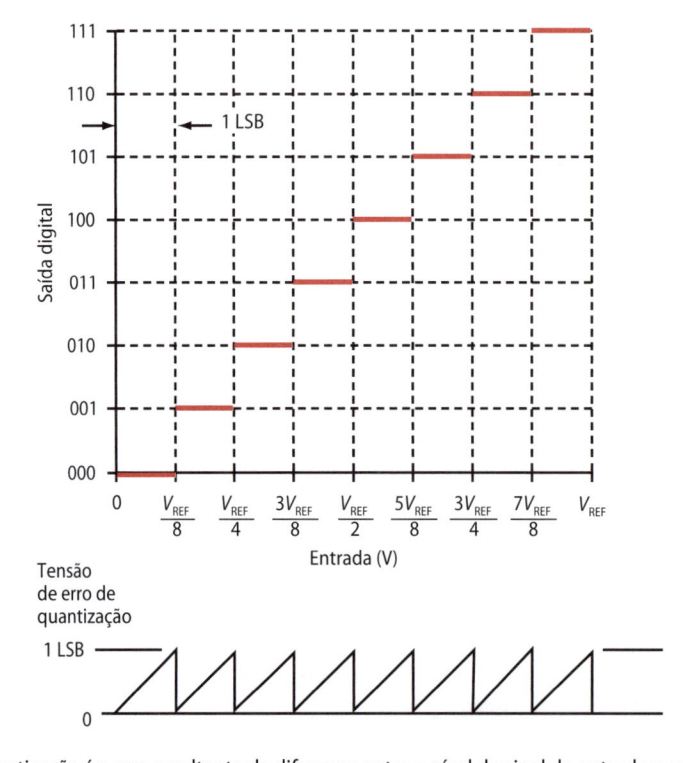

Figura 7-23 Ruído de quantização é o erro resultante da diferença entre o nível do sinal de entrada e os níveis de quantização.

e convertê-la de volta para analógico em um DAC e então mostrar em um gráfico no domínio da frequência, isso é o que veremos. O ruído, que é principalmente ruído de quan-tização, tem componentes de frequências múltiplas em uma ampla faixa de frequência. A linha vertical maior representa a tensão do sinal de entrada analógico convertido. Esse gráfi-

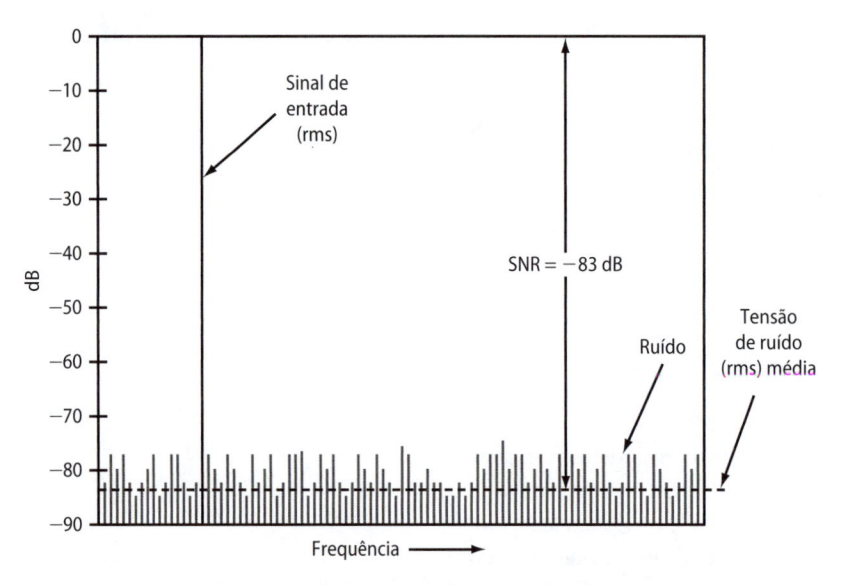

Figura 7-24 Gráfico no domínio da frequência do ruído de quantização e tensões do sinal.

co também mostra a relação sinal-ruído em decibéis. O valor rms da tensão do sinal é o valor rms médio do ruído são utilizados no cálculo do valor em decibel de SNR.

Uma especificação relacionada é a **faixa dinâmica livre de sinais espúrios** (**SFDR** – *spurious free dynamic range*). Veja a Figura 7-25. Ela mostra a relação da tensão do sinal rms com o valor de tensão do maior sinal espúrio em decibéis. Um sinal espúrio é qualquer sinal indesejado que pode resultar de uma distorção de intermodulação, que é a formação de sinais que são o resultado da ação de mistura ou modulação causada por qualquer característica não linear do circuito conversor, do amplificador ou componente relacionado. Os sinais espúrios são somas ou diferenças entre os diversos sinais presentes e seus harmônicos.

Como poderíamos suspeitar, qualquer ruído, harmônico ou sinais espúrios somados, reduz basicamente a resolução de um ADC. Geralmente, o nível do ruído combinado é maior do que o valor LSB, de modo que apenas os bits mais significativos definem realmente a amplitude do sinal. Esse efeito é expresso pela medida conhecida como o *número efetivo de bits* (ENOB – *effective number of bits*). O ENOB é calculado com a expressão

$$ENOB = \frac{SINAD - 1{,}76}{6{,}02}$$

SINAD é a razão da amplitude do sinal por todo o ruído mais a distorção harmônica do circuito. O SINAD de um ADC totalmente livre de ruído e distorção é $6{,}02N + 1{,}76$, onde N é o número de bits de resolução. Esse é o melhor valor de SINAD possível, e será menor em um conversor prático.

EXEMPLO 7-3

1. Calcule o SINAD para um conversor de 12 bits.
2. Calcule o ENOB para um conversor com um SINAD de 78 dB.

Solução

1. $SINAD = 6{,}02(12) + 1{,}76 = 74$ dB
2. $ENOB = (78 - 1{,}76)/6{,}02 = 12{,}66$ bits, ou apenas 12 bits.

Na Figura 7-26 o sinal analógico é amostrado por um circuito S/H, assim como na maioria dos outros tipos de conversores A/D. A amostra também é aplicada em um comparador juntamente à saída de outro circuito conversor D/A. A outra entrada do comparador vem de um conversor D/A acionado por um contador crescente/decrescente. O contador conta de forma crescente (incrementos) ou decrescente (decrementos) dependendo do estado da saída do comparador. A saída do comparador também é uma saída de dados em série que representa o valor analógico.

Considere que o contador está inicialmente em zero. Isso significa que a saída do conversor D/A será zero. A entrada analógica e a saída S/H estão em algum valor diferente de zero, fazendo com que a saída do comparador seja o binário 1. Uma

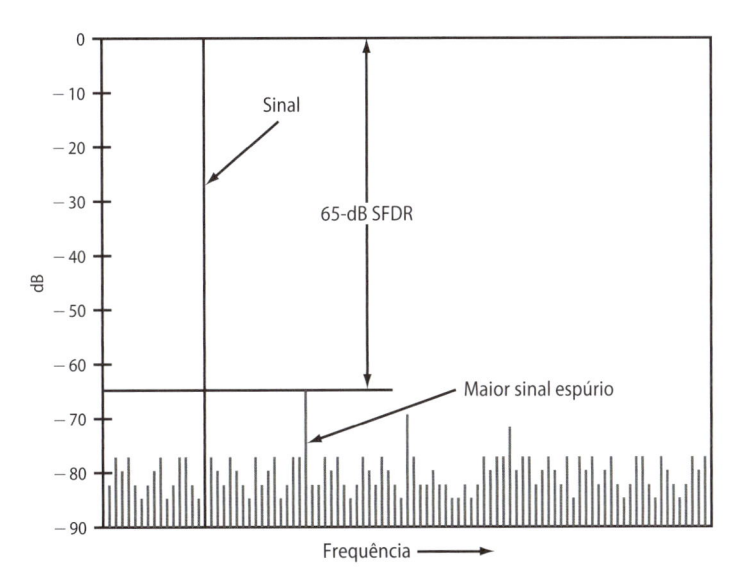

Figura 7-25 SFRDR é a diferença entre a tensão do sinal e a tensão do maior sinal espúrio.

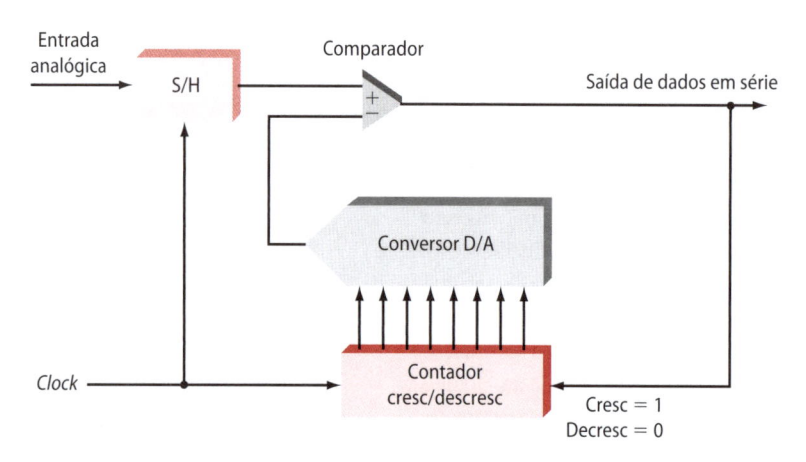

Figura 7-26 Modulador delta.

saída em nível 1 configura o contador para contagem crescente. O *clock* incrementa o contador, fazendo com que a saída do conversor D/A aumente um degrau de cada vez. Enquanto a saída do conversor D/A for menor do que o valor da entrada analógica, a saída do comparador será nível 1, o contador continuará contando de forma crescente e a saída do conversor D/A continuará aumentando um degrau de cada vez. Quando a saída do conversor D/A excede o valor da entrada analógica em um incremento, a saída do comparador comuta para o nível 0. A Figura 7-27 mostra os sinais no circuito.

Se a entrada analógica diminuir, a saída do comparador será nível 0. O comparador compara a amostra analógica atual com a amostra anterior que aparece na saída do conversor D/A. Esta saída está sempre um *clock* atrás. Se o sinal analógico continuar a diminuir, a saída do comparador permanece em nível 0, conforme mostra a Figura 7-27. Se o sinal analógico for constante, ele não muda em cada amostra; portanto, o comparador apenas comuta entre 0 e 1.

Basicamente, um modulador delta é um conversor A/D de 1 bit. Ele não transmite o valor absoluto de uma amostra. Em vez disso, ele transmite um 0 ou 1, indicando se a nova amostra é maior ou menor do que a anterior. A resolução do conversor D/A estabelece o valor mínimo do degrau.

Um modulador delta é mostrado na Figura 7-28. Na realidade ele é um conversor D/A. O sinal de dados em série controla um contador cresc/descresc. O *clock* determina a cadência

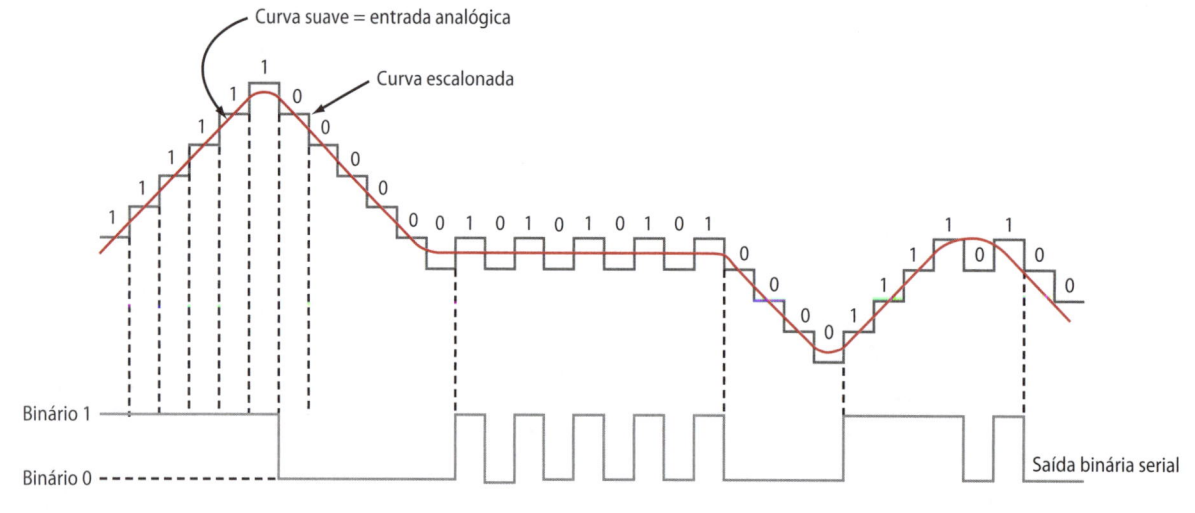

Figura 7-27 Formas de onda em um conversor A/D modulador delta.

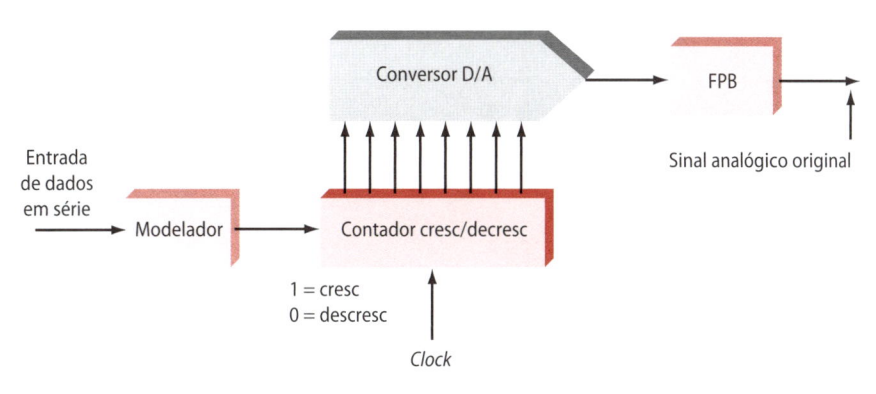

Figura 7-28 Modulador delta.

do contador, que aciona um conversor D/A. Este conversor reproduz a aproximação escalonada mostrada na Figura 7-27. Um filtro passa-baixas (FPB) na saída do conversor D/A remove os degraus e suaviza a onda para sua forma original.

O modulador delta foi usado nos primeiros sistemas de telefonia digital; atualmente ele não é mais tão utilizado.

Conversor sigma-delta. Uma variação do conversor delta é o **conversor sigma-delta** ($\Sigma\Delta$). Também conhecido como conversor de carga equilibrada, esse circuito apresenta uma extrema precisão, uma faixa dinâmica ampla e um baixo ruído em comparação com outros conversores. Este conversor é encontrado com tamanhos de palavras de 18, 20, 22 e 24 bits. Eles são amplamente utilizados em aplicações de áudio digital, como por exemplo, aparelhos de CD, DVD e MP3, bem como em aplicações industriais e geofísicas em que dados de sensores de baixa velocidade são capturados e digitalizados. Eles não são projetados para altas velocidades, nem são adaptados para aplicações nas quais muitos canais devem ser multiplexados em um canal.

O conversor $\Sigma\Delta$ é conhecido como **conversor de sobreamostragem**. Ele usa um *clock* ou frequência de amostragem que é muitas vezes maior do que a taxa de Nyquist mínima necessária para outros tipos de conversores. As taxas de conversão são tipicamente de 64 a 128 vezes, ou mais, a maior frequência no sinal analógico de entrada. Por exemplo, considere um sinal de música com harmônicos de até 24 kHz. Um conversor de aproximações sucessivas teria que amostrar esse sinal a uma taxa de 2 ou mais vezes (mais de 48 kHz) para evitar *aliasing* e perda de dados. Um conversor $\Sigma\Delta$ usaria um *clock* ou taxa de amostragem de 1,5 a 3 MHz. A razão para o uso de taxas de amostragens de algumas centenas de vezes a maior frequência do sinal é que o ruído de quantização é reduzido por um fator igual a raiz quadrada da taxa de amostragem. Quanto maior a frequência de amostragem, menor o ruído e, como resultado, maior a faixa dinâmica. A técnica de sobreamostragem utilizada no conversor sigma-delta essencialmente converte o ruído em uma frequência maior que pode ser facilmente filtrada por um filtro passa-baixas. Com um nível de ruído baixo, os níveis de entrada menores podem ser convertidos, dando ao conversor uma faixa dinâmica extra. Lembre-se de que a faixa dinâmica é a diferença entre o maior e o menor nível de tensão de sinal que o conversor pode trabalhar, expresso em decibéis. Obviamente, o outro benefício dessa técnica é que o *aliasing* não é mais um grande problema. Muitas vezes, um simples filtro passa-baixas *RC* é necessário para proporcionar a proteção adequada dos efeitos de *aliasing*.

A Figura 7-29 mostra o circuito $\Sigma\Delta$ básico. A entrada é aplicada no amplificador diferencial que subtrai a tensão de saída de um conversor D/A de 1 bit do sinal de entrada. Esse conversor D/A é acionado pela saída do comparador. Se esta saída for nível 1, a saída do conversor D/A será +1 V. Se a saída do comparador for nível 0, a saída do conversor D/A será −1 V. Isso define a faixa de tensão de entrada em +1 V.

O integrador produz a média da saída do amplificador diferencial. A saída do integrador é comparada com GND (0 V) no comparador. O comparador recebe um sinal de *clock* a partir de um oscilador externo de modo que o comparador produz um bit de decisão de saída para cada ciclo de *clock*. A sequência de bits resultante, 0s e 1s, representa a variação do sinal de entrada analógico. Essa sequência de bits em série passa por um filtro digital, ou decimador, que produz a palavra binária de saída final.

Conforme o sinal de entrada é aplicado, o conversor $\Sigma\Delta$ produz uma sequência de bits em série que representa o valor

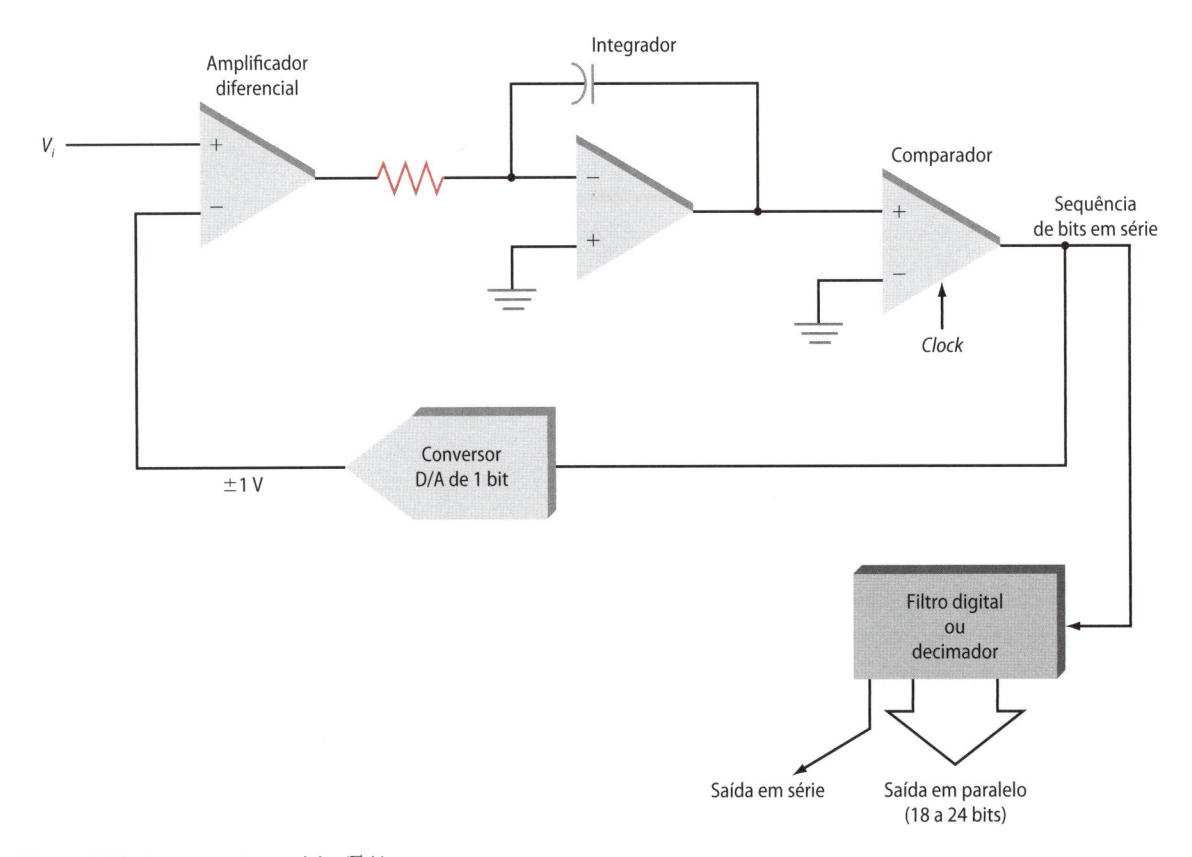

Figura 7-29 Conversor sigma-delta ($\Sigma\Delta$).

médio da entrada. O circuito em malha fechada faz com que o sinal de entrada seja comparado com a saída do conversor D/A a cada ciclo de *clock*, resultando em uma decisão do comparador que pode, ou não, mudar o valor do bit da saída do conversor D/A. Se o sinal de entrada for crescente, o conversor D/A terá continuamente nível 1 na saída, de modo que a média no integrador aumenta. Se o sinal de entrada for decrescente, o comparador comuta o nível 0, forçando a saída do conversor D/A para −1 V. O que acontece é que a média da saída do conversor D/A, ao longo de vários ciclos, é igual à tensão de entrada. O *loop* fechado tenta continuamente forçar a saída do amplificador diferencial para zero.

Para esclarecer, considere que a saída do conversor D/A comuta entre +1 e −1 V. Se a saída for constituída só de 1s, ou pulsos de +1 V, o valor médio na saída do conversor D/A é exatamente +1 V. Se a entrada do conversor D/A for apenas de 0s, então uma série de pulsos de −1 V ocorrerá, fazendo com que a média da saída em vários ciclos seja −1 V. Agora considere que a entrada do conversor D/A seja uma série de 0s e 1s alternados. A saída do conversor D/A será +1 V para um ciclo e −1 V para o próximo ciclo. A média ao longo do tempo será zero. Agora podemos ver que com mais 0s, a média será negativa. A densidade de 0s ou 1s determina o valor de saída médio ao longo do tempo. Então, a saída do comparador é uma sequência de bits que representa a média do valor da entrada. Essa é uma saída continuamente não binária.

Essa sequência de bits em série não é muito útil como está. Portanto, ela passa por um filtro denominado **DECIMADOR**. Esse filtro utiliza técnicas de processamento de sinais digitais (DSP) que estão acima do escopo deste livro. Porém, o efeito global deste filtro é digitalizar a média da sequência de bits em série e produzir palavras sequenciais de saída de múltiplos bits que, na realidade, é uma média móvel da entrada. O filtro, ou decimador, produz saídas binárias em uma fração da taxa do *clock*. O resultado é como se o sinal de entrada fosse amostrado a uma taxa muito menor, porém com um conversor de alta resolução. As palavras de saída binária podem ser obtidas no formato paralelo ou série.

» Modulação de pulso

A **MODULAÇÃO DE PULSO** é o processo de modificação de um sinal de pulso binário para representar a informação a ser transmitida. Os principais benefícios da transmissão de informação utilizando técnicas binárias surgem da maior tolerância ao ruído e da habilidade de regenerar sinais degradados. Qualquer ruído acrescentado ao sinal binário ao longo do percurso é ceifado. Além disso, qualquer distorção do sinal pode ser eliminada remodelando o sinal com um Schmitt *trigger*, um comparador ou circuito similar. Se a informação pode ser transmitida em uma portadora que consiste de pulsos binários, estes aspectos das técnicas binárias podem ser utilizados para melhorar a qualidade das comunicações. As técnicas de modulação de pulso foram desenvolvidas para se obter vantagens dessas qualidades. O sinal de informação, geralmente analógico, é utilizado para modificar um binário (*on/off*) ou uma portadora pulsada de alguma forma.

Com a modulação de pulso, a portadora não é transmitida continuamente, mas em rajadas curtas cujas duração e amplitude correspondem à modulação. O ciclo de trabalho da portadora é geralmente curto, de modo que a portadora seja desligada por mais tempo do que as rajadas. Esse arranjo permite que a potência *média* da portadora permaneça baixa, mesmo quando são envolvidos altos picos de potência. Para uma determinada potência média, os pulsos de potência de pico podem se deslocar por longas distâncias e sobrepor de forma mais efetiva qualquer ruído no sistema.

Existem quatro formas básicas de modulação de pulso: **MODULAÇÃO POR AMPLITUDE DE PULSO** (**PAM** – *pulse-amplitude modulation*), *modulação por largura de pulso* (*PWM* – *pulse-width modulation*), *modulação por posição de pulso* (*PPM* – *pulse-position modulation*) e *modulação por codificação de pulso* (*PCM* – *pulse-code modulation*).

» Comparação dos métodos de modulação de pulso

A Figura 7-30 mostra um sinal modulante analógico e as diversas formas de onda produzidas por moduladores PAM, PWM e PPM. Nesses três casos, o sinal analógico é amostrado, como em um processo de conversão A/D. Os pontos de amostragem são mostrados na forma de onda analógica. O intervalo de tempo de amostragem, *t*, é constante e sujeito às condições de Nyquist descritas anteriormente. A taxa de amostragem do sinal analógico tem que ser pelo menos 2 vezes a do componente de maior frequência da onda analógica.

O sinal PAM na Figura 7-30 é uma série de pulsos de largura constante cujas amplitudes variam de acordo com o sinal analógico. Os pulsos são geralmente estreitos em comparação ao período de amostragem; isso significa que o ciclo de trabalho é baixo. O sinal PWM é binário em amplitude (tem apenas dois níveis). A largura, ou duração, dos pulsos varia de acordo com a amplitude do sinal analógico: nas tensões analógicas baixas, os pulsos são estreitos; nas amplitudes maiores, os pulsos são largos. Em PPM, os pulsos variam de posição de acordo com a amplitude do sinal analógico. Os pulsos são muito estreitos. Esses sinais de pulsos podem ser transmitidos na forma de banda base, mas na maioria das aplicações, eles modulam uma portadora de rádio de alta frequência. Eles ligam e desligam a portadora de acordo com o formato deles.

Dos quatro tipos de modulação de pulso, o PAM é o mais simples e mais barato de ser implementado. Por outro lado, como os pulsos variam em amplitude, eles são muito mais suscetíveis a ruído e, assim, as técnicas de ceifamento para eliminar ruído não podem ser utilizadas porque elas também removeriam a modulação. Portanto, sendo PWM e PPM binárias, pode ser utilizado o ceifamento para reduzir o nível do ruído.

Embora as técnicas de modulação de pulso sejam conhecidas há décadas, seu desenvolvimento surgiu nas décadas de 1950 e 1960 como resultado do desenvolvimento de mísseis militares e do programa espacial. As técnicas de modulação de pulso foram muito usadas em sistemas de telemetria. A *telemetria*, um sistema de monitoramento e medição à distância, permite a cientistas e engenheiros monitorar as características físicas como temperatura, velocidade, aceleração e pressão em mísseis ou veículos espaciais controlados remotamente. As técnicas de modulação de pulso também são utilizadas para fins de controle remoto, como por exemplo, em modelos de aviões, barcos e carros. Os métodos de modulação por largura de pulso (PWM) também são utilizados em modos de chaveamento em fontes de alimentação (conversores CC-CC, reguladores, etc.), bem como em amplificadores de potência de áudio classe D.

Atualmente as técnicas de modulação de pulso estão sendo amplamente substituídas por técnicas digitais avançadas, como a modulação por codificação de pulso (PCM), na qual um número binário representa o dado digital transmitido.

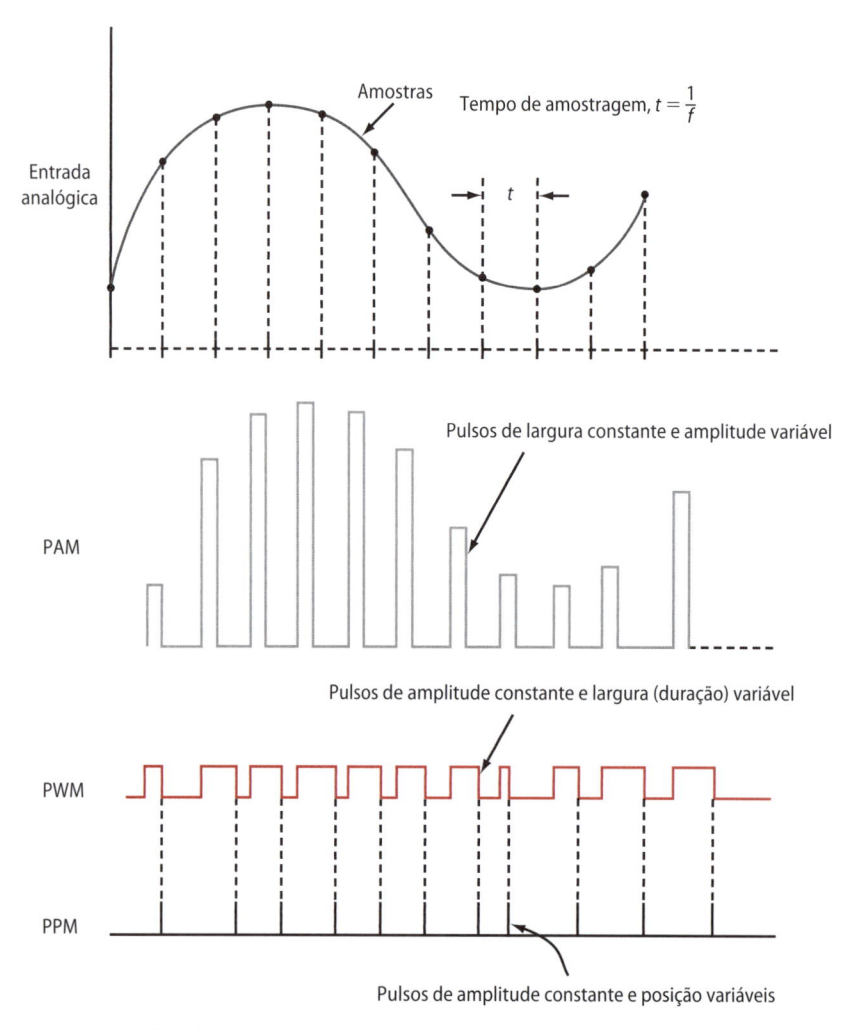

Figura 7-30 Tipos de modulação de pulso.

» Modulação por codificação de pulso

A técnica mais usada para digitalização de sinais de informação para a transmissão de dados é a MODULAÇÃO POR CODIFICAÇÃO DE PULSO (**PCM**). Os sinais PCM são dados digitais em série. Existem duas formas de gerá-los. A mais comum é utilizar um circuito S/H e um conversor A/D tradicional para amostrar e converter o sinal analógico em uma sequência de palavras binárias, converter essas palavras do formato paralelo para série e transmitir os dados serialmente, 1 bit de cada vez. A segunda forma é utilizar o modulador delta descrito antes.

PCM tradicional. No PCM tradicional, o sinal analógico é amostrado e convertido em uma sequência de palavras binárias pelo conversor A/D. A palavra binária de saída em paralelo é convertida em um sinal em série por um registrador de deslocamento (veja a Figura 7-31). Cada vez que uma amostra é obtida, uma palavra de 8 bits é gerada pelo conversor A/D. Essa palavra tem que ser transmitida serialmente antes que outra amostra seja obtida e outra palavra binária seja gerada. Os sinais de *clock* e início de conversão são sincronizados de modo que o sinal de saída resultante seja um trem contínuo de palavras binárias.

A Figura 7-32 mostra a temporização dos sinais. O sinal de início de conversão dispara o S/H para reter o valor amostrado

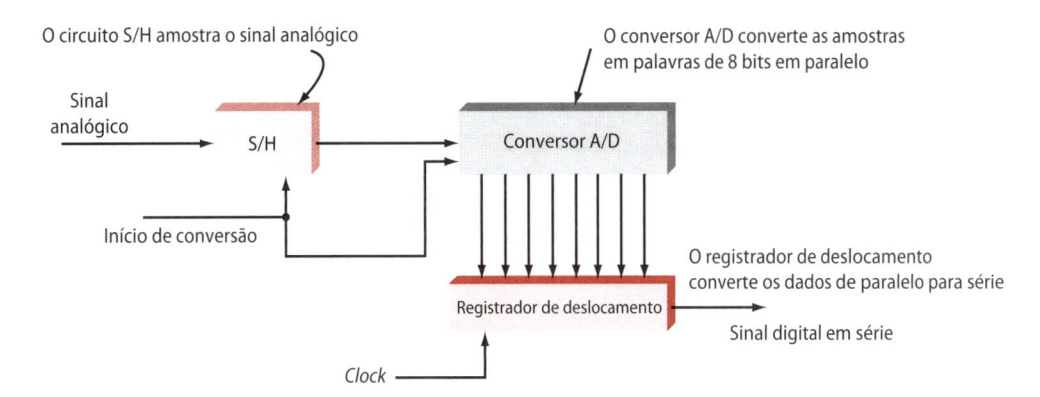

Figura 7-31 Sistema PCM básico.

e disparar o conversor A/D. Uma vez completa a conversão, a palavra em paralelo do conversor A/D é transferida para o registrador de deslocamento. Os pulsos de *clock* iniciam o deslocamento do dado para fora, um bit de cada vez. Quando uma palavra de 8 bits é transmitida, outra conversão inicia e a próxima palavra é transmitida. Na Figura 7-32, a primeira palavra enviada é 01010101; a segunda palavra é 00110011.

Na recepção do sistema, os dados em série são deslocados para dentro do registrador (veja a Figura 7-33). O sinal de *clock* é derivado dos dados para garantir o sincronismo exato com os dados transmitidos. Uma vez que a palavra de 8 bits esteja no registrador, o conversor D/A converte esta palavra em uma saída analógica proporcional. Portanto, o sinal analógico é construído uma amostra de cada vez como cada palavra binária representando uma amostra é convertida para o valor correspondente analógico. A saída do conversor D/A é uma aproximação serrilhada do sinal original. Esse sinal pode ser passado por um filtro passa-baixas para suavizar os degraus.

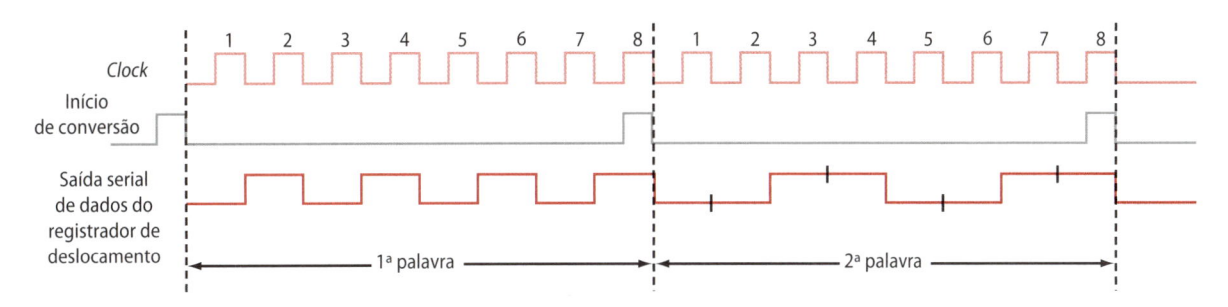

Figura 7-32 Sinais de temporização PCM.

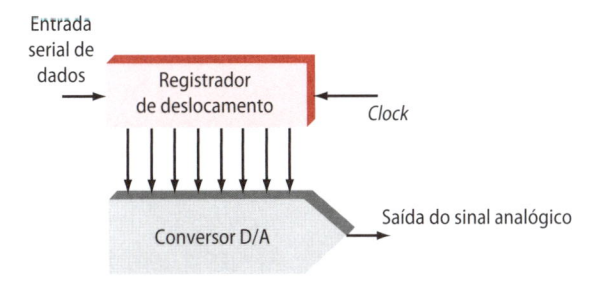

Figura 7-33 Conversão de PCM para analógico no receptor.

Compressão/expansão. A COMPRESSÃO/EXPANSÃO de sinais é um processo utilizado para superar problemas de distorção e ruído na transmissão de sinais de áudio.

A faixa dos níveis de amplitude de voz no sistema de telefonia é aproximadamente 1000:1. Em outras palavras, o pico de voz de maior amplitude é aproximadamente 1000 vezes o menor sinal de voz ou 1000:1, que representa uma faixa de 60 dB. Se for utilizado um quantizador de 1000 incrementos consegue-se representações de sinais analógicos de alta qualidade. Por exemplo, um conversor A/D com um palavra de 10 bits pode representar 1024 níveis individuais. Um conversor de 10 bits fornece uma excelente representação de sinal. Se o pico máximo da tensão de áudio for 1 V, o menor incremento de tensão será 1/1023 desse valor, ou 0,9775 mV.

> **É BOM SABER**
> A compressão/expansão é a forma mais comum de superar os problemas do erro de quantização e do ruído.

Como se vê, não é necessário usar tantos níveis de quantização para a voz e, na maioria dos sistemas PCM práticos, um conversor A/D de 7 ou 8 bits é utilizado para a quantização. Um formato popular é utilizar um código de 8 bits, onde 7 bits representam 128 níveis de amplitude e o oitavo bit indica a polaridade (0 = +, 1 = −). Ao todo, esse código proporciona 255 níveis, metade positiva e metade negativa.

Embora a faixa de tensão analógica de um sinal de voz típico seja aproximadamente 1000:1, os sinais de baixo nível predominam. A maior parte da conversação ocorre em um nível baixo e o ouvido humano é mais sensível a níveis mais baixos. Portanto, a parte superior da escala de quantização não é muito usada.

Como a maioria dos sinais é de baixo nível, o erro de quantização é relativamente grande. Ou seja, pequenos incrementos de quantização correspondem a uma porcentagem grande do sinal de baixo nível. Isso representa uma pequena quantidade do valor de uma amplitude de pico, obviamente, mas esse fato é irrelevante quando os sinais são de amplitude baixa. Um erro de quantização ampliado pode produzir som truncado ou distorcido.

Além do seu potencial para aumentar o erro de quantização, os sinais de baixo nível são suscetíveis a ruído. O ruído representa spikes aleatórios ou impulsos de tensão acrescentados ao sinal. O resultado é uma estática que interfere com o sinais de baixo nível e torna a inteligibilidade mais difícil.

> **É BOM SABER**
> A técnica mais utilizada para digitalização de sinais de informação para a transmissão de dados é a modulação por codificação de pulso (PCM).

A compressão/expansão é a forma mais comum de superar problemas de erro de quantização e ruído. Na parte final do sistema de transmissão o sinal de voz a ser transmitido é comprimido; ou seja, sua faixa dinâmica é diminuída. Os sinais de baixo nível são enfatizados e os de alto nível sofrem efeito contrário.

Na recepção, o sinal recuperado passa por um circuito expansor que faz o oposto, a deênfase dos sinais de baixo nível e a ênfase dos sinais de alto nível, retornado assim o sinal transmitido à sua condição original. A compressão/expansão melhora bastante a qualidade do sinal transmitido.

Originalmente, os circuitos de compressão/expansão eram analógicos e o conceito é mais facilmente entendido quando descrito em termos analógicos. Um tipo de circuito de compressão analógica é um amplificador não linear que amplifica os sinais de baixo nível mais do que os de nível maior. A Figura 7-34 ilustra o processo de compressão/expansão. A curva mostra a relação entre a entrada e a saída do compressor/expansor. Nas tensões de entrada mais baixas o ganho do amplificador é alto e produz tensões de saída maiores. À medida que a tensão de entrada aumenta, a curva começa a aplainar, produzindo um ganho proporcionalmente menor. A curva não linear comprime os sinais de alto nível enquanto faz com que os sinais de nível menor tenham uma amplitude maior. Essa compressão reduz bastante a faixa dinâmica do sinal de áudio. A compressão reduz a relação habitual de 1000 : 1 para aproximadamente 60 : 1. O grau de compressão pode ser controlado por um projeto cuidadoso da curva característica do ganho do amplificador de compressão, caso em que a faixa de voz de 60 dB pode ser reduzida para algo como 36 dB.

$$V_{out} = \frac{V_m \ln(1 + \mu V_{in}/V_m)}{\ln(1 + \mu)}$$

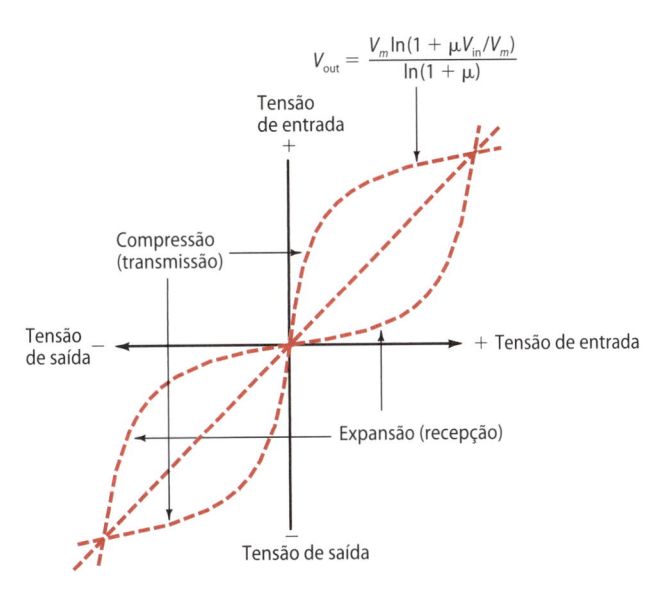

Figura 7-34 Curvas de compressão e expansão.

Para minimizar o erro de quantização e os efeitos do ruído, a compressão reduz a faixa dinâmica de modo que menos bits são necessários para digitalizar o sinal de áudio. Uma relação 64:1 poderia ser facilmente implementada com um conversor A/D de 6 bits, mas na prática é usado com um conversor A/D.

Os sistemas de telefonia utilizam dois tipos básicos de compressão/expansão: a **LEI μ** (pronuncia-se "lei mi") *de* **COMPRESSÃO/EXPANSÃO** e a **LEI A DE COMPRESSÃO/EXPANSÃO**. As duas diferem ligeiramente nas curvas de compressão e expansão. A lei μ de compressão/expansão é utilizada nos sistemas de telefonia dos Estados Unidos e Japão, e a lei A de compressão/expansão é utilizada nas redes telefônicas da Europa. As duas são incompatíveis, mas foram desenvolvidos circuitos de conversão da lei μ para a lei A e vice-versa. De acordo com as normas internacionais de telecomunicações, os usuários da lei μ são responsáveis pelas conversões. As fórmulas de conversões entre ambas são as seguintes:

Lei μ: $V_{out} = \dfrac{V_m \ln(1 + \mu V_{in}/V_m)}{\ln(1 + \mu)}$

Lei A: $V_{out} = \dfrac{1 + \ln(AV_{in}/V_m)}{1 + \ln A}$

onde V_{out} = tensão de saída
V_m = tensão de entrada máxima possível
V_{in} = valor instantâneo da tensão de entrada

EXEMPLO 7-4

A tensão de entrada de um compressor/expansor com uma faixa de tensão máxima de 1 V e um μ de 255 é 0,25. Qual é a tensão de saída? E o ganho?

$$V_{out} = \frac{V_m \ln(1 + \mu V_{in}/V_m)}{\ln(1 + \mu)}$$

$$V_{out} = \frac{1 \ln[1 + 255(0,25)/1]}{\ln(1 + 255)} = \frac{\ln 64,75}{\ln 256} = \frac{4,17}{5,55} = 0,75 \text{ V}$$

$$\text{Ganho} = \frac{V_{out}}{V_{in}} = \frac{0,75}{0,25} = 3$$

EXEMPLO 7-5

A entrada do compressor/expansor do Exemplo 7-4 é 0,8 V. Qual é a tensão de saída? E o ganho?

$$V_{out} = \frac{V_m \ln(1 + \mu V_{in}/V_m)}{\ln(1 + \mu)}$$

$$V_{out} = \frac{1 \ln[1 + 255(0,8)]/1}{\ln(1 + 255)} = \frac{\ln 205}{\ln 256} = \frac{5,32}{5,55} = 1,02 \text{ V}$$

$$\text{Ganho} = \frac{V_{out}}{V_{in}} = \frac{0,96}{0,8} = 1,2$$

Conforme os exemplos mostram, o ganho de um compressor/expansor é maior para as tensões de entrada baixas do que para as altas.

Os antigos circuitos de compressão/expansão utilizam métodos analógicos como os amplificadores lineares descritos anteriormente. Atualmente, a maioria desses circuitos é digital. Um método é utilizar um conversor A/D não linear. Esses conversores proporcionam um maior número de degraus de quantização nos níveis de tensão menores do que nos níveis de tensão maiores, realizando assim a compressão. No receptor é utilizado um conversor D/A que faz o efeito de compensação, a expansão. A compressão também pode ser realizada pela digitalização do sinal em um ADC linear e, em seguida, utilizando um algoritmo apropriado para calcular a saída digital de compressão/expansão em um microcontrolador embutido.

Codecs e vocoders. As duas extremidades de um enlace de comunicação têm a capacidade de transmissão e recepção. Todas as conversões A/D e D/A e as funções relacionadas como as conversões série-paralelo e paralelo-série, bem como a compressão/expansão são geralmente realizadas por um único CI com integração em larga escala denominado CO-DEC ou VOCODER. É utilizado um *codec* em cada extremidade do canal de comunicação. Os *codecs* são geralmente combinados com multiplexadores e demultiplexadores digitais; os circuitos de *clock* e sincronismo completam o sistema.

A Figura 7-35 é um diagrama em bloco simplificado de um *codec*. A entrada analógica é amostrada pelo amplificador S/H em uma taxa de 8 kHz. As amostras são quantizadas pelo conversor A/D de aproximações sucessivas. A compressão é realizada digitalmente no conversor A/D. A saída em paralelo do conversor A/D é enviada a um registrador de deslocamento para gerar uma saída serial de dados que, geralmente, vai para a entrada de um multiplexador digital.

A entrada serial de dados digitais é geralmente derivada de um multiplexador digital. O *clock* desloca as palavras binárias, que representam a voz, para dentro do registrador de deslocamento fazendo uma conversão de série para paralelo. A palavra de 8 bits em paralelo é enviada ao conversor D/A, que tem um exapansor digital interno. A saída analógica passa por um *buffer* e é filtrada externamente. A maioria dos *vocoders* é feita com circuitos CMOS (*complementary metal-oxide semiconductor*) e fazem parte de *chips* maiores usados em sistemas de telefonia fixa e móvel.

❯❯ Processamento de sinais digitais

Conforme enfatizado nos capítulos anteriores, a comunicação envolve uma grande quantidade de processamento de sinais. Para realizar a comunicação, os sinais analógicos têm que ser filtrados para remover componentes frequenciais

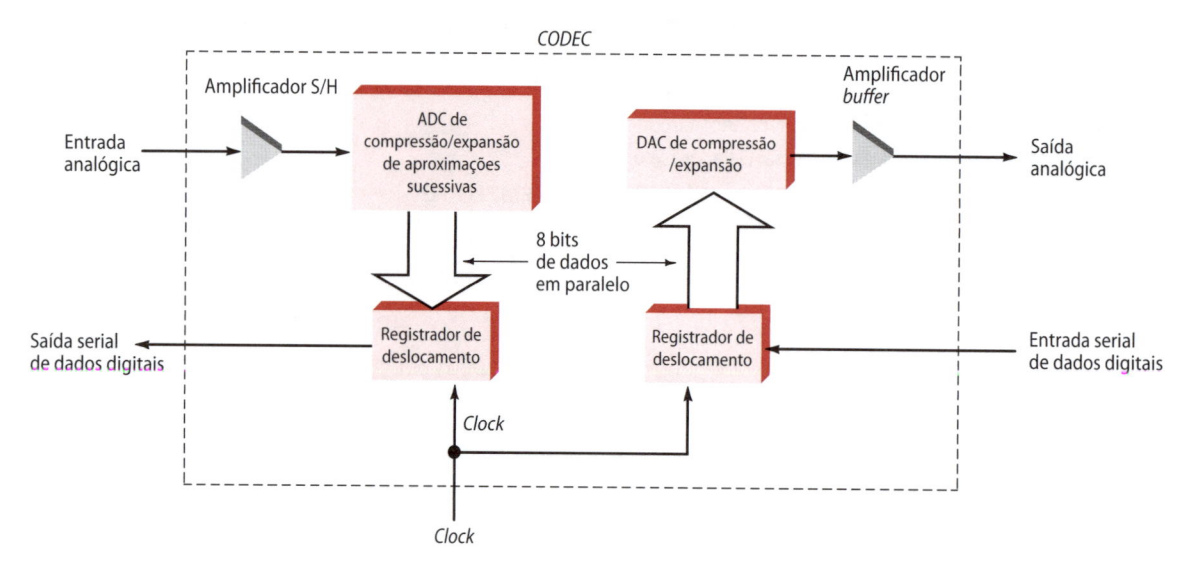

Figura 7-35 Diagrama em bloco simplificado de um CI *codec*.

indesejadas. Eles têm que ser deslocados em fase e modulados ou demodulados. Ou eles podem ser misturados, comparados ou analisados para determinar seus componentes frequenciais. Milhares de circuitos foram desenvolvidos para processar sinais analógicos e muitos são descritos neste livro.

Embora os sinais analógicos ainda sejam bastante processados por circuitos analógicos, cada vez mais eles estão sendo convertidos para digital para transmissão e processamento. Conforme descrito antes neste capítulo, existem várias vantagens importantes para utilização e transmissão de dados no formato digital. Uma vantagem é que os sinais agora podem ser manipulados por **PROCESSAMENTO DE SINAIS DIGITAIS** (**DSP** – *digital signal processing*).

» Informações básicas de DSP

O DSP faz uso de um computador digital rápido pra realizar o processamento de sinais digitais. Qualquer computador digital com velocidade e memória suficientes pode ser utilizado para DSP. Os processadores super rápidos de 32 bits que usam *computação com conjunto reduzido de instruções* (*RISC – reduced-instruction-set computing*) são adaptados especialmente para essa aplicação porque eles diferem na organização e na operação dos microprocessadores tradicionais.

A técnica básica do DSP é mostrada na Figura 7-36. Um sinal analógico a ser processado é introduzido no conversor A/D, onde é convertido em uma sequência de números binários que são armazenados em uma memória de acesso aleatório de leitura/escrita (RAM). (Veja a Figura 7-37.) Um programa, geralmente armazenado em uma memória apenas de leitura (ROM), realiza manipulações matemáticas, entre outras, sobre os dados. A maior parte do processamento digital envolve algoritmos de matemática complexos que são executados em tempo real; ou seja, a saída é produzida simultaneamente com a ocorrência das entradas. No processamento de tempo real o processador tem que ser extremamente rápido de modo que ele possa realizar todos os cálculos sobre as amostras antes que a próxima amostra chegue.

O processamento resulta em outro conjunto de palavras de dados que também são armazenados em RAM. Eles também podem ser utilizados ou transmitidos no formato digital ou podem ser transferidos para um conversor D/A onde são convertidos de volta para o formato analógico. O sinal analógico de saída se parece ter sido processado por um circuito analógico equivalente.

Quase todas as operações de processamento que podem ser feitas com circuitos analógicos também podem ser feitas com DSP. A mais comum é a filtragem, mas também podem ser programadas em um computador DSP a equalização, a

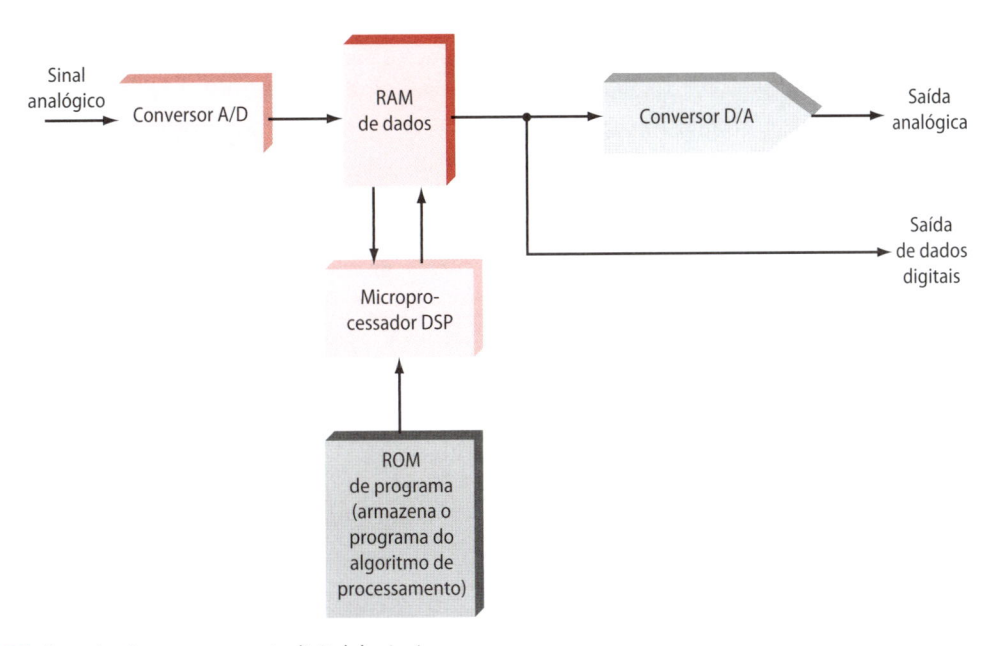

Figura 7-36 Conceito de processamento digital de sinais.

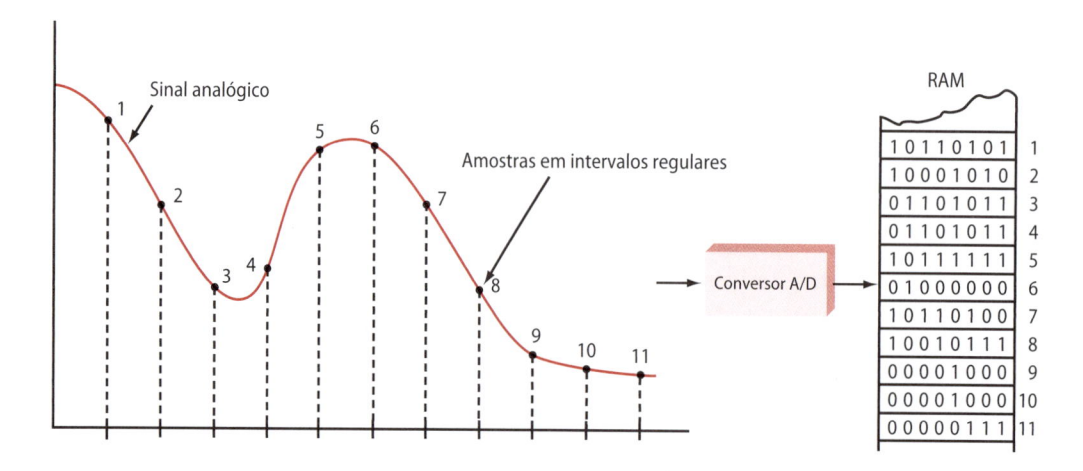

Figura 7-37 Conversão de um sinal analógico para dados binários em uma RAM para serem manipulados por um processador DSP.

compressão/expansão, o deslocamento de fase, a mistura, a modulação e a demodulação.

» Processadores DSP

Quando o DSP foi desenvolvido durante a década de 1960, apenas os computadores de grande porte (*mainframes*) eram capazes de realizar tal processamento e, mesmo assim, em algumas aplicações de tempo real eles não conseguiam fazê-lo. À medida que os computadores se tornaram mais rápidos, foram implementados processamentos mais sofisticados, e em tempo real. Entretanto, apenas as aplicações mais exigentes podiam arcar com as despesas de um *mainframe* ou minicomputador mais rápidos. Por exemplo, a NASA usou o DSP para processar e melhorar o vídeo digital a partir da exploração remota de naves espaciais como a *Voyager*, que passou por Marte e Júpiter. A indústria do petróleo usou o DSP nas décadas de 1960 e 1970 para processar dados geológicos para determinar a presença de depósitos de petróleo em estruturas debaixo da terra.

Com o aparecimento de microprocessadores rápidos de 16 e 32 bits, o uso do DSP tornou-se mais prático para muitas aplicações e, finalmente, na década de 1980 foram desenvolvidos microprocessadores especiais otimizados para DSP.

A maioria dos computadores e microprocessadores utiliza uma organização conhecida como arquitetura de Von Neumann. Geralmente é creditado ao físico John Von Neumann a criação do conceito de programa armazenado que é a base de operação de todos os computadores digitais. As palavras binárias que representam as instruções do computador são armazenadas sequencialmente na memória para formar um programa. As instruções são buscadas e executadas uma de cada vez em alta velocidade. Geralmente, o programa processa dados na forma de números binários que são armazenados na mesma memória. A principal característica da arquitetura de Von Neumann é que tanto instruções quanto dados são armazenados em uma espaço de memória comum. Esse espaço de memória pode ser uma RAM, de leitura/escrita, uma ROM ou uma combinação das mesmas. Mas o ponto importante é que há apenas um caminho entre a memória e a CPU e, portanto, apenas palavras de dados ou de instruções podem ser acessadas de cada vez. O efeito disso é limitar bastante a velocidade de execução. Esta limitação é geralmente conhecida como GARGALO DE VON NEUMANN.

Os microprocessadores DSP trabalham de forma similar, mas utilizam uma variação denominada ARQUITETURA HARVARD. Em um microprocessador com essa arquitetura existem duas memórias, a de programa ou instruções, geralmente denominada ROM, e a de dados, que é a RAM. Além disso, existem dois barramentos bidirecionais entre a CPU e as memórias. Como as instruções e os dados podem ser acessados simultaneamente, é possível uma operação de altíssima velocidade.

> **É BOM SABER**
> Os microprocessadores DSP são projetados para operar na maior velocidade possível. Velocidades de até 100 MHz são comuns.

Os microprocessadores DSP são projetados para realizar operações matemáticas comuns para DSPs. A maior parte dos DSPs é uma combinação de operações de multiplicação e adição, ou acumulação, feitas sobre palavras de dados obtidas de um conversor A/D e armazenadas em uma RAM. Os processadores DSP realizam multiplicação e adição mais rápido do que os outros tipos de CPUs e a maioria combina essas operações em uma única instrução para que a velocidade seja ainda maior. Os DSPs possuem dois ou mais processadores de *multiplicação e acumulação* (MAC).

Os microprocessadores DSP são projetados para operarem na maior velocidade possível. Velocidades de *clock* superiores a 100 MHz são comuns e *chips* DSP com taxas de *clock* tão altas quanto 1 GHz já estão sendo utilizados. Alguns processadores DSP são encontrados com apenas um *chip* de CPU, mas outros combinam a CPU com RAM de dados e ROM de programa no mesmo *chip*. Alguns ainda incluem circuitos conversores A/D e D/A. Se o programa de processamento desejado for escrito e armazenando em ROM, pode ser criado um circuito DSP completo de pastilha única personalizado para o processamento de sinais analógicos utilizando técnicas digitais. Muitos processadores convencionais como AMR, MIPS e Power PC agora têm instruções de DSP especiais embutidas, como a operação MAC.

Finalmente, alguns circuitos DSP são incorporados ou dedicados. Em vez de serem programados em DSPs de propósito geral, eles são construídos em lógica *hardwired* (uma lógica digital direta a partir das palavras de instruções) para realizar a filtragem desejada ou outra função. Dispositivos de lógica programável complexa (CPLDs) e arranjos lógicos programáveis por efeito de campo (FPGAs) são muito utilizados para implementar DSPs personalizados.

» Aplicações de DSP

Filtragem. A aplicação de DSP mais comum é a FILTRAGEM. Um processador DSP pode ser programado para realizar operações de passa-faixa, passa-baixas, passa-altas e rejeita-faixa. Com DSP, os filtros podem ter características muito superiores às dos filtros analógicos equivalentes: a seletividade pode ser menor e a banda de passagem ou de rejeição pode ser personalizada para a aplicação. Além disso, a resposta de fase do filtro pode ser controlada mais facilmente do que nos analógicos.

Compressão. A COMPRESSÃO de dados é um processo que reduz o número de palavras binárias necessárias para representar um determinado sinal analógico. Geralmente, ela é necessária para converter um sinal analógico de vídeo em digital para armazenamento e processamento. A digitalização de um sinal de vídeo com um conversor A/D produz uma quantidade imensa de dados binários. Se o sinal de vídeo contiver frequências de até 4 MHz, o conversor A/D tem que amostrar a uma taxa de 8 MHz ou maior. Considerando uma taxa de amostragem de 8 MHz com um conversor A/D de 8 bits, serão gerados 8 Mbytes/s de dados. Essa quantidade de dados excede a capacidade de RAM da maioria dos computadores, embora um disco rígido de alta capacidade poderia armazenar esses dados. Em termos de comunicação de dados, seria necessária uma grande quantidade de tempo para transmitir essa quantidade de dados serialmente.

Para resolver esse problema, os dados são comprimidos. Foram desenvolvidos diversos algoritmos para compressão de dados. Como exemplos, temos MPEG2 e MPEG4, muito utilizados em fotografia e vídeos digitais. Os dados são examinados quanto a redundância e outras características, e um novo grupo de dados, baseado em diversas operações matemáticas, é criado. Os dados podem ser comprimidos por um fator de até 100; em outras palavras, os dados comprimidos terão um centésimo do tamanho original. Com essa compressão, 480 Mbytes de dados são compactados em 4,8 Mbytes. Isso ainda é muito, mas atualmente está dentro das capacidades dos componentes de RAM e disco rígido. Os dados de áudio também são comprimidos. Um exemplo é o MP3, um algoritmo utilizado em aparelhos de áudio portáteis.

Um *chip* DSP faz a compressão dos dados recebidos de um conversor A/D. A versão compactada dos dados é então armazenada e transmitida. No caso de comunicação de dados, a compressão geralmente reduz o tempo necessário para a transmissão dos dados.

Quando os dados são necessários, eles são descompactados. É utilizado um algoritmo DSP de cálculo inverso para reconstruir os dados originais. Novamente, é utilizado um *chip* DSP para este fim.

Análise de espectro. A ANÁLISE DE ESPECTRO é o processo de exame de um sinal para determinar seus componentes de frequência. Lembre-se que todos os sinais não senoidais são uma combinação de uma onda senoidal fundamental na qual são acrescentados harmônicos senoidais de diferentes frequências, amplitudes e fases. Um algoritmo conhecido como **transformada discreta de Fourier** (**DFT** – *discrete Fourier transform*) pode ser utilizado em um processador DSP para analisar os componentes de frequência de um sinal de entrada. O sinal de entrada analógico é convertido em um bloco de dados digitais, que é então processado por um programa DFT. O resultado é uma saída no domínio da frequência que indica o conteúdo do sinal em termos de frequência, amplitude e fase de uma onda senoidal.

A DFT é um programa complexo que é longo e consome tempo para ser executado. Em geral, os computadores não são rápidos o suficiente para realizar a DFT em tempo real à medida que o sinal é gerado. Portanto, foi desenvolvida uma versão especial do algoritmo para aumentar a velocidade dos cálculos. Esse algoritmo é conhecido como **transformada rápida de Fourier** (**FFT** – *fast Fourier transform*) e permite a análise espectral de sinais em tempo real.

Outras aplicações. Conforme mencionado, o DSP pode fazer quase tudo o que um circuito analógico, como por exemplo, deslocamento de fase, equalização e cálculo de média de um sinal. O *cálculo da média de um sinal* é o processo de amostragem de um sinal analógico recorrente que é transmitido na presença de ruído. Se o sinal for convertido repetidamente para digital e calculada matematicamente a média das amostras, a relação sinal-ruído é bastante melhorada. Visto que o ruído é aleatório, a média dele tende a ser zero. O sinal, que é constante e imutável, calcula a média de uma versão dele próprio livre de ruídos.

O DSP também pode ser usado para sintetizar sinais. Formas de onda de qualquer formato ou característica podem ser armazenadas como um padrão de bits digitais em uma memória. Então, quando for necessário gerar um sinal com uma forma específica, o padrão de bits é acessado e transmitido para um DAC, que gera a versão analógica. Esse tipo de técnica é utilizada em sintetizadores de voz e música.

A modulação, a mistura e a demodulação também são fáceis de serem implementadas em um DSP.

O DSP é muito utilizado em aparelhos de fax, aparelhos de CD, *modems*, telefones celulares e uma variedade de outros produtos eletrônicos comuns. O uso dos DSPs em comunicação é crescente à medida que eles se tornam mais rápidos. Alguns processadores DSP rápidos são usados para realizarem todas as funções normais de um receptor de comunicação desde os estágios de FI até a recuperação do sinal. Os **rádios definidos por software** (**SDRs** – *software-defined radios*), totalmente digitais, são uma realidade atualmente.

» Como funciona o DSP

As técnicas matemáticas avançadas utilizadas em DSP vão além do escopo deste livro e, certamente, além do conhecimento necessário aos técnicos em eletrônica em seu trabalho. Em muitas situações, é suficiente saber que essas técnicas existem. Entretanto, sem mergulhar na matemática, é possível dar algumas dicas sobre o funcionamento de um circuito DSP. Por exemplo, é relativamente fácil visualizar a digitalização de um sinal analógico em um bloco de palavras binárias sequenciais que representam as amplitudes das amostras e imaginar que as palavras binárias, que representam o sinal analógico, estão armazenadas em uma RAM (veja a Figura 7-37). Uma vez que o sinal está no formato digital, ele pode ser processado de formas diferentes. Duas aplicações comuns são a filtragem e a análise de espectro.

Aplicações de filtro. Um dos mais populares filtros DSP é denominado **filtro de resposta finita ao impulso** (**FIR** – *finite impulse response*). Ele também é chamado de filtro não recursivo. (Um filtro não recursivo é aquele cuja saída é apenas uma função da soma dos produtos das amostras da entrada atual.) Um programa pode ser escrito para criar um filtro passa-baixas, passa-altas, passa-faixa e rejeita-faixa do tipo FIR. O algoritmo deste filtro tem a forma matemática $Y = \Sigma a_i b_i$. Nessa expressão, Y é a saída binária, que é a soma (Σ) dos produtos de a e b. Os termos a e b representam as amostras binárias e i é o número da amostra. Geralmente essas amostras são multiplicadas por coeficientes apropriados ao tipo do filtro e o resultado é somado.

A Figura 7-38 é uma representação gráfica do que acontece dentro do filtro. O termo $X(n)$, onde n é o número da amostra, representa as amostras dos dados de entrada obtidas na RAM. Os blocos identificados com a palavra Atraso representam linhas de atraso. (Uma **linha de atraso** é um circuito que atrasa um sinal ou amostra em um intervalo de tempo constante.) Na realidade, nada é atrasado. Mais exatamente, o circuito gera amostras que ocorrem uma após a outra em um intervalo de tempo fixo igual ao tempo de amostragem, que é uma função da frequência de *clock* do conversor A/D. Na realidade, as saídas dos blocos de atraso na Figura 7-38 são as amostras sequenciais que ocorrem uma após a outra na taxa de amostragem que é equivalente a uma série de atrasos.

Note que as amostras são multiplicadas por uma constante representada pelo termo h_n. Essas constantes, ou coeficientes, são determinadas pelo algoritmo e pelo tipo de filtro de-

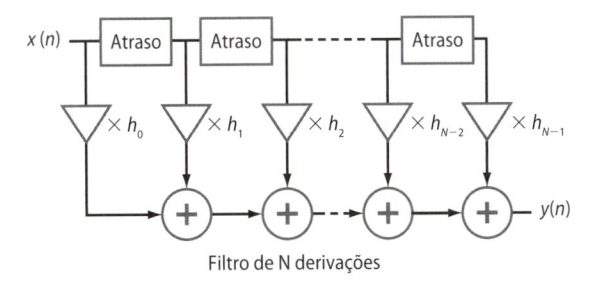

Figura 7-38 Diagrama em bloco mostrando o algoritmo de processamento de um filtro FIR não recursivo.

$= h_0 x_0 + h_1 x_1 + h_2 x_2 + \cdots$. As amostras x são provenientes do conversor A/D. Os valores h são constantes ou coeficientes que definem a função (neste caso filtragem) a ser realizada. O projeto de *software* de DSP é essencialmente determinar os valores das constantes. Essas novas amostras de dados também são armazenados em RAM. Esse bloco de dados novos é enviado ao conversor D/A em cuja saída aparece o sinal analógico filtrado. O circuito de decimação no conversor $\Sigma\Delta$ discutido antes é um tipo de filtro FIR.

sejado. Após as amostras serem multiplicadas pelo coeficiente apropriado, elas são somadas. As primeiras duas amostras são adicionadas, essa adição é somada à próxima amostra multiplicada, essa adição é somada à próxima amostra e assim por diante. O resultado da soma, Y, é o valor da soma de produtos das outras amostras. O DSP resolve a equação: $y(n)$

Outro tipo de filtro DSP é o **FILTRO DE RESPOSTA INFINITA AO IMPULSO** (*IIR – infinite impulse response*), um filtro recursivo que utiliza realimentação: cada nova amostra de saída é calculada utilizando a saída atual e amostras (entradas) anteriores.

DIT/FFT. Conforme indicado antes, um processador DSP pode realizar a análise espectral utilizando a transformada discreta ou rápida de Fourier (FFT). A Figura 7-39 ilustra o processamento que ocorre com a FFT. Ele é chamado de **DECI-**

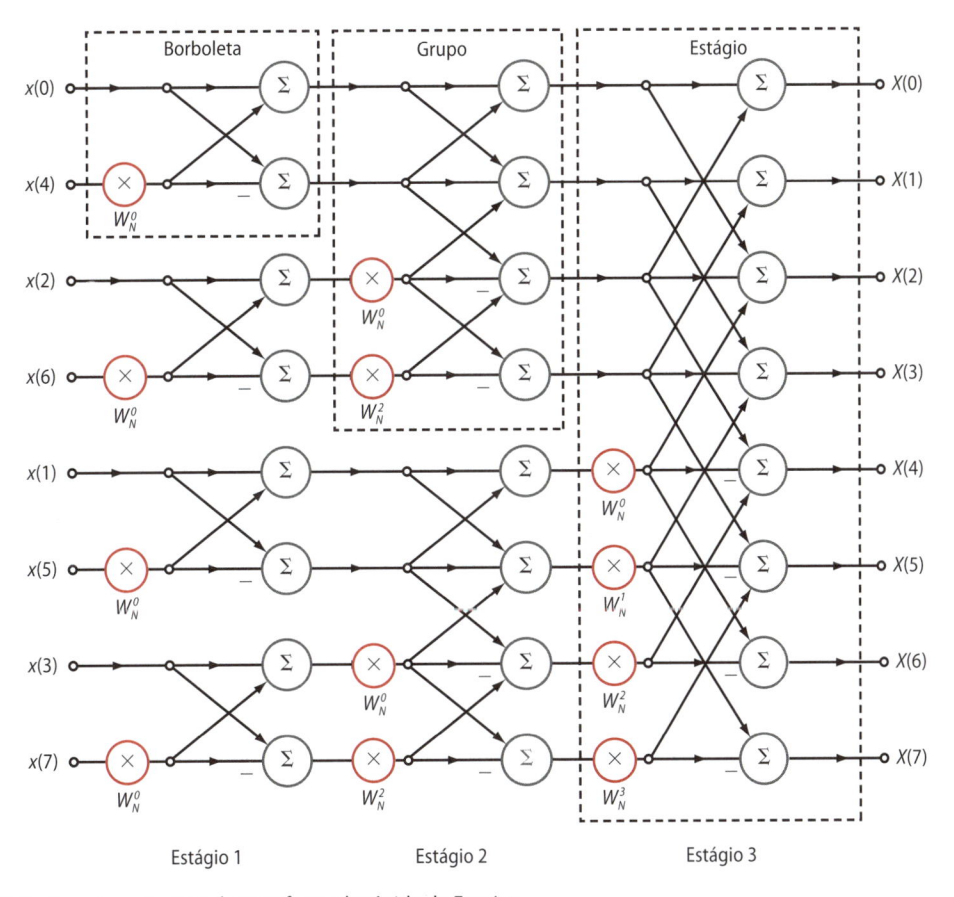

Figura 7-39 Decimação no tempo da transformada rápida de Fourier.

MAÇÃO NO TEMPO (**DIT** – *decimation in time*). Os valores *x*(*n*) na entrada são as amostras, que são processadas em três estágios. No primeiro estágio, uma operação chamada de borboleta é realizada em pares de amostras. Algumas das amostras são multiplicadas por uma constante e, em seguida, somadas. No segundo estágio, algumas das saídas são multiplicadas por constantes, e novos pares de somas, denominados GRUPOS, são formados. Em seguida é realizado um processo similar para criar as saídas finais, denominadas de ESTÁGIOS. Essas saídas são convertidas em novos valores que podem ser plotados no domínio da frequência.

No gráfico na Figura 7-40, o eixo horizontal no gráfico à esquerda é a frequência e o vertical é a amplitude do componente CC e dos componentes CA que constituem a onda amostrada. Um componente de frequência 0 é representado por uma linha vertical indicando a componente CC de um sinal. O 1 indica a amplitude da onda senoidal fundamental que forma o sinal. Os outros valores, em 2, 3, 4 e assim por diante, são as amplitudes dos harmônicos. No gráfico à direita, o ângulo de fase das ondas senoidais é dado para cada harmônico. Um valor negativo indica uma inversão de fase da onda senoidal (180°).

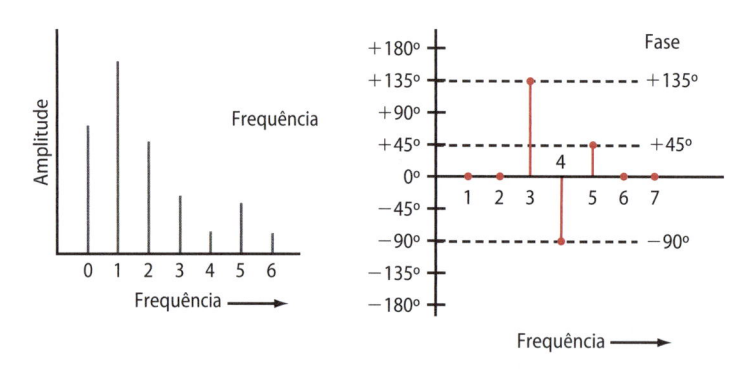

Figura 7-40 Gráfico de saída de uma análise de espectro por FFT.

REVISÃO DO CAPÍTULO

Resumo

A transmissão de dados, utilizando técnicas digitais, oferece várias vantagens sobre o processamento analógico: alta imunidade a ruído, excelente capacidade de detecção e correção de erro, compatibilidade com as técnicas de multiplexação por divisão do tempo e o uso de circuitos de processamento de sinais digitais (DSP).

Na transferência de dados em paralelo, todos os bits da palavra de código são transferidos simultaneamente. Na transferência de dados em série, cada bit da palavra é transmitido em sequência. A conversão paralelo-série e série-paralelo são realizadas por registradores de deslocamento.

Antes dos sinais analógicos serem transmitidos digitalmente, eles devem ser convertidos para sinais digitais por meio de uma conversão analógico-digital (A/D), na qual o sinal é convertido em uma série de números binários discretos que representam as amostras. Um número suficiente de amostras tem que ser obtidas para reter a informação de frequência alta no sinal analógico.

Os conversores A/D modernos são geralmente CIs de pastilha única que recebem o sinal analógico e geram uma saída binária em paralelo. Visto que os conversores A/D podem representar apenas um número finito de valores de tensão ao longo de uma faixa específica, as amostras são convertidas em números binários cujos valores são próximos dos valores reais das amostras. O erro associado com o processo de conversão, o erro de quantização, pode ser reduzido dividindo a faixa de tensão analógica em um grande número de incrementos de tensão menores. Um processo de compressão e expansão de sinal conhecido como compressão/expansão é utilizado para superar os problemas do erro de quantização e do ruído.

Os conversores D/A recebem os sinais binários sequencialmente e produzem tensões analógicas proporcionais na saída. Os conversores D/A têm quatro blocos principais: um regulador, uma rede de resistores ou capacitores, um amplificador de saída e chaves eletrônicas. As três especificações mais importantes associadas a conversores D/A são resolução, erro e tempo de estabilização.

A maioria dos circuitos de conversão A/D comuns é do tipo aproximações sucessivas, *flash*, *pipeline* e sigma-delta. Para velocidades altas, a escolha é o conversor *flash*, que oferece velocidades de conversão de alguns gigahertz.

Na modulação de pulso, o sinal de informação, geralmente analógico, é utilizado para modificar uma portadora binária, ou pulsada, de alguma forma. As três formas básicas de modulação de pulso são: modulação por amplitude de pulso (PAM), modulação por largura de pulso (PWM) e modulação por posição de pulso (PPM). Atualmente, essas técnicas foram quase totalmente substituídas pela mais sofisticada e eficiente modulação por codificação de pulso (PCM).

No processamento de sinais digitais (DSP), computadores projetados especialmente para serem rápidos controlam o processo de conversão. O sinal analógico a ser processado passa por um conversor A/D onde é convertido em uma série de números binários, armazenado em uma RAM e executado em tempo real. Os programas para filtragem, equalização, compressão/expansão, deslocamento de fase, modulação e assim por diante, são escritos para computadores DSP.

Questões

1. Cite os quatro benefícios principais do uso de técnicas digitais em comunicação. Qual deles provavelmente é o mais importante?
2. O que é conversão de dados? Cite os dois tipos básicos.
3. Qual é o nome dado ao processo de medição do valor de um sinal analógico num determinado instante?
4. Qual é o nome dado ao processo de atribuir um número binário específico a um valor instantâneo de um sinal analógico?
5. Qual é o outro nome normalmente utilizado para a conversão A/D?
6. Descreva a natureza dos sinais e informação obtidos quando um sinal analógico é convertido para o formato digital.
7. Descreva a natureza da forma de onda de saída obtida de um conversor D/A.
8. Cite os quatro principais blocos de um conversor D/A.
9. Defina *aliasing* e explique seu efeito em um conversor A/D.
10. Quais tipos de circuitos normalmente são utilizados para converter uma saída de corrente de um conversor D/A em uma saída de tensão.
11. Cite os três tipos de conversores A/D e determine qual é o mais utilizado.
12. Qual circuito de um conversor A/D desloca sequencialmente os bits de saída desde o MSB até o LSB na busca de um nível de tensão igual ao de entrada?
13. Qual é o tipo de conversor A/D mais rápido? Descreva resumidamente esse método de conversão?
14. Qual o tipo de conversor A/D gera uma saída serial diretamente do processo de conversão?
15. Qual circuito é normalmente usado para realizar a conversão série-paralelo e paralelo-série? Qual é a abreviação para esse processo?
16. Qual circuito realiza a operação de amostragem antes da conversão A/D? Por que ele é tão importante?
17. Onde são utilizados os conversores sigma-delta? Por quê?
18. Qual processo converte um sinal analógico em números binários sequenciais e os transmite serialmente?
19. Qual é o nome dado ao processo de compressão da faixa dinâmica de um sinal analógico no transmissor e a expansão dele mais tarde no receptor?
20. Qual é a forma matemática geral de uma curva de compressão/expansão?
21. Cite os três tipos básicos de modulação de pulso. Qual deles não é binário?
22. Cite o DAC que produz uma saída de tensão.
23. Que tipo de DAC é utilizado para conversões de alta velocidade?
24. Verdadeiro ou falso? As saídas de um ADC ou as entradas de DAC podem ser em paralelo ou em série.
25. Que tipo de ADC é mais rápido do que o conversor de aproximações sucessivas, porém mais lento que um conversor *flash*?
26. Que tipo de ADC fornece melhor resolução?
27. Por que os conversores D/A com capacitores são preferidos em comparação com os conversores D/A R-2R?
28. O que significa sobreamostragem? Que conversor utiliza essa técnica? Por que ela é utilizada?
29. Como é evitado o *aliasing*?
30. Cite duas aplicações fora das comunicações para o PWM.
31. Descreva resumidamente as técnicas conhecidas como processamento de sinais digitais (DSP).
32. Que tipo de circuito realiza DSP?
33. Descreva resumidamente o processo matemático básico utilizado na implementação de um DSP.
34. Cite os nomes dados para a arquitetura básica de microprocessadores não DSP e para a arquitetura normalmente utilizada em microprocessadores DSP. Descreva resumidamente a diferença entre os dois.

35. Cite cinco operações de processamento comuns que são realizadas por DSPs. Qual é provavelmente a mais comum implementada em aplicações DSP?
36. Descreva resumidamente a natureza da saída de um processador DSP que realiza a transformada discreta de Fourier ou a transformada rápida de Fourier.
37. Cite os dois tipos de filtros implementados com DSP e explique a diferença entre eles.
38. Que funções úteis são realizadas por um cálculo de FFT?

Problemas

1. Um sinal de vídeo contém variações de luz que mudam numa frequência tão alta quanto 3,5 MHz. Qual é a frequência de amostragem mínima para uma conversão A/D? ◆
2. Um conversor D/A tem uma entrada binária de 12 bits. A tensão analógica de saída varia de 0 a 5 V. Quantos incrementos discretos de tensão existem e qual é o menor incremento de tensão?
3. Calcule o sinal falseado criado pela amostragem de um sinal de 5 kHz com uma taxa de amostragem de 8 kHz. ◆
4. Calcule o ruído de quantização de um conversor A/D de 14 bits com uma faixa de tensão de 3 V.
5. Qual é o SINAD para um ADC de 15 bits?
6. Calcule o ENOB para um conversor com um SINAD de 83 dB.

◆ *As respostas para os problemas selecionados estão após o último capítulo.*

Raciocínio crítico

1. Liste os três principais tipos de serviços de comunicação que ainda não são digitais, mas que poderiam ser e explique como as técnicas digitais poderiam ser aplicadas nestes serviços.
2. Explique como um receptor totalmente analógico processa o sinal analógico de uma transmissora de rádio AM.
3. Que tipo de conversor A/D funcionaria melhor para sinais de vídeo com uma frequência de até 5 MHz? Por quê?
4. Sob que condições a transferência serial de dados pode ser mais rápida que a paralela?

capítulo 8

Transmissores de rádio

Um transmissor de rádio leva a informação a ser comunicada e a converte para um sinal eletrônico compatível com o meio de comunicação. Normalmente, este processo envolve a geração de portadora, modulação e amplificação de potência. O sinal é então enviado a uma antena por fio, cabo coaxial ou guia de ondas que lança o mesmo no espaço livre. Este capítulo aborda as configurações do transmissor e os circuitos comumente utilizados em transmissores de rádio, incluindo osciladores, amplificadores, multiplicadores de frequência e circuitos de casamento de impedância.

Objetivos deste capítulo

» Calcular a tolerância de frequência de osciladores a cristal em porcentagem e em partes por milhão (ppm).

» Discutir a operação de uma malha de fase sincronizada (PLL) e sintetizadores de frequência do tipo sintetizador digital direto (DDS) e explicar como a frequência de saída é alterada.

» Calcular a frequência de saída de um transmissor dado a frequência do oscilador, o número e os tipos de multiplicadores.

» Explicar a polarização e a operação de amplificadores de potência classe A, AB, C que utilizam transistores.

» Definir *neutralização* e explicar como ela é implementada.

» Discutir o funcionamento e os benefícios dos amplificadores de chaveamento das classes D, E e F e explicar por que eles são mais eficientes.

» Explicar o projeto básico de circuitos *LC* do tipo L, π e T e discutir como eles são usados para casamento de impedância.

» Explicar o uso de transformadores e baluns no casamento de impedância.

›› Fundamentos do transmissor

O **TRANSMISSOR** é a unidade eletrônica que aceita o sinal de informação a ser transmitido e o converte em sinal RF capaz de ser transmitido em grandes distâncias. Cada transmissor tem quatro requisitos básicos:

1. Gerar um sinal de portadora de frequência correta em um ponto desejado do espectro.
2. Proporcionar alguma forma de modulação que faça com que o sinal de informação modifique a portadora.
3. Fornecer uma amplificação de potência suficiente para garantir que o nível do sinal seja suficientemente alto para cobrir a distância desejada.
4. Prover circuitos de casamento de impedância entre o amplificador de potência e a antena para que ocorra a máxima transferência de potência.

›› Configurações do transmissor

O transmissor mais simples é um oscilador constituído de um transistor conectado diretamente a uma antena. O oscilador gera a portadora e pode ser ligado e desligado para produzir os pontos e traços do código internacional Morse. A informação transmitida dessa forma é denominada **TRANSMISSÃO DE ONDA CONTÍNUA** (**CW** – *continuous-wave*). Atualmente este transmissor é raramente utilizado porque o código Morse está quase extinto e a potência do oscilador é muito baixa para uma comunicação confiável. Atualmente, transmissores como esse são construídos apenas por radioamadores que o chamam de *QRP* ou *operação em baixa potência* para comunicação pessoal de diletantes.

O transmissor CW pode ser melhorado bastante apenas com o acréscimo de um amplificador, como ilustra a Figura 8-1. O oscilador é ligado e desligado para produzir os pontos e traços e o amplificador aumenta o nível de potência do sinal. O resultado é um sinal mais forte que proporciona uma transmissão de maior alcance e confiabilidade.

A combinação básica oscilador-amplificador, mostrada na Figura 8-1, é a base para praticamente todos os transmissores de rádio. Muitos outros circuitos são acrescentados dependendo do tipo de modulação utilizada, do nível de potência e outras considerações.

Transmissores AM de alto nível. A Figura 8-2 mostra um transmissor AM utilizando modulação de alto nível. Um oscilador, que na maioria das aplicações é um oscilador a cristal, gera a frequência de portadora final. A portadora passa por um amplificador *buffer* cuja principal finalidade é isolar o oscilador dos estágios de amplificação de potência. O amplificador *buffer* opera geralmente em classe A e fornece um incremento modesto na potência de saída. A finalidade principal do amplificador *buffer* é simplesmente evitar que variações de carga nos estágios do amplificador de potência ou na antena provoquem variações de frequência no oscilador.

O sinal do amplificador *buffer* é aplicado ao amplificador acionador (*driver*) classe C projetado para prover um nível intermediário de amplificação de potência. A finalidade desse circuito é gerar uma potência de saída suficiente para acionar o estágio do amplificador de potência final. O **AMPLIFICADOR DE POTÊNCIA FINAL**, normalmente chamado apenas de amplificador final, também opera em classe C em um nível de potência muito alto. O valor da potência real depende da aplicação. Por exemplo, em um transmissor CB, a potência de entrada é apenas 5 W. Entretanto, uma estação de rádio AM opera com uma potência muito maior (250, 500, 1000, 5000 ou 50.000 W) e o transmissor de vídeo em uma estação de TV opera em níveis de potência ainda maiores. As estações base da telefonia móvel operam com níveis de 30 a 40 W.

> **É BOM SABER**
>
> As estações de radio AM podem operar em níveis de potência de até 50.000 W e as transmissões de vídeo em estações de TV operam níveis ainda maiores. Em contraste, a potência de entrada de um transmissor na faixa do cidadão (CB) é de apenas 5 W.

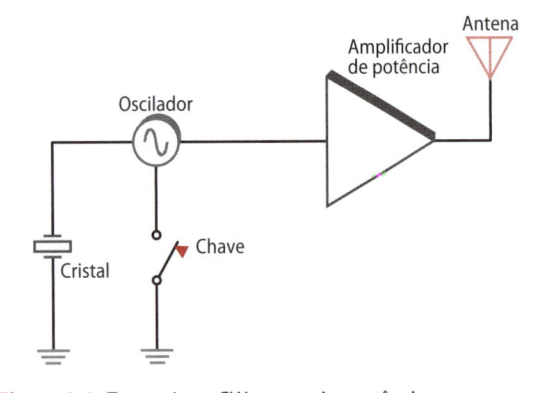

Figura 8-1 Transmissor CW com maior potência.

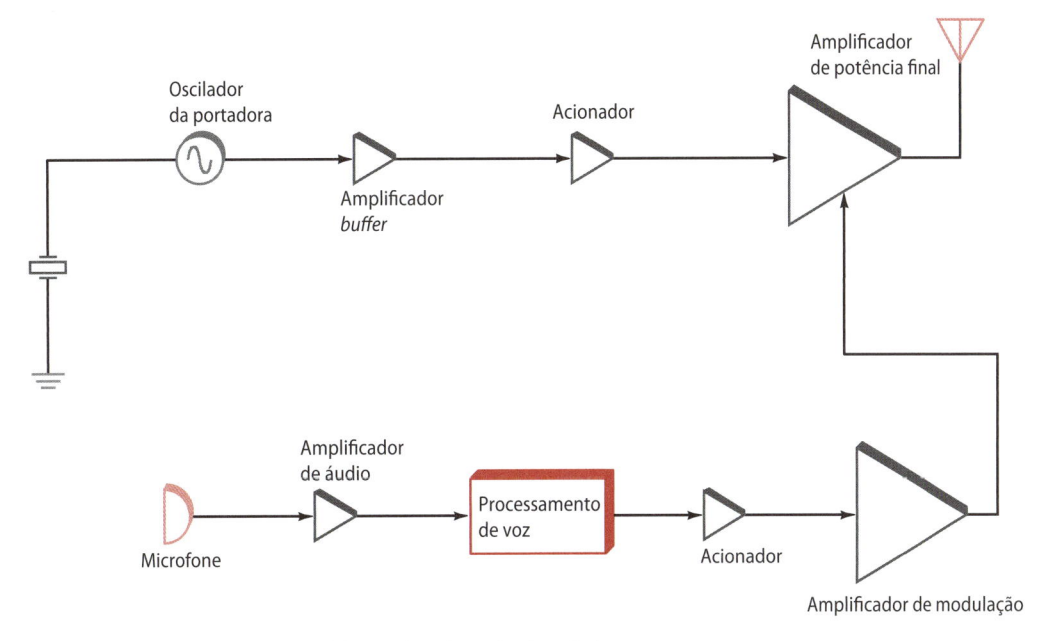

Figura 8-2 Transmissor AM utilizando modulação de coletor de alto nível.

Todos os circuitos RF no transmissor são geralmente de estado sólido; ou seja, são implementados com transistores bipolares ou transistores de efeito de campo feitos de semicondutor de óxido metálico (MOSFETs). Embora os transistores bipolares sejam de longe o tipo mais comum, o uso de MOSFETs está aumentando porque eles agora são capazes de operar em altas potências e altas frequências. Os transistores também são tipicamente utilizados no amplificador final, enquanto os níveis de potência não excederem a algumas centenas de watts. Os transistores de potência de RF individuais podem operar até cerca de 300 W. Muitos desses podem ser conectados em paralelo ou em configurações *push-pull* para aumentar a capacidade de potência para muitos quilowatts. Para níveis de potência maiores, válvulas termiônicas ainda são utilizadas em alguns transmissores, mas raramente em projetos novos. As válvulas termiônicas funcionam nas faixas de VHF e UHF, com níveis de potência de 1 kW ou mais.

Agora, considere que o transmissor AM mostrado na Figura 8-2 seja um transmissor de voz. A entrada a partir do microfone é aplicada a um amplificador de áudio classe A de baixo nível, que aumenta o pequeno sinal para um nível de tensão maior. (Podem ser utilizados um ou mais estágios de amplificação.) O sinal de voz passa então por um circuito de **PROCESSAMENTO DE VOZ** (filtragem e controle de amplitude). A filtragem garante que apenas as frequências de voz, de certa faixa, passem, o que ajuda a minimizar a largura de banda ocupada pelo sinal. A maioria dos transmissores de comunicação limita a frequência de voz na faixa de 300 a 3000 Hz, que é adequada para a comunicação inteligível. Entretanto, as estações de transmissão AM oferecem alta fidelidade e permitem o uso de frequências de até 5 kHz. Na prática, muitas estações AM modulam com frequências até 7,5 kHz, e até 10 kHz, visto que o FCC usa atribuições de canal alternativo dentro de uma determinada região e as bandas laterais exteriores são muito fracas, por isso não ocorre interferência do canal adjacente.

Os processadores de voz também contêm um circuito utilizado para manter a amplitude em um determinado nível máximo. Os sinais de amplitude maior são comprimidos e os de amplitude menor são amplificados. O resultado é que se evita a sobremodulação, ainda que o transmissor opere mais próximo da modulação possível de 100%. Isso reduz a possibilidade de distorção de sinais e harmônicos, que produzem bandas laterais maiores podendo causar interferência de canal adjacente, porém mantém a maior potência de saída possível nas bandas laterais.

Após o processador de voz, é utilizado um amplificador acionador para aumentar o nível de potência do sinal de modo que ele seja capaz de acionar o amplificador de modulação de alta potência. No transmissor AM da Figura 8-2, é modulação utilizada de coletor (modulação de placa no caso de válvulas termiônicas) de alto nível. Conforme dito antes, a potência de saída de um amplificador de modulação tem que ser metade da potência de entrada do amplificador RF. Geralmente o amplificador de modulação de alta potência opera na configuração classe AB, classe B ou *push-pull* para conseguir esses níveis de potência.

Transmissores FM de baixo nível. Na modulação de baixo nível, a modulação é feita sobre uma portadora com baixos níveis de potência e o sinal é amplificado por amplificadores de potência. A configuração funciona tanto para AM quanto para FM. Os transmissores FM que usam esse método são muito mais comuns do que transmissores AM de baixo nível.

A Figura 8-3 mostra a configuração típica para um transmissor FM ou PM. É utilizado o método indireto de geração de FM. Um oscilador a cristal estável é utilizado para gerar o sinal de portadora e um amplificador *buffer* é utilizado para isolá-lo do restante do circuito. O sinal da portadora é então aplicado ao modulador de fase como o que foi discutido no Capítulo 6. A entrada de voz é amplificada e processada para limitar a faixa de frequência e evitar o sobre-desvio. A saída do modulador é o sinal FM desejado.

A maioria dos transmissores FM é utilizada nas faixas VHF e UHF. Como não existem cristais disponíveis para gerar diretamente essas frequências, a portadora normalmente é gerada em uma frequência consideravelmente menor do que a frequência de saída final. Para alcançar a frequência de saída desejada é utilizado um ou mais estágios de multiplicação de frequência. Um multiplicador de frequência é um amplificador classe C cuja frequência de saída é um múltiplo inteiro da frequência de entrada. A maioria dos multiplicadores de frequência aumenta a frequência por um fator de 2, 3, 4 ou 5. Como eles são amplificadores classe C, a maioria dos multiplicadores de frequência fornece também uma modesta quantidade de amplificação de potência.

O multiplicador de frequência não apenas aumenta a frequência da portadora para a frequência de saída desejada, mas também multiplica o desvio de frequência produzido pelo modulador. Muitos moduladores de frequência e fase geram apenas um pequeno deslocamento de frequência, muito menor do que o desvio final desejado. O projeto do transmissor deve ser tal que os multiplicadores de frequência forneçam a quantidade correta de multiplicação não apenas para a frequência da portadora, mas também para o desvio da modulação. Após os estágio multiplicador de frequência é utilizado um amplificador acionador classe C para aumentar o nível de potência suficientemente para acionar o amplificador de potência final, que também opera no nível da classe C.

A maioria dos transmissores FM opera em níveis de potência relativamente baixos, tipicamente menores do que 100 W. Todos os circuitos, mesmo nas faixas de VHF e UHF, utilizam transistores. Para os níveis de potência além de algumas centenas de watts, tem que ser utilizadas as válvulas termiônicas. Nos estágios do amplificador final em transmissores FM, que operam na faixa de micro-ondas, são utilizados *klystrons*, *magnetrons* e guias de onda para prover a amplificação de potência final.

Transmissores SSB. Um TRANSMISSOR DE BANDA LATERAL ÚNICA (SSB) típico é mostrado na Figura 8-4. Um oscilador gera a portadora que passa por um amplificador *buffer* e chega ao modulador balanceado. Os circuitos de amplificação de áudio

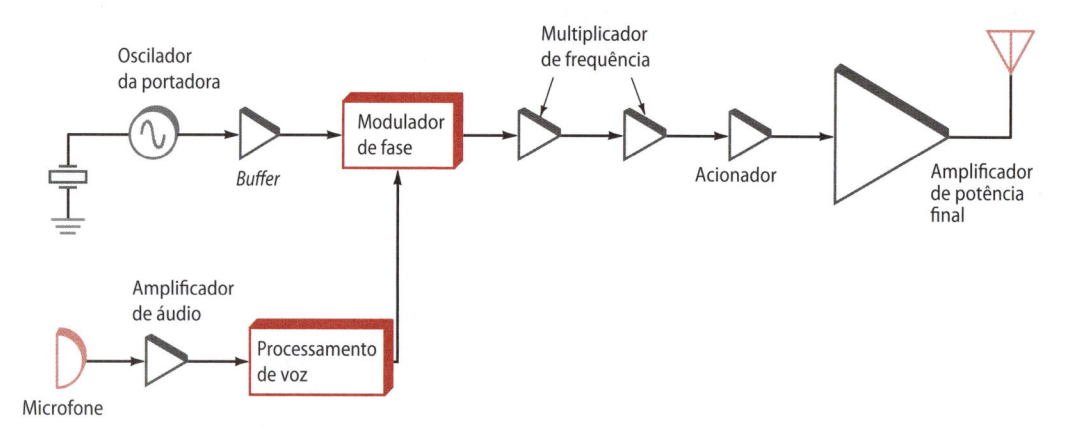

Figura 8-3 Transmissor FM típico utilizando FM indireto com um modulador de fase.

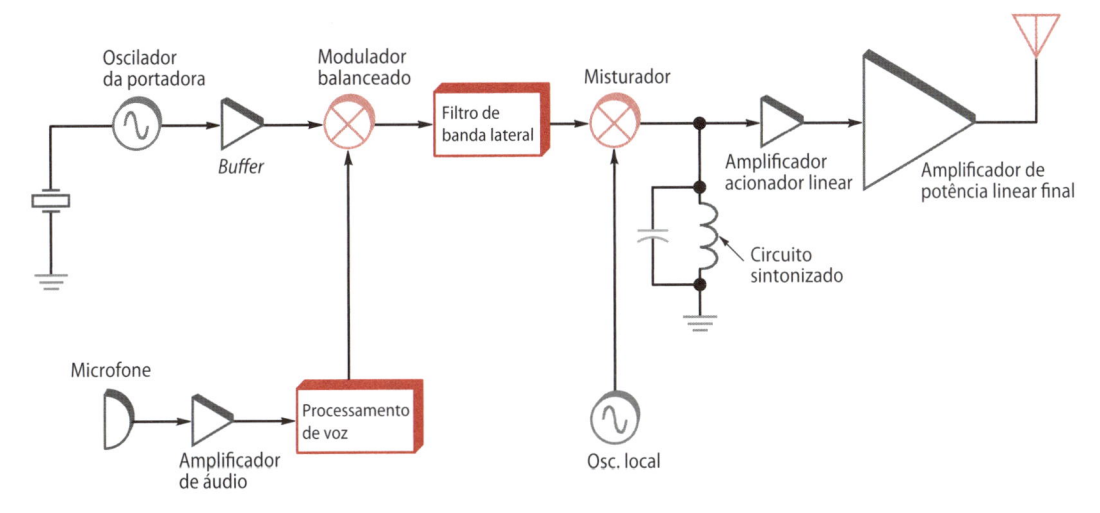

Figura 8-4 Transmissor SSB.

e processamento de voz descritos anteriormente fornecem a outra entrada do modulador balanceado. Este modulador produz um sinal DSB que passa por um filtro de banda lateral que, por sua vez, seleciona a banda lateral superior ou inferior. Em seguida, o sinal SSB obtido passa por um circuito misturador, que é utilizado para converter o sinal para sua frequência de operação final. Os circuitos misturadores, que operam como simples moduladores de amplitude, são utilizados para converter uma frequência menor em uma maior ou vice-versa. (Os misturadores são discutidos em detalhe no Capítulo 9.)

Tipicamente, o sinal SSB é gerado em RF de baixa frequência. Isso torna o modulador balanceado e o filtro circuitos mais simples e mais fáceis de serem projetados. O misturador translada o sinal SSB para a frequência maior desejada. A outra entrada do misturador é derivada do oscilador local ajustado em uma frequência que, quando misturada com o sinal SSB, produz a frequência de operação desejada. O misturador pode ser configurado de modo que o circuito sintonizado selecione a frequência soma ou diferença. A frequência do oscilador tem que ser definida de modo a produzir a frequência desejada. Para uma operação de canal fixo, podem ser utilizados cristais no oscilador local. Entretanto, num equipamento, como o que é usado por radioamadores, um **OSCILADOR DE FREQUÊNCIA VARIÁVEL** (**VFO** – *variable frequency oscillator*) é utilizado para proporcionar uma sintonia contínua ao longo da faixa desejada. Na maioria dos equipamentos de comunicação modernos é utilizado um sintetizador de frequência para definir a frequência de saída final.

A saída do misturador na Figura 8-4 é a frequência de portadora final desejada que contém a modulação SSB. Esse sinal passa então por um acionador linear e amplificadores de potência para aumentar o nível de potência conforme desejado. Os amplificadores classe C distorcem o sinal e, portanto, não podem ser utilizados para transmitir SSB ou AM de baixo nível de qualquer tipo, incluindo DSB. Os amplificadores lineares de classe A ou AB têm que ser utilizados para reter o conteúdo da informação em um sinal AM.

A maioria dos rádios digitais modernos, como os telefones celulares, usa DSP para produzir a modulação e o processamento relacionado aos dados a serem transmitidos. Consulte a Figura 8-5. Os dados em série, que representam os dados a serem transmitidos, são enviados ao DSP que, então, gera dois fluxos de dados a serem convertidos em RF para a transmissão. Esses dois fluxos de dados provenientes do DSP são enviados a DACs, onde são convertidos nos sinais analógicos equivalentes, os quais são filtrados em um filtro passa-baixas (FPB) e, em seguida, aplicados a misturadores que os convertem para a frequência de saída final. Os misturadores recebem na segunda entrada um sinal de um oscilador ou de um sintetizador de frequência que seleciona a frequência de operação. Note que os sinais do oscilador estão em quadratura; ou seja, um é deslocado 90° em relação ao outro. Um é uma onda senoidal e o outro é uma onda cossenoidal. O sinal superior é denominado fase (*I*) e o outro, sinal de quadratura (*Q*). Os sinais de saída dos misturadores são somados e o resultado é amplificado e transmitido pelo amplificador de potência (AP). São necessários dois sinais de quadratura no receptor para recuperar e demodular o sinal no *chip* DSP.

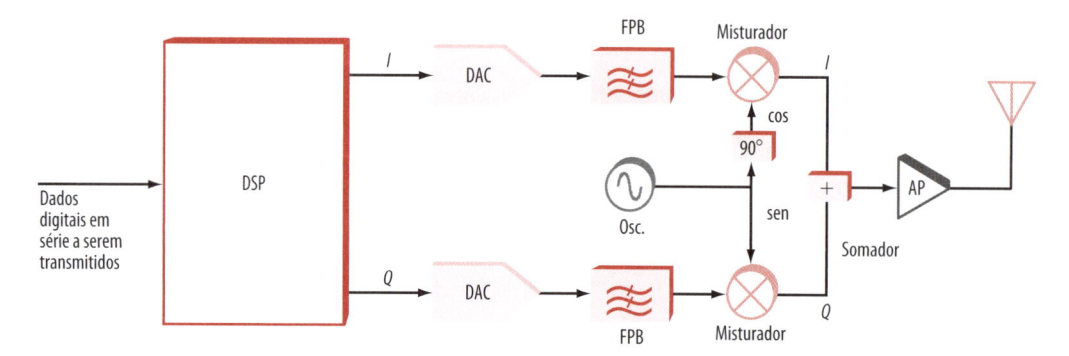

Figura 8-5 Transmissor digital moderno.

» Geradores de portadora

O ponto de partida para todos os transmissores é a geração da portadora. Uma vez gerada, a portadora pode ser modulada, processada de várias formas, amplificada e finalmente transmitida. A fonte de geração da portadora nos transmissores modernos é um oscilador a cristal. Os sintetizadores de frequência PLL, nos quais o oscilador a cristal é a referência de estabilização, são utilizados em aplicações que necessitam de múltiplos canais de operação.

» Osciladores a Cristal

A maioria dos transmissores de rádio é licenciada diretamente ou indiretamente pela FCC para operar não apenas dentro de uma banda de frequência específica, mas também em frequências ou canais predefinidos. O desvio da frequência atribuída até mesmo por um pequeno valor pode provocar interferências com sinais nos canais adjacentes. Portanto, o gerador de portadora do transmissor tem que ser muito preciso, operando exatamente na frequência atribuída, geralmente dentro de tolerâncias muitos estreitas. Em alguns serviços de rádio, a frequência de operação tem que estar dentro de 0,001% da frequência atribuída. Além disso, o transmissor tem que permanecer na frequência atribuída. Ela não pode desviar do valor atribuído, apesar das condições de operação, como grandes variações de temperatura e variações na fonte de alimentação, que afetam a frequência. O único oscilador capaz de atender a precisão e a estabilidade definidas pela FCC é um OSCILADOR A CRISTAL.

> **É BOM SABER**
> O único oscilador capaz de manter a precisão e a estabilidade de frequência exigidas pela FCC é o oscilador a cristal. Na realidade, a FCC determina que seja utilizado um oscilador a cristal em todos os transmissores.

Um CRISTAL é um pedaço de quartzo cortado em uma fatia fina e plana montada entre duas placas de metal. Quando o cristal é excitado por um sinal CA nas placas, ele vibra. Este fenômeno é denominado EFEITO PIEZOELÉTRICO. A frequência de vibração é determinada principalmente pela espessura do cristal. Outros fatores que influenciam a frequência são o corte do cristal, ou seja, o local e o ângulo de corte feito na rocha de quartzo da qual o cristal é obtido, e o tamanho da fatia do cristal. A faixa de frequência dos cristais é aproximadamente de 30 a 150 MHz. À medida que o cristal vibra ou oscila, ele mantém a frequência bem constante. Uma vez que o cristal seja cortado para uma determinada frequência, ele não varia muito mesmo com grandes variações de tensão e temperatura. Estabilidade ainda maior pode ser alcançada através da montagem do cristal em câmaras seladas com temperatura controlada conhecidas como *fornos de cristal*. Esses dispositivos mantêm uma temperatura constante absoluta, garantindo estabilidade na frequência de saída.

Conforme estudamos no Capítulo 4, o cristal se comporta como um circuito *LC* sintonizado. Ele pode emular uma série de circuitos *LC* em paralelo com um *Q* tão alto quanto 30.000. O cristal é simplesmente substituído por bobina e capacitor em um circuito oscilador convencional. O resultado é um oscilador muito preciso e estável. A precisão, ou estabilidade, de um cristal é geralmente expressa em partes por milhão (PPM). Por exemplo, dizer que um cristal com uma frequência de 1 MHz tem uma precisão de 100 PPM, significa que a frequência do cristal pode variar de 999.900 a 1.000.100 Hz. A maioria dos cristais tem valores de tolerância e estabilidade na faixa de 10 a 1000 PPM. Expressa como uma porcentagem, a precisão é $(100/1.000.000) \times 100 = 0,0001 \times 100 = 0,01\%$.

Você também pode utilizar razão e proporção para descobrir a variação de frequência para um cristal com uma precisão dada. Por exemplo, um cristal de 24 MHz com uma estabilidade de ± 50 PPM tem uma variação máxima frequência, Δf, de $(50/1.000.000) \times 24.000.000$. Portanto, $\Delta f = 50(24.000.000)/1.000.000 = 24 \times 50 = 1200$ Hz ou ± 1200 Hz.

EXEMPLO 8-1

Quais são as frequências máxima e mínima de um cristal de 16 MHz com uma estabilidade de 200 PPM?
A frequência pode variar tanto quanto 200 Hz para cada 1 MHz de frequência ou $200 \times 16 = 3200$ Hz.
A faixa de frequência possível é

$$16.000.000 - 3200 = 15.996.800 \text{ Hz}$$

$$16.000.000 + 3200 = 16.003.200 \text{ Hz}$$

Expressa como porcentagem, essa estabilidade é $(3200/16.000.000) \times 100 = 0,0002 \times 100 = 0,02\%$.
Em outras palavras, a frequência real pode ser diferente da frequência especificada em até 50 Hz para cada 1 MHz da frequência especificada, ou $24 \times 50 = 1200$ Hz.
Um valor de precisão dado como uma porcentagem pode ser convertido para um valor em PPM como a seguir. Considere que um cristal de 10 MHz tenha uma precisão de $\pm 0,001\%$; 0,001% de 10.000.000 é $0,00001 \times 10.000.000 = 100$ Hz.
Portanto,

$$\text{PPM}/1.000.000 = 100/10.000.000$$

$$\text{PPM} = 100(1.000.000)/10.000.000 = 10 \text{ PPM}$$

Entretanto, a forma mais simples de converter a porcentagem para PPM é converter o valor percentual para a sua forma decimal dividindo por 100, ou mover a vírgula decimal duas casas para a esquerda e, em seguida, multiplicar por 10^6, ou mover a vírgula decimal seis casas para a direita. Por exemplo, a estabilidade PPM de um cristal de 5 MHz com uma precisão de 0,005% é determinada como segue. Primeiro, coloque 0,005% na forma decimal:

$$0,00005 \times 1.000.000 = 50 \text{ PPM}$$

EXEMPLO 8-2

Um transmissor de rádio utiliza um oscilador a cristal com uma frequência de 14,9 MHz e uma cadeia de multiplicadores de frequência com fatores de 2, 3 e 3. O cristal tem uma estabilidade de ± 300 PPM.

a. Calcule a frequência de saída do transmissor.

Fator de multiplicação de frequência total $= 2 \times 3 \times 3 = 18$
Frequência de saída do transmissor $= 14,9 \text{ MHz} \times 18$
$= 268,2 \text{ MHz}$

b. Calcule as frequências máxima e mínima prováveis que o transmissor alcança se a deriva do cristal flutua nos seus extremos máximos.

$$300 \text{ PPM} = \frac{300}{1.000.000} \times 100 = \pm 0,03\%$$

A variação é multiplicada pela cadeia de multiplicadores de frequência, produzindo $\pm 0,03\% \times 18 = \pm 0,54\%$. Agora, $268,2 \text{ MHz} \times 0,0054 = 1,45 \text{ MHz}$. Portanto, a frequência de saída do transmissor é $268,2 \pm 1,45$ MHz. O limite superior é

$$268,2 + 1,45 = 269,65 \text{ MHz}$$

O limite inferior é

$$268,2 - 1,45 = 266,75 \text{ MHZ}$$

Circuitos osciladores a cristal típicos.

O oscilador a cristal mais comum é o *tipo* COLPITTS, no qual a realimentação é derivada de um divisor de tensão capacitivo constituído por C_1 e C_2. A Figura 8-6 mostra uma versão seguidor de emissor. Novamente, a realimentação vem de um divisor de tensão capacitivo, $C_1 - C_2$. A saída é obtida no emissor, que não é sintonizado.

Às vezes, vemos um capacitor em série, ou em paralelo, com o cristal, como mostra a Figura 8-6. Este capacitor pode ser utilizado para fazer pequenos ajustes na frequência do cristal. Conforme discutido antes, não é possível promover grandes variações de frequência com capacitores em série ou *shunt* (em paralelo), mas eles podem ser utilizados para fazer ajustes finos. Um capacitor utilizado assim é denominado capacitor de *extensão* do cristal e o processo completo de sintonia fina do cristal é denominado algumas vezes ELASTECIMENTO. Quando o capacitor de extensão é um *varactor*, pode-se produzir FM ou FSK. O sinal de modulação analógica ou binário varia a capacitância do *varactor* que, por sua vez, desloca a frequência do cristal.

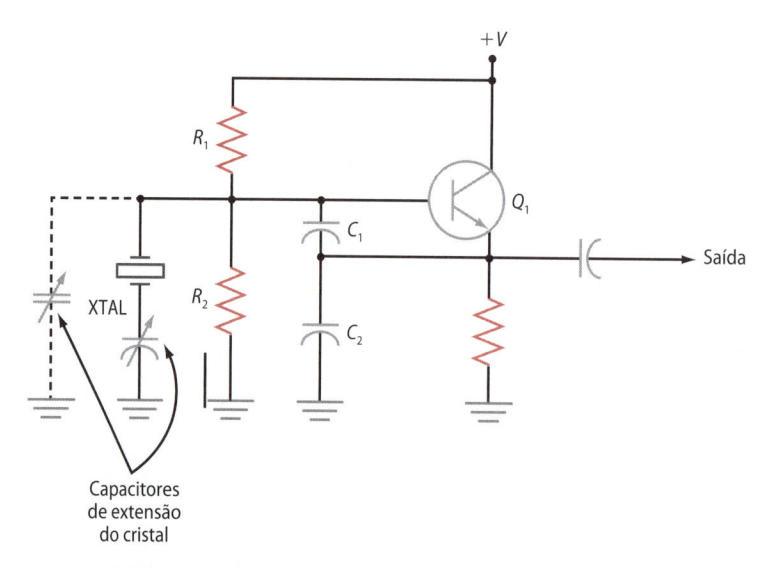

Figura 8-6 Oscilador a cristal seguidor de emissor.

Os **TRANSISTORES DE EFEITO DE CAMPO** (*FETs*) também tornam os osciladores a cristal melhores. A Figura 8-7 mostra um FET usado no popular *oscilador Pierce*. A maioria dos osciladores a cristal é uma variação desses tipos básicos. Eles operam como amplificadores lineares classe A e geram uma onda senoidal de saída pura.

Osciladores de sobretons.

O principal problema com os cristais é que sua operação em frequências maiores é limitada. Quanto maior a frequência, mais fino tem que ser o cristal para oscilar naquela frequência. No limite superior de 50 MHz, o cristal é tão frágil que o seu uso é impraticável. Entretanto, ao longo dos anos, as frequências de operação têm aumentado como resultado da busca por mais espaço de frequência, maiores capacidades de canal e pela manutenção das especificações de estabilidade e precisão adotadas pela FCC para frequências menores. Uma forma de alcançar as frequências VHF, UHF e ainda as de micro-ondas utilizando cristais é empregando circuitos multiplicadores de frequência, conforme já descrito antes. O oscilador da portadora opera em uma frequência menor do que 50 MHz e multiplicadores elevam essa frequência para o nível desejado. Por exemplo, se a frequência de operação desejada for 163,2 MHz e os multiplicadores de frequência multiplicarem esse valor por um fator 24, a frequência do cristal tem que ser $163{,}2/24 = 6{,}8$ MHz.

Outra forma de conseguir precisão e estabilidade com cristais nas frequências acima de 50 MHz é usar **CRISTAIS DE SOBRETONS**. Um cristal de sobretom é cortado de forma especial de modo que otimize sua oscilação em um sobretom da frequência básica do cristal. Um sobretom é como um harmônico que normalmente é um múltiplo da frequência de vibração fundamental. Entretanto, o termo **HARMÔNICO** é geralmente aplicado a sinais elétricos e o termo **SOBRETOM** a uma frequência de vibração mecânica maior. Assim como o harmônico, o sobretom é geralmente algum múltiplo inteiro da frequência de vibração básica. Entretanto, a maioria dos sobretons é um pouco maior ou menor do que um valor inteiro. Em um cristal, o segundo harmônico é o primeiro sobretom, o terceiro harmônico é o segundo sobretom e assim por diante. Por exemplo, um cristal com uma frequência fundamental de 20 MHz teria um

Figura 8-7 Oscilador a cristal Pierce usando um FET.

segundo harmônico, ou primeiro sobretom, de 40 MHz, e um terceiro harmônico, ou segundo sobretom, de 60 MHz.

> **É BOM SABER**
>
> Sobretons se referem a múltiplos da frequência harmônica. O segundo harmônico é o primeiro sobretom, o terceiro harmônico é o segundo sobretom e assim por diante.

O termo *sobretom* é geralmente utilizado como sinônimo de harmônico. A maioria dos fabricantes se refere aos cristais de terceiro sobretom como *cristais de terceiro harmônico*.

Os sobretons ímpares são bem maiores em amplitude do que os pares. A maioria dos cristais de sobretom oscilam de forma confiável no terceiro ou quinto sobretom da frequência na qual o cristal é originalmente projetado. Existem também os cristais de sétimo sobretom. Os cristais de sobretons podem ser obtidos com frequências até aproximadamente 250 MHz. Um oscilador a cristal de sobretom típico é mostrado na Figura 8-8. Com esse projeto, um cristal que for cortado para uma frequência de, por exemplo, de 16,8 MHz e otimizado para operar com sobretom terá uma oscilação de terceiro sobretom em $3 \times 16,8 = 50,4$ MHz. O circuito de saída sintonizado, constituído por L_1 e C_1, será ressonante em 50,4 MHz.

Chaveamento de cristais. Se um transmissor tiver que operar em mais do que uma frequência, como geralmente é o caso, mas for necessária a estabilidade e precisão dos cristais, podem ser utilizados múltiplos cristais e o chaveamento desejado. A forma mais direta de fazer isso é utilizar uma chave mecânica rotatória. Essa configuração funciona bem nas frequências mais baixas se o cristal estiver posicionado próximo da chave. As conexões entre os cristais, a chave e o oscilador devem ser curtas para minimizar indutâncias e capacitâncias parasitas que podem afetar a realimentação e a frequência de operação. Em frequências maiores essa abordagem é inaceitável por causa dos valores excessivos de indutância e capacitância parasitas distribuídas.

A Figura 8-9 mostra uma abordagem que utiliza diodos no chaveamento de cristais. A chave mecânica é utilizada para aplicar uma tensão de polarização CC nos diodos para selecionar a frequência desejada. Note que uma chave, diodo de silício, é conectada em série com cada cristal. Com a chave mecânica posicionada no canal A, o diodo D_1 é polarizado diretamente pela tensão CC aplicada através da chave. O diodo conduz, se comportando como um resistor de valor muito baixo. O diodo conecta o cristal X_1 em GND. O outro diodo está em corte porque nenhuma polarização direta é aplicada sobre ele. Os RFCs e os capacitores matem o sinal RF separado do circuito de polarização CC.

A configuração de chaveamento por diodo é rápida, confiável e supera o problema de se ter longos fios de conexão entre o cristal, a chave e o circuito oscilador. Os diodos são montados próximos dos cristais, que por sua vez estão próximos dos componentes do oscilador, geralmente montados em uma placa de circuito impresso. A chave mecânica pode ser posicionada a qualquer distância. Visto que a chave mecânica comuta uma corrente direta e não a corrente alternada de alta frequência no próprio cristal, o comprimento dos fios entre esta chave e os diodos não é um fator que afeta a frequência.

» Sintetizadores de frequência

Os **SINTETIZADORES DE FREQUÊNCIA** são geradores de frequência variável que proporcionam a estabilidade de frequência dos osciladores a cristal, mas com a conveniência da sintonia incremental ao longo de uma ampla faixa de frequência. Os sintetizadores de frequência geralmente fornecem um sinal de saída que varia em incrementos fixos de frequência ao longo de uma ampla faixa. Em um transmissor, um sintetizador de frequência fornece a geração de portadora básica para a operação de definição dos canais. Os sintetizadores de

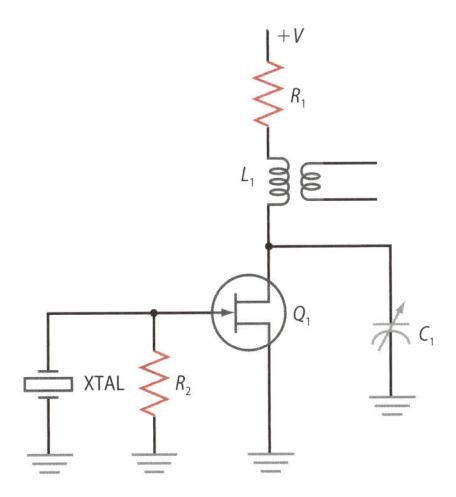

Figura 8-8 Oscilador a cristal de sobretom.

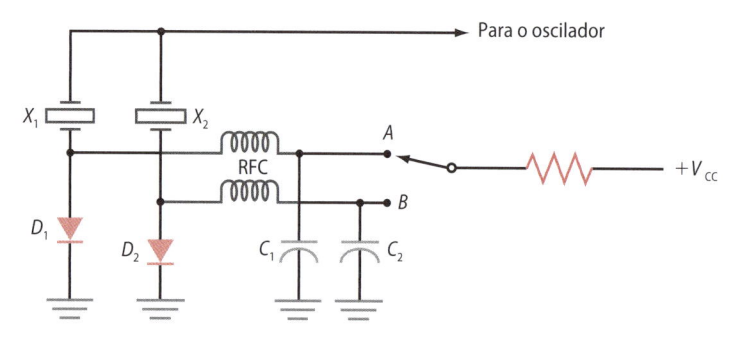

Figura 8-9 Utilizando diodos para chavear cristais.

frequência também são utilizados em receptores, como osciladores locais, e realizam a função de sintonia do receptor.

A utilização de sintetizadores de frequência supera certas desvantagens de custo e tamanho associadas aos cristais. Considere, por exemplo, que um transmissor tenha 50 canais e que é especificado uma estabilidade de cristal. A abordagem mais direta é simplesmente utilizar um cristal por frequência e uma grande chave. Embora esta configuração funcione, ela apresenta grandes desvantagens. Os cristais são caros, variando de 1 a 10 dólares cada um e, ainda considerando o menor preço, 50 cristais podem custar mais do que todo o restante do transmissor. Os mesmos 50 cristais também ocupam um grande espaço, possivelmente mais do que 10 vezes o volume de todo o restante do transmissor. Com um sintetizador de frequência, apenas um cristal é necessário e o número de canais necessários pode ser gerado com o uso de alguns poucos CIs.

Ao longo dos anos foram desenvolvidas muitas técnicas para implementar sintetizadores de frequência com multiplicadores de frequência e misturadores. Entretanto, atualmente muitos sintetizadores utilizam alguma variação de uma **MALHA DE FASE SINCRONIZADA** (**PLL**). Uma nova técnica denominada **SÍNTESE DE SINAL DIGITAL** (**DSS** – *digital signal synthesis*), que vem sendo comum na tecnologia de circuitos integrados e está tornando prática a geração de frequências altas.

» Sintetizadores com PLL

Um sintetizador de frequência elementar baseado no PLL é mostrado na Figura 8-10. Assim como todos os PLLs, ele consiste de um detector de fase, um filtro passa-baixas e um VCO. A entrada do detector de fase é um oscilador de referência que normalmente é controlado por um cristal que proporciona uma frequência alta e estável. A frequência do oscilador de referência define os incrementos em que a frequência pode ser mudada. Note que a saída do VCO não está conectada diretamente no detector de fase, mas aplicada primeiro a um **DIVISOR DE FREQUÊNCIA**, que é um circuito cuja frequência de saída é um inteiro submúltiplo da frequência de entrada. Um sintetizador de frequência divisor por 10 produz uma frequência de saída que é um décimo da frequência de entrada. Os divisores de frequência podem ser facilmente implementados com circuitos digitais para prover qualquer valor inteiro de divisão de frequência.

No PLL da Figura 8-10, o oscilador de referência é configurado para 100 kHz (0,1 MHz). Considere que o divisor de fre-

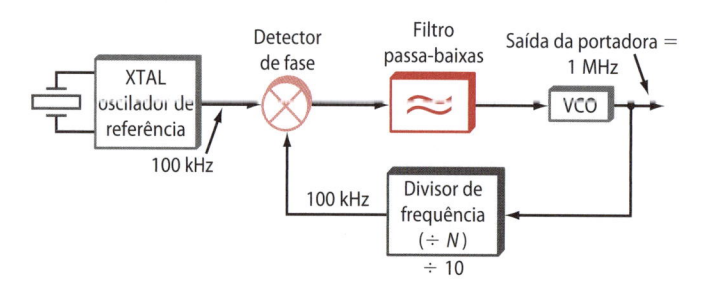

Figura 8-10 Sintetizador de frequência básico com PLL.

quência seja ajustado inicialmente para uma divisão por 10. Para um PLL sincronizar, a segunda entrada do detector de fase deve ter uma frequência igual à de referência; para esse PLL sincronizar, a saída do divisor de frequência tem que ser 100 kHz. A saída do VCO tem que ser 10 vezes maior que isso, ou 1 MHz. Uma forma de analisar esse circuito é vê-lo como um multiplicador de frequência: a frequência de 100 kHz de entrada é multiplicada por 10 para gerar uma saída de 1 MHz. No projeto do sintetizador, a frequência do VCO é definida em 1 MHz de modo que quando ela for dividida, proporcione um sinal de entrada de 100 kHz necessário para o detector de fase para a condição de sincronismo (trava) do PLL. A saída do sintetizador é a saída do VCO. Assim, foi gerada uma fonte de sinal de 1 MHz. Como o PLL é sincronizado na frequência de referência do cristal, a frequência de saída do VCO tem a mesma estabilidade que a do oscilador a cristal. O PLL rastreia qualquer variação de frequência, mas o cristal é muito estável e a saída do VCO é tão estável quanto o oscilador de referência a cristal.

Para tornar o sintetizador de frequência mais útil, deve ser implementado algum mecanismo de variação da frequência de saída. Isso é feito variando a razão do divisor de frequência. Através de técnicas de chaveamento, os *flip-flops* no divisor de frequência podem ser arranjados para proporcionar qualquer divisão de frequência desejada. Essa relação da divisão de frequência é normalmente projetada para ser alterada manualmente de alguma forma. Por exemplo, circuitos lógicos controlados por uma chave rotatória podem fornecer a correta configuração ou uma chave thumbwheel pode ser utilizada. Alguns projetos na prática incorporam um teclado no qual a relação de divisão de frequência desejada pode ser digitada. Em circuitos mais sofisticados, um microprocessador gera a relação de divisão de frequência correta e fornece por meio de um display a leitura direta da frequência.

A variação da relação da divisão de frequência muda a frequência de saída. Por exemplo, no circuito da Figura 8-10, se a relação de divisão de frequência for alterada de 10 para 11, a frequência de saída do VCO muda para 1,1 MHz. A saída do divisor permanece então em 100 kHz (1.100.000/11 = 100.000), conforme necessário para manter a condição de sincronismo. Cada variação incremental na relação de divisão de frequência produz uma variação de 0,1 MHz na frequência de saída. Assim é como o incremento de frequência é definido pelo oscilador de referência.

A Figura 8-11 mostra um sintetizador com PLL mais complexo, que gera frequências de VHF e UHF na faixa de 100 a 500 MHz. Esse circuito usa um oscilador FET para gerar a frequência da portadora diretamente. Nenhum multiplicador de frequência é necessário. A saída do sintetizador de frequência pode ser conectada diretamente aos amplificadores acionador e de potência no transmissor. Esse sintetizador tem uma frequência de saída na faixa de 390 MHz e a frequência pode ser variada em incrementos de 30 kHz acima e abaixo dessa frequência.

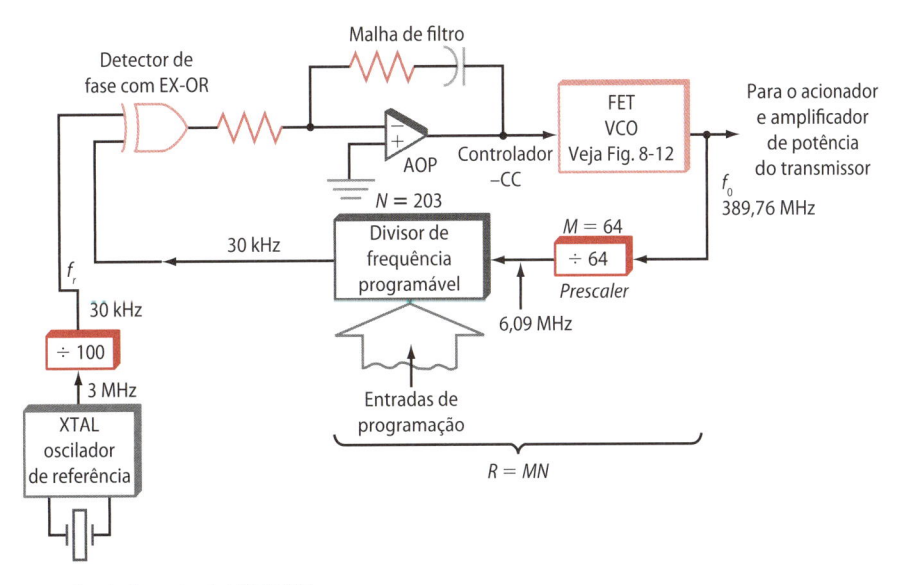

Figura 8-11 Sintetizador de frequência VHF/UHF.

O circuito do VCO para o sintetizador na Figura 8-11 é mostrado na Figura 8-12. A frequência desse oscilador LC é definida pelos valores de L_1, C_1, C_2 e a capacitância dos diodos varactor D_1 e D_2, C_a e C_b, respectivamente. A tensão CC aplicada aos varactors altera a frequência. Os dois varactors são conectados em antissérie, com os anodos em comum, e, portanto, a capacitância efetiva total do par é menor do que a capacitância individual de qualquer um dos dois. Especificamente, ela é igual a capacitância em série (C_S), onde $C_S = C_aC_b/(C_a + C_b)$. Se D_1 e D_2 forem idênticos, $C_S = C_a/2$. É necessária uma tensão negativa em relação a GND para polarizar reversamente os diodos. O aumento dessa tensão negativa aumenta a polarização reversa e diminui a capacitância. Isso, por sua vez, aumenta a frequência do oscilador.

O uso de dois varactors permite o oscilador produzir tensões RF maiores sem o problema dos varactors se tornarem polarizados diretamente. Se um varactor, que é um diodo, for polarizado diretamente, não será mais um capacitor. As tensões maiores no circuito tanque do oscilador podem, algumas vezes, exceder o nível de tensão de polarização e causar uma condução direta, que faz com que ocorra uma retificação, produzindo uma tensão CC que varia a tensão de sintonia CC a partir do detector de fase e da malha de filtro. O resultado é denominado ruído de fase. Com dois capacitores em série, a tensão necessária para polarizar diretamente a combinação é o dobro da de um varactor. Um benefício adicional é que dois varactors em série produzem um variação mais linear da capacitância com a tensão do que um diodo. A tensão CC de controle da frequência é, obviamente, derivada da filtragem da saída do detector de fase com um filtro passa-baixas.

Na maioria dos PLLs, o detector de fase é um circuito digital em vez de linear, visto que as entradas do detector de fase são geralmente digitais. Lembre-se de que uma das entradas vem da saída do divisor de frequência na realimentação, que é certamente digital, e a outra vem do oscilador de referência. Em alguns projetos, a frequência do oscilador de referência também é dividida por um divisor de frequência digital para conseguir o incremento de frequência desejado. Esse é o caso na Figura 8-11. Visto que a frequência do sintetizador pode variar em incrementos de 30 kHz, a entrada de referência para o detector de fase tem que ser 30 kHz. Esse sinal é derivado de um oscilador a cristal de 3 MHz e um divisor de frequência de 100.

O projeto mostrado na Figura 8-11 utiliza uma porta EX-OR como um detector de fase. Lembre-se de que essa porta gera uma saída de nível 1 apenas se as duas entradas são complementares; caso contrário, ela produz um nível 0.

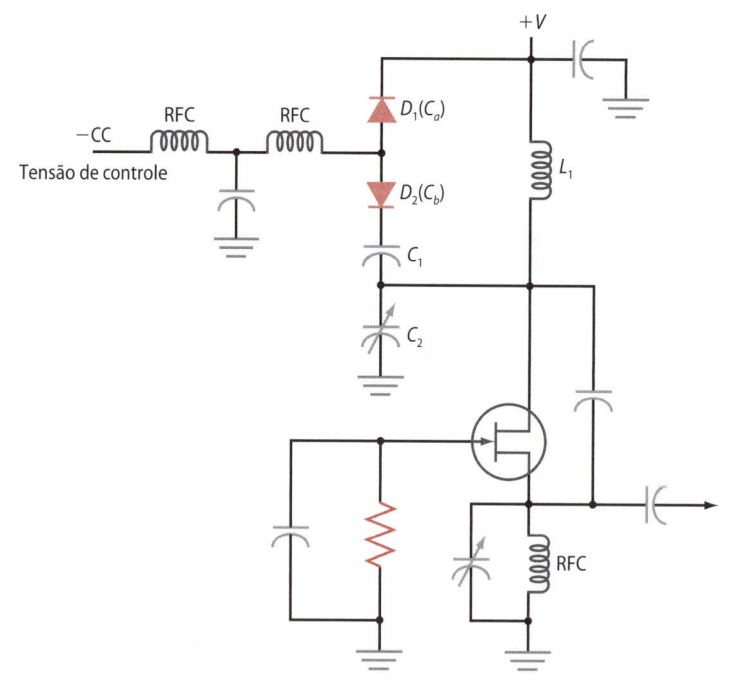

Figura 8-12 VCO na faixa de VHF/UHF.

A Figura 8-13 mostra como o detector de fase com EX-OR funciona: lembre-se de que as entradas para um detector de fase têm que ter a mesma frequência. Esse circuito necessita que as entradas tenham um ciclo de trabalho de 50%. A relação de fase entre os dois sinais determina a saída do detector de fase. Se as duas entradas estão exatamente em fase entre si, a saída da EX-OR será zero, como a Figura 8-13(b) mostra. Se as duas entrada estiverem 180° fora de fase entre si, a saída da EX-OR será nível 1 [veja a Figura 8-13(c)]. Qualquer outra relação de fase produzirá pulsos de saída com o dobro da frequência de entrada. O ciclo de trabalho desses pulsos indica o valor do defasamento. Um pequeno defasamento produz pulsos estreitos; um grande defasamento produz pulsos largos. A Figura 8-13(d) mostra um defasamento de 90°.

Os pulsos de saída passam por uma malha de filtro (Figura 8-11), um AOP com um capacitor na malha de realimentação, que o torna um filtro passa-baixas. Na saída desse filtro temos a tensão média (CC) dos pulsos de saída do detector de fase que polariza os *varactors* do VCO. A tensão CC média é proporcional ao ciclo de trabalho, que é a relação entre o tempo de pulso do binário 1 e o período do sinal. Os pulsos estreitos (ciclo de trabalho pequeno) produzem uma tensão CC média baixa e os pulsos largos (ciclo de trabalho grande) produzem uma tensão CC média alta. A Figura 8-13(e) mostra como a tensão CC média varia com o defasamento. A maioria dos PLLs sincroniza com a diferença de fase de 90°. Assim, conforme a frequência do VCO varia por causa de deriva ou em função da mudança na relação do divisor de frequência, a entrada do detector de fase, que vem do divisor de frequência, varia, alterando o ciclo de trabalho. Isso faz mudar a tensão CC na saída do filtro e força uma variação na frequência do VCO para compensar a variação original. Note que a EX-OR produz uma tensão média CC positiva, mas o AOP utilizado no filtro inverte essa tensão que passa a ser uma tensão média CC negativa, conforme necessita o VCO.

A frequência de saída do sintetizador, f_o, e a frequência de referência do detector de fase, f_r, estão relacionadas pela razão final do divisor, R, como segue:

$$R = \frac{f_o}{f_r} \quad f_o = Rf_r \quad \text{ou} \quad f_r = \frac{f_o}{R}$$

No nosso exemplo, a entrada de referência para o detector de fase, f_r, tem que ser 30 kHz para coincidir com o sinal

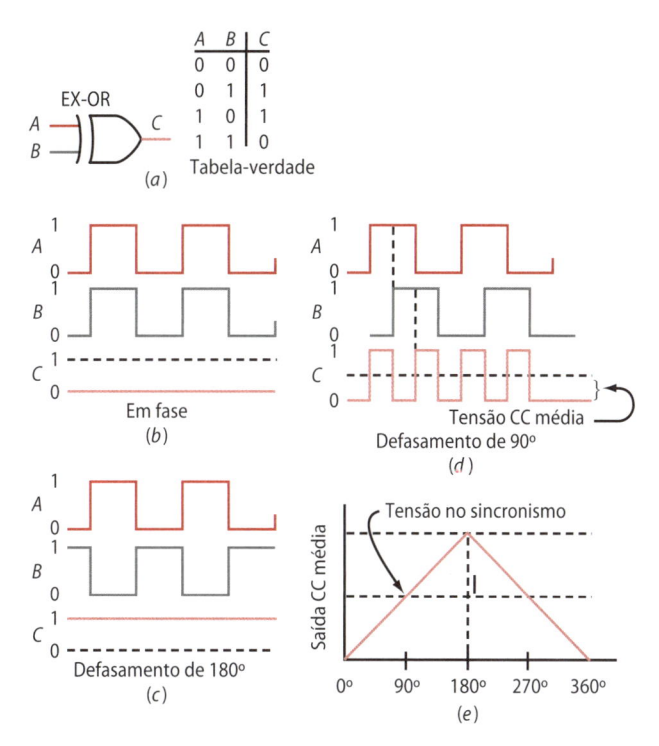

Figura 8-13 Operação do detector de fase com EX-OR.

realimentado proveniente da saída do VCO, f_o. Considere uma frequência de saída do VCO de 387,76 MHz. O divisor de frequência reduz esse valor para 30 kHz. A relação total do divisor é $R = f_o/f_r = 389.760.000/30.000 = 12.992$.

Os divisores de frequência são geralmente projetados para alterar a relação em incrementos inteiros. Para essa função, existe disponível uma variedade de contadores digitais programáveis ou pré-estabelecíveis e CIs divisores TTL e CMOS. Eles podem ser programados aplicando um código binário externo a partir de chaves thumbwheel, teclado, ROM ou microprocessador.

Em alguns sintetizadores PLL de alta frequência, um divisor de frequência especial denominado **PRESCALER** é utilizado entre a frequência de saída alta do VCO e a parte programável do divisor. O *prescaler* pode ser um ou mais *flip-flops* de *lógica por acoplamento de emissor* (*ECL*) ou um divisor de frequência CMOS de baixa relação que pode operar em frequências de até 2 GHz. Consulte novamente a Figura 8-11. O *prescaler* divide por uma relação de $M = 64$ para reduzir a saída de 389,76 MHz do VCO para 6,09 MHz, que está bem dentro da faixa da maioria dos divisores de frequência programáveis. Visto que precisamos de uma relação de divisão total de $R = 12.922$ e um fator de $M = 64$ está no *prescaler*, a parte programável no divisor por N pode ser calculada. O fator de divisão total é $R = MN = 12.992$. Rearranjando, temos $N = R/M$ 12.992/64 = 203.

Agora, para ver como o sintetizador varia a frequência de saída quando a relação de divisão é alterada, considere que a parte programável do divisor é alterada em um incremento para $N = 204$. Para o PLL permanecer no estado de sincronismo, a entrada do detector de fase tem que permanecer em 30 kHz. Isso significa que a frequência de saída do VCO tem que mudar. A nova relação de divisão de frequência é 204 × 64 13.056. Multiplicando isso por 30 kHz, resulta na nova frequência de saída do VCO, $f_o = 30.000 \times 13.056 = 391.680.000$ Hz $= 391,68$ MHz. Em vez do incremento de 30 kHz, a saída do VCO varia 391.680.000 − 389.760.000 = 1.920.000 Hz, ou um degrau de 1,92 MHz. Isso foi proporcionado pelo *prescaler*. Para um degrau de 30 kHz ser alcançado, a relação do divisor foi alterada de 12.992 para 12.993. Visto que o *prescaler* é fixo com um fator de divisão de 64, o menor degrau de incremento é 64 vezes a frequência de referência, ou $64 \times 30.000 = 1.920.000$ Hz. O *prescaler* resolve o problema de ter um divisor com uma capacidade de frequência suficientemente alta para operar com a saída do VCO, mas força o uso de divisores programáveis para apenas uma parte da relação do divisor total. Por causa do *prescaler*, a relação do divisor não varia em incrementos inteiros, mas em incrementos de 64. Os projetistas de circuitos podem conviver com isso ou buscar outra solução.

Outra solução possível é reduzir a frequência de referência por um fator 64. No exemplo, a frequência de referência seria 30 kHz/64 = 468,75 Hz. Para conseguir essa frequência na outra entrada do detector de fase, tem que ser incluído um fator de divisão adicional de 64 no divisor programável, fazendo $N = 203 \times 64 = 12.992$. Considerando a frequência de saída original de 389,76 MHz, a relação total do divisor é $R = MN = 12.992(64) = 931.488$ 831.488. Isso torna a saída do divisor programável igual à frequência de referência, ou $f_r = 389.760.000/831.488 = 468,75$ Hz.

Essa solução é lógica, mas tem algumas desvantagens. Primeiro, ela aumenta o custo e a complexidade ao necessitar de mais dois CIs divisores por 64, um na referência e outro na realimentação. Segundo, quanto menor a frequência de operação do detector de fase, mais difícil é filtrar os pulsos para obter o componente CC. Além disso, a resposta de baixa frequência do filtro torna o processo mais lento para atingir o sincronismo. Quando é feita uma alteração na relação do divisor, a frequência do VCO tem que mudar. Isso leva um tempo finito para o filtro desenvolver o valor necessário de tensão de correção para deslocar a frequência do VCO. Quanto menor a frequência do detector de fase, maior o atraso de tempo do sincronismo. Foi determinado que a menor frequência aceitável é aproximadamente 1 kHz, e mesmo assim é muito baixo para algumas aplicações. Em 1 kHz a variação de frequência do VCO é muito lenta à medida que o capacitor de filtro varia sua carga em resposta a pulsos com diferentes ciclos de trabalho do detector de fase. Com uma frequência do detector de fase de 468,75 Hz, a resposta da malha torna-se ainda mais lenta. Para mudanças de frequência mais rápidas, tem que ser usada uma frequência muito maior. Para espalhamento espectral e em algumas aplicações de satélite, a frequência tem que mudar em alguns microssegundos ou menos, o que requer uma frequência de referência extremamente alta.

Para resolver esse problema, os projetistas de sintetizadores PLL de alta frequência criaram CIs divisores de frequência especiais, como o que é representado na Figura 8-14.

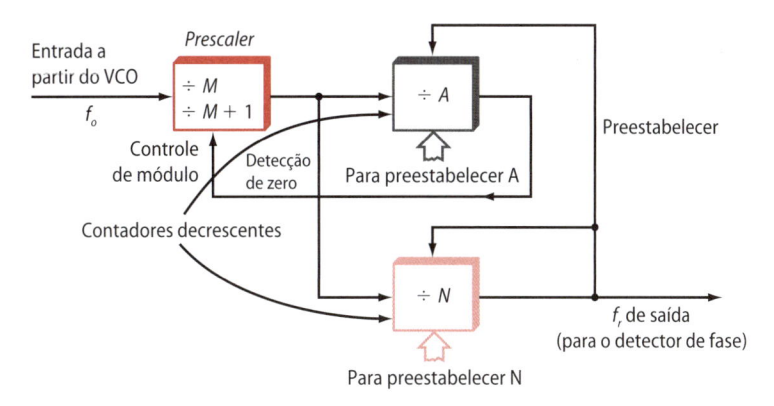

Figura 8-14 Utilização de um *prescaler* de módulo variável em um divisor de frequência de PLL.

Este é conhecido como *PLL com* DIVISOR N FRACIONÁRIO. A saída do VCO é aplicada em um divisor *prescaler* de módulo variável especial. Ele é implementado com circuitos ECL ou CMOS e é projetado para ter duas relações de divisor, M e $M + 1$. Alguns pares de relações normalmente disponíveis são 10/11, 64/65 e 128/129. Vamos considerar o uso de um contador 64/65. A relação do divisor real é determinada pela entrada do controle de modo. Se essa entrada for o binário 0, o *prescaler* divide por M, ou 64; se essa entrada for o binário 1, o *prescaler* divide por $M + 1$, ou 65. Conforme mostra a Figura 8-14, a entrada do controle de módulo é a saída do contador A. Os contadores A e N são contadores decrescentes e programáveis utilizados como divisores de frequência. As relações do divisor são preestabelecidas nos contadores cada vez que um ciclo divisor completo é finalizado. Essas relações são tais que $N > A$. A entrada de contagem para cada contador vem da saída do *prescaler* de módulo variável.

Um ciclo divisor começa preestabelecendo os contadores decrescentes em A e N e ajustando o *prescaler* em $M + 1 = 65$. A frequência de entrada proveniente do VCO é f_o. A entrada dos contadores decrescentes é $f_o/65$. Os dois contadores começam a contar decrescente. Visto que A é um contador menor do que N, ele chega a zero primeiro. Quando isso ocorre, sua saída de detecção de zero vai para nível alto, mudando o módulo do *prescaler* de 65 para 64. Inicialmente, o contador N conta decrescente por um fator A, mas continua decrescendo com uma entrada de $f_o/64$. Quando ele alcança o zero, os dois contadores decrescentes são preestabelecidos novamente, o *prescaler* é alterado de volta para a relação de divisão 65 e o ciclo começa novamente.

A relação de divisão total R do divisor completo na Figura 8-14 é $R = MN + A$. Se $M = 64$, $N = 203$ e $A = 8$, a relação do divisor total é $R = 64(203) + 8 = 12.992 + 8 = 13.000$. A frequência de saída é $f_o = Rf_r = 13.000(30.000) = 390.000.000 = 390$ MHz MHz.

Qualquer relação do divisor na faixa desejada pode ser obtida selecionando os valores para preestabelecer A e N. Além disso, esse divisor altera a relação do divisor um inteiro de cada vez de modo que o incremento na frequência de saída é 30 kHz, conforme desejado.

Como exemplo, considere que N seja ajustado em 207 e A em 51. A relação do divisor total é $R = MN + A$ 64(207) + 51 = 13.248 + 51 = 13.300. A nova frequência de saída é $f_o = 13.299(30.000) = 398.970.000 = 398,97$ MHz.

Se o valor de A for alterado em 1, aumentando para 52, a nova relação de divisão é $R = MN + A = 64(207) + 52 = 13.248 + 52 = 13.300$. A nova frequência é $f_o = 13.300(3.000) = 399.000.000 = 399$ MHz. Note que com uma variação incremental de 1 em A, R variou em 1 unidade e a frequência de saída final aumentou um incremento de 30 kHz (0,03 MHz), variando de 398,97 para 399 MHz.

Os valores preestabelecidos para A e N podem ser fornecidos por qualquer fonte digital em paralelo, mas geralmente são fornecidos por um microprocessador ou são armazenados em um ROM. Embora esse tipo de circuito seja complexo, ele alcança os resultados desejados para variar a frequência de saída em incrementos iguais à entrada de referência para o detector de fase e permite que a frequência de referência permaneça alta de moldo que o atraso de variação na frequência de saída seja curto.

EXEMPLO 8-3

Um sintetizador de frequência tem um oscilador de referência a cristal de 10 MHz seguido por um divisor com um fator de 100. O *prescaler* de módulo variável tem $M = 31/32$. A e N dos contadores decrescentes têm fatores 63 e 285, respectivamente. Qual é a frequência de saída do sintetizador?

O sinal de entrada de referência para o detector de fase é

$$\frac{10 \text{ MHz}}{100} = 0,1 \text{ MHz} = 100 \text{ kHz}$$

O fator do divisor total R é

$$R = MN + A = 32(285) + 63 = 9183$$

A saída desse divisor tem que ser 100 kHz para coincidir com o sinal de referência, 100 kHz, para atingir o sincronismo. Portanto, a entrada do divisor, a saída do VCO, é R vezes 100 kHz, ou

$$f_0 = 9183(0,1 \text{ MHz}) = 918,3 \text{ MHz}$$

EXEMPLO 8-4

Demonstre que a variação em degrau na frequência de saída para o sintetizador do Exemplo 8-3 é igual a faixa de referência do detector de fase, ou 0,1 MHz.

Alterando o fator A em um incremento, para 64, e recalculando a saída obtemos

$$R = 32(285) + 64 = 9184$$
$$f_0 = 9184(0,1 \text{ MHz}) = 918,4 \text{ MHz}$$

O incremento é $918,4 - 918,3 = 0,1$ MHz.

» Sintetizador digital direto

O sintetizador de frequência mais recente é denominado **SINTETIZADOR DIGITAL DIRETO** (DDS). Um sintetizador DDS gera uma onda senoidal digital. A frequência de saída pode ser variada em incrementos, dependendo do valor binário fornecido para a unidade por um contador, registrador ou microcontrolador embutido.

> **É BOM SABER**
>
> O conteúdo de alta frequência, próxima da frequência do *clock* do conversor A/D, tem que ser removido da forma de onda. Um filtro passa-baixas é utilizado para fazer isso e, assim, suavizar a forma de onda de saída.

O conceito básico do sintetizador DDS é ilustrado na Figura 8-15. Uma memória apenas de leitura (ROM) é programada com a representação binária de uma onda senoidal. Esses são os valores que seriam gerados por um conversor analógico-digital (A/D) se uma onda senoidal fosse digitalizada e armazenada na memória. Se esses valores binários passarem por um conversor digital-analógico (D/A), a saída do conversor será uma aproximação em degraus da onda senoidal. Um filtro passa-baixas (FPB) é usado para remover o conteúdo de alta frequência, próxima da frequência de *clock*, suavizando assim a saída CA que passa a ser quase uma senoide perfeita.

Para operar esse circuito é utilizado um contador binário para fornecer a palavra de endereço da ROM. Um sinal de *clock* avança o contador que fornece o endereço sequencial para a ROM. Os números binários armazenados na ROM são aplicados no conversor D/A que gera uma onda senoidal em degraus. A frequência do *clock* determina a frequência da onda senoidal.

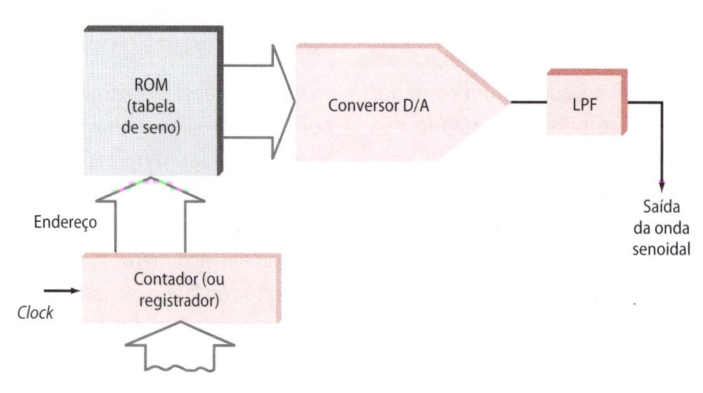

Figura 8-15 Conceito básico de uma fonte de frequência DDS.

Para ilustrar esse conceito, considere um ROM de 16 palavras na qual cada posição de armazenamento tem um endereço de 4 bits. Os endereços são gerados por um contador binário de 4 bits que conta de 0000 até 1111 reciclando em seguida. Na memória ROM estão armazenados os números binários que representam os valores da onda senoidal a ser gerada em determinados ângulos. Visto que a onda senoidal tem 360° no comprimento e que o contador de 4 bits produz 16 endereços ou incrementos, os valores binários representam a senoide a cada 360/16 = 22,5°.

Considere ainda que esses valores da senóide sejam representados com 8 bits de precisão e que sejam convertidos por um conversor D/A em tensões proporcionais. Se o conversor D/A for uma unidade simples capaz de gerar apenas tensões de saída CC, ele não produzirá um valor negativo de tensão conforme necessário para uma onda senoidal. Portanto, somaremos aos valores armazenados na ROM um *offset* (deslocamento CC), de modo que a saída seja uma onda senoidal totalmente positiva. Por exemplo, se quisermos produzir uma onda senoidal com valor de pico de 1 V, a onda senoidal irá variar de 0 a +1 e retornar a 0. Em seguida, varia de 0 a −1 e retorna a 0, como mostra a Figura 8-16(*a*). Acrescentamos o binário 1 na forma de onda de modo que a saída do conversor D/A seja como mostra a Figura 8-16(*b*). Neste

(*a*) Onda senoidal padrão

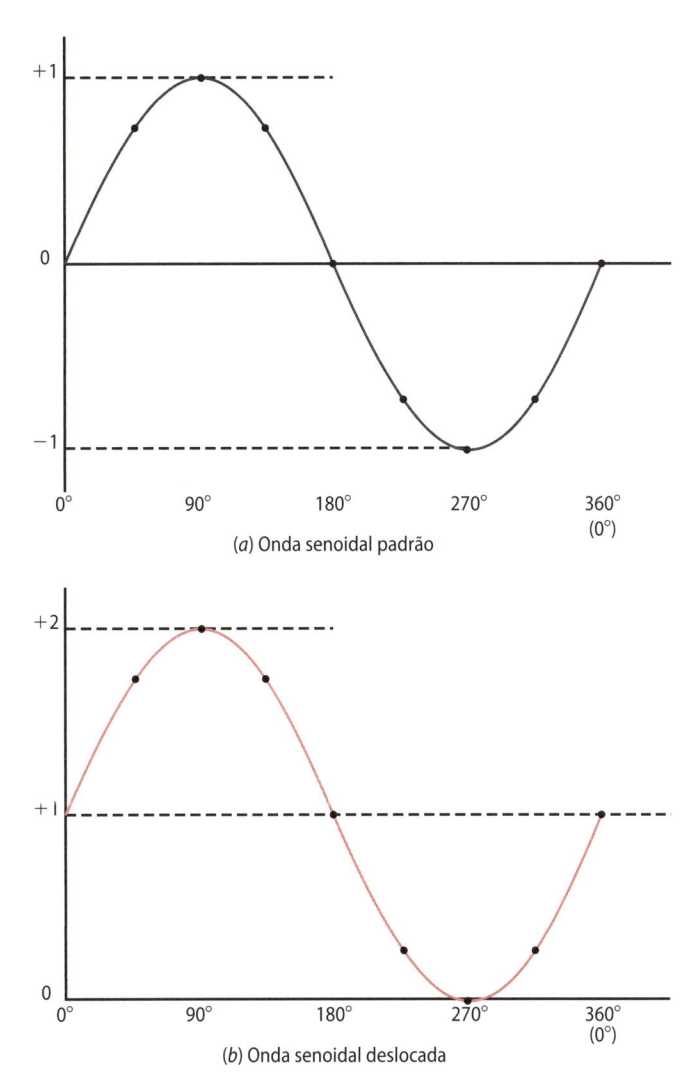

(*b*) Onda senoidal deslocada

Figura 8-16 Deslocamento de uma onda senoidal CA para CC.

caso a saída é 0 no pico negativo da senoide. Esse valor de 1 é acrescentado a cada valor da senoide armazenado na ROM. A Figura 8-17 mostra os endereços da ROM, o ângulo de fase, o valor da senoide e o valor da senóide mais 1.

Se o contador começar a contagem em zero, os valores da senoide serão sequencialmente acessados da ROM e transferidos para o conversor D/A, que produz uma onda senoidal em degraus aproximada. A forma de onda resultante (em vermelho) para uma contagem completa do contador é mostrada na Figura 8-18. Se o *clock* continuar a contagem, o contador recicla e o ciclo de saída da onda senoidal se repete.

É BOM SABER

A frequência de saída, f_o, é igual a frequência de *clock* dividida por 2^N, onde N é o número de bits de endereço na ROM.

Um ponto importante a notar é que esse sintetizador de frequência produz um onda senoidal completa a cada 16 pulsos de *clock*. A razão para isso é que utilizamos 16 valores da senoide para criar um ciclo da onda senoidal na ROM. Para ter uma representação mais precisa da onda senoidal temos que utilizar mais bits. Por exemplo, se utilizarmos um contador de 8 bits com 256 estados, os valores da senoide seriam espaçados a cada 360/256 = 1,4°, resultando em uma representação bem mais precisa da onda senoidal. Por causa dessa relação, a frequência de saída da senoide, f_o = a frequência de *clock* $f_{clk}/2^N$, onde N é igual ao número de bits de endereço na ROM.

Se a frequência de *clock* de 1 MHz for usada com um contador de 4 bits, a frequência da senoide de saída seria

$$f_0 = 1.000.000/2^4 = 1.000.000/16 = 62.500 \text{ Hz}$$

A aproximação em degraus da onda senoidal é então aplicada a um filtro passa-baixas onde os componentes de alta frequência são removidos, restando uma onda senoidal com baixa distorção.

A única forma de alterar a frequência neste sintetizador é mudando a frequência do *clock*. Essa medida não faz muito sentido tendo em vista o fato de que queremos que a saída do sintetizador tenha a precisão e estabilidade de oscilador a cristal. Para conseguir isso, o oscilador do *clock* tem que ser controlado a cristal. A questão agora é: como modificar esse circuito para manter uma frequência de *clock* constante e também alterar a frequência digitalmente?

O método mais utilizado para variar a frequência de saída do sintetizador é substituir o contador por um registrador cujo conteúdo será utilizado como endereço da ROM, mas a partir de um microcontrolador externo. Entretanto, na maioria dos circuitos DDS, esse registrador é utilizado em

ENDEREÇO	ÂNGULO (GRAUS)	SENOIDE	SENOIDE + 1
0000	90	1	2
0001	112,5	0,924	1,924
0010	135	0,707	1,707
0011	157,5	0,383	1,383
0100	180	0	1
0101	202,5	−0,383	0,617
0110	225	−0,707	0,293
0111	247,5	−0,924	0,076
1000	270	−1	0
1001	292,5	−0,924	0,076
1010	315	−0,707	0,293
1011	337,5	−0,383	0,617
1100	360	0	1
1101	22,5	0,383	1,383
1110	45	0,707	1,707
1111	67,5	0,924	1,924
0000	90	1	2

Figura 8-17 Endereços e valores de uma senoide para um DDS de 4 bits.

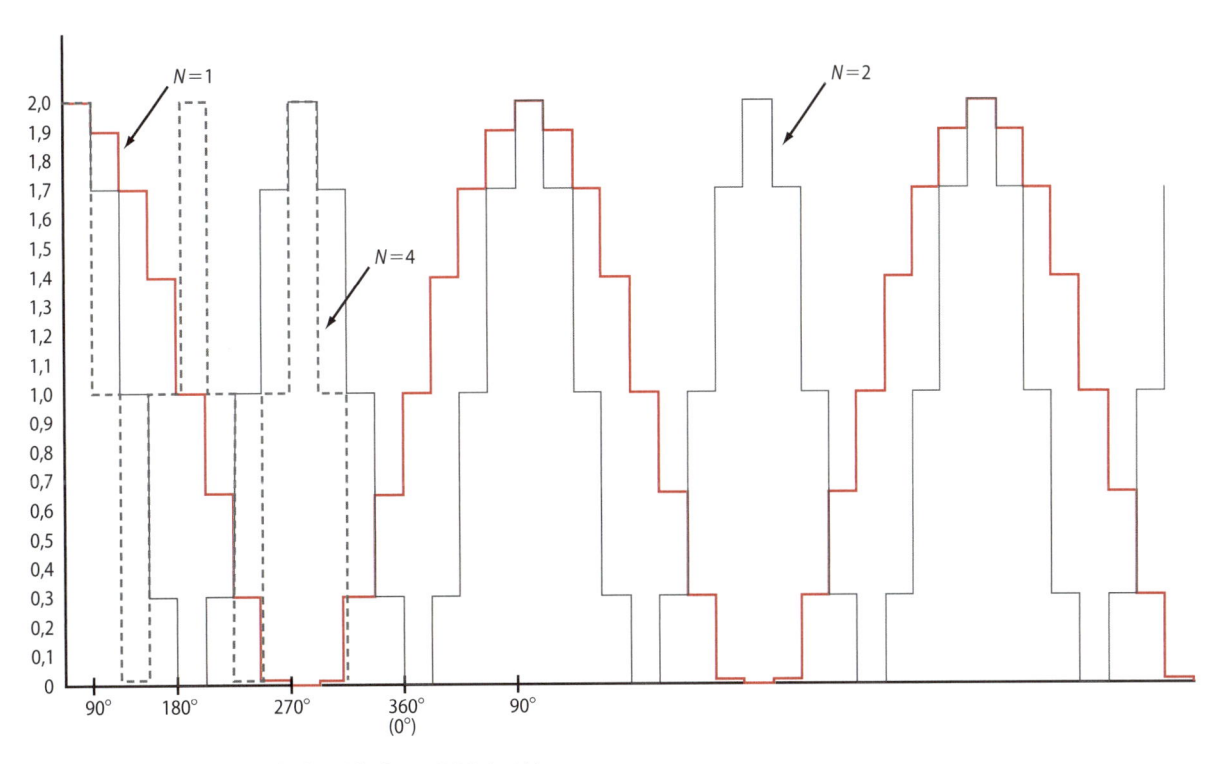

Figura 8-18 Formas de onda de saída de um DDS de 4 bits.

conjunto com um somador binário, como mostra a Figura 8-19. A saída do registrador de endereço é aplicada ao somador juntamente com um valor binário de entrada constante que, quando necessário, também pode ser alterado. A saída do somador é conectada ao registrador. A combinação do registrador e do somador é denominada ACUMULADOR. Esse circuito configurado de modo que, a cada *clock*, a constante C seja somada ao valor anterior do registrador e a soma seja armazenada no registrador de endereço. O valor dessa constante vem do registrador de incremento de fase, que, por sua vez, é carregado por um microcontrolador embutido ou outro circuito.

Para mostrar como esse circuito funciona, considere que estejamos utilizando um registrador acumulador de 4 bits e a mesma ROM descrita anteriormente. Considere também que definimos o valor da constante em 1. Por isso, cada vez que ocorrer um pulso de *clock*, é somado 1 ao conteúdo do registrador. Com o registrador inicialmente em 0000, o primeiro pulso de *clock* faz com que o registrador seja incrementado para 1. No próximo pulso de *clock*, o registrador é incrementado para 2 e assim por diante. Como resultado, essa configuração funciona exatamente como o contador binário descrito antes.

> **É BOM SABER**
>
> Para as constantes com aumento escalonado somadas ao registrador acumulador de 4 bits, a saída pode ser calculada com base na constante C multiplicada pela frequência do *clock*, f_{clk}, dividida por 2^N, onde N é o número de bits do registrador.

Agora, considere que o valor da constante seja 2. Começando em 0000, o conteúdo do registrador será 0, 2, 4, 6 e assim por diante. Observando a tabela de valores da senoide na Figura 8-17, podemos ver que os valores de saída do conversor D/A também descrevem uma senoide, mas essa senoide é gerada em uma taxa maior. Em vez de ter oito valores de amplitude da onda senoidal, apenas quatro valores são usados. Consulte a Figura 8-18, que ilustra com o que a saída se parece (curva cinza). A saída é, obviamente, uma aproxima-

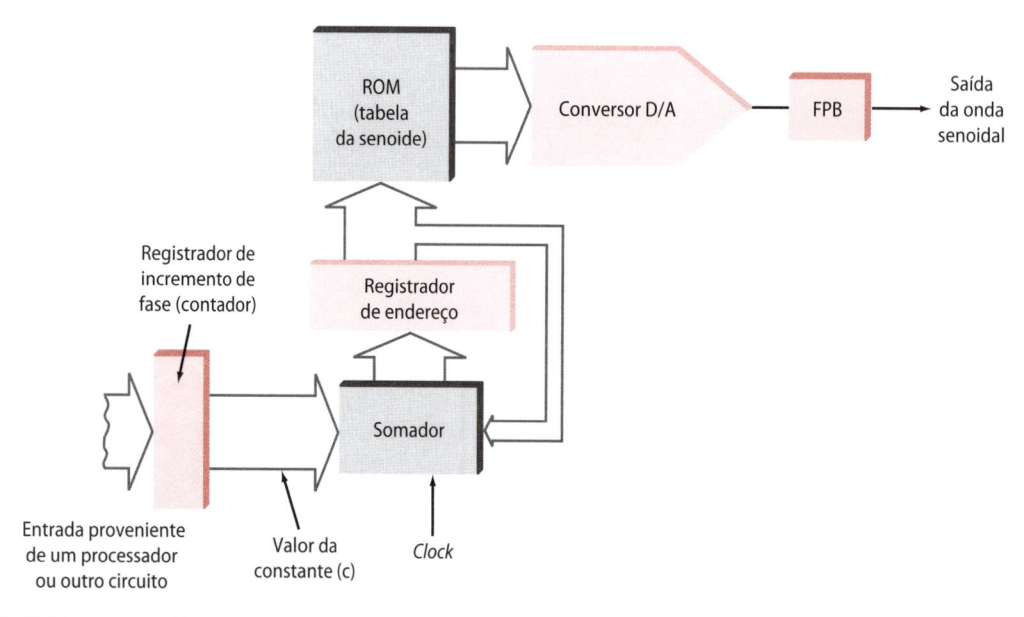

Figura 8-19 Diagrama em bloco de um DDS completo.

ção em degraus de uma onda senoidal, mas durante um ciclo completo do contador, de 0000 a 1111, são gerados dois ciclos de uma senoide de saída. A saída tem poucos degraus e é uma representação grosseira. Com um filtro passa-baixas adequando, a saída será uma onda senoidal cuja frequência é duas vezes a que é gerada pelo circuito com uma constante de entrada igual a 1.

A frequência da onda senoidal pode ainda ser ajustada alterando o valor da constante somada ao do acumulador. Fazendo a constante igual a 3, produz uma frequência de saída que é 3 vezes a que seria produzida pelo circuito original. Uma constante de valor 4 produz uma frequência 4 vezes a original.

Com essa configuração podemos expressar a frequência da onda de saída com a fórmula

$$f_0 = \frac{Cf_{clk}}{2^N}$$

Quanto maior o valor da constante C, menos amostras são utilizadas para reconstruir a senoide de saída. Quando a constante é 4, um a cada quatro valores na Figura 8-17 é enviado para o conversor D/A, que gera a forma de onda em linha pontilhada mostrada na Figura 8-18. Sua frequência é 4 vezes a original. Isso corresponde a duas amostras por ciclo, que é o número mínimo que pode ser utilizado e ainda gerar uma frequência de saída precisa. Lembre-se do critério de Nyquist que diz que para a reprodução adequada de uma onda senoidal, ela tem que ser amostrada pelo menos duas vezes por ciclo para ser reproduzida com precisão por um conversor D/A.

Para tornar o DDS eficaz, o número total de amostras da senoide armazenadas em um ROM deve ser um número muito grande. Os circuitos práticos utilizam um mínimo de 12 bits de endereços, o que significa 4096 amostras da senoide. Pode ser usado um número ainda maior de amostras.

O sintetizador DDS descrito anteriormente oferece algumas vantagens sobre um sintetizador com PLL. Primeiro, se for utilizado um número suficientes de bits de resolução na palavra armazenada na ROM e no acumulador, a frequência pode variar em incrementos bem pequenos; e como o *clock* é controlado a cristal, a onda senoidal resultante terá a exatidão e a precisão do *clock* do cristal.

O segundo benefício é que a frequência do sintetizador DDS geralmente pode ser alterada de forma mais rápida do que no sintetizador com PLL. Lembre-se de que alterar a frequência do sintetizador com PLL tinha que ser inserido um novo fator de divisão no divisor de frequência. Uma vez feito isso, levava um tempo finito para a malha de realimentação detectar o erro e ajustar na nova condição de sincronismo. O tempo de armazenamento da malha do filtro passa-baixas atrasa consideravelmente a alteração de frequência. Isso não é um problema no sintetizador DDS, que pode mudar a frequência de saída em nanossegundos.

Uma desvantagem do sintetizador DDS é que é difícil de fazer um com frequências de saída muito altas, pois a frequência é limitada pela velocidade do conversor D/A e do circuito lógico. Com os atuais componentes, é possível produzir um sintetizador DDS com uma frequência de saída tão alta quanto 200 MHz. Desenvolvimentos na tecnologia de CIs irão aumentar essa frequência no futuro. Para aplicações que necessitam de frequências maiores, o PLL ainda é a melhor alternativa.

Os sintetizadores DDS são fornecidos por vários fabricantes de CIs. Todo o circuito de um DDS é acondicionado em um único *chip*. O circuito de *clock* geralmente está contido no *chip* e a sua frequência é definida por um cristal externo. Linhas de entrada binária em paralelo são disponibilizadas para a definição do valor da constante necessária para alterar a frequência. Um circuito com um conversor D/A de 12 bits é comum. Um exemplo de um DDS é o *chip* AD9852 da Analog Device, mostrado na Figura 8-20. O *clock* do *chip* é derivado de um PLL usado como multiplicador de frequência que pode ser configurado para multiplicar qualquer valor inteiro entre 4 e 20. Com o valor máximo de 20 é gerado uma frequência de *clock* de 300 MHz. Para conseguir essa frequência a entrada de *clock* de referência externa tem que ser de 300/20 = 15 MHz. Com um *clock* de 300 MHz o sintetizador pode gerar senoides de até 150 MHz.

As saídas são provenientes de dois DACs de 12 bits que produzem as ondas senoidal e cossenoidal simultaneamente. Uma palavra de frequência de 48 bits é utilizada para proporcionar 2^{48} incrementos de frequência. Um acumulador de fase de 17 bits permite deslocamentos de fase em 2^{17} incrementos.

Esse *chip* também contém circuitos que permitem a saída de ondas senoidais moduladas. Podem ser implementadas modulações AM, FM, FSK, PM e BPSK.

» Amplificadores de potência

Os três tipos básicos de amplificadores de potência utilizados em transmissores são: linear, classe C e chaveado.

Os **AMPLIFICADORES LINEARES** fornecem um sinal de saída que é uma cópia idêntica e ampliada da entrada. Suas saídas são diretamente proporcionais às suas entradas e, portanto, reproduzem fielmente as entradas, porém com níveis de potência maiores. A maioria dos amplificadores de áudio é linear. Os amplificadores RF lineares são utilizados para aumentar o nível de potência dos sinais RF que variam de amplitude como os sinais de baixo nível AM ou SSB. Os amplificadores lineares são das classes A, AB ou B. A classe de um amplificador indica como ele é polarizado.

Os **AMPLIFICADORES CLASSE A** são polarizados de modo que conduzam continuamente. A polarização é definida de modo que a entrada varie a corrente de coletor (ou dreno) na região linear das curvas características do transistor. Portanto, sua saída é uma reprodução linear amplificada da entrada. Geralmente, dizemos que o amplificador classe A conduz por 360° da senoide de entrada.

Os **AMPLIFICADORES CLASSE B** são polarizados no corte de modo que nenhuma corrente de coletor flui com entrada zero. O transistor conduz apenas meio ciclo, ou 180°, da senoide de entrada. Isso significa que apenas meio ciclo da senoide de entrada é amplificado. Normalmente, são usados dois amplificadores numa configuração *push-pull* de modo que as alternâncias positivas e negativas de entrada sejam amplificadas.

Os **AMPLIFICADORES LINEARES CLASSE AB** são polarizados próximos ao corte com uma pequena corrente de coletor fluindo. Eles conduzem por mais de 180°, porém menos de 360° da entrada. Eles são utilizados principalmente em amplificadores *push-pull* e fornecem uma linearidade melhor do que os amplificadores classe B, mas com menos eficiência.

É BOM SABER
A maioria dos amplificadores de áudio são lineares e, portanto, das classes A e AB.

Os amplificadores classe A são lineares, mas não muito eficientes. Por isso, os amplificadores de potência que operam nesta classe têm baixo rendimento. Como resultado, eles são utilizados principalmente como amplificadores de tensão de pequenos sinais ou em amplificações de baixa potência. Os amplificadores *buffers* descritos anteriormente são amplificadores classe A.

Os amplificadores classe B são mais eficientes do que os classe A porque a corrente flui durante apenas parte do sinal de entrada e eles são bons amplificadores de potência. Entretanto,

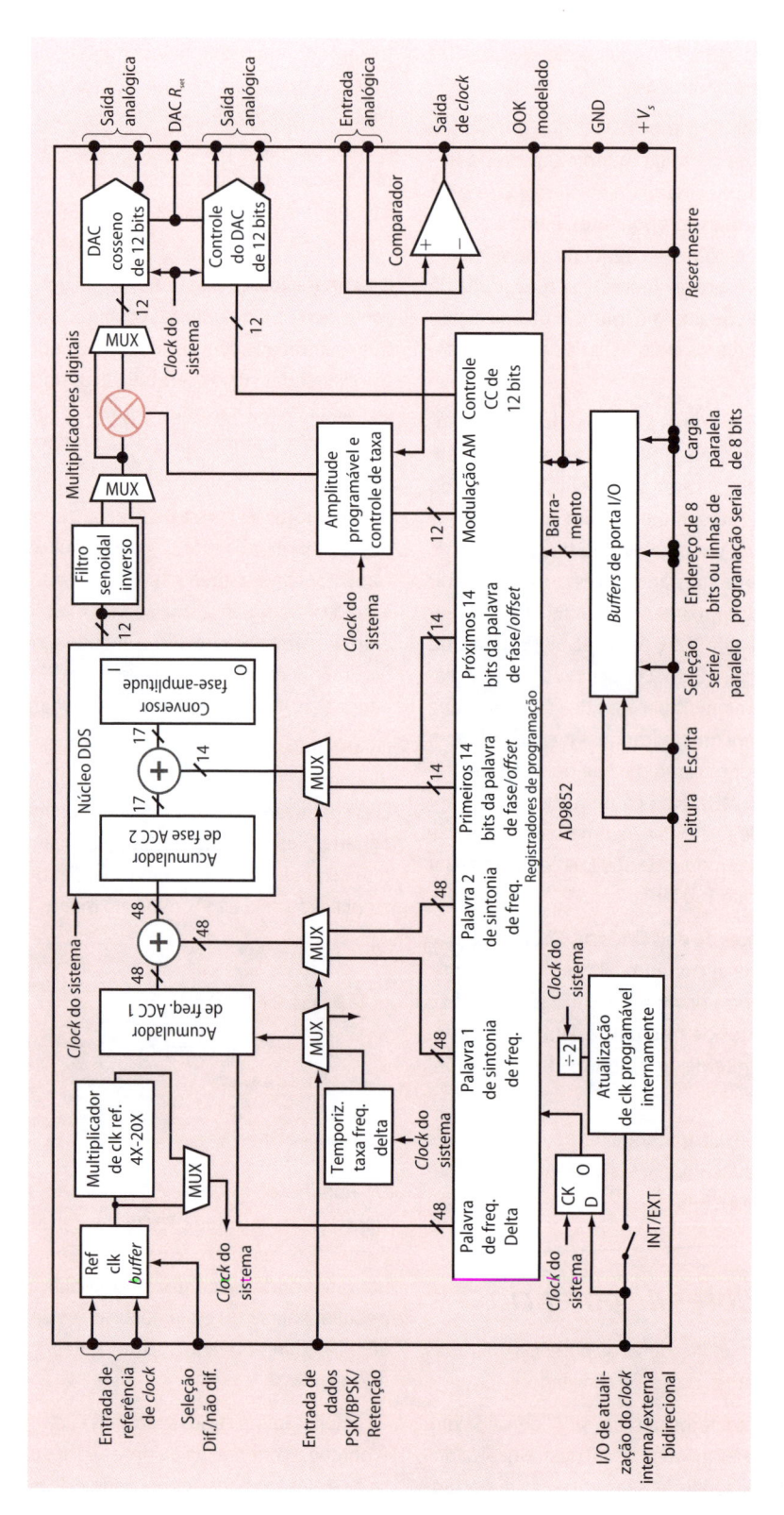

Figura 8-20 *Chip* DDS AD9852 da Analog Devices.

eles distorcem o sinal de entrada porque conduzem apenas metade do ciclo. Portanto, são utilizadas frequentemente técnicas especiais para eliminar ou compensar a distorção. Por exemplo, os amplificadores que operam na classe B em uma configuração *push-pull* minimizam a distorção.

Os AMPLIFICADORES CLASSE C conduzem por um pouco menos de meio ciclo da senoide de entrada, o que os torna muito eficientes. O pulso de corrente altamente distorcido resultante é utilizado para acionar um circuito sintonizado que gera uma saída senoidal contínua. Os amplificadores classe C não podem ser utilizados para amplificar sinais que variam na amplitude. Eles cortam ou distorcem um sinal AM ou SSB. Entretanto, os sinais FM não variam na amplitude e, portanto, podem ser amplificados com amplificadores classe C não lineares mais eficientes. Esse tipo de amplificador também pode ser um bom multiplicador de frequência como harmônicos gerados no processo de amplificação.

Os amplificadores chaveados se comportam como chaves (*on/off*) digitais. Eles geram efetivamente uma saída de onda quadrada. Esta saída distorcida é indesejável; entretanto, utilizando circuitos sintonizados de alto Q na saída, os harmônicos gerados como parte do processo de chaveamento pode ser facilmente filtrado. A ação de chaveamento é altamente eficiente porque a corrente flui durante apenas meio ciclo e quando isso ocorre, a queda de tensão no transistor é muito baixa, resultando em uma potência de dissipação baixa. Os amplificadores chaveados são projetados nas classes D, E, F e S.

» Amplificadores lineares

Os amplificadores lineares são utilizados principalmente em transmissores AM e SSB em versões de baixa e alta potência. Alguns exemplos a seguir.

Buffers classe A. Um simples amplificador *buffer* classe A é mostrado na Figura 8-21. Esse tipo de amplificador é utilizado entre o oscilador da portadora e o amplificador de potência final para isolar o oscilador da carga do amplificador de potência, que pode variar a frequência de oscilação. Ele proporciona um modesto aumento de potência fornecendo a potência de acionamento que o amplificador final necessita. Estes circuitos geralmente fornecem potência de miliwatts e raramente mais do que 1 W. O sinal do oscilador da portadora é acoplado capacitivamente na entrada do amplificador *buffer*. A polarização dele é derivada de R_1, R_2 e R_3.

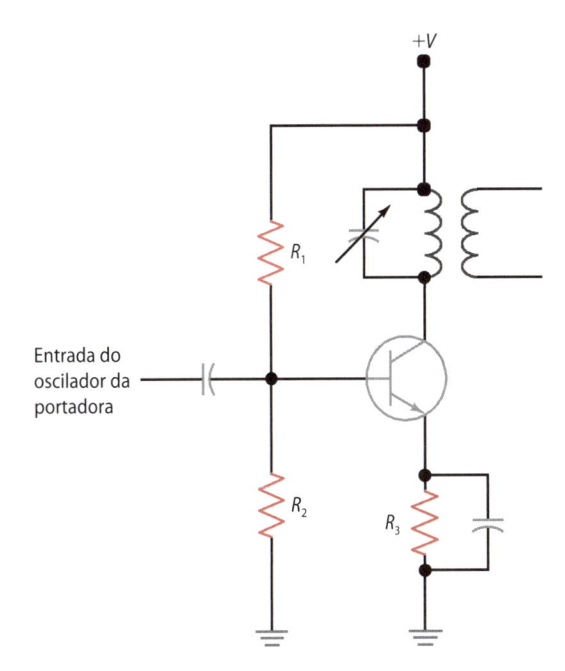

Figura 8-21 Amplificador *buffer* RF (classe A) linear.

O resistor de emissor, R_3, tem um capacitor de desvio para proporcionar máximo ganho. O coletor é sintonizado com um circuito *LC* ressonante na frequência de operação. Um secundário acoplado indutivamente transfere a potência para o próximo estágio.

Amplificadores lineares de alta potência. Um amplificador linear classe A de alta potência é mostrado na Figura 8-22. Pode ser utilizado também um MOSFET de potência nesse circuito com algumas modificações. A polarização de base é fornecida por um circuito de corrente constante com compensação de temperatura. A entrada RF proveniente de uma fonte de 50 Ω é conectada à base por meio de um circuito de casamento de impedância constituído por C_1, C_2 e CL_1. A saída é casada com uma carga de 50 Ω por meio de uma malha de casamento de impedância constituída por L_2, L_3, C_3 e C_4. Quando fixado a um dissipador de calor adequado, o transistor pode gerar até 100 W de potência em cerca de 200 MHz. O amplificador é projetado para uma frequência específica que é definida pelos circuitos sintonizados de entrada e saída. Os amplificadores classe A têm uma eficiência máxima de 50%. Portanto, apenas 50% da potência CC é convertida em RF e os 50% restantes, dissipados no transistor. Para uma saída RF de 100 W, o transistor dissipa 100 W. São comuns eficiências menores do que 50%.

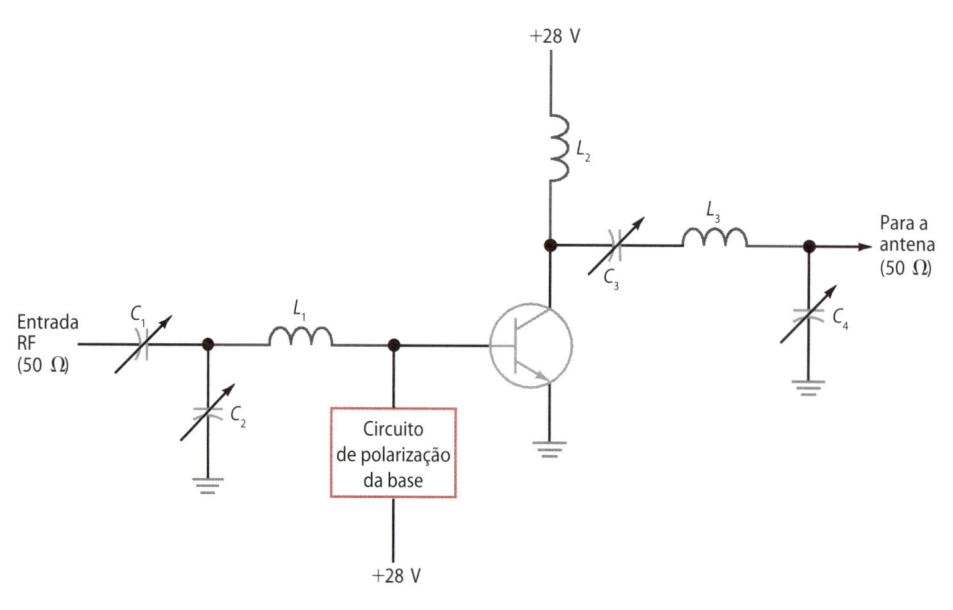

Figura 8-22 Amplificador RF linear classe A de alta potência.

Os transistores de potência de RF disponíveis têm um limite de potência de algumas centenas de watts. Para produzir mais potência, podem ser conectados dois ou mais dispositivos em paralelo, em configuração *push-pull* ou em alguma combinação. Os níveis de potência de alguns milhares de watts são possíveis com esses arranjos.

Amplificadores push-pull classe B. Um amplificador de potência linear classe B que usa um *push-pull* é mostrado na Figura 8-23. O sinal de acionamento RF é aplicado em Q_1 e Q_2 através do transformador de entrada T_1. Ele proporciona o casamento de impedância e os sinais de acionamento das bases de Q_1 e Q_2 que estão defasados 180°. Um transformador de saída T_2 acopla a potência na antena ou na carga. A polarização é fornecida por R_1 e D_1.

Para a operação classe B, Q_1 e Q_2 devem ser polarizados exatamente no ponto de corte. A junção base-emissor de um transistor não conduz até que cerca de 0,6 a 0,8 V de polarização direta seja aplicada por causa da barreira de potencial da junção. Esse efeito faz com que os transistores sejam naturalmente polarizados além do ponto de corte e não exatamente neste ponto. Um diodo de silício, D_1, polarizado diretamente apresenta uma queda de aproximadamente 0,7 V; isso é usado para colocar Q_1 e Q_2 exatamente no limiar de condução.

No semiciclo positivo da entrada RF, a base de Q_1 é positiva e a base de Q_2 é negativa. Q_2 está em corte, mas Q_1 conduz, amplificando linearmente o semiciclo positivo. A corrente de coletor flui na metade superior de T_2, que induz uma tensão de saída no secundário. No semiciclo negativo da entrada RF, a base de Q_1 é negativa, de modo que ele está em corte. A base de Q_2 é positiva, de modo que Q_2 amplifica o semiciclo negativo. A corrente flui em Q_2 e na metade inferior de T_2, completando o ciclo. A potência é dividida entre os dois transistores.

O circuito na Figura 8-23 é um circuito de banda larga não sintonizado que pode amplificar sinais ao longo de uma ampla faixa de frequência, normalmente de 2 a 30 MHz. Um sinal AM ou SSB de baixa potência é gerado na frequência desejada e então aplicado nesse amplificador de potência antes de ser enviado para a antena. Com circuitos *push-pull*, são possíveis níveis de potência até 1 kW.

A Figura 8-24 mostra outro amplificador de potência RF *push-pull*. Ele utiliza dois MOSFETs, que podem produzir uma saída de até 1 kW na faixa de 10 a 90 MHz e têm um ganho de potência de 12 dB. A potência de acionamento da entrada RF tem que ser 63 W para produzir uma saída de 1 kW. São utilizados em T_1 (entrada) e T_2 (saída) transformadores toroidais para casamento de impedância. Eles oferecem operação em banda larga na faixa de 10 a 90 MHz sem sintonia. Os indutores de 20 nH e os resistores de 20 Ω formam o circuito de neutralização que fornece realimentação fora de fase da saída para a entrada para evitar a auto-oscilação.

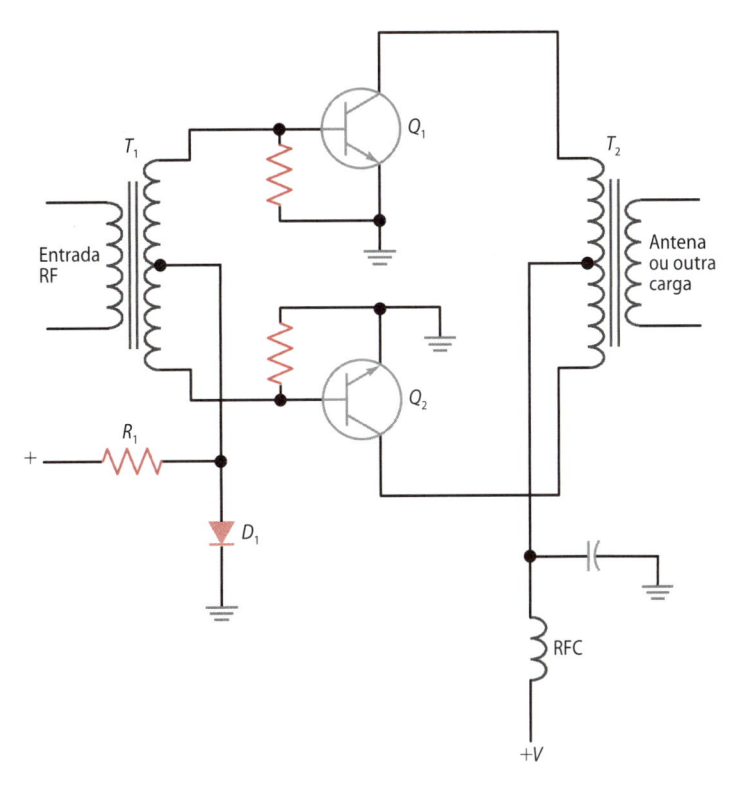

Figura 8-23 Amplificador de potência classe B *push-pull*.

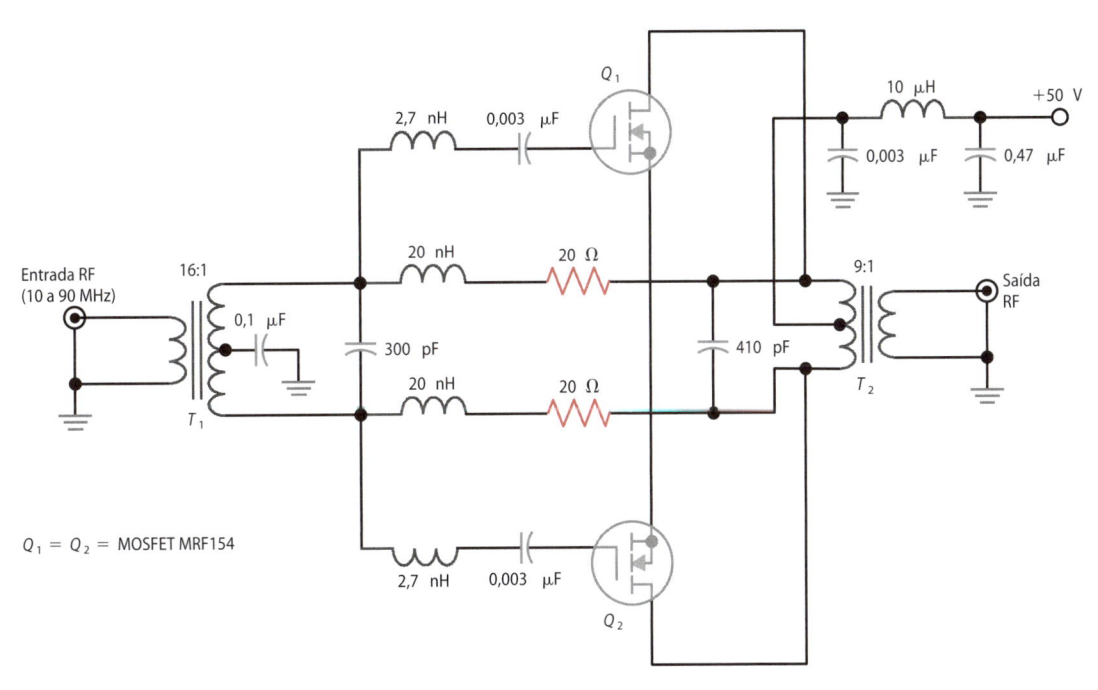

Figura 8-24 Amplificador de potência RF de 1 kW utilizando MOSFETs.

$Q_1 = Q_2 =$ MOSFET MRF154

» Amplificadores classe C

O principal circuito na maioria dos transmissores AM e FM é o amplificador classe C. Esses amplificadores são utilizados para amplificação de potência na forma de acionadores, multiplicadores de frequência e amplificadores de potência final. Os amplificadores classe C são polarizados de modo que eles conduzam durante menos de 180° do sinal de entrada. Geralmente, esse amplificador tem um ângulo de condução de 90 a 150°. A corrente flui por ele em pulsos curtos e é utilizado um circuito sintonizado ressonante para a amplificação do sinal completo.

Métodos de polarização. A Figura 8-25(a) mostra uma forma de polarizar um amplificador classe C. A base do transistor é simplesmente conectada em GND através de um resistor. Nenhuma tensão de polarização externa é aplicada. Um sinal de RF a ser amplificado é aplicado diretamente na base. O transistor conduz nos semiciclos positivos da onda de entrada e entra em corte nos semiciclos negativos. Embora isso pareça uma configuração classe B, não é o caso. Lembre-se que a junção base-emissor de um transistor bipolar tem um limiar de tensão direta de aproximadamente 0,7 V. Em outras palavras, a junção base-emissor não conduz até que a base seja 0,7 V mais positiva que o emissor. Por isso,

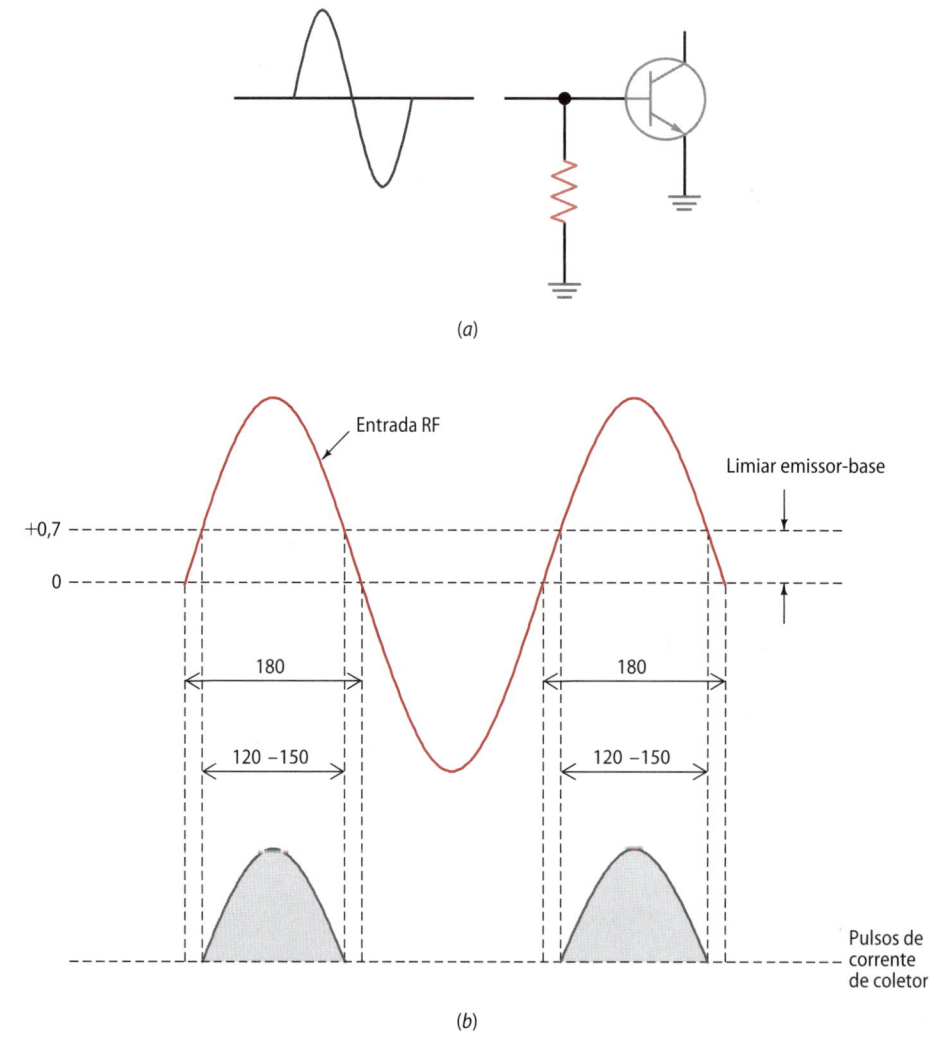

Figura 8-25 Utilizando o limiar base-emissor interno para polarização classe C.

o transistor tem uma polarização reversa inerente. Quando o sinal de entrada é aplicado, a corrente de coletor não flui até que a base seja 0,7 V mais positiva que o emissor. Isso é ilustrado na Figura 8-25(b). O resultado é que a corrente de coletor flui pelo transistor nos pulsos positivos durante menos de 180° da parte positiva do sinal CA.

> **É BOM SABER**
>
> O Q do circuito sintonizado nos amplificadores classe C deve ser alto o bastante para atenuar os harmônicos suficientemente. O circuito sintonizado também deve ter uma largura de banda suficiente para permitir a passagem das bandas laterais criadas no processo de modulação.

Em muitos acionadores de baixa potência e estágios multiplicadores, nenhum tipo de polarização especial que não seja a de tensão de junção base-emissor inerente é necessária. O resistor entre base e GND é simplesmente uma carga para o circuito de acionamento. Em alguns casos, tem que ser utilizado um ângulo de condução mais estreito do que o proporcionado pelo circuito da Figura 8-25(a). Nestes casos, tem que ser aplicada uma forma de polarização. Uma forma simples de polarização é com a malha RC mostrada na Figura 8-26(a), em que o sinal a ser amplificador é aplicado através do capacitor C_1. Quando a junção base-emissor conduz no semiciclo positivo, C_1 é carregado com o pico da tensão aplicada menos à queda direta na junção base-emissor. No semiciclo negativo da entrada, a junção base-emissor é polarizada reversamente, de modo que o transistor não conduz. Entretanto, durante esse tempo, o capacitor C_1 descarrega através de R_1, produzindo uma tensão negativa em R_1 que serve como uma polarização reversa no transistor. Ajustando adequadamente a constante de tempo de R_1 e C_1, pode ser estabelecida uma tensão de polarização reversa CC média. A tensão aplicada faz com que o transistor conduza, mas apenas nos picos. Quanto maior a tensão de polarização CC média, mais estreito o ângulo de condução e menor a duração

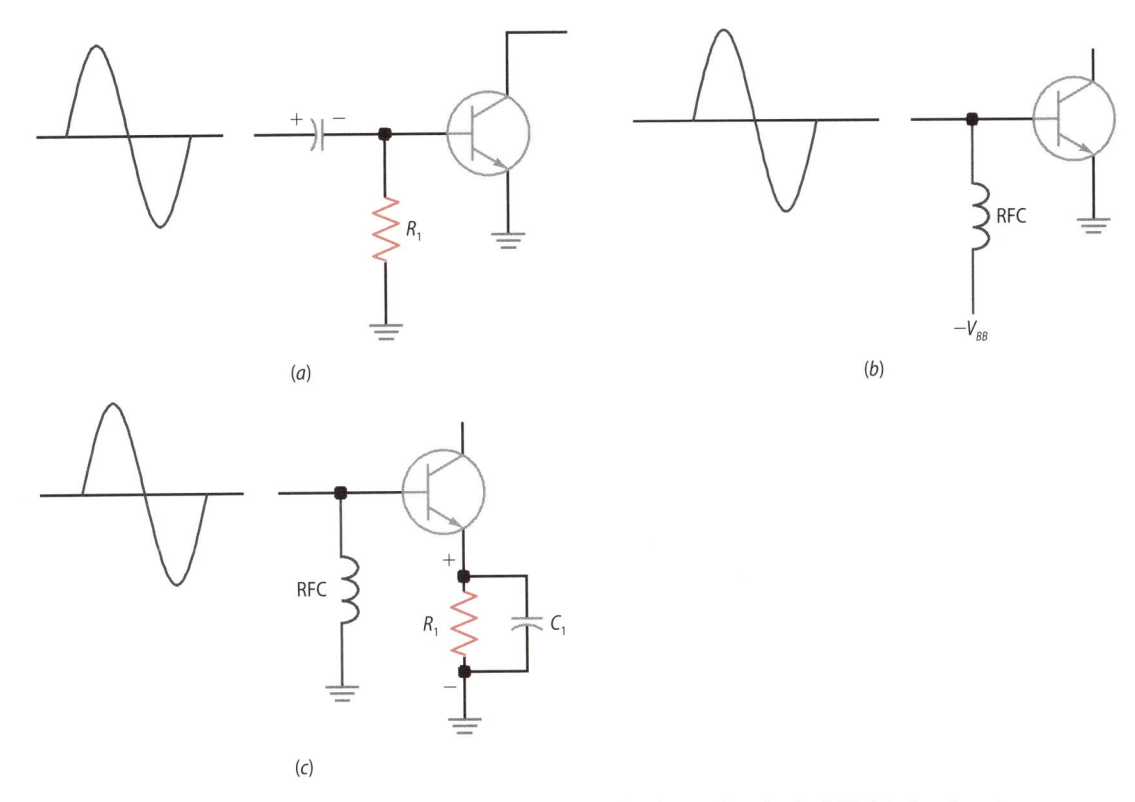

Figura 8-26 Métodos de polarização de um amplificador classe C. (a) Polarização pelo sinal. (b) Polarização externa. (c) Autopolarização.

dos pulsos de corrente no coletor. Esse método é conhecido como **POLARIZAÇÃO POR SINAL**.

Obviamente, a polarização negativa também pode ser aplicada a um amplificador classe C a partir de uma tensão de alimentação CC fixa, como mostra a Figura 8-26(b). Após ser estabelecido o ângulo de condução desejado, o valor da tensão reversa pode ser determinado e aplicado à base através de RFC. O sinal de entrada é então acoplado à base fazendo com que o transistor conduza apenas nos picos positivos de entrada. Esta é denominada de polarização externa e necessita de uma fonte CC negativa em separado.

Outro método de polarização é mostrado na Figura 8-26(c). Assim como no circuito mostrado na Figura 8-26(a), a polarização é derivada do sinal. Essa configuração é conhecida como **MÉTODO DE AUTOPOLARIZAÇÃO**. Quando a corrente flui no transistor, é desenvolvida uma tensão em R_1. O capacitor C_1 é carregado e mantém a tensão constante. Isso torna o emissor mais positivo do que a base, que tem o mesmo efeito de uma tensão negativa na base. É necessário um sinal de entrada forte para uma operação adequada. Esses circuitos também funcionam com um MOSFET tipo enriquecimento.

Circuitos de saída sintonizados. Todos os amplificadores classe C têm alguma forma de circuito sintonizado conectado no coletor, como mostra a Figura 8-27. A principal finalidade desse circuito sintonizado é formar uma senoide completa na saída. Um circuito sintonizado em paralelo oscila na frequência de ressonância sempre que recebe um pulso CC. Esse pulso carrega o capacitor que, por sua vez, é descarregado no indutor. O campo magnético no indutor aumenta e, em seguida, entra em colapso, induzindo uma tensão que recarrega o capacitor no sentido oposto. Essa troca de energia entre indutor e capacitor, denominada *efeito volante* (*flyweel*), produz uma senoide amortecida na frequência ressonante. Se o circuito ressonante receber um pulso de corrente a cada semiciclo, a tensão no circuito sintonizado é uma senoide de amplitude constante na frequência de ressonância. Mesmo que a corrente flua através do transistor em pulsos curtos, a saída do amplificador classe C é uma onda senoidal contínua.

Outra forma de interpretar a operação de um amplificador classe C é ver o transistor como uma fonte que fornece um pulso de potência altamente distorcido para um circuito sintonizado. De acordo com a teoria de Fourier, esse sinal distorcido contém uma onda senoidal fundamental mais harmônicos ímpares e pares. O circuito sintonizado se comporta como um filtro passa-baixas para selecionar a senoide fundamental contida no sinal composto distorcido.

O circuito sintonizado no coletor é utilizado também para filtrar os harmônicos indesejados. Os pulsos curtos no amplificador classe C é constituído do segundo, terceiro, quarto, quinto, etc., harmônicos. Em um transmissor de alta potência, os sinais são radiados nessas frequências harmônicas bem como na frequência ressonante fundamental. A radia-

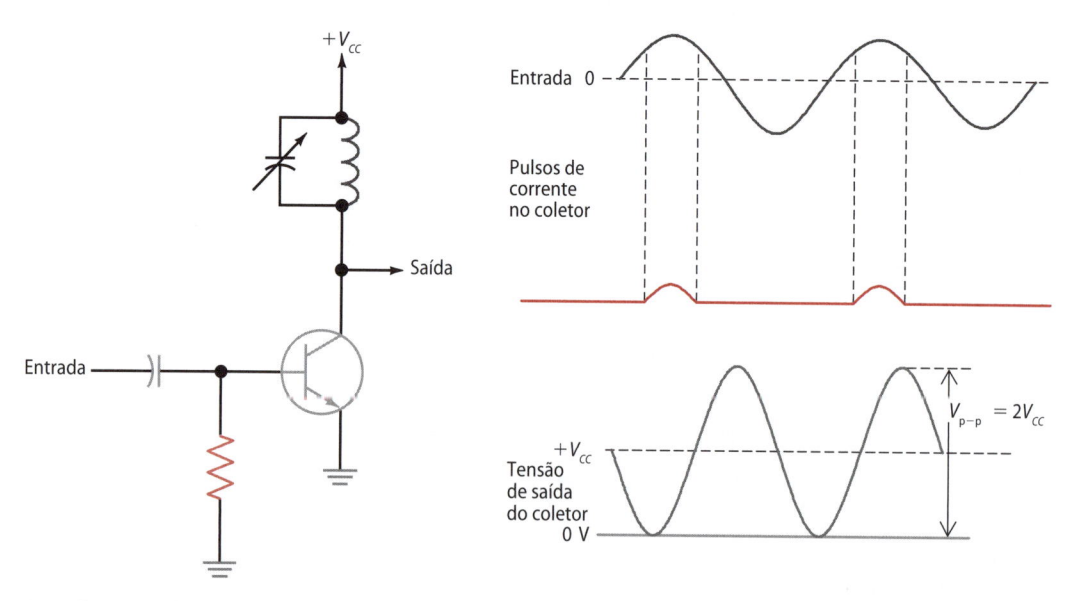

Figura 8-27 Operação do amplificador classe C.

ção desses harmônicos pode causar interferência fora da banda e o circuito sintonizado se comporta como um filtro seletivo para eliminar esses harmônicos de ordem maior. Se o Q do circuito sintonizado for o mais alto possível, os harmônicos serão suprimidos adequadamente.

O Q do circuito sintonizado no amplificador classe C deve ser selecionado de modo que proporcione uma atenuação adequada dos harmônicos, mas tenha uma largura de banda suficiente para permitir a passagem das bandas laterais produzidas no processo de modulação. Lembre-se de que a largura de banda e o Q do circuito sintonizado estão relacionados pela expressão

$$BW = \frac{f_r}{Q} \qquad Q = \frac{f_r}{BW}$$

Se o Q do circuito sintonizado for muito alto, a largura de banda será muito estreita e parte das bandas laterais de frequências maiores serão eliminadas. Isso provoca uma forma de distorção de frequência denominada *ceifamento de banda lateral* e pode tornar os sinais ininteligíveis ou pelo menos com a fidelidade da reprodução limitada.

Um dos principais motivos da preferência pelos amplificadores classe C em relação aos amplificadores classe A e B é sua alta eficiência. Lembre-se de que a eficiência é a relação entre as potências de saída e de entrada. Se toda a potência gerada, a de entrada, for convertida na potência de saída, a eficiência é 100%. Isso não acontece no mundo real por causa das perdas. Mas em um amplificador classe C, mais do que a potência total gerada é aplicada na carga. Como a corrente flui durante menos de 180° do ciclo de entrada CA, a corrente média no transistor é muito baixa; ou seja, a potência dissipada pelo dispositivo é baixa. Um amplificador classe C funciona quase como uma chave desligada durante 180° do ciclo de entrada. A chave conduz aproximadamente de 90 a 150° do ciclo de entrada. Durante esse tempo, a resistência coletor-emissor é baixa. Ainda que a corrente de pico seja alta, a dissipação de potência é muito menor do que nos circuitos de classes A e B. Por isso, mais do que a potência CC é convertida em energia RF e transferida para a carga, geralmente uma antena. A eficiência da maioria dos amplificadores classe C está na faixa de 60 a 85%.

A potência de entrada no amplificador classe C é a potência média consumida pelo circuito, que é simplesmente o produto da tensão de alimentação pela corrente média de coletor, ou

$$P_{in} = V_{CC}(I_C)$$

Por exemplo, se a tensão de alimentação for 13,5 V e a corrente de coletor CC média for 0,7 A, a potência de entrada é $P_{in} = 13,5(0,7) = 9,45$ W.

A potência de saída é a potência real transmitida para a carga. O valor da potência depende da eficiência do amplificador. A potência de saída pode ser calculada com a expressão familiar de potência

$$P_{out} = \frac{V^2}{R_L}$$

onde V é a tensão de saída RF no coletor do amplificador e R_L é a impedância da carga. Quando um amplificador classe C é configurado e opera adequadamente, a tensão de saída RF de pico a pico é 2 vezes a tensão de alimentação, ou $2V_{CC}$ (veja a Figura 8-27).

Multiplicadores de frequência. Qualquer amplificador classe C é capaz de realizar a multiplicação de frequência se o circuito sintonizado ressoar em algum múltiplo inteiro da frequência de entrada. Por exemplo, um dobrador de frequência pode ser construído simplesmente conectando um circuito sintonizado em paralelo no coletor de um amplificador classe C que ressoa no dobro da frequência de entrada. Quando ocorre o pulso de corrente no coletor, ele estimula o circuito sintonizado no dobro da frequência de entrada. Um pulso de corrente segue para cada dois ciclos de oscilação. Um circuito triplicador é implementado exatamente da mesma forma, exceto que o circuito sintonizado ressoa em 3 vezes a frequência de entrada, recebendo um pulso de entrada a cada 3 ciclos de oscilação (veja a Figura 8-28).

Os multiplicadores podem ser construídos para aumentar a frequência de entrada por qualquer fator inteiro até aproximadamente 10. À medida que o fator de multiplicação se torna maior, a potência de saída do multiplicador diminui. Para a maioria das aplicações práticas, os melhores resultados são conseguidos com os multiplicadores 2 e 3.

É BOM SABER

Embora os multiplicadores possam ser construídos para aumentar a frequência de entrada por um valor inteiro até aproximadamente 10, os melhores resultados são obtidos com multiplicadores de 2 e 3.

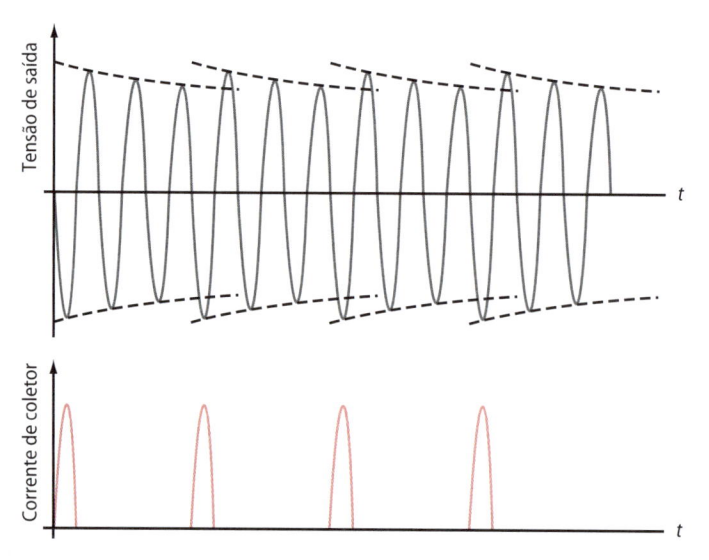

Figura 8-28 Relação entre a corrente no transistor e a tensão no circuito sintonizado em um triplicador de frequência.

Outra forma de analisar a operação de um multiplicador de frequência classe C é relembrar que o pulso de corrente não senoidal é rico em harmônicos. Cada vez que um pulso ocorre, são gerados o segundo, terceiro, quarto, quinto, etc., harmônicos. A finalidade do circuito sintonizado no coletor é funcionar como um filtro para selecionar o harmônico desejado.

Em muitas aplicações, é necessário um fator de multiplicação maior do que o que podemos obter com um único estágio. Nesses casos, são conectados dois ou mais multiplicadores em cascata. A Figura 8-29 mostra dois exemplos de multiplicadores. No primeiro caso, os multiplicadores de 2 e 3 são conectados em cascata para produzir uma multiplicação total 6. No segundo, os três multiplicadores fornecem uma multiplicação 30. O fator de multiplicação total é o produto dos fatores de multiplicação dos estágios individuais.

❯❯ Neutralização

Um problema que todos os amplificadores RF têm, os lineares e de classe C, é a **auto-oscilação**. Quando algumas das tensões de saída encontram um caminho de retorno para a entrada do amplificador com as corretas amplitude e fase, o amplificador oscila algumas vezes em sua frequência sintonizada e, em outros casos, em frequências muito maiores. Quando o circuito oscila em frequências maiores não relacionadas à frequência sintonizada, a oscilação é conhecida como *oscilação parasita*. Nos dois casos, a oscilação é indesejada e ela evita que a amplificação ocorra ou, no caso de oscilação parasita, reduz a amplificação de potência e introduz distorção no sinal.

A auto-oscilação na frequência sintonizada em um amplificador é o resultado da realimentação positiva que ocorre por causa da capacitância entre elementos do dispositivo de amplificação, seja um transistor bipolar, um FET ou uma válvula termiônica. Em um transistor bipolar essa é a capacitância coletor-base, C_{bc}, como mostra a Figura 8-30(a). Os amplificadores transistorizados são polarizados de modo que a junção emissor-base seja polarizada diretamente e a junção coletor-base, reversamente. Conforme discutido antes, um diodo polarizado reversamente, ou uma junção de transistor, se comporta como um capacitor. Essa pequena capacitância permite que a saída do coletor seja realimentada na base. Dependendo da frequência do sinal, do valor da capacitância e dos valores de indutâncias e capacitâncias parasitas no circuito, o sinal realimentado pode estar em fase com o sinal de entrada e uma amplitude suficientemente alta causa oscilação.

Essa capacitância entre elementos pode ser eliminada; portanto, seu efeito tem que ser compensado ou neutralizado. No processo de **neutralização**, é realimentado outro sinal de amplitude igual à do sinal realimentado através de C_{bc} e defasado 180°. O resultado é que os dois sinais se cancelam.

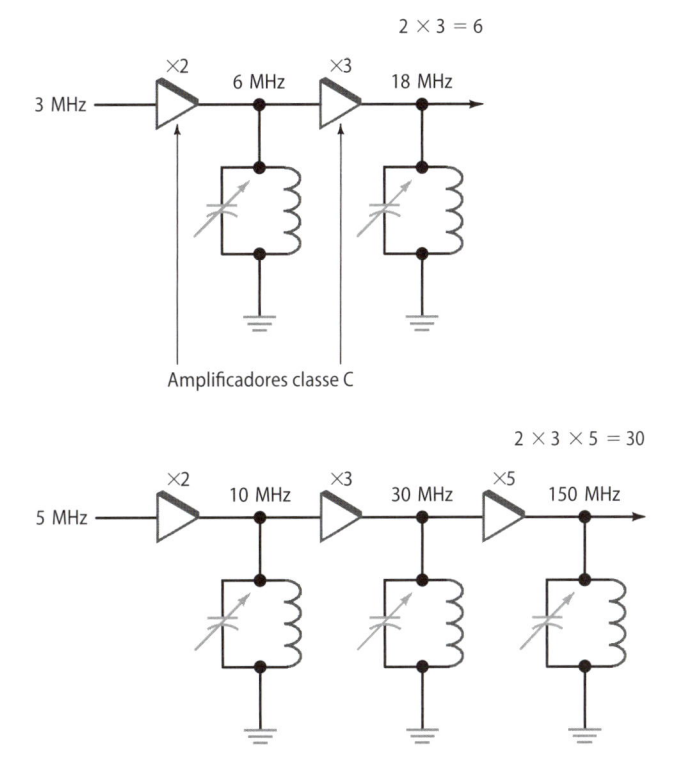

Figura 8-29 Multiplicação de frequência com amplificadores classe C.

A Figura 8-30 mostra alguns métodos de neutralização. Na Figura 8-30(a) o indutor L_n produz um sinal igual e de fase oposta. O capacitor C_1 é de alto valor e é utilizado estritamente para bloqueio CC, evitando que a tensão do coletor seja aplicada na base. De modo que o valor de L_n seja ajustado para tornar sua reatância igual à reatância de C_{bc} na frequência de oscilação, essa indutância é ajustável. Como resultado, C_{bc} e L_n formam um circuito ressonante em paralelo que se comporta como um resistor de alto valor na frequência de ressonância. O resultado é o cancelamento efetivo da realimentação positiva. O tipo de neutralização mostrado na Figura 8-30(b) usa uma bobina de coletor com derivação e um capacitor de neutralização, C_n. As duas metades iguais da indutância de coletor, a capacitância de junção (C_{bc}) e C_n formam um circuito em ponte [Figura 8-30(c)]. Quando C_n é ajustado para igualar com o valor de C_{bc}, a ponte é equilibrada e não há sinal realimentado, V_f. Uma variação desse circuito é mostrada na Figura 8-30(d), onde um indutor com derivação central é utilizado na entrada da base.

As oscilações parasitas são geralmente eliminadas conectando-se um resistor de baixo valor no terminal do coletor ou da base. Um valor de 10 a 22 Ω é comum. As oscilações parasitas também podem ser eliminadas colocando-se um ou mais ferrites em forma de miçangas no terminal do coletor ou da base. Uma outra prática é enrolar um pequeno indutor sobre um resistor, criando um circuito RL em paralelo que é colocado no terminal do coletor ou da base.

» Amplificadores de potência chaveados

Conforme dito antes, o principal problema com os amplificadores de potência RF é a ineficiência e a alta dissipação de potência. Para gerar uma potência RF a ser transferida para uma antena, o próprio amplificador tem que dissipar uma quantidade considerável de potência. Por exemplo, um amplificador de potência classe A utiliza um transistor que conduz continuamente. Ele é um amplificador linear cuja condução varia conforme as variações do sinal. Devido à condução contínua, o amplificador classe A gera um considerável valor de potência que não é transferida para a carga. Não mais do que 50% da potência total consumida

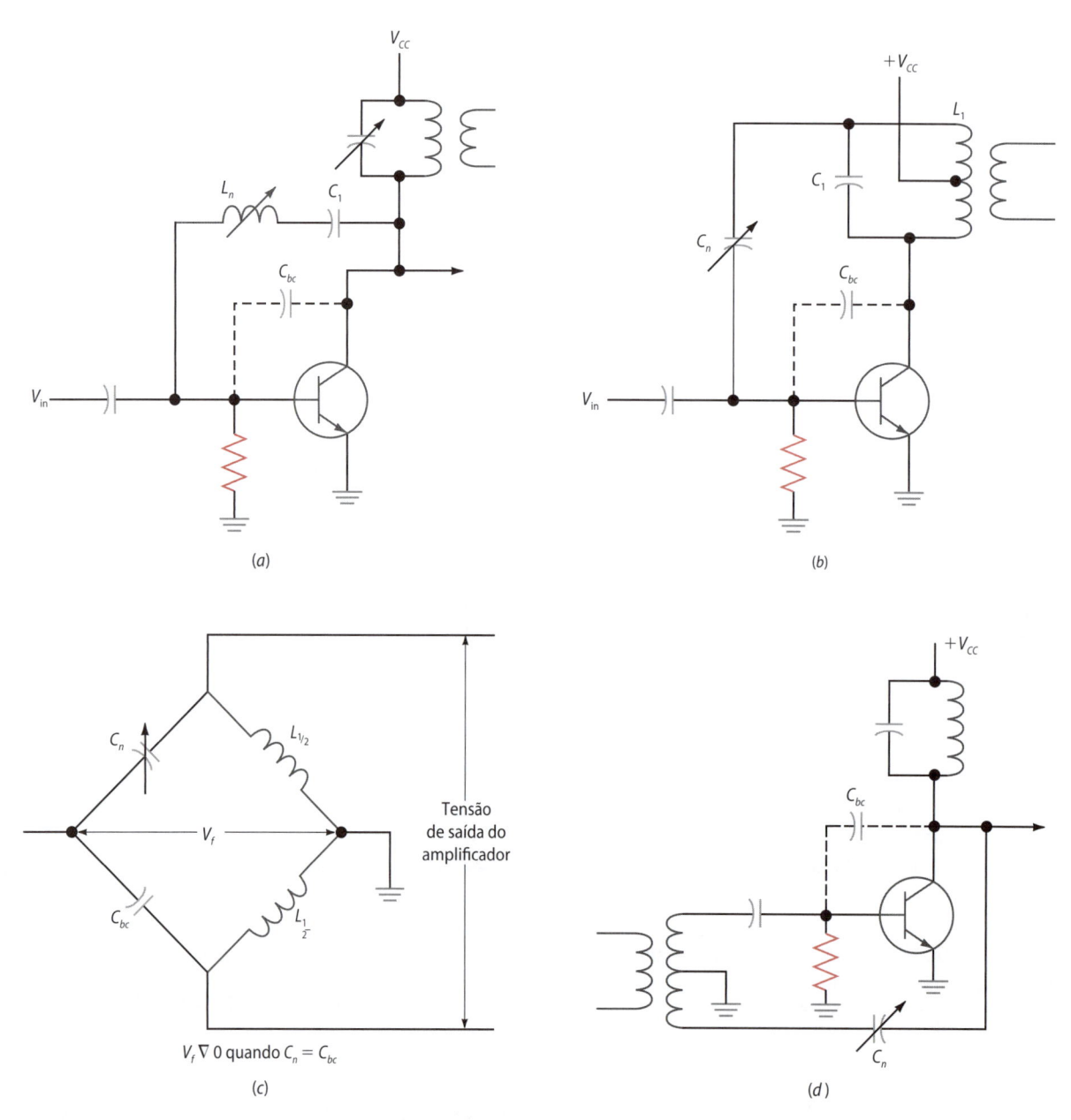

Figura 8-30 Circuitos de neutralização. (a) Cancelamento do efeito de C_{bc} com uma indutância equivalente, L_n. (b) Neutralização usando uma bobina de coletor com derivação e um capacitor de neutralização, C_n. (c) Circuito equivalente de (b). (d) Neutralização com um indutor de entrada com derivação.

pelo amplificador pode ser transferida para a carga. Devido à alta dissipação de potência, a potência de saída de um amplificador classe A é geralmente limitada. Por isso, esses amplificadores são normalmente usados apenas em estágios de baixa potência do transmissor.

Para produzir uma saída de potência maior são utilizados os amplificadores classe B. Cada transistor conduz por 180° do sinal da portadora. São utilizados dois transistores em uma configuração *push-pull* para formar uma onda senoidal de portadora completa. Visto que cada transistor conduz por apenas 180° de qualquer ciclo da portadora, o valor da potência dissipada é consideravelmente menor, com valores possíveis de eficiência de 70 a 75%. Os amplificadores classe C são ainda mais eficientes, visto que eles conduzem durante menos de 180° do sinal da portadora, deixando para o circuito sintonizado na placa ou no coletor, fornecer a potência para a carga quando eles não estiverem conduzindo. Com a corrente fluindo menos de 180° do ciclo, os amplificadores classe C dissipam menos potência e, portanto, podem transferir mais potência para a carga. Podem ser alcançadas eficiências tão altas quanto 85%. Assim, esses amplificadores são os mais utilizados na amplificação de potência quando o tipo de modulação permite.

> **É BOM SABER**
>
> Os amplificadores classe D, E e S foram desenvolvidos originalmente para aplicações de áudio de alta potência, mas eles não foram muito utilizados em transmissores de rádio.

Outra forma de conseguir eficiências altas em amplificadores de potência é usando amplificadores chaveados. Um **AMPLIFICADOR CHAVEADO** é um transistor utilizado como uma chave que conduz ou não conduz. Tanto os transistores bipolares quanto os MOSFETs tipo enriquecimento são muito utilizados em aplicações de amplificadores chaveados. Um transistor bipolar que se comporta como uma chave opera no corte ou na saturação. Quando ele está no corte, não há potência dissipada. Quando ele está na saturação, a corrente que flui é máxima, mas a tensão coletor-emissor é extremamente baixa (geralmente menor do que 1 V). Como resultado, a dissipação de potência é extremamente baixa.

Mesmo quando são utilizados MOSFETs tipo enriquecimento, o transistor opera no corte ou na saturação. No estado de corte, não há circulação de corrente, de modo que nenhuma potência é dissipada. Quando o transistor está em condução, sua resistência entre dreno e fonte é geralmente muito baixa, não mais do que alguns ohms (tipicamente menor do que 1 Ω). Como resultado, a dissipação de potência é extremamente baixa mesmo com correntes altas.

A utilização de amplificadores de potência chaveados permite eficiências acima de 90%. As variações de corrente em um amplificador de potência chaveado são ondas quadradas e, portanto, são gerados harmônicos. Entretanto, esses são relativamente fáceis de filtrar utilizando circuitos sintonizados e filtros entre o amplificador de potência e a antena.

Os três tipos básicos de amplificadores de potência chaveados, classes D, E e S, foram originalmente desenvolvidos para aplicações de áudio de alta potência. Mas com a disponibilidade de transistores de chaveamento de alta frequência e alta potência, esses amplificadores passaram a ser muito utilizados em projetos de transmissores de rádio.

Amplificadores classe D. Um amplificador classe D utiliza um par de transistores para produzir uma corrente de onda quadrada em um circuito sintonizado. A Figura 8-31 mostra a configuração básica de **UM AMPLIFICADOR CLASSE D**. As

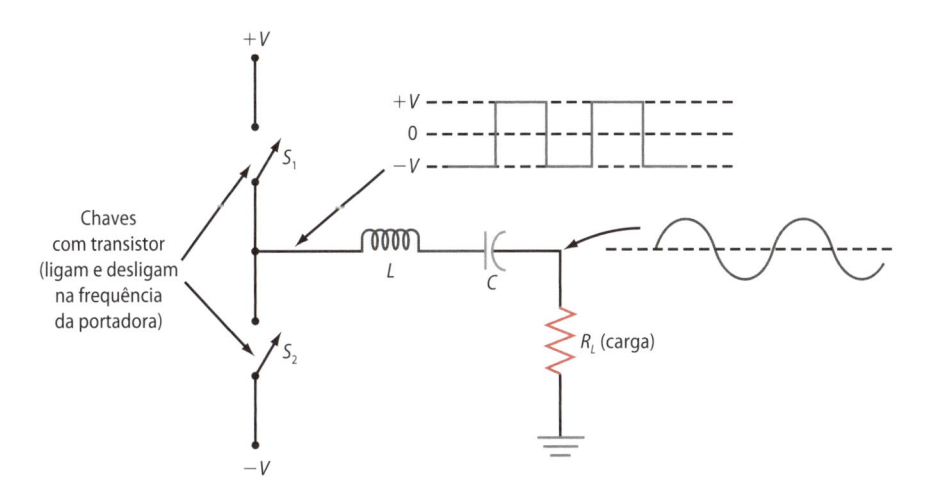

Figura 8-31 Configuração básica de um amplificador classe D.

duas chaves são utilizadas para aplicar tanto tensão positiva quanto negativa a uma carga através do circuito sintonizado. Quando a chave S_1 é fechada, S_2 é aberta e vice-versa. Quando a chave S_1 é fechada, uma tensão CC positiva é aplicada à carga. Quando S_2 é fechada, uma tensão CC negativa é aplicada à carga. Assim, o circuito sintonizado e a carga receberão uma onda quadrada CA na entrada.

O circuito ressonante em série tem um Q muito alto e é ressonante na frequência portadora. Visto que a forma de onda de entrada é uma onda quadrada, ela consiste em uma onda senoidal fundamental e harmônicos ímpares. Devido ao alto Q do circuito sintonizado, os harmônicos ímpares são filtrados, restando uma onda senoidal fundamental na carga. Com chaves ideais, isto é, sem corrente de fuga no estado desligado e sem resistência quando em condução, a eficiência teórica é de 100%.

Figura 8-32 mostra um amplificador Classe D implementado com MOSFETs modo enriquecimento. A portadora é aplicada nas portas dos MOSFETs com defasagem de 180° através da utilização de um transformador com derivação central no secundário. Quando a entrada da porta de Q_1 é positiva, a entrada da porta de Q_2 é negativa. Assim, Q_1 está em condução e Q_2, em corte. No próximo semiciclo de entrada, a porta de Q_2 vai para positivo e a de Q_2 vai para negativo. Q_2 conduz, aplicando um pulso negativo no circuito sintonizado. Lembre-se que os MOSFETs modo enriquecimento ficam normalmente em corte até que uma tensão de porta maior do que um valor de limiar específico seja aplicado, momento em que o MOSFET conduz. A resistência dele em condução, ligado, é muito baixa. Na prática, pode ser conseguida uma eficiência de até 90% através de um circuito como esse na Figura. 8-32.

Amplificadores classe E e F.

Em AMPLIFICADORES CLASSE E, somente um único transistor é utilizado. Tanto bipolar quanto MOSFETs podem ser utilizados, embora exista uma preferência pelo MOSFET por causa de seus baixos requisitos de acionamento. A Figura 8-33 mostra um amplificador RF classe E típico. A portadora, que pode ser inicialmente uma onda senoidal, passa por um circuito de definição de forma, que converte a mesma efetivamente em uma onda quadrada. A portadora é geralmente modulada em frequência. O sinal da portadora na forma de onda quadrada é então aplicado à base do amplificador bipolar de potência classe E. Q_1 liga e desliga na frequência da portadora. O sinal no coletor é uma onda quadrada que é aplicada a um filtro passa-baixas e a um circuito de casamento de impedância sintonizado constituído de C_1, C_2 e L_1. Os harmônicos ímpares são filtrados, deixando uma onda senoidal fundamental que é aplicada à antena. Um nível elevado de eficiência é obtido com este arranjo.

Um **AMPLIFICADOR CLASSE F** é uma variação do amplificador classe E. Ele contém uma rede ressonante adicional no circuito de coletor ou de dreno. Este circuito, um LC concentrado ou mesmo uma linha de transmissão sintonizada em frequências de micro-ondas, é ressonante no segundo ou terceiro harmônico da frequência de operação. O resultado é uma forma de onda no coletor (ou dreno) que mais se assemelha a uma onda quadrada. A forma de onda em degraus produz comutações mais rápidas do transistor e uma melhor eficiência.

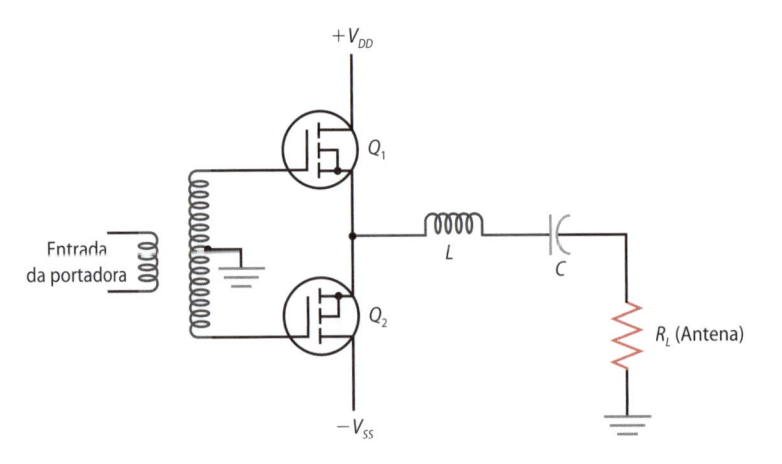

Figura 8-32 Amplificador classe D implementado com MOSFETs modo enriquecimento.

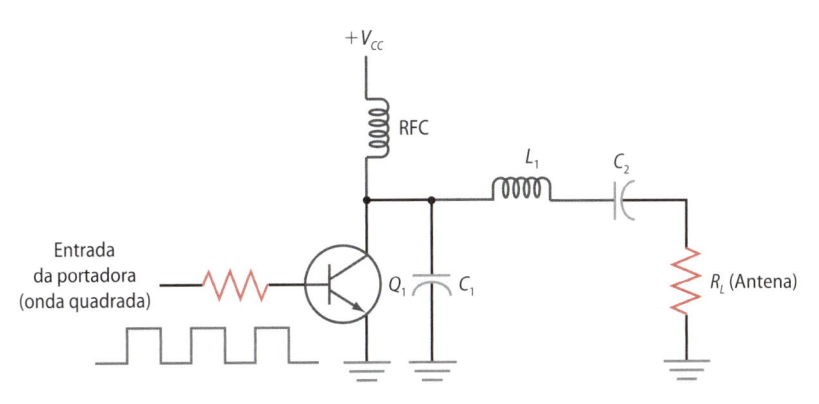

Figura 8-33 Amplificador RF classe E.

Amplificadores classe S. Os **AMPLIFICADORES CLASSE S**, que utilizam técnicas de comutação, mas com um esquema de modulação por largura de pulso, são encontrados principalmente em aplicações de áudio, mas são utilizados também em amplificadores RF de baixa e média frequência, tais como aqueles utilizados em transmissores AM. O sinal de áudio de baixo nível a ser amplificado é aplicado a um circuito chamado *modulador de largura de pulso*. Uma portadora em uma frequência de 5 a 10 vezes maior que a frequência de áudio a ser amplificada também é aplicado ao modulador de largura de pulso. Na saída do modulador é uma série de pulsos de amplitude constante, cuja largura de pulso, ou duração, varia de acordo com a amplitude do sinal de áudio. Esses sinais são então aplicados a um amplificador chaveado classe D. Por causa da ação de comutação, são alcançados altos níveis de potência e eficiência. Um filtro passa-baixas é conectado na saída do amplificador chaveado para extrair a média e suavizar os pulsos de volta para a forma de onda do sinal de áudio original. Para isso, geralmente é suficiente um capacitor, ou um filtro passa-baixas, no alto-falante. Estes amplificadores são geralmente denominados de amplificadores classe D em aplicações de áudio. Eles são amplamente utilizados em equipamentos portáteis alimentados por bateria, onde o tempo de vida da bateria e a eficiência são fundamentais.

» Amplificadores de potência lineares de banda larga

Os amplificadores de potência descritos até agora neste capítulo são amplificadores de banda estreita. Eles proporcionam uma saída de alta potência em uma faixa de frequência relativamente pequena. A largura de banda do sinal a ser amplificado é definida pelo método de modulação e pelas frequências dos sinais modulantes. Em muitas aplicações, a largura de banda total é de apenas uma porcentagem pequena da frequência da portadora, tornando práticos os circuitos ressonantes *LC* convencionais. Alguns dos amplificadores de potência *push-pull* não sintonizados descritos anteriormente (Figuras. 8-23 e 8-24) têm maior largura de banda de até alguns megahertz. Entretanto, alguns dos mais recentes sistemas *wireless* exigem largura de banda muito maior. O melhor exemplo disso é o acesso múltiplo por divisão de código (CDMA – *code division multiple-access*) padrão de telefone celular. O sistema CDMA usa uma técnica de modulação/multiplexação denominada espalhamento espectral (*spread spectrum*) que faz, como o próprio nome indica, o espalhamento de um sinal ao longo de um espectro de frequência muito grande. Sinais com larguras de banda de 1 a 20 MHz são comuns. Tais esquemas de modulação complexos exigem que a amplificação seja linear ao longo de um ampla faixa de frequência para garantir que nenhuma distorção de amplitude, frequência ou fase ocorra. Técnicas de amplificação especiais têm sido desenvolvidas para atender essa necessidade. Dois métodos comuns são discutidas a seguir.

Amplificador sem realimentação. O conceito por trás de um amplificador sem realimentação (*feedforward*) é que a distorção produzida pelo amplificador de potência é isolada e, em seguida, subtraída do sinal amplificado, produzindo um sinal de saída quase sem distorção. A Figura 8-34 mostra uma implementação comum desta ideia. Um sinal de grande largura de banda a ser amplificado passa por um divisor (*splitter*) de potência que divide o sinal em dois com a mesma amplitude. Um divisor típico pode ser um transformador

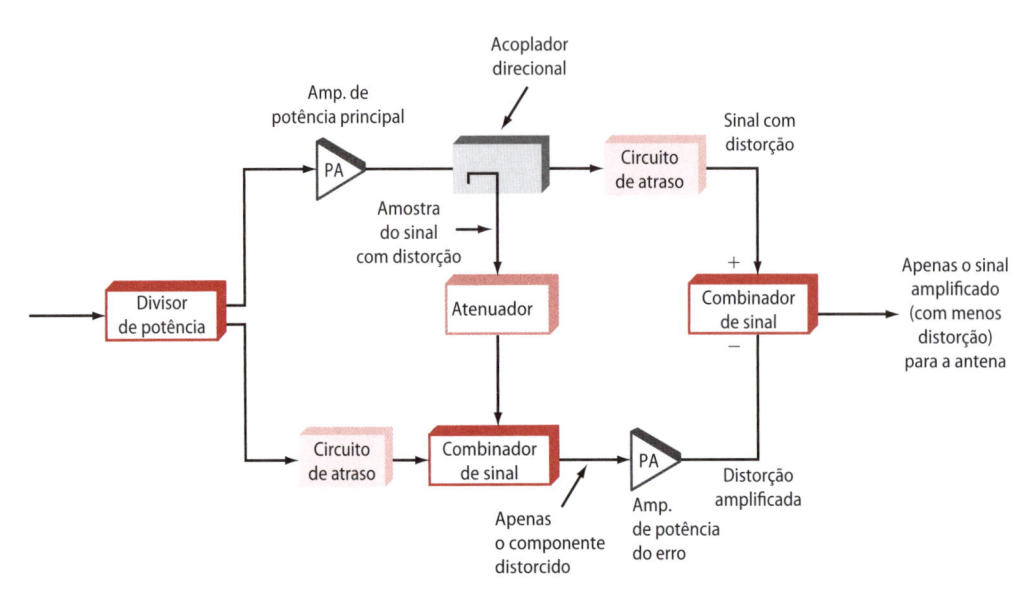

Figura 8-34 Amplificador de potência linear sem realimentação.

ou mesmo uma rede resistiva. Ele mantém a impedância constante, geralmente 50 Ω, mas normalmente também introduz atenuação. Metade do sinal é então amplificado em um amplificador de potência linear similar aos amplificadores de banda larga classe AB discutidos antes. Um acoplador direcional é utilizado próximo à derivação de uma pequena parte do sinal amplificado que contém as informações originais de entrada, bem como harmônicos resultantes de distorções. Um acoplador direcional é um dispositivo simples que capta, por meio de um acoplamento indutivo, uma pequena quantidade do sinal. Pode ser apenas um filete curto de cobre ao lado da linha de sinal em uma placa de circuito impresso. Em frequências de micro-ondas, um acoplador direcional pode ser um dispositivo mais complexo, com uma estrutura coaxial. Em qualquer caso, a amostra do sinal amplificado também passa através de um atenuador resistivo para reduzir ainda mais o nível do sinal.

A saída inferior do divisor de sinal é enviada para um circuito de atraso, que é um filtro passa-baixas ou uma seção da uma linha transmissão como um cabo coaxial, que introduz uma quantidade específica de atraso no sinal. Pode ser alguns nanossegundos até alguns microssegundos dependendo da frequência de operação e do tipo de amplificador de potência utilizado. O atraso é utilizado para combinar com o atraso encontrado pelo sinal de entrada superior no amplificador de potência. Este sinal atrasado é então enviado a um combi-

nador de sinal juntamente com a amostra do sinal atenuado da saída do amplificador. Controles de amplitude e fase são normalmente fornecidos em ambos os percursos do sinal para garantir que eles sejam de mesma amplitude e fase. O combinador pode ser resistivo ou um dispositivo como um transformador. Em ambos os casos, ele efetivamente subtrai o sinal original do sinal amplificado, deixando apenas a distorção harmônica.

A distorção harmônica é agora amplificada por outro amplificador de potência com um nível de potência igual ao do sinal do amplificador de potência superior. O sinal do amplificador superior passa através do acoplador direcional e por um circuito de atraso que compensa o atraso introduzido pelo amplificador de erro de sinal inferior. Mais uma vez, são geralmente fornecidos controles de amplitude e fase para ajustar os níveis de potência dos sinais superior e inferior para que sejam iguais. Finalmente, o sinal de erro é agora subtraído do sinal combinado amplificado em um acoplador de sinal, ou combinador. Esse acoplador, assim como o divisor de entrada, normalmente é um transformador. A saída resultante é o sinal original amplificado menos a distorção.

Amplificadores como este estão disponíveis com níveis de potência de alguns watts a algumas centenas de watts. O sistema não é perfeito, pois cancelamentos ou subtrações de sinais não são precisos por causa dos erros de amplitude e fase. A distorção no amplificador de potência inferior também contribui para a saída final. No entanto, com ajustes mais próximos, essas diferenças podem ser minimizadas, melhorando significativamente a linearidade do amplificador em relação a outros tipos. O sistema também é ineficiente porque requer dois amplificadores de potência. Mas a compensação é uma largura de banda maior e uma distorção muito baixa.

Amplificação com pré-distorção adaptativa. Esse método de amplificação utiliza uma técnica de processamento de sinal digital (DSP) para pré-distorcer o sinal de tal forma que, quando amplificado, a distorção do amplificador irá compensar a curva característica de pré-distorção, deixando um sinal de saída sem distorção. O sinal de saída amplificado é continuamente monitorado e utilizado como realimentação para o DSP, de modo que os cálculos de pré-distorção podem ser alterados em tempo real para fornecer uma pré-distorção inversa que combina perfeitamente com o a distorção do amplificador.

Consulte a Figura 8-35 que mostra um sistema representativo. O sinal de informação digitalizado, normalmente a voz, no formato série, passa por um algoritmo de correção digital no DSP. Dentro do DSP estão os algoritmos de computação que geram os sinais lógicos de correção para o algoritmo de correção digital modificar o sinal de tal forma a ser uma correspondência inversa à distorção produzida pelo amplificador de potência.

Uma vez que a ação corretiva foi tomada no sinal digital em banda base, ele é enviado ao modulador que produz o sinal a ser transmitido. A modulação é feita pelo próprio *chip* DSP ao invés de um circuito modulador em separado. Este sinal modulado é enviado a um conversor digital-analógico (DAC), onde é produzido o sinal analógico desejado a ser transmitido.

Em seguida, a saída do DAC é enviada para um misturador, juntamente com um sinal de onda senoidal de um oscilador ou sintetizador de frequência. Um misturador é semelhante a um modulador de amplitude de baixo nível ou um multiplicador analógico. Sua saída consiste na soma e diferença dos sinais do DAC e do sintetizador. Nesta aplicação, o sinal de soma é selecionado por um filtro que torna o misturador um conversor ascendente. A frequência do sintetizador é escolhida de forma que a saída do misturador seja a frequência de operação desejada. Qualquer modulação presente também está contida na saída do misturador.

O sinal pré-distorcido é então amplificado em um amplificador de potência (AP) classe AB altamente linear e enviado à antena de saída. Observe na Figura 8-35 que o sinal de saída é amostrado em um acoplador direcional, amplificado e enviado para outro misturador usado como um conversor descendente. O sintetizador também fornece a segunda entrada a este misturador. A frequência diferença é selecionada por um filtro, e o resultado é enviado para um conversor analógico-digital (ADC). A saída digital da ADC representa o sinal

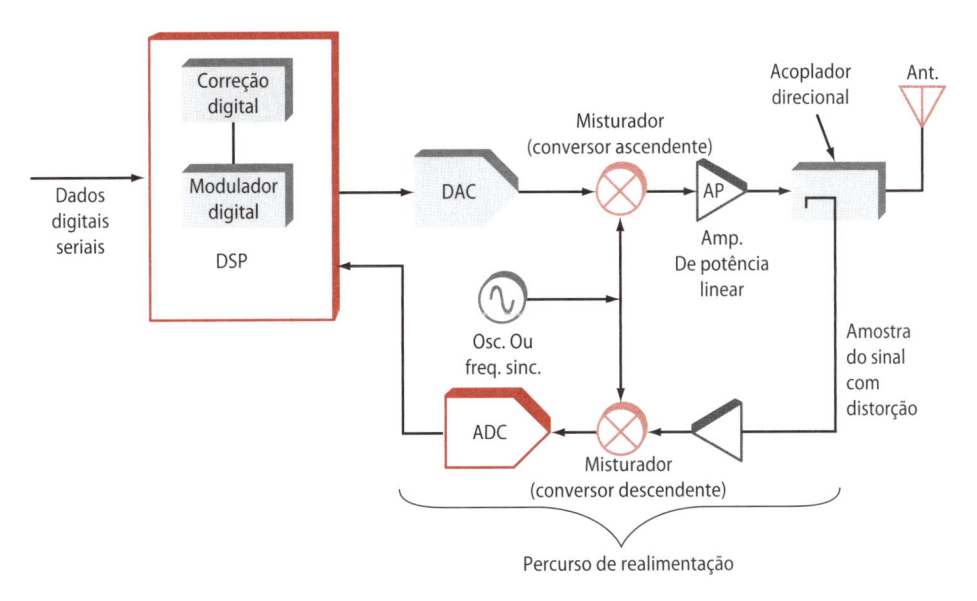

Figura 8-35 Conceito de amplificação com pré-distorção adaptativa.

amplificado com a distorção produzida pelo AP. O DSP utiliza essa entrada digital para modificar seu algoritmo de forma a corrigir adequadamente a distorção real. O sinal é então modificado pelo algoritmo de correção digital de tal forma que a maior parte da distorção é cancelada.

Enquanto o método de pré-distorção adaptativa de amplificação de banda larga é complexo, ele fornece saída quase sem distorção. Apenas um único amplificador de potência é necessário, tornando-o mais eficiente que o método sem realimentação (*feedforward*). Vários fabricantes de dispositivos semicondutores produzem circuitos de pré-distorção necessários para fazer este trabalho.

» Redes de casamento de impedância

Redes de casamento de impedância que conectam um estágio a outro são partes importantes de qualquer transmissor. Em um transmissor típico, o oscilador gera a portadora básica, que é então amplificada, normalmente por vários estágios, antes de chegar à antena. Visto que a ideia é aumentar a potência do sinal, os circuitos de acoplamento entre estágios devem permitir uma eficiente transferência de potência de um estágio para o próximo. Finalmente, alguns meios devem ser fornecidos para conectar o estágio amplificador final à antena, mais uma vez com a finalidade de transferir a maior quantidade de potência possível. Os circuitos utilizados para conectar um estágio a outro são conhecidos como **REDES DE CASAMENTO DE IMPEDÂNCIA**. Na maioria dos casos, eles são circuitos *LC*, transformadores, ou alguma combinação. A função básica de uma rede de casamento de impedância é de proporcionar uma ótima transferência de potência através dessa técnica. Redes de casamento de impedância também proporcionam filtragem e seletividade. Os transmissores são projetados para operar em uma frequência única ou faixas estreitas selecionáveis de frequências. Os diversos estágios do amplificador no transmissor deve confinar o sinal RF gerado a essas frequências. Nos amplificadores classe C, D e E, um número considerável de harmônicos de alta amplitude são gerados. Eles devem ser eliminados para evitar a radiação espúria do transmissor. As redes de casamento de impedância usadas para acoplamento entre estágios fazem isso.

O problema básico do acoplamento é ilustrado na Figura 8-36 *(a)*. O estágio de acionamento aparece como uma fonte de sinal com uma impedância interna Z_i. O estágio acionado representa um carga para o gerador com a sua resistência interna Z_l. Idealmente, Z_i e Z_l são resistivas. Lembre-se de que a máxima transferência de potência em circuitos CC ocorre quando Z_i é igual a Z_l. Esta relação básica é essencialmente verdadeira também em circuitos RF, mas é uma relação muito mais complexa. Em circuitos RF, Z_i e Z_l raramente são puramente resistivas e, de fato, geralmente incluem um componente reativo de algum tipo. Além disso, nem sempre é necessária a máxima transferência potência de um estágio para o próximo. O objetivo é a transferência de uma quantidade suficiente de potência para o próximo estágio para que ele possa fornecer a potência máxima de que é capaz.

Na maioria dos casos, as duas impedâncias envolvidas são consideravelmente diferentes umas das outras e, portanto, ocorre uma transferência muito ineficiente de potência. Para superar este problema, uma rede de casamento de impedância é introduzida entre os dois, como ilustrado na Figu-

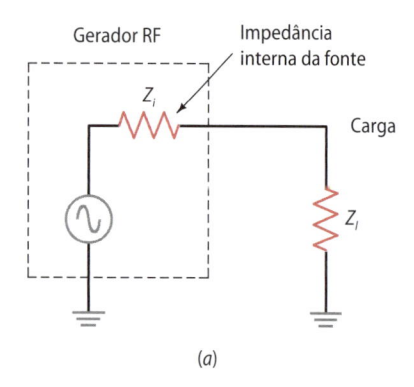

Figura 8-36 Casamento de impedância em circuitos RF.

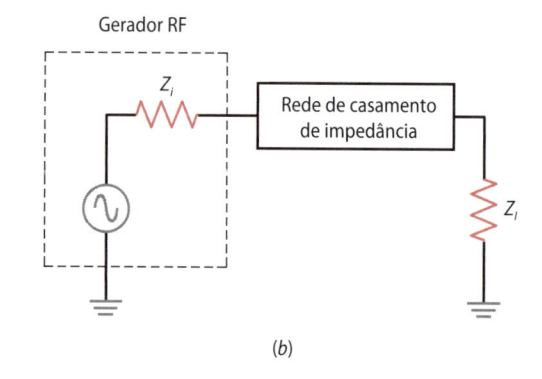

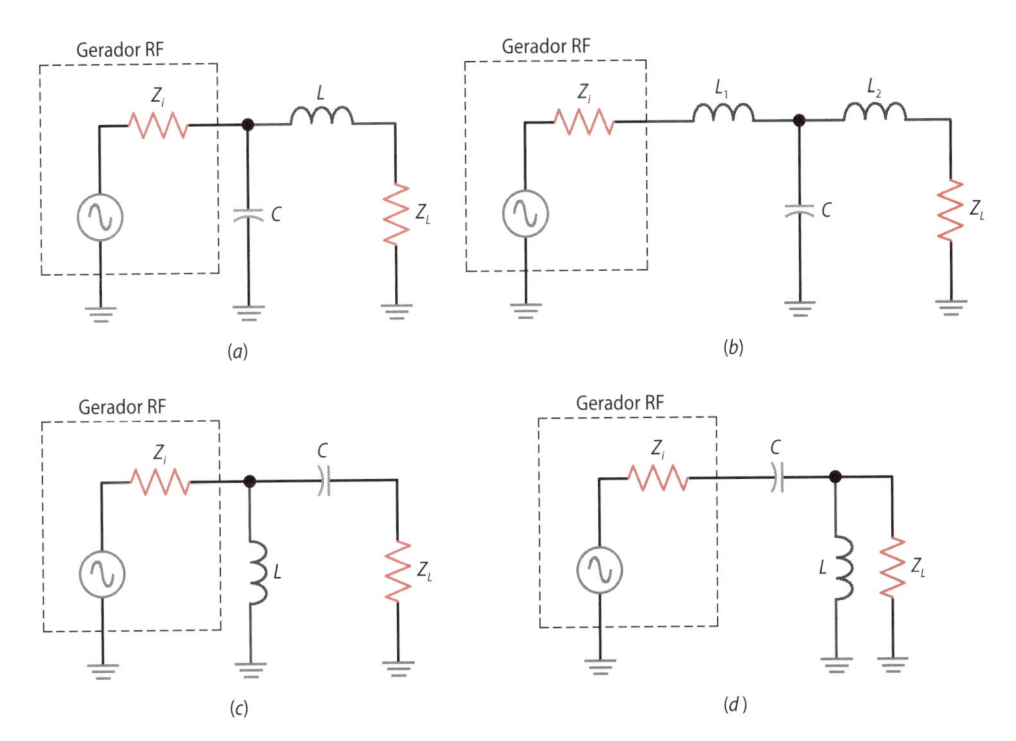

Figura 8-37 Quatro redes de casamento de impedância em L. (a) $Z_L < Z_i$; (b) $Z_L > Z_i$; (c) $Z_L < Z_i$; (d) $Z_L < Z_i$.

ra 8-36 (b). Existem três tipos básicos de redes de casamento de impedância *LC*: as redes em L, T e π.

» Redes

As **redes em L** consistem em um indutor e um capacitor ligados em várias configurações em forma de L, como mostrado na Figura 8-37. Os circuitos da Figura 8-37 (a) e (b) são filtros passa-baixas; os da Figura 8-37 (c) e (d) são filtros passa-altas. Normalmente, redes passa-baixas são os preferidos para que as frequências harmônicas sejam filtradas.

A rede de casamento de impedância em L é projetada de modo que a impedância da carga é comparada com a impedância da fonte. Por exemplo, a rede da Figura 8-37 (a) faz com que a resistência de carga pareça maior do que realmente é. A resistência de carga Z_L aparece em série com o indutor da rede em L. O indutor e o capacitor são escolhidos para ressoar na frequência do transmissor. Quando o circuito está em ressonância, X_L é igual X_C. Para a impedância do gerador, Z_i, o circuito completo aparece como um circuito ressonante em paralelo. Na ressonância, a impedância representada pelo circuito é muito alta. O valor real da impedân-

cia depende dos valores de *L* e *C* e do *Q* do circuito. Quanto maior o *Q*, maior a impedância. O *Q* nesse circuito é basicamente determinado pelo valor da impedância de carga. Pela seleção adequada dos valores do circuito, a impedância de carga pode ser definida para ser qualquer valor desejado para a impedância da fonte, enquanto Z_i for maior do que Z_L.

Ao utilizar a rede em L mostrada na Figura 8-37 (b), a impedância pode ser reduzida em degraus, ou feita para aparecer muito menor do que realmente é. Com este arranjo, o capacitor é ligado em paralelo com a impedância de carga. A combinação paralela de *C* e Z_L tem uma combinação equivalente *RC* em série. *C* e Z_L aparecem como valores equivalentes em série, C_{eq} e Z_{eq}. O resultado é que a rede global aparece como um circuito ressonante em série, com C_{eq} e *L* ressonante. Lembre-se que um circuito ressonante em série tem uma impedância muito baixa na ressonância. A impedância é, de fato, a impedância equivalente Z_{eq}, que é resistiva.

As equações de projeto para redes em L são dadas na Figura 8-38. Considerando que a impedância interna de fonte e a da carga sejam resistivas, $Z_i = R_i$ e $Z_L = R_L$. A rede na Figura 8-38 (a) considera $R_L < R_i$ e a rede na Figura 8-38 (b) considera $R_i < R_L$.

Rede em L

(a)

$$X_L = \sqrt{R_i R_L - (R_L)^2}$$
$$Q = \sqrt{\frac{R_i}{R_L} - 1}$$
$$X_C = \frac{R_i R_L}{X_L}$$
$$R_L < R_i$$

Rede em L

(b)

$$X_L = \sqrt{R_i R_L - (R_i)^2}$$
$$Q = \sqrt{\frac{R_L}{R_i} - 1}$$
$$X_C = \frac{R_i R_L}{X_L}$$
$$R_L > R_i$$

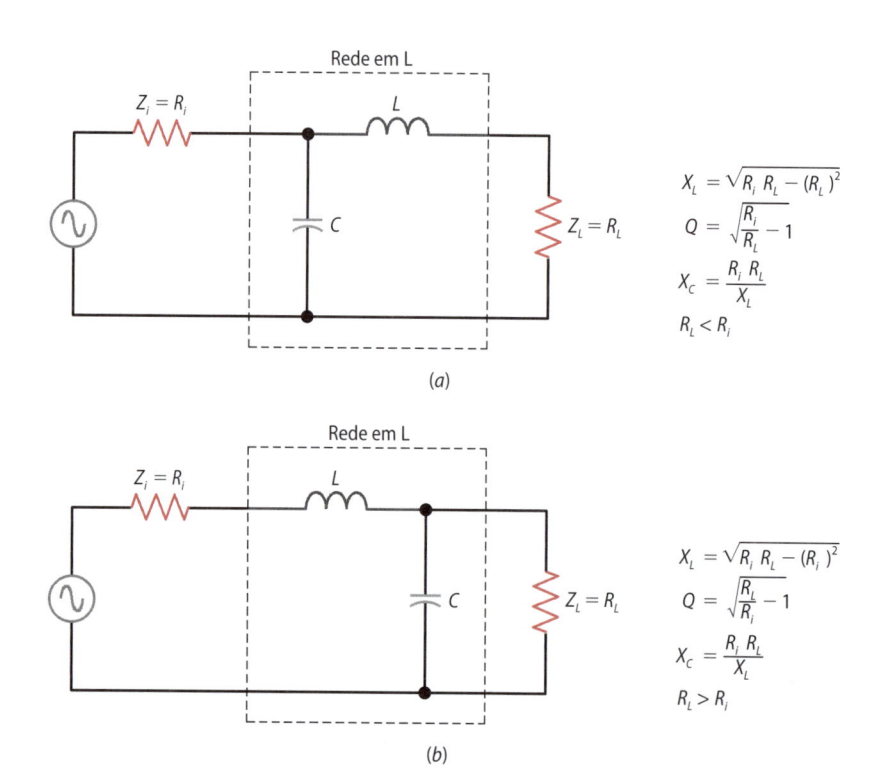

Figura 8-38 Equações para projeto de redes em L.

Suponha que desejamos casar a impedância de um amplificador transistorizado, que é 6 Ω, com a impedância de uma carga, que é uma antena de 50 Ω em 155 MHz. Neste caso, $R_i < R_L$, por isso utilizamos as fórmulas na Figura 8-37 (b).

$$X_L = \sqrt{R_i R_L - (R_i)^2} = \sqrt{6(50) - (6)^2} = \sqrt{300 - 36}$$
$$= \sqrt{264} = 16{,}25 \ \Omega$$

$$Q = \sqrt{\frac{R_L}{R_i} - 1} = \sqrt{\frac{50}{6} - 1} = 2{,}7$$

$$X_C = \frac{R_L R_i}{X_L} = \frac{50(6)}{16{,}25} = 16{,}46 \ \Omega$$

Para determinar os valores de L e C em 155 MHz, reorganizamos as fórmulas básicas da reatância da seguinte forma:

$$X_L = 2\pi f L$$

$$L = \frac{X_L}{2\pi f} = \frac{16{,}25}{6{,}28 \times 155 \times 10^6} = 16{,}7 \ \text{nH}$$

$$X_C = \frac{1}{2\pi f C}$$

$$C = \frac{1}{2\pi f X_C} = \frac{1}{6{,}28 \times 155 \times 10^6 \times 18{,}46} = 55{,}65 \ \text{pF}$$

Na maioria dos casos, reatâncias parasitas e internas tornam as impedâncias interna e de carga complexas, ao invés de puramente resistivas. A Figura 8-39 mostra um exemplo usando as figuras apresentadas antes. Aqui, a resistência interna é de 6 Ω, mas inclui uma indutância interna, L_i, de 8 nH. Existe uma capacitância parasita, C_L, de 8,65 pF sobre a carga. A maneira de lidar com essas reatâncias é simplesmente combiná-las com os valores da rede em L.

No exemplo acima, o cálculo exige uma indutância de 16,7 nH. Uma vez que a indutância parasita está em série com a indutância da rede em L na Figura 8-39, os valores serão somados. Como resultado, a indutância da rede em L deve ser inferior ao valor calculado por uma quantidade igual à indutância parasita, de 8 de nH, ou L = 16,7 − 8 = 8,7 nH. Se a indutância da rede em L for implementada para ser 8,7 nH, a indutância total do circuito será correta quando se soma a indutância parasita.

Algo semelhante ocorre com a capacitância. Os cálculos do circuito acima requer um total de 55,65 pF. A capacitância da rede em L e a capacitância parasita são somadas, pois elas estão em paralelo. Portanto, a capacitância da rede em L pode

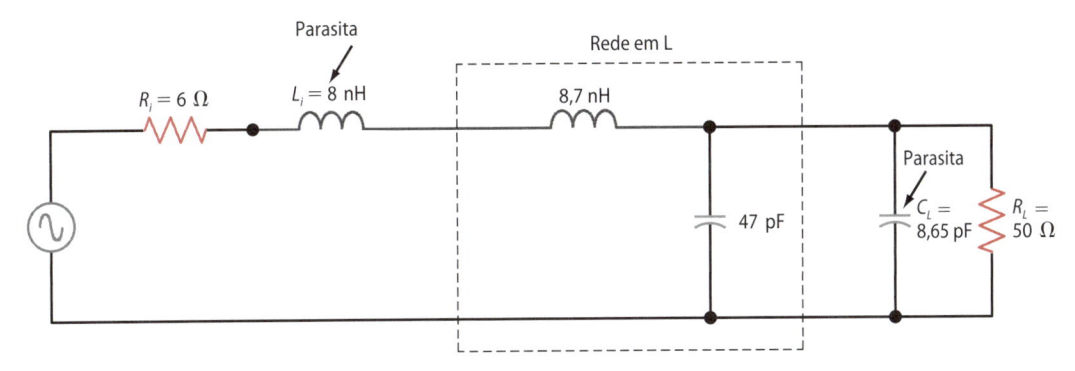

Figura 8-39 Incorporação das resistências parasita e interna na rede de casamento de impedância.

ser inferior ao valor calculado pelo montante da capacitância parasita, ou C = 55,65 − 8,65 pF = 47 pF. Fazendo a capacitância da rede em L igual a 47 pF, dá a capacitância total correta quando se aumenta a capacitância parasita.

>> Redes em T e em π

Quando se está projetando redes em L, há muito pouco controle sobre o Q do circuito, que é determinado pelos valores das impedâncias internas e de carga, que nem sempre têm os valores necessários para alcançar a seletividade desejada. Para superar este problema, as redes de casamento de impedância podem utilizar três elementos reativos. Os três elementos mais utilizados que contêm três componentes reativos são ilustrados na Figura 8-40. A rede na Figura 8-40 (a) é conhecida como REDE EM π porque sua configuração se assemelha à letra grega π. O circuito na Figura 8-40 (b) é conhecido como REDE EM T porque o posicionamento dos elementos do circuito se assemelha a letra T. O circuito na Figura 8-40 (c) também é uma rede em T, mas ele usa dois capacitores. Note que todos são filtros passa-baixas que fornecem atenuação harmônica máxima. As redes em π e em T podem ser projetadas para elevar ou abaixar a impedância conforme o circuito necessitar. Os capacitores são geralmente variáveis de modo que o circuito pode ser sintonizado na ressonância e ajustado para a máxima potência de saída.

O mais utilizado desses circuitos é a rede em T da Figura 8-40 (c). Muitas vezes chamada de rede LCC, é utilizada para fazer o casamento da baixa impedância de saída de um amplificador de potência transistorizado com a impedância mais alta de um outro amplificador ou uma antena. O procedimento de projeto e as fórmulas são dados na Figura 8-41. Suponha que uma vez que a resistência interna, R_i, de 6 Ω de uma fonte seja casada com uma resistência de carga, R_L, de 50 Ω em 155 MHz. Considere um Q de 10. (Para operação em classe C, onde muitos harmônicos devem ser atenuados, foi determinado na prática que um Q de 10 é o mínimo necessário para a supressão satisfatória dos harmônicos.) Para configurar a rede LCC, a indutância é calculada primeiro:

$$X_L = QR_i$$
$$X_L = 10(6) = 60 \text{ Ω}$$
$$L = \frac{X_L}{2\pi f} = \frac{50}{6{,}28 \times 155 \times 10^6} = 51{,}4 \text{ nH}$$

Em seguida, C_2 é calculado:

$$X_{C_2} = 50\sqrt{\frac{6(101)}{50} - 1} = 50(3{,}33) = 166{,}73 \text{ Ω}$$
$$C_2 = \frac{1}{2\pi f X_C} = \frac{1}{6{,}28 \times 155 \times 10^6 \times 166{,}73}$$
$$= 6{,}16 \times 10^{-12} = 6{,}16 \text{ pF}$$

Finalmente, C_1 é calculado:

$$X_{C_1} = \frac{6(10^2 + 1)}{10} \cdot \frac{1}{1 - 166{,}73/(10 \times 50)} = 60{,}5(1{,}5) = 91 \text{ Ω}$$
$$C_1 = \frac{1}{2\pi f X_C} = \frac{1}{6{,}28 \times 155 \times 10^6 \times 91} = 11{,}3 \text{ pF}$$

>> Transformadores e baluns

Um dos melhores componentes para casamento de impedância é o *transformador*. Lembre-se que o núcleo de ferro dos transformadores são amplamente utilizados em frequências mais baixas para casar uma impedância com outra.

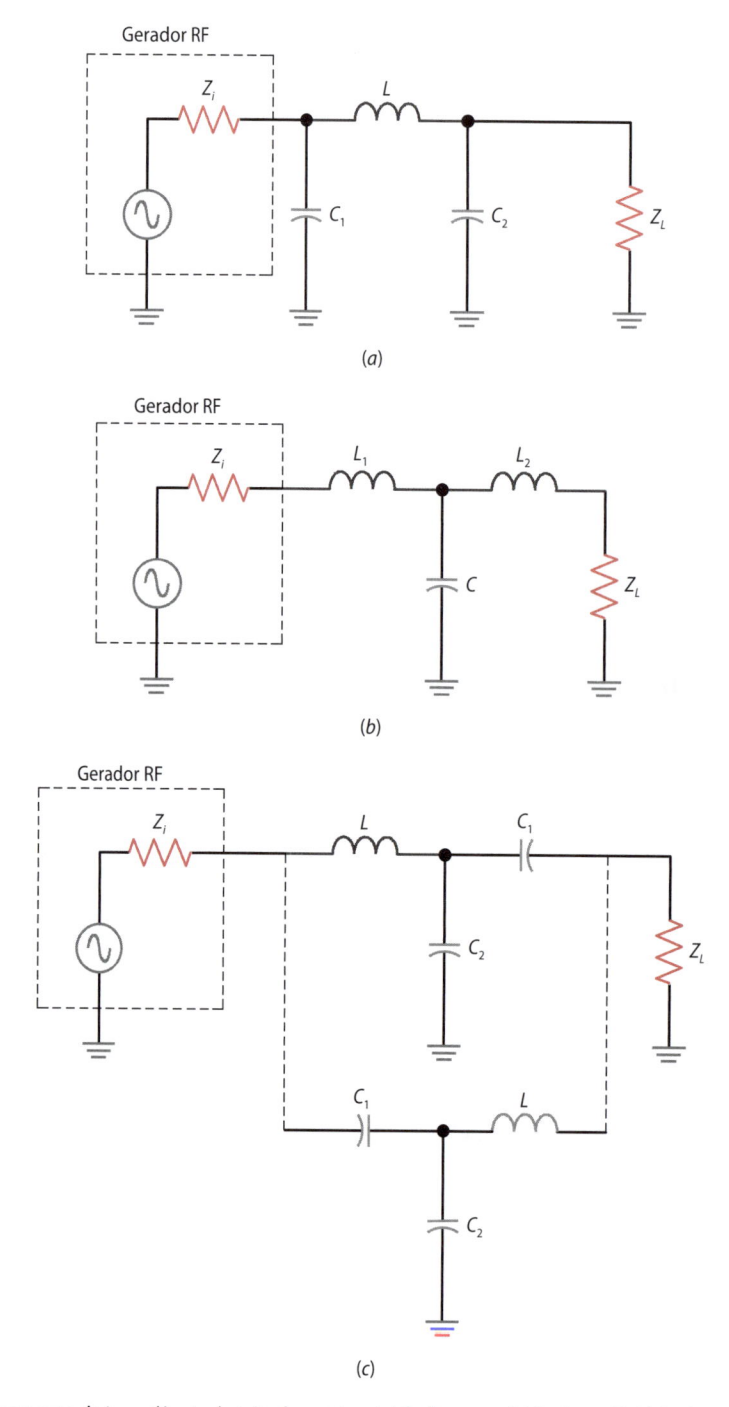

Figura 8-40 Rede de casamento de impedância de três elementos. (*a*) Rede em π. (*b*) Rede em T. (*c*) Rede em T com dois capacitores.

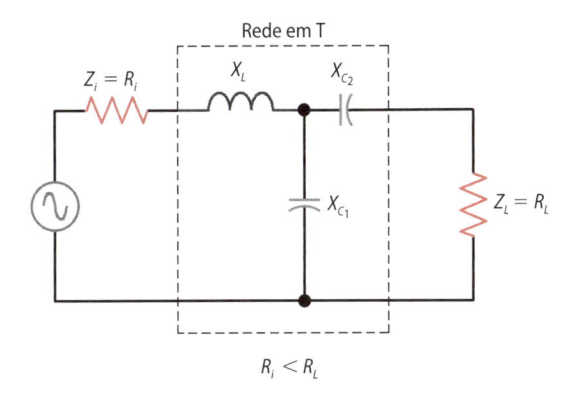

Figura 8-41 Equações de projeto de para uma rede em T *LCC*.

Procedimento de projeto:
1. Selecione um fator Q de circuito desejado
2. Calcule $X_L = QR_i$
3. Calcule X_{C_1}:

$$X_{C_2} = R_L \sqrt{\frac{R_i(Q^2+1)}{R_L} - 1}$$

4. Calcule X_{C_2}:

$$X_{C_1} = \frac{R_i(Q^2+1)}{Q} \times \frac{1}{1 - \frac{X_{C_2}}{QR_L}}$$

5. Calcule os valores finais de L e C:

$$L = \frac{X_L}{2\pi f}$$

$$C = \frac{1}{2\pi f X_C}$$

Qualquer impedância de carga pode ser feita para parecer com uma impedância de carga desejada selecionando o valor correto da relação de espiras do transformador. Além disso, os transformadores podem ser ligados em combinações únicas denominadas *baluns* para casar impedâncias.

Casamento de impedância com transformador. Consultando a Figura 8-42 vemos que a correspondência entre a relação de espiras de entrada e a impedância de saída é

$$\frac{Z_i}{Z_L} = \left(\frac{N_P}{N_S}\right)^2 \qquad \frac{N_P}{N_S} = \sqrt{\frac{Z_i}{Z_L}}$$

Ou seja, a relação entre a impedância de entrada, Z_i, e a impedância de carga, Z_L, é igual ao quadrado da relação entre o número de espiras no primário, N_P, e o número de espiras no secundário, N_S. Por exemplo, para casar uma impedância de gerador de 6 Ω com uma impedância de carga de 50 Ω, a relação de espiras deve ser a seguinte:

$$\frac{N_P}{N_S} = \sqrt{\frac{Z_i}{Z_L}} = \sqrt{\frac{6}{50}} = \sqrt{0{,}12} = 0{,}3464$$

$$\frac{N_S}{N_P} = \frac{1}{N_P/N_S} = \frac{1}{0{,}3464} = 2{,}887$$

Isso significa que há 2,89 vezes mais espiras no secundário do que no primário.

> **É BOM SABER**
>
> Embora os transformadores de núcleo de ar sejam muito utilizados em frequências de rádio, eles são menos eficientes do que os transformadores de núcleo de ferro.

A relação acima é válida apenas em transformadores de núcleo de ferro. Quando são utilizados transformadores de

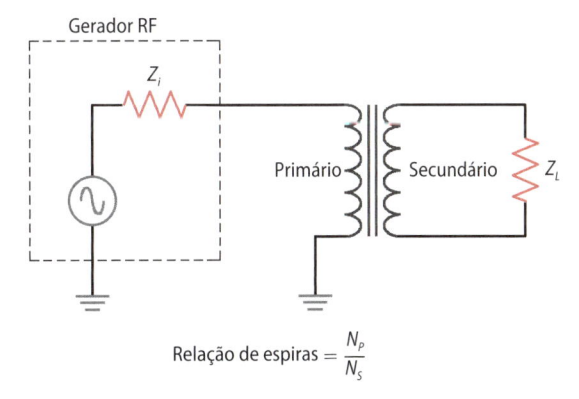

Figura 8-42 Casamento de impedância com um transformador de núcleo de ferro.

Relação de espiras = $\frac{N_P}{N_S}$

núcleo de ar, o acoplamento entre os enrolamentos primário e secundário não é completo e, portanto, a relação de impedância não é tão indicada. Embora os transformadores de núcleo de ar sejam amplamente utilizados em Fs e possam fazer-se presentes em casamento de impedância, são menos eficientes do que os transformadores de núcleo de ferro.

Ferrite (cerâmica magnética) e ferro em pó podem ser utilizados como Materiais do núcleo para prover melhor acoplamento em frequências muito altas. Os enrolamentos primário e secundário são enrolados em um núcleo do material escolhido.

O tipo mais usado de núcleo para transformadores de RF é o toroide. Um **TOROIDE** é um núcleo circular, em forma de anel, geralmente feito de um tipo especial de ferro em pó. Um fio de cobre é enrolado no toroide para criar os enrolamentos primário e secundário. Um arranjo típico é mostrado na Figura 8-43. Um único enrolamento de bobinas derivadas, que é denominado **AUTOTRANSFORMADOR**, também é utilizado para casamento de impedância entre os estágios de RF. A Figura 8-44 mostra arranjos de impedância abaixadora e elevadora. Toroides são comumente utilizados em autotransformadores.

Ao contrário dos transformadores de núcleo de ar, os transformadores toroidais fazem com que o campo magnético produzido pelo primário esteja completamente contido no próprio núcleo. Isso tem duas vantagens importantes. Primeiro, um toroide não irradia energia RF. As bobinas de núcleo de ar irradiam porque o campo magnético produzido em todo o primário não está contido (dentro de certo limite). Os circuitos transmissor e receptor que usam bobinas de núcleo de ar são geralmente contidos com blindagens magnéticas para impedi-los de interferir em outros

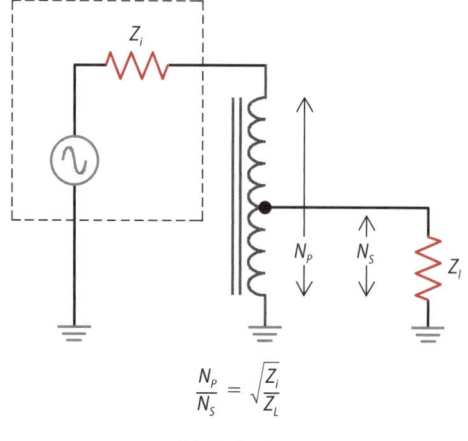

$$\frac{N_P}{N_S} = \sqrt{\frac{Z_i}{Z_L}}$$

(a) Abaixador

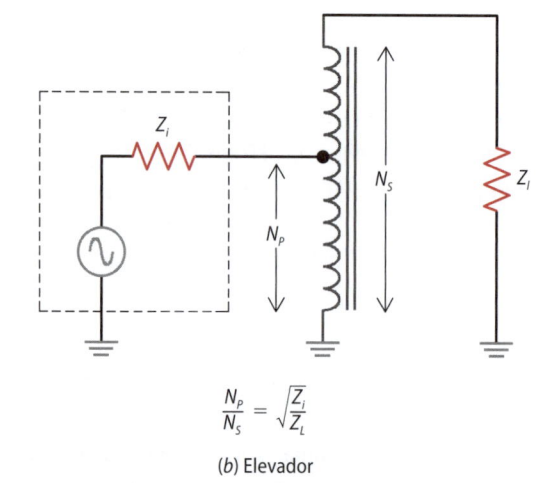

$$\frac{N_P}{N_S} = \sqrt{\frac{Z_i}{Z_L}}$$

(b) Elevador

Figura 8-44 Casamento de impedância com um autotransformador. (a) Abaixador. (b) Elevador.

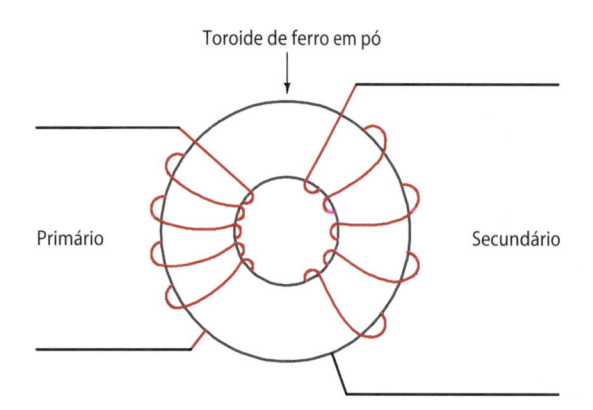

circuitos. O toroide, por outro lado, limita todos os campos magnéticos e não requer blindagem. Segundo, a maior parte do campo magnético produzido pelo primário "corta" as espiras do enrolamento secundário. Portanto, a relação básica de espiras, a tensão de entrada e saída e as fórmulas de impedância para os transformadores padrão de baixa frequência se aplicam aos transformadores toroidais de alta frequência.

Na maioria dos novos projetos de RF, os transformadores toroidais são utilizados casamento de impedância RF entre os estágios. Além disso, os enrolamentos primário e secundário são algumas vezes utilizados como indutores em circuitos sintonizados. Alternativamente, indutores toroidais

Figura 8-43 Transformador toroidal.

podem ser construídos. Os indutores toroidais de núcleo de ferro em pó têm uma vantagem sobre indutores de núcleo de ar para aplicações RF porque a alta permeabilidade do núcleo faz com que a indutância seja elevada. Lembre-se que toda vez que um núcleo de ferro é inserido em uma bobina de fio, a indutância aumenta bastante. Para aplicações de RF, isso significa que os valores desejados de indutância podem ser criados utilizando um menor número de espiras de fio e, portanto, o indutor em si pode ser menor. Além disso, um menor número de espiras tem menos resistência, dando a bobina um Q maior do que o obtido com bobinas de núcleo de ar.

Toroides de ferro em pó são tão eficazes que eles têm praticamente substituído as bobinas de núcleo de ar nos projetos de transmissores mais modernos. Eles estão disponíveis em tamanhos que vão desde alguns centímetros a vários centímetros de diâmetro. Na maioria das aplicações, um número mínimo de espiras é necessário para criar a indutância desejada.

A Figura 8-45 mostra um transformador toroidal T_1 utilizado para acoplamento entre dois estágios de amplificadores acionadores classe C. O primário do transformador T_1 é sintonizado na ressonância pelo capacitor C_1. Esse capacitor é ajustável, de modo que a frequência exata de operação pode ser definida. A impedância de saída relativamente alta do transistor é acoplada com a baixa impedância de entrada do próximo estágio classe C por um transformador abaixador que fornece o efeito de casamento de impedância desejado. Normalmente, o enrolamento secundário tem apenas algumas espiras de fio e não é ressonante. O circuito na Figura 8-45 também mostra um transformador T_2 similar utilizado para o acoplamento de saída com a antena.

» Transformadores de linha de transmissão e baluns

Uma LINHA DE TRANSMISSÃO ou TRANSFORMADOR de banda larga é um tipo único de transformador que é muito utilizado em amplificadores de potência para o acoplamento entre estágios e casamento de impedância. Tais transformadores são geralmente construídos com enrolamentos de dois fios paralelos (ou um par trançado) em um toroide, como mostra a Figura 8-46. O comprimento do enrolamento costuma ser inferior a um oitavo do comprimento de onda na frequência de operação mais baixa. Este tipo de transformador se comporta como um transformador 1 : 1 nas frequências mais baixas, porém mais como uma linha de transmissão com uma frequência de operação maior.

Os transformadores podem ser conectados de forma única para fornecer uma curva característica de casamento de impedância fixa em uma ampla faixa de frequência. Uma das configurações mais utilizada é mostrada na Figura 8-47. Com esta configuração, um transformador geralmente é enrolado em um toroide, e os números de espiras do primário e do secundário são iguais, dando a transformador uma relação de espiras 1 : 1 e uma relação de casamento de impedância 1 : 1. Os pontos indicam a fase nos enrolamentos. Observe a forma incomum em que os enrolamentos são conectados. Um transformador conectado desta forma é geralmente conhecido como um BALUN (de *bal*anced-*un*balanced – equilibrado-desequilibrado), porque estes transformadores são normalmente utilizados para conectar uma fonte equilibrada em uma carga desequilibrada ou vice-versa. No circuito da Figura 8-47(*a*), um gerador equilibrado é conectado a uma carga desequilibrada (aterrada). Na Figura 8-47(*b*), um

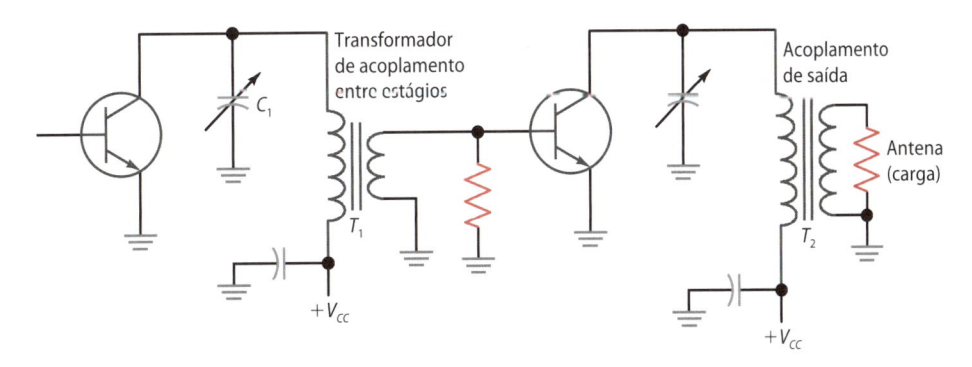

Figura 8-45 Utilização de transformadores toroidais para acoplamento e casamento de impedância estágios de amplificação classe C.

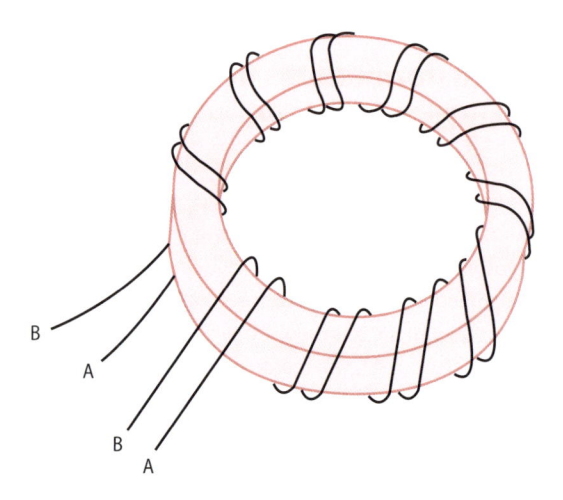

Figura 8-46 Um transformador como linha de transmissão.

gerador desequilibrado (aterrado) está conectado a uma carga equilibrada.

A Figura 8-48 mostra duas maneiras em que um balun com relação de espiras 1:1 pode ser utilizado para casamento de impedância. Com o arranjo mostrado na Figura 8-47 (a) é obtido uma elevação de impedância. Uma impedância de carga de 4 vezes a da fonte, Z_i, fornece um casamento correto. O balun faz com que a carga de $4Z_i$ se pareça com Z_i. Na Figura 8-48 (b) é obtida uma diminuição da impedância. O balun faz com que a carga Z_L se pareça $Z_i/4$.

Muitas outras configurações de balun que oferecem relações de impedância diferentes, são possíveis. Vários baluns comuns 1:1 podem ser interligados para relações de transformação de impedância 9:1 e 16:01. Além disso, baluns podem ser conectados em cascata, de modo que a saída de um seja a entrada do outro, e assim por diante. Baluns em cascata permitem que impedâncias sejam aumentadas ou diminuídas por relações maiores.

Note que os enrolamentos de um balun não estão em ressonância com os capacitores para uma determinada frequência. As indutâncias do enrolamento são constituídas de tal forma que as reatâncias da bobina são 4 ou mais vezes maiores do que a mais alta impedância a ser casada. Este projeto permite que o transformador forneça o casamento de impedância estipulado para uma enorme gama de frequências. Esta característica de banda larga dos transformadores baluns permite que os projetistas construam amplificadores de potência RF de banda larga. Esses amplificadores fornecem uma quantidade específica de amplificação de potência através de uma ampla largura de banda e são, portanto, particularmente úteis em equipamentos de comunicação que devem operar em mais de uma faixa de frequência. Ao invés de ter um transmissor separado para cada banda desejada, pode ser utilizado um único transmissor sem circuitos de sintonia.

Quando amplificadores sintonizados convencionais são utilizados, algum método de comutação do circuito sintonizado correto no circuito deve ser fornecido. Tais redes de comutação são complexas e caras. Além disso, elas apresentam problemas, particularmente em altas frequências. Para elas operarem de forma eficaz, as chaves devem estar localizadas muito próximas dos circuitos sintonizados, para que indutâncias e capacitâncias parasitas não sejam introduzidas pela chave e pelos terminais de conexão. Uma maneira de superar o problema da comutação é usar um amplificador de banda larga, que não necessita de comutação ou sintonia. O

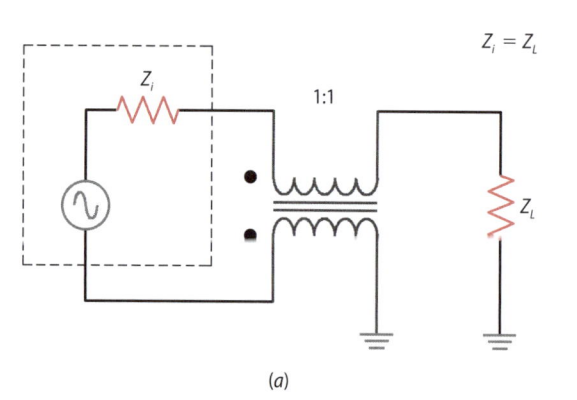

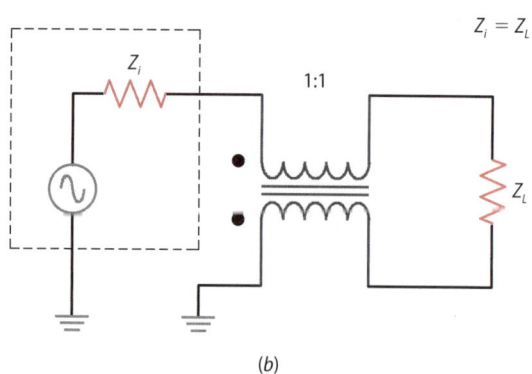

Figura 8-47 Transformadores balun usados para conectar cargas ou geradores equilibrados e desequilibrados. (a) Equilibrado para desequilibrado. (b) Desequilibrado para equilibrado.

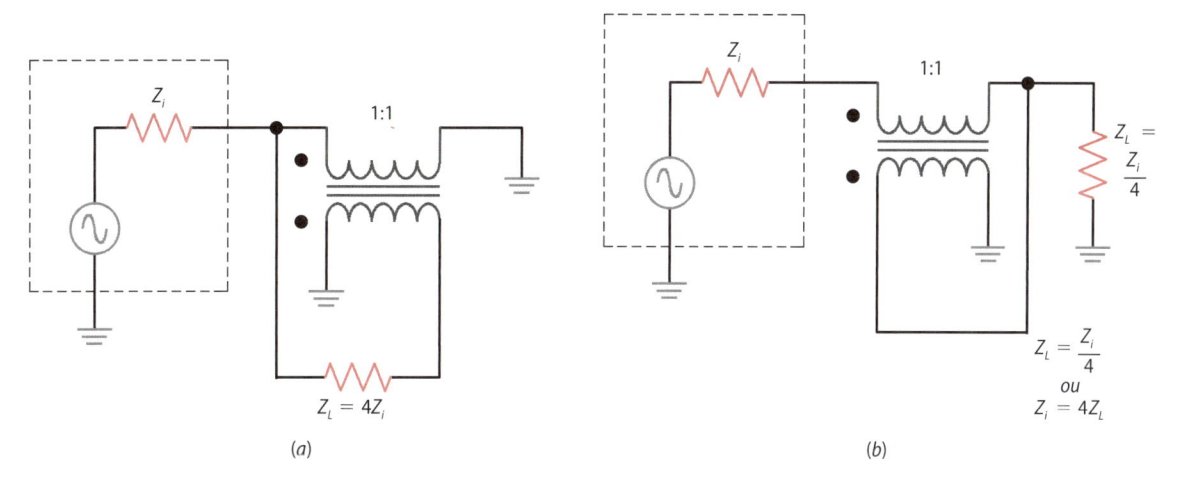

Figura 8-48 Usando um balun para casamento de impedância. (*a*) Impedância aumentada. (*b*) Impedância diminuída.

amplificador de banda larga proporciona a amplificação necessária bem como o casamento de impedância. No entanto, amplificadores de banda larga não fornecem a filtragem necessária para se livrarem de harmônicos. Uma maneira de superar esse problema é gerar a frequência desejada no menor nível de potência, permitindo que circuitos sintonizados filtrem os harmônicos e, em seguida, forneçam a amplificação de potência final com o circuito de banda larga. O amplificador de potência de banda larga opera como um circuito *push-pull* linear classe A ou B para que o conteúdo de harmônicos inerente da saída seja muito baixo.

A Figura 8-49 mostra um amplificador linear de banda larga típico. Note que dois transformadores balun 4:1 são conectados em cascata na entrada de modo que a impedância de entrada da base, que é baixa, pareça uma impedância 16 vezes maior do que é. A saída utiliza um balun 1:4 que aumenta a impedância de saída muito baixa do amplificador final para uma impedância 4 vezes maior para igualar com a impedância da antena, que é a carga. Em alguns transmissores, amplificadores de banda larga são seguidos por filtros passa-baixas, que são utilizados para eliminar harmônicos indesejáveis na saída.

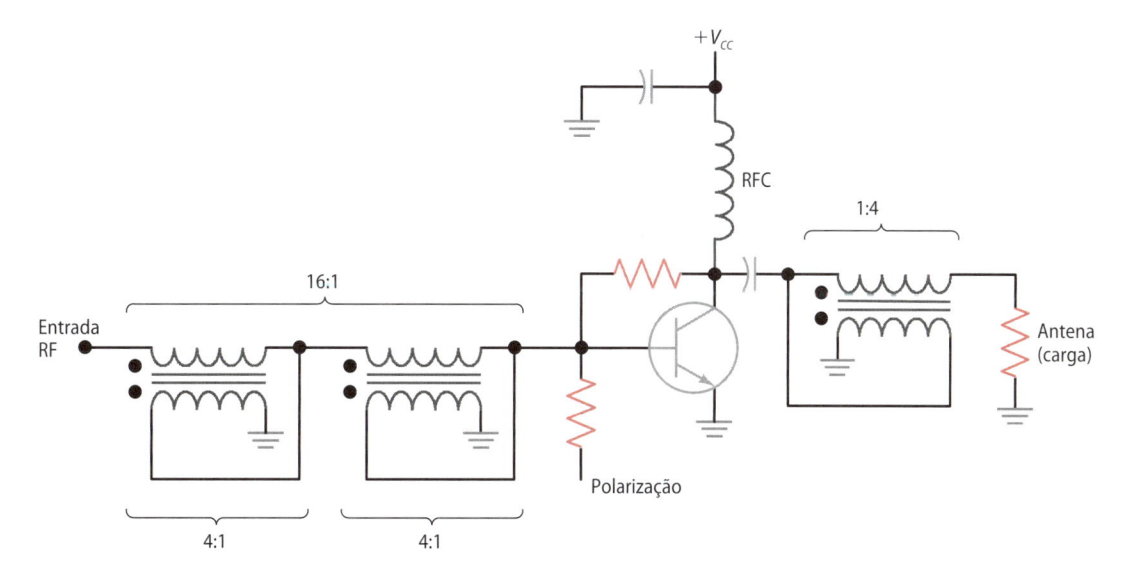

Figura 8-49 Amplificador de potência linear classe A de banda larga.

» Circuitos típicos de transmissores

Muitos transmissores utilizados em projetos de equipamentos recentes são uma combinação de CIs e circuitos com componentes discretos.

Transmissor FM de baixa potência. O transmissor mostrado na Figura 8-50 incorpora as técnicas mais modernas. Este transmissor FM de baixa potência, que é projetado para operar na faixa de 30 MHz, tem uma potência de entrada de cerca de 3 W e um desvio de frequência de 5 kHz para operação em banda estreita. O circuito é composto de um CI da *Freescale Semiconductor* (MC2833), que é um CI transmissor FM de pastilha única, um circuito digital de modelagem e um par de MOSFETs de potência conectado em paralelo como um amplificador classe E. Um CI regulador fornece uma tensão de alimentação CC constante a partir de uma bateria.

O coração do circuito é o *chip* transmissor. Uma visão mais detalhada deste *chip* é dada na Figura 8-51. Ele é encapsulado em um DIP de 16 pinos padrão e contém um microfone amplificador com diodos de ceifamento; um oscilador de RF, que normalmente é controlado por cristal externo, e um amplificador de *buffer*. A modulação de frequência é produzida por um circuito de reatância variável conectado ao oscilador. Existem também no *chip* dois transistores independentes que podem ser conectados com componentes externos como amplificadores *buffer* ou multiplicadores e amplificadores de potência de baixo nível. Este *chip* é útil até cerca de 60 a 70 MHz, e em faixas maiores se forem utilizados multiplicadores externos. O *chip* é amplamente utilizado em telefones sem fio, que operam na banda de 46 à 49 MHz com FM.

Como mostrado na Figura 8-50, o sinal é proveniente de um microfone, que é enviado, através de C_{39}, para o amplificador de áudio no pino 5 do CI. O ganho do amplificador é definido pelo resistor R_{11} nos pinos 4 e 5. A saída do amplificador é conectada ao modulador de reatância via C_{38} no pino 3. Esse circuito conecta o oscilador cuja frequência é estabelecida pelo cristal externo entre os pinos 1 e 16. Considere um cristal de 10 MHz. O modulador de reatância puxa a frequência do cristal em um pequeno valor durante a modulação para produzir uma variação de frequência.

A saída do oscilador possui *buffer* e amplificador e sai no pino 14 no CI. O amplificador *buffer* tem um circuito ressonante (L_1 e C_8) em sua saída sintonizada no terceiro harmônico do cristal, ou 30 MHz. Além de multiplicar a frequência da portadora, o multiplicador multiplica o desvio de frequência por um fator 3 para atingir o desvio desejado de 5 kHz. O sinal resultante FM é então aplicado a um amplificador linear composto por um dos transistores no CI (pinos 11, 12 e 13). Sua saída é ajustada por L_2 e C_9. Em seguida, o sinal senoidal FM é aplicado em uma porta NAND Schmitt *trigger* CMOS de alta velocidade. O CI$_{2\text{-}a}$ transforma a senoide em uma onda quadrada. Duas portas CMOS adicionais, CI$_{2\text{-}b}$ e CI$_{2\text{-}c}$, são conectadas em paralelo para fornecer um sinal de acionamento de onda quadrada de potência maior para o amplificador final.

O amplificador de potência final usa dois MOSFETs MPF6660 em paralelo, que são dispositivos RF de potência de modo enriquecimento, como um amplificador chaveado classe E. O diodo *zener* D_4 fornece proteção contra sobrecargas causadas por impedâncias descasadas com a antena. A rede em π de saída composta por L_4, L_7, L_5, C_1, C_2 e C_{30} acopla o sinal à antena, proporcionando um casamento de impedância e um filtro passa-baixas para eliminar os harmônicos associados à onda quadrada de saída. A potência de entrada é cerca de 3 W e o circuito proporciona cerca de 90% de eficiência, o que significa que a potência de saída é cerca de $0{,}9 \times 3 = 2{,}7$ W. A antena é um monopolo eletricamente curto vertical.

Finalmente, a unidade é alimentada por uma bateria que fornece 9,6 V para o CI5, um regulador de tensão MAX666. O regulador fornece uma tensão constante de 8 V para os circuitos do transmissor apesar da queda gradual da tensão da bateria durante a operação. O CI também contém um componente que detecta quando a bateria estiver muito descarregada para um funcionamento correto do circuito e liga o LED.

Este transmissor é parte de uma unidade portátil com um receptor compatível. Circuitos receptores são abordados no Capítulo 9.

» Transmissor *wireless* de curto alcance

Há muitas aplicações *wireless* de curto alcance que exigem um transmissor para enviar dados ou controlar os sinais para um receptor nas proximidades. Alguns exemplos são os transmissores pequenos em dispositivos de **ACIONAMENTO POR CONTROLE REMOTO** (**RKE** – *remote keyless entry*) utilizados para abrir portas de carro, sensores de pressão dos pneus, controle remoto de lâmpadas e ventiladores de teto nas casas, abridores da porta da garagem e sensores de temperatura.

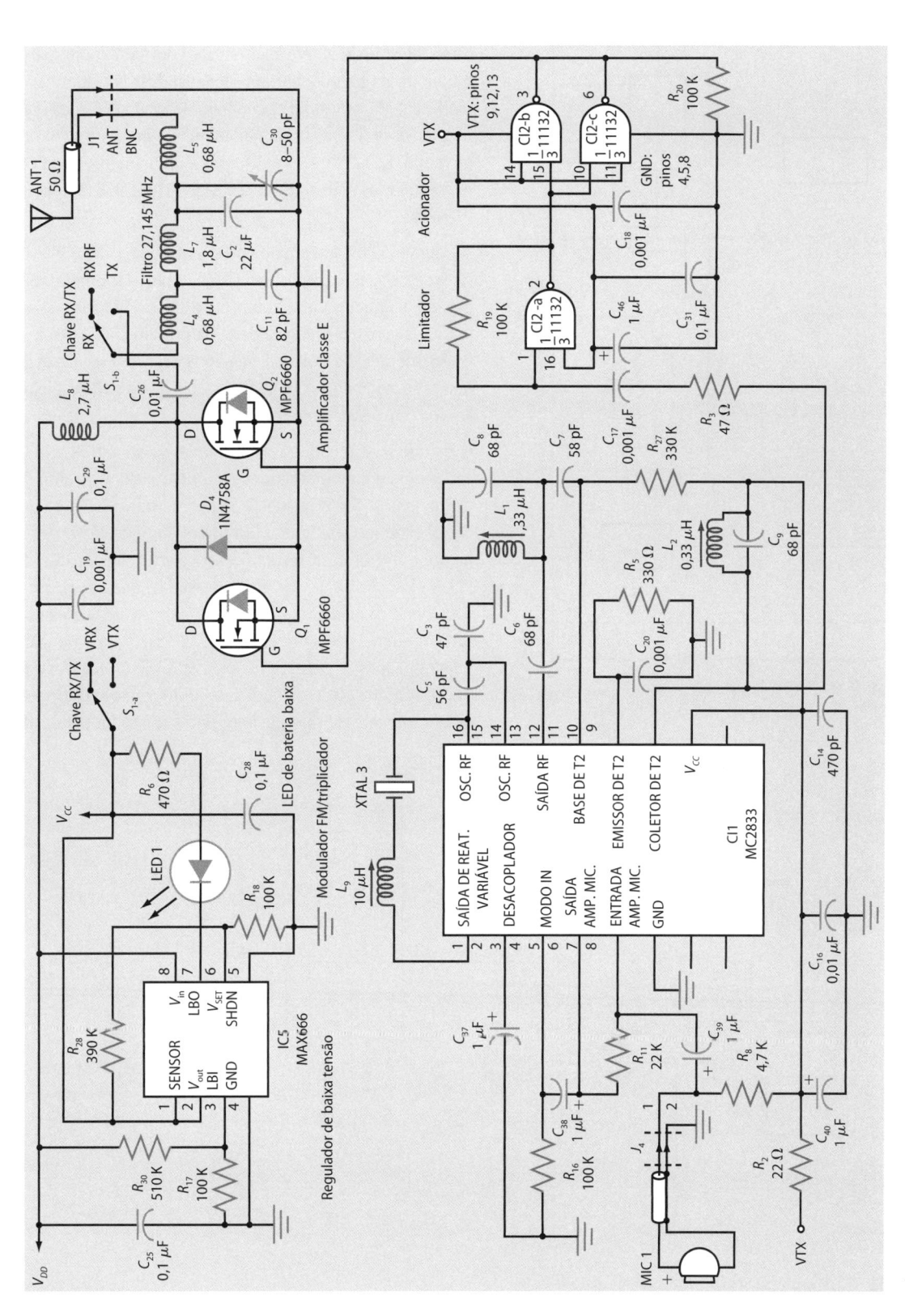

Figura 8-50 Esquema mostrando modulador e triplicador, amplificador classe E, limitador, acionador e seções do regulador de baixa tensão do transceptor E-Comm. O dispositivo-chave é o CI₁, o chip transmissor FM. (Cortesia *Electronics Now*, Outubro de 1992.)

capítulo 8 » Transmissores de rádio

Estes transmissores sem licença usam potência muito baixa e operam na banda para aplicações industrial, científica e médica (ISM – *industrial-scientific-medical*) do FCC. Estas são frequências reservadas para a operação sem licença conforme definido na Parte 15 das regras e regulamentos do FCC. As frequências mais comuns são 315, 433.92, 868 (Europa) e 915 MHz.

A Figura 8-52 mostra um típico CI transmissor, a MC33493/D da Freescale. Este dispositivo CMOS é projetado para operar em qualquer ponto das faixas de 315 à 434 MHz e 868 à 928 MHz com a frequência definida por um cristal externo. Possui modulação OOK ou FSK e pode lidar com uma taxa de dados em série de até 10 kbps. A potência de saída é ajustável com um resistor externo.

O circuito transmissor básico é simplesmente um PLL, utilizado como um multiplicador de frequência, com um amplificador de potência de saída. O oscilador interno XCO usa um cristal externo. O PLL multiplica a frequência do cristal externo por um fator 32 ou 64 para desenvolver o sinal do VCO do PLL na frequência de operação desejada. Por exemplo, se a frequência de saída desejada for 315 MHz, o cristal deve ter uma frequência de 315/32 = 9,84375 MHz. Para uma saída de 433,92 MHz, é necessário um cristal 13,56-MHz. A saída XCO é aplicada ao detector de fase junto com o sinal de realimentação dos divisores de frequência acionados pela saída

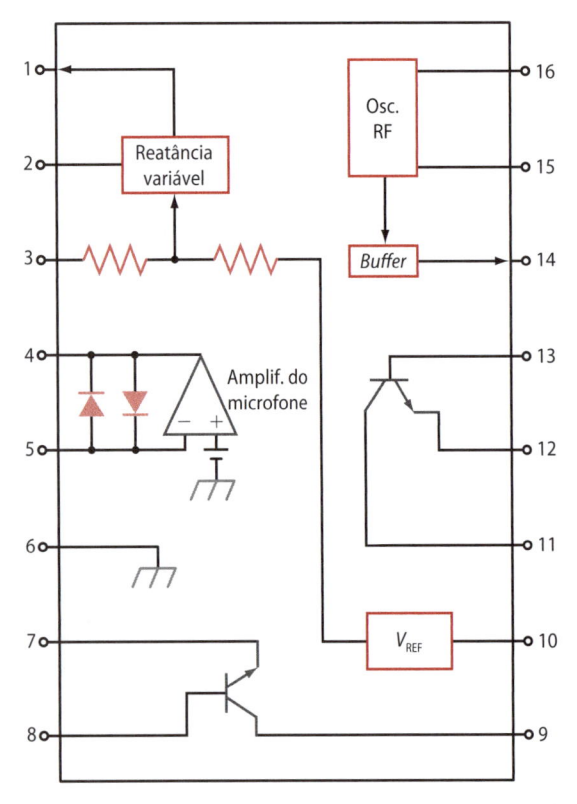

Figura 8-51 CI MC2833 da Freescale, que é um transmissor de FM.

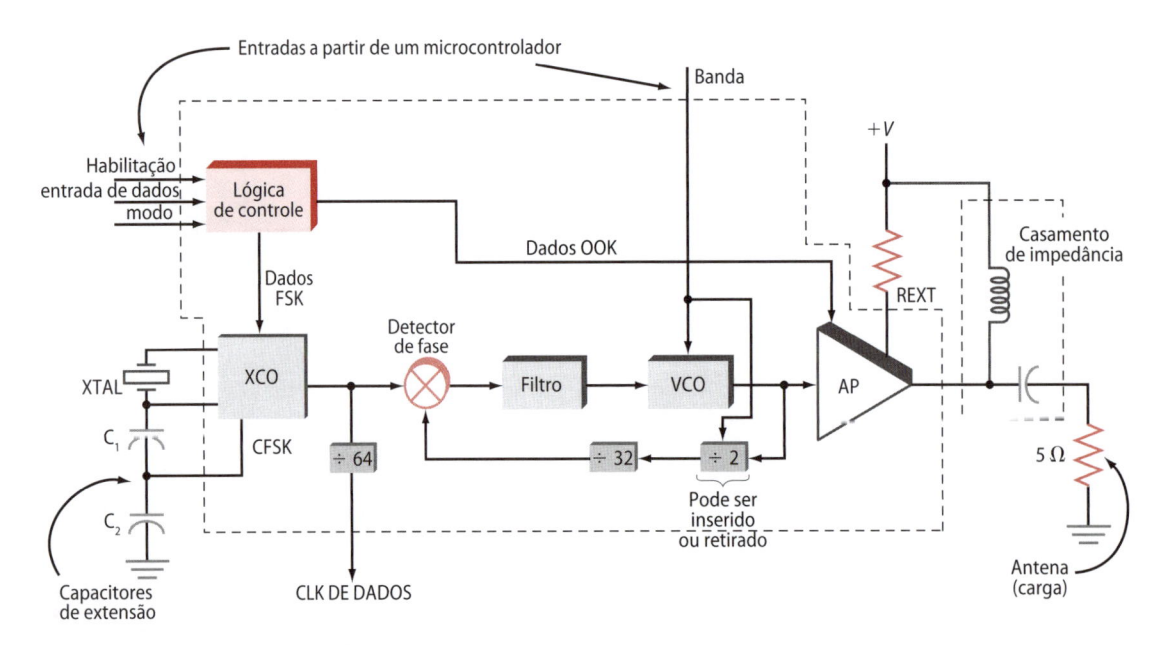

Figura 8-52 CI transmissor ISM UHF MC 33493D da Freescale.

VCO do PLL. O divisor por 2 pode ser inserido quando a divisão por 64 for necessária. O sinal de entrada BAND seleciona o divisor por dois ou o deixa de fora. Se o sinal BAND for baixo, o circuito divisor por 2 é ignorado e o fator de multiplicação geral do PLL é 32. Se BAND for alto, o circuito divisor por dois é inserido e o fator de multiplicação geral é 64. O uso de um cristal de 13,56 MHz dá uma saída de 867,84 MHz, quando o fator de divisão por 64 for usado.

A saída VCO do PLL aciona um amplificador de potência classe C. Um resistor externo pode ser inserido na linha entre REXT e a fonte de alimentação CC para diminuir a alimentação para o nível desejado. A máxima saída sem resistor externo é 5 dBm (3,1 mW). A tensão de alimentação CC pode ser qualquer valor na faixa de 1,9 a 3,6 V, normalmente fornecida por uma bateria.

A Modulação é selecionada pelo pino MODO. Se este pino for nível baixo, a modulação selecionada é OOK. A entrada binária serial no pino de entrada de dados liga e desliga o amplificador de potência (AP) classe C CC (o binário 1 liga e o binário 0 desliga). Se MODO for nível alto, FSK é selecionado. A linha de entrada de dados é então utilizada para puxar a frequência do cristal entre as duas frequências de deslocamento desejadas. Um deslocamento de 45 kHz é típico. Dois capacitores externos, C_1 e C_2 são usados para puxar o cristal para as frequências desejadas. A configuração em série ou em paralelo destes capacitores pode ser usada dependendo do tipo de cristal.

A saída de AP alimentada a uma rede externa *LC* de casamento de impedância, conforme necessário para casar a saída de 50 Ω com a antena selecionada, conforme mostra a Figura 8-52. Normalmente, a antena é um *loop* de cobre na placa de circuito impresso que contém o CI do transmissor.

Outra característica deste *chip* é a linha de saída de *clock* de dados (CLK DE DADOS). Esta saída é a frequência do cristal dividido por 64. Para um cristal de 9,84375 MHz, a saída CLK DE DADOS é 153,8 kHz. Com um cristal de 13,56-MHz, ela é 212 kHz. Esse *clock* pode ser usado com um microcontrolador externo para sincronizar o fluxo de dados.

Esse *chip* transmissor é projetado para ser utilizado com um microcontrolador externo. Ele obtém os sinais de BANDA, MODO e HABILITAÇÃO do microcontrolador.

REVISÃO DO CAPÍTULO

Resumo

O ponto de partida para todos os transmissores é a geração de portadora, que é quase sempre realizada por osciladores a cristal. Para atingir as frequências necessárias nas faixas de VHF, UHF e até mesmo de micro-ondas, os transmissores utilizam circuitos multiplicadores de frequência.

Os sintetizadores de frequência são geradores de frequência variável que usam PLL que fornece a estabilidade de frequência de um oscilador a cristal e a conveniência da sintonia incremental em uma ampla faixa de frequência. A saída de um sintetizador de frequência é variada usando técnicas de chaveamento. Os dois principais tipos de sintetizadores de frequência são o PLL e a síntese digital direta (DDS).

Os três tipos básicos de amplificadores de potência utilizados em transmissores são: linear (classe A, AB ou B), classe C e chaveamento (Classes D, E, F e S). A classe de um amplificador é determinada pela forma como ele é polarizado. Os amplificadores classe A são polarizados de modo que eles conduzem de forma contínua, os de classe B são polarizados no corte de modo que não haja corrente de coletor com entrada zero e os de classe C conduz durante menos de metade ciclo da senóide de entrada.

Amplificadores lineares e de classe C enfrentam o problema de auto-oscilação, que é o resultado de uma realimentação positiva que ocorre devido à capacitância entre elementos do dispositivo de amplificação. O processo de compensar este efeito é chamado de neutralização.

Amplificadores de chaveamento (classes D, E e F) são mais eficientes do que os lineares e de classe C. Por isso eles dissipam pouca ou nenhuma potência nos estados ligado e desligado. Dois tipos de amplificador linear de banda larga são os sem realimentação e o de pré-distorção adaptativa usados em serviços de banda larga tais como estações base de celular.

Os circuitos utilizados para conectar um estágio transmissor a outro são chamados de redes de casamento de impedância que fornecem uma ótima transferência de potência, bem como funções de filtragem e seletividade. Os tipos básicos de redes *LC* de casamento de impedância são as redes em L, T e π. Transformadores e baluns são amplamente utilizados para o casamento de impedância.

Questões

1. Quais circuitos são normalmente blocos de um transmissor de rádio?
2. Que tipo de transmissor não utiliza amplificadores classe C?
3. Quantos graus de uma onda senoidal de entrada um amplificador classe B conduz?
4. Qual é o nome dado à polarização de um amplificador classe C produzido por uma rede *RC* de entrada?
5. Por que os osciladores a cristal são utilizados em vez de osciladores *LC* para definir a frequência do transmissor?
6. Cite duas maneiras de selecionar cristais com chaves. Qual é a preferida nas frequências mais altas?
7. Como é alterada a frequência de saída de um sintetizador de frequência com PLL?
8. O que são *prescalers* e por que são utilizados em VHF e Sintetizadores UHF?
9. Qual é o objetivo da malha de filtro em um PLL?
10. Que circuito em um sintetizador digital direto (DDS), na verdade, gera a onda de saída?
11. Em um DDS, o que é armazenado na ROM?
12. Como é alterada a frequência de saída de um DDS?
13. Qual é a classe de amplificador de potência RF mais eficiente?
14. Qual é a potência máxima aproximada de um típico amplificador RF de potência a transistor?
15. O que são parasitas e como eles são eliminados em um amplificador de potência?
16. Qual é a razão principal para o uso de amplificadores chaveados?
17. Qual é a diferença entre os amplificadores classe D e E?
18. Qual a principal desvantagem de um amplificador de potência chaveado?
19. Explique como um amplificador de potência sem realimentação reduz distorção.
20. Em um amplificador de potência com pré-distorção, o que é o sinal de realimentação?
21. Quando ocorre a máxima transferência de potência entre gerador de impedância Z_i e carga de impedância Z_L?
22. O que é um toroide e como ele é utilizado? Quais componentes são feitos a partir dele?
23. Quais são as vantagens de um indutor de RF toroidal?
24. Além de casamento de impedância, qual outra função importante tem as redes *LC*?
25. Qual é o nome dado a um transformador de enrolamento único?
26. Qual é o nome dado a um transformador de RF com uma relação de espiras 1 : 1 ligado à rede de modo que ele proporciona um casamento de impedância 1 : 4 ou 4 : 1? Cite uma aplicação comum.
27. Por que os transformadores RF não sintonizados são utilizados em amplificadores de potência?
28. Como é tratado o casamento de impedância em um amplificador RF linear de banda larga?
29. Quais são as relações de casamento de impedância comuns de transformadores de linha de transmissão usados como baluns?
30. Por que as rede em T e π são preferidas sobre redes em L?

Problemas

1. Um transmissor de FM tem um oscilador a cristal para portadora de 8,6 MHz e multiplicadores de frequência de 2, 3 e 4. Qual é a frequência de saída? ◆
2. Um cristal tem uma tolerância de 0,003%. Qual é a tolerância em ppm?
3. Um cristal de 25 MHz tem uma tolerância de ±200 PPM. Se a frequência deriva para cima até a tolerância máxima, qual é a frequência do cristal? ◆
4. Um sintetizador de frequência com PLL tem uma frequência de referência de 25 kHz. O divisor de frequência é ajustado em um fator de 345. Qual é a frequência de saída?
5. Um sintetizador de frequência com PLL tem uma frequência de saída de 162,7 MHz. A referência é um oscilador a cristal de 1 MHz seguido por um divisor por 10. Qual é a principal relação do divisor de frequência? ◆
6. Um sintetizador de frequência com PLL tem uma frequência de saída de 470 MHz. Um *prescaler* divisor por 10 é utilizado. A frequência de referência é 10 kHz. Qual é o incremento de frequência?
7. Um sintetizador de frequência com PLL tem um *prescaler* de módulo variável de $M = 10/11$ e relações de divisão dos contadores *A* e *N* de 40 e 260. A frequência de referência é 50 kHz. Qual é a frequência de saída do VCO e o incremento de frequência mínimo? ◆
8. Em um DDS, a ROM contém 4096 endereços que armazenam os valores de um ciclo de uma senoide. Qual é o incremento de fase?

9. Um sintetizador DDS tem um *clock* de 200 MHz e o valor da constante é 16. O registrador de endereço da ROM tem 16 bits. Qual é a frequência de saída?

10. Um transmissor multiplicador PLL opera com uma saída de 915 MHz. Com um fator de divisão de 64, qual é o valor do cristal necessário?

11. Um amplificador classe C tem uma tensão de alimentação de 36 V e uma corrente de coletor de 2,5 A. Sua eficiência é de 80%. Qual é a potência de saída RF? ◆

12. Calcule os valores de *L* e *C* de um circuito em L para casar a impedância de um amplificador de potência transistorizado de 9 Ω com uma antena de 75 Ω em 122 MHz.

13. Calcule os componentes de um circuito em L que faz o casamento de uma resistência interna de 4 Ω em série com uma indutância de 9 nH com uma impedância de carga de 72 Ω em paralelo com uma capacitância parasita de 24 pF em uma frequência de 46 MHz.

14. Projete um circuito *LCC* na configuração T que faça o casamento de uma resistência interna de 5 Ω com uma carga de 52 Ω em 54 MHz. Considere um *Q* igual a 12.

15. Um transformador tem seis espiras no primário e 18 no secundário. Se a impedância do gerador (fonte) for 50 Ω, qual deve ser a impedância da carga?

16. Um transformador tem que fazer o casamento de impedância de um gerador de 2500 Ω com uma carga de 50 Ω. Qual deve ser a relação de espiras deste transformador?

◆ *As respostas para os problemas selecionados estão após o último capítulo.*

Raciocínio crítico

1. Cite os cinco blocos principais de um sintetizador de frequência com PLL. Desenhe o diagrama em bloco a partir da sua memória. A partir de qual bloco a saída é obtida?

2. Observando uma onda senoidal, descreva como a ROM em um DDS poderia ser utilizada de forma que apenas um quarto dos endereços da memória armazene a tabela com os dados da senoide.

3. Projete um circuito *LCC* como o da Figura 8-40 para fazer o casamento de impedância de um amplificador de 5,5 Ω, com um indutor de 7 nH, com uma antena de impedância 50 Ω e uma capacitância *shunt* de 22 pF.

4. Para casar a impedância de um amplificador de 6 Ω com uma carga, que é uma antena, de 72 Ω, qual relação de espiras, N_P/N_S, o transformador tem que ter?

A maioria dos osciladores a cristal é acondicionada em encapsulamento metálico como o da foto, que foi projetado para montagem na superfície da placa.

capítulo 9

Receptores de comunicação

Em sistemas de rádio-comunicação, o sinal transmitido é muito fraco quando atinge o receptor, especialmente quando percorre uma longa distância. O sinal, que compartilha os meios de comunicação de transmissão no espaço livre com milhares de outros sinais de rádio, também capta ruído de vários tipos. Receptores de rádio devem fornecer a sensibilidade e a seletividade que permitem a recuperação total do sinal de informação original. O receptor de rádio mais adequado para essa tarefa é conhecido como receptor **super-heterodino**. Inventado no início de 1900, o super-heterodino é usado hoje na maioria dos sistemas de comunicação eletrônica. Este capítulo revisa os princípios básicos de recepção de sinal e discute vários circuitos super-heterodinos, incluindo a conversão direta.

Objetivos deste capítulo

» Listar os benefícios de um receptor super-heterodino sobre um receptor TRF e identificar a função de cada componente de um super-heterodino, incluindo todas as funções de seletividade.

» Exprimir a relação entre FI, osciladora local e frequências de sinal e calcular matematicamente qualquer uma delas, dadas as outras duas.

» Explicar como o projeto de receptores de dupla conversão lhes permite aumentar a seletividade e eliminar os problemas de imagem.

» Descrever o funcionamento dos tipos mais comuns de circuitos misturadores.

» Explicar a arquitetura e operação de conversão direta e os rádios definidos por *software*.

» Listar os principais tipos de ruídos externos e internos e explicar como cada um interfere com os sinais antes e depois de chegarem ao receptor.

» Calcular o fator de ruído, a figura de ruído e a temperatura de ruído de um receptor.

» Descrever o funcionamento e a finalidade do circuito CAG em um receptor.

» Explicar o funcionamento dos circuitos silenciadores.

» Princípios básicos da reprodução de sinais

Um receptor de comunicação deve ser capaz de identificar e selecionar um sinal desejado a partir de milhares de outros sinais presentes no espectro de frequência (seletividade) e de proporcionar amplificação suficiente para recuperar o sinal modulante (sensibilidade). Um receptor com boa seletividade irá isolar o sinal desejado no espectro de RF e eliminar ou, pelo menos, atenuar todos os outros sinais. Um receptor com boa sensibilidade envolve um circuito de alto ganho.

» Seletividade

A SELETIVIDADE em um receptor é obtida por meio de circuitos sintonizados e/ou filtros. Os circuitos LC sintonizados fornecem a seletividade inicial; os filtros, que são usados mais tarde no processo, fornecem seletividade adicional.

Q e largura de banda. A seletividade inicial em um receptor é normalmente obtida usando-se circuitos LC sintonizados. Por meio do controle cuidadoso do valor de Q do circuito ressonante, você pode definir a seletividade desejada. A LARGURA DE BANDA ideal é grande o suficiente para passar o sinal e suas bandas laterais, mas também estreito o suficiente para eliminar ou atenuar sinais em frequências adjacentes. Como mostra a Figura 9-1, a taxa de atenuação ou decaimento (*roll-off*) de um circuito sintonizado LC é gradual. Os sinais adjacentes são atenuados, mas, em alguns casos, isso não é suficiente para eliminar completamente a interferência. O aumento do Q estreita ainda mais a largura de banda e melhora a inclinação da atenuação, mas o estreitamento da largura de banda, feito dessa forma, somente pode ocorrer até certo ponto. Em algum ponto, a largura de banda do circuito pode tornar-se tão estreita que começará a atenuar as bandas laterais, resultando em perda de informação.

A curva de seletividade ideal do receptor teria lados perfeitamente verticais, como na Figura 9-2 (*a*). Essa curva não pode ser obtida com circuitos sintonizados. Uma seletividade melhor é obtida por meio da conexão em cascata de circuitos sintonizados ou usando filtros a cristal, a cerâmica ou SAW. Em frequências mais baixas, o processamento de sinais digitais (DSP) pode proporcionar curvas de resposta quase ideais. Todos esses métodos são usados em receptores de comunicação.

> **É BOM SABER**
> Se você souber o valor de Q e a frequência de ressonância de um circuito sintonizado, você pode calcular a largura de banda usando a equação BW $= f_r/Q$.

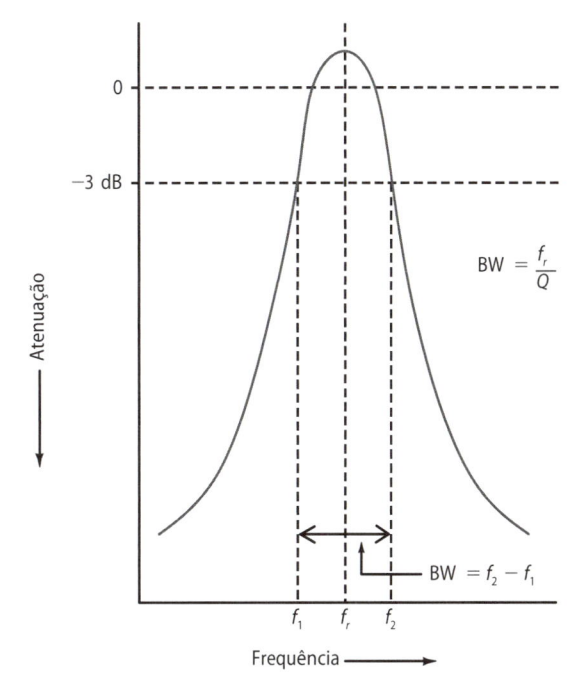

Figura 9-1 Curva de seletividade de um circuito sintonizado.

Fator de forma. Os lados da curva de resposta do circuito sintonizado são conhecidos como saias (lembram o contorno de uma saia). A inclinação das saias, ou a SELETIVIDADE EM FORMA DE SAIA, de um receptor é expressa como o FATOR DE FORMA, a relação entre a largura de banda para uma atenuação de 60 dB e a largura de banda para uma atenuação de 6 dB. Isso é ilustrado na Figura 9-2 (*b*). A largura de banda no ponto de atenuação de 60 dB é $f_4 - f_3$; a largura de banda no ponto de atenuação de 6 dB é $f_2 - f_1$. Assim, o fator de forma é $(f_4 - f_3)/(f_2 - f_1)$. Considere, por exemplo, que a largura de banda em 60 dB é de 8 kHz e a largura de banda em 6 dB é de 3 kHz. O fator de forma é 8/3 = 2,67, ou 2,67:1.

Quanto menor for o fator de forma, mais íngremes serão as saias e melhor será a seletividade. O ideal, mostrado na

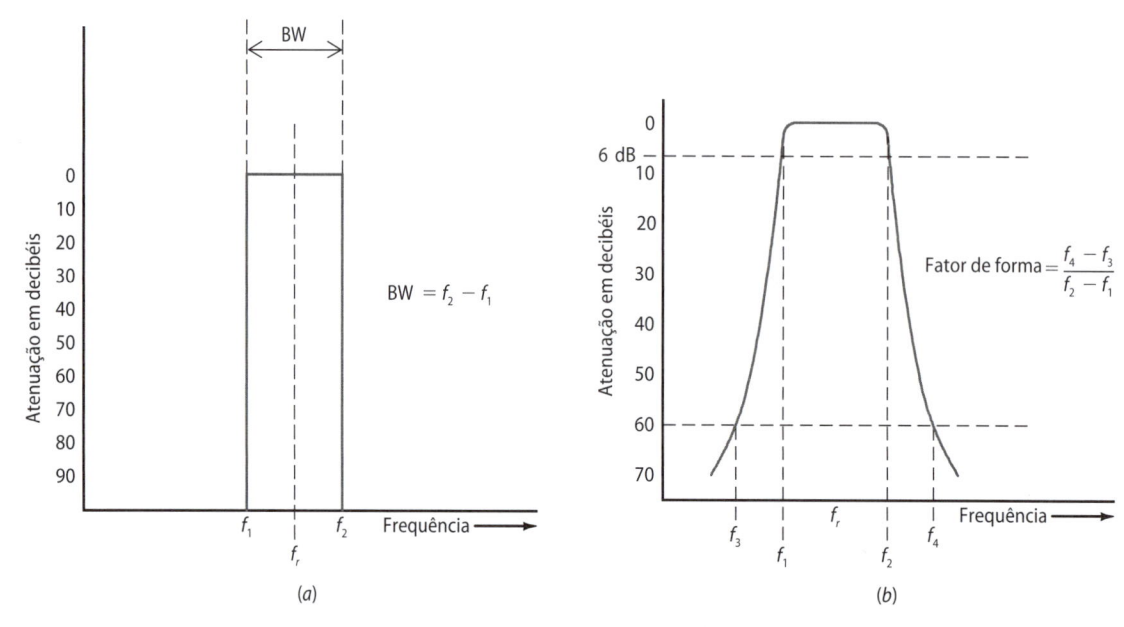

Figura 9-2 Curvas de resposta de seletividade de receptor. (*a*) Curva de resposta ideal. (*b*) Curva de resposta real mostrando o fator de forma.

Figura 9-2(*a*), é 1. Fatores de forma que se aproximam de 1 podem ser conseguidos com filtros DSP.

» Sensibilidade

A **SENSIBILIDADE** do receptor de comunicação, ou capacidade de captar sinais fracos, é principalmente uma função do ganho total, o fator pelo qual um sinal de entrada é multiplicado para produzir um sinal de saída. Em geral, quanto maior for o ganho de um receptor, melhor será sua sensibilidade. Quanto maior for o ganho que um receptor tiver, menor será o sinal de entrada necessário para produzir o nível desejado de saída. Um alto ganho em receptores de comunicação é obtido por meio de múltiplos estágios de amplificação.

Outro fator que afeta a sensibilidade de um receptor é a relação sinal-ruído (SNR – *signal-to-noise ratio*). Ruídos são pequenas variações de tensão aleatória a partir de fontes externas e dos circuitos internos do receptor. Esse ruído pode, às vezes, ser tão alto (muitos microvolts) que mascara ou destrói o sinal desejado. A Figura 9-3 ilustra o que uma tela de analisador de espectro mostra quando monitora dois sinais de entrada e o ruído de fundo. O ruído é pequeno, mas tem variações de tensão aleatórias e componentes de frequência que estão espalhados por um amplo espectro. O sinal maior está bem acima do ruído e, assim, é facilmente reconhecido, amplificado e demodulado. O sinal menor é um pouco maior do que o ruído e, por isso, pode não ser recebido com êxito.

Um método de expressar a sensibilidade de um receptor é estabelecer o **SINAL MÍNIMO PERCEPTÍVEL** (MDS – **MINIMUM DISCERNIBLE SIGNAL**). O MDS é o nível de sinal de entrada que é aproximadamente igual ao valor médio do ruído gerado **INTERNAMENTE**. Esse valor é chamado de **RUÍDO DE FUNDO** do receptor. MDS é a quantidade de sinal que produzia a mesma potência de saída de áudio que o sinal de ruído de fundo e, normalmente, é expresso em dBm.

Outras medidas de sensibilidade do receptor frequentemente usadas são microvolts ou decibéis acima de $1\mu V$ e decibéis acima de $1\ \mu W$ (0 dBm).

A maioria dos receptores tem uma antena com impedância de entrada 50 Ω. Assim, um sinal de 1 μV produz uma potência P na impedância de 50 Ω de

$$P = \frac{V^2}{R} = \frac{1 \times 10^{-6}}{50} = 2 \times 10^{-14}\ W$$

Expressando isso em dBm (potência de referência para 1 mW), obtemos

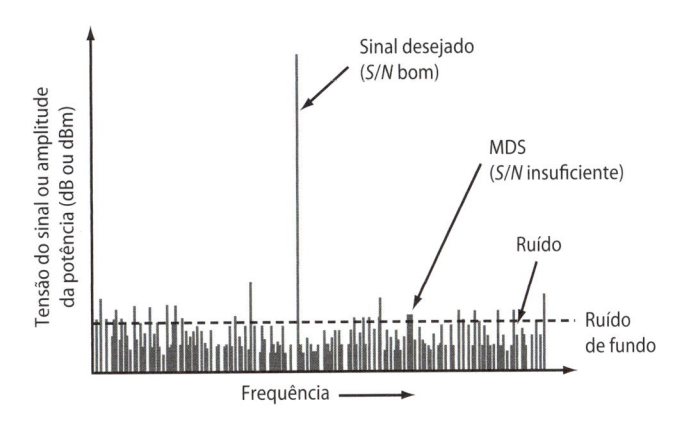

Figura 9-3 Ilustração do ruído, do MDS e da sensibilidade do receptor.

$$dBm = 10 \log \frac{P}{1 \text{ mW}} = 10 \log \frac{2 \times 10^{-14}}{0,001} = -107 \text{ dBm}$$

Agora, se um receptor tem uma sensibilidade de 10 μV, então, expressando isso em decibéis, obtemos

$$dB = 20 \log 10 = 20 \text{ dB}$$

Então, a sensibilidade acima de 1 mW é

$$dBm = 10 - 107 = -87 \text{ dBm}$$

Uma sensibilidade de entrada de 0,5 μV se traduz em uma sensibilidade de

$$dB = 20 \log 0,5 = -6$$
$$dBm = -6 - 107 = -113 \text{ dBm}$$

Não há uma maneira fixa para definir a sensibilidade. Para sinais analógicos, o sinal-ruído é a principal consideração em sinais analógicos. Para a transmissão de sinais digitais, a TAXA DE ERRO DE BIT (BER – BIT ERROR RATE) é a principal consideração. O BER é o número de erros cometidos na transmissão de muitos bits de dados seriais. Por exemplo, uma medida é que a sensibilidade é tal que a BER é 10^{-10} ou 1 bit de erro em cada 10 bilhões de bits transmitidos.

Vários métodos para medir e indicar sensibilidade foram definidos em vários padrões de comunicação, dependendo do tipo de modulação utilizado e outros fatores.

Por exemplo, a sensibilidade de um receptor de comunicação de alta frequência é geralmente expressa como o valor mínimo de tensão de entrada de sinal que irá produzir um sinal de saída de 10 dB acima do ruído de fundo do receptor. Algumas especificações estipulam uma relação S/N de 20 dB. Uma sensibilidade típica pode ser uma entrada e 1 μV. Quanto menor for esse valor, melhor será a sensibilidade.

Bons receptores de comunicação têm, em geral, uma sensibilidade de 0,2 a 1 μV. Os receptores AM e FM projetados para recepção de sinal forte de estações locais têm sensibilidade muito menor. Receptores FM típicos têm sensibilidades de 5 a 10 μV; receptores AM podem ter sensibilidade de 100 μV ou superior.

» Configuração de um receptor básico

A Figura 9-4 mostra o receptor de rádio mais simples: um sistema que consiste em um circuito sintonizado, um detector a diodo (cristal) e fones de ouvido. O circuito sintonizado fornece a seletividade, o diodo e C_2 servem como um demodulador AM, e os fones de ouvido reproduzem o sinal de áudio recuperado.

O receptor a cristal na Figura 9-4 não fornece o tipo de seletividade e sensibilidade necessário para a comunicação moderna. Apenas os sinais mais fortes podem produzir uma

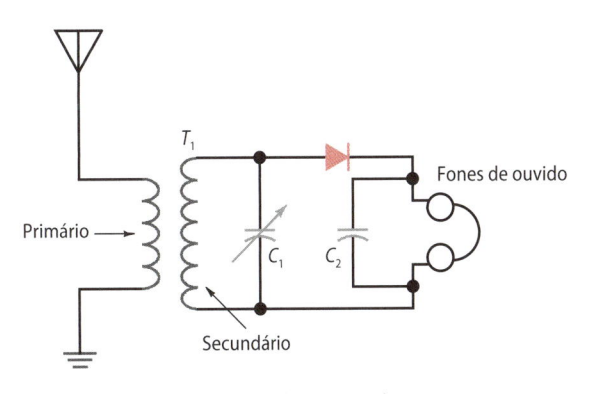

Figura 9-4 O receptor a cristal mais simples.

saída, e a seletividade é muitas vezes insuficiente para separar os sinais de entrada. O uso de fones de ouvido também é inconveniente. No entanto, um demodulador é o circuito básico em qualquer receptor. Todos os outros circuitos em um receptor são projetados para melhorar a sensibilidade e seletividade, de modo que o demodulador possa ter um melhor desempenho.

» Receptores TRF

No receptor de RADIOFREQUÊNCIA SINTONIZADO (**TRF** – **TUNED- -RADIO FREQUENCY**) mostrado na Figura 9-5, a sensibilidade foi melhorada pela adição de três estágios de amplificação de RF entre a antena e o detector, seguidos por dois estágios de amplificação de áudio. Os estágios do amplificador RF aumentam enormemente o ganho do sinal recebido antes que seja aplicado ao detector. O sinal recuperado é amplificado mais ainda pelos amplificadores de áudio, que fornecem um ganho suficiente para acionar um alto-falante.

Outra melhoria no projeto é que os amplificadores RF usam múltiplos circuitos sintonizados. Sempre que circuitos *LC* ressonantes sintonizados na mesma frequência são conectados em cascata, a seletividade total é melhorada. Quanto maior for o número de estágios sintonizados em cascata, mais estreita será a largura de banda e mais íngremes serão as saias, como mostra a Figura 9-6. Um sinal acima ou abaixo da frequência ressonante central é atenuado por um circuito sintonizado, mais atenuado por um segundo circuito sintonizado, e ainda mais por um terceiro e quarto circuitos sintonizados. O efeito é tornar íngremes as saias.

O principal problema com receptores TRF encontra-se no rastreamento de circuitos sintonizados. Em um receptor, os circuitos sintonizados devem ser variáveis, de modo que possam ser ajustados na frequência do sinal desejado. Nos receptores anteriores, cada um tinha um circuito sintonizado com um capacitor separado e múltiplos ajustes para sintonizar um sinal. A solução foi agrupar os capacitores de sintonia (Fig. 9-5), de modo que todos sejam alterados simultaneamente quando o botão de sintonia foi girado.

Outro problema com receptores TRF é que a seletividade varia com a frequência. Conforme discutido, a largura de banda de um circuito sintonizado aumenta com sua frequência de ressonância, visto que BW = f_r/Q. (Q tende a permanecer quase constante por causa da resistência da bobina que aumenta ligeiramente com a frequência, como resultado do efeito pelicular ou efeito *skin*.) A seletividade era boa (estreita) em frequências baixas e ruim (mais ampla) em frequências maiores. Esses problemas básicos não foram resolvidos até o desenvolvimento do receptor super-heteródino. Embora os receptores TRF não sejam mais usados em aplicações de comunicação em geral, eles ainda são encontrados em alguns projetos de frequência única simples e de baixo custo.

A Figura 9-7 mostra um exemplo de um receptor de UHF de único *chip* usando múltiplos amplificadores RF não sintoniza-

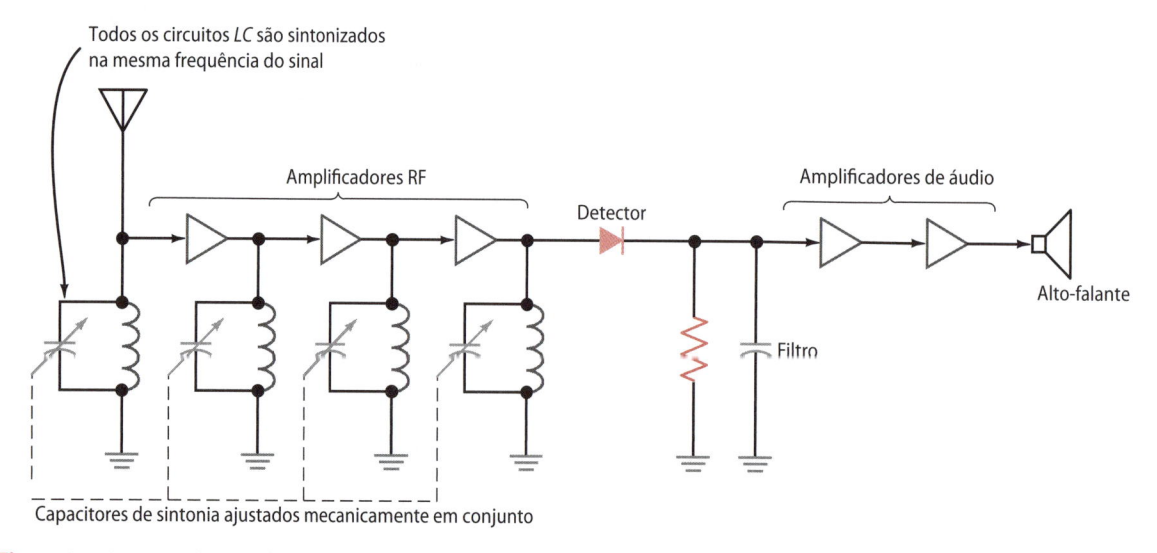

Figura 9-5 Receptor de radiofrequência sintonizado (TRF).

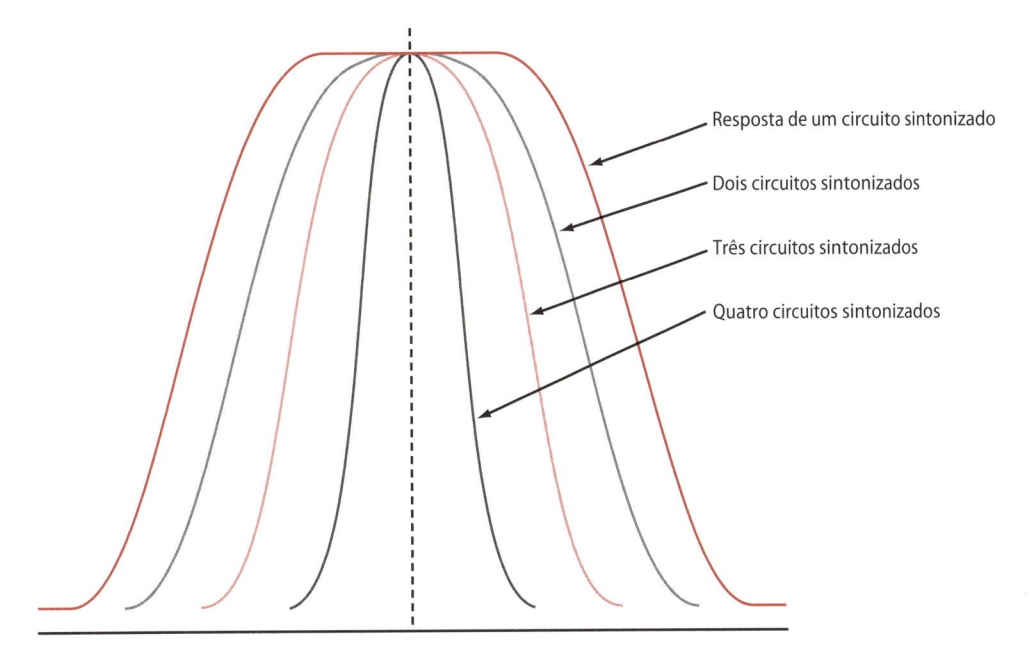

Figura 9-6 Efeito na seletividade provocado pela conexão em cascata de circuitos sintonizados.

dos para obter o ganho desejado e um filtro SAW externo. Operando em frequência fixa, o filtro SAW pode fornecer a seletividade desejada sem os problemas mencionados anteriormente.

> **É BOM SABER**
>
> O principal circuito em receptores super-heterodinos é o misturador, que funciona como um modulador de amplitude simples para produzir frequências de soma e diferença.

» Receptores super-heterodinos

Os receptores super-heterodinos convertem todos os sinais de entrada para uma frequência mais baixa, conhecida como a **FREQUÊNCIA INTERMEDIÁRIA** (**FI**), em que um único conjunto de amplificadores é usado para fornecer um nível fixo de sensibilidade e seletividade. A maior parte do ganho e seletividade em um receptor super-heterodino é obtida em amplificadores de FI. O principal circuito é o misturador, que funciona como um modulador de amplitude simples para produzir as frequências soma e diferença. O sinal de entrada é misturado

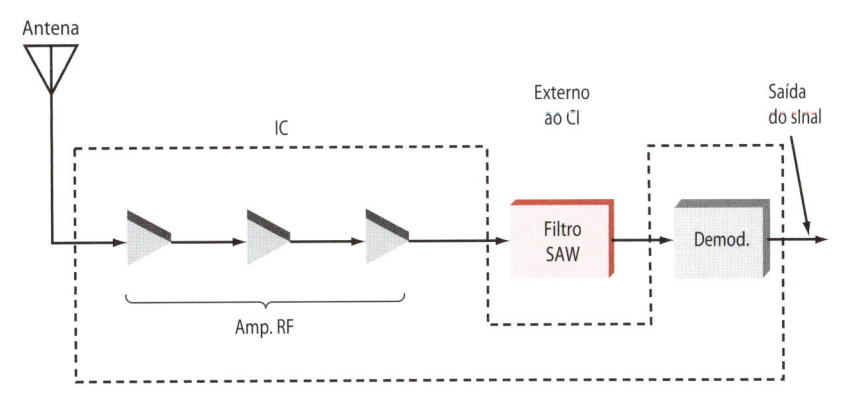

Figura 9-7 Receptor TRF de UHF em um único CI usando um filtro SAW.

com o sinal do oscilador local para produzir essa conversão. A Figura 9-8 mostra um diagrama em bloco geral de um receptor super-heterodino. Nas seções a seguir, vamos examinar a função básica de cada circuito.

» Amplificadores RF

A antena capta o sinal de rádio fraco que passa pelo AMPLIFICADOR RF, também denominado AMPLIFICADOR DE BAIXO RUÍDO (LNA – LOW-NOISE AMPLIFIER). Devido aos amplificadores RF fornecerem ganho e seletividade iniciais, eles são denominados, às vezes, *pré-seletores*. Os circuitos sintonizados ajudam a selecionar o sinal desejado ou pelo menos a faixa de frequência em que o sinal reside. Os circuitos sintonizados em receptores fixos sintonizados podem ter um Q muito alto, de modo que pode ser obtida uma excelente seletividade. No entanto, em receptores que devem sintonizar uma faixa de frequência ampla, a seletividade é um pouco mais difícil de ser obtida. Os circuitos sintonizados devem ressoar ao longo de uma ampla faixa de frequência. Portanto, o Q, a largura de banda e a seletividade do amplificador mudam com a frequência.

Em receptores de comunicação que não usam um amplificador RF, a antena está conectada diretamente a um circuito sintonizado, na entrada do misturador, que fornece a seletividade desejada inicial. Essa configuração é prática em aplicações de baixa frequência, onde um ganho extra simplesmente não é necessário. (A maior parte do ganho do receptor está na seção do amplificador FI, e, mesmo que sejam recebidos sinais relativamente fortes, o ganho RF adicional não é necessário.) Além disso, a omissão do amplificador RF pode reduzir o ruído contribuído para tal circuito. No entanto, em geral, é preferível usar um amplificador RF, pois melhora a sensibilidade por causa do ganho extra, melhora a seletividade por causa dos circuitos sintonizados adicionados e melhora a relação S/N. Além disso, sinais espúrios são mais eficazmente rejeitados, minimizando a geração de sinal indesejado no misturador.

Amplificadores de RF também minimizam a radiação do oscilador. O sinal do oscilador local é relativamente forte, e parte dele pode escapar e aparecer na entrada do misturador. Se a entrada do misturador estiver conectada diretamente à antena, uma parte do sinal do oscilador local é irradiada, podendo causar interferência em outros receptores nas proximidades. O amplificador de RF entre o misturador e a antena isola os dois, reduzindo significativamente qualquer radiação do oscilador local.

> **É BOM SABER**
> Os MOSFETs e os diodos de portadores quentes são escolhidos para serem usados em misturadores por causa de suas características de baixo ruído.

Os transistores bipolares e de efeito de campo, feitos com silício, GaAs ou SiGe, podem ser usados como amplificadores RF. A seleção é feita em função de frequência, custo, integrado *versus* discreto e desempenho de ruído desejado.

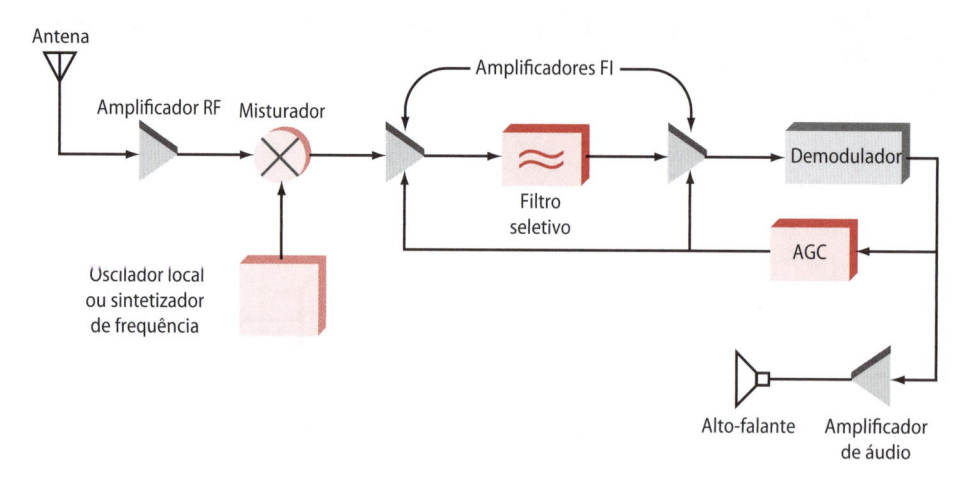

Figura 9-8 Diagrama em bloco de um receptor super-heterodino.

» Misturadores e osciladores locais

A saída do amplificador RF é aplicada à entrada do MISTURADOR, que também recebe a entrada de um oscilador local ou sintetizador de frequência. A saída do misturador é o sinal de entrada, o sinal do oscilador local e as frequências soma e diferença desses sinais. Normalmente, um circuito sintonizado na saída do misturador seleciona a frequência diferença, ou frequência intermediária (FI). A frequência soma pode também ser selecionada como FI em algumas aplicações. O misturador pode ser um diodo, um modulador equilibrado ou um transistor. Os MOSFETs e os diodos de portadores quentes são escolhidos para serem usados em misturadores por causa de suas características de baixo ruído.

O OSCILADOR LOCAL é sintonizável, de modo que sua frequência pode ser ajustada ao longo de uma faixa relativamente ampla. Como a frequência do oscilador local é alterada, o misturador traduz um ampla faixa de frequência de entrada para a FI.

» Amplificadores de FI

A saída do misturador é um sinal de FI que contém a mesma modulação que apareceu do sinal RF de entrada. Esse sinal é amplificado por um ou mais estágios de amplificador FI, e a maior parte do ganho do receptor é obtida nesses estágios. Seletivos circuitos sintonizados fornecem seletividade fixa. Como a frequência intermediária é geralmente muito menor do que a frequência do sinal de entrada, os amplificadores FI são mais fáceis de serem projetados, e é mais fácil de se conseguir uma boa seletividade. Os filtros a cristal, cerâmicos ou SAW são utilizados na maioria das seções para obter uma boa seletividade.

» Demoduladores

O sinal FI altamente amplificado é finalmente aplicado ao DEMODULADOR, ou DETECTOR, que recupera a informação modulante original. O demodulador pode ser um detector a diodo (para AM), um detector de quadratura (para FM) ou um detector de produto (para SSB). Em rádios digitais super-heterodinos modernos, o sinal FI é primeiro digitalizado por um conversor analógico-digital (ADC) e depois enviado para um processador de sinais digitais (DSP), onde a demodulação é realizada por um algoritmo programado. O sinal recuperado na forma digital é então convertido novamente para analógico por um conversor digital-analógico (DAC). A saída do demodulador ou DAC é então normalmente enviada para um amplificador de áudio com tensão e ganho de potência suficientes para acionar um alto-falante. Para sinais que não são de voz, a saída do detector pode ser enviada para qualquer outro sistema, como um tubo de imagem de TV, por exemplo, ou um computador.

» Controle automático de ganho

A saída de um demodulador é geralmente o sinal modulante original, cuja amplitude é diretamente proporcional à amplitude do sinal recebido. O sinal recuperado, que normalmente é CA, é retificado e filtrado em uma tensão CC por um circuito conhecido como o CONTROLE AUTOMÁTICO DE GANHO (CAG). Essa tensão CC é levada de volta para os amplificadores FI e, às vezes, ao amplificador RF, para controlar o ganho do receptor. Os circuitos CAG ajudam a manter constante o nível da tensão de saída ao longo de uma ampla faixa de níveis de entrada RF; eles também ajudam o receptor a funcionar em uma ampla faixa, de modo que sinais fortes não produzam distorção que degrade o desempenho. Praticamente todos os receptores super-heterodinos usam alguma forma da CAG.

A amplitude do sinal RF na antena de um receptor pode variar de uma fração de um microvolt a milhares de microvolts; essa ampla faixa de sinais é conhecida como *faixa dinâmica*. Normalmente, os receptores são projetados com ganho muito elevado, para que os sinais fracos possam ser recebido de forma confiável. No entanto, a aplicação de um sinal de amplitude muito alta em um receptor causa saturação nos circuitos, produzindo distorções e reduzindo a inteligibilidade.

Com o CAG, o ganho total do receptor é ajustado automaticamente dependendo do nível do sinal de entrada. A amplitude do sinal na saída do detector é proporcional à amplitude do sinal de entrada; se ela for muito alta, o circuito de CAG produzirá uma tensão CC alta de saída, reduzindo o ganho dos amplificadores FI. Essa redução no ganho elimina a distorção normalmente produzida por um sinal de entrada de tensão alta. Quando o sinal de entrada é fraco, a saída do detector é baixa. A saída do CAG é, então, uma tensão CC menor. Isso faz com que o ganho dos amplificadores FI se mantenha elevado, proporcionado amplificação máxima.

» Conversão de frequência

Como discutido nos capítulos anteriores, a CONVERSÃO DE FREQUÊNCIA é o processo de traduzir um sinal modulado para uma frequência maior ou menor, mantendo toda a informação transmitida originalmente. Em receptores de rádio, sinais de rádio de alta frequência são regularmente convertidos para uma frequência mais baixa, intermediária, onde podem ser obtidos ganho e seletividade melhorados. Esse processo é denominado conversão de descida. Em comunicações via satélite, o sinal original é gerado em uma frequência mais baixa e depois convertido para uma maior frequência para transmissão. Esse processo é denominado de conversão de subida.

» Princípios da mistura de sinais

A conversão de frequência é uma forma de modulação de amplitude realizada por um circuito misturador ou conversor. A função desempenhada pelo misturador é denominada de **HETERODINAÇÃO**.

A Figura 9-9 é um diagrama de um circuito misturador. Esse circuito aceita duas entradas. O sinal f_s, que deve ser traduzido para outra frequência, é aplicado a uma entrada, e a onda senoidal de um oscilador local, f_o, é aplicada à outra entrada. O sinal a ser traduzido pode ser uma onda senoidal simples ou qualquer sinal modulado complexo contendo bandas laterais. Como um modulador de amplitude, um misturador essencialmente realiza uma multiplicação matemática de seus dois sinais de entrada de acordo com os princípios discutidos nos Capítulos 2 e 3. O oscilador é a portadora, e o sinal a ser traduzido é o sinal modulante. A saída contém não apenas a portadora, mas também bandas laterais formadas quando o oscilador local e sinal de entrada são misturados. Portanto, a saída do misturador consiste nos sinais f_s, f_o, $f_o + f_s$ e $f_o - f_s$ ou $f_s - f_o$.

O sinal do oscilador local, f_o, geralmente aparece na saída do misturador, como faz o sinal de entrada original, f_s, em alguns tipos de circuitos misturadores. Esses não são necessários na saída e, por isso, são filtrados. A frequência soma ou diferença na saída é o sinal desejado. Por exemplo, para traduzir o sinal de entrada para uma frequência mais baixa, é escolhida a banda lateral inferior ou o sinal diferença, $f_o - f_s$. A frequência do oscilador local será escolhida de forma que, quando o sinal de informação for subtraído a partir dele, um sinal com a frequência inferior desejada é obtido. Ao traduzir para uma frequência maior, a banda lateral superior ou o sinal soma, $f_o + f_s$, é escolhido. Novamente, a frequência do oscilador local determina qual será a nova frequência mais alta. Um circuito sintonizado ou filtro é usado na saída do misturador para selecionar o sinal desejado e rejeitar todos os outros.

Por exemplo, para um receptor de rádio FM traduzir o sinal FM de 107,1 MHz para uma frequência intermediária de 10,7 MHz para amplificação e detecção, é usada uma frequência de oscilador local de 96,4 MHz. Os sinais de saída do misturador são $f_s = 107{,}1$ MHz, $f_o = 96{,}4$ MHz, $f_o + f_s = 96{,}4 + 107{,}1 = 203{,}5$ MHz e $f_s - f_o = 107{,}1 - 96{,}4 = 10{,}7$ MHz. Em seguida, um filtro seleciona o sinal de 10,7 MHz (o FI ou f_{FI}) e rejeita os outros.

Como outro exemplo, suponha que seja necessária uma frequência do oscilador local para produzir um FI de 70 MHz para um sinal de frequência de 880 MHz. Visto que o FI é a diferença entre o sinal de entrada e as frequências do oscilador local, existem duas possibilidades:

$$f_o = f_s + f_{IF} = 880 + 70 = 950 \text{ MHz}$$
$$f_o = f_s - f_{IF} = 880 - 70 = 810 \text{ MHz}$$

Não há regras definidas para decidir qual dessas escolher. No entanto, em frequências mais baixas, digamos, as menores

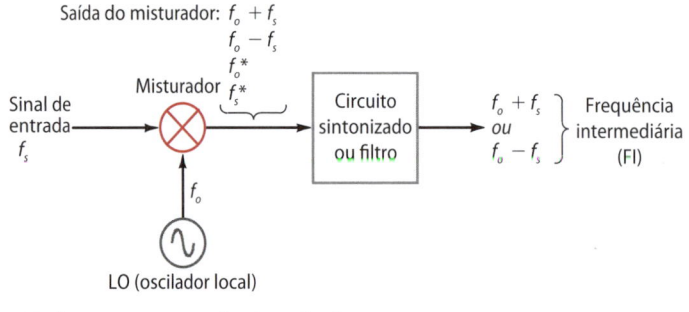

Figura 9-9 Conceito de um misturador.

que aproximadamente 100 MHz, a frequência do oscilador local é tradicionalmente maior do que a frequência do sinal de entrada, e em frequências mais altas, acima de 100 MHz, a frequência do oscilador local é menor do que a frequência do sinal de entrada.

Tenha em mente que o processo de mistura ocorre em todo o espectro do sinal entrada, seja a portadora de frequência única ou múltipla e com muitas bandas laterais complexas. No exemplo acima, o sinal de saída de 10,7 MHz contém a frequência modulante original. O resultado é como se a frequência da portadora do sinal de entrada fosse alterada, assim como todas as frequências das bandas laterais. O processo de conversão de frequência torna possível deslocar um sinal de uma parte do espectro para outra, conforme exigido pela aplicação.

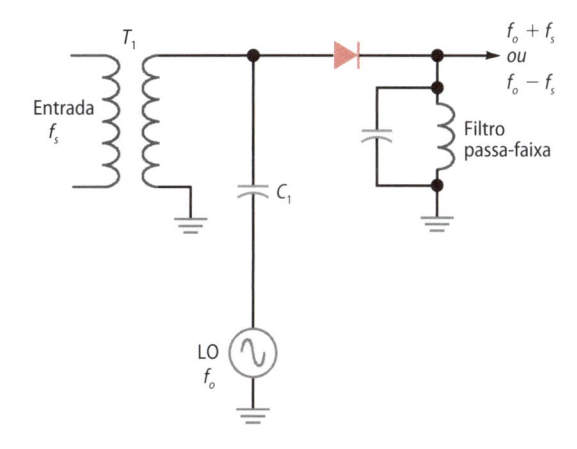

Figura 9-10 Um simples misturador a diodo.

» Misturador e circuitos conversores

Qualquer diodo ou transistor pode ser usado para criar um circuito misturador, mas a maioria dos misturadores modernos são CIs sofisticados. Esta seção cobre alguns dos tipos mais comuns e amplamente utilizados.

Misturadores a diodo. A principal característica dos circuitos misturadores é a não linearidade. Qualquer dispositivo ou circuito cuja saída não varie linearmente com a entrada pode ser usado como um misturador. Por exemplo, um dos tipos mais usados de misturador é o simples, mas eficaz, modulador a diodo descrito no Capítulo 3. Os MISTURADORES A DIODO como esse são o tipo mais comum encontrado em aplicações de micro-ondas.

Um circuito misturador a diodo usando um diodo simples é mostrado na Figura 9-10. O sinal de entrada, que vem de um amplificador RF ou, em alguns receptores, diretamente da antena, é aplicado ao enrolamento primário do transformador T_1. O sinal é acoplado ao enrolamento secundário e aplicado ao misturador a diodo, e o sinal do oscilador local é acoplado ao diodo por meio do capacitor C_1. Os sinais de entrada e do oscilador local são somados linearmente dessa forma e aplicados ao diodo, que realiza sua "mágica" não linear para produzir as frequências soma e diferença. Os sinais de saída, incluindo as duas entradas, são desenvolvidos no circuito sintonizado, que funciona como um filtro passa-faixa, selecionando a frequência soma ou diferença e eliminando as outras.

Misturadores balanceados simples. Um circuito misturador popular usando dois diodos é o MISTURADOR BALAN-CEADO SIMPLES ilustrado na Figura 9-11. O sinal de entrada é aplicado ao primário do transformador, e o oscilador local é aplicado na derivação central do secundário. O sinal de saída passa por um RFC e, em seguida, é aplicado a um filtro passa-faixa sintonizado ou circuito que seleciona a frequência soma ou diferença. No misturador de um ou dois diodos, o sinal do oscilador local é muito maior do que o sinal de entrada, e, assim, os diodos são desligado e ligado como chaves pelo sinal do oscilador local.

Em aplicações de pequeno sinal, são usados diodos de germânio nos misturadores devido à tensão na qual eles são ligados ser baixa. Diodos de silício também são excelentes misturadores RF. Os melhores misturadores a diodo em frequências VHF, UHF e micro-ondas são os diodos de portadores quentes ou de barreira Schottky.

Misturador balanceado duplo. Os moduladores balanceados também são amplamente utilizados como misturadores. Esses circuitos eliminam a portadora da saída, tornando o trabalho de filtragem muito mais fácil. Qualquer um dos moduladores balanceados descritos anteriormente pode ser usado em aplicações de mistura de sinais. Tanto o modulador a diodo balanceado em treliça como o modulador balanceado integrado do tipo amplificador diferencial são bastante eficazes em aplicações de mistura de sinais. Uma versão do modulador a diodo balanceado mostrado na Figura 4-25, conhecida como MISTURADOR BALANCEADO DUPLO e ilustrada na Figura 9-12, é, provavelmente, o melhor misturador disponível, especialmente para frequências VHF, UHF e micro-ondas. Os transformadores são enrolados com precisão, e as curvas características dos diodos são coincidentes para

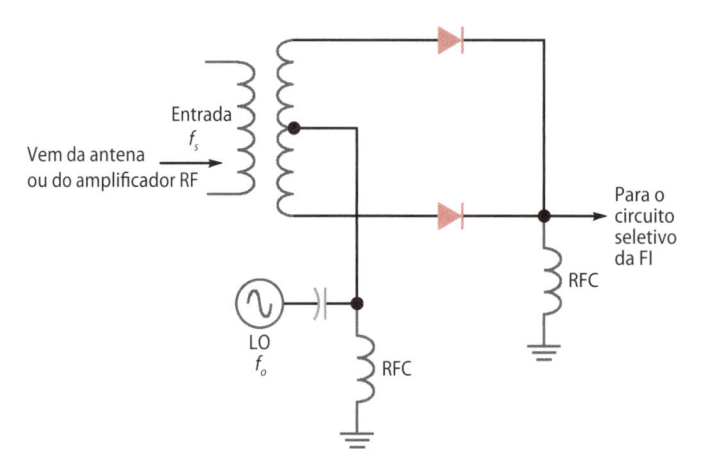

Figura 9-11 Um misturador a diodo balanceado simples.

que ocorra uma supressão de grau elevado da portadora ou do oscilador local. Em produtos comerciais, a atenuação do oscilador local é de 50 a 60 dB ou mais.

Misturadores a FET. Os misturadores que usam FETs são bons porque fornecem ganho, têm baixo nível de ruído e oferecem uma resposta de lei quadrática quase perfeita. A Figura 9-13 mostra um exemplo. O MISTURADOR A FET é polarizado de modo que opere na parte não linear de sua faixa de trabalho. O sinal de entrada é aplicado na porta, e o sinal do oscilador local é acoplado à fonte. Novamente, o circuito sintonizado no dreno seleciona a frequência diferença.

> **É BOM SABER**
> Qualquer dispositivo ou circuito cuja saída não seja uma variação linear com a entrada pode ser usado como um misturador.

Outro misturador a FET popular, um com MOSFET porta dupla, é mostrado na Figura 9-14. Aqui o sinal de entrada é aplicado a uma porta e o oscilador local é acoplado à outra porta. Os MOSFETs de porta dupla fornecem um desempenho superior em aplicações de mistura de sinais porque a sua

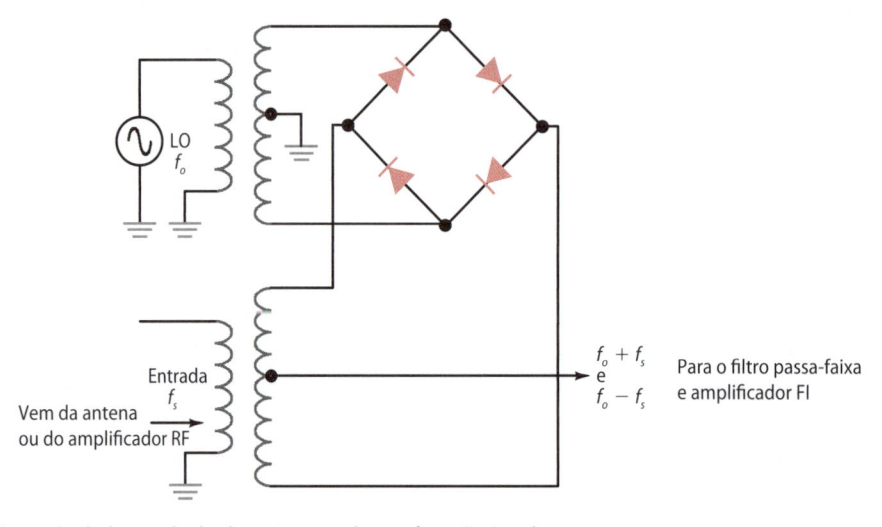

Figura 9–12 Misturador balanceado duplo muito popular em frequências altas.

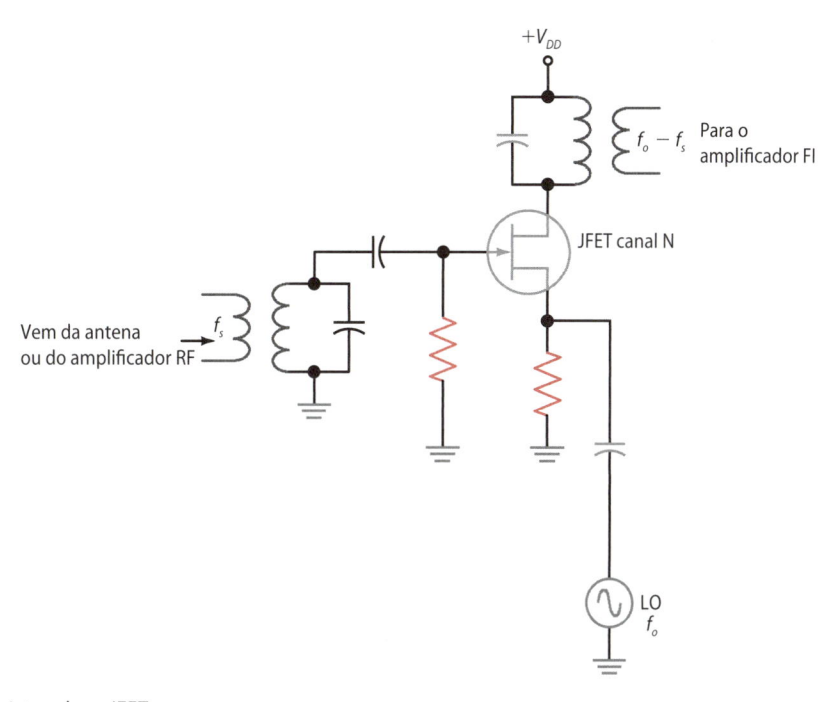

Figura 9-13 Um misturador a JFET.

corrente de dreno é diretamente proporcional ao produto das duas tensões de porta. Em receptores construídos para VHF, UHF e aplicações de micro-ondas, os FETs de junção e os MOSFETs de porta dupla são amplamente utilizados como misturadores por causa de seu alto ganho e baixo ruído. Os FETs de arsenieto de gálio têm preferência sobre os de silício nas frequências mais altas por causa da sua contribuição de menor ruído e seu maior ganho. Os misturadores na forma de CI usam MOSFETs.

Uma das melhores razões para usar um misturador a FET é que a sua curva característica de corrente de dreno *versus* a tensão de porta é uma função quadrática perfeita. (Lembre-se de que as fórmulas da lei quadrática mostram como são produzidas as bandas laterais superior e inferior e as frequências soma e diferença.) Com uma resposta quadrática perfeita do misturador, são gerados apenas os harmônicos de segunda ordem, além das frequências soma e diferença. A resposta de outros misturadores, tais como diodos e transistores bipolares, aproxima-se de uma função quadrática; no entanto, eles são não lineares, de modo que o AM ou a heterodinação não ocorrem. A não linearidade é tal que os produtos de ordem superior, como terceiro, quarto, quinto harmônicos, e ainda maiores, são gerados. A maioria desses pode ser eliminada por um filtro passa-faixa que seleciona a frequência diferença ou soma para o amplificador FI. No entanto, a presença de produtos de ordem superior pode causar o aparecimento de sinais de baixo nível indesejáveis no receptor. Esses sinais produzem sons de pássaros cantando conhecidos como **PÁSSAROS**, que, apesar de sua baixa amplitude, podem interferir nos sinais de entrada de baixo nível da antena ou amplificador RF. Os FETs não têm esse problema e, assim, são escolhidos para esse tipo de circuito na maioria dos receptores, exceto para aplicações de alta frequência, onde são usados misturadores a diodo.

CIs Misturadores. Um misturador a CI típico, o **MISTURADOR NE602**, é mostrado na Figura 9-15(*a*). O NE602, também conhecida como *célula de transcondutância de Gilbert*, ou *célula de Gilbert*, consiste em um circuito misturador balanceado duplo composto de dois amplificadores diferenciais conectados de forma cruzada. Embora a maioria dos misturadores balanceados duplos seja de dispositivos passivos com diodos, como descrito anteriormente, o NE602 usa transistores bipolares. O *chip* também tem um transistor NPN que pode ser conectado como um circuito oscilador estável e um regulador de tensão de CC. O dispositivo tem encapsulamento DIP de 8 pinos e opera a partir de uma única tensão

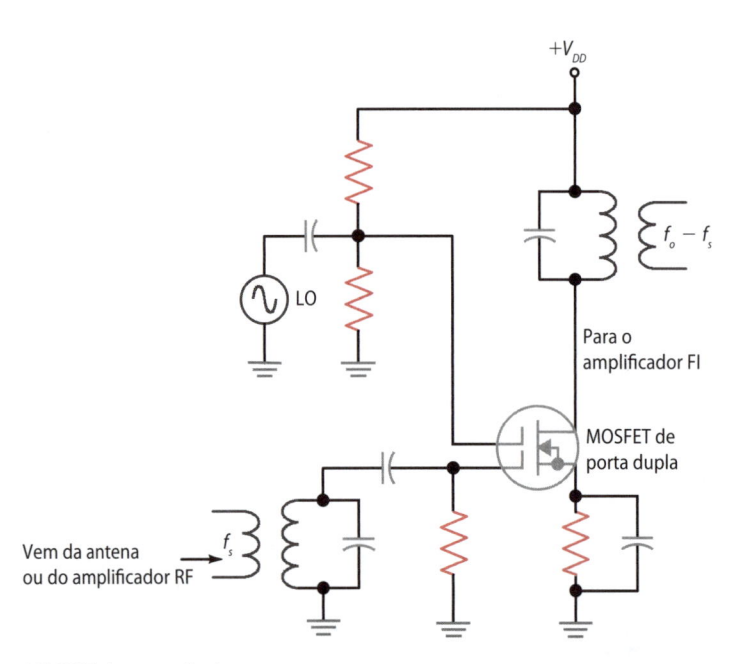

Figura 9-14 Misturador a MOSFET de porta dupla.

de alimentação de 4,5 a 8 V. O circuito pode ser usado em frequências de até 500 MHz, tornando-o útil em HF, VHF e aplicações de baixa frequência em UHF. O oscilador, que opera até cerca de 200 MHz, é conectado internamente a uma entrada do misturador. É necessário um circuito sintonizado LC externo ou um cristal para definir a frequência de operação.

A Figura 9-15(b) mostra os detalhes do circuito do misturador em si. Os transistores bipolares Q_1 e Q_2 formam um amplificador diferencial com fonte de corrente Q_3, Q_4 e Q_5 e outro amplificador diferencial com fonte de corrente Q_6. Note que as entradas são conectadas em paralelo. Os coletores são conectados de forma cruzada, ou seja, o coletor de Q_1 está conectado ao coletor de Q_4 em vez de Q_3, como seria o caso de uma conexão em paralelo, e o coletor de Q_2 é conectado ao coletor de Q_3. Essa conexão resulta em um circuito que é como um modulador balanceado em que o sinal do oscilador interno e o sinal de entrada são suprimidos, deixando apenas os sinais soma e diferença na saída. A saída pode ser balanceada ou não balanceada, conforme necessário. Um filtro ou circuito sintonizado deve ser conectado à saída para selecionar o sinal soma ou diferença desejado.

Um circuito típico usando o misturador CI NE602 é mostrado na Figura 9-16. R_1 e C_1 são usados para desacoplamento, e um transformador ressonante, T_1, acopla o sinal de entrada de 72 MHz ao misturador. O capacitor C_2 ressoa com o secundário do transformador na frequência de entrada, e C_3 é um desvio CA para GND conectado ao pino 2. Os componentes externos e C_4 e L_1 formam um circuito sintonizado que define o oscilador de 82 MHz. Os capacitores C_5 e C_6 formam um divisor de tensão capacitivo que conecta o transistor NPN interno como um Circuito oscilador Colpitts. O capacitor C_7 é um capacitor de acoplamento CA e bloqueio. A saída é obtida a partir do pino 4 e conectada a um filtro passa-faixa de cerâmica, que proporciona seletividade. A saída, neste caso o sinal de diferença, ou $82 - 72 = 10$ MHz, aparece em R_2. O circuito misturador balanceado suprime o sinal do oscilador de 82 MHz, e o sinal de soma de 154 MHz é filtrado. A saída do sinal FI mais qualquer modulação que apareça na entrada passam para os amplificadores FI para um aumento adicional no ganho antes da demodulação.

Misturador de rejeição de imagem. Um tipo especial de misturador é usado em projetos em que as imagens não podem ser toleradas. Todos os receptores super-heterodinos sofrem de imagens (ver a seção Frequências intermediárias e imagens, p. 299), mas alguns sofrem mais do que outros por causa da frequência de operação FI escolhida, interferindo na frequência do sinal. Quando a escolha adequada de FI e a seletividade da interface de entrada não podem eliminar as imagens, pode ser usado um **MISTURADOR DE REJEIÇÃO DE IMAGEM**, que usa células de Gilbert em uma configuração como

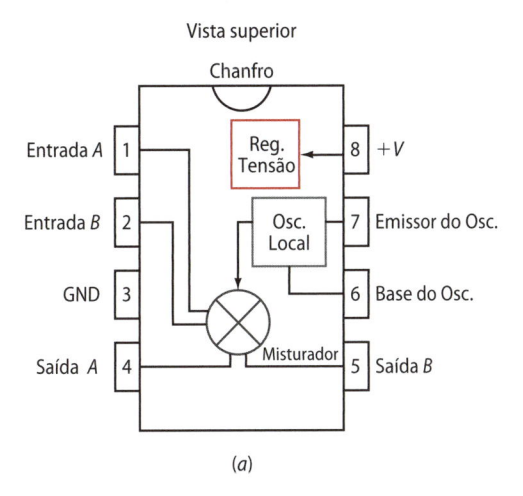

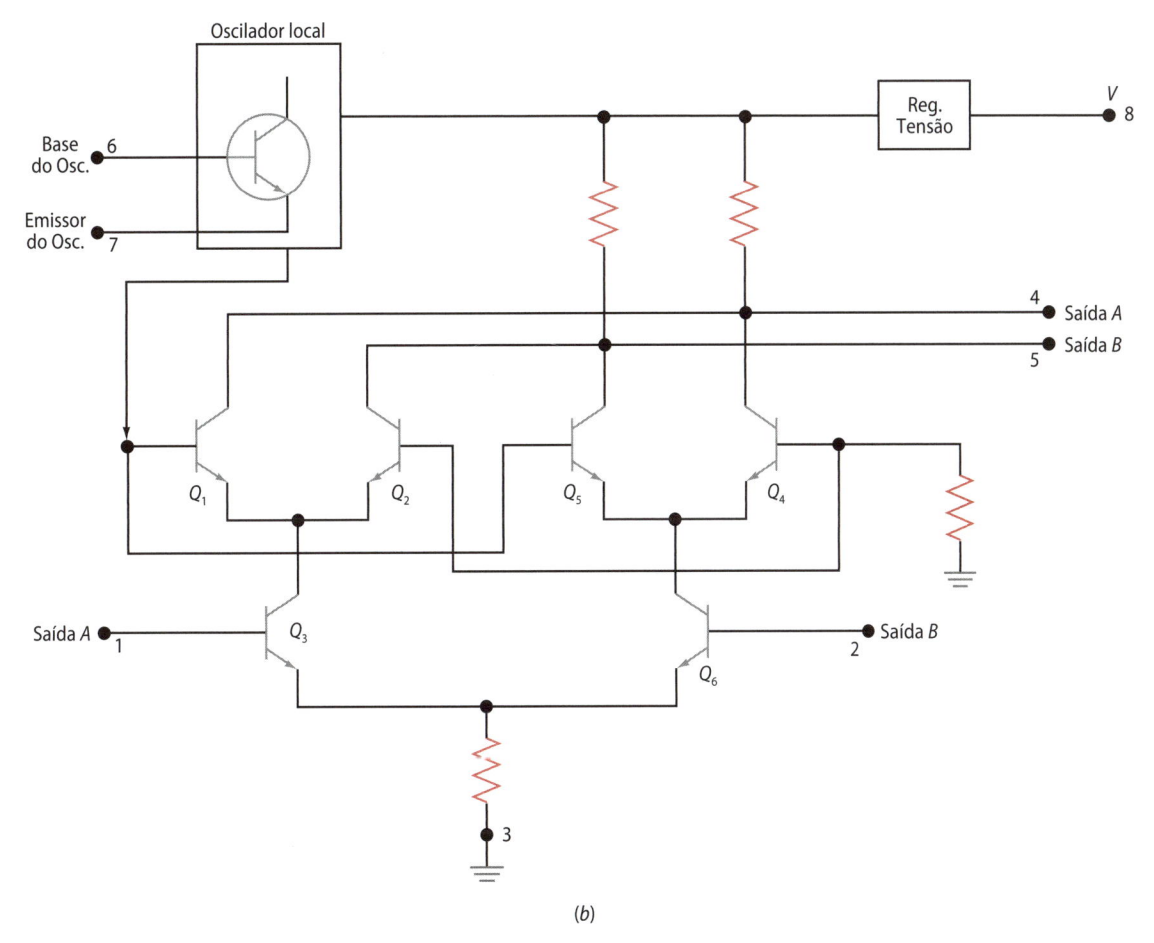

Figura 9-15 CI misturador NE602. (*a*) Diagrama em bloco e pinagem. (*b*) Esquema simplificado.

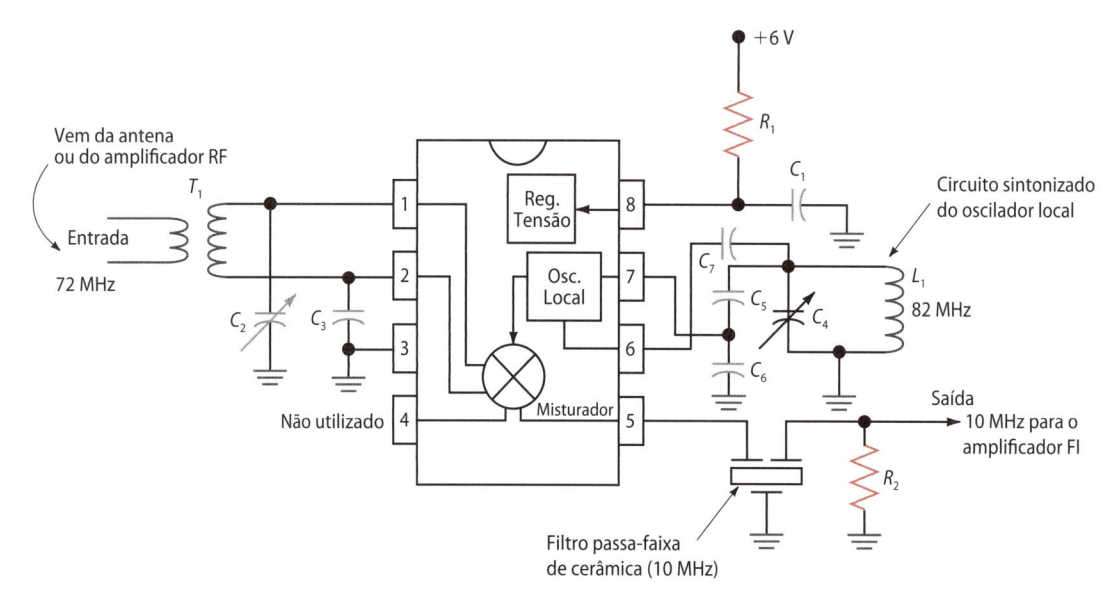

Figura 9-16 Misturador NE602 usado para transladar frequência.

a usada em um gerador SSB tipo cancelamento. Referindo-nos ao Capítulo 4 e à Figura 4-30, podemos ver como este circuito pode ser usado como um misturador. Um modulador balanceado também é um misturador. Com esta técnica, o sinal desejado pode passar, mas a imagem será cancelada pela técnica de cancelamento. Tais circuitos são sensíveis a ajustes, mas resultam em desempenho de imagem superior em aplicações críticas. Esta abordagem é amplamente utilizada nos modernos CIs receptores de UHF e micro-ondas, como os de telefones celulares.

❯❯ Osciladores locais e sintetizadores de frequência

O sinal do oscilador local para o misturador vem a partir de qualquer oscilador *LC* convencional sintonizado como um circuito Colpitts ou Clapp ou um sintetizador de frequência. Os receptores sintonizados continuamente mais simples usam um oscilador *LC*. Receptores canalizados usam sintetizadores de frequência.

Osciladores *LC*. Um oscilador local representativo para frequências até 100 MHz é mostrado na Figura 9-17. Este tipo de circuito, às vezes chamado de oscilador de frequência variável, ou VFO, usa um JFET, Q_1, conectado como um oscilador Colpitts. A realimentação é realizada pelo divisor de tensão,

que é composto por C_5 e C_6. A frequência é definida pelo circuito sintonizado em paralelo, composto por L_1 em paralelo com C_1, que também está em paralelo com a combinação em série de C_2 e C_3. O oscilador é definido para o centro de sua faixa de operação desejada por um ajuste grosso do capacitor *trimmer*, C_1. Um ajuste grosso também pode ser realizado fazendo L_1 variável. Um núcleo de ferrite de sintonia que se desloca para dentro e para fora de L_1 pode definir a faixa de frequência desejada. O ajuste principal é realizado com o capacitor variável C_3, que está conectado mecanicamente a algum tipo de mecanismo com botão calibrado em frequência.

A sintonia principal também pode ser realizada com varactors. Por exemplo, C_3, na Figura 9-17, pode ser substituído por um varactor, reversamente polarizado para fazê-lo funcionar como um capacitor. Em seguida, um potenciômetro aplica uma polarização CC variável para alterar a capacitância e, portanto, a frequência.

A saída do oscilador é obtida sobre RFC no terminal da fonte de Q_1 e aplicada a um seguidor de emissor com acoplamento direto. O seguidor de emissor funciona como *buffer* de saída, isolando o oscilador de variações de carga que pode mudar sua frequência. O *buffer* seguidor de emissor fornece uma fonte de baixa impedância para se conectar ao circuito misturador, que muitas vezes tem uma baixa impedância de entrada. Se a frequência variar depois de uma emissora desejada ser sintonizada, o que pode ocorrer como resultado

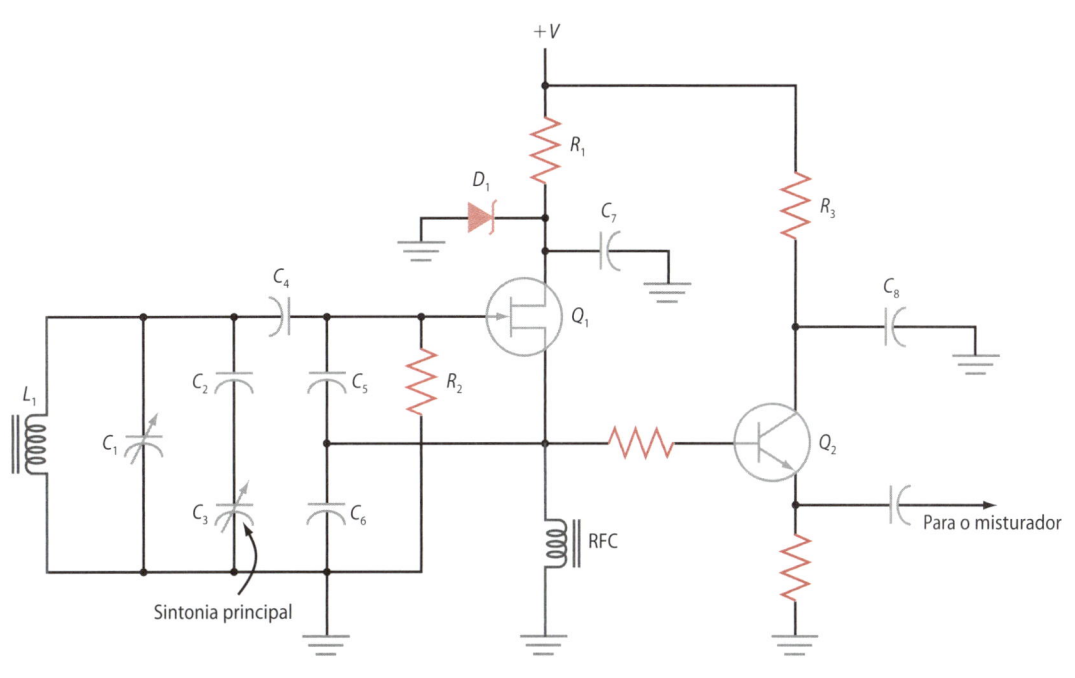

Figura 9-17 Um VFO para operação do oscilador local do receptor.

de influências externas, como mudanças de temperatura, de tensão e de carga, o sinal entrará em deriva, deixando o centro da banda passante do amplificador FI. Uma das principais características de osciladores locais é a sua estabilidade, ou seja, sua capacidade de resistir às mudanças de frequência. O seguidor de emissor essencialmente elimina os efeitos de mudanças de carga. O diodo zener recebe sua entrada a partir da fonte de alimentação, que é regulada, proporcionando uma tensão CC regulada para o circuito e garantindo a máxima estabilidade da tensão de alimentação de Q_1.

A maior parte da deriva vem dos próprios componentes do circuito *LC*. Mesmo indutores, que são relativamente estáveis, têm coeficientes de temperatura um pouco positivos, e capacitores especiais que mudam pouco com a temperatura são essenciais. Normalmente, os capacitores de cerâmica de coeficiente de temperatura negativa (NTC) são selecionados para compensar o coeficiente de temperatura positiva do indutor. Também são utilizados capacitores com dielétrico de mica.

Sintetizadores de frequência. A maioria dos novos projetos de receptores incorpora sintetizadores de frequência para o oscilador local, o que oferece alguns benefícios importantes ao longo dos projetos simples de VFO. Em primeiro lugar, já que o sintetizador é geralmente um projeto com uma rede de fase sincronizada (PLL), a saída é sincronizada com um oscilador de referência a cristal, proporcionando um elevado grau de estabilidade. Segundo, a sintonia é realizada alterando o fator de divisão de frequência no PLL, resultando em mudanças incrementais em vez de mudanças contínuas na frequência. A maior parte da comunicação é canalizada, ou seja, as estações operam em frequências atribuídas, que são incrementos de frequências conhecidas, e o ajuste da frequência de passo do PLL para o espaçamento do canal permite que todos os canais no espectro desejado sejam selecionados simplesmente mudando o fator de divisão de frequência.

> **É BOM SABER**
> A maioria dos receptores modernos, incluindo aparelhos de som, rádios de carros e receptores comerciais e militares, usam sintetizadores de frequência.

As desvantagens iniciais dos sintetizadores de frequência, como maior custo e maior complexidade de circuito, têm sido compensadas pela disponibilidade de CIs sintetizadores PLL de baixo custo; isso torna o projeto do oscilador local simples e barato. A maioria dos receptores modernos, de rádios AM/FM de carro, aparelhos de som e aparelhos de TV a receptores militares e transceptores comerciais, usa sintetizadores de frequência.

Os sintetizadores de frequência utilizados em receptores são idênticos aos descritos no Capítulo 8. No entanto, são empregadas algumas técnicas adicionais, tais como o uso de um misturador na realimentação. O circuito na Figura 9-18 é uma configuração de PLL tradicional, com a adição de um misturador conectado entre a saída do VFO e o divisor de frequência. Um oscilador de referência a cristal fornece uma entrada para um detector de fase, que é comparada com a saída do divisor de frequência. A sintonia é realizada ajustando a relação de divisão de frequência, alterando o número binário de entrada para o circuito divisor. Esse número binário pode vir de uma chave, um contador, uma ROM ou um microprocessador. A saída do detector de fase é filtrada pelo filtro de *loop*, que produz um tensão de controle CC para variar a frequência do oscilador de frequência variável (VFO), que gera o resultado final que é aplicado ao misturador no receptor.

Como dito anteriormente, uma das desvantagens de sintetizadores PLL de alta frequência é que a frequência de saída do VFO é muitas vezes maior do que o limite de operação dos CIs divisores de frequência de módulo variável normalmente disponíveis. Uma abordagem para esse problema é usar um prescaler para reduzir a frequência VFO antes que seja aplicada ao divisor de frequência variável. Outra é reduzir a frequência de saída do VFO a um valor menor dentro da faixa dos divisores fazendo a conversão de descida com um misturador, como ilustrado na Figura 9-18. A saída do VFO é misturada com o sinal de outro oscilador a cristal, e a frequência diferença é selecionada. Com alguns receptores UHF e de micro-ondas, é necessário gerar um sinal de oscilador local em uma frequência mais baixa e, em seguida, usar um multiplicador de frequência PLL para aumentar a frequência para o nível superior desejado. A posição desse multiplicador opcional é mostrada pela linha pontilhada na Figura 9-18.

Como exemplo, suponha que um receptor deva sintonizar em 190,04 MHz e que o FI seja 45 MHz. A frequência do oscilador local pode ser 45 MHz inferior ou superior ao sinal de entrada. Utilizando a menor frequência, temos 190,04 − 45 = 145,04 MHz. Agora, quando o sinal de 190,04 MHz que chega é misturado com o sinal de 145,04 MHz a ser gerado pelo sintetizador na Figura 9-18, a sua FI será a frequência diferença de 190,04 − 145,04 = 45 MHz.

A saída do VFO na Figura 9-18 é 145,04 MHz. Ele é misturado com o sinal de um oscilador a cristal cuja frequência é

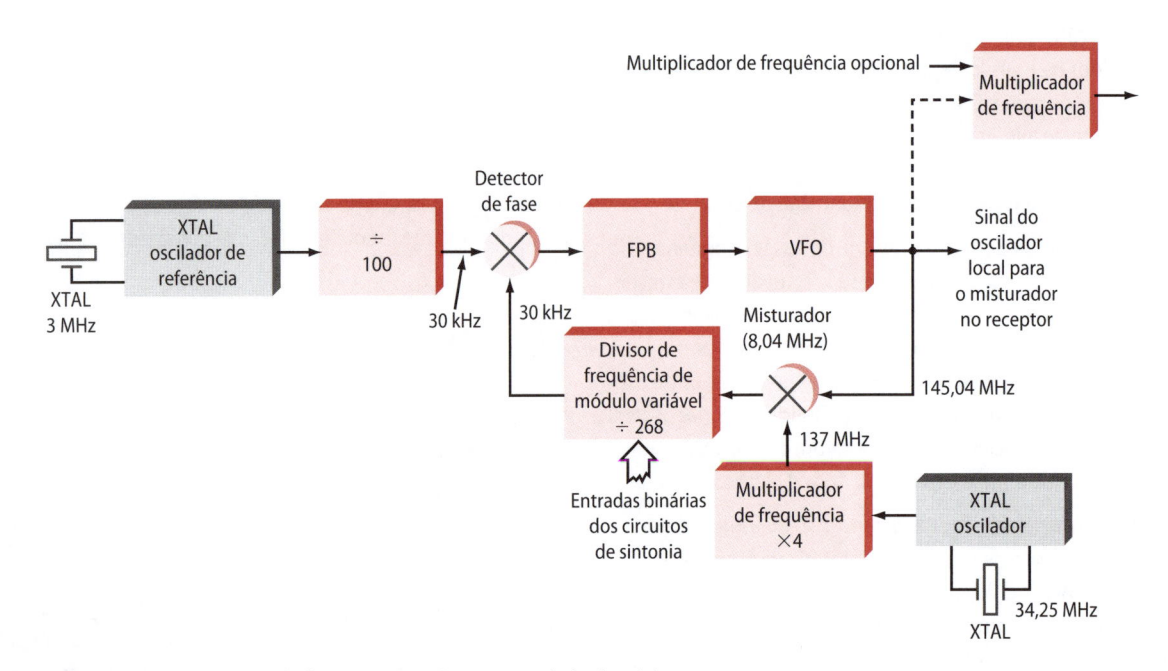

Figura 9-18 Um sintetizador de frequência usado como oscilador local do receptor.

de 137 MHz. O oscilador a cristal, definido para 34,25 MHz, é aplicada a um multiplicador de frequências que multiplica por um fator 4. O sinal de 145,04 MHz do VFO é misturado com o sinal de 137 MHz, e as frequências soma e diferença são geradas. A frequência diferença é selecionada (145,04 − 137 = 8,04 MHz). Essa frequência está bem dentro da faixa dos CIs divisores de frequência de módulo programável.

> **É BOM SABER**
>
> O aumento da utilização do espectro RF aumenta a chance de que um sinal se posicione sobre a frequência causando interferência. Para ajudar a remediar essa situação, devem ser usados circuitos sintonizados de alto Q à frente do misturador ou amplificador RF.

O divisor de frequência é definido para dividir pelo fator 268, e assim a saída do divisor é 8.040.000/268 = 30.000 Hz ou 30 kHz. Esse sinal é aplicado ao detector de fase. É o mesmo que a outra entrada para o detector de fase, como deveria ser para uma condição de sincronismo. A entrada de referência para o detector de fase é derivada de um oscilador a cristal de 3 MHz, que é dividido por 100 para obter 30 kHz. Isso significa que o sintetizador varia em incrementos de 30 kHz.

Agora, suponha que o fator de divisão seja alterado de 268 para 269 para sintonizar o receptor. Para garantir que o PLL permaneça sincronizado, a frequência de saída do VFO deve mudar. Para alcançar 30 kHz na saída do divisor com uma relação de 269, o divisor de entrada tem que ser 269 = 30 kHz = 8.070 kHz = 8,07 MHz. Esse sinal de 8,07 MHz vem do misturador, cujas entradas são o VFO e o oscilador a cristal. A entrada do oscilador a cristal permanece em 137 MHz, então a frequência do VFO deve ser 137 MHz maior do que a saída de 8,07 MHz do misturador, ou 137 + 8,07 = 145,07 MHz. Essa é a saída do VFO e do oscilador local do receptor. Com um FI fixo de 45 MHz, o receptor será agora sintonizado em FI mais a entrada do oscilador local, ou 145,07 + 45 = 190,07 MHz.

Note que a mudança do fator de divisão por um incremento, de 268 para 269, muda a frequência em um incremento de 30 kHz, conforme desejado. A adição do misturador para o circuito não afeta o incremento do degrau, que ainda é controlado pela frequência de referência de entrada.

» Frequências intermediárias e imagens

A escolha da FI é geralmente um compromisso de projeto. O principal objetivo é a obtenção de boa seletividade. A seletividade de banda estreita é melhor obtida nas frequências mais baixas, particularmente quando são usados os circuitos convencionais *LC* sintonizados. Mesmo os filtros *RC* ativos podem ser usados quando FIs de 500 KHz ou menos são utilizadas. Há vários benefícios de projeto com o uso de uma FI baixa. Em baixas frequências, os circuitos são muito mais estáveis com alto ganho. Em frequências mais altas, os leiautes de circuito devem levar em conta indutâncias e capacitâncias parasitas, bem como a necessidade de blindagem, se as realimentações indesejáveis forem evitadas. Com um circuito de ganho muito alto, uma parte do sinal pode ser realimentada em fase e causar oscilação, o que não é um grande problema em frequências baixas. No entanto, quando FIs baixas são selecionadas, enfrenta-se um tipo diferente de problema, particularmente se o sinal recebido for de frequência muito alta. Esse é o problema de imagens. Uma IMAGEM é um sinal RF de interferência potencial que é espaçado a partir do sinal desejado de entrada por uma frequência que é 2 vezes a frequência intermediária acima ou abaixo da frequência de entrada, ou

$$f_i = f_s + 2f_{FI} \quad \text{e} \quad f_i = f_s - 2f_{FI}$$

onde f_i = frequência imagem
f_s = frequência do sinal desejado
f_{FI} = frequência intermediária

Isso é ilustrado graficamente na Figura 9-19. Note que as imagens que ocorrem dependem de a frequência do oscilador local, f_o, estar acima ou abaixo da frequência do sinal.

» Relações de frequência e imagens

Como dito anteriormente, o misturador em um receptor super-heteródino produz as frequências soma e diferença entre o sinal de entrada e o sinal do oscilador local. Normalmente, a frequência diferença é selecionada como a FI. Entretanto, a frequência do oscilador local é geralmente escolhida para ser

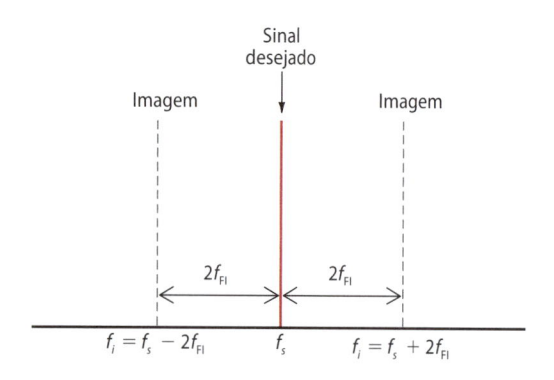

Figura 9-19 Relação entre sinal e frequências imagem.

uma frequência com um valor FI abaixo do sinal de entrada. No entanto, a frequência do oscilador local também poderia ser menor do que a frequência do sinal de entrada por um valor igual a FI. Qualquer escolha vai produzir a frequência diferença desejada. Para o exemplo a seguir, suponha que a frequência do local oscilador seja maior do que a frequência do sinal de entrada.

> **É BOM SABER**
>
> Ruído é a estática que ouvimos quando sintonizamos qualquer receptor AM ou FM em qualquer ponto entre estações. Ele também é a imagem do tipo "neve" ou "confete" visível na tela da TV. Ruído não é o mesmo que interferência de outros sinais de informações.

Agora, se um sinal de imagem aparece na entrada do misturador, este produzirá, é claro, as frequências soma e diferença independentemente das entradas. Portanto, a saída do misturador será novamente a frequência diferença no valor FI. Suponha, por exemplo, que a frequência do sinal desejado seja 90 MHz e a frequência do oscilador local seja 100 MHz. A FI é a diferença 100 − 90 = 10 MHz. A frequência imagem é $f_i = f_s + 2f_{FI} = 90 + 2(10) = 90 + 20 = 110$ MHz.

Se um sinal indesejado, a imagem, aparecer na entrada do misturador, a saída será a diferença 110 − 100 = 10 MHz. O amplificador FI permitirá a passagem dessa frequência. Agora, observe a Figura 9-20, que mostra as relações entre o sinal, o oscilador local e as frequências imagem. O misturador produz a diferença entre a frequência do oscilador local e a frequência do sinal desejado, ou a diferença entre a frequência do oscilador local e a frequência imagem. Nos dois casos, a FI é de 10 MHz. Isso significa que um sinal espaçado do sinal desejado em 2 vezes a FI também pode ser captado pelo receptor e convertido para a FI. Quando isso ocorre, o sinal de imagem interfere no sinal desejado. Atualmente, com o espectro de RF bastante ocupado, as chances são altas de existir um sinal na frequência imagem, e a interferência da imagem pode até mesmo tornar o sinal desejado ininteligível. Entretanto, o projeto do receptor super-heterodino deve encontrar uma maneira de resolver o problema da imagem.

» Resolvendo o problema de imagem

A interferência de imagem ocorre somente quando o sinal de imagem consegue chegar à entrada do misturador. Essa é a razão para o uso de circuitos sintonizados de Q alto à frente do misturador, ou um amplificador RF seletivo. Se a seletividade do amplificador RF e circuitos sintonizados forem bons o suficiente, a imagem será rejeitada. Em um receptor fixo ajustado projetado para uma frequência específica, é possível otimizar a interface de entrada do receptor para obter a seletividade necessária para eliminar imagens. Contudo, muitos receptores têm amplificadores RF de banda larga que permitem a passagem de muitas frequências dentro de uma faixa específica. Outros receptores devem ser sintonizados ao longo de uma ampla faixa de frequência. Nesses casos, a seletividade se torna um problema.

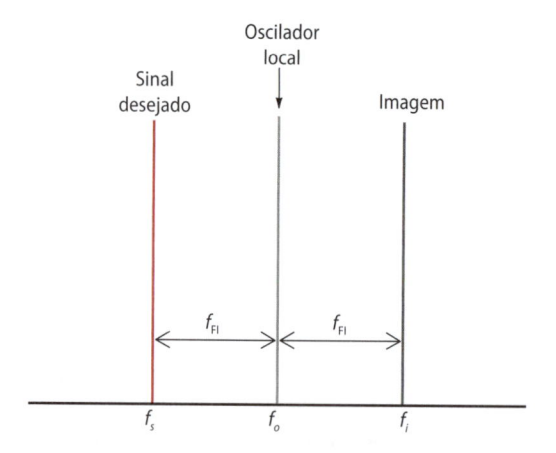

Figura 9–20 Sinal, oscilador local e frequências imagem em um receptor super-heterodino.

Suponha, por exemplo, que um receptor é projetado para captar um sinal de 25 MHz. A FI é 500 kHz, ou 0,5 MHz. O oscilador local é ajustado em uma frequência logo acima do sinal de entrada igual à FI, ou 25 + 0,5 = 25,5 MHz. Quando as frequências do oscilador local e do sinal são misturadas, a diferença é 0,5 MHz, conforme desejado. A frequência imagem é $f_i = f_s + 2f_{FI} = 25 + 2(0,5) = 26$ MHZ. Uma frequência imagem de 26 MHz causará interferência no sinal desejado em 25 MHz, a menos que seja rejeitada. As frequências do sinal, do oscilador local e imagem para esta situação são mostradas na Figura 9-21.

Agora, suponha que um circuito sintonizado à frente do misturador tenha um Q de 10. A partir dessa informação e da frequência de ressonância, a largura de banda do circuito ressonante pode ser calculada como BW = f_r/Q = 25/10 = 2,5 MHz. A curva de resposta para este circuito sintonizado é mostrada na Figura 9-21. Como demonstrado, a largura de banda do circuito ressonante é relativamente ampla e é centrada na frequência do sinal de 25 MHz. A frequência de corte superior é f_2 = 26,25 MHz, a frequência de corte inferior é f_1 = 23,75 MHz, e a largura de banda é BW = $f_2 - f_1$ = 26,25 − 23,75 = 2,5 MHz. (Lembre-se de que a largura de banda é medida nos pontos de 3 dB abaixo do valor na banda de passagem na curva de resposta do circuito sintonizado.)

O fato de que a frequência de corte superior é maior do que a frequência imagem, 26 MHz, significa que a frequência imagem aparece na banda passante; portanto, ela passaria relativamente sem atenuação pelo circuito sintonizado, causando interferência.

Fica claro como a conexão em cascata de circuitos sintonizados e com Qs altos pode ajudar a resolver o problema. Por exemplo, suponha um Q de 20, em vez do valor anteriormente dado de 10. Portanto, a largura de banda na frequência central de 25 MHz é f_s/Q = 25/20 = 1,25 MHz.

A curva de resposta resultante é mostrada pela linha mais escura na Figura 9-21. A imagem agora está fora da banda passante e, portanto, é atenuada. Usar um Q de 20 não resolveria o problema de imagem completamente, mas Qs ainda mais altos estreitam mais a largura de banda, atenuando a imagem ainda mais.

> **É BOM SABER**
>
> Para uma conversão dupla super-heterodina, se tivermos um valor de entrada, f_s, e os dois valores de osciladores locais, f_{LO_1} e f_{LO_2}, podemos determinar quais são as duas frequências intermediárias (FI). Em primeiro lugar, determine a diferença entre a entrada e o primeiro oscilador local: $f_s - f_{LO_1}$ = FI_1. Agora o valor FI_1 é a entrada do segundo misturador. Para determinar a segunda frequência intermediária, determine a diferença entre a primeira frequência intermediária e o segundo oscilador local: $FI_1 - f_{LO_2} = FI_2$.

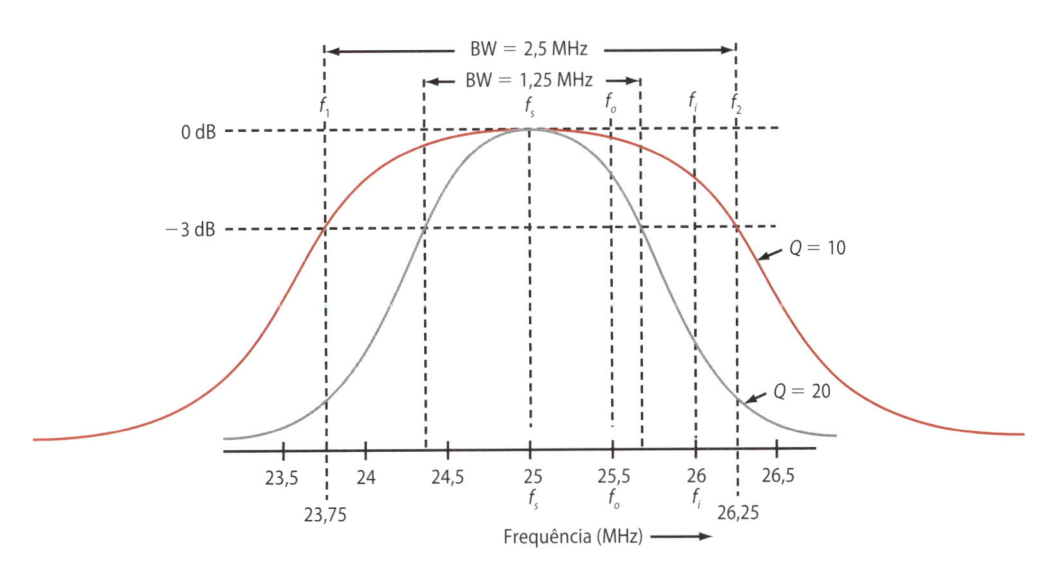

Figura 9-21 Uma FI baixa comparada com a frequência do sinal com circuitos sintonizados de Q baixo faz as imagens passarem e interferirem.

Entretanto, Qs maiores são difíceis de conseguir e muitas vezes complicam o projeto de receptores que devem ser sintonizados em uma ampla gama de frequências. A solução usual para esse problema é escolher um FI maior. Suponha, por exemplo, que uma frequência intermediária, de 9 MHz, é escolhida (o Q ainda é 10). Agora, a frequência imagem é f_i = 25 + 2 (9) = 43 MHz. Um sinal em uma frequência de 43 MHz, iria interferir no sinal desejado de 25 MHz se fosse permitido passar para o misturador. Contudo, o valor de 43 MHz está bem fora da banda de passagem do circuito sintonizado; a seletividade relativamente baixa de um Q de 10 é suficiente para rejeitar a imagem adequadamente. Obviamente, a escolha de uma frequência intermediária maior provoca algumas dificuldades de projeto, como indicado anteriormente.

Para resumir, a FI deve ser a mais alta possível para a eliminação eficaz do problema de imagem, mas baixa o suficiente para evitar problemas de projeto. Na maioria dos receptores, a FI varia em proporção com as frequências que devem ser cobertas. Em baixas frequências, são utilizados valores baixos de FI. Um valor de 455 kHz é comum para receptores na faixa de transmissão AM e para os outros que cobrem essa faixa de frequência geral. Em frequências de até cerca de 30 MHz, as frequências 3.385 kHz e 9 MHz são FIs comuns. Em rádios FM que recebem de 88 a 108 MHz, 10,7MHz é um padrão de FI. Em receptores de televisão, uma FI na faixa de 40 a 50 MHz é comum. Na região de micro-ondas, os receptores de radar geralmente usam FI na faixa de 60 MHz, e os equipamentos de comunicações via satélite utilizam FIs de 70 e 140 MHz.

» Receptores de dupla conversão

Outra forma de obter seletividade, eliminando o problema de imagem, é usar um RECEPTOR super-heterodino DE DUPLA CONVERSÃO. Veja a Figura 9-22. O receptor mostrado na figura usa dois misturadores e osciladores locais e, por isso, tem duas FIs. O primeiro misturador converte o sinal de entrada para uma frequência intermediária relativamente alta com a finalidade de eliminar as imagens; o segundo misturador converte essa FI para uma frequência muito mais baixa, onde é mais fácil obter boa seletividade.

A Figura 9-22 mostra como as frequências diferentes são obtidas. Cada misturador produz a frequência diferença. O primeiro oscilador local é variável e fornece a sintonia para o receptor. O segundo oscilador local é de frequência fixa. Visto que é necessário converter apenas uma FI fixa para uma FI menor, este oscilador local não precisa ser sintonizável. Na maioria dos casos, sua frequência é definida por um cristal de quartzo. Em alguns receptores, o primeiro misturador é acionado pelo oscilador local de frequência fixa, e a sintonia é feita com o segundo oscilador local. Os receptores de dupla conversão são relativamente comuns. A maioria dos receptores de onda curta e muitos em VHF, UHF e frequências de micro-ondas usam a dupla conversão. Por exemplo, um receptor CB que opera na faixa de 27 MHz normalmente usa uma primeira FI de 10,7 MHz e uma segunda FI de 455 kHz. Para algumas aplicações críticas, são usados receptores de tripla conversão para minimizar ainda mais o problema de imagem, embora seu uso não

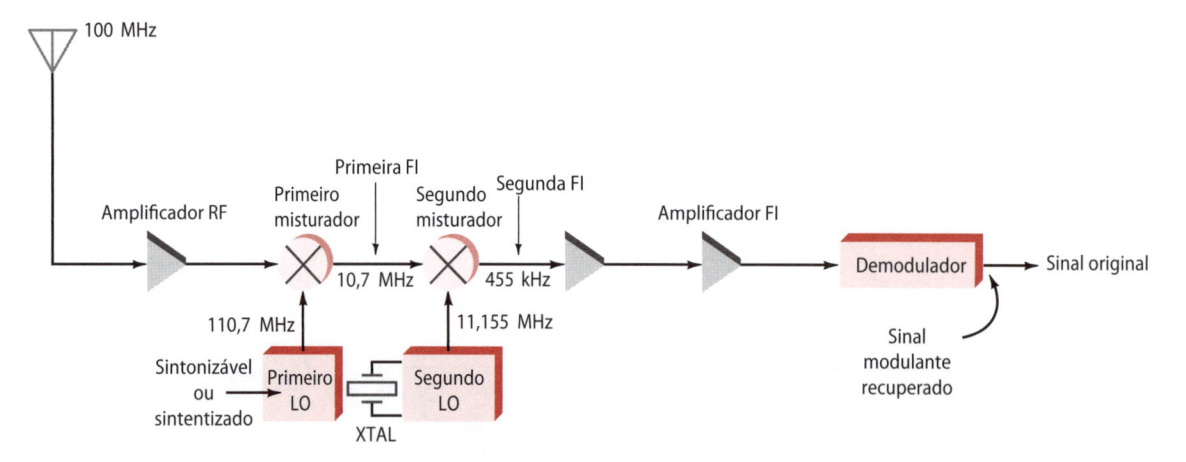

Figura 9-22 Um super-heterodino de dupla conversão.

seja comum. Um receptor de tripla conversão usa três misturadores e três valores diferentes de frequência intermediária.

EXEMPLO 9-1

Um receptor super-heterodino deve cobrir a faixa de 220 a 224 MHz. A primeira FI é de 10,7 MHz; a segunda é de 1,5 MHz. Determine (a) a faixa de sintonia do oscilador local, (b) a frequência do segundo oscilador local e (c) a faixa de frequência imagem da primeira FI. (Considere uma frequência de oscilador local maior do que a entrada da FI.)

a. $220 + 10{,}7 = 230{,}7$ MHz

   $224 + 10{,}7 = 234{,}7$ MHz

   A faixa de sintonia é de 230,7 a 234,7 MHz.

b. A segunda frequência do oscilador local é 1,5 MHz superior à primeira FI.

   $$10{,}7 + 1{,}5 = 12{,}2 \text{ MHz}$$

c. A primeira faixa de imagem FI é de 241,4 a 245,4 MHz.

   $$230{,}7 + 10{,}7 = 241{,}4 \text{ MHz}$$
   $$234{,}7 + 10{,}7 = 245{,}4 \text{ MHz}$$

»» Receptores de conversão direta

A versão especial do super-heterodino é conhecida como CONVERSÃO DIRETA (DC) ou FI zero (ZIF). Em vez de traduzir o sinal de entrada para outra frequência intermediária (geralmente inferior), os receptores DC convertem o sinal de entrada diretamente para banda base. Em outras palavras, eles realizam a demodulação do sinal, como parte da tradução.

A Figura 9-23 mostra a arquitetura básica do receptor ZIF. O amplificador de baixo ruído (LNA – *low-noise amplifier*) aumenta o nível do sinal antes do misturador. A frequência do oscilador local (LO), que normalmente provém de um sintetizador de frequência com PLL, f_{LO}, é definida como a frequência do sinal de entrada, f_s.

$$f_{LO} = f_s$$

As frequências soma e diferença, como resultado da mistura, são

$$f_{LO} - f_s = 0$$
$$f_{LO} + f_s = 2f_{LO} = 2f_s$$

A frequência diferença é zero. Sem modulação, não há saída. Com AM, a mistura de bandas laterais com o LO reproduz o sinal de banda base modulante original. Nesse caso, o misturador é também o demodulador. A soma é duas vezes a frequência de LO que é removida pelo filtro passa-baixas (FPB).

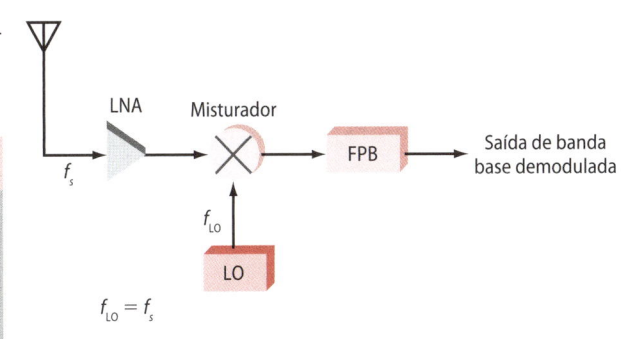

Figura 9-23 Receptor de conversão direta (FI zero).

Considere uma portadora AM de 21 MHz e um sinal modulante de voz de 300 a 3.000 Hz. As bandas laterais se estendem desde 20.997.000 a 21.003.000 Hz. No receptor, o LO é definido como 21 MHz. O misturador produz

$$21{.}000{.}000 - 20{.}997{.}000 = 3{.}000 \text{ Hz}$$
$$21{.}003{.}000 - 21{.}000{.}000 = 3{.}000 \text{ Hz}$$
$$21{.}000{.}000 + 21{.}003{.}000 = 42{.}003{.}000 \text{ Hz}$$
$$21{.}000{.}000 + 20{.}997{.}000 = 41{.}997{.}000 \text{ Hz}$$

Um filtro passa-baixas na saída do misturador, cuja frequência de corte é definida para 3 kHz, filtra facilmente os componentes de 42 MHz.

É BOM SABER

Os receptores de conversão direta economizam espaço na placa de circuito e não precisam de um circuito demodulador em separado. Entretanto, nesse circuito, o sinal LO pode, algumas vezes, escapar para fora do misturador.

O receptor de conversão direta tem vários benefícios importantes. Primeiro, nenhum filtro FI separado é necessário. Esse filtro geralmente é a cristal, cerâmica, ou SAW, que é caro e ocupa um valioso espaço na placa de circuito impresso em projetos compactos. Um filtro barato passa-baixas *RC*, *LC* ou ativo na saída do misturador fornece a seletividade necessária. Segundo, nenhum circuito detector separado é necessário, porque a demodulação é inerente à técnica. Terceiro, em transceptores que utilizam *half duplex* e nos quais o transmissor e o receptor estão na mesma frequência, é necessário apenas um oscilador controlado por tensão no sintetizador de frequência com PLL. Todos esses benefícios resultam em simplicidade e menor custo. Quarto, não há problema de imagem.

As desvantagens deste receptor são sutis. Em projetos sem amplificador RF (LNA), o sinal LO pode escapar para fora do misturador, indo para a antena, e ser irradiado. Um LNA reduz essa probabilidade, mas, mesmo assim, é necessário um projeto cuidadoso para minimizar a radiação. Em segundo lugar, um *offset* CC indesejado pode se desenvolver na saída. A menos que todos os circuitos estejam perfeitamente balanceados, o *offset* CC pode perturbar arranjos de polarização em circuitos mais tarde, bem como causar saturação de circuito, impedindo a amplificação e outras operações. Por fim, o receptor ZIF pode ser usado apenas com CW, AM, SSB ou DSB. Ele não pode reconhecer fase ou variações de frequência.

Para usar este tipo de receptor com FM, FSK, PM ou PSK, ou qualquer forma de modulação digital, são necessários dois misturadores, juntamente com um arranjo LO em quadratura. Tais projetos são usados na maioria dos celulares e em outros receptores sem fio.

A Figura 9-24 mostra um receptor de conversão direta que é típico dos que usam modulação digital. O sinal de entrada é enviado para um filtro SAW que fornece uma seletividade inicial. O LNA fornece amplificação, e sua saída é enviada para dois misturadores. O sinal do oscilador local (LO), geralmente de um sintetizador, é enviado diretamente para o misturador superior (sen θ) e para um deslocador de fase de 90° que, por sua vez, é uma entrada do misturador inferior (cos θ). Lembre-se de que a frequência do LO é igual à frequência do sinal de entrada. Os misturadores fornecem sinais de banda base em suas saídas. Os sinais de frequência dupla do LO resultantes da mistura são removidos pelos filtros passa-baixas (FPB). Os dois sinais de banda base são defasados em 90°. O sinal superior é normalmente identificado por *I*, em fase (in-phase), enquanto o sinal inferior é identificado por *Q*, em quadratura. (Quadratura significa uma diferença de fase de 90°.) Os sinais *I* e *Q* são então enviados para conversores analógico-digitais (ADCs), onde são convertidos em sinais binários. Os sinais binários são então enviados para um processador de sinais digitais (DSP). O DSP contém uma sub-rotina pré-armazenada que realiza a demodulação. Esse algoritmo requer dois sinais em quadratura, a fim de ter dados suficientes para distinguir mudanças de fase e frequência no sinal original resultante da modulação. A saída da sub-rotina de demodulação é enviada para um conversor digital-analógico (DAC) externo, onde o sinal original de modulação é reproduzido. Essa arquitetura de conversão direta *I-Q* é, atualmente, uma das arquiteturas de receptor mais comuns utilizadas em telefones celulares e CIs de rede sem fio.

» Rádio definido por *software*

Um **RÁDIO DEFINIDO POR *SOFTWARE* (SDR)** é um receptor no qual a maioria das funções são realizadas por um processador de sinais digitais. A Figura 9-25 é um diagrama em bloco geral de um SDR. Embora sejam mostrados apenas um misturador e um ADC, tenha em mente que a arquitetura *I* e *Q* da Figura 9-24 é normalmente utilizada. Como na maioria dos receptores, um LNA fornece a amplificação inicial, e um misturador converte o

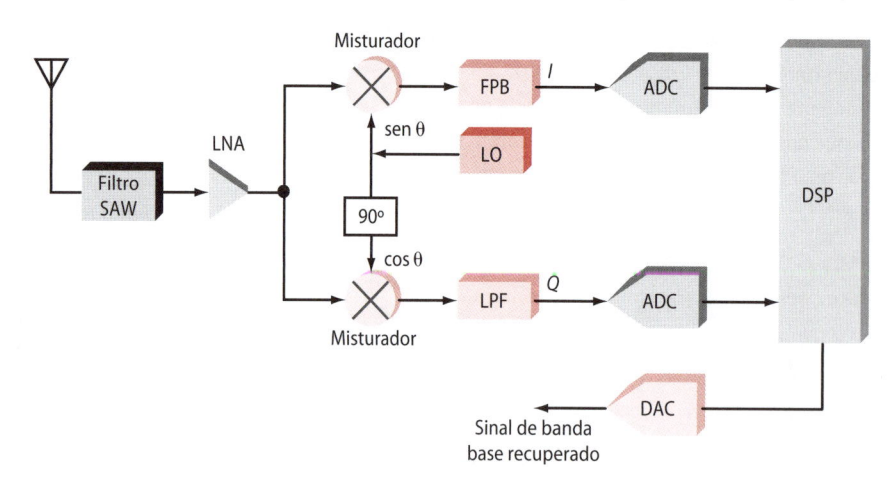

Figura 9-24 Um receptor de conversão direta para FM, FSK, PSK e modulação digital.

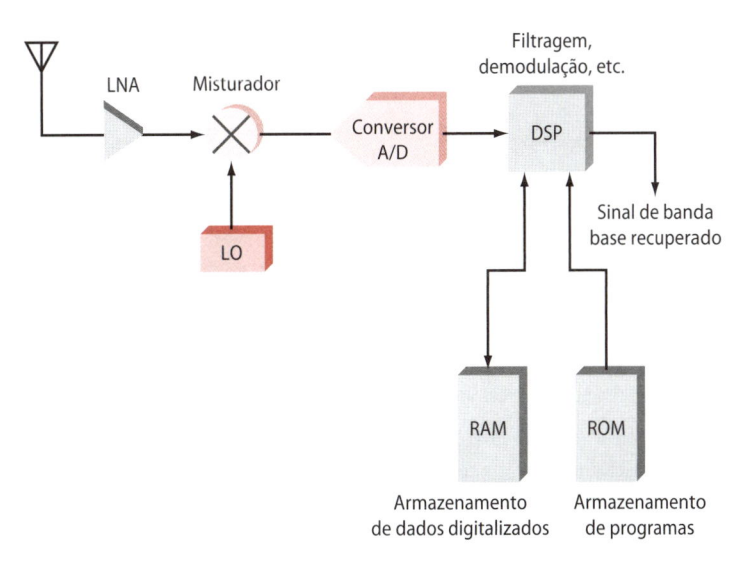

Figura 9-25 Um rádio definido por *software* (SDR).

sinal, reduzindo a frequência para uma FI ou um sinal de banda base em um receptor CD. O sinal de FI ou de banda base é digitalizado por um conversor analógico-digital (A/D). As palavras binárias que representam o sinal FI com sua modulação são armazenadas na memória RAM. Em seguida, o *chip* DSP executa filtragem, demodulação e operações de banda base adicionais (decodificação de voz, compressão/expansão, etc.)

Os conversores A/D mais rápidos disponíveis atualmente podem digitalizar a uma taxa de até 300 MHz. Para cumprir o requisito de Nyquist, isso significa que a frequência mais alta que pode ser digitalizada é inferior a 150 MHz. É por isso que o SDR deve converter o sinal de entrada, reduzindo sua frequência, para um FI de menos de 150 MHz. Além disso, o DSP deve ser rápido o suficiente para executar a matemática DSP em tempo real. Embora chips DSP possam operar em velocidades de clock de até 1 GHz, o tempo que leva para executar até mesmo a essas velocidades limita a FI a um valor mais baixo. Um valor prático é na faixa de 40 a 90 MHz, onde o conversor A/D e o DSP pode lidar com as tarefas de computação.

Uma alternativa é usar um SDR de dupla conversão. O primeiro misturador converte o sinal para uma FI, que é então inserida no conversor A/D, onde digitaliza os dados. O chip DSP é então usado para converter o sinal para uma FI ainda menor. Essa mistura ou conversão para uma frequência menor é feita digitalmente. É semelhante ao processo de aliasing, em que uma frequência diferença menor é gerada. A partir disso, o DSP realiza a filtragem e o trabalho da demodulação.

A filtragem, a demodulação e outros processos, é claro, são definidos por algoritmos matemáticos que, por sua vez, são programados com uma linguagem de computador. Os programas resultantes são armazenados na ROM do DSP.

As técnicas SDR são conhecidas há muitos anos, mas apenas entre o início e meados dos anos de 1990 os circuitos conversor A/D e *chips* DSP tornaram-se rápidos o suficiente para realizar as operações desejadas em frequências de rádio. Os SDRs já foram amplamente adotados em milhões de receptores, telefones celulares e estações base de telefone. Como os preços continuam a cair e os conversores A/D se tornaram ainda mais rápidos, esses métodos se tornarão ainda mais utilizados em outros equipamentos de comunicação.

Os benefícios dos SDRs são a melhoria do desempenho e a flexibilidade. A filtragem por DSP e outros processos são, normalmente, superiores às técnicas analógicas equivalentes. Além disso, as características do receptor (tipo de modulação, seletividade, etc.) podem ser facilmente alteradas pela execução de diferentes programas. Os SDRs podem ser alterados por *download* ou mudando para um novo programa de processamento que o DSP possa executar. Nenhuma alteração de *hardware* é necessária.

Visto que os conversores A/D e os DSPs se tornam mais rápidos, a expectativa é que mais funções do receptor tornem-se definidas por *software*. O final de um SDR é um LNA conectado a uma antena cuja saída vai diretamente a um conversor

> ### Rádio cognitivo
>
> **RÁDIO COGNITIVO** é o termo que descreve uma forma avançada de SDR projetada para aliviar a escassez de espectro de frequência. Enquanto a maior parte do espectro de frequência utilizável já foi atribuída pelas diversas agências reguladoras governamentais, grande parte desse espectro não é usada em tempo integral. A questão é: como é possível que o espectro seja mais eficientemente atribuído e usado? Um bom exemplo é o espectro de frequências atribuído a estações de TV UHF. Esse espectro, na faixa de 500 a 800 MHz, é essencialmente vazio, exceto por estações de TV UHF ocasionais. Poucas pessoas assistem à TV UHF diretamente via radiofrequência. Em vez disso, muitos assistem por TV a cabo, que retransmite a emissora de TV UHF via cabo. Esse é um enorme desperdício de um precioso espaço no espectro, mas as emissoras estão relutantes em desistir. As empresas de telefonia celular que possuem pouco espaço no espectro para novos assinantes cobiçam esse espaço não utilizado, mas inacessível.
>
> Um rádio cognitivo é projetado para procurar espaço de espectro não utilizado e, em seguida, reconfigura-se para receber e transmitir em partes não utilizadas do espectro que encontra. Tais rádios agora são possíveis devido à disponibilidade de sintetizadores de frequência muito ágeis e abrangentes e de técnicas de DSP. O rádio pode facilmente mudar de frequência, bem como os métodos de modulação/multiplexação em tempo real, para estabelecer comunicações. Procure por futuros serviços de rádio militar e governamental para tirar vantagens dessas técnicas.

A/D rápido. Todas as operações de mistura, filtragem, demodulação, entre outras, são realizadas em *software* DSP.

» *Ruído*

O ruído é um sinal eletrônico que compreende uma mistura de muitas frequências aleatórias e muitas amplitudes, o qual é adicionado a um sinal de rádio ou informação à medida que é transmitido de um lugar para outro ou conforme é processado. Ruído *não* é o mesmo que interferência de outros sinais de informação.

Quando ligamos qualquer receptor AM ou FM e o sintonizamos em alguma posição entre estações, o assobio ou a estática que ouvimos no alto-falante é o ruído. O ruído também aparece em uma tela de TV em preto e branco como "neve" ou em uma tela de TV em cores como "confete". Se o nível de ruído for suficientemente alto e/ou o sinal for fraco demais, o ruído pode destruir completamente o sinal original. O ruído que ocorre na transmissão de dados digitais provoca *erros de bit* e pode resultar em informação distorcida ou perdida.

O nível de ruído em um sistema é proporcional à temperatura, à largura de banda, à quantidade de corrente que flui em um componente e ao ganho e à resistência do circuito. Aumentar qualquer um desses fatores aumenta o ruído.

Portanto, um baixo nível de ruído é mais facilmente obtido usando circuitos de baixo ganho, baixa corrente direta, baixos valores de resistência e larguras de banda estreitas. Manter a temperatura baixa também pode ajudar.

O ruído é um problema em sistemas de comunicação sempre que os sinais recebidos são muito baixos em amplitude. Quando a transmissão é a curtas distâncias ou estão sendo usados transmissores de alta potência, o ruído não costuma ser um problema. Mas, na maior parte dos sistemas de comunicação, os sinais fracos são normais, e o ruído deve ser levado em conta na fase de projeto. É no receptor que o ruído é mais prejudicial, porque o receptor deve amplificar o sinal fraco e recuperar as informações de forma confiável.

O ruído pode ser externo ao receptor ou ter origem dentro do mesmo. Ambos os tipos são encontrados em todos os receptores e afetam a relação sinal-ruído.

» **Relação sinal-ruído**

A **RELAÇÃO SINAL-RUÍDO** (**S/N**), também denominada SNR, indica a relação de intensidade entre sinal e ruído em um sistema de comunicação. Quanto mais forte for o sinal e mais fraco for o ruído, maior será a relação *S/N*. Se o sinal for fraco e o ruído for forte, a relação *S/N* será baixa e a recepção não será confiável. Os equipamentos de comunicação são projetados para produzir a maior relação *S/N* viável.

Os sinais podem ser expressos em termos de tensão ou de potência. A relação S/N é calculada usando valores de tensão ou de potência:

$$\frac{S}{N} = \frac{V_s}{V_n} \quad \text{ou} \quad \frac{S}{N} = \frac{P_s}{P_n}$$

onde V_s = tensão do sinal
V_n = tensão do ruído
P_s = potência do sinal
P_n = potência do ruído

Suponha, por exemplo, que o sinal de tensão seja 1,2 µV e o ruído seja 0,3 µV. A relação S/N é 1,2/0,3 = 4. A maioria das relações S/N é expressa em termos de potência em vez de tensão. Por exemplo, se a potência do sinal for 5 µW e a potência do ruído for 125 nW, a relação S/N será de $5 \times 10^{-6}/125 \times 10^{-9} = 40$.

Os valores S/N anteriores podem ser convertidos em decibéis, como a seguir:

Para tensão:

$$dB = 20 \log \frac{S}{N} = 20 \log 4 = 20(0{,}602) = 12 \text{ dB}$$

Para potência:

$$dB = 10 \log \frac{S}{N} = 10 \log 40 = 10(1{,}602) = 16 \text{ dB}$$

No entanto, se a relação S/N for inferior a 1, ela será expressa como um valor dB negativo e o ruído será mais forte do que o sinal.

» Ruído externo

O **RUÍDO EXTERNO** vem de fontes sobre as quais temos pouco ou nenhum controle (industrial, atmosférico ou espacial). Independentemente de sua fonte, o ruído aparece como uma tensão CA aleatória e pode ser visto em um osciloscópio. A amplitude varia em uma ampla faixa, assim como a frequência. Pode-se dizer que o ruído em geral contém todas as frequências, variando aleatoriamente. Isso é geralmente conhecido como **RUÍDO BRANCO**.

O ruído atmosférico e o ruído espacial são um fato da vida e simplesmente não podem ser eliminados. Alguns ruídos industriais podem ser controlados na fonte, mas, por existirem tantas fontes desse tipo de ruído, não há como eliminá-lo. Assim, o importante para uma comunicação confiável é simplesmente gerar sinais em uma potência alta o suficiente para superar o ruído externo. Em alguns casos, a blindagem de circuitos sensíveis em invólucros metálicos pode ajudar no controle de ruído.

É BOM SABER

Um baixo nível de ruído é mais facilmente obtido usando circuitos de baixo ganho, baixa corrente direta, baixos valores de resistência e larguras de banda estreitas. Manter a temperatura baixa também pode ajudar.

PIONEIROS DA ELETRÔNICA

O físico britânico Lord Kelvin (1824-1908) nasceu William Thomson. Ele se tornou Lord Kelvin quando foi nomeado cavaleiro pela rainha Victoria por seus feitos científicos. Talvez sua melhor realização conhecida seja o desenvolvimento da escala Kelvin de temperatura. Essa escala começa a sua medida de temperatura no zero absoluto. Isso significa que o zero kelvin (0 K) é a ausência total de energia térmica. A quantidade de temperatura medida por 1 K é igual à medida em 1 grau Celsius (1°C). Entretanto, a diferença entre as escalas é que 0 K é igual a −273,15°C. Um dos usos da escala Kelvin é para a medição de temperatura de ruído. Outras contribuições de Lord Kelvin incluem o eletrômetro absoluto de Kelvin e a balança de Kelvin. Lord Kelvin também é conhecido pela sua investigação sobre o conceito de um gás ideal que pode ser usado para aproximar as propriedades dos gases reais.

Ruído Industrial. O **RUÍDO INDUSTRIAL** é produzido por equipamentos fabricados, tais como sistemas de ignição automotiva, motores elétricos e geradores. Qualquer equipamento elétrico que provoque o chaveamento de altas tensões ou correntes produz transientes que criam ruído. Os pulsos de ruído de grande amplitude ocorrem sempre que um motor ou outro dispositivo indutivo é ligado ou desligado. Os transientes resultantes são extremamente grandes em amplitude e ricos em harmônicos aleatórios. As lâmpadas fluorescentes e outras preenchidas por gás são fontes comuns de ruído industrial.

Ruído atmosférico. As perturbações elétricas que ocorrem naturalmente na atmosfera da Terra são outra fonte de ruído. O RUÍDO ATMOSFÉRICO é muitas vezes denominado ESTÁTICA. Ele geralmente vem de raios, as descargas elétricas que ocorrem entre nuvens ou entre a terra e as nuvens. Enormes cargas estáticas se acumulam nas nuvens e, quando a diferença de potencial é grande o suficiente, um arco é criado, e a eletricidade, literalmente, flui através do ar. Os raios são muito parecidos com as descargas estáticas que nós experimentamos durante um período seco no inverno. Entretanto, as tensões envolvidas são enormes, e esses sinais elétricos transitórios de megawatt de potência geram energia harmônica, que pode se deslocar a distâncias extremamente longas.

Assim como o ruído industrial, o ruído atmosférico mostra-se, principalmente, como variações de amplitude que contribuem para um sinal e interferem nele. O ruído atmosférico tem seu maior impacto sobre sinais em frequências abaixo de 30 MHz.

Ruído extraterrestre. O RUÍDO EXTRATERRESTRE, solar e cósmico, é proveniente de fontes no espaço. Uma das principais fontes de ruído extraterrestre é o Sol, que irradia uma ampla gama de sinais em um espectro de ruído amplo. A intensidade do ruído produzido pelo Sol varia com o tempo. Na verdade, o Sol tem um ciclo de ruído que se repete a cada 11 anos. Durante o pico do ciclo, o Sol produz uma quantidade impressionante de ruído, que causa uma tremenda interferência no sinal de rádio e torna muitas frequências inutilizáveis para a comunicação. Durante os outros anos, o nível de ruído é menor. O ruído gerado por estrelas fora do nosso sistema solar é geralmente conhecido como RUÍDO CÓSMICO. Embora seu nível não seja tão grande quanto o do ruído produzido pelo Sol, por causa das grandes distâncias entre as estrelas e a Terra, não deixa de ser uma importante fonte de ruído que deve ser considerada. Ele aparece principalmente na faixa de 10 MHz a 1,5 GHz, mas provoca as maiores interrupções na faixa de 15 a 150 MHz.

» Ruído interno

Os componentes eletrônicos em um receptor, tais como resistores, diodos e transistores, são grandes fontes de RUÍDO INTERNO. O ruído interno, embora seja de baixo nível, muitas vezes é grande o suficiente para interferir em sinais fracos. As principais fontes de ruído interno em um receptor são o ruído térmico, o ruído de semicondutores e a distorção de intermodulação. Uma vez que as fontes de ruído interno são conhecidas, existem projetos sobre o controle deste tipo de ruído.

Ruído térmico. O ruído mais interno é causado por um fenômeno conhecido como AGITAÇÃO TÉRMICA, que é o movimento aleatório de elétrons livres em um condutor provocado pelo calor. O aumento da temperatura faz aumentar esse movimento atômico. Uma vez que os componentes são condutores, o movimento dos elétrons constitui um fluxo de corrente que provoca uma pequena tensão produzida nesse componente. Os elétrons que atravessam um condutor como um fluxo de corrente sofrem impedimentos curtos em seu caminho quando encontram os átomos agitados termicamente. Então, a aparente resistência do condutor flutua, gerando uma tensão aleatória produzida termicamente, que chamamos de ruído.

Podemos realmente observar esse ruído simplesmente conectando um resistor de valor alto (megohm) em um osciloscópio de ganho muito alto. O movimento dos elétrons, devido à temperatura ambiente no resistor, provoca uma tensão no mesmo. A variação de tensão é completamente aleatória e em um nível muito baixo. O ruído desenvolvido no resistor é proporcional à temperatura a que está exposto.

É BOM SABER
O ruído branco ou ruído Johnson contém todas as frequências e amplitudes.

A agitação térmica é muitas vezes referida como RUÍDO BRANCO ou RUÍDO JOHNSON, em homenagem a J. B. Johnson, que a descobriu em 1928. Assim como a luz branca contém todas as outras frequências de luz, o ruído branco contém todas as frequências que ocorrem aleatoriamente em amplitudes aleatórias. Portanto, um sinal de ruído branco ocupa, pelo menos teoricamente, uma largura de banda infinita. O ruído filtrado ou de banda limitada é conhecido como RUÍDO ROSA.

Na temperatura ambiente, ou superior, um resistor relativamente grande pode apresentar uma tensão de ruído que pode ser tão elevada quanto vários microvolts. Essa é a mesma ordem de grandeza, ou superior, à de muitos sinais RF fracos. Os sinais fracos em amplitude são totalmente mascarados por esse ruído.

Uma vez que o ruído é um sinal de banda muito larga com uma faixa enorme de frequências aleatórias, seu nível pode ser reduzido por meio da limitação da largura de banda. Se um ruído for inserido em um circuito de sintonia seletiva, muitas das frequências do ruído serão rejeitadas e o nível geral do ruído diminuirá. A potência do ruído é proporcional à largura de banda de qualquer circuito ao qual ele é aplicado. A filtragem pode reduzir o nível do ruído, mas não o elimina completamente.

A quantidade de tensão de ruído de circuito aberto que aparece em um resistor ou na impedância de entrada para um receptor pode ser calculada segundo a fórmula de Johnson

$$v_n = \sqrt{4kTBR}$$

onde v_n = tensão de ruído rms
k = constante de Boltzman ($1{,}38 \times 10^{-23}$ J/K)
T = temperatura, K (°C + 273)
B = largura de banda, Hz
R = resistência, Ω

O resistor se comporta como um gerador de tensão com uma resistência interna igual ao valor do resistor. Veja a Figura 9-26. Naturalmente, se uma carga for conectada ao gerador em série com o resistor, a tensão diminuirá como resultado da ação do divisor de tensão formado.

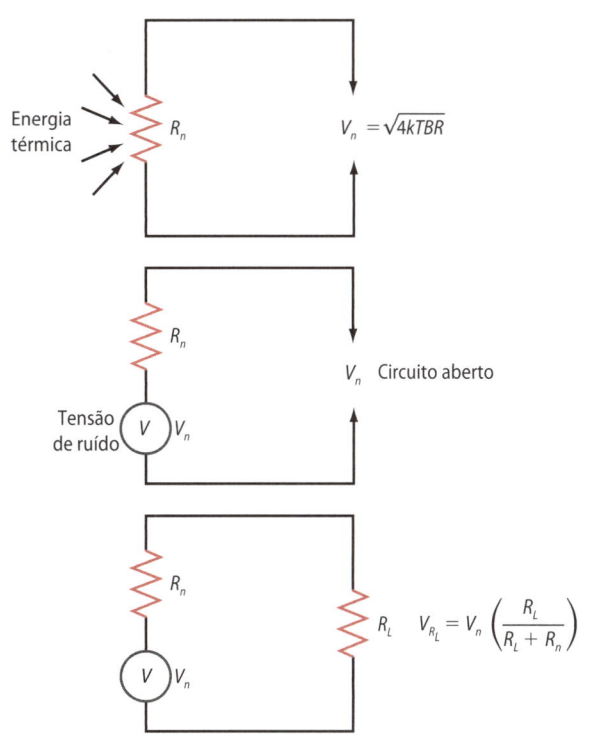

Figura 9-26 Um resistor se comporta como um pequeno gerador de tensão de ruído.

EXEMPLO 9-2

Qual é a tensão de ruído de circuito aberto em um resistor de 100 kΩ na faixa de frequência desde CC até 20 kHz na temperatura ambiente (25 °C)?

$$v_n = \sqrt{4kTBR}$$
$$= \sqrt{4(1{,}38 \times 10^{-23})(25 + 273)(20 \times 10^3)(100 \times 10^3)}$$
$$v_n = 5{,}74 \text{ } \mu V$$

EXEMPLO 9-3

A largura de banda de um receptor com uma resistência de entrada de 75 Ω é de 6 MHz. A temperatura é de 29 °C. Qual é a tensão de ruído térmico de entrada?

$$T = 29 + 273 = 302 \text{ K}$$

$$v_n = \sqrt{4kTBR}$$
$$v_n = \sqrt{4(1{,}38 \times 10^{-23})(302)(6 \times 10^6)(75)} = 2{,}74 \text{ } \mu V$$

Visto que a tensão de ruído é proporcional ao valor da resistência, da temperatura e da largura de banda, a tensão de ruído pode ser reduzida pela redução da resistência, da temperatura, da largura de banda ou qualquer combinação do nível mínimo aceitável para a dada aplicação. Em muitos casos, é claro, os valores de resistência e de largura de banda não podem ser alterados. Entretanto, uma coisa que é sempre controlável até certo ponto é a temperatura. Qualquer coisa que puder ser feita para resfriar o circuito reduzirá significativamente o ruído. Dissipadores de calor, ventiladores e uma boa ventilação, em geral, podem ajudar a reduzir o ruído. Muitos receptores de baixo ruído para sinais de microondas fracos de espaçonaves e em radiotelescópios são super-resfriados; ou seja, a temperatura deles é reduzida para níveis muito baixos (criogênicos) com nitrogênio líquido ou hélio líquido.

O ruído térmico também pode ser calculado como um nível de potência. A fórmula de Johnson é então

$$P_n = kTB$$

onde P_n é a potência de ruído média em watts.

> **Escalas de temperatura e conversões**
>
> Três escalas de temperatura são de uso comum: a escala Fahrenheit, expressa em graus Fahrenheit (°F), a escala Celsius (antigamente centígrados), expressa em graus Celsius (°C) e a escala Kelvin, expressa em kelvins (K). A escala Kelvin, que é usada pelos cientistas, é também conhecida como ESCALA ABSOLUTA. Em 0 K (-273,15 °C e -459,69 °F), ou zero absoluto, o movimento molecular cessa.
>
> Ao calcular os valores de ruído, frequentemente precisamos fazer conversões de uma dessas escalas de temperatura para outra. As fórmulas de conversão mais comuns são dadas aqui.
>
> $$T_C = 5(T_F - 32)/9 \quad \text{ou} \quad T_C = T_K - 273$$
> $$T_F = \frac{9T_C}{5} + 32$$
> $$T_K = T_C + 273$$

Note que, quando lidamos com potência, o valor da resistência não entra na equação.

EXEMPLO 9-4

Qual é a potência de ruído média de um dispositivo de funcionamento a uma temperatura de 90 °F com uma largura de banda de 30 kHz?

$$T_C = 5(T_F - 32)/9 = 5(90 - 32)/9 = 5(58)/9$$
$$= 290/9 = 32,2°C$$
$$T_K = T_C + 273 = 32,2 + 273 = 305,2 \text{ K}$$
$$P_n = (1,38 \times 10^{-23})(305,2)(30 \times 10^3)$$
$$= 1,26 \times 10^{-16} \text{ W}$$

Ruído de semicondutores. Componentes eletrônicos tais como diodos e transistores são os principais contribuintes de ruído. Além de ruído térmico, os semicondutores produzem ruído quântico (*shot*), ruído de tempo de trânsito e ruído impulsivo (*flicker*).

O tipo mais comum de ruído de semicondutores é o ruído quântico. A corrente que flui em qualquer dispositivo não é direta e linear. Os portadores de corrente, elétrons ou lacunas, às vezes percorrem caminhos aleatórios da origem ao destino se o destino for um elemento de saída, placa de tubo, coletor ou dreno de um transistor. É esse movimento aleatório que produz o efeito quântico. O ruído quântico também é produzido pelo movimento aleatório de elétrons ou lacunas através de uma junção PN. Mesmo que a corrente que flui seja estabelecida por tensões de polarização externa, alguns movimentos aleatórios de elétrons ou lacunas ocorrem como resultado de descontinuidades no dispositivo. Por exemplo, a interface entre o terminal de cobre e o material semicondutor forma uma descontinuidade que causa o movimento aleatório de portadores de corrente.

O ruído quântico também é um ruído branco na medida em que contém todas as frequências e amplitudes em uma faixa muito ampla. A amplitude da tensão de ruído é imprevisível, mas segue uma curva de distribuição de Gauss, que é um gráfico da probabilidade que especifica as amplitudes que vão ocorrer. A quantidade de ruído quântico é diretamente proporcional ao valor da polarização CC no dispositivo. A largura de banda do dispositivo ou circuito também é importante. A corrente de ruído rms em um dispositivo, I_n, é calculada com a fórmula

$$I_n = \sqrt{2qIB}$$

onde q = carga de um elétron, $1,6 \times 10^{-19}$ C
I = corrente contínua, A
B = largura de banda, Hz

Como exemplo, considere uma corrente de polarização CC de 0,1 A e uma largura de banda de 12,5 kHz. A corrente do ruído é

$$I_n = \sqrt{2(1,6 \times 10^{-19})(0,0001)(12.500)} = \sqrt{4 \times 10^{-19}}$$
$$= 0,632 \times 10^{-19} \text{ A}$$
$$I_n = 0,632 \text{ nA}$$

Agora, considere que uma corrente flua na junção base-emissor de um transistor bipolar. A resistência dinâmica dessa junção, r_e', pode ser calculada com a expressão $r_e' = 0,025/I_e$, onde I_e é a corrente de emissor. Considerando uma corrente de emissor de 1 mA, temos $r_e' = 0,025/0,001 = 25\ \Omega$. A tensão de ruído na junção é determinada pela lei de Ohm:

$$v_n = I_n r_e' = 0,623 \times 10^{-9} \times 25$$
$$= 15,8 \times 10^{-9}\ V = 15,8\ nV$$

Esse valor de tensão pode parecer insignificante, mas tenha em mente que o transistor tem ganho e, portanto, amplificará essa variação, tornando-a maior na saída. O ruído quântico é normalmente reduzido, mantendo as correntes do transistor baixas, visto que a corrente de ruído é proporcional à corrente real. Isso não é verdade para os MOSFETs, nos quais o ruído quântico é relativamente constante, apesar do nível da corrente.

Outro tipo de ruído que ocorre em transistores é chamado de **RUÍDO DE TEMPO DE TRÂNSITO**. O termo **TEMPO DE TRÂNSITO** refere-se ao tempo que um portador de corrente, lacuna ou elétron leva para se mover da entrada para a saída. Os dispositivos em si são muito pequenos, de modo que as distâncias envolvidas são mínimas, mas o tempo gasto para os portadores de corrente se moverem, mesmo em uma curta distância, é finito. Em baixas frequências, esse tempo é insignificante, mas, quando a frequência de operação é alta e o período do sinal a ser processado é da mesma ordem de grandeza que o tempo de trânsito, podem ocorrer problemas. O ruído de tempo de trânsito aparece como uma espécie de variação aleatória de portadores de corrente dentro de um dispositivo, ocorrendo perto da frequência de corte superior. O ruído de tempo de trânsito é diretamente proporcional à frequência de operação. Como a maioria dos circuitos é projetada para operar em um frequência muito menor do que o limite superior do transistor, o ruído de tempo de trânsito raramente é um problema.

Um terceiro tipo de ruído de semicondutores, o **RUÍDO IMPULSIVO** (**FLICKER**), ou ruído de excesso, também ocorre em resistores e condutores. Essa perturbação é o resultado de pequenas variações aleatórias da resistência no material semicondutor. Ela é diretamente proporcional à corrente e à temperatura. No entanto, é inversamente proporcional à frequência e, por isso, às vezes é referida como ruído $1/f$. O ruído impulsivo é maior nas frequências mais baixas e, portanto, não é um ruído branco puro. Devido à escassez de componentes de alta frequência, o ruído $1/f$ é também chamado de *ruído rosa*.

Em alguma frequência baixa, o ruído impulsivo começa a ultrapassar o ruído térmico e o quântico. Em alguns transistores, essa frequência de transição é tão baixa quanto algumas centenas de hertz; em outros, o ruído pode começar a subir a uma frequência tão elevada quanto 100 kHz. Essa informação está listada na folha de dados do transistor, a melhor fonte de dados sobre o ruído.

A quantidade de ruído impulsivo presente em resistores depende do tipo do resistor. A Figura 9-27 mostra a faixa de tensões de ruído produzida por vários tipos de resistores comuns. Os números se referem a resistência, temperatura e largura de banda comuns. Como os resistores de composição de carbono apresentam uma enorme quantidade de ruído impulsivo, uma ordem de grandeza maior do que os outros tipos, eles são evitados nos amplificadores de baixo ruído e outros circuitos. Resistores de filme de carbono e de filme metálico são muito melhores, mas os resistores de filme metálico podem ser mais caros. Os resistores de fio enrolado têm o menor ruído impulsivo, mas raramente são usados, porque contribuem com uma grande indutância no circuito, o que é inaceitável em circuitos RF.

A Figura 9-28 mostra a variação da tensão total de ruído em um transistor, que é uma composição de várias fontes de ruído. Em baixas frequências, a tensão de ruído é alta, por causa do ruído $1/f$. Em frequências muito altas, o aumento do ruído é devido a efeitos de tempo de trânsito próximo à frequência de corte superior do dispositivo. O ruído é menor na faixa média, onde a maioria dos dispositivos opera. O ruído nesse intervalo deve-se aos efeitos térmico e quântico, com a contribuição do ruído quântico às vezes maior do que a do ruído térmico.

Distorção por intermodulação. A distorção por intermodulação resulta da geração de novos sinais e harmônicos causados por não linearidades do circuito. Como afirmado antes, os circuitos nunca podem ser perfeitamente lineares, e, se as tensões de polarização forem incorretas em um determinado circuito, é provável que ele seja menos linear do que o pretendido.

TIPO DE RESISTOR	FAIXA DE TENSÃO DE RUÍDO, µV
Composição de carbono	0,1–3,0
Filme de carbono	0,05–0,3
Filme metálico	0,02–0,2
Fio enrolado	0,01–0,2

Figura 9-27 Ruído quântico em resistores.

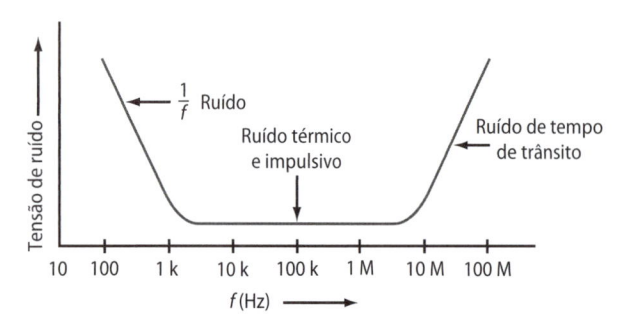

Figura 9-28 Ruído em um transistor em relação à frequência.

As não linearidades produzem efeitos de modulação ou heterodino (combinação de ondas de rádio). Quaisquer frequências no circuito se misturam, formando frequências soma e diferença. Quando muitas frequências estão envolvidas, com pulsos ou ondas retangulares, o grande número de harmônicos produz um número ainda maior de frequências soma e diferença. Os produtos resultantes são de pequena amplitude, mas podem ser grandes o suficiente para constituir um distúrbio que pode ser considerado como um tipo de ruído. Esse ruído, que não é branco nem rosa, pode ser previsto porque as frequências envolvidas na geração dos produtos de intermodulação são conhecidas. Por causa da correlação previsível entre as frequências conhecidas e o ruído, a distorção por intermodulação é também chamada de RUÍDO CORRELACIONADO. O ruído correlacionado é produzido apenas quando os sinais estão presentes. Os tipos de ruído discutidos anteriormente, às vezes, são chamados de RUÍDOS NÃO CORRELACIONADOS. O ruído correlacionado manifesta-se como sinais de baixo nível chamados *pássaros*. Isso pode ser minimizado por um bom projeto.

» Expressando níveis de ruído

A qualidade sonora de um receptor pode ser expressa em termos de figura de ruído, fator de ruído, temperatura de ruído e SINAD.

> **É BOM SABER**
>
> Quando o fator de ruído é expresso em decibéis, ele é denominado figura de ruído.

Fator de ruído e figura de ruído. O FATOR DE RUÍDO é a relação de potência S/N de entrada e saída. O dispositivo em questão pode ser o receptor inteiro ou um único estágio do amplificador. O fator de ruído ou relação de ruído (NR) é calculado com a expressão

$$NR = \frac{S/N \text{ in}}{S/N \text{ out}}$$

Quando o fator de ruído é expresso em decibéis, é chamado de FIGURA DE RUÍDO (**NF** – NOISE FIGURE):

$$NF = 10 \log NR \quad \text{dB}$$

Amplificadores e receptores sempre têm mais ruído na saída do que na entrada por causa do ruído interno que é adicionado ao sinal. E, mesmo que o sinal seja amplificado ao longo do caminho, o ruído gerado no processo é amplificado junto com ele.

A relação S/N na saída será menor do que na entrada e, assim, a figura de ruído será sempre maior do que 1. Um receptor que tem uma contribuição nula de ruído ao sinal tem uma figura de ruído 1, ou 0 dB, o que não é alcançável na prática. Um amplificador transistorizado em um receptor de comunicação geralmente tem uma figura de ruído de vários decibéis. Quanto menor for a figura de ruído, melhor será o amplificador ou receptor. Figuras de ruído inferiores a cerca de 2 dB são excelentes.

> **EXEMPLO 9-5**
>
> Um amplificador RF tem uma relação S/N de 8 na entrada e de 6 na saída. Quais são o fator de ruído e a figura de ruído?
>
> $$NR = \frac{8}{6} = 1{,}333$$
>
> $$NF = 10 \log 1{,}3333 = 10 (0{,}125) = 1{,}25 \text{ dB}$$

Temperatura de ruído. A maior parte do ruído produzido em um dispositivo é ruído térmico, que é diretamente proporcional à temperatura. Portanto, outra maneira de expressar o ruído em um amplificador ou receptor é em termos da temperatura de ruído, T_N. A temperatura de ruído é expressa em kelvins. Lembre-se de que a escala de temperatura Kelvin está relacionada à escala Celsius pela relação $T_K = T_C + 273$. A relação entre a temperatura de ruído e a relação de ruído (NR) é dada por

$$T_N = 290(\text{NR} - 1)$$

Por exemplo, se a relação de ruído for 1,5, a temperatura de ruído equivalente será $T_N = 290(1,5 - 1) = 290(0,5) = 145$ K. Obviamente, se o amplificador ou receptor não contribuir com ruído, então NR será 1, como indicado anteriormente. Substituir esse valor na expressão acima dá uma temperatura de ruído equivalente a 0 K:

$$T_N = 290(1 - 1) = 290(0) = 0 \text{ K}$$

Se a relação de ruído for maior do que 1, será produzida uma **TEMPERATURA DE RUÍDO EQUIVALENTE**, que é a temperatura a ser aumentada em um resistor, com valor igual a Z_o do dispositivo, de forma que ele gere o mesmo V_n que o dispositivo.

A temperatura de ruído é usada somente em circuitos ou equipamentos que operam em frequências de VHF, UHF ou micro-ondas. O fator de ruído ou figura de ruído é usado em frequências mais baixas. Um bom transistor ou estágio amplificador de baixo ruído normalmente tem uma temperatura de ruído menor do que 100 K. Quanto menor for a temperatura de ruído, melhor será o dispositivo. Muitas vezes, encontramos a temperatura de ruído de um transistor nas folhas de dados.

SINAD. Outra forma de expressar a qualidade de receptores de comunicação é SINAD, que é o sinal composto mais o ruído e a distorção dividido pelo ruído e pela distorção de contribuição do receptor. De forma simbólica,

$$\text{SINAD} = \frac{S + N + D \text{ (sinal composto)}}{N + D \text{ (receptor)}}$$

EXEMPLO 9-6

Um receptor com uma resistência de entrada 75 Ω opera a uma temperatura de 31°C. O sinal recebido é de 89 MHz, com uma largura de banda de 6 MHz. A tensão do sinal recebido de 8,3 μV é aplicada a um amplificador com uma figura de ruído de 2,8 dB. Determine (a) a potência do ruído de entrada, (b) a potência do sinal de entrada, (c) a relação S/N em decibéis, (d) o fator de ruído e a relação S/N do amplificador e (e) a temperatura de ruído do amplificador.

a. $T_C = 273 + 31 = 304$ K

$v_n = \sqrt{4kTBR}$
$v_n = \sqrt{4(1,38 \times 10^{-23})(304)(6 \times 10^6)(75)}$
$= 2,75$ μV

$P_n = \dfrac{(v_n)^2}{R} = \dfrac{(2,75 \times 10^{-6})^2}{75} = 0,1$ pW

b. $P_s = \dfrac{(v_s)^2}{R} = \dfrac{(8,3 \times 10^{-6})^2}{75} = 0,918$ pW

c. $\dfrac{S}{N} = \dfrac{P_s}{P_n} = \dfrac{0,918}{0,1} = 9,18$

$\text{dB} = 10 \log \dfrac{S}{N} = 10 \log 9,18$

$\dfrac{S}{N} = 9,63$ dB

d. $\text{NF} = 10 \log \text{NR}$

$\text{NR} = \text{antilog} \dfrac{\text{NF}}{10} = 10^{\text{NF}/10}$

$\text{NF} = 2,8$ dB
$\text{NR} = 10^{2,8/10} = 10^{0,28} = 1,9$

$\text{NR} = \dfrac{S/N \text{ entrada}}{S/N \text{ saída}}$

$\dfrac{S}{N} \text{ saída} = \dfrac{S/N \text{ entrada}}{\text{NR}} = \dfrac{9,18}{1,9} = 4,83$

$\dfrac{S}{N}(\text{saída}) = \dfrac{S}{N}(\text{amplificador})$

e. $T_N = 290(\text{NR} - 1) = 290(1,9 - 1)$
$= 290(0,9) = 261$ K

DISTORÇÃO refere-se a harmônicos presentes em um sinal causados por não linearidades. A relação SINAD também é usada para expressar a sensibilidade de um receptor. Note que a relação SINAD não faz nenhuma tentativa de discriminação ou separação entre ruído e sinais de distorção.

Para obter a relação SINAD, um sinal RF modulado por um sinal de áudio (geralmente de 400 Hz ou 1 kHz) é aplicado à entrada de um amplificador ou um receptor. A saída composta é então medida, resultando na figura S + N + D. Em seguida, um filtro *notch* (rejeita-faixa) altamente seletivo é usado para eliminar o sinal de modulação de áudio, deixando o ruído e a distorção, ou N + D.

O SINAD é uma relação de potência e quase sempre é expresso em decibéis:

$$\text{SINAD} = 10 \log \dfrac{S + N + D}{N + D} \quad \text{dB}$$

» Ruído na região de micro-ondas

O ruído é uma consideração importante em todas as frequências de comunicação, mas é particularmente crítico na região de micro-ondas, porque o ruído aumenta com a largura de banda e afeta sinais de alta frequência mais do que sinais de baixa frequência. O fator limitante na maioria dos sistemas de comunicação via micro-ondas, como satélites e radar, é o ruído interno. Em alguns receptores de micro-ondas especiais, o nível do ruído é reduzido pelo resfriamento dos estágios de entrada do receptor, como mencionado anteriormente. Essa técnica é denominada OPERAÇÃO COM CONDIÇÕES CRIOGÊNICAS. O termo *criogênico* refere-se a condições muito frias que se aproximam do zero absoluto.

» Ruído em estágios em cascata

O ruído tem seu maior efeito na entrada de um receptor simplesmente porque esse é o ponto no qual o nível de sinal é mais baixo. O desempenho de ruído de um receptor é invariavelmente determinado no primeiro estágio do receptor, geralmente um amplificador RF ou misturador. O projeto desses circuitos deve garantir o uso de componentes de baixíssimo ruído, levando em consideração corrente, resistência, largura de banda e figura de ganho do circuito. Além dos primeiro e segundo estágios, o ruído, basicamente, deixa de ser um problema.

A fórmula utilizada para calcular o desempenho de ruído geral de um receptor ou de múltiplos estágios de amplificação RF, denominada FÓRMULA DE FRIIS, é

$$NR = NR_1 + \frac{NR_2 - 1}{A_1} + \frac{NR_3 - 1}{A_1 A_2} + \cdots + \frac{NR_n - 1}{A_1, A_2, \cdots, A_{n-1}}$$

onde NR = relação de ruído

NR_1 = relação de ruído na entrada ou primeiro amplificador que recebe o sinal
NR_2 = relação de ruído do segundo amplificador
NR_3 = relação de ruído do terceiro amplificador, e assim por diante
A_1 = ganho de potência do primeiro amplificador
A_2 = ganho de potência do segundo amplificador
A_3 = ganho de potência do terceiro amplificador, e assim por diante

Note que é usada a relação de ruído em vez da figura de ruído, e, assim, os ganhos são dados como relações de potência em vez de em decibéis.

> **É BOM SABER**
> Criogenia refere-se à ciência do comportamento dos materiais em temperaturas extremamente baixas ou que se aproximam do zero absoluto.

Como exemplo, considere o circuito mostrado na Figura 9-29. O ruído total para a combinação é calculado como segue:

$$NR = 1,6 + \frac{4-1}{7} + \frac{8,5-1}{(7)(12)}$$
$$= 1,6 + 0,4286 + 0,0893 = 2,12$$

A figura de ruído é

$$NF = 10 \log NR = 10 \log 2,12$$
$$= 10(0,326) = 3,26 \text{ dB}$$

O que isto significa é que *o primeiro estágio controla o desempenho de ruído para toda a cadeia do amplificador*. Isso é verdade mesmo que o estágio 1 tenha a menor NR, porque, após o primeiro estágio, o sinal será grande o suficiente para superar o ruído. Esse resultado é verdadeiro para quase todos os receptores e outros equipamentos que incorporam amplificadores de múltiplos estágios.

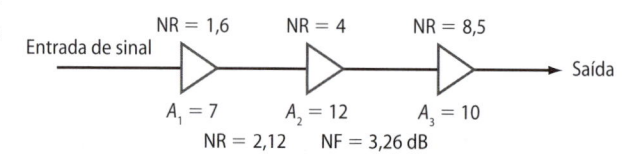

Entrada de sinal → [NR = 1,6, A_1 = 7] → [NR = 4, A_2 = 12] → [NR = 8,5, A_3 = 10] → Saída
NR = 2,12   NF = 3,26 dB

Figura 9-29 Ruído em estágios de amplificação em cascata.

» Circuitos receptores típicos

Esta seção concentra-se em amplificadores RF e FI, circuitos CAG e AFC e outros circuitos especiais encontrados em receptores.

» Amplificadores RF de entrada

A parte mais crítica de um receptor de comunicação é a interface de entrada, que geralmente consiste em amplificador RF, misturador e circuitos sintonizados relacionados e, às vezes, é simplesmente referido como sintonizador. O amplificador RF, também chamado de amplificador de baixo ruído (LNA), processa os sinais de entrada muito fracos, aumentando a sua amplitude antes da mistura. É essencial que sejam usados componentes de baixo ruído para garantir uma relação S/N suficientemente alta. Além disso, a seletividade deve ser tal que elimine eficientemente as imagens.

Em alguns receptores de comunicação, não é usado um amplificador RF, como, por exemplo, em receptores desenhados para frequências inferiores a aproximadamente 30 MHz, onde o ganho extra de um amplificador não é necessário e sua contribuição é apenas com mais ruído. Em tais receptores, o amplificador RF é eliminado, e a antena é conectada diretamente à entrada do misturador por meio de um ou mais circuitos sintonizados, que devem fornecer a seletividade de entrada necessária para a rejeição de imagem. Em um receptor desse tipo, o misturador também deve ser de baixo ruído. Muitos misturadores são feitos com MOSFETs, que fornecem a menor contribuição de ruído. Os misturadores com transistor bipolar de baixo ruído são utilizados em CIs.

A maioria dos LNAs usa um único transistor e fornece um ganho de tensão na faixa de 10 a 30 dB. Os transistores bipolares são usados nas frequências mais baixas, já em VHF, UHF e frequências de micro-ondas, os FETs são os preferidos.

O **AMPLIFICADOR RF** é geralmente um circuito classe A simples. Um circuito típico com FET é mostrado na Figura 9-30. Os circuitos com FET são particularmente eficazes, porque sua alta impedância de entrada minimiza o efeito de carga nos circuitos sintonizado, permitindo que o Q do circuito seja maior e a seletividade seja mais acentuada. A maioria dos FETs também tem uma figura de ruído mais baixa do que os bipolares.

É BOM SABER

Os MESFETs fornecem um alto ganho em altas frequências porque os elétrons percorrem mais rapidamente o arsenieto de gálio do que o silício. Eles também são os transistores de menor ruído disponíveis.

Nas frequências de micro-ondas (aquelas acima de 1 GHz), são usados os FETs de metal semicondutor, ou MESFETs. Também conhecidos como **GASFETs**, esses dispositivos são transistores de efeito de campo de junção construídos com arseneto de gálio (GaAs). A seção transversal de um típico MESFET é mostrada na Figura 9-31. A junção da porta é uma interface metal-semicondutor, porque ela é um diodo Schottky ou portador quente. Como em outros circuitos com FET de junção, a junção porta-fonte é polarizada reversamente, e a tensão do sinal entre a fonte e a porta controla a condução de corrente entre a fonte e o dreno. O tempo de trânsito de elétrons no arseneto de gálio é muito menor do que no silício, permitindo que o MESFET forneça um ganho maior em frequências altas. Os MESFETs também têm uma figura de ruído extremamente baixa, normalmente de 2 dB ou menos. A maioria dos MESFETs tem uma temperatura de ruído de menos de 200 K.

Como as técnicas de processamento de semicondutores têm feito transistores cada vez menores, os LNAs bipolar e CMOS são amplamente utilizados em frequências de até 10 GHz. O

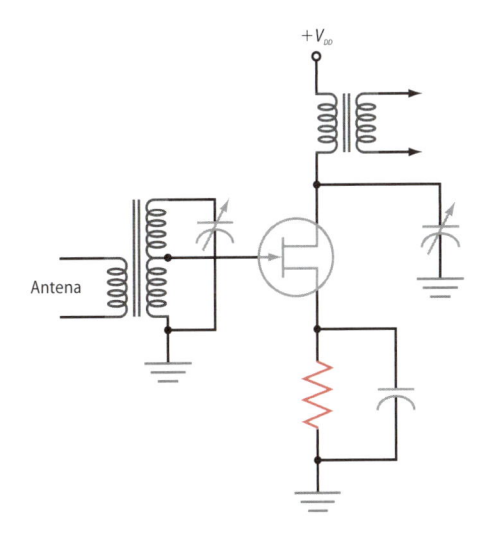

Figura 9-30 Amplificador RF típico usado na interface de entrada do receptor.

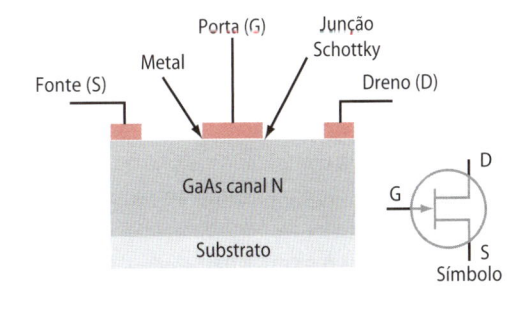

Figura 9-31 Configuração de um MESFET e símbolo.

silício-germânio (SiGe) é amplamente usado para fazer LNAs bipolares, e os projetos com BiCMOS (uma mistura de circuitos bipolar e CMOS) em silício também são comuns. O silício é o mais adequado porque nenhum processamento especial é necessário como com GaAs e SiGe.

Embora os amplificadores RF de único estágio sejam comuns, algumas aplicações de pequeno sinal exigem uma amplificação um pouco maior antes do misturador. Isso pode ser feito com um amplificador *cascode*, como mostrado na Figura 9-32. Este LNA usa dois transistores para conseguir não só um baixo nível de ruído, mas também ganhos de 40 dB ou mais.

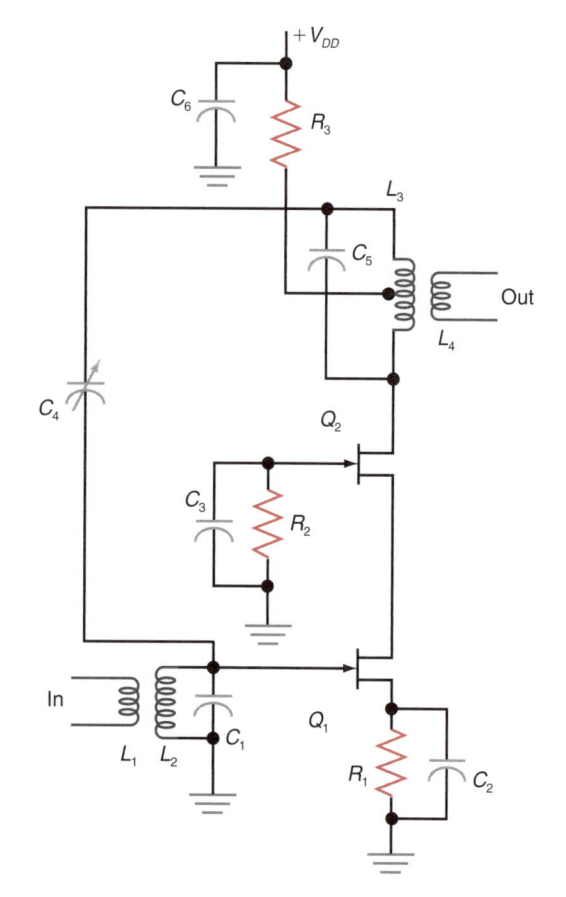

Figura 9-32 Um LNA *cascode*.

O transistor, Q_1, opera como um estágio em fonte comum normal. Ele é acoplado diretamente ao segundo estágio, Q_2, que é um amplificador de porta comum. A porta está no terra CA através de C_3. A faixa de frequência é definida pelo circuito sintonizado de entrada, $L_2 - C_1$, e o circuito de saída sintonizado, $L_3 - C_5$. A polarização é fornecida por R_1.

Um dos principais benefícios do circuito *cascode* é que ele minimiza de forma eficaz o efeito do problema da capacitância Miller associada a amplificadores RF de estágio único. Os transistores usados para implementar esses amplificadores, TJB, JFET ou MOSFET, exibem algumas forma de capacitância entre os eletrodos de coletor e base (C_{cb}) no TJB e entre o dreno e a porta em FETs (C_{dg}). Essa capacitância introduz alguma realimentação que aparece como uma capacitância equivalente maior denominada capacitância Miller, que aparece entre a base ou a porta e GND. Essa capacitância Miller equivalente, C_m, é igual à capacitância entre eletrodos multiplicada pelo ganho do amplificador, A, menos 1:

$$C_m = C_{dg}(A - 1) \quad \text{ou} \quad C_m = C_{cb}(A - 1)$$

Essa capacitância forma um filtro passa-baixas com a impedância de saída do circuito que aciona o amplificador. O resultado é que o limite de frequência superior do amplificador é restrito.

O circuito *cascode* da Figura 9-32 elimina eficientemente esse problema, pois o sinal de saída no dreno de Q_2 não pode voltar para a porta de Q_1 para introduzir a capacitância Miller. Como resultado, o amplificador *cascode* tem uma faixa de frequência superior muito maior.

Muitos amplificadores RF tornam-se instáveis especialmente em VHF, UHF e frequências de micro-ondas devido à realimentação positiva que ocorre nas capacitâncias entre eletrodos nos transistores. Essa realimentação pode causar oscilação. Para eliminar esse problema, normalmente é usado algum tipo de neutralização, como em amplificadores de potência RF. Na Figura 9-32, parte da saída é realimentada através do capacitor C_4 de neutralização. Essa realimentação negativa cancela a realimentação positiva e proporciona a estabilidade necessária.

Embora este circuito seja mostrado com JFETs, ele também pode ser construído com TJBs ou MOSFETs. Este circuito é muito comum em circuitos integrados de celulares e outros receptores *wireless* e é implementado com transistores CMOS de silício, BiCMOS, ou SiGe.

» Amplificadores FI

Como dito anteriormente, a maior parte do ganho e da seletividade em um receptor super-heterodino é obtida no amplificador FI, e a escolha da FI é fundamental para um bom projeto.

» Circuitos amplificadores FI tradicionais

Os **AMPLIFICADORES FI**, assim como os amplificadores RF, são amplificadores classe A sintonizados capazes de fornecer um ganho na faixa de 10 a 30 dB. Normalmente, dois ou mais amplificadores FI são usados para fornecer o ganho total adequado do receptor. A Figura 9-33 mostra um amplificador FI de dois estágios. Os amplificadores podem ser de transistores TJB, JFET, MOSFET de estágio único ou um amplificador diferencial. Os receptores mais antigos usavam circuitos com componentes discretos, mas, atualmente, a maioria dos amplificadores FI é implementada com amplificadores diferenciais em circuitos integrados, geralmente MOSFETs.

Os transformadores de núcleo de ferrite, T_1 e T_2, são usados para acoplamento entre estágios. Como são circuitos ressonantes, esses transformadores também fornecem a seletividade desejada. As linhas tracejadas em torno dos transformadores representam o encapsulamento metálico que envolve os componentes do transformador para protegê-los contra radiação e realimentação indesejadas. Os transformadores mais antigos eram sintonizados com capacitores *trimmer*, mas os transformadores novos são sintonizados com capacitores fixos e indutores variáveis. Os núcleos de ferrite são segmentados, permitindo que a posição deles seja ajustada dentro da bobina, variando, assim, as indutâncias.

A seletividade no amplificador FI é fornecida pelos circuitos sintonizados. Como indicado anteriormente, os circuitos sintonizados em cascata fazem a largura de banda do circuito global ser consideravelmente reduzida. Os circuitos sintonizados de alto Q são usados, mas, com vários circuitos sintonizados, a largura de banda é ainda mais estreita. Os amplificadores FI devem ser projetados de modo que a seletividade não seja tão aguda. Uma largura de banda FI muito estreita provocará corte de banda lateral, reduzindo intensamente a amplitude das frequências modulantes maiores e, dessa forma, distorcendo o sinal recebido. A exata natureza dos tipos de sinais a serem recebidos deve ser bem conhecida para que a largura de banda do amplificador FI possa ser adequadamente definida.

Seletividade de circuito acoplado. Quando sinais de banda muito larga são recebidos, às vezes é necessário ampliar a largura de banda de um amplificador FI. Existem várias maneiras de fazer isso. Uma técnica é conectar resistores a circuitos paralelos sintonizados, diminuindo, assim, o Q do circuito para um valor que irá produzir a largura de banda apropriada.

Outra técnica é usar circuitos superacoplados sintonizados. A curva da tensão de saída *versus* a frequência para os circuitos de dupla sintonia, como as da Figura 9-34, é estritamente dependente da quantidade de acoplamento ou indutância mútua entre os enrolamentos primário e secundário. Ou seja, o espaçamento entre os enrolamentos determina quanto do campo magnético produzido pelo primário corta as espiras do secundário. Isso afeta não só a amplitude da tensão de saída, mas também a largura de banda.

Alterar a quantidade de acoplamento entre os enrolamentos primário e secundário nos transformadores FI de acoplamento permite que o valor desejado de largura de banda seja obtido. A Figura 9-34 mostra as curvas de resposta de um transformador de dupla sintonia para configurações diferentes. Quando os enrolamentos são bastante espaçados, diz-se que as bobinas estão **SUBACOPLADAS**. Com essa configuração, a amplitude é baixa, e a largura de banda, relativamente estreita. Em algum grau particular de acoplamento, conhecido como **ACOPLAMENTO CRÍTICO**, a saída atinge um valor

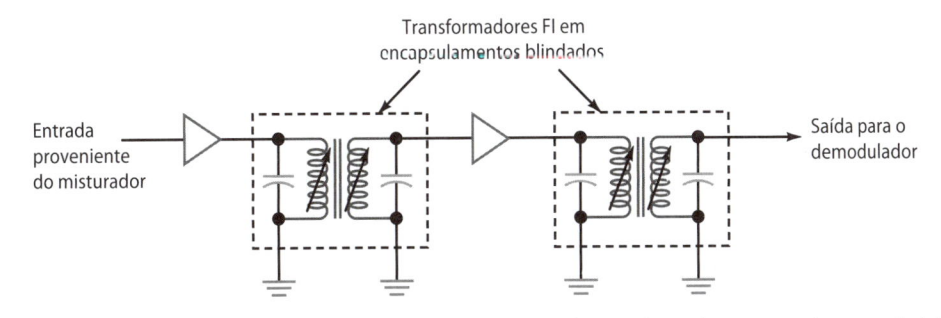

Figura 9-33 Amplificador FI de dois estágios usando acoplamento com duplo transformador sintonizado para seletividade.

de pico. Na maioria dos projetos de FI, o acoplamento crítico fornece o melhor ganho se a largura de banda fornecida for adequada. A aproximação das bobinas entre si e o aumento do acoplamento amplia mais a largura de banda. A amplitude do sinal de saída é máxima e não vai aumentar além do que a obtida no acoplamento crítico. Esse ponto é geralmente conhecido como *acoplamento ótimo*. Aumentar a quantidade de acoplamento produz ainda mais um efeito conhecido como superacoplamento. O resultado é uma curva de resposta de saída com duplo pico e uma largura de banda consideravelmente maior.

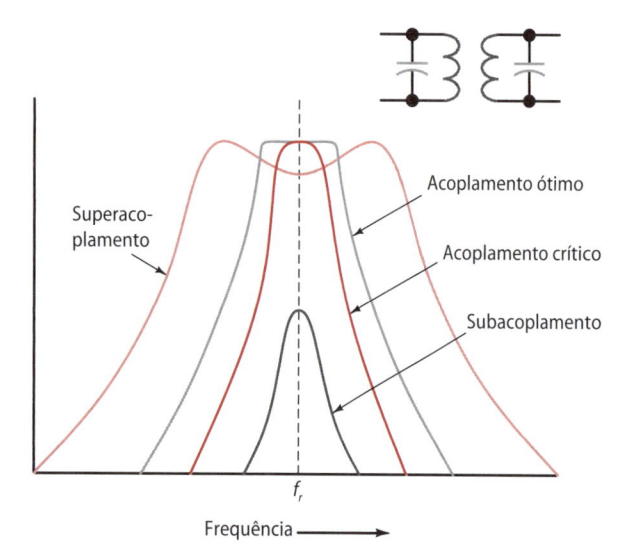

Figura 9-34 Curvas de resposta de um transformador de núcleo de ar de dupla sintonia para alguns graus de acoplamento.

Atualmente, o projeto com acoplamento por transformador da Figura 9-33 raramente é usado. Em vez disso, os amplificadores FI usam **FILTROS A CRISTAL**, **CERÂMICO** ou **SAW** para seletividade. Eles são tipicamente menores do que os circuitos sintonizados *LC*, proporcionam maior seletividade e não necessitam de sintonia ou ajuste. Os modernos receptores de comunicação de alto desempenho também usam filtros DSP para conseguir a seletividade desejada.

Limitadores. Em receptores de FM, um ou mais estágio do amplificador FI é usado como limitador, para remover quaisquer variações de amplitude do sinal de FM antes do sinal ser aplicado ao demodulador. Normalmente, os limitadores são simples amplificadores de classe A convencionais. Na realidade, qualquer amplificador funcionará como um limitador se o sinal de entrada for alto o suficiente. Quando um grande sinal de entrada é aplicado a um estágio transistorizado único, o transistor é alternadamente acionado entre a saturação e o corte. Por exemplo, em um amplificador classe A bipolar NPN, a aplicação de um sinal de entrada positivo muito grande para o amplificador faz a polarização de base aumentar, aumentando, assim, a corrente de coletor. Quando um valor suficiente de tensão de entrada é fornecido, o transistor atinge a condução máxima, em que tanto as junções base-emissor e base-coletor estão polarizadas diretamente. Nesse ponto, o transistor está saturado, e a tensão entre emissor e coletor cai para um valor muito pequeno, tipicamente menor do que 0,1 V. Nesse momento, a saída do amplificador é aproximadamente igual à queda de tensão CC no resistor de qualquer emissor que possa ser utilizado no circuito.

> **É BOM SABER**
> Qualquer amplificador funcionará como um limitador se o sinal de entrada for suficientemente alto.

Quando um grande sinal negativo é aplicado à base, o transistor pode ser levado ao corte. A corrente de coletor cai para zero, e a tensão vista no coletor é simplesmente a tensão de alimentação. A Figura 9-35 mostra a corrente e a tensão de coletor para ambos os extremos.

O acionamento do transistor entre saturação e corte efetivamente achata ou ceifa os picos positivos e negativos do sinal de entrada, removendo quaisquer variações de amplitude. Portanto, o sinal de saída no coletor é uma onda quadrada. A parte mais crítica do projeto do limitador é definir o nível de polarização da base em que ocorre *ceifamento simétrico*, ou seja, quantidades iguais de ceifamento nos picos positivos e negativos. Amplificadores diferenciais são preferenciais para limitadores, porque produzem um ceifamento mais simétrico. A onda quadrada no coletor, que é composta por muitos harmônicos indesejáveis, é efetivamente filtrada de volta para uma onda senoidal pelo circuito sintonizado no coletor ou pelo filtro de saída.

❯❯ Circuitos de controle automático de ganho

O ganho de um receptor de comunicação é geralmente selecionado com base no sinal mais fraco a ser recebido. Na

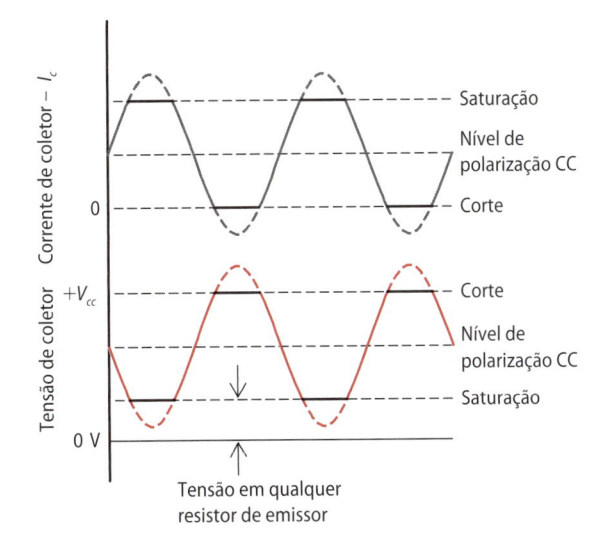

Figura 9-35 Corrente e tensão de coletor em um circuito amplificador FI limitador bipolar.

maioria dos receptores de comunicação modernos, o ganho de tensão entre a antena e o demodulador é superior a 100 dB. O amplificador RF geralmente tem um ganho na faixa de 5 a 15 dB. O ganho do misturador está na faixa de 2 a 10 dB, embora misturadores a diodo, se usados, introduzam uma perda de vários decibéis. Os amplificadores FI têm ganhos de estágios individuais de 20 a 30 dB. Os detectores a diodo do tipo passivo podem apresentar uma perda, tipicamente de −2 a −5 dB. O ganho do estágio amplificador de áudio está na faixa de 20 a 40 dB. Suponha, por exemplo, um circuito com os seguintes ganhos:

Amplificador de RF	10 dB
Misturador	−2 dB
Amplificadores FI (três fases)	27 dB (3 X 27 = 81 total)
Demodulador	−3 dB
Amplificador de áudio	32 dB

O ganho total é simplesmente a soma algébrica dos ganhos dos estágios individuais, ou 10 − 2 + 27 + 27 + 27 − 3 + 32 = 118 dB.

Em muitos casos, o ganho é muito maior do que o necessário para a recepção adequada. Um ganho excessivo geralmente faz o sinal recebido ser distorcido e as informações transmitidas serem menos inteligíveis. Uma solução para esse problema é fornecer controles de ganho no receptor. Por exemplo, um potenciômetro pode ser conectado em algum ponto em um estágio amplificador RF ou FI para controlar o ganho RF

manualmente. Além disso, todos os receptores incluem um controle de volume no circuito de áudio.

Em parte, os controles de ganho citados são utilizados de modo que o ganho do receptor geral não interfira na capacidade do receptor de operar com grandes sinais. Entretanto, um forma mais eficaz de lidar com grandes sinais é incluir circuitos CAG. Como discutido anteriormente, o uso do CAG dá ao receptor uma vasta faixa dinâmica, que é a razão entre o maior e o menor sinal que pode ser expresso em decibéis. A faixa dinâmica de um receptor de comunicação típico com CAG é geralmente na faixa de 60 a 100 dB.

Controle de ganho do circuito. Se os amplificadores RF e FI são simples amplificadores emissor-comum, usados em receptores mais antigos, o CAG pode ser implementado por meio do controle da corrente de coletor dos transistores. O ganho de um amplificador com transistor bipolar é proporcional ao valor da corrente que flui do coletor. O aumento da corrente de coletor a partir de um nível muito baixo faz o ganho aumentar proporcionalmente. Em algum ponto, o ganho aplana em uma faixa estreita de corrente de coletor e, depois, começa a diminuir à medida que a corrente aumenta ainda mais. A Figura 9-36 mostra uma aproximação da relação entre as variações do ganho e da corrente de coletor de um transistor bipolar típico. O ganho atinge um pico em 30 dB na faixa de 6 a 15 mA.

O valor da corrente de coletor no transistor é, naturalmente, uma função da polarização de base aplicada. Uma pequena quantidade de corrente de base produz uma pequena quantidade de corrente de coletor, e vice-versa. Em amplificadores FI, o nível da polarização normalmente não é fixado por um divisor de tensão, mas é controlado pelo circuito CAG. Em alguns circuitos, uma combinação de uma polarização por divisor de tensão fixo mais uma entrada CC a partir do circuito CAG controla o ganho geral.

1. O ganho pode ser diminuído por meio da diminuição da corrente de coletor. Um circuito de CAG que diminui o fluxo de corrente no amplificador para diminuir o ganho é chamado de **CAG reverso**.

2. O ganho pode ser reduzido por meio do aumento da corrente de coletor. Como o sinal fica mais forte, a tensão no CAG aumenta; isso aumenta a corrente de base, que por sua vez, aumenta a corrente de coletor, reduzindo o ganho. Esse método de controle de ganho é conhecido como **CAG direto**.

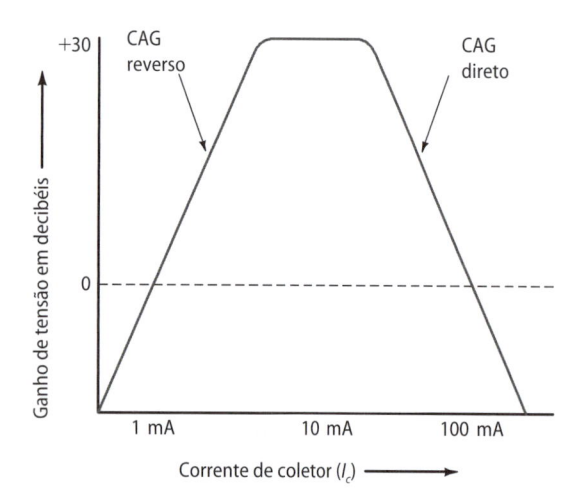

Figura 9-36 Ganho de tensão aproximado de um amplificador transistorizado bipolar *versus* a corrente de coletor.

Em geral, o CAG reverso é mais comum em receptores de comunicação. O CAG direto, que é amplamente utilizado em aparelhos de TV, normalmente exige transistores especiais para melhor operação.

Amplificadores diferenciais em circuitos integrados são bastante utilizados como amplificadores FI. O ganho de um amplificador diferencial é diretamente proporcional à quantidade de corrente que flui do emissor. Por isso, a tensão de CAG pode ser aplicada convenientemente ao transistor da fonte de corrente constante em um amplificador diferencial. Um circuito típico é mostrado na Figura 9-37. A polarização na fonte de corrente constante, Q_3, é ajustada por R_1, R_2 e R_3 para fornecer um nível fixo de corrente de emissor, I_E, para os transistores diferenciais, Q_1 e Q_2. Normalmente, o valor da corrente de emissor em um estágio de ganho constante é fixo e a corrente se divide entre Q_1 e Q_2. O ganho é facilmente controlado por meio da variação da polarização de Q_3. No circuito mostrado, o aumento da tensão CAG positiva aumenta a corrente do emissor e aumenta o ganho. A diminuição da tensão CAG diminui o ganho.

A Figura 9-38 mostra outra maneira de controlar o ganho de um amplificador. Neste caso, Q_1 é um MOSFET de porta dupla e modo depleção conectado como um amplificador classe A. Ele pode ser o amplificador RF ou um amplificador FI. O MOSFET de porta dupla realmente implementa um circuito na configuração *cascode* que é comum em amplificadores RF. Uma polarização normal é aplicada à porta inferior via R_1. Uma polarização adicional é derivada do resistor de fonte R_2.

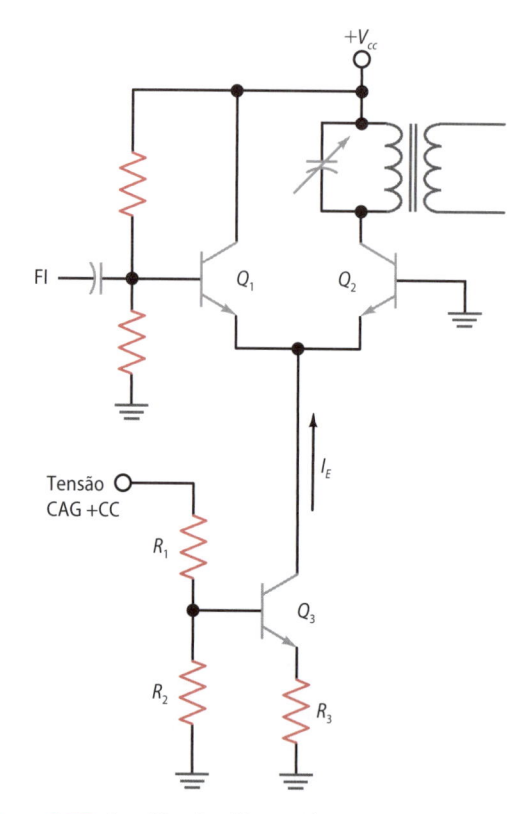

Figura 9-37 Amplificador diferencial FI com CAG.

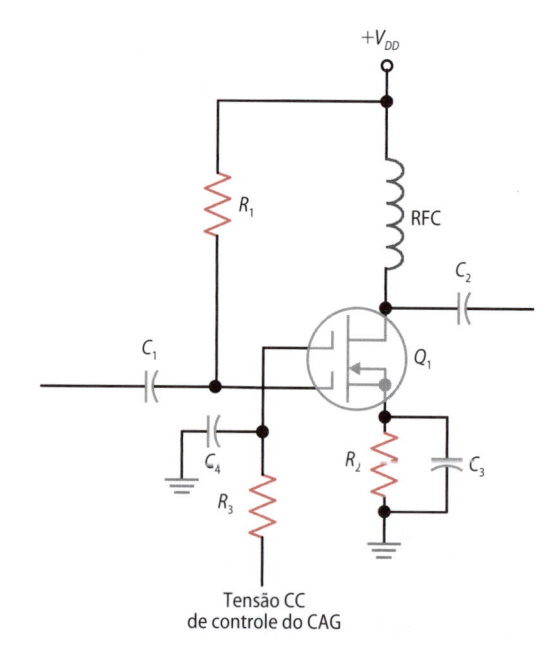

Figura 9-38 O ganho de um MOSFET de porta dupla pode ser controlado com uma tensão CC na segunda porta.

O sinal de entrada é aplicado à porta inferior através de C_1. O sinal é amplificado e aparece no dreno, onde é acoplado ao próximo estágio através de C_2. Se este circuito for um amplificador RF usado à frente do misturador, os circuitos LC sintonizados são normalmente utilizados na entrada e na saída para fornecer uma seletividade inicial e o casamento de impedância. Em amplificadores FI, alguns estágios como esse podem ser conectados em cascata para fornecer o ganho com a seletividade proveniente de um único filtro a cristal, cerâmico, SAW ou mecânico na saída do último estágio.

A tensão CC de controle do CAG é aplicada à segunda porta através de R_3. O capacitor C_4 é um capacitor de filtro e desacoplamento. Uma vez que as duas portas controlam a corrente de dreno, a tensão do CAG varia a corrente de dreno que, por sua vez, controla o ganho do transistor.

Na maioria dos receptores modernos, os circuitos CAG são simplesmente integrados juntamente com os estágios do amplificador FI dentro de um CI. Alguns desses CIs também podem ter um misturador ou demodulator integrado. O CAG é controlado por uma tensão de entrada derivada de um circuito externo. Outros CIs incorporam os circuitos que desenvolvem a tensão de controle do CAG.

Derivação da tensão de controle. A tensão CC usada para controlar o ganho é normalmente derivada pela retificação do sinal FI ou pela recuperação do sinal de informação após o demodulador. Um dos métodos mais simples e mais amplamente utilizado para geração da tensão CAG em um receptor AM é usar a saída do detector a diodo, como mostrado na Figura 9-39. O detector a diodo recupera a informação AM original. A tensão desenvolvida em R_1 é uma tensão CC negativa. O capacitor C_1 filtra o sinal FI, deixando o sinal modulante original. A constante de tempo de R_1 e C_1 é ajustada para eliminar a ondulação FI e ainda manter o sinal modulante de maior frequência. O sinal recuperado passa através de C_2 para remover a corrente contínua. O sinal de corrente alternada resultante é amplificado ainda mais e aplicado a um alto-falante. A tensão CC em R_1 e C_1 deve ser filtrada ainda mais para fornecer uma tensão CC pura. Isso é feito com R_2 e C_3. A constante de tempo desses componentes é escolhida para ser muito grande para que a tensão na saída seja CC pura. O nível CC varia, é claro, com a amplitude do sinal recebido. A tensão negativa resultante é então aplicada a um ou mais estágios do amplificador FI.

Em um receptor FM, a tensão CC geralmente pode ser derivada diretamente do demodulador. Os circuitos discriminador Foster-Seeley e o detector de relação fornecem pontos de partida convenientes para a obtenção de uma tensão CC proporcional à amplitude do sinal. Com a filtragem RC adicional, um nível CC proporcional à amplitude do sinal é derivado para ser usado no controle do ganho do amplificador FI. Como mencionado anteriormente, alguns receptores FM

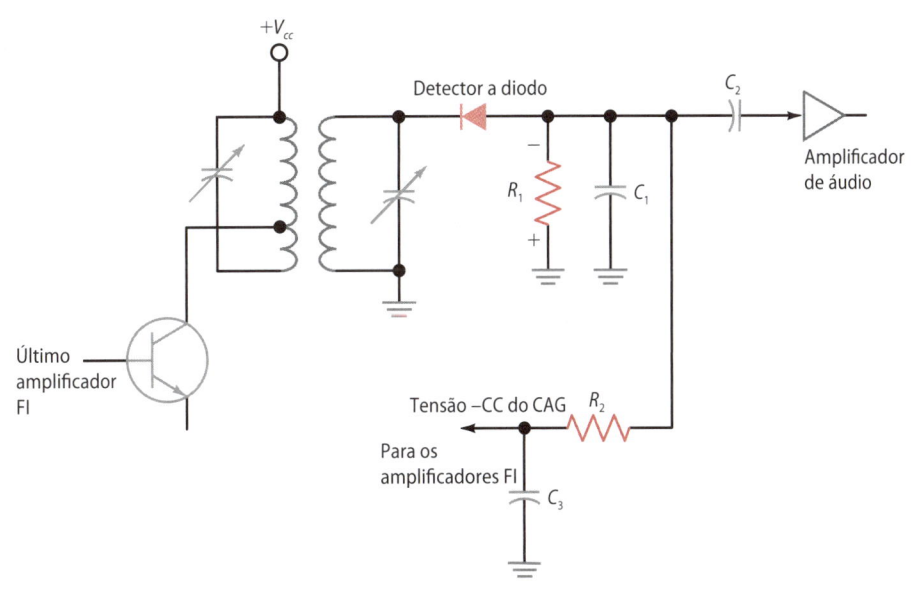

Figura 9-39 Derivação da tensão do CAG a partir do detector a diodo em um receptor AM.

nem sequer usam CAG porque os limitadores fornecem uma forma primitiva de controle de ganho ceifando os níveis de sinal mais elevado do que uma amplitude específica.

Em muitos receptores, é utilizado um circuito retificador especial dedicado estritamente a derivar a tensão CAG. A Figura 9-40 mostra um circuito representativo desse tipo. A entrada, que pode ser o sinal modulante recuperado ou o sinal FI, é aplicada a um amplificador de CAG. A tensão do circuito retificador duplicador composto por D_1, D_2 e C_1 é usado para aumentar suficientemente o nível de tensão para fins de controle. O filtro RC, $R_1 - C_2$, remove qualquer variação do sinal e produz uma tensão CC pura. Em alguns circuitos, é necessária uma amplificação ainda maior da tensão CC de controle; um simples CI AOP, como o mostrado na Figura 9-40, pode ser utilizado para essa finalidade. A conexão do retificador e qualquer inversão de fase no AOP determinarão a polaridade da tensão CAG, que pode ser positiva ou negativa, dependendo dos tipos de transistores utilizados na FI e suas conexões de polarização.

» Circuitos silenciadores

Outro circuito encontrado na maioria dos receptores de comunicações é um CIRCUITO SILENCIADOR (SQUELCH). Também chamado de CIRCUITO DE BLOQUEIO, o silenciador é usado para manter o áudio do receptor desligado até que um sinal RF apareça na entrada do receptor. A maior parte das comunicações bidirecionais consiste em conversas curtas que não acontecem de forma contínua. Na maioria dos casos, o receptor é deixado ligado, de modo que, se uma chamada for recebida, ela poderá ser ouvida. Quando não há sinal RF na entrada do receptor, a saída de áudio é simplesmente um ruído de fundo. Sem sinal de entrada, o CAG configura o receptor para ganho máximo, amplificando o ruído a um nível alto. Em sistemas AM, como rádios CB, o nível de ruído é relativamente alto e pode ser muito incômodo. O nível de ruído em sistemas de FM também pode ser alto; em alguns casos, os ouvintes podem baixar o volume do áudio para evitar ouvir o barulho e, possivelmente, perder um sinal desejado. Os circuitos silenciadores fornecem um meio de manter o amplificador de áudio desligado durante o tempo em que o ruído é recebido em segundo plano, habilitando-o quando um sinal RF aparece na entrada.

É BOM SABER

Os circuitos silenciadores ou de bloqueio são usados em sistemas como rádios CB para manter o receptor de áudio desligado até que um sinal RF seja recebido.

Silenciador derivado do ruído. Os circuitos silenciadores DERIVADOS DO RUÍDO, normalmente utilizados em receptores FM, amplificam o ruído de fundo de alta frequência quando nenhum sinal está presente e são usados para manter o áudio desligado. Quando um sinal é recebido, o circuito de ruído é cancelado e o amplificador de áudio é ligado.

A Figura 9-41 mostra um ruído derivado do circuito silenciador utilizado em muitos receptores de comunicação. O ruído de fundo sem sinal é obtido a partir da saída do demodulador e passa por C_1 e pelo potenciômetro R_1, que formam um filtro passa-altas. Apenas as frequências acima de 6 kHz passam (a maior parte do ruído é de alta frequência). R_1 também serve como nível do silenciador ou controle do limiar de bloqueio. O ruído é amplificado ainda mais por dois estágios transistorizados e, depois, retificado em uma tensão de controle CC por um circuito retificador de tensão dobrada composto por C_2, C_3, D_1 e D_2. A saída do retificador faz a porta silenciadora Q_1 saturar quando não houver sinal presente e o receptor estiver captando apenas ruído.

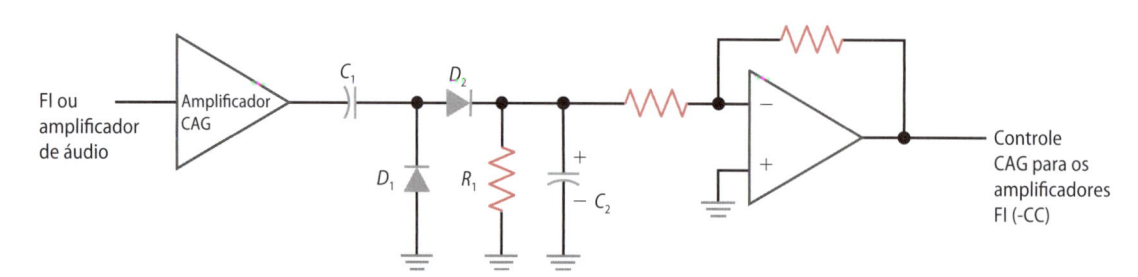

Figura 9-40 Retificador CAG e amplificador.

Q_1 opera a porta silenciadora, que é composta por D_3 e D_4 e componentes relacionados. Os divisores de tensão $R_2 – R_3$ e $R_4 – R_5$ fornecem uma polarização reversa para os diodos. Sem sinal, o ruído é amplificado e Q_1 satura, como descrito anteriormente. Isso coloca os anodos dos diodos em um nível de tensão abaixo da tensão de polarização; os dois diodos entram em corte, e, assim, nenhum sinal do demodulador chega ao amplificador de áudio. Quando há um sinal, o áudio não passa pelo filtro de 6 kHz, consequentemente, Q_1 entra em corte. A tensão no anodo dos diodos D_3 e D_4 sobe para um nível mais positivo do que a polarização dos divisores de tensão, de modo que os diodos conduzam, fornecendo um caminho de baixa resistência do demodulador para o amplificador de áudio.

Sistema silenciador codificado por tom contínuo. A forma mais sofisticada de silenciador usado em alguns sistemas é conhecido como o SISTEMA SILENCIADOR CODIFICADO POR TOM CONTÍNUO (**CTCSS** – CONTINUOUS TONE-CODED SQUELCH SYSTEM). Este sistema é ativado por um tom de baixa frequência transmitido juntamente com o áudio. O objetivo do CTCSS é

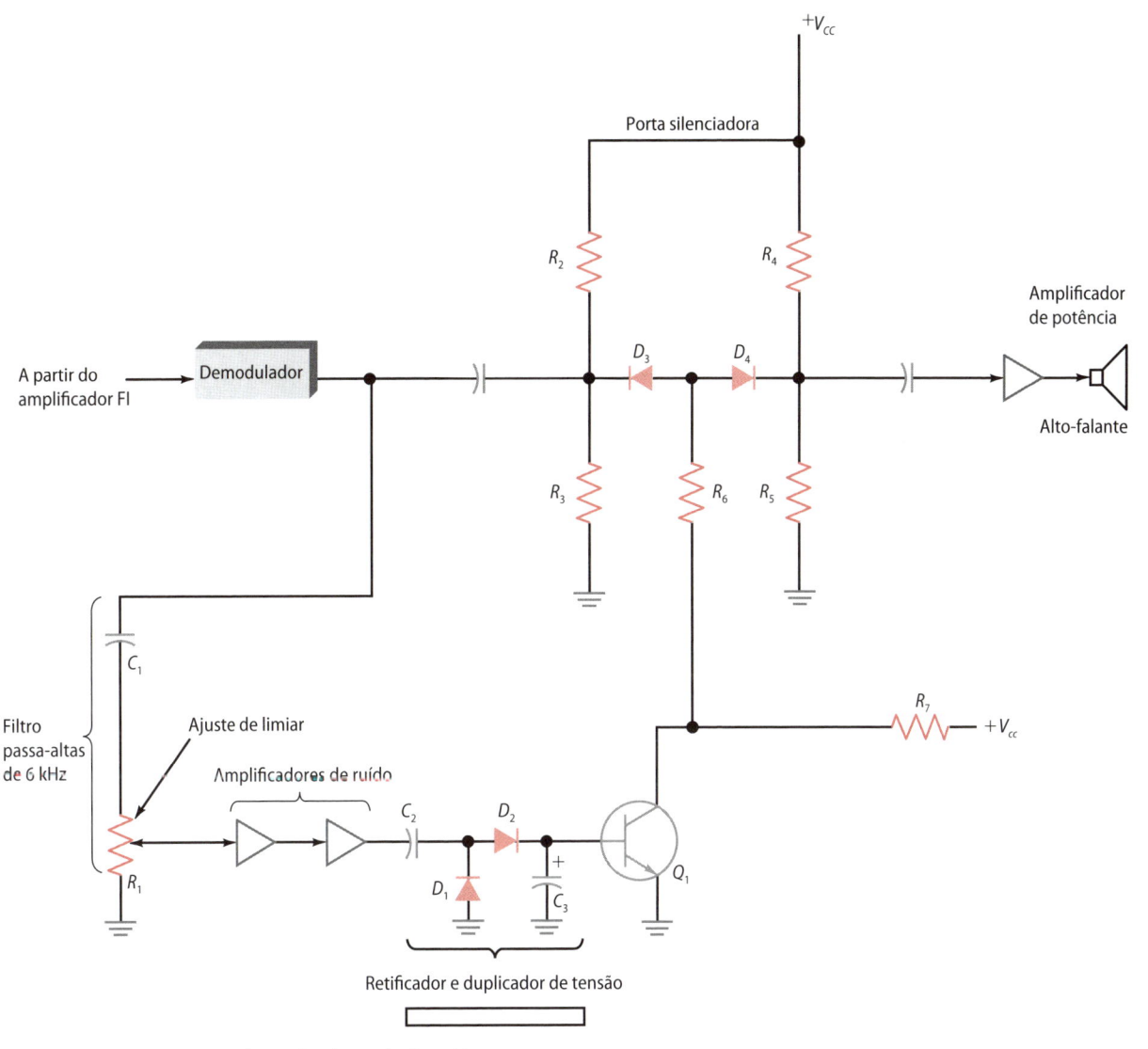

Figura 9-41 Um circuito silenciador derivado do ruído.

fornecer alguma privacidade de comunicação em um determinado canal. Outros tipos de circuitos silenciadores mantêm o alto-falante em silêncio quando nenhum sinal de entrada é recebido; no entanto, em sistemas de comunicação em que um canal de frequência particular é extremamente ocupado, pode ser desejável ativar o silenciador somente quando o sinal desejado for recebido. Isso é feito com o transmissor enviando uma onda senoidal de frequência muito baixa, geralmente na faixa de 60 a 254 Hz, que é linearmente misturada com o áudio antes de ser aplicada ao modulador. O tom de baixa frequência aparece na saída do demodulador no receptor. Ele geralmente não é ouvido no alto-falante, uma vez que a resposta de áudio da maioria dos sistemas de comunicação decai a partir de aproximadamente 300 Hz, mas pode ser usada para ativar o circuito silenciador.

Os transmissores mais modernos que usam esse sistema têm a opção de múltiplos tons de frequência, de modo que diferentes receptores remotos podem ser endereçados ou digitados de forma independente, proporcionando um canal de comunicação quase privado. Os 52 tons de frequência mais comumente usados (dados em hertz) estão listadas a seguir:

60,0	100,0	146,2	189,9
67,0	103,5	151,4	192,8
69,3	107,2	156,7	196,6
71,9	110,9	159,8	199,5
74,4	114,8	162,2	203,5
77,0	118,8	165,5	206,5
79,7	120,0	167,9	210,7
82,5	123,0	171,3	218,1
85,4	127,3	173,8	225,7
88,5	131,8	177,3	229,1
91,5	133,6	179,9	241,8
94,8	136,5	183,5	250,3
97,4	141,3	186,2	254,1

No receptor, um filtro passa-faixa altamente seletivo sintonizado com o tom desejado seleciona o tom na saída do demodulador e aplica-o a um retificador e filtro *RC* para gerar uma tensão CC que opera o circuito silenciador.

Os sinais que não transmitem o tom desejado não irão acionar o silenciador. Quando o sinal desejado vem junto, o tom de baixa frequência é recebido e convertido para uma tensão CC que opera o silenciador e liga o áudio do receptor.

Sistemas silenciadores controlados digitalmente, conhecidos como **SILENCIADOR CODIFICADO DIGITALMENTE** (**DCS** – **DIGITAL CODEC SQUELCH**), estão disponíveis em alguns receptores modernos. Esses sistemas transmitem um código binário serial juntamente com o áudio. Existem 106 diferentes códigos utilizados. No receptor, o código é deslocado em um registrador de deslocamento e decodificado. Se a porta AND de decodificação reconhece o código, a porta do silenciador é habilitada e permite a passagem do áudio.

» Recepção SSB e de onda contínua (CW)

Os receptores de comunicação projetados para receber sinais SSB ou de onda contínua (CW) têm um oscilador interno que permite a recuperação das informações transmitidas. Esse circuito, chamado de **OSCILADOR DE FREQUÊNCIA DE BATIMENTO** (**BFO** – **BEAT FREQUENCY OSCILLATOR**), é geralmente projetado para operar próximo da FI e é aplicado ao demodulador juntamente com o sinal FI que contém a modulação.

Lembre-se de que o demodulador básico é um modulador balanceado (ver Fig. 9-42). Um modulador balanceado tem duas entradas, o sinal de entrada SSB na frequência intermediária e a portadora que se mistura com o sinal de entrada para produzir as frequências soma e diferença, sendo a diferença o áudio original. O BFO fornece a portadora no FI ao modulador balanceado. O termo *batimento* refere-se à frequência diferença de saída. O BFO é definido para um valor acima ou abaixo da frequência do sinal SSB a uma distância que é igual à frequência do sinal modulante. Geralmente, ele é construído de modo que sua frequência possa ser ajustada para uma melhor recepção. Variar o BFO em uma estreita faixa de frequência permite que a altura do áudio recebido seja mudada de baixa para alta. Ele é tipicamente ajustado para sons de voz mais naturais. Os BFOs também são usados em receptores de código CW. Quando pontos e traços são transmitidos, a portadora é ligada (*on*) e desligada (*off*) por períodos curtos e longos de tempo. A amplitude da portadora não varia, nem sua frequência; no entanto, a natureza *on/off* da portadora é, em essência, uma forma de modulação de amplitude.

Consideremos por um momento o que aconteceria se um sinal CW fosse aplicado a um diodo detector ou a outro demodulador. A saída do detector a diodo seria pulsos de tensão CC que representam os pontos e traços. Quando aplicados ao amplificador de áudio, os pontos e traços impediriam o ruído, mas não seriam compreensíveis. Para fazer os pontos e traços sonoros, o sinal FI é misturado com o sinal de um BFO. O sinal do BFO é normalmente injetado diretamente no modulador balanceado, como mostra a Figura 9-42, onde o

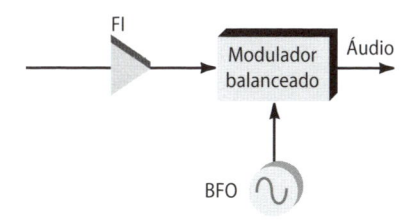

Figura 9-42 O uso de um BFO.

sinal CW no sinal FI é misturado, ou heterodinado, com o sinal BFO. Visto que o BFO é variável, a frequência diferença pode ser ajustada para qualquer tom de áudio desejado, geralmente na faixa de 400 a 900 Hz. Agora os pontos e traços aparecem como um sinal de áudio que é amplificado e ouvido em um alto-falante ou em fones de ouvido. Obviamente, o BFO está desligado para a recepção de sinal AM padrão.

» Circuitos integrados em receptores

Em novos projetos, praticamente todos os circuitos do receptor são CIs. Um receptor completo geralmente consiste em três ou quatro CIs, no máximo, mais os componentes discretos que não podem ser facilmente integrados em um *chip*. Estes incluem bobinas, transformadores, capacitores variáveis e de alta capacitância e filtros a cristal e cerâmicos. Os receptores mais modernos estão contidos em um único CI.

Os CIs receptores são normalmente divididos em três seções principais: (1) o sintonizador, com amplificador de RF, misturador e oscilador local; (2) a seção FI, com amplificadores, demodulador, CAG e circuitos silenciadores; (3) o amplificador de potência de áudio. A segunda e a terceira seções são inteiramente implementadas com CIs. O sintonizador pode ou não ser implementado, pois muitas vezes o LNA é separado. Para receptores de baixa frequência, por exemplo, aqueles abaixo de aproximadamente 200 MHz, o sintonizador pode ser em forma de CI também. Os receptores de alta frequência requerem misturadores especiais e circuitos osciladores locais que são rotineiramente implementados em um único *chip*, incluindo receptores de micro-ondas.

Sistema FI 3089. Originalmente desenvolvido pela RCA e agora oferecido por diversos fabricantes de semicondutores, o SISTEMA FI 3089 é um dos CIs receptores mais antigos e usados. O 3089 contém um estágio de três amplificadores FI, um demodulador FM e CAG e circuitos de bloqueio e é encapsulado em um DIP padrão de 16 pinos. A Figura 9-43 mostra um diagrama em bloco do sistema.

A entrada para este *chip* vem do sintonizador, que consiste em um amplificador RF, misturador e oscilador local. Um filtro de cerâmica é normalmente usado para fornecer a seletividade necessária.

No 3089, todos os três estágios do amplificador FI usam amplificadores diferenciais que atuam como amplificadores e limitadores simétricos nos níveis de sinal maiores. Note que cada amplificador FI tem um circuito detector de nível associado a ele. Estes são os circuitos CAG que derivam um sinal de controle CC da amplitude do sinal. O primeiro detector de nível é utilizado para fornecer CAG ao amplificador RF no sintonizador. Ele é um CAG atrasado; ou seja, não é de ação rápida. O circuito CAG não pode responder instantaneamente a uma mudança significativa no nível do sinal porque geralmente há um filtro *RC* associado a ele. Leva tempo para a capacitância do circuito carregar ou descarregar para o novo nível, seja ele maior ou menor. Esse atraso de resposta do CAG é desejável, pois evita que o ruído e a interferência rápidos provoquem uma mudança inesperada no ganho do receptor, o que pode distorcer o sinal ou temporariamente dessensibilizar o receptor para um sinal fraco.

Todos os detectores de nível acionam um circuito medidor de nível de FI, que pode ser usado para operar um medidor CC de painel. Esses medidores, chamados de MEDIDORES S, fornecem uma maneira de mostrar visualmente a intensidade do sinal. Eles também funcionam como auxílio na sintonia. Quando sintonizamos um receptor, buscamos maximizar o sinal para o amplificador FI, e, quando uma saída máxima é sintonizada no medidor, este indica que o sinal está no centro da banda passante e está produzindo o nível de sinal máximo.

O demodulador é um detector de quadratura padrão em que uma bobina externa, de 22 μH, e um circuito em paralelo sintonizado fornecem o deslocamento de fase necessário de 90°. O detector de quadratura também tem um detector de nível, que pode ser usado para silenciar ou bloquear. Conforme mostra a Figura 9-43, um potenciômetro externo é usado para a sensibilidade do silenciador. A saída do potenciômetro vai para o amplificador de controle mudo do áudio, que opera o amplificador de áudio interno. O 3089 também tem uma saída AFC derivada do demodulador, que é usada para controlar a frequência do oscilador local para evitar a deriva. O amplificador de áudio recebe o sinal a partir da saída do detector de quadratura, e a saída de áudio vai para um CI amplificador de potência de áudio, que aciona o alto-falante.

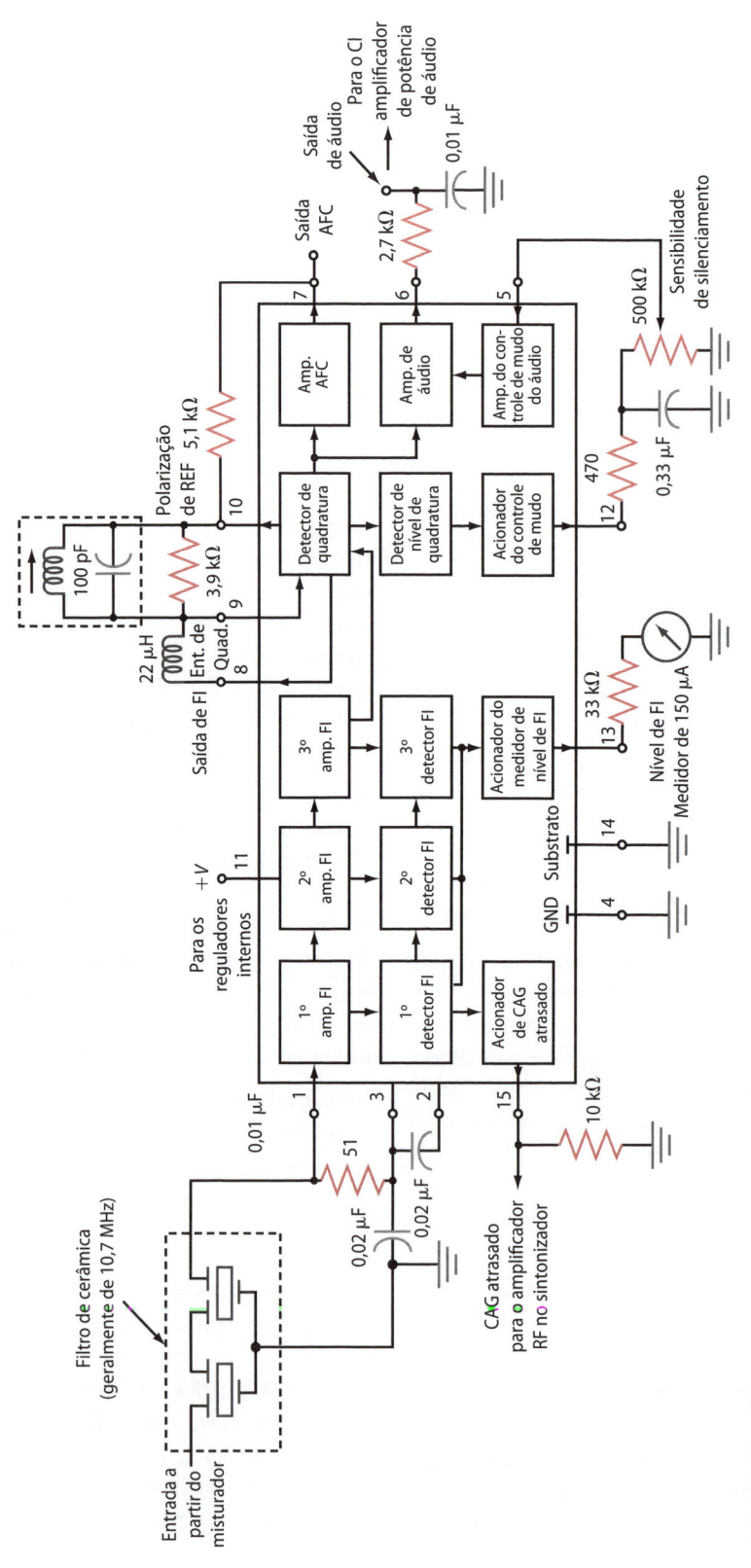

Figura 9-43 O CI 3089, um sistema FI receptor de FM.

» Receptores e transceptores

» Circuitos de comunicação de aeronaves em VHF

O circuito RECEPTOR VHF típico mostrado na Figura 9-44 foi projetado para receber comunicação bidirecional entre aviões e controladores do aeroporto, que ocorre na faixa de VHF de 118 a 135 MHz. É usada a modulação de amplitude. Assim como a maioria dos receptores modernos, o circuito é uma combinação de componentes discretos e CIs.

O sinal é captado por uma antena (conector J_1) e alimenta uma linha de transmissão. O sinal é acoplado através de C_1 a um filtro sintonizado que consiste em circuitos sintonizados em série e em paralelo compostos por $L_1 - L_5$ e $C_2 - C_6$. Esse filtro passa-faixa largo passa toda a faixa de 118 a 135 MHz.

A saída do filtro é conectada a um amplificador RF através de C_7, que é constituído pelo transistor (Q_1) e seu resistor de polarização (R_4) e a carga de coletor (R_5). O sinal é então aplicado através de C_8 ao CI NE602 (U_1), que contém um misturador balanceado e um oscilador local. A frequência do oscilador local é definida pelo circuito composto de indutor, L_6, e os componentes relacionados. E C_{14} e D_1, em paralelo, formam o capacitor que ressoa com L_6 para definir a frequência do oscilador local. A sintonia do oscilador é realizada variando a polarização CC no varactor D_1. O potenciômetro R_1 define a polarização reversa que, por sua vez, varia a capacitância para sintonizar o oscilador.

Um receptor super-heterodino é sintonizado por meio da variação da frequência do oscilador local, que é definida para uma frequência acima do sinal de entrada que é o valor de FI. Nesse receptor, o FI é 10,7 MHz, um valor padrão para muitos receptores VHF. Para sintonizar o intervalo de 118 a 135 MHz, varia-se o oscilador local de 128,7 a 145,7 MHz.

A saída do *mixer*, que é a diferença entre a frequência do sinal de entrada e a frequência do oscilador local, aparece no pino 4 do NE602 e passa por um filtro passa-faixa de cerâmica definido para a FI de 10,7 MHz. Esse filtro fornece a maior parte da seletividade do receptor. A perda de inserção do filtro é composta por um amplificador constituído por Q_2, seu resistor de polarização, R_{10}, e a carga de coletor, R_{11}. A saída desse amplificador aciona o CI MC1350 através de C_{16}. Um amplificador FI integrado, U_2, fornece ganho e seletividade extras. A seletividade vem do circuito sintonizado composto pelo transformador FI, T_1. O MC1350 também contém todo o circuito CAG.

O sinal no secundário de T_1 passa então por um detector a diodo AM simples, que consiste em D_2, R_{12} e C_{30}. O sinal de áudio demodulado aparece em R_{12} e então passa pelo AOP U_{3b}, um circuito não inversor polarizado por R_{13} e R_{14} que fornece amplificação extra para o áudio demodulado e a corrente contínua média na saída detector. Esse amplificador alimenta o controle de volume, potenciômetro R_2. O sinal de áudio vai para outro AOP, U_{3c}, através de C_{25} e R_{24}. Aqui, o sinal é amplificado ainda mais e passa para o CI 386, U_4, que é um amplificador de potência. Esse circuito aciona o alto-falante, que é conectado através de J_2.

O sinal de áudio do detector a diodo contém o nível CC resultante da detecção (retificação). O áudio e a corrente contínua são amplificados por U_{3b} e mais filtrados em uma corrente contínua quase pura pelo filtro passa-baixas constituído por R_{15} e C_{22}. Esse sinal CC é aplicado ao AOP U_{3a}, onde é amplificado em uma tensão de controle CC. Essa corrente contínua no pino de saída 1 de U_3 é realimentada para o pino 5 do CI MC1350 para fornecer o controle de CAG, garantindo um nível de escuta constante confortável apesar das grandes variações na intensidade do sinal.

A tensão de CAG de U_{3a} também alimenta um circuito amplificador operacional comparador constituído pelo amplificador U_{3d}. A outra entrada desse comparador é uma tensão CC a partir do potenciômetro R_3, que é usado como um controle do silenciador. Visto que a tensão CAG de U_{3a} é diretamente proporcional para a intensidade do sinal, ela é usada como base para definir o limiar de silenciamento que bloqueia o receptor até que um sinal de uma intensidade predeterminada chegue.

Se a intensidade do sinal for muito baixa ou nenhum sinal for sintonizado, a tensão CAG será muito baixa ou inexistente. Isso faz com que D_3 conduza, desabilitando efetivamente o amplificador U_{3c} e impedindo que o sinal de áudio do controle de volume passe para o amplificador de potência. Se um sinal forte estiver presente, D_3 será polarizado reversamente e, portanto, não irá interferir com o amplificador U_{3c}. Como resultado, o sinal a partir do controle do volume passa para o amplificador de potência e é ouvido no alto-falante.

» Receptor FM em um único CI

O CI receptor FM mostrado na Figura 9-45, o popular Motorola MC3363, contém todos os circuitos do receptor, exceto o amplificador de potência de áudio, que é um *chip* separado. Projetado para operar em frequências de até cerca de 200 MHz, esse *chip* é amplamente utilizado em telefones sem fio, receptores

Modulação, Demodulação e Recepção

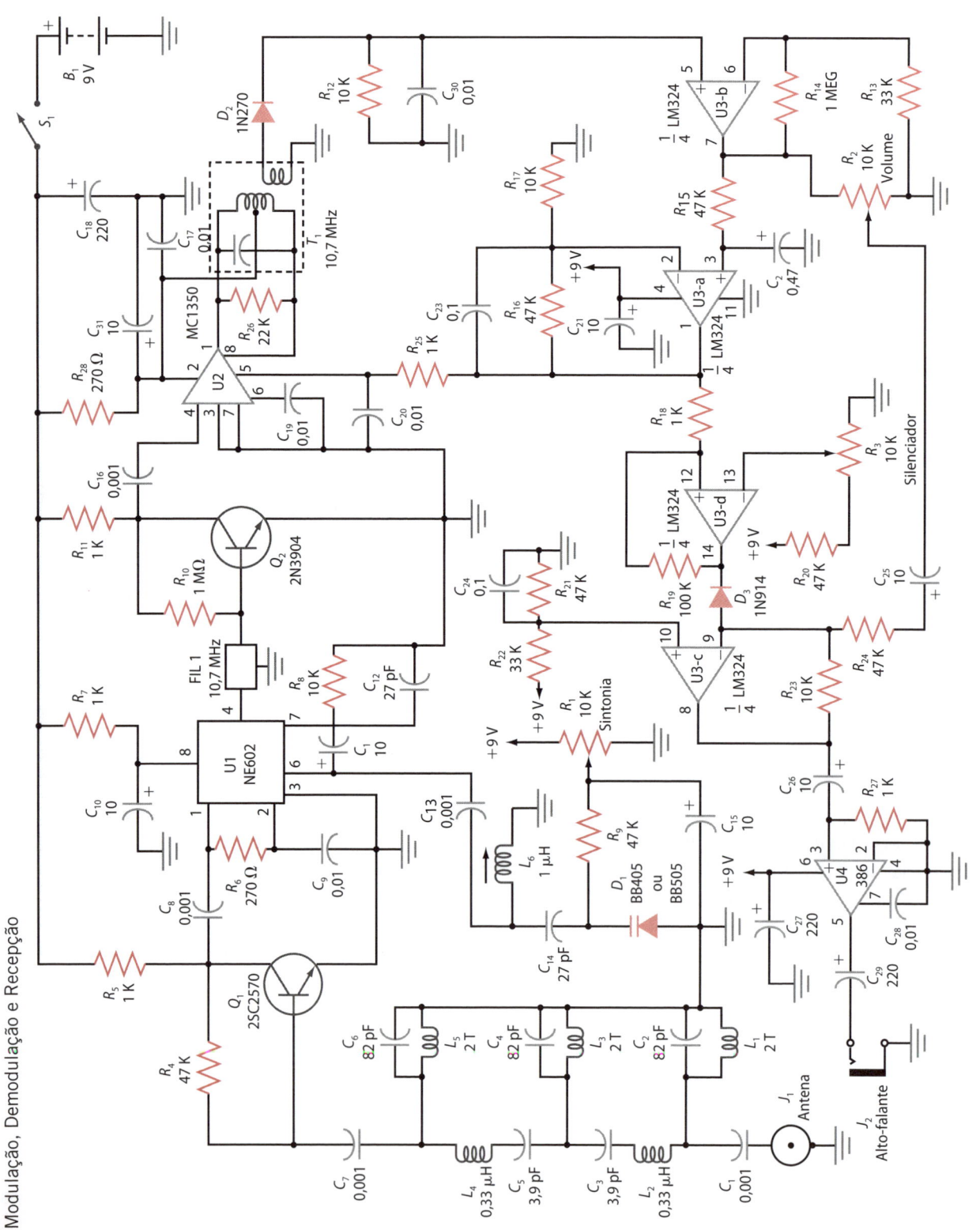

Figura 9-44 O receptor de aviação, uma unidade super-heterodina construída em torno de quatro CIs, é projetada para receber sinais AM na faixa de frequência de 118 a 135 MHz. (*Popular Electronics*; janeiro de 1991, Gernsback Publications, Inc.)

de paging e outras aplicações portáteis, como brinquedos e monitores de controle remoto e walkie-talkies de curta distância. O *chip* é encapsulado num DIP de 28 pinos, como mostrado na Figura 9-46. Este receptor de dupla conversão contém dois misturadores, dois osciladores locais, um limitador, um detector de quadratura e circuitos silenciadores. O primeiro oscilador local possui um varactor embutido, que permite que ele seja controlado por um sintetizador de frequência externo.

Um receptor completo usando o MC3363 é mostrado na Figura 9-46. O receptor funciona na faixa de 30 MHz e faz par com o transmissor descrito no Capítulo 8 e mostrado na Figura 8-50. Ele usa filtros de saída sintonizados com o transmissor para a seletividade de entrada. A saída do circuito sintonizado na Figura 8-50 aparece na entrada da Figura 9-46, onde ele é conectado a uma seção de casamento de impedância composta por L_3 e C_{10}. Os diodos D_1 e D_2 proporcionam proteção contra sobrecarga para a interface de entrada do receptor. O sinal vai para o transistor interno ao MC3363 nos pinos 2, 3 e 4, que é o amplificador RF.

A saída do amplificador RF é acoplada ao primeiro misturador através de R_7 e C_{23}. O receptor é sintonizado em um único canal, e essa frequência é fixada por um terceiro cristal externo de sobretom (XTAL1) definido para uma frequência de 10,7 MHz maior do que a do sinal de entrada. (Por exemplo, para um sinal de entrada de 27,125 MHz, o cristal teria uma frequência de $10,7 + 27,125 = 37,825$ MHz). O cristal é conectado primeiro ao oscilador local do receptor nos pinos 25 e 26.

A saída do primeiro misturador é um sinal FI de 10,7 MHz no pino 23. Ele é conectado ao filtro de cerâmica de 10,7 MHz designado como, F_2 na Figura 9-46. A saída do filtro é conectada ao pino 21, que é a entrada do segundo misturador. Esse segundo misturador é conectado a um oscilador local constituído pelo transistor interno e componentes relacionados nos pinos 5 e 6. Ele também é controlado por cristal. Um cristal de

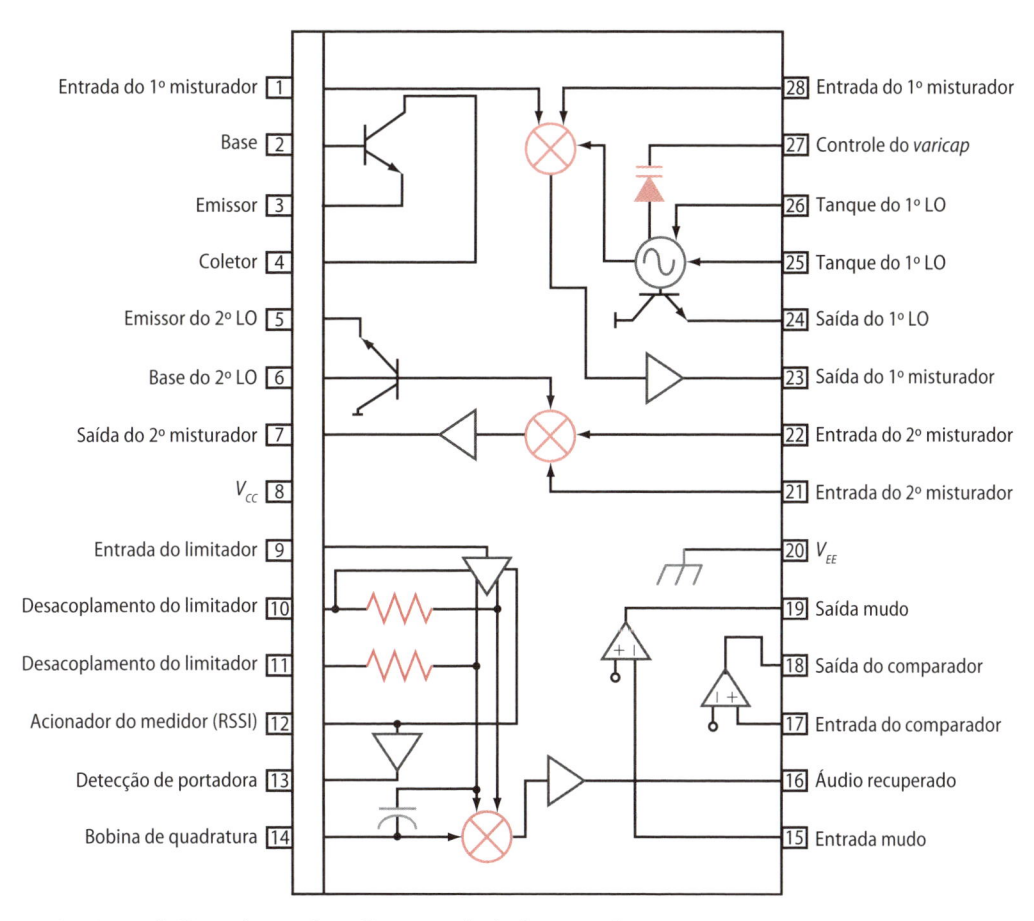

Figura 9-45 O MC3363 da Motorola, que é um CI receptor de dupla conversão.

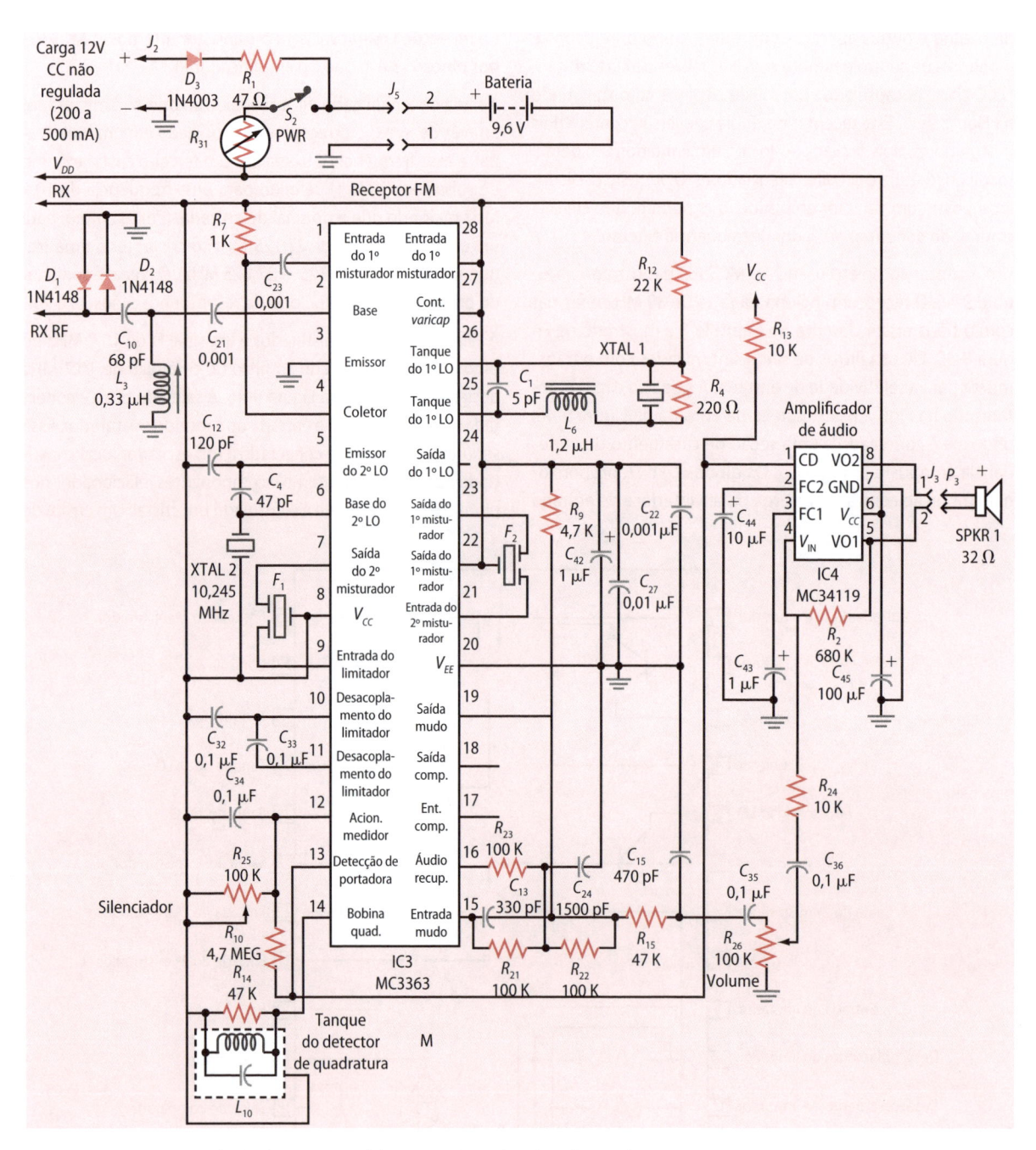

Figura 9-46 CI receptor de dupla conversão. (Electronics Now, Outubro de 1992).

10,245 MHz (XTAL2) define a frequência. A primeira FI e este oscilador produzem a segunda FI, que é a diferença entre 10,7 e 10,245, que é 0,455 MHz ou 455 kHz. A saída do segundo misturador no pino 7 está conectada ao filtro de cerâmica de 455 kHz, proporcionando seletividade adicional. A saída do filtro vai para a entrada do limitador no pino 9, e a saída do limitador aciona o detector de quadratura. A bobina tanque de quadratura é L10 no diagrama. A saída do detector de quadratura (o áudio recuperado) é primeiro filtrada por um filtro passa-baixas ativo composto pelo amplificador operacional interno nos pinos 15 e 19 e os resistores e capacitores relacionados. Esse filtro corta as frequências acima de 3 kHz.

Por fim, o sinal de áudio vai para o amplificador de potência de áudio CI4, o MC34119. O circuito silenciador no MC3363 gera um sinal de detecção de portadora no pino 13, que é usado para silenciar o CI amplificador de potência. A entrada do detector de portadora é o pino 1 no MC34119, e R_{26} é o controle de volume.

» Transceptores

No passado, os equipamentos de comunicação eram embalados individualmente em unidades com base na função, e, assim, transmissores e receptores eram quase sempre unidades separadas. Atualmente, a maioria dos equipamentos de comunicação de rádio bidirecionais é embalada de modo que tanto o transmissor quanto o receptor formem uma unidade conhecida como TRANSCEPTOR. Os transceptores variam desde os de grande porte, de alta potência, até os pequenos, unidades portáteis. Os telefones celulares são transceptores, assim como as unidades *wireless* de uma rede local (LAN) usada em PCs.

Os transceptores oferecem muitas vantagens. Além de terem gabinete e fonte de alimentação comuns, os transmissores e receptores podem compartilhar circuitos, conseguindo assim diminuição de custo e, em alguns casos, redução de tamanho. Alguns dos circuitos que podem executar uma dupla função são antenas, osciladores, sintetizadores de frequência, fontes de alimentação, circuitos sintonizados, filtros e vários tipos de amplificadores. Graças à tecnologia dos semicondutores modernos, a maioria dos transceptores é um único *chip* de silício.

Transceptores SSB. A Figura 9-47 é um diagrama em bloco geral de um transceptor de alta frequência capaz de operar com CW e SSB. Tanto o receptor quanto o transmissor fazem uso de técnicas heterodinas para gerar a FI e as frequências de transmissão final, e a seleção adequada dessas frequências intermediárias permite que o transmissor e o receptor compartilhem os osciladores locais. O oscilador local 1 é o BFO para o detector de produto do receptor e a portadora para o modulador balanceado para a produção de DSB. Posteriormente, o oscilador local a cristal 2 aciona o segundo misturador no receptor e o primeiro misturador no transmissor usado para conversão ascendente. O oscilador local 3 está conectado ao primeiro misturador no receptor e ao segundo misturador no transmissor.

No modo transmissão, o filtro a cristal (outro circuito compartilhado) fornece a seleção de banda lateral após o modulador balanceado. No modo recepção, o filtro fornece seletividade para a seção FI do receptor. Circuitos sintonizados podem ser

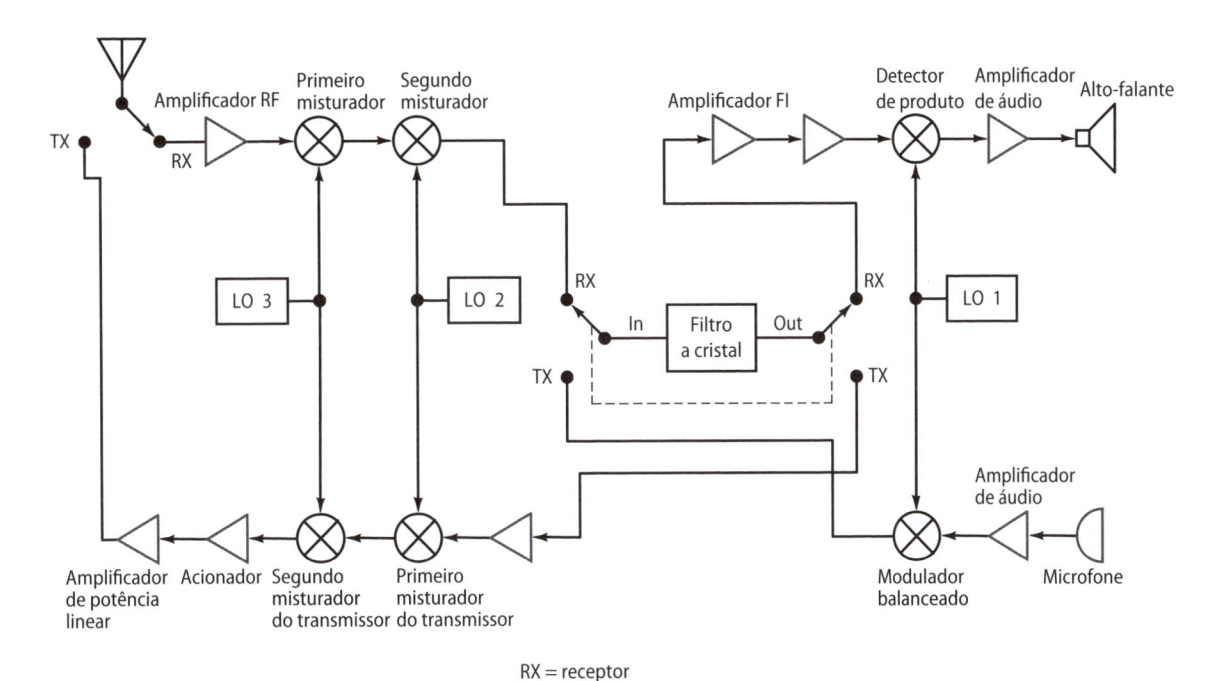

Figura 9-47 Um transceptor SSB mostrando compartilhamento de circuito.

compartilhados. Um circuito sintonizado pode ser a entrada sintonizada para o receptor ou a saída sintonizada para o transmissor. Os circuitos de chaveamento podem ser manuais, mas muitas vezes são feitos usando relés ou chaves eletrônicas a diodo. Na maioria dos projetos mais novos, o transmissor e o receptor compartilham um sintetizador de frequência.

Sintetizadores CB. A Figura 9-48 mostra um sintetizador PLL para um transceptor CB de 40 canais. Usando dois osciladores a cristal para referência e um PLL com uma única malha, ele sintetiza a frequência do transmissor e as duas frequências de osciladores locais para um receptor de dupla conversão para todos os 40 canais CB. O oscilador a cristal de referência, que opera em 10,24 MHz, é dividido por 2 com um *flip-flop*, e, em seguida, um divisor de frequência binária, que divide por 1.024, produz uma frequência de 5 kHz (10,24 MHz/2 = 5,12 MHz/1.024 = 5 kHz), que é então aplicada ao detector de fase. Portanto, o espaçamento dos canais é 5 kHz.

O detector de fase aciona o filtro passa-baixas, e um VCO gera um sinal no intervalo de 16,27 a 16,71 MHz. Essa é a frequência do oscilador local para o primeiro misturador no receptor. Suponha, por exemplo, que se deseja receber no canal 1 de CB, ou 26,965 MHz. O divisor programável é ajustado com a relação correta para produzir uma saída de 5 kHz quando o VCO for 16,27. O primeiro misturador no receptor produz a diferença de frequência 26,965 − 16,27 = 10,695 MHz. Essa é a primeira frequência intermediária. O sinal de 16,27 MHz do VCO também é aplicado ao misturador A; a outra entrada desse misturador é 15,36 MHz, que é derivada do oscilador de referência de 10,24 MHz e um triplicador de frequência (×3). A saída do misturador A aciona o divisor programável, que está conectado ao detector de fase. A saída de referência de 10,24 MHz também é usada como o sinal do oscilador local para o segundo misturador no receptor. Com uma primeira FI de 10,695, o segundo FI é, então, a diferença, ou 10,695 − 10,24 MHz = 0,455 MHz ou 455 kHz.

A saída VCO também é aplicada ao misturador B, juntamente com um sinal de 10,695 MHz a partir de um segundo oscilador a cristal. A saída soma é selecionada, produzindo a frequência de transmissão 10,695 + 16,27 = 26,965 MHz. Esse sinal alimenta os acionadores classe C e amplificadores de potência.

A seleção do canal é conseguida mudando a relação de divisão de frequência no divisor programável, geralmente, com uma chave rotativa ou um teclado digital que controla um

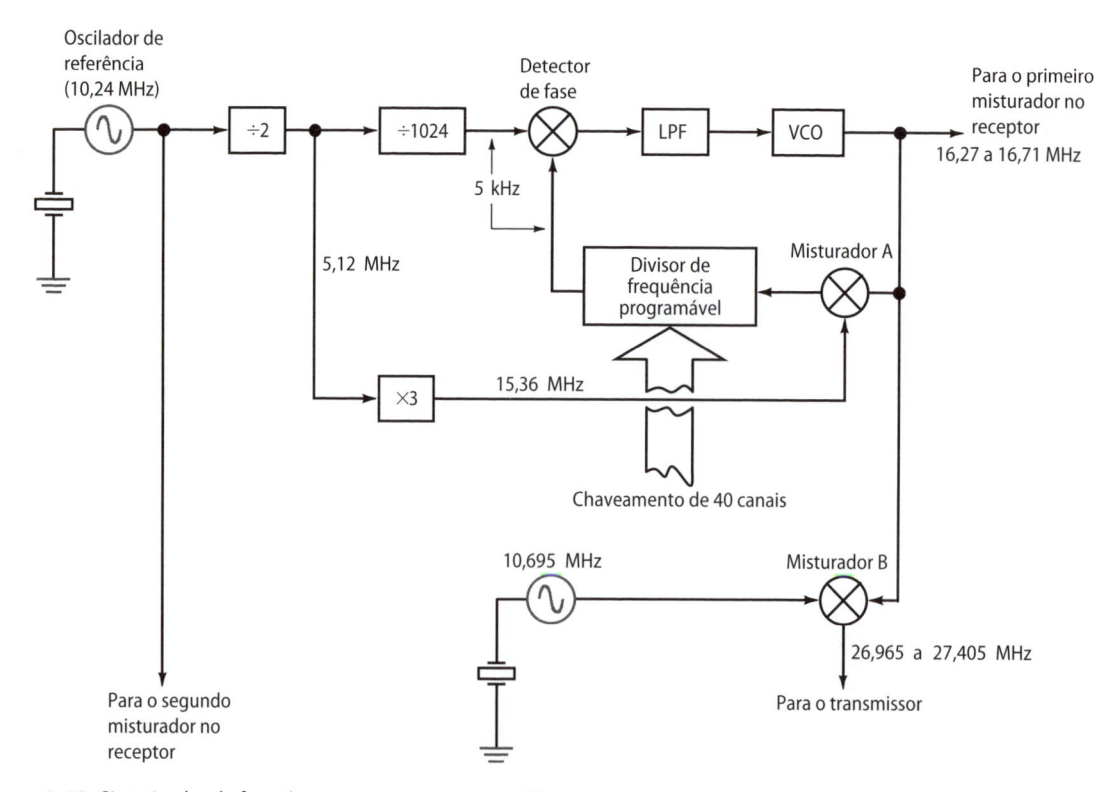

Figura 9-48 Sintetizador de frequência para um transceptor CB.

microprocessador. Todo o circuito do sintetizador é, geralmente, inserido em um único *chip*.

A Figura 9-49 mostra um transceptor integrado típico daqueles usados em redes locais *wireless* (WLANs). O transceptor é embutido em PCs, *laptops* e outros dispositivos para comunicação *wireless* com outro computador e uma rede. Esse transceptor em particular atende às especificações definidas pela norma 802.11b do IEEE para WLANs. Também conhecido como Wi-Fi (*wireless fidelity*), opera na faixa industrial-científica-médica (ISM) de 2,4 a 2,483 GHz. Ele é feito inteiramente de dispositivos de silício (CMOS e BiCMOS) e contém a maioria dos circuitos necessários para formar um rádio bidirecional completo para transmitir e receber dados digitais. O dispositivo, que está acondicionado em um pequeno encapsulamento de 7 × 7 mm, é acompanhado por dois outros CIs, um amplificador de potência (AP) para o transmissor e um processador de banda base mais os circuitos de apoio, como conversores A/D e D/A.

O transceptor pode transmitir a uma velocidade de até 11 Mb/s, mas também pode transmitir a taxas mais baixas, de 5,5, 2 e 1 Mb/s, dependendo do nível de ruído, da faixa e do ambiente no qual opera. A modulação é alguma forma de chaveamento de fase (PSK). O alcance máximo é de cerca de 100 m, embora varie com as condições de operação. A velocidade de transmissão é ajustada automaticamente, dependendo da situação ambiental. Todas essas operações são tratadas automaticamente pelo processador externo.

A antena alimenta um filtro bidirecional, tal como um filtro SAW, para fornecer alguma seletividade nas operações de transmissão e recepção. A saída do filtro é conectada a uma chave seletora transmissor/receptor (T/R) que é implementada com transistores ou diodos PIN GaAs e fornece comutação automática entre enviar e receber. Um balun externo ao *chip* fornece casamento de impedância com a entrada do receptor. A parte superior do *chip* transceptor é o receptor. O primeiro estágio é um **AMPLIFICADOR DE GANHO VARIÁVEL** (**VGA** – **VARIABLE--GAIN AMPLIFIER**) de baixo ruído. Esse amplificador aciona um par de misturadores que também recebem sinais de osciladores locais que estão defasados 90°. Como esse é um rádio FI zero (ZIF), o sinal de oscilador local (LO) é a frequência de operação. Esse sinal LO é derivado de um sintetizador de frequência com PLL interno. O oscilador a cristal de referência e o capacitor de filtro são externos ao *chip*. Os sinais *I* e *Q* gerados pelos misturadores são filtrados por filtros ativos passa-baixas RC internos ao *chip* e amplificados por amplificadores de ganho variável. Os sinais amplificados *I* e *Q* são enviados para conversores analógico-digital (ADCs), cujas saídas alimentam o processador de banda base, onde a demodulação e outras operações são realizadas sobre os dados recebidos.

Existem vários outros recursos do receptor a serem considerados. Primeiro, note que todas as linhas de transmissão entre os circuitos são dois fios. Isso significa que os sinais são balanceados em relação a GND e enviados e recebidos em uma configuração diferencial. Isso ajuda a minimizar o ruído. Em segundo lugar, note que uma saída digital do processador de banda base alimenta um DAC cuja saída é usada para controlar o ganho dos amplificadores de ganho variável. Essa é uma forma de CAG. Terceiro, note que o sintetizador de frequência é controlado por um sinal de entrada serial do processador de banda base. O canal de operação é selecionado pelo processador, e uma palavra de controle serial é gerada e enviada através da interface serial para a interface de programação que define a frequência de operação do sintetizador.

O transmissor está localizado na parte inferior do diagrama do *chip* na Figura 9-49. Os sinais binários que representam os dados modulados a serem transmitidos são desenvolvidos pelo processador e enviados para DACs em uma configuração de *I* e *Q*. Os sinais são todos diferenciais. A saída do DAC alimenta amplificadores e filtros no *chip* transceptor para onde são enviados os dois misturadores *I* e *Q*. Aqui, os sinais de banda base são convertidos de forma ascendente para a frequência de transmissão final. O sintetizador no *chip* gera a frequência de portadora para os misturadores, enquanto o deslocador de fase produz os sinais de quadratura. As saídas dos misturadores são somadas e, em seguida, alimentam um amplificador de baixa potência com ganho variável. Esse amplificador alimenta um balun externo, que fornece um casamento de impedância com o amplificador de potência (AP). Esse amplificador é um classe AB com uma potência de saída de 2 dBm. O amplificador de potência é um *chip* separado e não integrado ao *chip* do transceptor, pois gera muito calor e requer um encapsulamento separado. A saída do amplificador de potência alimenta a chave T/R e, em seguida, a antena através do filtro.

Note que o AP tem um detector de monitoramento de energia cuja saída é digitalizada por um ADC separado, e essa saída é usada em um esquema de realimentação para controlar a potência do transmissor. O processador calcula a potência desejada e envia um sinal binário para um DAC que, por sua vez, aciona o amplificador de ganho variável na saída do transceptor. Vários registros de controle de modo e circuitos também são fornecidos para implementar as várias operações ditada pelo padrão.

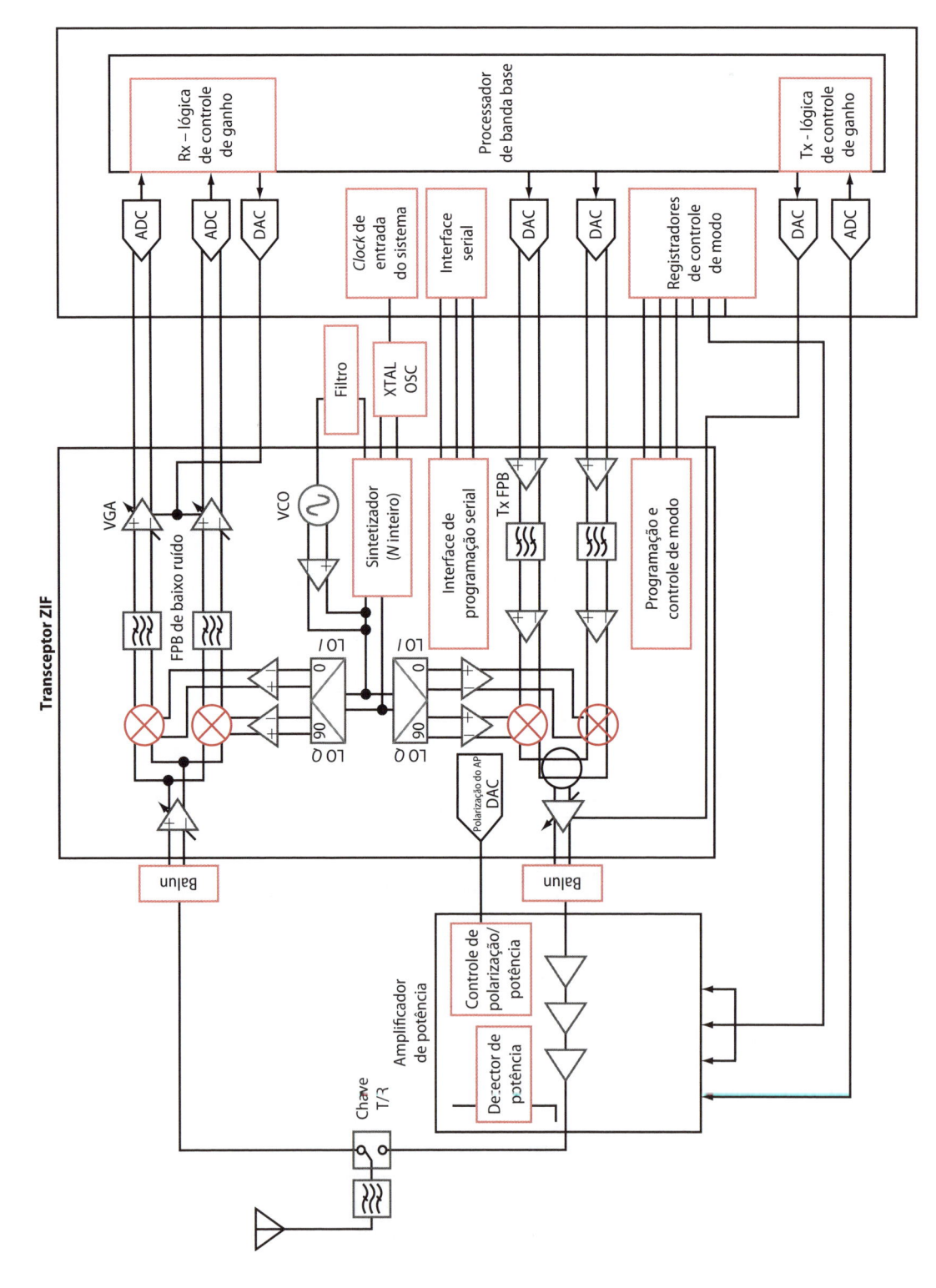

Figura 9-49 Trasceptor de 2,4 GHz em um único chip.

REVISÃO DO CAPÍTULO

Resumo

Os dois principais requisitos para qualquer receptor de comunicação são a SELETIVIDADE, que é a capacidade de escolher o sinal desejado entre outros no espectro de frequência, e a SENSIBILIDADE, que é a capacidade de fornecer amplificação suficiente para recuperar o sinal modulante. Os receptores super-heterodinos convertem todos os sinais de entrada para uma frequência menor, conhecida como frequência intermediária (FI), na qual amplificadores fornecem ótima sensibilidade e seletividade. Um receptor de conversão direta ou de FI zero converte diretamente para banda base.

Os CIs receptores têm três seções principais: (1) o sintonizador, com amplificador RF, misturador e oscilador local; (2) uma seção de FI, com amplificadores, demodulador e CAG e circuitos de bloqueio; (3) o amplificador de potência de áudio. Em receptores modernos, todas as suas funções estão em um ou dois *chips*.

Os misturadores, como moduladores de amplitude, realizam uma multiplicação matemática dos dois sinais de entrada. A saída do misturador é um sinal na frequência intermediária que contém a mesma modulação que apareceu no sinal RF de entrada; esse sinal é amplificado por um ou mais estágios de amplificador FI. Os tipos mais populares de circuitos misturadores são: a diodo, balanceado simples, balanceado duplo, a transistor bipolar e a FET. Dois circuitos importantes nos receptores super-heterodinos são os sintetizadores de frequência para o oscilador local e os circuitos de controle automático de ganho (CAG). O CAG é um sistema de realimentação que ajusta automaticamente o ganho do receptor com base na amplitude do sinal recebido.

Dois recentes avanços no projeto do receptor são a conversão direta (ou FI zero) e o rádio definido por *software*. Nos receptores de FI zero, o misturador também serve como demodulador de sinais AM. Para demodulações de frequência e fase, os receptores de conversão direta usam misturadores de quadratura (I & Q). Em rádios definidos por *software*, a maioria das tarefas do receptor, tais como filtragem e demodulação, são realizadas por um DSP.

O ruído é a energia aleatória que interfere no sinal desejado. Um importante indicador de ruído é a relação S/N, que indica a intensidade relativa entre o sinal e o ruído. Quanto mais intenso for o sinal e mais fraco for ruído, maior será a relação S/N. As duas principais fontes de ruído são externas (industrial, atmosférica e extraterrestres) e internas (térmica e semicondutores). Três valores utilizados para avaliação de ruído de um receptor são o fator de ruído, as relações de potência S/N na entrada e na saída; a temperatura de ruído; e SINAD, o sinal mais ruído e distorção.

O circuito silenciador, ou de bloqueio, mantém o amplificador de áudio desligado durante o tempo em que é recebido apenas ruído de fundo. Quando aparece um sinal RF na entrada, o amplificador de áudio é habilitado. Dois outros circuitos de controle de ruído são o silenciador codificado por tom contínuo e o silenciador codificado digitalmente.

Questões

1. Como a diminuição do Q de um circuito ressonante afeta sua largura de banda?
2. Como a conexão em cascata de circuitos sintonizados afeta a seletividade?
3. O que pode acontecer a um sinal modulado se a seletividade de um circuito sintonizado for muito íngreme?
4. Como deve ser alterada a resistência da bobina para restringir a largura de banda de um circuito sintonizado?
5. Deve-se fazer uma escolha entre dois filtros FI de 10,7 MHz. Um deles tem um fator de forma de 2,3; o outro, 1,8. Qual deles tem a melhor seletividade?
6. Que tipo de receptor usa apenas amplificadores e um detector?
7. Que tipo de receptor usa um misturador para converter o sinal recebido para uma frequência mais baixa?
8. Quais são os dois tipos de circuitos usados para gerar a FI?
9. Em que estágio é obtida a maior parte do ganho e seletividade em um receptor super-heterodino?
10. Que circuito no receptor compensa a ampla faixa de níveis do sinal de entrada?
11. A saída do misturador é geralmente a diferença entre quais duas frequências de entrada?
12. A tensão de CAG controla o ganho de quais dois estágios de um receptor?
13. Como denominamos o sinal de interferência que é espaçado do sinal desejado um valor de duas vezes a FI?
14. Qual é a principal causa do aparecimento de imagens na entrada do misturador?
15. Que vantagem tem um super-heterodino de dupla conversão sobre um de conversão simples?
16. Como pode ser melhor resolvido o problema de imagem durante a projeto de um receptor?
17. Apresente as expressões para as saídas de um misturador cujas entradas são f_1 e f_2.
18. Cite o melhor tipo de misturador passivo.

19. Cite o melhor tipo de misturador a transistor.
20. O processo de mistura é semelhante a que tipo de modulação?
21. O que é um misturador que rejeita imagem?
22. Qual é a especificação principal de um VFO usado na função de oscilador local?
23. Que tipo de oscilador local é usado na maioria dos receptores modernos?
24. Por que os misturadores às vezes são usados em sintetizadores de frequência, como na Figura 9-18?
25. Cite as três principais fontes de ruído externo.
26. O que é um receptor de conversão direta? Quais são as suas principais vantagens?
27. Explique a arquitetura e o funcionamento de um rádio definido por *software*. Qual a tecnologia da informática torna isso possível?
28. Por que é necessário o uso de misturadores de quadratura *I* e *Q* em um receptor de FI zero?
29. Cite os cinco tipos principais de ruído interno que ocorrem em um receptor.
30. Qual é a principal fonte de ruído atmosférico?
31. Liste quatro fontes comuns de ruído industrial.
32. Qual é a principal fonte de ruído interno em um receptor?
33. Em que unidade a relação sinal-ruído (*S/N*) geralmente é expressa?
34. Como o aumento da temperatura de um componente afeta sua potência de ruído?
35. Como o estreitamento da largura de banda de um circuito afeta o nível de ruído?
36. Cite os três tipos de ruído de semicondutores.
37. Verdadeiro ou falso? O ruído na saída de um receptor é menor do que o ruído na entrada.
38. Quais são os três componentes do SINAD?
39. Quais estágios de um receptor contribuem com a maior parte do ruído?
40. Quais são as vantagens e desvantagens do uso de um amplificador RF na interface de entrada de um receptor?
41. Qual é o nome do transistor de baixo ruído preferido em amplificadores RF em frequências de micro-ondas?
42. Que tipos de misturadores apresentam perdas?
43. Como a seletividade normalmente é obtida nos amplificadores FI modernos?
44. Em um circuito sintonizado duplo, a largura de banda máxima é obtida com qual tipo de acoplamento?
45. Qual é o nome dado a um amplificador FI que ceifa os picos positivos e negativos de um sinal?
46. Por que é permitido ocorrer o ceifamento em um estágio FI?
47. O ganho de um amplificador classe A bipolar pode ser variado mudando qual parâmetro?
48. Qual é a faixa de ganho geral RF–FI de um receptor?
49. Qual é o nome do processo que usa a amplitude de um sinal de entrada para controlar o ganho de um receptor?
50. Qual é a diferença entre CAGs direto e reverso?
51. Como o ganho de um amplificador diferencial varia para produzir CAG?
52. Quais são os dois nomes do circuito que bloqueia o áudio até que um sinal seja recebido?
53. Cite o tipo de sinal utilizado para operar o circuito descrito na Pergunta 52.
54. Descreva a finalidade e o funcionamento de um CTCSS em um receptor.
55. Um BFO é necessário para receber quais dois tipos de sinais?
56. Qual é a fonte do sinal exigido na entrada para o receptor CI 3089?
57. Cite as três principais fontes de seletividade para receptores implementados com CIs.
58. Em um transceptor de *chip* único, como a frequência de operação é alterada?
59. Em um transceptor FM, quais são os circuitos comumente compartilhados por receptor e transmissor?
60. Quais são os circuitos compartilhados por transmissor e receptor em um transceptor SSB?
61. Muitas vezes, um PLL é combinado com qual circuito para produzir múltiplas frequências em um transceptor?
62. Quais são as três frequências normalmente geradas pelo sintetizador em um transceptor?
63. Um receptor ZIF pode demodular FM ou PM? Como?
64. Cite as quatro funções que podem ser realizadas por DSP em um SDR.

As perguntas a seguir referem-se ao receptor na Figura 9-44.

65. Quais são os componentes ou circuitos que determinam a largura de banda do receptor?
66. À medida que R_1 varia de modo que a tensão no cursor do potenciômetro aumente no sentido de $+9$ V, como a frequência do oscilador local varia?
67. Qual componente fornece a maior parte do ganho neste receptor?
68. O sinal silenciador é derivado do ruído?

69. Será que este receptor contém um BFO?
70. Este circuito recebe sinais CW ou SSB?
71. Se a tensão CC do CAG no pino 5 de U_2 diminuir, o que acontece com o ganho de U_2?
72. Onde deveria ser injetado um sinal de áudio para testar a seção completa de áudio deste receptor?
73. Que sinal de frequência seria usado para testar a seção FI deste receptor e onde seria conectado?
74. Qual componente perderia a função se C_{31} se tornasse um curto-circuito?

Problemas

1. Um circuito sintonizado tem um Q de 80 na sua frequência de ressonância de 480 kHz. Qual é a sua largura de banda? ◆
2. Um circuito sintonizado LC em paralelo tem uma bobina de 4 μH e uma capacitânciade 68 pF. A resistência da bobina é de 9 Ω. Qual é a largura de banda do circuito?
3. Um circuito sintonizado tem uma frequência de ressonância de 18 MHz e uma largura de banda de 120 kHz. Quais são as frequências de corte superior e inferior? ◆
4. Qual valor de Q é necessário para alcançar uma largura de banda de 4 kHz em 3,6 MHz?
5. Um filtro tem uma largura de banda de 3.500 Hz para 6 dB e 8.400 Hz para 60 dB. Qual é o fator de forma? ◆
6. Um super-heterodino tem um sinal de entrada de 14,5 MHz. O oscilador local é ajustado para 19 MHz. Qual é a FI?
7. Um sinal desejado a 29 MHz é misturado com um oscilador local de 37,5 MHz. Qual é a frequência de imagem? ◆
8. Um super-heterodino de dupla conversão tem uma frequência de entrada de 62 MHz e osciladores locais de 71 e 8,6 MHz. Quais são as duas FIs?
9. Quais são as saídas de um misturador com entradas de 162 e 189 MHz? ◆
10. O que é a FI mais provável para um misturador com entradas de 162 e 189 MHz?
11. Um sintetizador de frequência como a da Figura 9-18 tem um frequência de referência de 100 kHz. O oscilador a cristal e o multiplicador fornecem um sinal de 240 MHz para o misturador. O divisor de frequência é ajustado em 1.500. Qual é a frequência de saída do VCO?
12. Um sintetizador de frequência tem uma entrada de referência do detector de fase de 12,5 kHz. A relação do divisor é 295. Quais são a frequência de saída e a variação incremental de frequência?
13. A potência do sinal de entrada para um receptor é 6,2 nW. A potência de ruído é 1,8 nW. Qual é a relação S/N? Qual é a relação S/N em decibéis?
14. Qual é a tensão de ruído produzida na resistência de entrada de 50 Ω na temperatura de 25 °C com uma largura de banda 2,5 MHz?
15. Em quais frequências a temperatura de ruído é usada para expressar o ruído em um sistema?
16. A relação de ruído de um amplificador é 1,8. Qual é a temperatura de ruído em kelvins?

◆ As respostas para os problemas selecionados estão após o último capítulo.

Pensamento crítico

1. Por que uma temperatura de ruído de 155 K tem uma classificação melhor do que uma temperatura de ruído de 210 K?
2. Um transceptor FM opera em uma frequência de 470,6 MHz. A primeira FI é de 45 MHz e a segunda é de 500 kHz. O transmissor tem um multiplicador de frequência em cadeia: 2 × 2 × 3. Quais são os três sinais que devem ser gerados pelo sintetizador de frequência no transmissor e pelos dois misturadores no receptor?
3. Explique como um contador digital pode ser conectado ao receptor na Figura 9-44 para que ele possa ler a frequência do sinal para o qual foi ajustado.
4. Qual será o efeito sobre a seletividade do receptor se um resistor for conectado em paralelo com o transformador sintonizado na Figura 9-33?
5. Os circuitos em um receptor super-heterodino têm os seguintes ganhos: amplificador RF, 8 dB; misturador, −2,5 dB; amplificador FI, 80 dB; demodulador, −0,8 dB; amplificador de áudio, 23 dB. Qual é o ganho total?
6. Um receptor super-heterodino recebe um sinal de 10,8 MHz. Ele é modulado em amplitude por um tom de 700 Hz. O oscilador local é ajustado para a frequência do sinal. Qual é a FI? Qual é a saída de um demodulador detector a diodo?
7. Um rádio definido por *software* opera em 1.900 MHz. O oscilador local é ajustado para 1.750 MHz. Qual é a frequência mínima de amostragem exigida pelo conversor A/D?

Respostas dos problemas selecionados

CAPÍTULO 1

1-1. 7,5 MHz, 60 MHz, 3.750 MHz ou 3,75 GHz
1-3. Em radar e satélites.

CAPÍTULO 2

2-1. 50.000
2-3. 30.357
2-5. 5,4, 0,4074
2-7. 14 dB
2-9. 37 dBm

CAPÍTULO 3

3-1. $m = (V_{máx} - V_{mín})/(V_{máx} + V_{mín})$
3-3. 100%
3-5. 80%
3-7. 3.896 kHz, 3.904 kHz; BW = BkHz
3-9. 800 W

CAPÍTULO 4

4-1. 28,8 W, 14,4 W
4-3. 200 μV

CAPÍTULO 5

5-1. m_f = 12 kHz/2 kHz = 6
5-5. $-0,1$
5-7. 8,57
5-9. 3.750 Ω, 3.600 ou 3.900 Ω (EIA)

CAPÍTULO 6

6.1. 1,29 MHz
6.3. 3.141,4 Hz ou ±1.570,7 Hz na frequência do sinal modulante de 4.000 Hz
6.5. f_0 = 446,43 kHz, f_L = 71,43 kHz

CAPÍTULO 7

7-1. 7 MHz
7-3. 8 kHz $-$ 5 kHz = 3 kHz
7-5. 92,06 dB

CAPÍTULO 8

8-1. 206,4 MHz
8-3. 25,005 MHz
8-5. 1.627
8-7. 132 MHz, 50 kHz
8-11. 72 W

CAPÍTULO 9

9-1. 6 kHz
9-3. 18,06 e 17,94 MHz
9-5. 2,4
9-7. 46 MHz
9-9. 27, 162, 189 e 351 MHz

Créditos

CAPÍTULO 1

p. 17: © CORBIS; p. 21: Cortesia da Federal Communications Commission; p. 25: © Michael Newman/Photo Edit; p. 26: © Theodore Anderson/Getty images

CAPÍTULO 2

p. 41: © Mark Steinmetz; p. 90: Cortesia da Hewlett-Packard Company

CAPÍTULO 7

p. 207: Cortesia da Analog Devices, Inc.

CAPÍTULO 8

p. 296: Cortesia da Fox Electronics

Índice

A

Acoplamento ótimo, 318-319
Acumuladores, 246-248
Administração Nacional das Telecomunicações e Informação (NTIA), 19-20
"Agitação" espectral, 94
Agitação térmica, 307-308
Aliasing, 196-199
AM de alto nível, 116-119, 230-232
AM de baixo nível, 110-117
American National Standards Institute (ANSI), 20-21
Amplificação com pré-distorção adaptativa, 264-266
Amplificador
   classes de, 249
   de baixo ruído, 287-288
   de ganho variável, 333
   FI, 289, 316-319
   linear, 249-253
   RF, 249-266, 287-289, 314-317
   sem realimentação (*feedforward*), 263-265
Amplificador de potência final, 230-231
Amplificador sem realimentação, 263-265
Amplificadores classe A, 249
   buffers, 251
Amplificadores classe AB, 249
Amplificadores classe B, 249
   push pull, 251 253
Amplificadores classe C, 249-251, 254-259
Amplificadores classe D, 261-263
Amplificadores classe E, 262-263
Amplificadores classe F, 262-263
Amplificadores classe S, 262-264
Amplificadores de alta potência
   lineares, 251-252
Amplificadores de potência, 249-266
Amplificadores de potência a FET, 255-256
Amplificadores de potência chaveados, 251, 258-264
Amplificadores de potência lineares de banda larga, 263-266
Amplificadores de saída, DAC, 198-199
Amplificadores diferenciais, 113-117
Analisador de espectro, 77, 81, 91-92, 223-224
Análise de Fourier, 70-81
Antilogs, 34-35
Arquitetura de Harvard, 223
Arquitetura de Von Neumann, 221-223
   gargalo de, 223
Arranjos lógicos programáveis por campo (FPGAs), 223
ASCII (Código Padrão Americano para Troca de Informações), 8
Associação das Indústrias de Eletrônica (EIA), 20-21
Atenuação, 5, 32-34
   filtro, 52-54
Atraso de envoltória, 54-55
Atraso de grupo constante, 57-58
Auto-oscilação, 258-259
Autotransformadores, 271-272

B

Baluns, 269-276
Banda de atenuação, 54
Banda de passagem, 54
Banda lateral dupla (DSB), 131-132
Bandas laterais
   AM, 18-19, 90-95, 98-103, 131-139
   ceifamento, 257
   FM, 145-153
Barramento de dados, 189

C

CAG direto, 319
CAG reverso, 319
Cálculo da média de um sinal, 223-224
Canais
   largura de banda, 18-19
Canais de comunicação, 4-5
Capacitâncias distribuídas, 38-39
Capacitâncias parasitas, 38-39
Capacitores, 37-39
Carreira na área de comunicações, 23-27
Ceifamento simétrico, 318-319
Célula de transcondutância de Gilbert, 293-296
Chave de um polo e duas posições, 122
Chaveamento de amplitude (ASK), 93-94
Chaveamento de cristais, 237-238
Chaveamento de fase (PSK), 10-11, 145-147, 169-175
Chaveamento de fase binária (BPSK), 145-147
Chaveamento de frequência (FSK), 10-11, 142
Chaveamento *ON/OFF* (OOK), 94
Chaves
   DAC, 198-199
Choque de radiofrequência (RFC), 163-164
CI VCO NE566, 168-169
Ciclos de trabalho, 71
Ciclos por segundo (cps), 11-14
Circuito de comunicação de aeronaves em VHF, 327, 329
Circuito deênfase, 155-156
Circuito em L, 266-269
Circuito em π, 267-271
Circuito RLC, 38-42
Circuito Schmitt *trigger*, 169
Circuito silenciador derivado do ruído, 322-324
Circuito(s) sintonizável(is), 37-49
   componentes reativos de, 37-42
   e ressonância, 41-49
   largura de banda, 43-44, 283
   moduladores de fase, 173-175
Circuitos, 314-326
Circuitos de amostragem e retenção (S/H), 203-205
Circuitos de bloqueio, 322-324
Circuitos de compressão, 88-89. *Veja também* Compressão de dados

Circuitos de rastreamento/armazenamento, 203-205
Circuitos de saída sintonizados, 256-257
  circuito integrado, 325-326
Circuitos em cascata, 32
  ruído em, 314
Circuitos em ponte, 113-115
Circuitos integrados
  1496/1596, 127-132
  filtro de capacitor chaveado, 67-70
  receptores FM de único CI, 327, 329-331
  sistema FI 3089, 325-326
Circuitos ressonantes, 43-49
Circuitos ressonantes em paralelo, 46-49
Circuitos ressonantes em série, 41-47
Circuitos RLC, 41-42
Circuitos silenciadores, 322-325
Circuitos tanque, 46-47
CIs balanceados 1496/1596, 127-132
  aplicações, 128-132
CML (*current mode logic*), 203-204
Codecs, 220-221
Código Morse, 93-94, 230
Componentes reativos, 37-42
Compressão de dados
  processamento de sinal digital em, 223-224
Compressão/expansão, 217-220
Computação com conjunto de instruções reduzido (RISC), 220-221
Computadores, 186. *Veja também* Internet; Redes locais *wireless*
Comunicação digital, 185-228, *Veja também* Dados binários
  correção de erro em, 187-188, 202-203
  em série, 190
  modulação de pulso em, 93-95, 214-221
  modulação por codificação de pulso em, 215-221
  paralela, 189-190
  processamento de sinais digitais em, 195-196, 220-226
  série-paralelo, 190-192
Comunicação *duplex*, 7
Comunicação eletrônica
  aplicações, 21-23
  carreira em, 23-27
  marcos históricos da, 2
  principais empregadores em, 24-27
  sistemas de, 3-5
  tipos de, 6-8
Comunicação em micro-ondas, 15-17
  ruído em, 314
Comunicação *full duplex*, 7
Comunicação *half duplex*, 7
Comunicação humana, 3

Comunicação por fibra óptica, 18
Comunicação *simplex*, 6
Conceito de programa armazenado, 221-223
Condições criogênicas, 314
Condutores elétricos, 4
Configuração de oscilador Pierce, 236-237
Controle automático de ganho (CAG), 289-290, 319-324
  amplificadores FI, 289, 316-319
  definição, 5
  dupla conversão, 302-303
  FI, 299-306
  FI zero, 303-305
  FM, 327, 329-331
  imagem, 299-306
  seletividade, 283-284, 317-319
  sensibilidade, 283-285
  super-heterodino, 282, 287-290, 299-300
  transceptor, 5, 331-333, 335
  TRF, 285-287
Controle remoto, 21-22, 186-187
Conversão de dados, 191-215
  A/D (analógico-digital), 192-196, 203-209
  D/A (digital-analógico), 192-193, 195-196, 244-246
Conversão de descida, 289-290
Conversão de frequência, 289-299
Conversão de subida, 289-290
Conversão direta (DC)
  receptores, 303-305
Conversor de sobreamostragem, 213-214
Conversor sigma-delta ($\Sigma\Delta$), 213-215
Conversores ADC, 192-196, 203-209
  principais simplificações, 208-215
Conversores DAC, 192-193, 195-196
  fonte de corrente ponderada, 201-203
  string, 198-201
Conversores de aproximações sucessivas, 204-207
Conversores *flash*, 206-209
Conversores *pipeline*, 208-209
Conversores R-2R, 198-199
Corrente tanque, 46-47
Cristais, 233-235
Cristais de sobretom, 236-238

D

DAC de fonte de corrente ponderada, 201-203
DAC *string*, 198-201
Dados
  definição, 186
  transmissão digital de, 186-189
Dados binários
  códigos modernos, 8
  transmissão, 10-11

dBm, 36
Década, 51-52
Decaimento, 54-55
Decibéis, 33-37
Decimação no tempo (DIT), 224-226
Decimador, 214-215
Definição de comunicação, 3
Demodulador PLL, 181-182
Demoduladores. *Veja também Modems*
  AM, 119-124, 289
  FM, 175-183, 289
  SSB, 289
Demoduladores de frequência, 175-183
Deslocamento de fase do áudio, 136-138
Desvanecimento seletivo, 99-100, 124
Desvio de fase, 143-144
  geração de sinal SSB e, 133-138
  ruído e, 153-154
Detecção, 10-11
Detecção e correção de erros em comunicação digital, 187-188, 202-203
Detecção sincronizada, AM, 122-124
Detector de produto, 137-139
Detectores, 175
Detectores a diodo, AM, 119-121
Detectores a diodo de onda completa, AM, 122-123
Detectores coerentes, 124
Detectores de envoltória, 120
Detectores de inclinação, 175-177
Detectores de quadratura, 178-179
Diodo PIN
  moduladores, 112-115
Diodos em anel, 124-125
Discriminadores, 175
  média de pulso, 176-178
Dispositivo de acionamento por controle remoto (RKE), 276, 278-279
Dispositivo lógico programável complexo (CPLD), 223
Dispositivos CI, 130-132
Dispositivos serializador-desserializador (SERDES), 190
Distorção, 87-89, 313
Distorção de intermodulação, 311-312
Distorção diagonal, 120
Divisores de frequência, 237-238
Domínio da frequência, 74-77, 91-94, 109-112
  gráfico, 91-92, 98-99
Domínio do tempo, 74-77, 108-109
  gráfico, 98
DSB (banda lateral dupla com portadora suprimida), 98-99
DSSC (banda lateral dupla com portadora suprimida), 98-99
Duplicador, 165-166

E

Efeito de captura, 155-157
Efeito pelicular, 40-42
Efeito volante (*flywheel*), 256-257
E-mail, 186
Emissões de rádio, classificação, 102-104
Engenheiros, 23-24
Envoltória, 79, 86
Erro de abertura, 204-205
Erro de quantização, 194-195
Erupções solares, 5
Escala absoluta, 309
Escala Celsius, 309
Escala Fahrenheit, 309
Escala Kelvin, 309
Espaço livre, 4
Espectro
   de pulso, 77-79
   eletromagnético, 11-18
   óptico, 16-18
Estágios, 224-225
European Telecomunications Standards Institute (ETSI), 20-21

F

Fabricantes, carreiras, 24-26
Faixa de captura, 180-182
Faixa de sincronismo, 180-182
Faixa dinâmica, 208-209, 289
Faixa dinâmica livre de sinais espúrios (SFDR), 210-211
Faixa ultravioleta (UV), 18
Farad (F), 38-39
Fator de forma, 54-55, 283-284
Fator de qualidade Q, 40-41, 43-46
Fator de ruído, 311-312
Fax, 21-22
Federal Communications Commission (FCC), 19-22
Figura de ruído (NF), 311-313
Filtragem
   na geração de sinais SSB, 131-134
   processamento de sinais digitais em, 223
Filtro, 49-70
   antialiasing, 197-198
   cerâmico, 62-68, 318-319
   de capacitor chaveado, 67-70
   de comutação, 68-70
   de correção de frequência, 145-147
   de rejeição de banda, 49-50, 53-54, 59-61
   de resposta infinita ao impulso (IIR), 224-225
   mecânico, 57-58
   não recursivo, 223-224
   passa-altas, 49-50, 52-58, 61-62
   passa-baixas, 49-53, 55-58, 61-62, 233-234
   passa-faixa, 49-50, 57-60
   passa-todas, 49-50
   que corta as frequências altas, 49-53
Filtro de onda acústica superficial (SAW), 66-68, 318-319
Filtros $1/f$, 145-147
Filtros ativos, 60-64
   cerâmico, 62-68, 318-319
   cristal, 62-68, 318-319
   SAW, 66-68, 318-319
Filtros Bessel (Thomson), 57-58
Filtros Butterworth, 57-58
Filtros Cauer (elípticos), 57-58
Filtros Chebyshev, 57-58
Filtros com capacitores chaveados (SCFs), 67-70
Filtros de banda de rejeição, 49-50, 53-54, 59-61
Filtros de comutação, 68-70
Filtros de resposta finita ao impulso (FIR), 223-224
Filtros de Thomson, 57-58
Filtros em ponte T, 60-61
Filtros LC, 54-58
Filtros mecânicos, 57-58
Filtros *notch*, 53-54
Filtros *notch* duplo T, 53-54
Filtros passivos, 49-50
Filtros RC, 49-54
FM de baixo nível, 231-233
FM de banda estreita (NBFM), 149-150
FM indireto, 145-147
Fórmula de Friis, 314
Fornos de cristal, 234-235
Frequência, 11-14
   faixas de, 15-17
Frequência de Nyquist, 192-194
Frequência livre, 180-183
Frequências altas (HFs), 13-20
Frequências baixas (LFs), 13-17
Frequências de voz (VFs), 13-17
Frequências extremamente altas (EHFs), 13-17
Frequências extremamente baixas (ELFs), 13-15
Frequências intermediárias (FIs), 287-290
Frequências médias (MFs), 13-19
Frequências muito altas (VHFs), 13-17, 19-20, 230-233, 327, 329
Frequências muito baixas (VLFs), 13-17
Frequências superaltas (SHFs), 13-17
Frequências ultra-altas (UHFs), 13-17, 19-20, 230-232
FRS, 22-23
FSK (chaveamento de frequência), 10-11, 142
Função quadrática, 109
Função seno, 79
Funções de Bessel, 148-152
Fundamentos de eletrônica, 30-84

G

Ganho, 31-32
Ganho de circuito, 319-321
GASFETs, 314-315
Gerenciamento do espectro, 19-20
Grupos, 224-225

H

Harmônicos, 71-73, 94-95, 110-111, 236-238, 313
Henry (H), 38-39
Hertz (Hz), 11-13
Heterodinação, 289-290

I

Imagens, 299
   receptores para, 299-306
Impedância, 54
   balun, 269-276
   circuitos em L, 266-269
   circuitos em π, 268-271
   circuitos em T, 268-271
   transformador, 269-274
   zero, 54-55
Imunidade ao ruído, 155-156, 186-188
Índice de modulação, 87-91, 96-98, 145-148
Indutores, 38-41
Informação, 3
Institute of Electrical and Electronics Engineers (IEEE), 20-21
Integradores chaveados, 67-68
Internet, 22-23, 186
Internet Engineering Task Force (IETF), 20-21
Interoperabilidade, 20-21

L

Largura de banda, 18-22
   canal, 18-19
   de canais de rádio, 152-153
   de circuitos sintonizados, 43-44, 283
   tempo de subida e, 79-81
Lei A de compressão/expansão, 219
Lei das comunicações em 1934, 19-20
Lei μ de compressão/expansão, 219
Limitadores, 318-319
Linha de atraso, 224-225
Logaritmo, 33-37

M

Malha de fase sincronizada (PLL), 178-183, 237-244, 296-299
Medidores S, 325
Meio óptico, 4
Memória apenas de leitura (ROM), 221-222
Memória de acesso aleatório (RAM), 221-222
MESFETs, 314-316
Método de autopolarização, 255-257
Métodos de polarização, 254-257
Misturador de rejeição de imagem, 294-296
Misturador NE602 (célula de Gilbert), 293-296
    casamento de impedância, 265-276
Misturadores, 289-291
Misturadores a diodo, 290-292
Misturadores a FET, 291-293
Misturadores balanceados duplos, 291-292
Misturadores balanceados simples, 291-292
Misturadores em CI, 293-296
Modems, 10-11
Modulação, 8. *Veja também* Modulação de amplitude (AM); Modulação de frequência (FM)
    e multiplexação, 8-12
    em comunicação de dados, 285-286
    em transmissão de banda base, 8-9
    em transmissão de banda larga, 9-12
Modulação angular, 10-11, 140
Modulação de amplitude (AM), 10-11, 85-139
    aplicações, 157-158
    bandas laterais em, 18-19, 90-95, 98-103, 131-139
    circuitos, 110-119
    de baixo nível, 110-117
    de banda lateral única, 98-103, 131-139
    modulação de pulso em, 93-95
    no domínio da frequência, 91-94, 109-112
    no domínio do tempo, 108-109
    potência de sinal em, 18-19, 94-98, 100-102
    transmissores, 230-232
    versus modulação de frequência, 155-158
Modulação de fase (PM), 10-11, 143-147, 169-175
Modulação de frequência (FM), 10-11, 140-160, 162-170
    aplicações, 157-158
    circuitos, 156-157, 161-184
    de baixo nível, 231-233
    demoduladores de frequência, 175-183
        moduladores de fase, 169-175
        moduladores de frequência, 162-170
    modulação de amplitude *versus*, 155-158
    receptores, 327, 329-331
    transmissores, 231-233
Modulação de pulso, 93-95, 214-221
Modulação delta, 191-192, 212
Modulação por amplitude de pulso (PAM), 196
Modulação por codificação de pulso (PCM), 214-221
    tradicional, 216-218
Moduladores. *Veja também* Modems
    AM, 87-91
    balanceados, 98-99, 124-132
    de fase a transistor, 171-174
    em treliça, 124-128, 138-139
Moduladores a diodo, 110-114
Moduladores balanceados em CI, 127-132
Moduladores com *varactor*
    fase, 170-172
    frequência, 162-165
Moduladores de amplitude, 119-124, 289
Moduladores de fase, circuitos sintonizados, 173-175
Moduladores de reatância, 169-170
Moduladores em coletor, 116-119
Moduladores em série, 118-119
Moduladores transistorizados, 112-114
    fase, 171-174
Monotonicidade, 202-203
MOSFETs, 67-68, 203-204, 261-262, 292-294, 314-317
Multiplexação, 10-12. *Veja também* Transmissor(es)
    definição, 8, 187-188
    modulação, 8-12
    por divisão de frequência, 10-12, 187-188
    por divisão de tempo, 10-12, 187-188
Multiplexadores (MUX), 130-132, 239, 257-259
Multiplicadores analógicos, 130-132
Multiplicadores de frequência, 165-166, 239, 257-259
Música, 22-23

N

Número efetivo de bits (ENOB), 211

O

Oitava, 51-52
Onda contínua (CW)
    osciladores, 230
    receptores, 324-326
    transmissão, 8, 93-95
Onda quadrada, 71
Ondas de radiofrequência (RF), 9
Ondas milimétricas (mm), 15-17
Ondas senoidais, 72-73
Ondulações, 54
Organização do trabalho, carreira com, 25-26
Oscilação parasita, 258-259
Oscilador
    controlado por tensão, 165-169
    frequência, 165-166
    frequência de batimento, 324-325
    LC, 294-297
    onda contínua, 230
    receptor, 289
Oscilador Colpitts, 235-236
Oscilador local, 289
Osciladores a cristal, 165-166, 233-238
    controlados por tensão, 165-166
Osciladores de frequência variável (VFOs), 232-233, 296-299
Osciloscópio, 79-81

P

Padrões, 19-21
Paging
    sistemas, 21-22
PAM (modulação por amplitude de pulso), 214-216
Pássaro, 293-312
PCM (modulação por codificação de pulso), 215-221
Perda de inserção, 51-52, 54
Piezoeletricidade, 63-65, 233-234
PLL com divisor N fracionário, 242
Polarização de sinal, 255-256
Polarização externa, 255-256
Política do espectro, 21-22
Polo, 54-55
Pontos e meia potência, 43-44
Porcentagem de modulação, 88-91
Portadora, 9, 86-87
    chaveamento de fase, 134-137
    circuitos de recuperação, 122-124
    desvio, 144-145
    frequência, 162
    geradores, 233-249
    transmissão por corrente, 5
Portadora piloto, 100-101
Portadora SSSC (banda lateral única com portadora suprimida), 98-100, 131-139
Potência de pico da envoltória (PEP), 100-102
Potência de sinal, 18-19, 94-98, 100-102
PPM (modulação por posição de pulso), 214-216
Pré-distorção, 145-147
Pré-distorção adaptativa, 264-266
Pré-ênfase, 154-156
Prescaler, 242

Pré-seletor, 287-288
Processadores de multiplicação e acumulação (MAC), 223
Processadores DSP, 221-223
Processamento de sinais digitais (DSP), 195-196, 220-226
Processamento de voz, 230-231
Processo de neutralização, 258-259
Produtos da intermodulação, 110-111
Propriedade das mídias, 20-21
PSK (chaveamento de fase), 10-11, 145-147
PWM (modulação por largura de pulso), 214-216, 263-264

Q

Q dos circuitos, 283

R

Radar, 22-23
Rádio, 4, 22-23
    cognitivo, 305-306
    definido por *software* (SDR), 223-224, 304-306
    FI zero, 333
    largura de banda de canais, 152-153
Rádio bidirecional, 22-23
Rádio digital, 21-22
Rádio do cidadão, 22-23
Radioamador, 22-23
Radioastronomia, 21-22
Razão de desvio, 148
Reatância, 37-38
Reatância capacitiva, 37-38
Reatância indutiva, 38-40
Receptor, 282-337
Receptores de dupla conversão, 302-303
Receptores de rádio a cristal, 121-122
Receptores em CI, 325-326
Receptores FI, 299-306
Receptores super-heterodinos, 282, 287-290, 299-300
Receptores TRF (radiofrequência sintonizado), 285-287
Rede local (LAN), 22-23, 186
    wireless, 333
Redes de longa distância (WANs), 22-23
Redes em T, 268-271
Redes locais *wireless* (WLANs), 333
Redes metropolitanas (MANs), 22-23
Regeneração de sinal, 187-188
Região de depleção, 162
Região do infravermelho, 13-17
Registrador de aproximações sucessivas (SAR), 204-205
Registradores de deslocamento, 190-192

Regra de Carson, 152
Reguladores de referência, DAC, 198-199
Relação sinal-ruído (SNR), 208-210, 283-284, 306-307
Residual, 37-38
Resistores, 40-41
    circuitos de, 198-199
Resolução, 202-203, 208-209
    e circuito sintonizado, 41-49
Resposta *comb*, 70
Resposta de segunda ordem, 61-62
Ruído, 3, 5, 305-314
    atmosférico, 307-308
    branco, 306-310
    correlacionado, 311-312
    cósmico, 307-308
    de fase, 240
    de fundo, 283-284
    de semicondutor, 310-312
    deslocamento de fase do, 152-156
    de tempo de trânsito, 311
    e comunicação digital, 186-188
    externo, 306-308
    extraterrestre, 307-308
    impulsivo (*flicker*), 311
    industrial, 307-308
    interno, 307-312
    Johnson, 307-310
    não correlacionado, 311-312
    rosa, 308-309, 311
    shot, 310-311
    térmico, 307-310

S

Satélites de navegação, 21-22
Seletividade
    circuito ressonante, 45
    receptor, 283-284, 317-319
Seletividade em forma de saia, 283-284
Sensibilidade
    receptor, 283-285
Serial, 190
Silenciador codificado digitalmente (DCS), 324-325
SINAD, 312-313
Sinais analógicos, 7
Sinais de áudio, 4
Sinais de banda base
    transmissão, 8-9
Sinais de erro, 180-181
Sinais digitais, 7-8
Sinais DSB (banda lateral dupla), 137-139
Sinais SSB (banda lateral única), 131-139
    e modulação DSB, 137-139
    método de cancelamento na geração de, 133-138

    método de filtragem para geração, 131-134
    receptores, 324-326
    transmissores, 232-234
    trasceptores, 331-332
Sinal de banda lateral vestigial (VSB), 102-103
Sinal mínimo perceptível (MDS), 283-284
Síntese de sinal digital (DSS), 237-238
Sintetizador digital direto (DDS), 244-249
Sintetizadores CB, 332-333
Sintetizadores de frequência, 237-244, 296-299
Sistema silenciador codificado por tom contínuo (CTCSS), 322-325
Sistemas de comunicação, 3-5
Sistemas de telecomunicação
    fax, 21-22
    paging, 21-22
    telefone, 26-27
Sistemas FI 3089, 325-326
Sobremodulação, 87-89, 94-95
Sonar, 22-23
Subacoplamento, 317-318
Subportadoras, 15-17
Superacoplamento, 318-319
Supressão de ruído, FM, 152-156

T

Taxa de desvio de frequência, 141
Taxa de erro de bit (BER), 285,
Técnicos, 23-25
Telecommunications Institute of America (TIA), 20-21
Telefone de voz sobre IP (VoIP), 22-23
Telefones, 26-27
    celular, 22-23
    Internet, 22-23
    satélite, 22-23
    sem fio, 22-23
Televisão (TV)
    controle remoto, 186-187
Televisão digital (TVD), 20-22
Temperatura
    escalas, 309
    ruído equivalente, 312-313
Tempo de estabilização, 202-204
Tempo de subida, 79-81
Tempo real, 221-222
Tensão de controle, 320-324
Tensão diferencial de baixa amplitude (LVDS), 203-204
Tensão ressonante elevada, 45-46
Textos técnicos, 24-25
Toroides, 269-276
Transceptores, 5, 331-333, 335
    integrados, 333

Transceptores, CB, 332-333
Transferência de arquivo, 186
Transferência de dados em paralelo, 189-190
Transferência de dados em série, 190
Transferência de dados série-paralelo, 190-192
Transformada discreta de Fourier (DFT), 223-224
Transformada rápida de Fourier (FFT), 223-226
Transformador de casamento de impedância, 269-274
Transformadores de linha de transmissão, 273-276
Transistores de efeito de campo (FETs), 236-237

Transmissão de banda larga, 9-12, 20-21
Transmissão de rádio, 21-22
Transmissão digital de dados, 186-189
Transmissor(es), 4. *Veja também* Multiplexação
  circuitos típicos, 275-280
  definição, 230
  FM de baixa potência, 275-276, 278-279
  rádio, 229-281
  wireless de curto alcance, 276, 278-280
Triplicador, 165-166
TV a cabo, 21-22

U

União Internacional de Telecomunicações (ITU), 19-21, 103-104

Usuários finais, carreira profissional, 25-27

V

Valor de referência, 36
Válvula termiônica, 281-259
Varactors, 162
Vendas técnicas, 24-25
Vigilância, 22-23
Vocoders, 220-221

Z

Zero, escala absoluta, 314